全国农业类高等院校“十二五”规划教材研发工程

乳制品工艺学

任国谱　肖莲荣　彭湘莲　主　编

中国农业科学技术出版社

图书在版编目（CIP）数据

乳制品工艺学 / 任国谱，肖莲荣，彭湘莲主编．—北京：中国农业科学技术出版社，2013. 10

ISBN 978 - 7 - 5116 - 1321 - 9

Ⅰ. ①乳… Ⅱ. ①任…②肖…③彭… Ⅲ. ①乳制品 - 食品加工 Ⅳ. ①TS252. 4

中国版本图书馆 CIP 数据核字（2013）第 144282 号

责任编辑 张孝安 涂润林

责任校对 贾晓红

出 版 者 中国农业科学技术出版社

北京市中关村南大街 12 号 邮编:100081

电 话 (010)82109708(编辑室)(010)82109703(发行部)

(010)82109709(读者服务部)

传 真 (010)82106650

网 址 http://www. castp. cn

经 销 者 各地新华书店

印 刷 者 北京富泰印刷有限责任公司

开 本 880 mm×1 230 mm 1/16

印 张 31. 75

字 数 792 千字

版 次 2013 年 10 月第 1 版 2015 年 1 月第 2 次印刷

定 价 50. 00 元

《乳制品工艺学》编委成员

主　编　任国谱　中南林业科技大学

肖莲荣　湖南亚华乳业有限公司

彭湘莲　中南林业科技大学

参编人员（以姓氏首字母为序，不分前后）

付红军　中南林业科技大学

龚吉军　中南林业科技大学

贺武明　湖南亚华乳业有限公司

李应洪　中南林业科技大学

李梦怡　湖南亚华乳业有限公司

李高阳　湖南省农业科学院

刘奕博　中南林业科技大学

刘高强　中南林业科技大学

彭美纯　湖南亚华乳业有限公司

孙荣民　湖南亚华乳业有限公司

汤水平　湖南亚华乳业有限公司

肖文军　湖南农业大学

张人明　湖南亚华乳业有限公司

张晓雷　中南林业科技大学

前　言

牛乳是人类接近完美的营养食品。目前，全球人均年消费乳制品在100kg左右，欧美国家如波兰、匈牙利等人均年消费300kg左右，而中国居民人均年消费乳制品25kg左右，相差巨大。

中国居民以植物膳食为主，而摄入含钙丰富的乳制品较少，因此，中国居民缺钙相当普遍。常见的天然食物中，牛乳的钙含量极为丰富，约120mg/100ml，而中国居民膳食中钙的适宜摄入量（AI）为800mg/d，每人每日均约需要667ml的牛乳来满足对钙的需求。

2011年，美国农业部发布了健康饮食指南图，名为“我的盘子”。“盘子”中有5种食物，分别是：水果、蔬菜、谷物、蛋白质和乳制品。由此可见，美国居民对乳制品的重视。

中国乳制品产业从20世纪90年代开始进入稳定的发展时期，2006年，中国的奶类产量仅次于印度和美国，居世界第三位。乳制品产业目前已经成为中国食品产业中最具有发展活力的产业。

由于中国居民对乳制品消费需求的迅速扩大，使乳制品产业得以快速发展，但乳制品产业的产业链结构和相应的标准、法规制度却没有协调同步发展，以及食品安全监管措施不到位等，因此，导致2008年“三聚氰胺事件”的发生。

“三聚氰胺事件”的发生，意味着“后”乳业时代的到来。“前”乳业时代的特征是“奶源失控、标准不统一、市场主宰一切”，而“后”乳业时代的特征是“奶源可控，标准统一、市场需要技术的支撑”。

本书力求理论与实践的紧密结合，并依照最新乳制品的产业政策和乳制品的国家食品安全标准，详细论述了乳制品的加工工艺及其发展前景，可供同行及广大师生参考。

本书主编任国谱参与了所有章节的编写，肖莲荣、李应洪、汤水平编写了第一章、第二章和第三章，付红军、龚吉军、贺武明、李梦怡编写了第四章、第五章和第六章，张人明、刘高强、彭美纯、彭湘莲编写了第七章和第八章，孙荣民、肖文军、刘奕博编写了第九章、第十章和第十一章，李高阳、张晓雷编写了第十二章、第十三章和第十四章。

在本书编写过程中，编者参考了大量的国内外文献，在此谨表谢意。本书的出版得到了中南林业科技大学湖南省食品科学与工程重点学科的资助，在此表示感谢。另外，本书是国家高技术发展计划（“863”计划）“促进生长发育的营养强化食品与特殊配方食品的研究与开发（2010AA23004）”、国家科技支撑计划“原料奶质量安全监控关键技术研究（2012BAD12B04）”的工作内容之一。

科学是无止境的，知识也是无穷尽的。由于编者水平有限，因而书中的错误和不妥之处在所难免，衷心希望广大读者给予批评指正。

任国谱

2012年6月

目　　录

绪论　中国乳业的现状 …………………………………………………… (1)

第一章　乳畜品种及其产乳性能 ………………………………………… (14)

第一节　世界著名奶牛 …………………………………………………… (14)
第二节　中国的奶牛品种 ………………………………………………… (17)
第三节　高产优质奶牛的外貌特征 ……………………………………… (20)
第四节　乳的分泌与生成 ………………………………………………… (21)
第五节　中国奶牛的主要问题 …………………………………………… (23)
第六节　乳羊 ……………………………………………………………… (23)

第二章　乳的化学组成及其性质 ………………………………………… (25)

第一节　乳的化学组成 …………………………………………………… (25)
第二节　乳的理化性质 …………………………………………………… (57)
第三节　乳成分的变化及其影响因素 …………………………………… (66)
第四节　乳中各成分的分散状态 ………………………………………… (69)
第五节　异常乳 …………………………………………………………… (70)

第三章　乳中的微生物 …………………………………………………… (78)

第一节　乳中微生物的来源 ……………………………………………… (78)
第二节　乳中微生物的种类 ……………………………………………… (79)
第三节　乳中微生物的影响因素和生长特性 …………………………… (85)
第四节　生乳存放期间微生物的变化规律 ……………………………… (87)
第五节　微生物的生长引起的乳及乳制品变质的类型 ………………… (89)

第四章　乳制品生产的通用单元操作 …………………………………… (91)

第一节　原料乳的收集、运输和贮存 …………………………………… (91)
第二节　牛乳的净化 ……………………………………………………… (106)
第三节　乳的标准化 ……………………………………………………… (106)
第四节　热处理 …………………………………………………………… (109)
第五节　输液泵 …………………………………………………………… (124)
第六节　离心 ……………………………………………………………… (129)
第七节　膜滤 ……………………………………………………………… (136)

第八节　均质……………………………………………………………………(139)
第九节　乳的浓缩…………………………………………………………………(144)
第十节　清洗与消毒………………………………………………………………(153)

第五章　液态乳的加工工艺………………………………………………(166)

第一节　液态乳的分类……………………………………………………………(166)
第二节　液态乳的典型生产工艺…………………………………………………(167)
第三节　巴氏杀菌乳………………………………………………………………(167)
第四节　灭菌乳……………………………………………………………………(177)
第五节　调制乳……………………………………………………………………(194)
第六节　含乳饮料的生产…………………………………………………………(196)

第六章　发酵乳制品的加工工艺…………………………………………(201)

第一节　发酵酸乳及其分类………………………………………………………(201)
第二节　发酵乳标准………………………………………………………………(202)
第三节　发酵剂菌种及其分类……………………………………………………(203)
第四节　酸乳发酵过程中乳酸菌的生长及代谢…………………………………(217)
第五节　发酵乳的一般加工工艺…………………………………………………(221)
第六节　发酵乳饮料………………………………………………………………(232)
第七节　益生菌发酵乳……………………………………………………………(235)
第八节　其他发酵乳………………………………………………………………(239)
第九节　发酵乳的质量控制………………………………………………………(243)

第七章　乳粉的加工工艺……………………………………………………(249)

第一节　乳粉的定义与种类………………………………………………………(249)
第二节　乳粉的标准………………………………………………………………(251)
第三节　乳粉的湿法生产工艺……………………………………………………(258)
第四节　乳粉的干法生产工艺……………………………………………………(274)
第五节　速溶乳粉的生产…………………………………………………………(275)
第六节　乳粉颗粒的理化特性……………………………………………………(279)
第七节　乳粉生产和贮藏过程中的品质变化……………………………………(288)
第八节　特殊婴幼儿配方乳粉介绍………………………………………………(290)

第八章　干酪的加工工艺……………………………………………………(297)

第一节　干酪及其种类……………………………………………………………(297)
第二节　干酪的标准………………………………………………………………(300)
第三节　干酪的加工工艺…………………………………………………………(300)
第四节　干酪的产量及其影响因素………………………………………………(335)
第五节　干酪的组织结构及干酪的质量控制……………………………………(336)

第六节 著名干酪的加工工艺…………………………………………………………（338）
第七节 再制干酪或融化干酪…………………………………………………………（351）

第九章 冷饮乳制品的加工工艺 ……………………………………………………（356）

第一节 冰淇淋的定义和分类…………………………………………………………（356）
第二节 冰淇淋的质量标准……………………………………………………………（357）
第三节 冷饮乳制品原料及添加剂……………………………………………………（358）
第四节 冰淇淋的生产…………………………………………………………………（361）
第五节 冰淇淋的质构…………………………………………………………………（371）
第六节 冰淇淋的常见缺陷及预防措施………………………………………………（374）
第七节 雪糕的加工工艺………………………………………………………………（376）

第十章 浓缩乳制品（炼乳）的加工工艺……………………………………………（381）

第一节 炼乳的定义与种类……………………………………………………………（381）
第二节 炼乳质量标准…………………………………………………………………（381）
第三节 淡炼乳的加工工艺……………………………………………………………（383）
第四节 甜炼乳的加工工艺……………………………………………………………（387）
第五节 炼乳的质量控制………………………………………………………………（393）
第六节 其他浓缩乳制品………………………………………………………………（396）

第十一章 乳脂类产品的加工工艺 …………………………………………………（399）

第一节 乳脂类产品的定义与种类……………………………………………………（399）
第二节 乳脂标准（稀奶油、奶油和无水奶油） ……………………………………（400）
第三节 稀奶油的生产…………………………………………………………………（401）
第四节 奶油……………………………………………………………………………（409）
第五节 无水奶油………………………………………………………………………（425）
第六节 新型的涂抹制品………………………………………………………………（430）
第七节 奶油在加工贮存期间的品质变化……………………………………………（432）

第十二章 乳蛋白质产品的加工工艺………………………………………………（436）

第一节 乳蛋白产品的加工工艺概述…………………………………………………（436）
第二节 酪蛋白…………………………………………………………………………（437）
第三节 酪蛋白酸盐……………………………………………………………………（446）
第四节 乳清蛋白产品…………………………………………………………………（450）
第五节 乳活性肽………………………………………………………………………（470）
第六节 乳蛋白质的功能性质…………………………………………………………（471）
第七节 乳蛋白质制品的应用…………………………………………………………（476）

第十三章 乳糖制品的加工工艺 ……………………………………………………（478）

第一节 乳糖的国家标准………………………………………………………………（478）

第二节　乳糖的加工工艺…………………………………………………………（478）
第三节　乳糖及其水解制品的应用……………………………………………………（482）

第十四章　乳品厂服务系统 ………………………………………………………（483）

第一节　水及其处理……………………………………………………………………（483）
第二节　热的生产………………………………………………………………………（484）
第三节　制冷……………………………………………………………………………（485）
第四节　压缩空气的生产………………………………………………………………（486）
第五节　乳品厂废水……………………………………………………………………（488）

主要参考文献 …………………………………………………………………………（494）

绪论　中国乳业的现状

一、世界乳业的发展概况

牛乳的生产始于6 000年前或更早。

(一) 奶畜品种及其奶牛业

奶畜品种很多，包括牛、羊、马等，其中，奶牛是世界上最常见的生产乳的动物。2000年，全球有奶牛2.85亿头，其中，7个乳业大国的奶牛头数之和，占全球奶牛头数的26.15%，如表1所示。

表1　世界乳业大国奶牛存栏数及所占比例

国别	存栏数/万头	所占比例/%
印度	2 700.0	9.47
巴西	1 604.0	5.63
俄罗斯	1 270.0	4.46
美国	921.0	3.23
中国	489.0	1.72
阿根廷	250.0	0.88
澳大利亚	217.0	0.76
7国合计	7 451	26.15
其他国家	21 049.0	73.86
全球	28 500.0	100

(二) 单产水平

世界奶牛单产水平如表2所示。

表2　世界奶牛平均泌乳量前10名的国家

排名	国别	奶牛存栏/(万头/305d)	泌乳量/(kg/头)	脂肪/%	蛋白/%
1	以色列	10	10 086	3.35	3.17
2	美国	921	9 216	3.65	3.21
3	日本	120	8 602	3.86	3.18
4	加拿大	120	8 289	3.67	3.21
5	意大利	210	8 212	3.53	3.17

续表

排名	国别	奶牛存栏/（万头/305d）	泌乳量/（kg/头）	脂肪/%	蛋白/%
6	荷兰	160	7 957	4.41	3.46
7	丹麦	70	7 769	4.16	3.39
8	西班牙	130	7 755	3.63	3.11
9	匈牙利	40	7 639	3.59	3.33
10	立陶宛	10	7 618	3.95	3.06

（三）世界原料乳总产量与分布

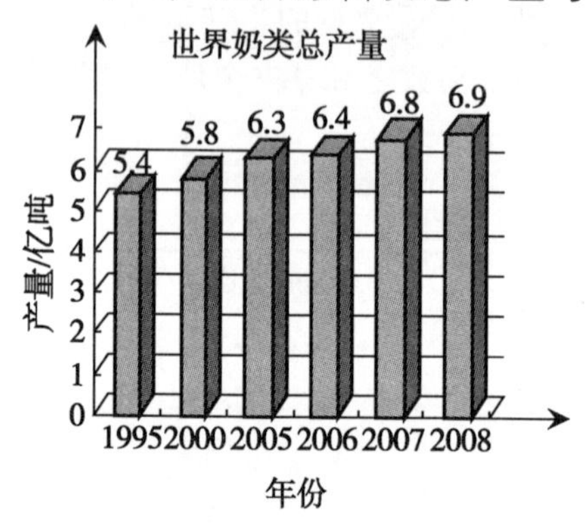

图1 全球乳产量变化情况图

1995 年世界原乳总产量 5.41 亿吨，到 2008 年，世界乳品总产量为 6.89 亿吨，比 1999 年增加约 1.48 万吨，平均增长 2.1%，增长缓慢。全球乳产量变化情况如图 1 所示。

2002 年，在世界原料乳总产量中，欧洲占 32.8%，北美洲占 19.5%，亚洲占 14.1%。世界原料乳区域构成的情况如表 3 所示。

自 20 世纪 80 年代以来，北美洲、欧洲、大洋洲等一些发达国家的乳业发展非常平缓，其中，欧洲从 80 年代中期开始，乳类总产量逐年下降。而同期，发展中国家的乳业发展迅速，乳总产量逐年增加，亚洲发展中国家的增长速度更快。

表3 世界原料乳区域构成表

年份	世界总产量/万吨	亚洲		北美洲		欧洲		大洋洲	
		总产量/万吨	占比/%	总产量/万吨	占比/%	总产量/万吨	占比/%	总产量/万吨	占比/%
1970	36 641	2 780	7.6	6 683	18.2	14 787	40.4	1 351	3.7
1980	42 716	3 702	8.7	7 652	17.9	17 774	41.6	1 240	2.9
1985	46 190	4 333	9.4	8 366	18.1	18 436	40.0	1 414	3.1
1990	47 551	5 432	11.4	8 475	17.8	17 090	35.9	1 432	3.0
1995	46 351	6 882	14.8	9 025	19.5	15 377	33.2	1 623	3.5
2000	48 810	6 600	13.5	9 370	19.2	15 970	32.7	2 390	4.9
2001	49 000	6 900	14.1	9 320	19.0	15 980	32.6	2 420	4.9
2002	49 000	7 050	14.1	9 540	19.5	16 090	32.8	2 470	5.0

二、中国乳业的历史回顾

1950 年，上海开始生产光明牌乳粉；当时，乳粉是老人和小孩的专用品。1956 年，第一届全国乳制品会议在北京召开。1958 年，原轻工业部颁布“乳制品质量标准及检验方法”，这是乳品标准中最早的部颁标准。

20 世纪 60 年代，牛乳只是北方的一种自给自足的食品，富余的部分才被牧民卖到乳粉厂。那时候的牛乳叫“铃铛奶”，奶农用桶装着生乳，摇着铃铛走街串巷叫卖。20 世纪 70 年代，畜牧业也只是农业的附属行业，并未进入市场经济轨道。

到 20 世纪 80 年代，中国乳业的发展开始起步，但当时的产业模式基本上是乳品企业自己拥有奶牛场，自产自销一条龙，这种状况下，乳企的发展就受制于奶牛场的规模。1984 年，国家经济贸易委员会首次将乳制品工业作为主要的行业发展重点，列入《1991 年至 2000 年全国食品工业发展纲要》。1987 年开始，乳品企业改制，中国乳业进入市场化发展阶段。

到 20 世纪 90 年代，全球最大的软包装供应商利乐公司的无菌包装技术改变了中国人喝牛乳的传统习惯，使得“铃铛奶”变成了软包装的长效乳（常温乳），这被认为是中国乳业发展的“革命性”事件。

从 1998 年开始，中国的乳制品消费开始升温。“当行业默默地高速增长了几年以后，政府、企业家、基金经理们纷纷开始把目光投向这个原本土气的行业”。短短几年间，全国乳品厂的数量从原有的几百家迅速增加到 1 500家以上。

2001 年，中国乳业进入快速增长阶段，年产量突破了千万吨，约为 1998 年的 2 倍。从增长速度上，2003 年达到顶峰，同比上增长了 32%。到 2005 年，产量达到 2 864.8万吨。

2001～2006 年的 5 年间，中国奶牛存栏增长率、总产乳量、年均递增长率、人年均占乳量都呈两位数增长，复合年均递增长率达 25%，是前 50 年的 3 倍。

由于巨大的市场空间，各个企业都不满足于本地市场，开始向外地扩张，常温乳产品是拓展销售半径的主要因素。

乳制品行业飞速发展，使生产规模迅速扩大。2007 年，乳企数量由 1998 年的 1 500多家增至 2 000多家。乳制品产能由 1998 年的 900 多万吨增至 5 000多万吨，但产量只有 3 000多万吨，产能严重过剩。2007 年下半年，奶牛养殖效益大幅下降，部分奶牛养殖户亏损，个别地区出现宰杀母牛犊现象，其直接原因是饲料价格上涨、原料乳收购价格偏低。2008 年，实现工业产值 1 555.8亿元，是 2000 年的 8 倍。

2008 年 9 月 11 日，暴发了“三聚氰胺”事件，这一事件意味着后乳业时代的到来。

三、中国乳业的产业链现状

中国乳业的产业链如图 2 所示。

在产业链中，政府制定“游戏规则”，企业是主体，原料乳供应方处于被动地位，消费者是“上帝”。2008 年前，在产业制度方面，突出的现象是：行业政策缺乏可操作性，乳站经营无人监管等。

在供需方面突出的矛盾是：原料乳供给的数量和质量不能很好满足需方的要求，导致大量乳品进口，倒乳和拒收现象时有发生；加工能力大大高于原料乳的供给，产能利用率 60%。

总之，由于消费需求的迅速扩大，使行业得以快速发展；但产业链结构和相应的监管制度却没有协调发展；这是导致 2008 年“三聚氰胺事件”发生的原因之一。

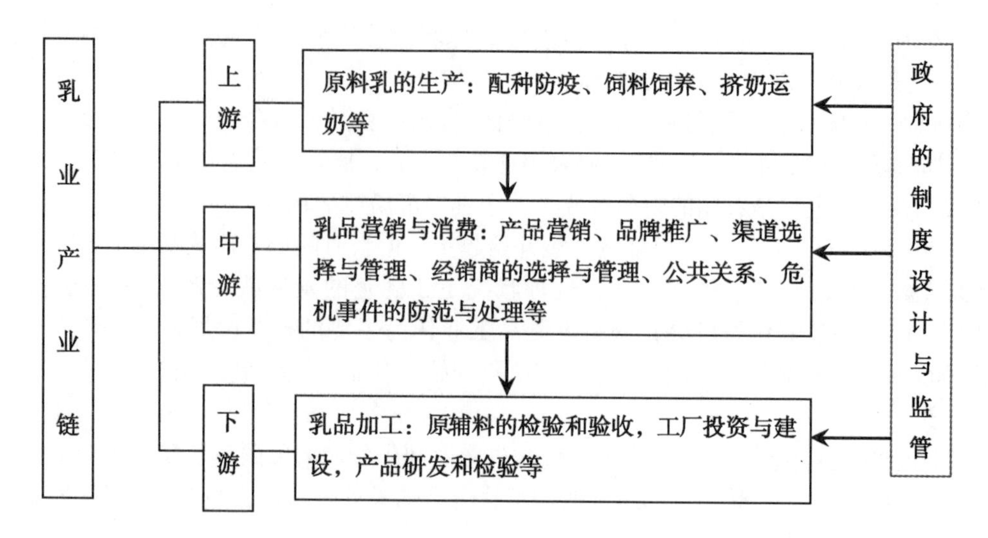

图 2　中国乳业的产业链

四、中国的奶源现状

（一）历史回顾

20 世纪 80 年代初，乳品行业的主要矛盾是发展奶源保障供给的问题；20 世纪 80 年代末，是解决原料乳掺碱、掺水、掺尿素、掺铵肥等“初级造假”问题；20 世纪 90 年代，是降低菌落总数、致病菌、农药残留、硝酸盐和亚硝酸盐等卫生指标问题；21 世纪初，是解决抗生素、体细胞等卫生指标和包括水解动物蛋白、三聚氰胺等“高级造假”问题。

2008 年“三聚氰胺事件”以后，乳品行业进入全面的风险监控时代。

（二）奶牛存栏

2000 年，奶牛存栏 489 万头；2006 年，奶牛存栏 1 363万头；6 年间增长了近 3 倍。中国各年度奶牛存栏数如图 3 所示。

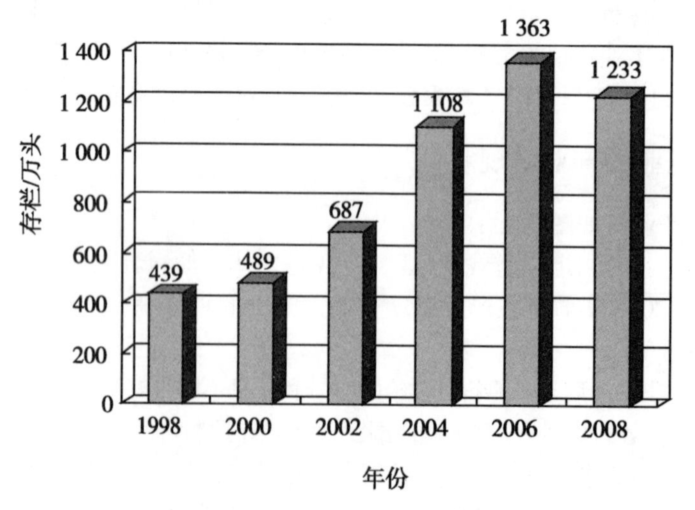

图 3　中国各年度奶牛存栏数

（三）原料乳产量

我国原料乳生产从20世纪90年代进入稳定发展时期。1992～2008年，原料乳产量由563.9万吨增长到3 781万吨，年均增长41.9%。2006年开始，中国的原料乳产量仅次于印度和美国，居世界第三位。中国近年来的原料乳产量如图4所示。

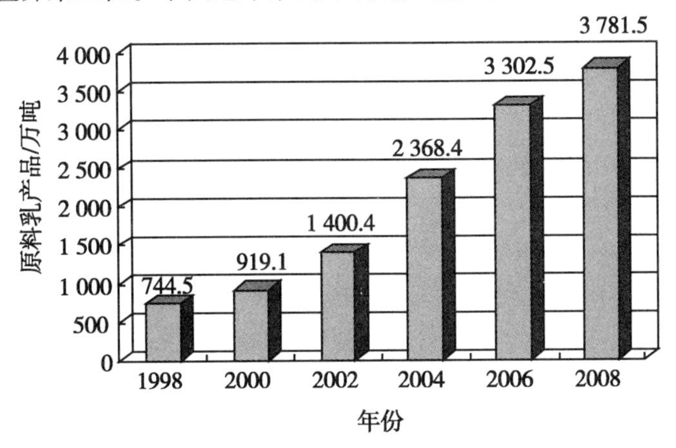

图4　中国各年度原料乳的产量

（四）奶品消费

全球人均年消费乳品约100kg，欧美国家如波兰、匈牙利等国的人均年消费约300kg，2008年，中国城镇居民人均年消费乳品22.7kg，农村居民年人均消费10.4kg。

世界及部分国家的人均乳品消费量见表4。中国居民乳品消费量如图5所示。

表4　世界及部分国家的人均乳品消费量　　单位：kg/（人·年）

消费区域	1969～1971	1979～1981	1986～1988	1988～1990	1995～1997
世界	74.0	74.1	75.6	75.1	104.0
发达国家	188.8	193.4	199.6	199.2	199.3
发展中国家	26.6	31.4	35.2	35.9	36.7
美国	246.6	233.4	246.6	247.0	260.0
法国	231.3	251.2	279.3	277.0	418.0
前苏联	191.5	171.2	171.2	175.4	-
日本	45.0	55.9	61.4	65.2	70.0
印度	33.6	38.6	50.9	54.2	58.3
中国	—	1.0	3.2	4.2	5.4
消费区域	1969～1971	1979～1981	1986～1988	1988～1990	1995～1997
世界	74.0	74.1	75.6	75.1	104.0

（五）中国乳业产区的分布

按照不同区域划分，有大城市郊区奶业产区、东北、内蒙古自治区（以下称内蒙古）奶业产区、中原奶业产区、西部奶业产区和南方乳业产区五大奶源基地产区。

其中，以东北内蒙古乳业产区和大城市郊区奶业产区的奶源质量较好，其他地区由于

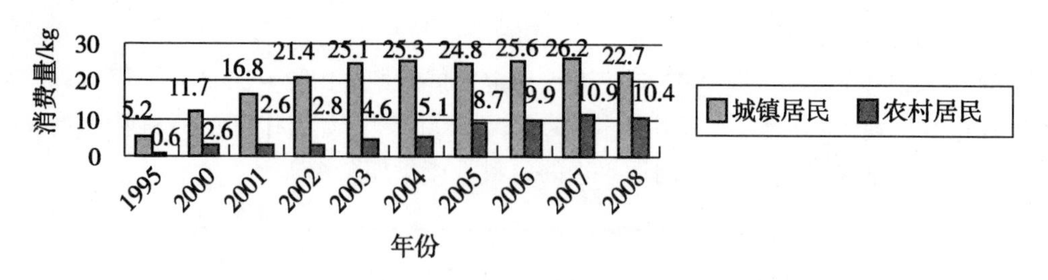

图5　中国居民乳品消费量

气候环境、生产习惯等因素的制约，普遍存在的问题是奶源不足，质量不高，单产太低。

2008 年，内蒙古、黑龙江、河北等 13 个优势省区的奶牛存栏占全国的 84.3%，牛乳产量占全国的 88.3%。

（六）奶牛养殖模式

奶牛养殖模式有散户饲养和集中饲养两种方式，而挤奶方式有手工挤奶和机械化挤奶两种方式。

奶源基地的理想模式是："集中饲养 + 机械挤乳 + 冷链贮运"，实现"从乳房到工厂，从工厂到餐桌"的全封闭运行。

国外基本上达到了理想模式，而且对原料乳控制非常严格。首先奶牛必须获得健康标识；其次饲养者必须对饲料是否含有化学物质和转基因物质作出声明；第三，在收购上，要求牧场在收购站 30 千米以内，确保 3.5h 内将奶送到收购站，降至 4℃左右保存；第四，如果菌落总数过高，奶农就会受到处罚，一年内处罚超过 12 次，奶农将被停止向工厂供奶。

主要的奶牛养殖模式如图 6 所示。

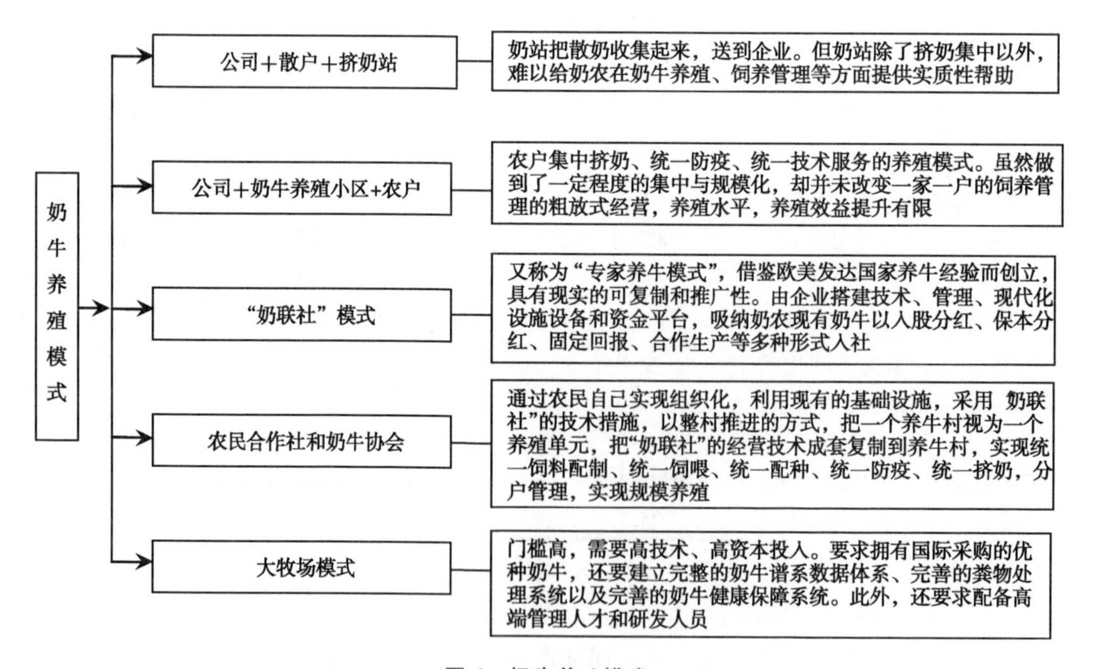

图6　奶牛养殖模式

2003 年，第一种模式约占 60%，第二种模式约占 15%，后三种模式约占 25%。到

2008 年，全国存栏 20 头以上的奶牛规模养殖比例达到 36%，比 2003 年提高了 9%；而且，挤奶机械化水平显著提高，达到 66%。中国奶牛规模化养殖情况如表 5 所示。

表 5 中国奶牛规模化养殖情况 单位：万头/%

年份	存栏数	不同类型养殖户存栏总量所占比重						
		1 ~ 5	6 ~ 20	21 ~ 100	101 ~ 200	201 ~ 500	501 ~ 1 000	1 000 以上
2003	8 932	47.52	25.55	14.64	3.60	3.22	2.78	2.69
2004	11 080	47.46	27.49	13.92	3.45	2.81	2.16	2.70
2005	12 161	43.39	27.73	17.25	3.39	3.28	2.53	2.43
2006	10 689	24.98	37.22	20.59	4.99	4.88	3.37	3.98
2007	12 189	26.04	34.13	19.77	5.21	5.72	4.32	4.81

与传统牧场相比，现代牧场具有 5 个特点：

（1）全混合日粮 TMR（Total Mixed Ration）饲喂。TMR 是根据奶牛在不同生长发育和泌乳阶段的营养需要，按营养专家设计的日粮配方，用特制的搅拌机对日粮各组份进行搅拌、切割、混合和饲喂的一种先进的饲养工艺。TMR 保证了奶牛所采食每一口饲料都具有均衡的营养。

（2）全封闭的机械化挤奶。

（3）规模养殖、分群饲养（即泌乳牛、青年牛、犊牛、干奶牛分别饲养）。

（4）选用顶级种公牛进行人工冷配。

（5）牧场全封闭管理，杜绝疾病侵入。

（七）中国奶牛平均单产

2008 年，奶牛平均单产水平达 4 804kg，比 2000 年提高了 40%，中国奶牛平均单产量如图 7 所示。

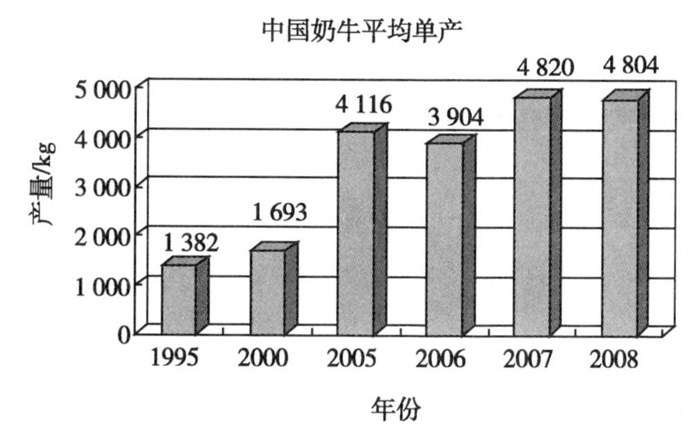

图 7 中国奶牛的平均单产

（八）中国奶源质量的主要问题

由于规模小、卫生设备不足，多数生乳的菌落总数普遍过高，其根本原因是奶牛饲养模式和卫生管理不到位。

GB/T6914—1986《生奶标准》执行到2003年，其中，按菌落总数分级，一级、二级、三级和四级的生奶菌落总数分别为50万、100万、200万和400万CFU/ml；GB19301—2003和NY5045—2008规定的菌落总数为50万CFU/ml；GB19301—2010规定的菌落总数为200万CFU/ml。

菌落总数高，加工过程可以杀灭，但解决不了代谢产物的问题。

（九）中国的奶源现状总结

1995年以来，中国奶业市场保持30%的增长速度，但奶源即奶牛养殖业的增长速度仅为10%，远远没有赶上加工能力的增长。

2007年我国奶牛存栏量有1 470万头，按照当时的消费状况，有1 000万头左右的奶牛缺口，因此，即使奶源有问题，市场的超速发展暂时将这一问题掩盖了。

总之，在奶源发展方面，我国存在3个瓶颈：一是品种优化，二是养殖技术和养殖模式，三是冷链贮运。

五、乳制品的分类

根据2009年颁布的《乳制品工业产业政策》，乳制品的定义及其种类解释如下。

以生牛（羊）乳及其制品为主要原料，经加工制成的产品称为乳制品。包括：

液体乳类：杀菌乳、灭菌乳、酸牛乳、配方乳。

乳粉类：全脂乳粉、脱脂乳粉、全脂加糖乳粉和调味乳粉、婴幼儿配方乳粉、其他配方乳粉。

炼乳类：全脂淡炼乳、全脂加糖炼乳、调味/调制炼乳、配方炼乳。

乳脂肪类：稀奶油、奶油、无水奶油。

干酪类：原干酪、再制干酪。

其他乳制品类：干酪素、乳糖、乳清粉等。

地方特色乳制品：使用特种生乳（如水牛乳、牦牛乳、羊乳、马乳、驴乳、骆驼乳等）为原料加工制成的各种乳制品，或具有地方特点的乳制品（如奶皮子、奶豆腐、乳饼、乳扇等）。

复原乳：又称“还原乳”或“还原奶”，是指以乳粉为主要原料，添加适量水制成与原乳中水、固体物比例相当的乳液。

六、乳制品标准的现状

（一）国际乳品的质量标准体系

国际乳品联合会（IDF）成立于1903年，是乳品行业唯一的世界性组织，其标准化的活动领域包括：乳品生产、卫生和质量，乳品工艺和工程，乳品行业经济销售和管理，乳品行业法规、成分标准、分类和术语，乳与乳制品的实验室技术和分析标准，乳品行业科学、营养和教育。

（二）中国的乳制品标准现状

1. 中国的食品法规体系

中国的食品法规体系如图8所示。

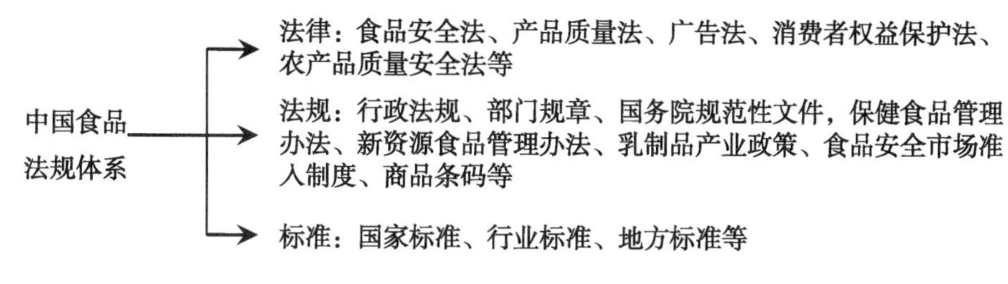

图8　中国的乳制品标准现状

2. 中国的产品标准体系

中国的产品标准体系框架如图9所示。

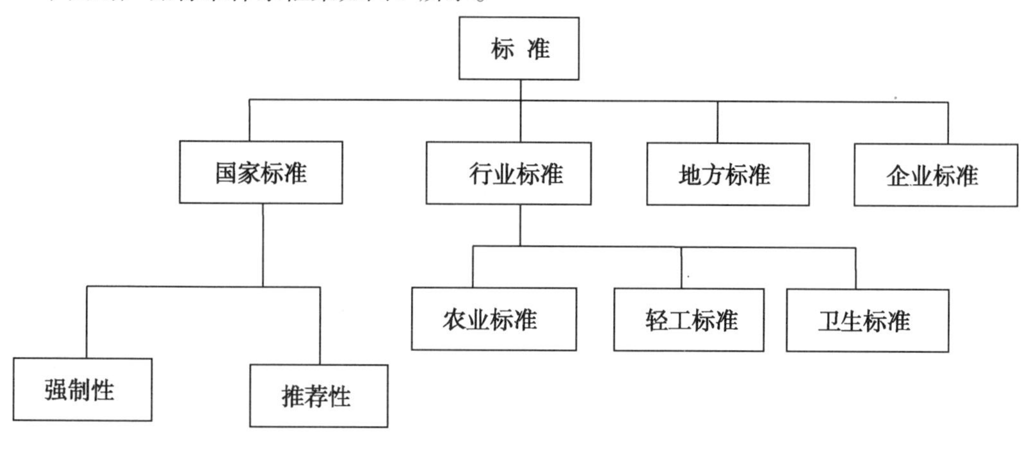

图9　中国产品的标准体系

3. 中国食品标准体系中的问题

中国的食品法规、标准体系比较庞大、复杂，其主要问题可归纳为“多、杂、乱、变”等。

多：有很多具体琐碎的产品标准，但缺乏基础标准。目前，我国食品相关的标准中，有1 000多个强制性标准，1 000多个推荐性标准，2 000多个行业标准，体系庞大，数量繁多。

杂：标准体系中包括了国家标准、行业标准、地方标准、企业标准等，其中国家标准又包含强制性标准、推荐性标准等，行业标准中又分为农业标准、轻工标准和卫生标准，标准体系错综复杂。

乱：同样的产品，其标准可能由多个部门制定，管理困难，体系混乱。例如，质检部门制定产品标准，卫生部门制定卫生标准，农业部门制定农业标准，轻工部门制定轻工标准等。很多标准间存在着矛盾和冲突，还存在着标准难理解、可操作性不强等问题。

变：很多标准不断地修订、更改，规则不断变化。例如，关于食品标签的法规和标准，很多部门出台了规定，并不断更改、变化。与标签标示有关的规定有GB 7718—2011《预包装食品标签通则》，GB 13432—2004《预包装特殊膳食用食品标签通则》，国家质量监督检验检疫总局颁布的《食品标识管理规定》，国家卫生部颁布的《食品营养标签管理办法》，工商部颁布的《食品广告管理办法》等，有些标签标准里有明确规定的条款，在后来的部门规章里，变成了另外的规定，令企业在执行过程中遇到了很多问题。可喜的是新的安全国家标准GB 7718—2011《预包装食品标签通则》和GB 28050—2011《预包装食品营养标签通则》已经颁布。

《中华人民共和国食品安全法》（以下称《食品安全法》）已于2009年6月1日实施。《食品安全法》第22条规定“国务院卫生行政部门应当对现行的食用农产品安全标准、食品卫生标准、食品质量标准和有关食品的行业标准中强制执行的标准予以整合，统一发布为“食品安全国家标准”。食品安全标准为唯一的强制性标准。根据《食品安全法》，企业标准要由省级卫生部门备案。

4. 中国的乳制品标准现状

中国乳制品标准如图10所示。

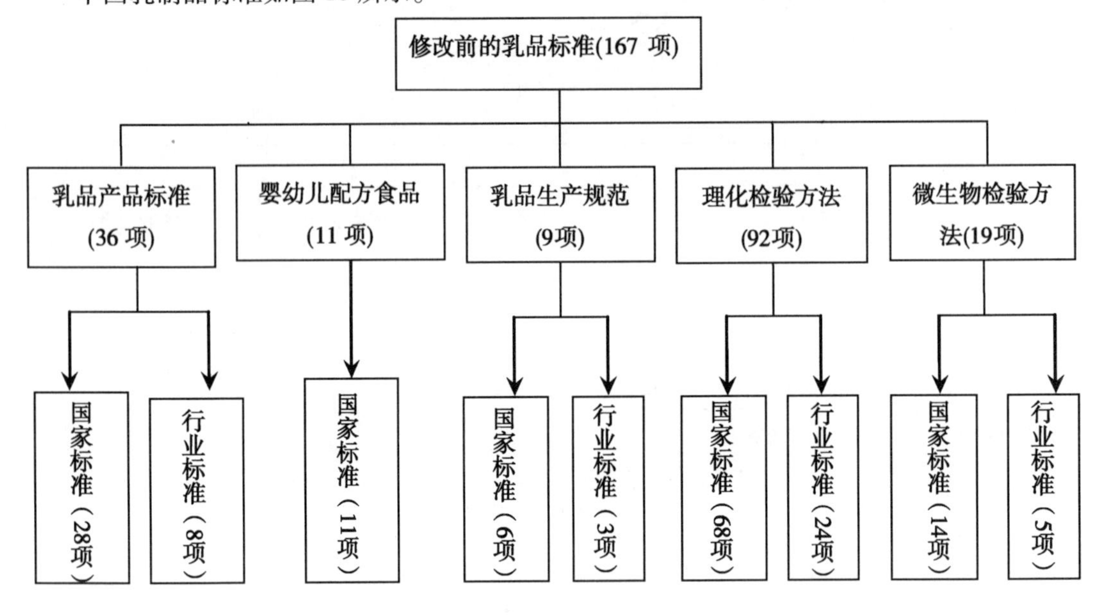

图10　中国的乳制品标准

新标准颁布之前，乳品标准存在的问题是：

（1）结构不合理　技术标准体系应包括4类标准：基础标准、工艺过程标准、产品标准以及检验方法标准。

修改前，我国乳业标准共167个，主要是产品标准和检验方法标准，基础标准和工艺标准几乎空白。片面重视最终产品的标准，但对源头的控制薄弱。产品标准和检验方法标准结合在一起能够发挥的作用，只是保证完成“检验任务”。

由国际组织颁布的标准主要不是产品标准，而是基础标准、工艺过程标准和检验方法标准。基础标准是统一对基本概念的基本行为的规范，例如，术语界定，是依据长期的研究结论制定的统领全局的总纲，要求系统严密、表达完整，因而具有长期和广泛的效用。工艺过程标准包括检验标准在内，是生产或制造全过程的技术要求，是依据基础标准，结合最新的技术进步而细化展开的“该怎么做、不该怎么做”的一套规程。实际上是建立一个联系基础标准和产品标准的“缓冲地带”，避免基础标准过于刚性和过于简洁而难以付诸实施。

比如，含乳饮料，国际上的定义是“含乳量不低于1/3的一种饮料”。企业为了在成品检验结果上便于实施，往往以其中的主要指标蛋白质和脂肪含量都>1%的产品标准来表达。但是，必须清醒地看到，从“1/3”推到“两个1%”是必然的，反过来仅仅由“两个1%”倒推到“1/3”则是或然的。

又如，三聚氰胺、黄曲霉毒素 M_1 等“外源性物质”在基础标准里的表达是“不得污染”，但产品标准则以某种检验方法的检验结果表达为“阴性”或不大于某具体数值的形式出现。

总之，基础标准和工艺标准对于规范乳品生产是重要的，一旦它们缺位就意味着动摇了整个标准体系的科学基石。

因此，对于政府的监督管理来说，如果只有产品标准和检验方法，判断产品是否合格的结论就难免带有一定的或然性。检验结果往往只是一种表象。同一个表象背后可能存在着完全不同的原因，只有分析和判断产品的生产或制造过程是否符合工艺过程要求，结论才能得到最后证实。

这就是为什么强调“安全质量不是检验出来的，而是生产制造出来的”基本理由，也是“不依赖于检验结果把关、更注重过程控制”的ISO、HACCP等质量管理体系建设的基本原因。

（2）成品质量与原料乳质量完全脱钩　1986年的生乳标准按卫生程度分级，但没有规定分级使用的范围，导致巴氏杀菌乳、灭菌乳等工艺雷同。

（3）标准过时　比如1986年的生乳国家标准执行了24年，早就过时了。

（4）标准本身不标准　同样的产品，其标准可能由多个部门制定，体系混乱；许多标准相互交叉、重复和矛盾。

5. 修订后的乳品安全国家标准

三聚氰胺事件发生后，2008年11月由卫生部牵头成立了乳品质量安全标准工作协调组和乳品质量安全标准工作专家组。

2009年1月7日在北京召开了第一次专家组会议，中国疾病控制中心、农业部、质检总局、国家标准化管理委员会、中国食品发酵工业研究院、全国乳制品标准化技术委员会及企业代表参会。

2010年3月26日发布了新的《乳品安全国家标准》，共有66项，减少了101项。66项新标准中，包括：产品标准15项、生产规范2项、检验方法标准49项。之后，又增加了两项产品标准，分别是《特殊医学用途婴儿配方食品通则》和《乳糖》。

新的乳品安全国家标准，基本解决了原有乳品标准中的矛盾、重复、交叉和指标设置不科学等问题，提高了乳品安全国家标准的科学性，形成了统一的乳品安全国家标准体系，这些标准包括：

GB 19301—2010　生乳
GB 19645—2010　巴氏杀菌乳
GB 25190—2010　灭菌乳
GB 25191—2010　调制乳
GB 19302—2010　发酵乳
GB 13102—2010　炼乳
GB 19644—2010　乳粉
GB 11674—2010　乳清粉和乳清蛋白粉

GB 19646—2010　稀奶油、奶油和无水奶油
GB 5420—2010　干酪
GB 25192—2010　再制干酪
GB 10765—2010　婴儿配方食品
GB 10767—2010　较大婴儿和幼儿配方食品
GB 10769—2010　婴幼儿谷类辅助食品
GB 10770—2010　婴幼儿罐装辅助食品
GB 12693—2010　乳制品良好生产规范
GB 23790—2010　粉状婴幼儿配方食品良好生产规范
GB 5413. 33—2010　生乳相对密度的测定
GB 5413. 30—2010　乳和乳制品杂质度的测定
GB 5413. 34—2010　乳和乳制品酸度的测定
GB 5413. 3—2010　婴幼儿食品和乳品中脂肪的测定
GB 5413. 29—2010　婴幼儿食品和乳品溶解性的测定
GB 5413. 27—2010　婴幼儿食品和乳品中脂肪酸的测定
GB 5413. 5—2010　婴幼儿食品和乳品中乳糖、蔗糖的测定
GB 5413. 6—2010　婴幼儿食品和乳品中不溶性膳食纤维的测定
GB 5413. 9—2010　婴幼儿食品和乳品中维生素 A、D、E 的测定
GB 5413. 10—2010　婴幼儿食品和乳品中维生素 K_1 的测定
GB 5413. 11—2010　婴幼儿食品和乳品中维生素 B_1 的测定
GB 5413. 12—2010　婴幼儿食品和乳品中维生素 B_2 的测定
GB 5413. 13—2010　婴幼儿食品和乳品中维生素 B_6 的测定
GB 5413. 14—2010　婴幼儿食品和乳品中维生素 B_{12}的测定
GB 5413. 15—2010　婴幼儿食品和乳品中烟酸和烟酰胺的测定
GB 5413. 16—2010　婴幼儿食品和乳品中叶酸（叶酸盐活性）的测定
GB 5413. 17—2010　婴幼儿食品和乳品中泛酸的测定
GB 5413. 18—2010　婴幼儿食品和乳品中维生素 C 的测定
GB 5413. 19—2010　婴幼儿食品和乳品中游离生物素的测定
GB 5413. 21—2010　婴幼儿食品和乳品中钙、铁、锌、钠、钾、镁、铜和锰的测定
GB 5413. 22—2010　婴幼儿食品和乳品中磷的测定
GB 5413. 23—2010　婴幼儿食品和乳品中碘的测定
GB 5413. 24—2010　婴幼儿食品和乳品中氯的测定
GB 5413. 25—2010　婴幼儿食品和乳品中肌醇的测定
GB 5413. 26—2010　婴幼儿食品和乳品中牛磺酸的测定
GB 5413. 35—2010　婴幼儿食品和乳品中 β - 胡萝卜素的测定
GB 5413. 36—2010　婴幼儿食品和乳品中反式脂肪酸的测定
GB 5413. 37—2010　乳和乳制品中黄曲霉毒素 M_1 的测定
GB 5009. 5—2010　食品中蛋白质的测定
GB 5009. 3—2010　食品中水分的测定

GB 5009.4—2010　食品中灰分的测定
GB 5009.12—2010　食品中铅的测定
GB 5009.33—2010　食品中亚硝酸盐与硝酸盐的测定
GB 5009.24—2010　食品中黄曲霉毒素 M_1 和 B_1 的测定
GB 5009.93—2010　食品中硒的测定
GB 21703—2010　乳和乳制品中苯甲酸和山梨酸的测定
GB 22031—2010　干酪及加工干酪制品中添加的柠檬酸盐的测定
GB 5413.38—2010　生乳冰点的测定
GB 5413.39—2010　乳和乳制品中非脂乳固体的测定
GB 4789.1—2010　食品微生物学检验　总则
GB 4789.2—2010　食品微生物学检验　菌落总数测定
GB 4789.3—2010　食品微生物学检验　大肠菌群计数
GB 4789.4—2010　食品微生物学检验　沙门氏菌检验
GB 4789.10—2010　食品微生物学检验　金黄色葡萄球菌检验
GB 4789.15—2010　食品微生物学检验　霉菌和酵母计数
GB 4789.18—2010　食品微生物学检验　乳与乳制品检验
GB 4789.30—2010　食品微生物学检验　单核细胞增生李斯特氏菌检验
GB 4789.35—2010　食品微生物学检验　乳酸菌检验
GB 4789.40—2010　食品微生物学检验　阪崎肠杆菌检验
GB 25595—2010　乳糖
GB 25596—2010　特殊医学用途婴儿配方食品通则

第一章　乳畜品种及其产乳性能

现在的乳业用畜是野生动物经驯化而来，即乳畜是人类长期有目的地精心选择和培育的专门品种，以产乳为主。

通常是选择草食性动物，这是因为草食动物比食肉动物安全并易于饲养，而且草食动物也不与人类直接争夺营养源，因为它们吃草，而人类不能。

驯养的草食乳畜动物除了马和驴之外都是反刍动物，包括：乳用牛、水牛、牦牛和乳山羊等；其中乳用牛占据绝对地位。

反刍动物食量很大，进食速度也很快，之后再反刍已食入的食物。

第一节　世界著名奶牛

全世界著名的奶牛有：荷斯坦牛、蒙贝利亚牛、丹麦红牛、乳用短角奶牛、瑞士褐牛、更赛牛、爱尔夏牛、娟姗牛、水牛等。

1. 荷斯坦牛（Holstein）

荷斯坦牛原产于荷兰北部的北荷兰省（North Holland）和西弗里生省（West Friesland），原称荷兰牛（Holland Friesian）。19 世纪 70 年代开始输出到世界各地，尤以德国的荷斯坦省出名，故称荷斯坦牛。因其毛色为黑白花片，故通称黑白花牛（Black and White），如图 1－1 所示。

荷斯坦牛是世界上产乳量最高、数量最多、分布最广的奶牛品种。

外貌特征：体格高大，结构匀称，皮下脂肪少，乳房特别庞大，乳静脉明显，后躯较前躯发达，侧望呈楔形，具有典型的乳用型外貌。

生产性能：产奶量为各奶牛品种之冠，年产奶量（单产）6 500～7 500kg，乳脂率 3.6%～3.7%。

图 1－1　荷斯坦牛

图 1－2　蒙贝利亚牛

2. 蒙贝利亚牛（Montbeli Arde Cows）

蒙贝利亚牛属乳肉兼用品种，原产于法国东部的道布斯（Doubs）县，如图1－2所示。有较强的适应性和抗病力，耐粗饲，适宜于山区放牧，具有良好的产奶性能，较高的乳脂率和乳蛋白率，以及较为突出的肉用性能。

生产性能：1994年，法国蒙贝利亚牛平均单产6 770kg，乳脂率3.85%，乳蛋白率3.38%。

3. 丹麦红牛（Danish Red Cattle）

丹麦红牛属乳肉兼用品种，原产于丹麦的默恩、西兰、洛兰等岛屿。

外貌特征：体型大，体躯长而深，胸部向前突出，有明显的垂皮，背长稍凹，腹部容积大，乳房发达，发育匀称，乳头长8~10厘米。被毛为红色或深红色，如图1－3所示。

生产性能：个体最高单产纪录11 896kg，乳脂率4.31%，乳蛋白率3.49%。

图1－3 丹麦红牛

图1－4 乳用短角奶牛

4. 乳用短角奶牛（Shorthorn）

乳用短角奶牛为乳肉兼用型，原产于英格兰东北部。由于是从当地土种长角牛改良而来，改良后的牛角较短小，故称为短角牛。该牛耐高温耐严寒，适应性强。

外貌特征：短角牛分为有角和无角两种。角细短，呈蜡黄色，角尖黑。被毛多为深红色或酱红色，少数为红白沙毛或白毛，部分个体腹下或乳房部有白斑，鼻镜为肉色，眼圈色淡。体型清秀，乳房发达，如图1－4所示。

生产性能：单产2 800~3 800kg，乳脂率3.5%~4.2%。

5. 瑞士褐牛（Brown Swiss）

瑞士褐牛属乳肉兼用品种，原产瑞士阿尔卑斯山区。

外貌特征：被毛为褐色，在鼻镜四周有一浅色或白色带，鼻、舌、角尖、尾帚及蹄为黑色。头宽短，额稍凹陷，颈短粗，胸深，背线平直，乳房匀称。成熟较晚，通常比荷斯坦牛生产晚3个月，即性成熟年龄12月龄，适配年龄14~16月龄，如图1－5所示。

生产性能：单产3 900~5 800kg，乳脂率3.2%~4.0%。

图 1-5　瑞士褐牛

图 1-6　更赛牛

6. 更赛牛（Guernsey）

更赛牛属于中型乳用品种，原产于英国更赛岛。该岛距娟姗岛仅 35 千米，故气候与娟姗岛相似，雨量充沛，牧草丰盛。1877 年成立更赛牛品种协会，1878 年开始良种登记。

外貌特征：头小，额狭，角较大；颈长而薄，后躯发育较好，乳房发达，呈方形，但不如娟姗牛匀称。被毛为浅黄或金黄；腹部、四肢下部和尾帚多为白色，额部常有白星，鼻镜为深黄或肉色，如图 1-6 所示。

生产性能：平均单产 3 500 ~6 659kg，平均乳脂率 4.49%，平均乳蛋白率 3.48%。更赛牛以高乳脂、高乳蛋白以及奶中较高的胡萝卜素含量而著名。

7. 爱尔夏牛（Ayrshire）

爱尔夏牛属于中型乳用品种，原产于英国爱尔夏郡。该牛种最初属肉用，1750 年开始引用荷斯坦牛、娟姗牛等乳用品种杂交改良，于 1814 年育成为乳用品种。

外貌特征：角细长，体格中等，结构匀称。该品种外貌的重要特征是其奇特的角形及被毛有小块的红斑或红白纱毛。鼻镜、眼圈为浅红色。乳房发达，发育匀称呈方形，乳头中等大小，乳静脉明显，如图 1-7 所示。

生产性能：产奶量低于荷斯坦牛，但高于娟姗牛和更赛牛。平均单产 4 000 ~5 448 kg，乳脂率 3.9% ~5.0%。

图 1-7　爱尔夏牛

图 1-8　娟姗牛

8. 娟姗牛（Jersey）

娟姗牛是世界上仅有的第二个乳用专用牛品种，原产于英吉利海峡的娟姗岛（也称哲尔济岛），其育成史已不可考，有人认为是由法国的布里顿牛（Brittany）和诺曼蒂牛

（Normondy）杂交而成。

外貌特征：体型小，两眼间距宽，眼大而明亮。乳房发育匀称，形状美观，乳静脉粗大而弯曲，后躯较前躯发达，体型呈楔形。性成熟年龄10月龄，适配年龄15~16月龄。由于其乳脂率高，适于热带气候，对于改良热带的乳牛很有帮助，如图1-8所示。

生产性能：最大特点是乳脂浓厚，乳脂肪球大，易于分离，风味好，适于制作黄油。单产3 000~3 500kg，乳脂率5%~7%，是乳用牛中的高脂品种。

9. 水牛（Buffalo）

全球约有水牛1.4亿头，90%分布于亚洲。我国水牛的数量达2 000多万头，仅次于印度，据世界第二位。

水牛是热带、亚热带地区特有的畜种，主要为役用，但在产肉和产乳等方面也有较大潜力。有些国家的水牛即以乳用为主，如埃及的水牛乳占全国乳产量的65%，印度为55%等。

水牛分沼泽型和江河型两种。我国及东南亚一带的水牛属于沼泽型，印度的么拉水牛、巴基斯坦的尼里-瑞非水牛属于江河型。

么拉水牛（Murrah）：是世界上著名的乳用水牛品种。原产于印度么纳河（Yamuna）西部地区。泌乳期8~10个月，单产1 400~2 000kg，乳脂率7.0%~7.5%。

尼里-瑞非（Nili-Ravi）水牛：简称尼里水牛，原产于巴基斯坦，泌乳期305天，单产2 000~2 700kg，乳脂率6.9%。

第二节 中国的奶牛品种

中国的奶牛品种有中国荷斯坦牛、三河牛、科尔沁牛、新疆褐牛、草原红牛、中国西门塔尔牛、水牛、牦牛、娟姗牛等，其中，娟姗牛属于热带品种，仅在广州地区小范围内饲养。

1. 中国荷斯坦牛（Chinese Holstein）

在全球范围内，现有的奶牛品种基本上都是原产荷斯坦而后在各地经改良的品种，在我国就称中国荷斯坦，即原来的中国黑白花。中国荷斯坦牛是中国奶牛的主流品种，原称中国黑白花牛（Chinese Black and White Dairy Cattle）。

19世纪70年代，我国就开始引进荷斯坦牛。除纯种繁殖外，还用纯种黑白花公牛或冻精，长期与各地黄牛进行杂交和选育，逐渐形成了中国黑白花牛品种，1987年由农业部和中国乳牛协会共同验收鉴定，为了与国际接轨，1992年农业部批准更名为“中国荷斯坦牛”。

该品种是我国唯一的乳用牛品种，其他为乳肉兼用品种。

外貌特征：体质细致结实，结构匀称，毛色为黑白相间，花片分明，额部有白斑，腹下、四肢膝关节以下及尾帚呈白色。乳房附着良好，质地柔软，乳静脉明显，乳头大小和分布适中，如图1-9所示。

生产性能：规模牧场单产5 000 ~ 7 000 kg，全国平均单产3 900 kg，乳脂率

3.3% ~3.4%。

2. 三河牛（San-he Cattle）

三河牛是我国最早开始培育也是我国唯一的优良乳肉兼用品种，主要分布在呼伦贝尔盟的三河地区（根河、得勒布尔河、哈布尔河）。

三河牛育成历史较久，早在1898年帝俄修建中东铁路时，白俄的铁路员工带入一批奶牛（400头左右）分布在满洲里、滨州铁路沿线。在这些牛群的基础上，经过长期互交，并从1954年开始选育，形成了以红（黄）白花牛为主的三河牛雏形，并逐步形成了一个耐寒，适应性强，乳脂率高，乳用性能好的品种，如图1－10所示。

该品种于1989年9月通过验收，并由内蒙古人民政府批准正式命名。目前，该品种牛约有11万头。

生产性能：平均单产2 500kg，乳脂率4.1%，乳干物质12.5%。

图1－9　中国荷斯坦牛

图1－10　三河牛

3. 科尔沁牛（Kerqin Cattle）

科尔沁牛属乳肉兼用品种，主产于内蒙古东部地区的科尔沁草原。科尔沁牛是以西门塔尔牛为父本，蒙古牛、三河牛为母本，采用育成杂交方法培育而成。1990年通过鉴定，并由内蒙古自治区人民政府正式验收命名为“科尔沁牛”。

外貌特征：被毛为黄（红）白花，白头，体格粗壮，胸宽深，四肢端正，后躯及乳房发育良好，乳头分布均匀，如图1－11所示。

生产性能：280天产奶3 200kg，高产牛达4 643kg，乳脂率4.17%。

4. 新疆褐牛（Xinjiang Brown Cattle）

新疆褐牛属于乳肉兼用品种，主产于新疆伊犁和塔城地区。1935年，伊犁和塔城地区引用瑞士褐牛与当地哈萨克牛杂交。1951年，又先后从原苏联引进含有瑞士褐牛血统的阿拉塔乌牛和少量的科斯特罗姆牛继续进行改良。1977年后又从原西德和奥地利引入三批瑞士褐牛。历经半个世纪的选育，1983年通过鉴定，批准为乳肉兼用新品种。

外貌特征：体躯健壮，呈半椭圆形。被毛为深浅不一的褐色，口轮周围及背线为灰白色或黄白色，眼睑、鼻镜、尾帚、蹄呈深褐色，如图1－12所示。

生产性能：舍饲条件下，单产2 100～3 500kg，乳脂率4.03%～4.08%，乳干物质13.45%；在放牧条件下，泌乳期约100天，产奶量1 000kg，乳脂率约4.43%。

图1-11 科尔沁牛

图1-12 新疆褐牛

5. 草原红牛（Chinese Range Red Cattle）

草原红牛是我国培育的乳肉兼用品种，主产于吉林省白城地区、内蒙古的昭乌达盟、河北张家口地区、新疆维吾尔自治区（以下称新疆）伊犁地区等。

草原红牛是乳肉兼用的短角牛与蒙古牛杂交选育而成，1973 年命名为草原红牛。

外貌特征：被毛为紫红色或红色，体格中等，头较轻，角细短，向上方弯曲。颈肩结合良好，胸宽深，背腰平直。乳房发育较好，如图 1-13 所示。

生产性能：泌乳期 220 天，单产 1 662 ~ 2 150kg，乳脂率 4.02%。

6. 中国西门塔尔牛（Chinese Simmental）

中国西门塔尔牛原名红花牛，属乳肉兼用品种，原产瑞士阿尔卑斯山区的西门塔尔平原，因而得名。其产乳性能被列为高产乳牛品种，产肉性能也不逊于专用肉牛品种，因此西门塔尔牛是世界各国的主要引进对象。

20 世纪 50 年代开始，中国开始引进，经过与本地黄牛级进杂交选育而成中国的西门塔尔牛。2001 年 10 月通过国家品种审定，目前，有山区、草原、平原三大类群，存栏 700 万头以上。

外貌特征：被毛光亮，毛色为黄白花或淡红花，花斑分布整齐，头部白色或带眼圈，尾帚、四肢和肚腹为白色，角蹄蜡黄色，乳房发育良好，如图 1-14 所示。

生产性能：单产 3 500 ~ 4 500kg，乳脂率 3.9% ~4.2%。

图1-13 草原红牛

图1-14 中国西门塔尔牛

7. 水牛（Buffalo）

中国水牛主要分布在淮河以南的水稻产区。

其中，温州水牛的历史最长，约有100年的历史，是较好的役乳兼用水牛，耐粗饲，抗病力强。平均单产500～1 250kg，乳脂率7.4%～11.6%，干物质可达21.8%。乳脂浓厚，脂肪球大，味香纯正，为牛乳中之上品。

而广西壮族自治区（以下称广西）水牛的资源丰富，存栏量居全国首位，现有各类水牛438万头。同时广西拥有我国唯一的2个外来江河型乳用水牛品种，建有国家级重点水牛种牛场，还有全国唯一获准生产、经营水牛冻精的国家级水牛种公牛站和拥有全国唯一的水牛研究所。

8. 牦牛（Yak）

牦牛起源于中国，因叫声似猪，故也称“猪声牛”。

牦牛生活在海拔3 000～5 000m的高山草原上，主要分布在青海、四川、甘肃、新疆、云南等省区的高山地区。

中国是世界上拥有牦牛最多的国家，现有牦牛1 400万头，占世界牦牛总数的90%。

外貌特征：与普通牛有较大差异。牦牛全身被毛粗长，毛色较杂；体质强壮；尾短，但尾毛密长，形如马尾。乳腺不够发达，乳静脉不明显，乳头细而短，四个乳区发育不匀称。

生产性能：泌乳期4～5个月，全期产乳量450～600kg，干物质17.31%～18.40%，乳脂率6.5%～7.5%，乳脂肪球大，适于加工奶油；乳蛋白也丰富，达5%～5.32%。

第三节　高产优质奶牛的外貌特征

高产奶牛是指305天产乳6 000kg以上，含脂率3.4%的奶牛。

图1－15　高产优质奶牛的外貌特征

外貌特征：全身清瘦，棱角突出，体大肉少；后躯较前躯发达，中躯较长，体型呈楔形（三角形）。如图1－15所示。

各种部位的具体要求为：

头清秀而长，角细而光滑，颈长有细皱纹；胸深长，肋间宽，背腰宽平，腹围大；皮肤有弹性，皮下脂肪不发达，被毛光滑。

乳房发育好，乳房基部应充分地前伸后延，前乳房应向前延伸至腹部和腰角前缘，后乳房应向后股间的后上方充分延伸、附着较高，使乳房充满于股间而突出于躯体的后方；4个乳区发育均匀对称，底部平坦，容积大，呈“浴盆状”。

乳头长且呈圆柱状（乳房长度与产奶量呈正相关），大小均匀，垂直，相互距离宽；弯曲而明显的乳静脉；宽而大的乳镜（乳镜是奶牛后乳房背面沿会阴向上夹于两后肢之间的稀毛区，该处被毛向上生长，与正常毛向相反）；粗而深的乳井（乳井又称乳泉，是乳静脉在第八、第九肋骨进入胸腔的孔道，在腹下左右两侧各一个，个别奶牛有三个或者更多，乳井的粗细同乳静脉大致相当，一般认为，乳井大，乳静脉也粗大，通过乳房的血量多，反映奶牛的泌乳机能旺盛）。

第四节　乳的分泌与生成

一、泌乳周期

分娩后自乳腺可分泌乳汁。某些动物如反刍动物、啮齿类动物的乳腺一般在接近临产时开始分泌乳汁，但只有分娩后才能分泌大量乳汁。

母畜每次分娩后持续分泌乳汁的时期称为泌乳期，哺乳动物泌乳原本是专门哺乳幼畜的，所以泌乳期就是哺乳期。

各种动物的泌乳期长短不一，猪约 60 天，黄牛和水牛 90 ~ 120 天，经人工选育的乳牛泌乳期长达 300 天。

在整个泌乳期，泌乳初期的泌乳量逐日增加，乳牛为 3 ~ 6 周达到高峰，并保持一段时间的平稳产量，以后逐渐下降。

乳牛泌乳期间还要再妊娠，以便能够保持连续产乳，所以在妊娠后期乳牛要停止泌乳，在此阶段，挤奶停止，进入非泌乳期，一般休息 40 ~ 60 天，直到下次分娩为止，这段时期称为干乳期。

通常一头母牛可连续五年产乳，在第一个泌乳期产奶量要略低一些。

哺育一头小牛约需 1 000L 牛乳，这是以前母牛为哺育每头小牛的产乳量。自从人类使用乳牛为自己服务以来，情况发生了巨变。乳牛育种的结果，使每一次产犊后，乳牛产奶量可达 6 000L 或更高。

乳牛必须在产犊后才开始泌乳。青年牛在 7 ~ 8 月龄达到性成熟，但通常要到 15 ~ 18 月龄才开始配种。母牛孕期为 265 ~ 300 天，随不同牛的品种各有差异，因此，一个青年牛在 2 ~ 2.5 岁时才能产第一胎。

产犊后乳牛有 10 个月的产乳期，产犊后 1 ~ 2 个月乳牛再次配种，经产犊 5 次后，乳牛被淘汰。

关于乳牛的寿命，在黑水的爱尔兰村一头名叫 Big Bertha 的乳牛死于 1993 年 12 月 13 日，它可能是世界上寿命最长的乳牛，它活了 49 岁。

二、乳腺

乳腺由皮肤腺体衍生而来，所有哺乳动物，不论雌雄都有乳腺，但只有雌畜的乳腺才能充分发育并具备泌乳能力。

乳腺的位置和数量有明显的畜种差异，牛有 2 对位于腹股沟部的乳腺，马羊等有 1 对位于腹股沟的乳腺，杂食和肉食动物有好几对位于腹部白线两侧的乳腺。

乳是从母牛乳房中分泌出来的，图 1 - 16 为乳房的剖面图。

乳房由含有泌乳细胞的乳腺组成。乳腺被包围在肌肉组织中，并与乳房结成一体，使乳房在受到踢动或撞击时得到保护、免受伤害。

乳腺含有大量被称为腺泡的微小囊状组织（约 20 亿个）。真正的泌乳细胞位于腺泡的内壁上，8 ~ 120 个腺泡结为一组，通过细微的乳导管送到较大的乳导管，然后输入位于乳头上方的乳腺乳池，乳腺乳池能贮存乳房中 30% 的乳。

腺乳池延伸到乳头部分称为乳头乳池，乳头的末端是一条 1 ~ 1.5cm 长的乳道，在挤

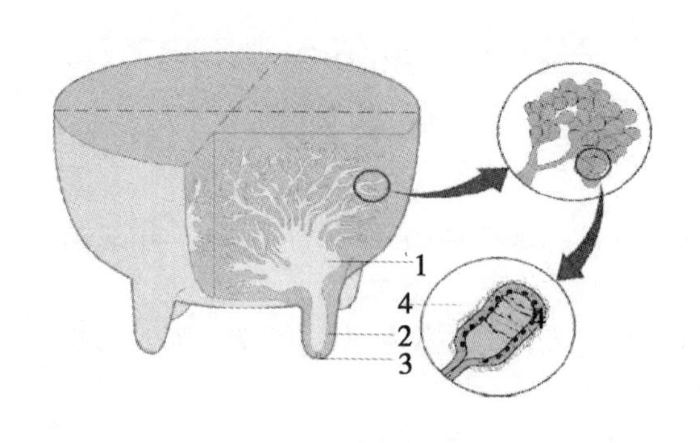

图1－16　乳房的剖面图

1. 乳腺乳池　2. 乳头乳池　3. 乳头管　4. 乳腺泡

乳间歇期间，乳道由括约肌控制闭合，以防止乳汁外溢及外界细菌的侵入。

整个乳房交织着血管和淋巴管，分布在腺泡周围的毛细血管将来自心脏血液中的营养物质提供给乳房的泌乳细胞，用于乳的合成。输送完营养物质的血液经毛细血管流入静脉，并回流到心脏。每天流经乳房的血液有90 000L，每800～900L血液生成1L牛乳。

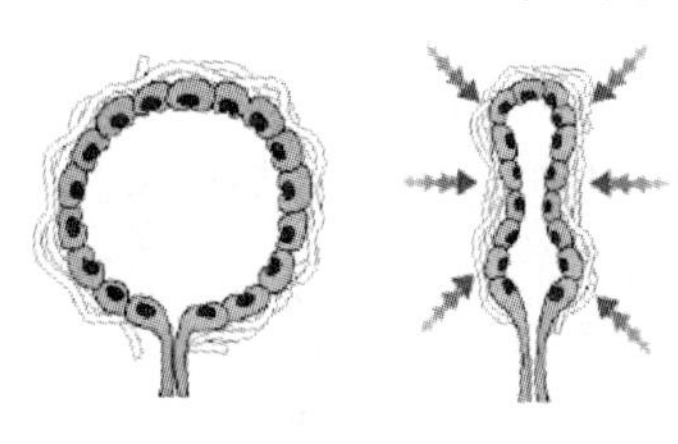

图1－17　腺泡中乳的排出

当乳腺泡泌乳时，其内压上升。如果乳没有被挤出，内压达到一定程度时，泌乳就会停止。压力的增加迫使少量乳进入较大的乳导管，并进入乳腺乳池。然而大部分乳依然贮存在腺泡内和细小的乳导管内。由于这些毛细乳导管太细，所以乳无法自流通过。在挤奶时，腺泡周围的肌细胞能起到挤压作用，使乳进入较大的乳导管中，见图1－17。

三、乳分泌的发动与维持

乳的生成包括乳的分泌和乳的排出两个独立而又互相制约的过程，乳从乳腺内有规律的完全排空是维持泌乳的必要条件。

1. 乳分泌的发动

脑垂体对于发动泌乳的调控是必不可少的。单独给予催乳素或肾上腺皮质激素对乳汁生成是不起作用的，需要催乳素、生长激素和肾上腺皮质激素的协同作用。

在妊娠期间，脑垂体的催乳素被胎盘和卵巢分泌的大量雌激素和孕酮所抑制，因此，不释放催乳素。分娩以后，孕酮和雌激素明显下降并维持在较低水平，从而解除了对脑垂体的抑制，使催乳素迅速释放，强烈促进乳的生成和分泌。

此后血中的催乳素保持一定水平，以维持正常的乳汁分泌；同时血中肾上腺皮质激素浓度也在增高，与催乳素协同作用发动泌乳。

2. 泌乳的维持

维持泌乳的激素控制与发动泌乳基本相同，催乳素、肾上腺皮质激素、生长激素等多种激素的协同作用是维持泌乳所必需的。

在泌乳期切除脑垂体，将使泌乳停止；而且在泌乳期，甲状腺的活动与泌乳量呈正相关，切除甲状腺或给予抗甲状腺药物，常使泌乳量严重下降。

注射甲状腺素或3，5，3-三碘甲酰原氨酸，或口服碘化酪蛋白，都能使牛羊的泌乳量增加，但若长期应用外源性激素可使机体本身的甲状腺活动受到抑制。

第五节　中国奶牛的主要问题

中国奶牛的主要问题是单产低。在国外，奶牛年均单产8～9吨，而在国内只有3.9吨，造成这种差异的主要原因包括：

（1）品种改良：虽然都是从荷斯坦牛改良而来，但改良后的品种，各地区间差异较大。

（2）饲养管理水平的差异。

（3）气候：荷斯坦牛属于寒性品种，这也是北方比南方的气候条件更适合奶牛生长和产奶的原因。

（4）生物技术落后，近年来国外采用BST（即牛生长激素）来提高乳牛的产奶量。

第六节　乳　羊

乳羊（绵羊 ewe，山羊 goat）是仅次于乳牛的主要乳畜，尤其对于地中海地区国家和亚洲的很多地区尤为重要。

一、乳绵羊

受绵羊生存条件的限制，每一泌乳期它们的产奶量大多不超过100kg。

然而，有些品种因高产奶量和良好的产奶能力被归为产奶品种，这些品种包括法国的Lacanue，德国的东佛里生乳绵羊 East Friesian，近东地区的 Awassi 和罗马尼亚、匈牙利和保加利亚的 Tsigaya，其中 East Friesian 和 Awassi 品种的产乳量可达500～650kg。

其中东佛里生乳绵羊是绵羊品种中产乳性能最好的品种，适应温带气候。体格大，无角，泌乳期较长，可达260～300天，单产550～810kg，乳脂率6%～6.5%

每只绵羊可使用5年，其孕期约5个月，多数品种绵羊平均每年产羔1～1.5只。幼母绵羊长到12～13月龄可以配种。

绵羊乳中脂肪球直径为0.5～25μm，多数为3～8μm，约为牛乳脂肪球的两倍大。绵羊乳脂肪中所含辛酸和癸酸量较牛乳中略多一些，故而绵羊乳制品带有特殊的滋味和气味。

绵羊乳是典型的“酪蛋白乳”，其酪蛋白含量平均为4.5%，而乳清蛋白仅占1%左右。这样从组分上说，绵羊乳中酪蛋白与乳清蛋白的比例与牛乳不同，对应为82：18和80：20。

二、乳山羊

山羊是最早被驯养的反刍动物之一，最早源于亚洲，现已遍布全球。山羊是非常能吃苦的动物，它们能在其他动物难于生活的地方生存。不同于绵羊，山羊不是群居动物。

山羊的品种极多，很难确定哪一种是乳用品种。目前，全球有60多个乳山羊品种，其中以瑞士莎能（Saanen）和吐根堡（Toggenberg），以及努比亚等乳山羊数量多、分布广、产乳量高。

我国是世界上饲养乳山羊最多和研究乳山羊最早的国家之一，我国培育的乳山羊品种主要有关中乳山羊和崂山乳山羊，都是莎能乳山羊和当地山羊杂交培育而成，主要分布在黄河中下游和东北平原，以陕西、山东、河南、河北等省为主。

山羊乳中酪蛋白与乳清蛋白的比例约75∶25，而牛乳的比例是80∶20，较高的乳清蛋白含量使山羊乳对加热较为敏感。

（一）萨能乳山羊

萨能乳山羊原产于瑞士萨能山谷，该地区属于阿尔卑斯山区，牧草丰盛、气候凉爽，适于放牧。我国20世纪初由外国传教士引入，目前，我国的乳山羊绝大多数是萨能乳山羊和本地乳山羊的杂交种。

外貌特征：具有头长、颈长、躯干长及腿长的“四长”特点。

生产性能：萨能乳山羊利用年限较长，可达10年以上。泌乳期300天，单产600～1 200kg，乳脂率3.3%～4.4%，乳蛋白3.3%，干物质11.28%～12.38%。

与其他乳山羊相比，萨能乳山羊乳的膻味重。

（二）吐根堡乳山羊

吐根堡乳山羊原产瑞士。

外貌特征：毛色呈浅或深褐色，分长毛和短毛两种类型。

生产性能：泌乳期8～10个月，单产600～1 200kg，乳脂率3.5%～4.0%。

（三）努比亚乳山羊

努比亚乳山羊原产非洲努比亚地区，繁殖力强，年产2胎，每胎2～3只羊羔，耐热耐干，但寒冷潮湿地区极不适应。

外貌特征：无须无角，羊头较小。

生产性能：泌乳期较短，仅5～6个月，日产奶2～3kg，乳脂率4%～7%，而且无膻味。

（四）关中乳山羊

关中乳山羊产于陕西关中地区，泌乳期8～9月，单产500～600kg，乳脂率为3.6%～3.8%，蛋白质3.53%，干物质12.8%。

（五）崂山乳山羊

崂山乳山羊产于山东胶东半岛，泌乳期8～9月，单产450～700kg，乳脂率3.5%～4.0%。

第二章　乳的化学组成及其性质

乳是哺乳动物分娩后从乳腺分泌的一种白色或稍带黄色的不透明液体。乳中的物质既提供能量，又提供了生长所需的全部营养，同时乳中还含有保护幼小动物免受感染的多种抗体。

第一节　乳的化学组成

乳的成分复杂，多达几百种，包括水分、脂肪、蛋白质、乳糖、盐类、维生素、酶类、气体等。除水分外，乳糖是乳中含量最多的成分（36%），其次是乳脂肪（31%）和乳蛋白（25%）。乳中除水和气体之外的物质，称为干物质（DS），或称全乳固体（TS），牛常乳中干物质含量为11% ~13%。干物质又分为脂肪和非脂乳固体（SNF），其中，乳脂肪在乳中的变化较大，因此，在实际工作中常用非脂乳固体作为指标。乳中的主要成分如表2 -1 所示。

表2 -1　乳中的主要成分　　单位:%（质量分数）

成分	平均含量	范围	占干物质的平均含量	溶液状态
水	87.1	85.3 ~88.7	—	?
非脂乳固体	8.9	7.9 ~10.0	—	?
乳糖	4.6	3.8 ~5.3	36	真溶液
脂肪	4.0	2.5 ~5.5	31	O/W 乳状液
蛋白质	3.3	2.3 ~4.4	25	胶体溶液
酪蛋白	2.6	1.7 ~3.5	20	?
矿物质	0.7	0.57 ~0.83	5.4	真溶液
有机酸	0.17	0.12 ~0.21	1.3	?
其他	0.15	—	1.2	?

* “?”表示不确定，“—”表示不含有

一、水分

水分占乳成分的85.3% ~88.7%，可分为自由水、结合水、膨胀水和结晶水。自由水是乳中的主要水分，即一般的常水，具有常水的性质，而结合水、膨胀水和结晶水则不同，具有特别的性质和作用。

（一）结合水

乳中结合水占2% ~3%，以氢键和蛋白质、乳糖或盐类结合而存在，无溶解其他物质的特性，在自由水结冰的温度下并不结冰。

由于水分子的极性，在胶体颗粒表面的结合水分子形成向水的单分子层，在单分子层上又吸附着一些微水滴，于是逐渐形成一层新的结合水。水层在加厚时胶粒越来越不能支持，结果围绕着微粒形成一层疏松的、扩散性的水层。

外水层与胶体表面联结很弱，因此，温度高时，容易和胶体分离，但内层结合水很难除去，因此，在乳粉的生产中，不可能得到绝对无水的产品，总要保留一部分结合水。在良好的干燥条件下，可保留3%左右的水分，要想除去这些水分，只有加热到150～160℃，或长时间保持在100～105℃的温度下才能达到。但乳粉受长时间高温处理后，乳成分受到破坏、乳糖焦化、蛋白质变性、脂肪氧化，从而使乳粉失去营养作用。

（二）膨胀水

膨胀水存在于凝胶粒结构的亲水性胶体内，由于胶粒膨胀程度不同，膨胀水的含量也就不同，而影响膨胀程度的主要因素为盐类、酸度、温度以及凝胶的挤压程度。

生产融化干酪时，由于柠檬酸盐或酒石酸盐形成阳离子促进膨胀，而在乳酸菌发酵中及干酪成熟时获得的膨胀水是由乳酸阴离子所致。高浓度的食盐能抑制凝胶的膨胀，这广泛地应用于干酪的生产中。

pH值降低会促进酸稀奶油的蛋白质膨胀，但在pH值4.27～4.30时，温度对蛋白质凝胶的膨胀也有影响，即温度升高，膨胀程度减少，其最适温度为4℃。

凝乳的质量也取决于其中的含水量，即取决于凝块所分离出来的水量。凝胶的挤压，也称胶体脱水收缩作用，在酸乳及干酪生产中具有很大的意义。例如，酸乳的质量随胶体脱水收缩的程度而异，当分离出酸乳总体积5%以上的乳清时，便成为次品。

（三）结晶水

结晶水存在于结晶性化合物中。当生产乳粉、炼乳以及乳糖等产品而使乳糖结晶时，就会产生含结晶水的乳制品，即乳糖中含有1个分子的结晶水（$C_{12}H_{22}O_{11} \cdot H_2O$）。

二、乳蛋白质

牛乳中的含氮化合物包括乳蛋白质（约95%）和非蛋白氮（NPN，约5%）。

乳蛋白含量2.3%～4.4%，分为酪蛋白（Casein，CN）和乳清蛋白（Whey Protein，WP）两大类，其中，CN约80%；乳清蛋白约20%；另外，还有少量的脂肪球膜蛋白和酶等。

非蛋白含氮化合物，包括氮、游离氨基酸、尿素、尿酸、维生素态氮、肌酸（Creatinine）、嘌呤碱和叶绿素等。牛乳中主要蛋白质的分布如图2－1和图2－2所示。

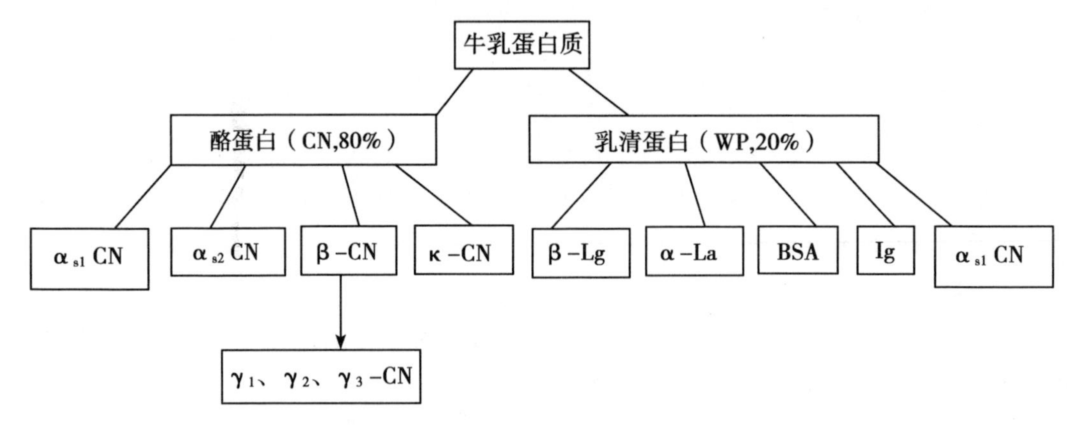

图2－1　牛乳中主要蛋白质的分布

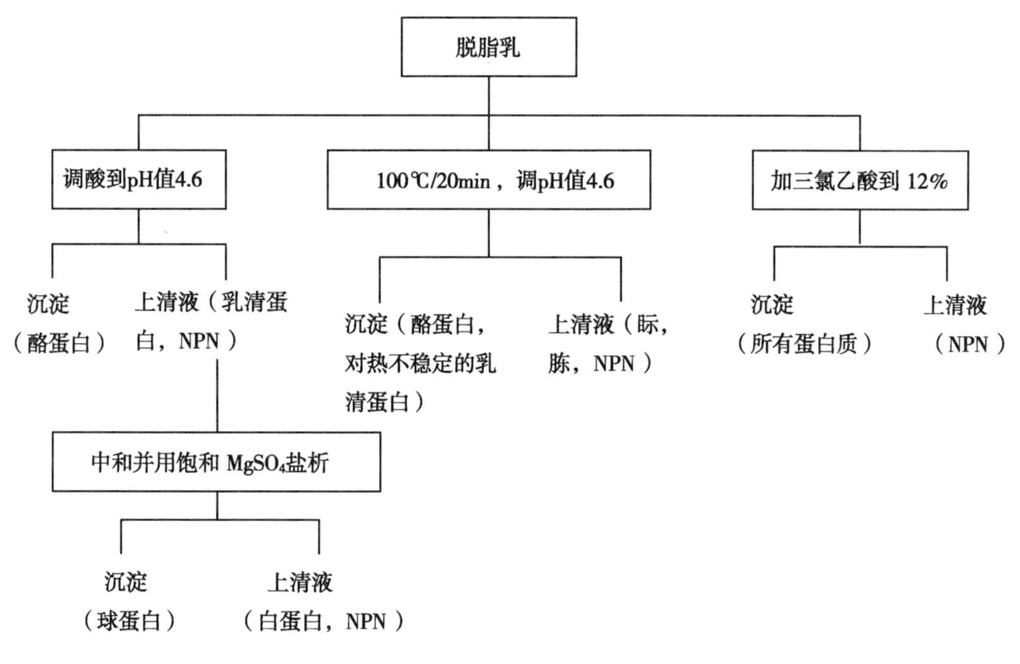

图 2－2　乳中的主要含氮物质

（一）牛乳中主要蛋白质的分布

将脱脂牛乳中酪蛋白沉淀分离后，溶解在清液中的蛋白质为乳清蛋白，包括 α-乳白蛋白、β-球蛋白、牛血清蛋白（BSA）等，如图 2－3 所示。

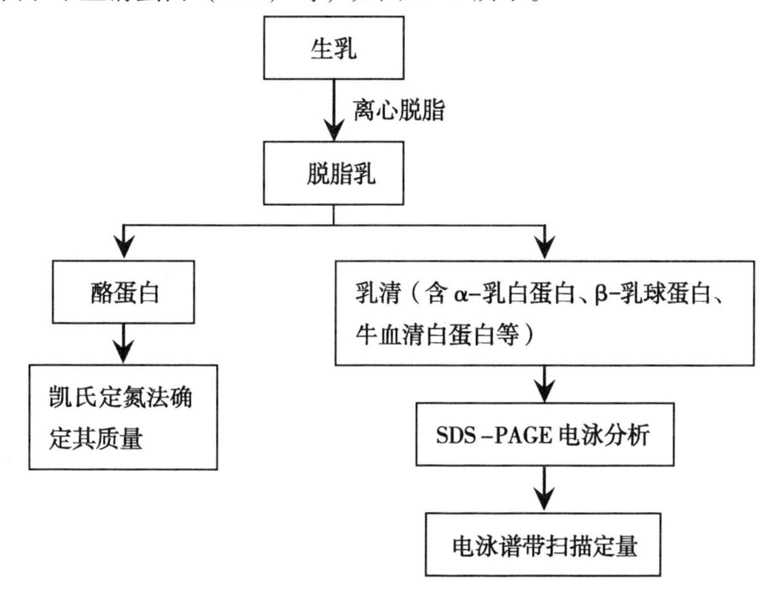

图 2－3　酪蛋白和乳清蛋白的分离及测定

根据这 3 种蛋白质分子大小的不同（α-乳白蛋白、β-乳球蛋白、牛血清蛋白的相对分子质量分别为 14 200、18 400和 66 000），可采用超滤、离子交换法、加热和添加钙离子、聚丙烯酰胺凝胶电泳（SDS-PAGE）等方法进行分离。牛乳蛋白质 SDS-PAGE 的电泳图见

图 2 -4。

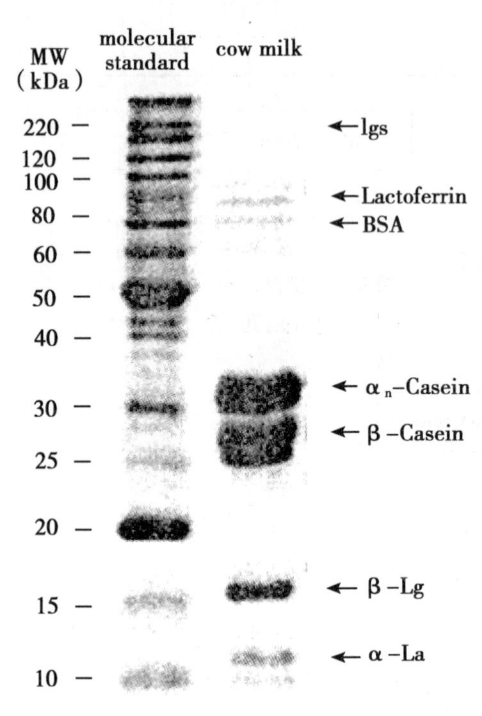

图 2 -4　牛乳蛋白 SDS-PAGE 电泳图（左为标准蛋白，右为牛乳蛋白）

牛乳中主要蛋白质的含量如表 2 -2 所示。

表 2 -2　牛乳中主要蛋白质的含量

蛋白质类别	乳中含量/（g/L）	占总蛋白的百分率/%
总蛋白	32.5	100.0
酪蛋白	26.0	80.0
α_{s1}-酪蛋白	10.0	30.8
α_{s2}-酪蛋白	2.6	8.0
β-CN	9.3	28.6
κ-酪蛋白	3.3	10.1
γ-酪蛋白	0.8	2.5
乳清蛋白	6.5	20.0
α-乳白蛋白	1.2	3.7
β-乳球蛋白	3.2	9.8
牛血清白蛋白（BSA）	0.3	0.9
免疫球蛋白	0.7	2.1
脂肪球膜蛋白	0.4	1.2
其他	0.8	2.5

（二）牛乳蛋白的一般性质

牛乳的化学组成及一般性质，如表2-3所示。

表2-3　牛乳蛋白的一般性质

蛋白质	相对分子质量*	氨基酸残基数			磷酸基团数	已检测到的遗传变体
		总数	脯氨酸	半胱氨酸		
酪蛋白	?	?	?	?	?	?
α_{s1}-酪蛋白	23 164（B）	199	17	0	8	A，B，C，D，E，F，G，H
α_{s2}-酪蛋白	25 388（A）	207	10	2	10~13	A，B，C，D
β-酪蛋白	23 983（A^2）	209	35	0	5	A^1，A^2，A^3，B，C，D，E，F，G
κ-酪蛋白	19 038（A）	169	20	2	1	A，B，C，E，F^S，F^1，G^S，G^E，H，I，J
乳清蛋白	?	?	?	?	?	?
α-乳白蛋白	14 175（B）	123	2	8	0	A，B，C
β-乳球蛋白	18 277（B）	162	8	5	0	A，B，C，D，E，F，H，I，J
血清白蛋白	66 267	582	34	35	0	—
免疫球蛋白	1 030 000~1 430 000	—	8.4%	2.3%	—	—

*括号内表示该遗传变体的相对分子量，“?”表示不确定；“-”表示不含有

（三）酪蛋白及其性质

20℃时，调节脱脂乳的pH值至4.6时沉淀的蛋白质为酪蛋白，占乳蛋白总量的80%左右。酪蛋白虽是一种两性电解质，但其分子中酸性氨基酸远多于碱性氨基酸，因此，具有明显的酸性（pH值为6.6~6.8），与牛乳中的碱性基（主要是钙）结合以酪蛋白酸钙形式存在于乳中。通过加酸，与酪蛋白酸钙反应渐渐地生成游离的酪蛋白，达到等电点时，游离的酪蛋白表面净电荷为0，酪蛋白相互聚集沉淀从乳中分离出来。

酪蛋白是几种含磷蛋白的复合体，主要为α_{s1}、α_{s2}、β、K-CN四种，分别占总酪蛋白

的37%、10%、35%和12%。每种酪蛋白有2～8种遗传性变异体，变异体间的差别仅为几个氨基酸的不同。

α-CN的主要成分是α_{s_1}，根据遗传变异，α_{s_1}又可分为ABCD四种，并且不属于α_{s_1}的部分被命名为α_{s_2}、α_{s_3}等，目前已确认到α_{s_5}。

β-CN有A_1、A_2、A_3、B、C、D等变异体。

K-CN有AB两种变异体，与其他酪蛋白不同，含有丝氨酸（Ser）与磷酸盐形成的酯群，其含磷量比α-CN约少一半，对钙不敏感，但可被皱胃酶直接凝固，故在利用皱胃酶凝乳时，K-CN具有重要作用。

γ-CN是β-CN的水解产物，占酪蛋白总量的5%以下，超过这一含量，乳中的蛋白酶就具有活性（天然蛋白酶或细菌性污染），不利于牛乳的加工。而且，γ-CN含磷量极少，不能被皱胃酶凝固，不适合干酪的加工。

几种酪蛋白的区别，在于它们含磷量的多少。α-CN含磷多，故又称为磷蛋白。含磷量对皱胃酶的凝乳作用影响很大，在制造干酪时，有些乳常发生软凝块或不凝固现象，就是由于蛋白质中含磷量过少的缘故。

1. 酪蛋白的结构

（1）酪蛋白的一级结构及特性　见表2－3中的牛乳蛋白的一般性质表。

（2）酪蛋白的二、三级结构及特性　酪蛋白具有较少的二、三级结构，这是因为大量脯氨酸（Pro）的存在限制了α-螺旋和β-折叠的形成，特别是β-CN中Pro含量很高。因此，与球蛋白相比，酪蛋白具有比较开放的构象，这一特性有利于酪蛋白的消化吸收，也有利于干酪成熟过程中特定风味和组织状态的形成。

由于酪蛋白结构比较松散开放，非极性氨基酸残基的含量较高，而且分子中极性分布很不均匀。因此，酪蛋白易被吸附到气-水或油-水界面上，具有良好的乳化性和起泡性。

酪蛋白缺乏高度紧密的结构，颗粒大小适宜，为无序结构，可看成是一种天然的变性蛋白，因而在加热或其他变性条件下都较稳定。

（3）酪蛋白的缔合作用（四级结构）　酪蛋白能发生自身缔合作用，也能发生与其他酪蛋白分子的缔合作用。

在Ca^{2+}存在下，酪蛋白发生相互缔合作用会导致酪蛋白胶粒的形成。酪蛋白对Ca^{2+}结合能力由大到小的顺序为：α_{s_1}-CN > α_{s_2}-CN > β-CN > K-CN。

不存在Ca^{2+}时，α_{s_1}-CN易与β-CN形成复合体；K-CN易与α_{s_1}-CN形成复合体，即形成（K-α_{s_1}-β-CN）复合体。

2. 酪蛋白胶粒（Casein Micelle）

在牛乳中，95%的酪蛋白是以近似于球状的酪蛋白胶粒存在的。即乳中的酪蛋白是与钙结合生成酪蛋白酸钙，再与胶体状的磷酸钙结合形成酪蛋白酸钙-磷酸钙复合体，并以胶体悬浮液的状态存在于牛乳中。这一分子复合体就是著名的酪蛋白胶束（或酪蛋白胶粒）。

（1）酪蛋白胶粒的组成　酪蛋白胶粒由水、酪蛋白和盐类组成，胶粒结合大量的水，是一种多孔性物质。

以干基计算，酪蛋白胶粒中94%为蛋白质，6%为胶体磷酸钙（Colloidal Calcium Phosphate，CCP），胶体磷酸钙中还包含钙、镁、磷酸和柠檬酸等物质。

酪蛋白胶粒中，α_{s1}、α_{s2}、β、K-CN 的质量比为3：0.8：3：1。酪蛋白胶粒的直径约10～300nm，其中，40～160nm 占大多数。每个胶粒平均由104个酪蛋白分子组成。胶粒带有负电荷，其组成如表2－4所示。

表2－4　酪蛋白胶粒的组成　　单位：g/100g 胶粒

成分	含量	成分	含量
α_{s1}	35.6	磷酸根	2.9
α_{s2}	9.9	Mg	0.1
β	33.6	柠檬酸根	0.4
K-CN	11.9	Na	0.1
其他微量 CN	2.3	K	0.3
Ca	2.9	碳水化合物	0.7

（2）酪蛋白胶粒的结构模型　酪蛋白酸钙-磷酸钙复合体的胶粒大体上呈球形，关于酪蛋白胶粒的模型，有3种：亚胶粒模型（Sub-micelle Model）、Holt 模型（Holt Model）、双结合模型（Dual-binding Model）。

①亚胶粒模型，如图2－5所示。1967年由 Morr 提出，后经 Schmidt（1982）、Walstra 和 Jennes（1984）及 Ono 和 Obata（1989）进一步修正。

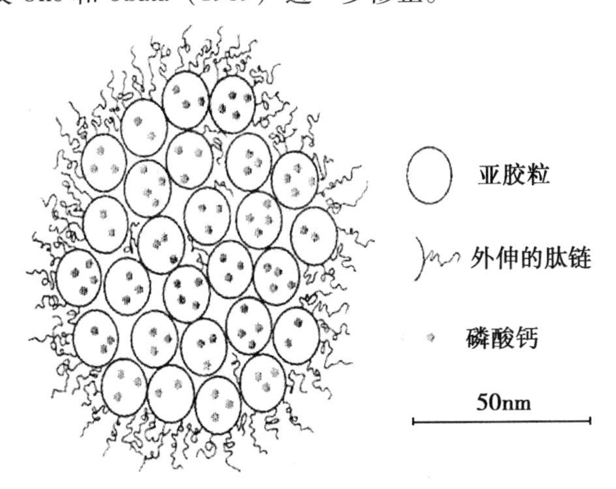

图2－5　酪蛋白胶粒的亚胶粒模型

该模型的主要观点是：①酪蛋白胶粒是由许多亚胶粒构成的，CCP 对亚胶粒和胶粒的形成起关键作用；②构成酪蛋白胶粒的亚胶粒有两类，一类为不含 K-CN 的亚胶粒，集中于胶粒内部；另一类为富含 K-CN 的亚胶粒，聚集于胶粒的表面；③胶粒表面为 K-CN 层（也有一些 α_{s1}-CN、α_{s2}-CN 和 β-CN 位于表面）。

K-CN 的 C-末端的亲水部分含有碳水化合物基团从复合胶束中伸出或突出表面，形成一个5～10nm 厚的毛发样层，使得外观看起来比较粗糙，但重要的是它能够稳定酪蛋白胶束。此现象基于碳水化合物的那种很强的负电性。

毛发层通过对ξ-电位的贡献及空间位阻作用对胶粒起着稳定作用，防止胶粒间碰撞后凝集在一起。当除去毛发层后（凝乳酶处理）或毛发层塌陷后（如乙醇处理），胶粒的稳定性被破坏，进而发生凝固或沉淀。

亚胶粒模型与电子显微镜观察到的酪蛋白胶粒结构很相似，同时也很好地说明了胶粒的散射特性。但亚胶粒模型未能说明这些亚胶粒是如何形成的，为什么位于内部的亚胶粒不含 K-CN，而外围的亚胶粒富含 K-CN。

②Holt 模型：Holt 于 1992 年提出了酪蛋白胶粒的内部结构模型。在该模型中，酪蛋白胶粒是由酪蛋白分子缠结在一起，形成一个网状凝胶结构。

在这一结构中，胶体磷酸钙微簇（Colloidal Calcium Phosphate Nanoclusters）对胶粒结构起稳定作用，它与钙敏性酪蛋白中的磷酸丝氨酸簇结合在一起，形成内部完整的结构；胶粒的表面是 K-CN 突出的 C-末端，形成毛发层。

该模型的不足之处是没有说明限制酪蛋白胶粒增长的内在机制，如图 2－6 所示。

图 2－6　酪蛋白胶粒的 Holt 模型

③双结合模型：双结合模型是由 Horne 于 1998 年在 Holt 模型基础上提出的。该模型中，胶粒的集结和生长是通过聚合（Polymerization）过程实现的。在聚合过程中，有两种不同的结合形式，一是酪蛋白疏水区的交互作用，一是磷酸钙微簇的键桥作用，如图 2－7 所示。

这一模型的基础是酪蛋白分子自身的缔合作用。

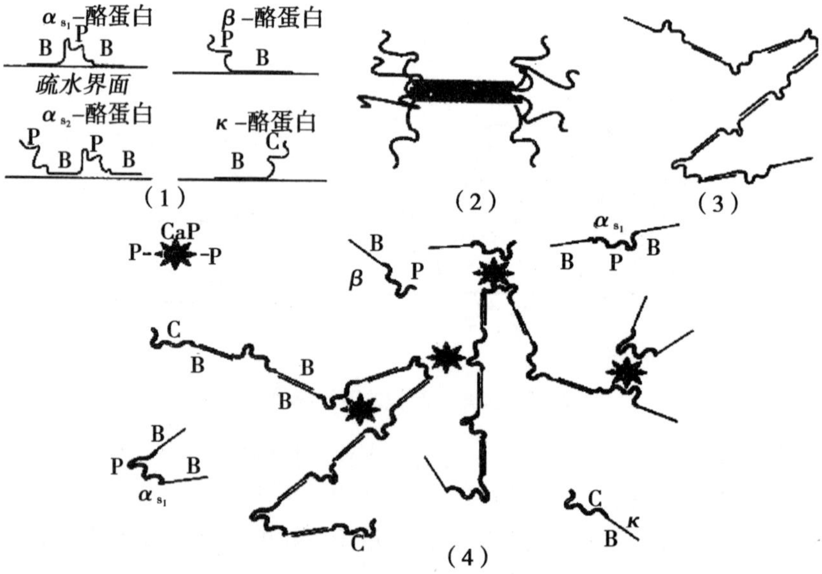

图 2－7　酪蛋白胶粒的双结合模型

（3）酪蛋白胶粒的性质

①K-CN 的重要性：α_s-CN、β-CN 形成的钙盐几乎不溶于水，而 K-CN 易溶，由于 K-

CN 主要附着在胶束的表面，其溶解性比胶束中另外 2 种酪蛋白的溶解性要好，使得整个酪蛋白胶束能溶解成胶体。因此，K-CN 覆盖层对胶体起保护作用，使牛乳中的酪蛋白酸钙-磷酸钙复合体胶粒能保持相对稳定的胶体悬浮状态。这主要是因为占酪蛋白总量 15% 的 K-CN 能够稳定其余 85% 对 Ca^{2+} 敏感的酪蛋白（α_{s_1}-、α_{s_2}-和 β-CN），使之免受 Ca^{2+} 的影响而沉淀。因此，K-CN 对酪蛋白胶粒的结构和稳定性起重要作用。胶粒中 K-CN 含量与胶粒大小成反比。

凝乳酶及其他类似的蛋白酶可迅速水解胶粒中的大多数 K-CN，导致凝乳。加热时，K-CN（含有半胱氨酸，Cys）能和变性的 β-Lg（暴露出游离的巯基）发生反应，通过二硫键可形成复合物，进而改变了胶粒的许多特性，如凝乳酶凝固性和热稳定性。

②胶体磷酸钙含量与胶粒大小呈正相关，而且除去胶体磷酸钙后，酪蛋白胶粒的完整性将破坏。主要表现在：

a. 对 Ca^{2+} 敏感，即使在很低的 Ca^{2+} 浓度下也会发生沉淀；b. 对高温更加稳定；c. 凝乳酶不能使之凝固。

当体系中钙的浓度增加时，许多特性可一定程度地恢复。

③除了 K-CN 和胶体磷酸钙对胶粒有稳定作用外，氢键、疏水键和静电作用对维持胶粒完整性也有重要作用。

④当温度降低，酪蛋白分子特别是 β-CN 可从胶粒中解离下来，在 4℃ 时，10% ~50% 的 β-CN 解离。同时，胶体磷酸钙也离开酪蛋白胶束结构以胶体状态存在，并溶在溶液中。这一变化使牛乳不适于生产干酪，因其结果是凝乳耗时较长且凝块较软。该现象解释为：在温度较低时，β-CN 是最憎水的酪蛋白。

还需强调的是，生乳和巴氏杀菌后冷却贮存的牛乳，经 62 ~65℃/20s 加热后，β-CN 和胶体磷酸钙还会恢复到酪蛋白胶束中，并因此至少部分恢复了常乳的原始特性。

在 5℃下贮存 20h 内，乳中 β-CN 离开酪蛋白胶束的数量（%），如图 2 –8所示。

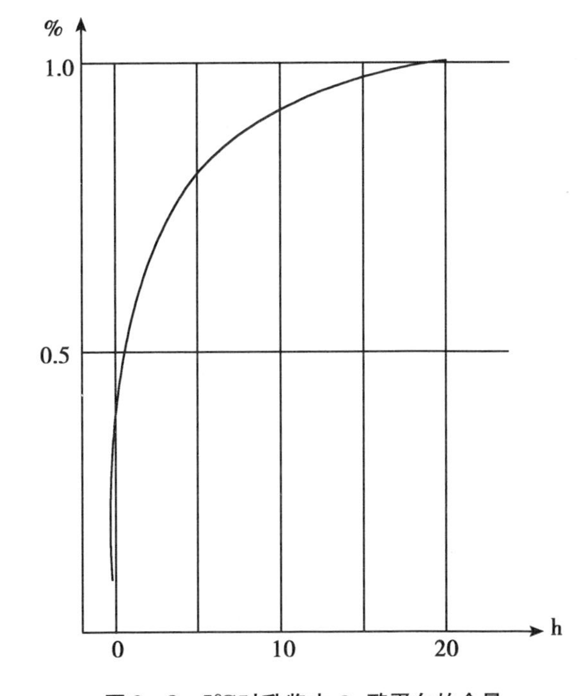

图 2 –8　5℃时乳浆中 β-酪蛋白的含量

⑤酪蛋白胶粒为多孔结构，其中，蛋白质占总体积的 25% 。

⑥酪蛋白胶粒的稳定性：酪蛋白胶粒具有一定的稳定性，表现在：a. 酪蛋白胶粒对热极为稳定，中性 pH 值/140℃/15 ~20min 不会导致凝固。在牛乳中酪蛋白胶粒的热凝固不是由于酪蛋白胶粒本身变化所致，而是由热处理过程中发生的一系列变化引起的，如：乳糖热解产生酸导致 pH 值降低、K-CN 断裂、乳清蛋白变性后附于酪蛋白胶粒上、可溶性磷

酸钙沉淀于酪蛋白胶粒上，以及酪蛋白胶粒的水合作用降低等。b. 酪蛋白胶粒对挤压稳定，例如，经超速离心后的酪蛋白沉淀物通过搅拌又可以重新分散。c. 对 Ca^{2+} 稳定，温度升至 50℃可耐受至少 200mmol/L 的 Ca^{2+}。d. 对一般的均质处理稳定，但当均质压力达 500MPa 时具有轻微的变化。e. 在牛乳贮存过程中，酪蛋白胶粒的平均大小保持不变；当经冷却或温和的热处理（如巴氏杀菌）后，胶粒大小变化不显著。

酪蛋白胶粒也存在一些不稳定情况，表现在：a. 当刚挤出的乳（37℃）冷却到冷藏温度，大量的 β-CN 溶解（即从酪蛋白胶粒中解离出来），一些 K-CN 和少量的 α_{s_1}-CN 和 α_{s_2}-CN 也溶解；当温度回升至 37℃，这一过程可逆。b. 添加 Ca^{2+} 螯合剂（如 EDTA、草酸、柠檬酸等）、高浓度的尿素或十二烷基磺酸钠（SDS），或将 pH 值增高（>9），都可使酪蛋白胶粒解离，但不会解离为单个的酪蛋白分子，一般解离成直径为 10～15nm 的胶粒，而且胶粒组成变化也较大。c. 酪蛋白的等电点（PI）为 pH 值 4.6，在此由于静电荷为 0，会形成沉淀。但是 PI 沉淀也与温度有关，低温 5～8℃不会发生沉淀，而在 70℃时，pH 值在 3.0～5.5 都会发生沉淀。d. pH 值降低、胶体磷酸钙溶解或浓度降低，都会使胶粒的性质发生变化。但即使除去了 70% 的 CCP，胶粒仍能保持一定的结构；只有除去 70% 以上的 CCP 以后，胶粒的完整性才受到明显破坏，以致发生凝集。e. 许多蛋白酶（如凝乳酶）可水解胶粒表面的 K-CN。这样，对于其体系内二价阳离子的含量变化很敏感。钙或镁离子能与酪蛋白结合，胶粒发生凝集或凝胶化。f. 在 pH 值 6.7，40% 的乙醇可使酪蛋白胶粒失去稳定性；而且 pH 值越低，所需乙醇浓度也越低。g. 冷冻可使酪蛋白胶粒失去稳定性。

（4）盐类对酪蛋白稳定性的影响　乳中的酪蛋白酸钙-磷酸钙胶粒容易在 NaCl 或硫酸铵等盐类饱和溶液或半饱和溶液中形成沉淀，这种沉淀是由于电荷的抵消与胶粒脱水而产生。

钙和磷的含量直接影响乳汁中的酪蛋白微粒的大小，大的微粒含有较多量的钙和磷。由于乳汁中的钙和磷呈平衡状态存在，所以，生乳中酪蛋白微粒具有一定的稳定性。当向乳中加入氯化钙时，则能破坏平衡状态，并在加热时使酪蛋白发生凝固现象。试验证明，在 90℃时加入 0.10%～0.15% 的 $CaCl_2$ 就可使乳凝固。

氯化钙除了使酪蛋白凝固外，也能使乳清蛋白凝固。因此，利用氯化钙凝固乳时，如加热到 95℃时，则乳汁中 97% 的总蛋白可被利用。一般采用钙凝固时，乳蛋白的利用程度，比酸凝固法高 5%，比皱胃酶凝固法高 10%。

此外，利用氯化钙沉淀得到的蛋白质，一般都含有大量的钙和磷，因此，生产酪蛋白时，在蛋白质利用和矿物质利用方面，钙沉淀法比酸凝固法和皱胃酶凝固法都优越得多。各种沉淀法得到的酪蛋白，其中，钙及磷的含量如表 2－5 所示。

表 2－5　酪蛋白中钙及磷的含量　　单位：%

沉淀方法	钙	磷
乳酸	1.30	0.88
皱胃酶	1.99	1.24
氯化钙	2.66	1.49

（5）酪蛋白与糖的反应　还原糖可与酪蛋白作用变成氨基糖。在长期贮存中，乳粉、乳蛋白粉等乳制品中的乳糖和酪蛋白发生反应，产生颜色、风味及营养价值的改变。

经贮存5年的高温杀菌炼乳，由于酪蛋白与乳糖的反应，产品变暗并且氨基酸含量降低，如赖氨酸（Lys）、组氨酸（His）和精氨酸（Arg）分别失去17%、17%和10%。

全脂奶粉在不严密的桶内贮藏16个月，蛋白质的溶解度降低28.6%，乳糖降低9.1%，味道变坏，而且味道变坏的主要原因之一就是酪蛋白与乳糖之间的反应。

（6）酪蛋白胶粒的生理作用　酪蛋白胶粒能结合不溶性的物质（如磷酸钙），使之保持稳定，使乳腺能分泌高浓度的钙和磷，对哺乳动物的幼仔有重要的营养作用。

酪蛋白胶粒在胃中遇到酸和蛋白酶变得不稳定，易形成凝块，一方面提供饱腹感，另一方面可连续向小肠供给营养，但婴儿的胃肠道处于发育期，因此形成凝块的酪蛋白会使婴儿产生不适感。

（四）乳清蛋白及其性质

除去易上浮的脂肪球和易沉降的酪蛋白胶粒后，乳的其余部分称为乳清，乳清蛋白（乳白蛋白）则以1.5~5.0nm直径的微粒分散在其中。

所谓乳清蛋白是指pH值4.6沉淀酪蛋白后，乳清中剩余蛋白质的统称，约占牛乳总蛋白的20%，包括α-乳白蛋白（α-La）、β-乳球蛋白（β-Lg）、血清白蛋白（BSA）、免疫球蛋白（Ig）等。

只要不使乳清蛋白热变性，即使在其等电点，乳清蛋白也不会沉淀；然而，乳清蛋白可通过一些高分子电解质（例如羟甲基纤维素CMC）来沉淀，乳清蛋白的回收通常采用这一方法；另外，虽然乳清蛋白不能用酸凝固，但在弱酸性时加热即能凝固。

总之，乳清蛋白通过离心、凝乳、酸化方式分离不出来，但可通过超滤分离或调节pH值与加热的组合来沉淀分离。

乳清蛋白不含磷，但含丰富的硫，含硫量是酪蛋白的2.5倍。

与酪蛋白不同，乳清蛋白具有二级和三级结构，对热不稳定。当加热到80℃以上时，多数乳清蛋白发生变性，即对热不稳定的乳白蛋白和乳球蛋白；同时，乳清蛋白中还有对热稳定的际和胨。

1. 热不稳定的乳清蛋白

调节乳清的pH值到4.6~4.7时，煮沸20min，发生沉淀的那部分乳清蛋白，约占乳清蛋白的81%，包括乳白蛋白和乳球蛋白两类。

牛乳加热使白蛋白和球蛋白完全变性的条件为80℃/60min、90℃/30min、95℃/10~15min或100℃/10min。

乳清蛋白受热时，部分变性沉淀并附着在酪蛋白上，由于会阻碍凝乳酶进入并降低切断酪蛋白长链的能力和钙键链接能力，使酪蛋白分子内部或分子之间形成的酪蛋白钙桥太少，因此，高温加热过的牛乳产生的凝块不会像常规干酪凝块那样释放出乳清。

因受热而变性的乳清蛋白特别是β-乳球蛋白通过S—S键与K-CN键接，K-CN被屏障影响了牛乳中酶的凝乳能力，因为在干酪生产中，凝乳酶有在K-CN某固定点位的切断作用。

固定的保温条件下，巴氏杀菌的加热温度越高，得到的凝块越软，这一点在生产半硬和硬质干酪时是不希望发生的，因此，生产干酪用的原料乳应避免巴氏杀菌，或者至少不超过72℃/15~20s。

在发酵乳制品（如酸乳）中，90~95℃/3~5s的热处理可使乳清蛋白变性并与酪蛋白反应，这一过程有助于防止脱水收缩，提高黏度，使发酵乳制品的质量得以提高。

（1）乳白蛋白　中性乳清中，加饱和硫酸胺或饱和硫酸镁盐析时，呈溶解状态而不析出的蛋白质，约占乳清蛋白的68%。包括α-乳白蛋白（约占乳清蛋白的19.7%）、β-乳球蛋白（约占乳清蛋白的43.6%）和血清白蛋白（约占乳清蛋白的4.7%）。

乳清蛋白特别是α-乳白蛋白具有很高的营养价值，其氨基酸组成非常接近最佳生理组成。

加热后，β-乳球蛋白与α-乳白蛋白一起沉淀，所以，过去将β-乳球蛋白包括在白蛋白中，但它实际上是一种球蛋白。

血清白蛋白来自于血清，在乳房炎等异常乳中此成分含量增高。

（2）乳球蛋白　中性乳清中，加饱和硫酸胺或饱和硫酸镁盐析时，能析出而不呈溶解状态的蛋白质，约占乳清蛋白的13%。乳球蛋白具有抗原作用，故又称为免疫球蛋白（Ig）。初乳中的免疫球蛋白含量高达2%~15%，而常乳中仅有0.1%。

2. 热稳定的乳清蛋白

调节乳清的pH值为4.6~4.7时，煮沸20min，不发生沉淀的乳清蛋白，约占乳清蛋白的19%，包括际和胨。

（五）酪蛋白和乳清蛋白性质的主要区别

1. 酸凝固

沉淀是酪蛋白的特性之一。pH值4.6时，酪蛋白沉淀而乳清蛋白不沉淀，这一特性是分离酪蛋白与乳清蛋白的基础。工业上常用盐酸沉淀酪蛋白，其过程为：

酪蛋白酸钙［$Ca_3(PO_4)_2$］$+2HCl \rightarrow$ 酪蛋白↓ $+2CaHPO_4+CaCl_2$

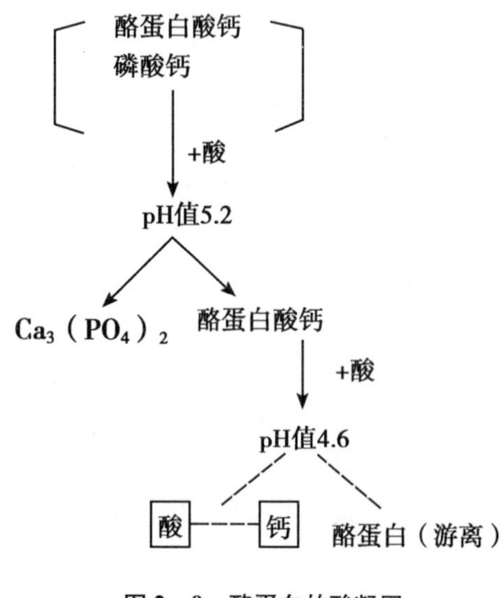

图2-9　酪蛋白的酸凝固

牛乳中的钙是以酪蛋白酸钙的形式存在，酸化到pH值5.2~5.3时，$Ca_3(PO_4)_2$先行分离，酪蛋白开始沉淀，这种酪蛋白沉淀中含有钙；继续加酸而使pH值达等电点4.6时，Ca^{2+}又从酪蛋白钙中完全被分离，游离的酪蛋白完全凝固而沉淀，如图2-9所示。

发酵使乳中的乳糖分解为乳酸，而使pH值降至酪蛋白的等电点时，同样会发生酪蛋白的酸沉淀，此时乳酸将酪蛋白酸钙中的钙分离而形成乳酸钙，同时生成游离的酪蛋白而沉淀。

2. 凝乳酶凝固即酶促凝固

犊牛或羔羊的第四胃中含有一种酶能使乳凝固（但水解蛋白质的能力很弱），这种酶通常称为皱胃酶。而成年动物则是胃蛋白酶，胃蛋白酶可使酪蛋白分解，并产生苦味。

皱胃酶与酪蛋白的专一性结合使牛乳凝固，而乳清蛋白不凝固。皱胃酶的凝乳原理可分为两个过程：①酪蛋白在皱胃酶的作用下形成副酪蛋白（Para-casein），即 N 端部分，此过程称为酶性变化；②产生的副酪蛋白在游离 Ca^{2+} 存在下，于副酪蛋白分子间形成钙桥，并使副酪蛋白的微粒发生团聚作用而形成不溶性的凝胶体即副酪蛋白钙，此过程称为非酶变化。

酪蛋白酶促凝固的同时产生溶于水的酪蛋白巨肽，也叫糖巨肽，即为 C 端部分。其凝固过程如下：酪蛋白酸钙 + 皱胃酶→副酪蛋白钙↓ + 糖巨肽 + 皱胃酶

工业上生产干酪就是利用此原理。

酶促凝固与酸凝固不同，酶凝固时钙和磷酸盐并不从酪蛋白微球中游离出来。另外，副酪蛋白因皱胃酶作用时间的延长，会使酪蛋白水解。就牛乳凝固而言，此现象可忽略，但在干酪的成熟过程中，该作用是重要的。

如果酪蛋白胶束表面 K-CN 的亲水链端被剪断，失去其“毛发层”，例如经过凝乳酶作用，酪蛋白胶束将会失去其可溶性而开始聚集在一起并生成酪蛋白凝块。

在一个未经破坏的酪蛋白胶束中带有过剩的负电荷，因而它们彼此排斥。水分子被 K-CN 的亲水部分所结合是维持这一平衡的主要因素。如果亲水部分被去掉，水分子会离开酪蛋白胶束，这就提供给胶束相互吸引力，互相反应生成新的化学键。其一是钙参与的盐型的，其次是疏水型的，这些键使酪蛋白胶束强烈疏水，并最终使酪蛋白胶束形成致密的凝块。

形成 K-CN 的氨基酸长链共有 169 个氨基酸，酶的作用点是 105 位的苯丙氨酸（Phe）和 106 位的蛋氨酸（Met）的键位。很多蛋白酶都能作用于该键位，并将长链切断。可溶性氨端包括 106 ~ 169 位氨基酸，其中，极性的氨基酸和碳水化合物占有优势，并使其具有亲水特性。K-CN 分子的这一部分称为糖巨肽或称酪蛋白巨肽（Caseinmacropeptide），在干酪生产中这一部分释于乳清中。

K-CN 余下的不可溶部分，含有 1 ~ 105 位氨基酸，且与 α_s- CN 、β - CN 共同生成凝块，这一部分称为副 K-CN ，保留在胶粒中，这时的酪蛋白胶粒称为副酪蛋白胶粒（Para-casein Micelle），它在 Ca^{2+} 作用下发生凝聚。自然，所有凝块中都含有副 K-CN 。

凝块的形成是由于亲水巨肽的骤然去除，并从而导致分子间力的不平衡。疏水基之间开始形成键链，并随着胶束中的水分子的流失生成钙键而加强，这一过程即通常所说的凝乳和收缩阶段。

切断 K-CN 分子中的 105 ~ 106 位氨基酸键的作用，通常被称为凝乳酶反应的前期，随后的凝乳作用和脱水收缩作用称为第二期，还有第三期，即凝乳酶以更常规方式侵入酪蛋白，这发生在干酪的成熟期内。这三段时期的作用主要受 pH 值和温度的影响，另外，第二期受 Ca^{2+} 浓度影响很大，也与酪蛋白球表面是否存在变性的乳清蛋白有关。

3. 对热稳定性

酪蛋白对热稳定，而乳清蛋白的热稳定性差。酪蛋白可耐受 140℃/20min 的热处理，而乳清蛋白在 90℃/10min 就可全部变性。

4. 含磷情况

α 和 β - CN 含有 5 ~ 13 个磷酸丝氨酸，平均含磷 0.85%；而乳清蛋白中不含磷。

5. 硫含量

酪蛋白的硫含量低（0.8%），而乳清蛋白的硫含量较高（1.7%）。酪蛋白的硫主要来源于 Met；乳清蛋白中不仅含有 Met，还含有 Cys 和胱氨酸。乳清蛋白中的含硫氨基酸与乳的蒸煮味有关。

6. 合成位置

酪蛋白是在乳腺中合成的，自然界其他地方不存在；乳清蛋白中，α-La 和 β-Lg 是在乳腺中合成的，而血清蛋白和 IgG 则是由血液转移到乳汁中的。

7. 存在形式

乳清蛋白能以分子状态分散在溶液中，具有比较简单的四级结构；而酪蛋白具有复杂的四级结构，在乳中以较大的胶体聚集体即酪蛋白胶粒的形式存在。

（六）其他蛋白

牛乳中还含有“脂肪球膜蛋白”，它们是吸附在脂肪球表层起保护作用的蛋白质，是蛋白质与酶的混合物，包括脂蛋白、碱性磷酸酶和黄嘌呤氧化酶等。

100g 乳脂肪中约含脂肪球膜蛋白 0.4 ~ 0.8g。脂肪球膜蛋白含有大量的硫，牛乳在 70 ~ 75℃加热，—SH 会游离出来，产生蒸煮味。

只有一些机械处理，如搅打稀奶油制做奶油时才会将脂肪球膜蛋白剥离下来。

（七）牛乳蛋白中的主要氨基酸

牛乳蛋白中的主要氨基酸如表 2 –6 所示。

表 2 –6 牛乳蛋白中的主要氨基酸

氨基酸种类	质量分数/%
缬氨酸 Val	7.3
亮氨酸 Leu	10.2
异亮氨酸 Ile	7.3
苏氨酸 Thr	4.6
蛋氨酸 Met	3.2
半胱氨酸 Cys	0.9
苯丙氨酸 Phe	6.0
色氨酸 Try	1.5
酪氨酸 Tyr	6.0
精氨酸 Arg	3.8
组氨酸 His	2.6
赖氨酸 Lys	7.1

三、乳中的碳水化合物

1. 乳糖（Lactose）

乳的甜味主要由乳糖引起，其甜度约为蔗糖的1/6。乳糖是乳中的主要碳水化合物，也是乳中特有的糖类，其他动植物的组织中不含有乳糖，并且乳糖是婴幼儿及动物幼仔哺乳期的主要糖源。另外，乳中还含有少量其他的碳水化合物，如葡萄糖、半乳糖、果糖、低聚糖、己糖胺等。这些糖以游离型和结合型存在，后者主要与酪蛋白、乳清蛋白、磷酸酯、核酸和磷脂结合，存在于乳清、奶油和脂肪球膜部分。

人体内乳糖酶的活力在刚出生时最强，断乳后开始下降，成年时人体内的乳糖酶活力仅是刚出生时的10%，有的人更少，因此，一些种族的成人就丧失了消化乳糖的功能，他们食用乳制品会出现呕吐、腹胀、腹泻等症，即乳糖不耐症。

人乳中乳糖含量较高，为5.5%～8.0%，平均约6.7%；牛乳中乳糖含量为4.4%～5.2%，平均约4.8%。人乳中乳糖占总糖的95%，而牛乳中乳糖占总糖的99.8%，这是因为人乳中低聚糖的含量较高。

（1）乳糖的化学结构　乳糖是由一分子D-葡萄糖和一分子D-半乳糖以β-1，4糖苷键结合而成的双糖，又称为1，4-半乳糖苷葡萄糖。因其分子中有醛基，属还原糖，还原基在葡萄糖单位上。

根据D-葡萄糖分子中游离苷羟基的位置不同，乳糖有两种同分异构体，即α-乳糖和β-乳糖，α-乳糖含一个结晶水（$C_{12}H_{22}O_{11} \cdot H_2O$，α-Lactose Monohydrate），而β-乳糖为无水结晶，乳糖的结构式如图2－10所示。

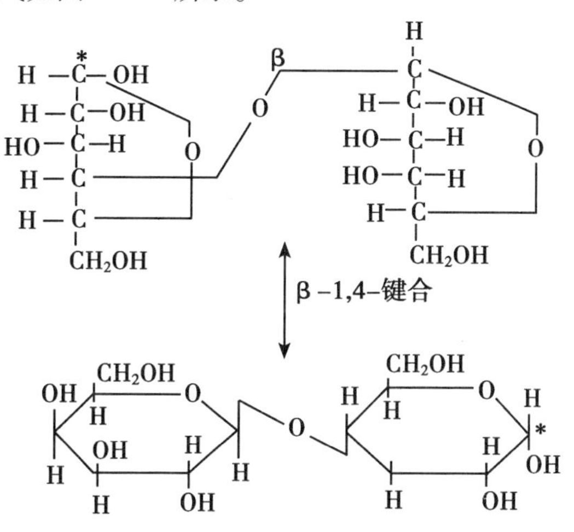

图2－10　乳糖的结构式

（2）乳糖的物理性质　如表2－7所示。

表 2－7　乳糖的物理性质

性质	α-乳糖水合物	β-乳糖
比旋光度	+89.4°	+35.0°
熔点/℃	202	252
溶解度 20℃ 100℃	7 70	50 95
相对密度/20℃	1.54	1.59
比热容/［KJ/（kg·K）］	0.299	0.285
甜度	较小	较大

①乳糖的变旋现象：在乳糖分子中，葡萄糖 C1 上的基团构象不稳定，容易发生 α-与 β-型的相互转化。只要溶于水中，α-乳糖或 β-乳糖就会发生两种构象之间的相互转化，转化过程中旋光度发生变化，直到达到平衡，这个过程称为乳糖的变旋作用（Mutarotation）。

用 R 来表示乳糖变旋反应的平衡常数，20℃时，$R = \beta/\alpha = 1.68$。

②乳糖的溶解度：乳糖溶解度比蔗糖小，而且 α-乳糖和 β-乳糖的溶解度不同，α-乳糖难溶于水。

乳糖有 3 种溶解度：初溶解度、终溶解度和过溶解度（过饱和溶解度）。

初溶解度：将乳糖投入水中搅拌溶解，达到饱和状态时，就是 α-乳糖的溶解度，即初溶解度。它是暂时的，因为 α-乳糖还要向 β-乳糖转化，会有更多的乳糖溶解。

终溶解度：α-乳糖溶于水时逐渐变成 β-型，而 β-型乳糖较 α-型乳糖易溶于水，所以乳糖的初溶解度并不稳定，而是逐渐增加，即再加入乳糖，仍可溶解，直至 α-与 β-型平衡为止，此时达到的饱和点就是乳糖的终溶解度。

过溶解度：乳糖饱和溶液冷却至饱和温度以下，为过冷溶液，此时如果冷却操作比较缓慢，则结晶不会析出，而形成过饱和溶液，此称为“过溶解度”。一般而言，乳糖在任意温度下的过溶解度等于温度高于该温度 30℃时的终溶解度。

因此，不论开始溶解的是 α-还是 β-乳糖，乳糖的终溶解度是一样的，它是 α-乳糖初溶解度的（R＋1）倍（R 取决于温度，而且只适用于温度 <93.5℃，温度 >93.5℃时乳糖的溶解度由 β-乳糖决定）。

举例：20℃时，约 7.4g 的 α-乳糖可迅速溶在 100g 水中，此时部分 α-乳糖转化为 β-乳糖，建立平衡时 β-乳糖与 α-乳糖之比为 62.7：37.3（＝1.68），这时，对于 α-乳糖来讲又不饱和，那么就会有更多的 α-乳糖溶解，变旋作用和溶解作用不断地持续下去，直到同时满足在水中 7.4g α-乳糖溶解和 β/α 为 1.68，此时的溶解度为终溶解度，每 100g 水中含有乳糖为 $7.4g + (1.68 \times 7.4)g = 19.8g$。

两种乳糖相比，α 乳糖的溶解度具有更大的温度依赖性，两者溶解度的交叉点在 93.5℃。

③乳糖的结晶：如上所述，乳糖的溶解度依赖于温度的变化，并且在乳糖自发结晶作

用之前，乳糖处于过饱和状态，但即使在过饱和状态下，结晶作用进行得也十分缓慢。在没有晶核和搅拌作用的条件下，乳糖溶液可达到高度的过饱和状态，然后才会发生缓慢的自发结晶。

若以乳糖溶液的温度为横坐标，乳糖的溶解度为纵坐标，可绘出乳糖的溶解度曲线。如图 2－11 所示。图中曲线可以分为 3 个区，即不饱和区、亚稳区和可变区。

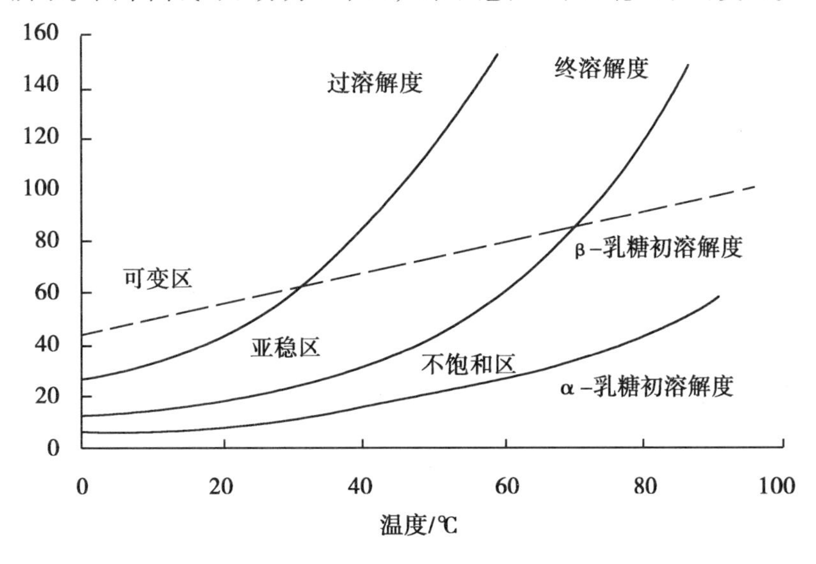

图 2－11　乳糖的溶解度曲线

若将乳糖的饱和溶液进行冷却或者连续浓缩，会使乳糖溶液达到过饱和状态，形成亚稳区溶液，此时结晶作用还没有发生。高于过饱和点以后，就进入了可变区，此时就会发生明显的结晶作用。

若以乳糖溶液的浓度为横坐标，乳糖温度为纵坐标，可绘出乳糖的结晶曲线，如图 2－12所示。同样，图中 2－124 条曲线将乳糖结晶曲线图分为 3 个区：最终溶解度曲线左侧为溶解区，过饱和溶解度曲线右侧为不稳定区（又称可变区），它们之间是亚稳定区。

3 个区中，①在不饱和区，既没有形成晶核，也没有晶体的产生。②晶体的生长既可以发生在亚稳区，也可发生在可变区。③在亚稳定区内，乳糖在水溶液中处于过饱和状态，将要结晶而未结晶；在此状态下，只要创造必要的条件如加入晶种，就能促使它迅速形成大小均匀的微细结晶，这一过程称为乳糖的强制结晶。④在不加入晶种的条件下，只有在可变区即在不稳定区内，才能发生乳糖的自发结晶。

试验表明，强制结晶的最适温度可通过促进结晶曲线来找出。在亚稳定区内，约高于过饱和溶解度曲线 10℃位置，有一条强制结晶曲线（即促进结晶曲线），通过这条曲线可找出强制结晶的最适温度。强制结晶过程中，使浓缩乳控制在亚稳定区，保持结晶的最适温度，及时投入晶种，迅速搅拌并随之冷却，从而形成大量细微的结晶。

在低浓度的过饱和溶液中，乳糖晶核形成速度很慢；在高浓度的过饱和溶液中，由于溶液的黏度很高，晶核形成的速度也很慢。不过，一旦形成晶核，乳糖的结晶速度与以下因素有关：①过饱和度；②可供沉积的表面积；③黏度；④机械搅拌作用；⑤温度；⑥变旋作用（该作用在低温条件下进行得比较缓慢）。

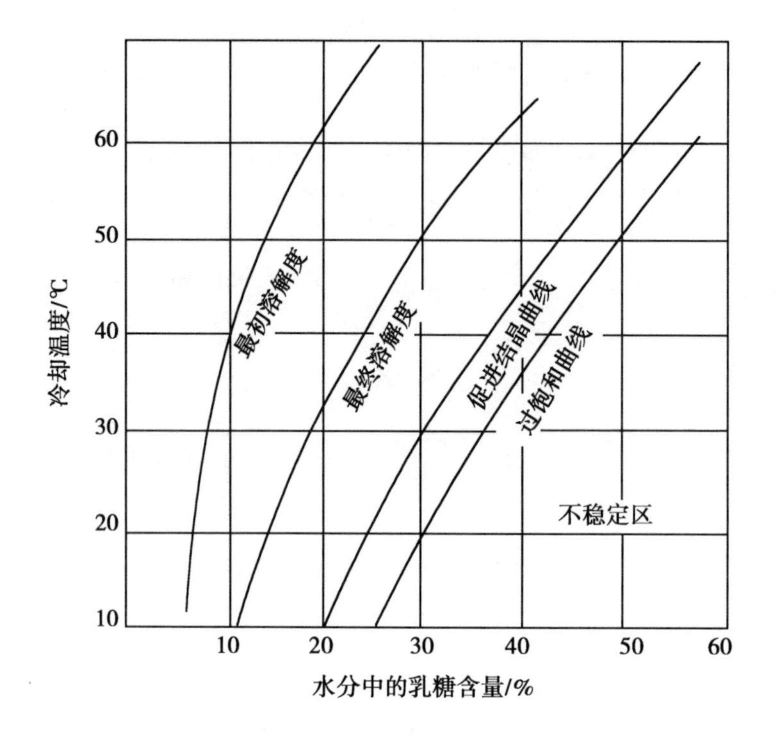

图 2－12　乳糖结晶曲线

乳糖结晶数量/大小与甜炼乳组织状态的关系如表 2－8 所示。

表 2－8　乳糖结晶数量/大小与甜炼乳组织状态的关系

甜炼乳内的乳糖结晶数/（个/ml）	乳糖晶体的长度/μm	组织状态	口感
400 000	9.3	优良	细腻
300 000	10.3	良好	尚细腻
200 000	11.7	微沉淀	微糊状
100 000	14.8	微沉淀	糊状
50 000	18.6	沉淀	粉状
25 000	23.4	沉淀多	微砂状
12 500	29.4	沉淀多	砂状

在口腔中，乳糖晶体大小 $<10\mu m$，一般感觉不出来，即舌感细腻；但 $>15\mu m$，会明显感觉到“砂状”口感；$>30\mu m$，呈显著的砂状感，舌感粗糙。在炼乳、冰淇淋及干酪涂抹食品中会遇到这样的质量问题。

不同的结晶条件下，α-乳糖水合物可形成各种形状的结晶，最普通的一种是“斧形”结晶，这种晶体的硬度较大，在水中溶解缓慢。

乳糖溶液的结晶因温度的影响，可得到不同异构体的产品。过饱和乳糖溶液在 <93.5℃时结晶，可得到 α-乳糖水合物；>93.5℃时，β-乳糖溶解度低于 α-乳糖溶解度，因此，>93.5℃时从 α-乳糖水合物溶液中结晶析出的是 β-乳糖。

将α-乳糖水合物与无水甲醇按1∶10混合，高温下搅拌数小时，或回流加热1h可得到稳定性无水α-乳糖（Stable Anhydrous α - lactose），它的吸湿性较差，溶解度高于α-乳糖水合物。

将α-乳糖水合物与含1% ~5% HCl的甲醇溶液按1∶10混合可得到α，β-混合结晶乳糖，这种晶体的组成为α型∶β型为5∶3，属于无水化合物的混合晶体。

α-乳糖水合物在120℃以上加热或在100℃真空加热，可失去结晶水得到不稳定型α-乳糖无水物（Unstable Anhydrous α - lactose），其在干燥状态下稳定，但有水分存在时，易于吸湿而转化为水合物。

当乳糖溶液在快速干燥时，黏度增加很快，结晶作用不可能发生，此时，得到的是玻璃态乳糖，是一种非结晶态和无定形的乳糖无水物。其主要特点：①α-与β-型乳糖仍以脱水前的比例存在；②吸水性极强，当吸水量达到8%时开始出现结晶体，最后形成乳糖水合物。

在喷雾干燥的乳粉中，乳糖基本上是以玻璃态乳糖存在的。一般在隔绝空气的条件下它是稳定的；但是，暴露在空气中，很快就会吸收水分而使乳粉结块。

2. 葡萄糖（Glucose）

牛乳和人乳中的葡萄糖含量分别为20 ~150，198 ~342mg/100ml，随泌乳期延长以及乳牛年龄增长而增加。

3. 半乳糖（Galactose）

牛乳和人乳中的半乳糖含量分别为0.1，2.7g/L。

4. 低聚糖（Oligosaccharide）

母乳中的低聚糖有3类，分别为无氮低聚糖（半乳糖、果糖等）、含有*N*-乙酰葡萄糖胺的低聚糖和含有*N*-乙酰神经氨酸的低聚糖。

通常乳糖含量较低的牛乳，其低聚糖含量较高，但人乳例外，乳糖和低聚糖含量都高。人初乳和常乳中低聚糖含量分别为24g/L和12 ~13g/L；牛初乳和常乳中低聚糖含量分别为2.5g/L和1g/L。

四、乳脂肪

乳脂肪呈O/W型乳浊液，是以脂肪球状态分散于乳浆中形成乳浊液，对牛乳风味起重要作用。乳脂肪是组成和结构最复杂的脂类化合物，其中，固态脂肪和液态脂肪共存，因此具有较大的熔点范围（-40 ~37℃）；5℃以下呈固态，5 ~11℃呈半固态。

除去脂肪后，乳的其余部分称为乳浆，脂肪球浮于其中，如图2-13所示。

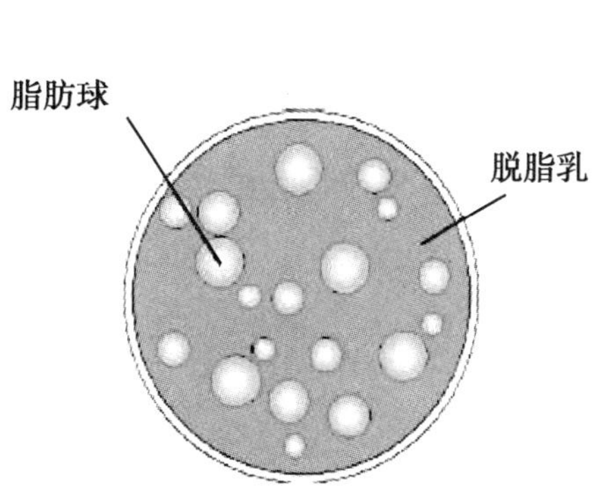

图2-13 牛乳的视图

1. 乳脂肪的组成

牛乳中脂肪平均为3.5%，范围2% ~8%。

乳脂肪主要由甘油三酯组成（98% ~99%），并含有少量类脂物，如磷脂（0.2% ~1.0%）、甾醇（0.25% ~0.4%）等。牛乳中脂肪的种类、结构及在乳中的分布见表2-9

所示。

表 2-9　牛乳中脂肪的种类、结构及在乳中的分布

成分	醇基	其他成分	脂肪酸数目	含量/%①	分布②	
					脂肪球内	脂肪球膜
中性脂肪	?	?	?	98.7	?	?
甘油三酯	甘油	?	3	98.3	100	+
甘油二酯	甘油	?	2	0.3	90?	10?
单甘酯	甘油	?	1	0.03	+	+
游离脂肪酸	-	?	?	0.1	60	10?
磷脂	?	磷酸基团	?	0.8	-	65
卵磷脂	甘油	胆碱	2	0.26	?	?
磷脂酰乙醇胺	甘油	乙醇胺	2	0.28	?	?
磷脂酰丝氨酸	甘油	Ser	2	0.03	?	?
肌醇磷脂	甘油	肌醇	2	0.04	?	?
缩醛磷脂	甘油	胆碱或乙醇胺	1④	0.02	?	?
神经磷脂	神经鞘胺醇	胆碱	1	0.16	?	?
脑苷脂	神经鞘胺醇	己糖	1	0.1	-	70
神经节苷脂	神经鞘胺醇	己糖	1	0.01	-	70?
固醇	?	?	?	0.32	80	10
胆固醇	?	?	?	0.30	?	?
胆固醇酯	胆固醇	?	1	0.02		
维生素③				0.002	95?	5?

注：①占总脂肪的%；②占各部分总脂类的%，其中“+”表示含有，“?”表示不确定，“-”表示不含有；③主要是类胡萝卜素和维生素 A；④或者是脂肪残基

2. 乳脂肪的特性

乳脂肪的脂肪酸（Fatty Acid，FA）种类远较一般脂肪多，约有 400 多种，可分为 3 类：第一类为水溶性挥发性 FA（丁酸、乙酸、辛酸和葵酸等）；第二类为非水溶性挥发性 FA（12∶0 等）；第三类为非水溶性不挥发性 FA（14∶0、20∶0、18∶1、18∶2 等）。

与一般脂肪相比，乳脂的中短链 FA 占总 FA 的 14%左右，其中，水溶性挥发短链 FA（C_4∶0～C_{10}∶0）含量高达 8%，而其他动植物油脂中 <1%，这是反刍动物乳脂肪的特点，使其风味良好且容易消化，其中，丁酸含量可作为鉴定在奶油中混杂其他脂肪的指标。

短链 FA 主要存在于乳浆（水相）中，长链 FA（>C_{14}）主要存在于脂肪（油相）中。乳脂肪酸的种类如表 2-10 所示。

表 2-10 乳脂肪酸的种类

脂肪酸	占脂肪酸总量/%	熔点/℃	原子数			
			H	C	O	
饱和脂肪酸						
丁酸	3.0~4.5	-7.9	8	4	2	室温下为液态
己酸	1.3~2.2	-1.5	12	6	2	
辛酸	0.8~2.5	+16.5	16	8	2	
葵酸	1.8~3.8	+31.4	20	10	2	室温下为固态
月桂酸	2.0~5.0	+43.6	24	12	2	
肉豆蔻酸	7.0~11.0	+53.8	28	14	2	
棕榈酸	25.0~29.0	+62.6	32	16	2	
硬脂酸	7.0~13.0	+69.3	36	18	2	
不饱和脂肪酸						
油酸	30~40	+14	34	18	2	室温下为液态
亚油酸	2.0~3.0	-5	32	18	2	
亚麻酸	<1.0	-5	30	18	2	
花生四烯酸	<1.0	-49.5	32	20	2	

乳脂肪的理化性质如表 2-11 所示。

表 2-11 乳脂肪的理化性质

性质	变化范围
相对密度/d15℃	0.935~0.943
熔点/℃	28~40
凝固点/℃	15~25
折射率/25℃	1.4590~1.4620
皂化价	218~235
碘值	26~36
酸价	0.4~3.5
丁酸值	16~24
Reichert-Meissl（水溶性挥发 FA 值）	21~36
Polenski（水不溶性挥发 FA 值）	1.3~3.5
不皂化物	0.31~0.42

根据表 2-11，乳脂肪的理化常数取决于乳脂肪的组成和结构，较重要的有碘值、丁

酸值、Reichert-Meissl（水溶性挥发 FA 值）、Polenski（水不溶性挥发 FA 值）等，其中，碘值在一年内的变化如图 2－14 所示。

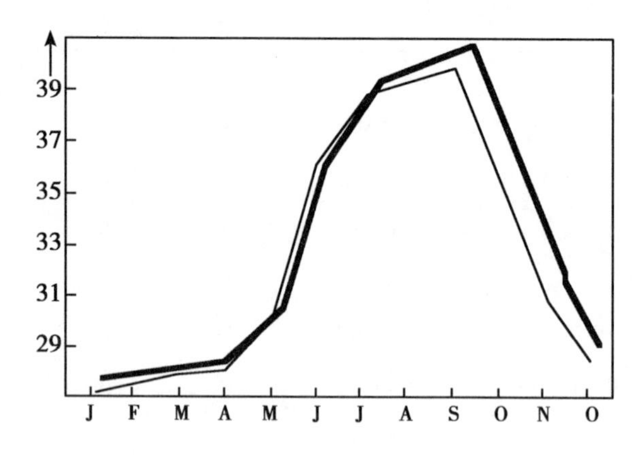

图 2－14　碘值在一年内的变化（瑞典）

乳脂肪的不饱和脂肪酸（Unsaturated Fatty Acid，UFA）主要是油酸，约占 UFA 总量的 70%，但乳脂中饱和脂肪酸（Saturated Fatty Acid，SFA）含量高，因此，乳脂的碘值较低。

水溶性挥发脂肪酸值是指中和从 5g 脂肪中蒸馏出来的溶解性挥发脂肪酸时所消耗的 0.1mol/L KOH 的体积（ml）。水不溶性挥发 FA 值是指中和 5g 脂肪中挥发出的不溶于水的挥发性脂肪酸所需 0.1mol/L KOH 的体积（ml）。

反刍动物可将饲料中的 UFA 在瘤胃（牛胃由 4 个胃室组成，即瘤胃、蜂巢胃、重瓣胃和皱胃，食物按顺序流经这 4 个胃室，其中，一部分在进入重瓣胃前返回到口腔内再咀嚼，此即“反刍”）中经微生物作用进行氢化，而产生一定量的反式脂肪酸（约 5%），而化学氢化（硬化）植物油中则含有约 50% 的反式脂肪酸，这是因为一般的氢化作用不具有立体选择性。

一般天然脂肪中的脂肪酸为偶数碳原子的直链脂肪酸，但在牛乳脂肪中含有 $C_9 \sim C_{23}$ 的奇数碳原子脂肪酸，也发现带有侧链的脂肪酸。

乳中 4 种含量最丰富的脂肪酸是肉豆蔻酸（14：0）、棕榈酸（16：0）、硬脂酸（18：0）和油酸（18：1）。在室温下，前 3 种脂肪酸是固态，后一种是液态。

脂肪中高熔点的脂肪酸含量高，例如，棕榈酸含量高，则脂肪的硬度大；反之，脂肪酸中低熔点的脂肪酸含量多，例如油酸含量多，则脂肪软些。

乳脂肪的脂肪酸组成受饲料、营养、环境、季节等因素的影响。一般，夏季放牧期 UFA 含量高，而冬季舍饲期 UFA 含量降低。因此，夏季加工的奶油熔点较低，硬度较软。

3. 脂肪氧化

脂类氧化是乳制品腐败的一个主要原因，影响因素有：

（1）水分活度 A_w　$A_w < 0.3$，能促进氧化反应的发生，因为低水分不能掩蔽氧化剂的作用。

（2）氧　奶粉充氮包装可降低这一影响。

（3）盐类　铁铜等金属离子可促进氧化。

（4）均质 可降低氧化酸败作用，这是因为脂类以及乳脂肪球膜上的氧化剂如铜等在均质过程中进行了重新分布，氧化剂与脂类的接触减少；但均质后的乳对阳光和解脂酶敏感，即均质加强了水解酸败和光氧化反应的发生。

（5）加热 可加速氧化反应速度，但反常的是低温可促进原料乳和高温短时（HTST）杀菌乳中的脂类氧化，而对于超高温灭菌（UHT）乳则没有这种现象。

对于过氧化物降解产物的检测，POV 并不是好方法，贮存过程中 POV 值先升高后降低；而硫代巴比妥酸（TBA）是一个较好的指标（油脂氧化分解的醛类物质与 TBA 反应生成黄色或红色化合物）；具有还原作用（抗氧化作用）的游离巯基也可用于脂肪氧化的判定指标。

4. 脂肪水解

牛乳中主要的脂肪酶是脂蛋白脂酶（LPL），在此酶和微生物的作用下，乳脂肪水解，使酸度升高，产生脂肪水解味。

刚挤下的乳冷到5℃，再加热到30℃，然后再冷到5℃，就可将脂肪酶系统激活。这样的温度波动在牧场经常发生，例如，在少量的冷却乳中加入大量温热的乳，然后再进行冷却。因此，挤乳桶或储罐要完全倒空，这也是良好卫生条件的要求。

5. 乳脂肪球与脂肪上浮

乳脂肪主要以脂肪球的形式存在，其大小依乳牛的品种、个体、健康状况、泌乳期、饲料及挤乳情况等因素而异，通常脂肪球直径0.1～20μm，平均3.5μm，每毫升牛乳中，约有150亿个脂肪球。由于聚集作用可形成直径10～800μm的球状聚集体，加速脂肪的上浮。

脂肪球的大小对乳制品加工的意义在于：直径越大，上浮的速度越快，越容易分离出稀奶油。当脂肪球的直径接近1μm时，脂肪球基本不上浮。所以，生产中可将牛乳进行均质处理，得到长时间不分层的稳定产品。

脂肪上浮与温度有很大关系，高于37℃，反而不会发生脂肪上浮；低于20℃的低温下，脂肪上浮更快。

乳脂肪球在显微镜下观察为圆球形或椭圆球形，表面被一层5～10nm厚的膜所覆盖，称为脂肪球膜，脂肪球被膜完整包住，因而使脂肪在乳中保持稳定的乳浊液状态，并使各个脂肪球独立地分散于乳中。脂肪球膜的构成相当复杂，主要由蛋白质、磷脂、甘油三酯、胆甾醇、脂溶性维生素、金属离子、酶类，以及盐类和少量结合水等组成，其中起主导作用的是卵磷脂-蛋白质络合物。脂肪球膜的结构如图2－15所示。

脂肪球膜的内层是磷脂层。磷脂是极性分子，其疏水基朝向脂肪球的中心，与甘油三酯结合形成膜的内层；磷脂的亲水基向外朝向乳浆，连着亲水的蛋白质，构成了膜的外层，其表面有大量结合水，从而形成了脂相到水相的过渡，使脂肪球能稳定地存在于乳中。

脂肪球膜具有保持乳浊液稳定的作用，即使脂肪球上浮分层，仍能保持着脂肪球的分散状态。

在机械搅拌或化学物质作用下，脂肪球膜被破坏后，脂肪球才会互相聚结在一起。因此，可以利用这一原理生产奶油和测定乳中的含脂率。

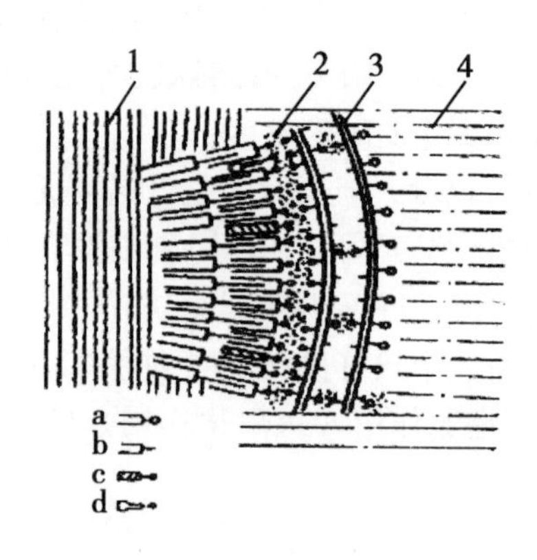

图 2－15 脂肪球膜的结构图

1. 脂肪 2. 结合水 3. 蛋白质 4. 乳浆 a. 磷脂 b. 甘油三酯 c. 甾醇 d. 维生素 A

五、乳中的无机盐

1. 乳中盐类的组成及分布

盐类包括无机盐和有机盐，矿物质是指无机盐，而灰分是指高温灼烧时，有机成分挥发逸散，而无机成分（主要是无机盐和氧化物）则残留下来，这些残留物称为灰分，因此，灰分是表示食品中无机成分总量的一项指标。

牛乳的灰分含量为 0.30% ~1.21%，平均约 0.7%，而人乳的灰分平均约 0.2%。

牛乳中盐类主要有 K、Na、Mg、Ca、P、Cl 等，此外还有一些微量元素，包括 Fe、I、Cu、Mn、Zn、Co、Se、Cr、Mo、Sn、V、F、Si、Ni 等。乳中主要盐类的含量与分布如表 2－12 所示。

表 2－12 乳中主要盐类的含量与分布 单位：mg/L

成分	平均含量	变化范围	分布①	
			乳清	胶粒
总钙	1 200	1 000 ~ 1 400	381（33.5）	761（66.5）
镁	110	100 ~ 150	74（67）	36（33）
钠	500	350 ~ 600	460（92）	40（8）
钾	1 480	1 350 ~ 1 550	1 370（92）	110（8）
总磷②	848	750 ~ 1 100	377（43）	471（57）
柠檬酸盐（以柠檬酸计）	1 660	—	1 560（94）	100（6）
氯化物	1 063	800 ~ 1 400	1 065（100）	0（0）
碳酸盐（以 CO_2 计）	200	—	–	–
硫酸盐	100	—	–	–

注：①括号内数据单位为%，表示盐类在乳清和胶粒中分布的百分比；②总磷包括胶体无机磷、酪蛋白结合磷（无机磷）、可溶性无机磷、磷酸酯以及磷脂

常量元素中，Ca 和 K 的含量较高；微量元素中，Zn 含量最高约 3mg/kg 乳；但牛乳中铁含量为 100 ~ 900mg/L，较人乳中少，故人工哺育时应补充铁。

牛乳是重要的钙源，而钙与磷酸化的酪蛋白相结合，会改善胃肠道对钙的吸收。但牛乳中的钙含量较人乳多 3 ~4 倍，因此，牛乳在婴儿胃内形成的蛋白凝块比人乳的坚硬，不易消化。

为了消除可溶性钙盐的不良影响，可采用离子交换法将牛乳中的钙部分除去，使凝块变得柔软，便于消化。但缺钙时，对乳的加工特性就会发生不良影响，尤其不利于干酪的制造。

2. 乳中盐类存在的状态

乳中的盐类大部分以无机盐或有机盐的形式存在，其中，以无机的磷酸盐和有机的柠檬酸盐存在的数量最多。

钠和钾是以氯化物、磷酸盐和柠檬酸盐的自由离子存在于乳清中，可全部被吸收利用。钙镁的磷酸盐及柠檬酸盐，部分溶解在乳清中，呈溶解状态；部分以胶体状态存在于酪蛋白胶粒中。

不溶性磷酸钙盐也称为胶体磷酸钙，它在乳中是过饱和的，因此，其中的大部分应是不溶的。不过，这部分不溶性盐类不是沉淀，而是以小的非结晶形式结合在蛋白质上。

3. 加工处理对盐类分布的影响

乳蛋白的稳定性主要取决于盐类的平衡，而盐的平衡又取决于酸碱的平衡。牛乳中的盐类平衡，特别是钙、镁等阳离子与磷酸、柠檬酸等阴离子之间的平衡，对牛乳的稳定性影响很大。

（1）温度的影响　乳中的盐类在溶解相和胶质相之间以平衡状态存在。当外界条件稍有变化时，两相之间即发生转变现象。若外界条件变化缓和为可逆的，若变化强烈如高温加热，则将产生不可逆或部分可逆。例如乳中的磷酸钙，其溶解度随温度的升高而降低，即可溶解的磷酸钙变成不可溶的，而且多与酪蛋白胶粒发生缔合作用。

该反应为：$Ca^{2+} + H_2PO_4^- \rightarrow CaHPO_4 + H^+$；这表明加热后乳会变得更酸些，不过该反应很慢，而且反应的温度范围也较窄，为 67 ~78℃。

（2）酸度的影响　酸度降低，胶质状态的磷酸钙逐渐变为可溶性，而由酪蛋白游离出来，当 pH 值达 4.9 时，胶体磷酸盐完全溶解，与酪蛋白结合的钙也将全部游离。

（3）浓度的影响　乳中的磷酸钙因呈饱和状态，经稀释后，使部分不溶性的盐溶解，从而增大了 pH 值。相反当浓缩时，能使胶体离子蓄积，结果使胶体磷酸盐增加，且因 H^+ 的游离而使 pH 值降低。浓缩比为 2：1 即浓缩到干物质含量是原来的 2 倍时，乳的 pH 值降低约 0.3 个单位，这会导致酪蛋白胶粒内部形成额外的磷酸钙，而溶解的柠檬酸盐、磷酸盐均有所降低。

（4）添加盐类或除去盐类的影响　当受季节、饲料、生理等影响，牛乳发生不正常凝固时，往往是由于钙、镁离子过剩，盐类的平衡被打破的缘故。此时，可向乳中添加磷酸及柠檬酸的钠盐，或用离子交换等方法除去部分钙盐，以维持盐类平衡，保持蛋白质的热稳定性，生产炼乳时常常利用这种特性。

六、乳中的维生素

乳中含有几乎所有的维生素，其中，维生素 B_2 含量丰富，但维生素 D 含量不多。乳中的维生素部分来自饲料，如维生素 E，部分靠乳牛自身合成，如 B 族维生素。

泌乳期对乳中维生素含量有直接影响，初乳中的维生素含量较常乳高。

维生素不稳定，特别是维生素C。刚挤出的生乳中，维生素C为还原态，可氧化为脱氢抗坏血酸，该反应是可逆的，脱氢抗坏血酸可进一步水解成2，3－二酮古洛糖酸，该反应是不可逆的，此时抗坏血酸的生物活性丧失。

除营养作用外，一些维生素如维生素B_2对乳的颜色有一定的影响。

总之，牛乳是维生素的良好来源；然而，乳中叶酸的含量很低，孕妇产品中应额外添加。牛乳中的维生素含量如表2－13所示。

表2－13　牛乳中的维生素含量　　单位：μg/100ml

维生素	平均含量	变化范围	维生素	平均含量	变化范围
水溶性维生素			脂溶性维生素		
维生素C	1 500	—	维生素A	—	夏 28～65 冬 17～41
维生素B_1硫胺素	40	37～46	β-胡萝卜素	—	夏 22～32 冬 10～13
维生素B_2核黄素	180	161～190	视黄醇当量	38	—
烟酸	80	71～93	维生素D	0.05	0.02～0.08
维生素B_6吡哆素	50	40～60	维生素E	100	84～110
叶酸盐	5	5～6	维生素K	3.5	3～4
维生素B_{12}钴胺素	0.4	0.30～0.45		?	?
泛酸	350	313～360	维生素A	—	夏 28～65 冬 17～41
生物素	3	2～3.6	β-胡萝卜素	—	夏 22～32 冬 10～13

七、乳中的酶类

牛乳中酶的种类很多，其来源可分为内源酶和外源酶。内源酶有60多种，来源于乳本身包括乳腺分泌、血浆和白细胞；外源酶主要是挤乳后微生物代谢产生的酶。与乳品的质量控制密切相关的酶主要是水解酶和氧化还原酶。

1. 水解酶类

包括脂酶、蛋白酶、磷酸酶、淀粉酶、半乳糖酶、溶菌酶等。

（1）蛋白酶（Prolease）　乳中蛋白酶多为细菌性酶，能使蛋白质水解后形成蛋白胨、多肽及氨基酸，主要有两种，血纤维蛋白溶酶（Plasmin）和组织蛋白酶D（Cathepsin D）。

血纤维蛋白溶酶的最适pH值为8.0，耐热，热稳定性为60℃/10min残留70%或70℃/10min残留1%；在UHT乳中，该酶仍有活性，当采用高质量原料乳（乳中含有的假单孢菌蛋白酶很少）时，该酶就是引起 UHT 灭菌乳凝胶老化的主要原因。

组织蛋白酶 D 是一种酸性蛋白酶，最适 pH 值 4，热稳定性为 60℃/10min 残留 70% 或 70℃/10min 残留 1%。

（2）脂酶（Lipoprotein Lipase，LPL） 乳脂肪在脂酶的作用下水解产生游离脂肪酸（FFA），从而使牛乳产生脂肪分解的酸败气味（Acid Flavor），这是乳制品特别是奶油生产上常见的缺陷。

由乳腺进入乳中的脂酶数量不大，而微生物是脂酶的主要来源。

牛乳中的脂酶（Lipase）至少有两种，一是附在脂肪球膜间的膜脂酶（Membrane Lipase），它在常乳中不常见，而在末乳、乳房炎乳及其他一些生理异常乳中常出现。另一种是存在于脱脂乳中与酪蛋白相结合的乳浆脂酶（Plasma Lipase），它是一种糖蛋白（含糖 8.3%），最适温度 37℃，最适 pH 值 8.5 ~ 9.2 。

内源脂酶经 80 ~ 85℃/20s 可完全钝化，钝化温度与脂酶的来源有关。来源于微生物的脂酶耐热性高，即使 UHT 处理也不能使其完全失活。另外，已经钝化的酶有恢复活力的可能。

脂酶本身无法破坏脂肪球膜，当脂肪球膜被破坏后，该酶才能分解脂肪产生 FFA。加工过程能使脂酶增加其作用机会，例如均质处理，由于脂肪球膜被破坏而增加了脂酶与乳脂肪的接触面，使乳脂肪更易水解，故均质后应及时进行杀菌和灭酶；其次，牛乳多次通过乳泵或在牛乳中通入空气剧烈搅拌，同样也会使脂酶的作用增加，导致牛乳风味变劣。

（3）磷酸酶（Phosphatase） 磷酸酶可将磷酸酯分解为磷酸和其相应的醇类，即水解磷酸酯键，释放出磷酸基团。磷酸酶主要有两种，一种是酸性磷酸酶（最适 pH 值 4.5，较耐热，经 88℃/30min 或 100℃/1min 可钝化），存在于乳清中；另一种为碱性磷酸酶（最适 pH 值 7.6 ~ 10.5，经 63℃/30min 或 71 ~ 75℃/15 ~ 30s 可钝化），存在于脂肪球膜处。

碱性磷酸酶经加热钝化的性质，可用来检验牛乳巴氏杀菌程度是否完全。这项试验很有效，即使在巴氏杀菌乳中混入 0.5% 的原料乳也能被检出。通常，乳品厂把上述试验做为常规检验，这就是著名的 Scharer 磷酸酶试验。

磷酸酶试验应在热处理之后立即进行，否则，牛乳需冷却到 5℃ 以下，并在试验之前一直保持此温度。

这一试验应和杀菌在同一天内进行，否则磷酸酶会重新活化，即被钝化的酶恢复了其活性，从而使该试验反应呈阳性，稀奶油在这一问题上尤其敏感。

2. 氧化还原酶

氧化还原酶主要包括过氧化物酶、过氧化氢酶、黄嘌呤氧化酶、还原酶等。

（1）过氧化物酶（Lactoperoxidase，LPO） 是最早从乳中发现的乳中固有的酶，牛乳中的浓度约 30mg/L，其数量与细菌无关，主要来自于白血球的细胞成分。

它能促使过氧化氢（H_2O_2）中的氧原子转移到其他易被氧化的物质上去，使 H_2O_2 分解产生活泼的新生态氧，从而使乳中的 UFA、多元酚、芳香胺等化合物氧化，使乳产生不良风味。该酶较耐热，最适温度 25℃，最适 pH 值 6.8，普通的巴氏杀菌法 62℃/30min 或 72℃/15s，不能使其丧失活力，但 76℃/20min、77 ~ 78℃/5min、85℃/10s 即可使其钝化。

通过测定过氧化物酶的活性可以判断乳的热处理程度，可判断巴氏杀菌温度是否到

80℃以上，这一试验称为斯托奇过氧化物酶试验。

但经过85℃/10s处理的牛乳，在20℃贮藏24h或37℃贮藏4h，会发现已钝化的过氧化物酶重新复活的现象。

LPO在H_2O_2和硫氰酸盐（SCN^-）存在下，对革兰氏阳性菌和阴性菌均有抑制作用，可显著减少乳中的菌落总数，使乳保持一定时间的抑菌状态。

在缺乏冷藏的条件下，LPO-H_2O_2-SCN^-抑菌系统是有效的，此即著名的过氧化物酶抗菌体系（LPS）。

乳过氧化物酶在生奶中的浓度相当高，足够满足其形成LPS达到抗菌的需要（0.5μg/ml）。在有H_2O_2的条件下，促使SCN^-被氧化成为亚硫氰酸（HOSCN）。在牛乳的pH值（pH值6.4~6.8）下，亚硫氰酸会分离，以亚硫氰酸根离子（$OSCN^-$）为主要存在形式。这种离子专门和细菌细胞表面游离的硫氢基团（—SH）化合，致使细菌的几种与生命代谢有关的酶丧失活力，阻碍了细菌的代谢和增殖能力。

这种抗菌的硫氰酸盐氧化物在中性pH值下不稳定，容易自发地分解为硫氰酸盐。分解反应的速度决定于温度，温度较高时分解较快。奶的巴氏消毒可以保证这种活性氧化产物的残余完全除净。

乳汁刚离乳房时，硫氰酸盐的氧化程度很小，但通过添加低浓度的过氧化氢，可以促进这种氧化。使用高浓度（300~800mg/kg H_2O_2）保存生乳时，会毁坏乳中的乳过氧化物酶，阻止硫氰酸盐的氧化，而只能利用H_2O_2本身的杀菌作用抗菌。

SCN^-与H_2O_2以等摩尔化合，如H_2O_2浓度较低，则有部分SCN^-得不到氧化，$OSCN^-$产量减少，保鲜的效力也相应减弱；如H_2O_2浓度较大，则会产生存在时间比$OSCN^-$更为短暂的较高的含氧酸，如氰亚硫酸（HO_2SCN）和氰硫酸（HO_3SCN），在奶中分别分解为O_2SCN^-和O_3SCN^-。其杀菌力虽较$OSCN^-$为强，但极不稳定，存在时间太短，所以保鲜的效力仍然减弱。当提供的H_2O_2为等摩尔时，LPS的抗菌作用在一定限度内和SCN^-浓度呈正相关。应用此法保鲜时，需要添加SCN^-以保证奶内具有的SCN^-水平达到所需求的抗菌作用。

本法抑菌的效果决定于奶的贮存温度。卫生等级好的生乳在不同的贮存温度下，用LPS法保鲜的有效时间如表2-14所示。

表2-14 LPS法保鲜的有效时间

储存温度/℃	有效保鲜时间
30	7~8h
25	11~12h
20	16~17h
15	24~26h
10	48h
3~5	5~7d

冷链不完整的背景下出台的标准GB/T 15550—95《活化乳中乳过氧化物酶体系保存

生鲜牛乳实施规范》，已经废止，因此，向生乳中添加以上物质违规。

（2）过氧化氢酶（Catalase） 又称触酶，也是乳中固有的酶，主要来自白血球的细胞成分，特别是在初乳和乳房炎乳中含量较多，因此，该酶可作为乳房炎乳的诊断指标。然而许多种细菌可以产生过氧化氢酶。该酶可将过量的 H_2O_2 分解为水和游离氧，通过测定乳中酶释放出的氧总量，可估计乳中过氧化氢酶的含量，从而判定牛乳是否来自健康乳牛的乳房。当乳房患病时，其乳中过氧化氢酶的含量就高。

该酶的最适 pH 值为7.0，75℃/20min 加热，可以100%钝化该酶，因此，也可用该酶的活性来指示巴氏杀菌的效果。

（3）还原酶（Reductase） 上述几种酶是乳中固有的酶，但还原酶主要来源于微生物，是挤乳后进入乳中微生物的代谢产物。

乳中主要的还原酶是脱氢酶，还原酶能使甲基蓝（美蓝）还原为无色，即所谓还原酶试验（美蓝试验）。乳中还原酶的量与微生物的污染程度呈正相关，因此，微生物检验中常用还原酶试验来判断乳的新鲜程度或乳被微生物污染的程度。

3. 酶类对乳品加工的作用和意义

酶与乳的保存有关，乳品生产中，有些酶可作为巴氏杀菌的指示酶，如过氧化氢酶和碱性磷酸酶等；某些酶可作为鉴别乳房炎的指标，如过氧化氢酶、酸性磷酸酶等；某些酶具有抑菌作用，如溶菌酶、乳过氧化酶等构成了乳的天然抗菌体系。

除了少数几种酶（如溶菌酶、过氧化物酶等）外，酶类对乳和乳制品的营养和感官性质没有益处，因此在加工过程中应尽可能使之灭活。

八、乳中的其他成分

除上述主要成分外，乳中还有少量的有机酸、气体、细胞成分、风味成分、激素等。

1. 有机酸

有机酸主要是柠檬酸，含量0.07% ~0.40% ，以盐类状态存在。除了酪蛋白胶粒中的柠檬酸盐外，还存在有分子和离子状态的柠檬酸盐，主要为柠檬酸钙。

柠檬酸对乳的盐类平衡及乳在加热、冷冻过程中的稳定性均起重要作用。同时，柠檬酸还是乳制品芳香成分丁二酮的前体。

另外，在酸败乳和发酵乳中，在乳酸菌的作用下，马尿酸可转化为苯甲酸。

2. 气体

在牛乳房中，乳的空气含量是由牛血液的空气含量决定的。在血液中氧的含量是低的，并以化学方式与血红蛋白相联；而 CO_2 的含量要高一些，因为血液携带大量从细胞里出来的 CO_2 到肺中。

乳房中牛乳总气体含量4.5% ~6%（体积分数），其中，O_2 约占0.1%，N_2约占1%，CO_2 为3.5% ~4.9%；这3种气体之间的平衡是由温度和大气压决定的，生乳中空气含量如表2－15 所示。

表 2－15　生乳中空气含量（容积）　　单位:%

	O_2	N_2	CO_2	总气体
最小值	0.3	1.18	3.44	4.92
最大值	0.59	1.63	6.28	8.50
平均值	0.47	1.29	4.45	6.21

刚挤出的乳中含气量较高，因此，不能用刚挤出的乳检验其密度和酸度。在挤乳、贮运和乳品厂接收牛乳的过程中，CO_2 由于逸出而减少，而氧、氮则因与大气接触而增多；另外，细菌繁殖后，在乳中还会产生其他气体如 H_2、甲烷等。因此，生乳到乳品厂后，其气体含量常常 >10%（体积分数），而且多数为非结合的分散气体，并常黏附于脂肪上。

这些气体以 3 种形式存在于乳中，①溶解的形式即溶解在牛乳中；②化学结合的形式即与牛乳键合且无法分离出来；③分散的形式，即以分散相分散在牛乳中。在牛乳的加工中，分散和溶解的气体是一个严重问题，其对牛乳加工的破坏作用有：加工过程中发泡；牛乳中氧的存在会导致维生素和脂肪的氧化变质，并促进氧化褐变；影响计量和牛乳标准化的准确度；影响乳在脱脂过程中的分离效率；促使脂肪球聚合，并使包装物顶部的脂肪黏附；在均质机中产生空穴作用，对均质阀头造成损坏，因此，脱气后会改善均质机运行状态；乳焦糊在加热器表面上，使板式热交换器和巴氏杀菌机中的加热表面结垢增加；在发酵乳中导致乳清分离，使发酵乳制品的稳定性降低。因此，牛乳加工中需要进行脱气处理。

3. 细胞成分

乳中所含的细胞成分主要是白血球和乳房分泌组织的上皮细胞，也有少量红血球。

对于健康牛而言，乳中的细胞占乳体积的 0.01%，乳房炎时，乳中的体细胞数（Somatic Cell Count，SCC）增加。因此，牛乳中的体细胞含量是衡量乳房健康状况及牛乳卫生质量的标志之一，一般正常乳中细胞数 <50 万个/ml。

4. 核苷与核苷酸（Nucleoside and Ncleotide）

乳中含有核苷酸、核苷以及嘧啶核嘌呤等物质，它们是乳中非蛋白氮的组成部分，也是组织快速生长的必要成分，其功能如下。

肌苷（次黄嘌呤）可增加小鼠肠道的吸收，因此，对母乳喂养婴儿，它被认为是专门促进铁吸收的因子。核苷酸可刺激 α-脂蛋白的合成，并参与脂类代谢；核苷酸可显著改善早产儿的体重、体长和头围等指标；提高婴儿的免疫力；并对肝脏的再生、核酸的代谢、促进肠细胞的增殖和熟化等都具有重要意义。牛乳和人乳中的核苷酸含量如表 2－16 所示。

表 2－16　牛乳和人乳中的核苷酸含量　　单位：μmol/L

名称	简写	牛乳		人乳	
		初乳	常乳	初乳	常乳
胞苷二磷酸胆碱	CDP-胆碱	12	14	—	6
5′-胞苷酸	5′-CMP	23	22	45	18

（续表）

名称	简写	牛乳		人乳	
		初乳	常乳	初乳	常乳
5′-腺苷酸	5′-AMP	67	20	28	16
5′-鸟苷酸	5′-GMP	—	—	4	3
5′-尿苷酸	5′-UMP	244	—	15	8
3′，5′-环腺苷酸	3′，5′-cAMP	—	—	—	—
尿苷二磷酸乙酰氨基己糖	UDPAH	90	—	21	20
尿苷二磷酸己糖	UDPH	698	—	18	9
尿苷二磷酸	GDP	—	—	—	—
尿苷二磷酸葡糖酸	UDPG	95	—	10	7
尿苷二磷酸	UDP	—	—	10	7

5. 激素（Hormone）与生长因子（Growth Factor，GF）

乳中的激素和生长因子种类很多，目前，已检测到50种以上，其主要生理功能为：影响乳腺的生长、发育、成熟和退化；影响泌乳的维持和停止；促进婴幼儿的生长和发育（如免疫系统、消化和神经系统等的发育），并可调节生理和代谢。

牛乳中主要激素和生长因子的含量如表2－17所示。

表2－17　牛乳中主要激素和生长因子的含量　　单位：ng/ml

激素种类	初乳	常乳
类固醇激素		
5-α-雄酮-3，17-二酮	0～7	—
雌二醇17-β	361	13
雌二醇17-α	474	160
雌酮	1 032	28
孕酮	—	23
睾酮	45～71	—
雌激素（总量）	1 867	201
肽和蛋白类激素		
促性腺素释放激素	—	0.1～3
生长激素	—	<1
胰岛素	37	0.7～6
黄体生成素释放激素	—	3.9～11.8
催乳素	6～8	500～800
甲状旁腺素释放肽	77	106
生长因子		
胰岛素样生长因子Ⅰ	2 949	—
胰岛素样生长因子Ⅱ	—	1 825

乳牛在乳汁分泌过程中，除体内催乳素作用外，还有雌激素、孕激素、生长激素、甲状腺素、肾上腺皮质激素、胰岛素等激素的共同参与才可完成泌乳过程。

牛乳中激素含量受母体品种、不同生理阶段、受孕次数、饲料营养等的影响。

在国内，关于奶源中激素的控制管理，在农业部第235号公告（动物性食品中兽药最高残留限量）中，对外源性雌激素类的药物作出了明确规定：在动物性食品中不得检出苯甲酸雌二醇、己烯雌酚、醋酸甲孕酮等外源性激素类物质。

内源激素包括两类，一个是促卵泡激素和促黄体激素。农业部也批准了这两种雌激素作为兽药使用，它们是牛体内正常含有的激素。作为兽药，主要是在动物发情、繁殖期雌激素水平不够的情况下才可使用。如果在牛的泌乳期使用的话，反而会减少泌乳量。

国外的情况是：新西兰养殖奶牛在繁育配种阶段会注射激素，但新西兰禁止向奶牛喂服激素；只有欧盟采取放养模式，不允许使用激素。

一些养牛场在奶牛生病和盲目提高产奶量的情况下，会使用抗生素和激素药品。加入激素，短期可能会催产，但同时也会缩短牛的寿命等。

6. 风味物质（Flavor）

牛乳的滋味集酸甜苦咸4种风味于一体。微甜起因于糖类（乳糖）；微酸起因于乳中的柠檬酸、磷酸等；微咸起因于乳中的氯化物（常乳中的咸味因受乳糖、脂肪、蛋白质等所调和而不易觉察，但异常乳如乳房炎乳中氯的含量较高，故有浓厚的咸味）；微苦起因于乳中的钙镁等盐类。

牛乳具有特殊的乳香味，是因乳中含有挥发性FA和其他挥发性物质而造成的，这些香味成分很复杂，一般是低级FA、酮类、醛类、二甲基硫醚、内酯、硫化物、烃类等组成的混合物，有400多种。

这种香味随温度的高低而异，乳经加热后香味强烈，冷却后减弱。另外，乳中羰基化合物，如乙醛、丙酮、甲醛等均与牛乳风味有关。

7. 污染物（Pollutants）

乳和乳制品中存在具有潜在危害的化学污染物，主要来源于：农残、药残；抗生素；消毒剂、杀菌剂；放射性污染物；微生物；植物毒素；硝酸盐、亚硝酸盐；包装迁移物等。乳中常见污染物的来源及其危害如表2-18所示。

表2-18 乳中常见污染物的来源及其危害

污染物	代表物质	主要污染途径	危害
有机氯化合物	滴滴涕、六氯苯、狄氏剂	水源、饲料、兽药	抗微生物降解
抗生素	青霉素、头孢菌素、四环素、氯霉素、庆大霉素、磺胺类药物、呋喃类药物、大环内酯类药物	治疗乳牛疾病、饲用抗生素、人为添加（防腐）	过敏反应、致癌作用、破坏胃肠道菌群、降低免疫力、增加细菌耐药性、抑制乳品发酵
兽药	非固醇类抗炎药物、β-肾上腺兴奋剂、激素	治疗乳牛疾病（如乳房炎）、乳牛怀孕诊断、乳牛致孕、促进泌乳、提高泌乳量	食物中毒、儿童肥胖
消毒剂和杀菌剂	碘、次氯酸盐、季胺化合物	乳头和皮肤消毒、乳品车间消毒	甲状腺功能紊乱（高碘）

（续表）

污染物	代表物质	主要污染途径	危害
二噁英	2，3，7，8-四氯双苯超二噁英（TCDD）	来自生活废弃物焚化炉、钢铁冶炼厂、金属回收厂、水泥厂等、并吸附在大气尘埃传播	强致癌作用
聚氯联苯	含有 0.8～5mg/kg 聚氯化双苯唑呋喃	大气环境、生物富集	致癌作用
金属	铬、镍、镉、铅、汞、砷	加工设备、金属接触、乳牛饲料污染	对婴儿危害很大
放射性物质	^{89}Sr、^{90}Sr、^{131}I、^{134}Cs、^{137}Cs	含有放射性的尘埃、土壤、植物	致癌作用
真菌毒素	黄曲霉毒素 M_1、黄曲霉毒素 B_1、赭曲霉毒素 A、杂色曲霉素、T-2 毒素	乳牛饲料、干酪发酵成熟	毒害作用
植物毒素	欧洲厥毒素	饲料	致癌作用
硝酸盐和亚硝酸盐	亚硝酸盐	饲料和水源污染、清洗剂残留、食品添加剂	亚硝酸盐致癌作用

第二节　乳的理化性质

一、概述

乳的物理性质对选择正确的工艺条件，鉴定乳的品质具有重要的意义。乳的理化特性如表 2－19 所示。

表 2－19　　乳的理化特性表

物理性质	参数
渗透压/kPa	700
A_w	0.993
沸点/℃	100.55
冰点/℃	－0.522
折射率/nD^{20}	1.3440～1.3485
比折射率	0.2075
密度（20℃）/（kg/m^3）	1 030
相对密度/20℃	1.0321
电导率/（S·cm）	0.0050
离子强度/mol	0.08

（续表）

物理性质	参数
表面张力（20℃）/（N/m）	52
黏度/（Pa·s）	0.0015～0.002
导热系数（2.9%脂肪）/［W/（m·K）］	0.559
热扩散系数（15～20℃）/（m^2/s）	1.25×10^{-7}
比热容/［kJ/（kg·k）］	3.931
pH 值（25℃）	6.6
滴定酸度/°T	12～18
体积膨胀系数（273～333K）/［m^3/（m·K）］	0.0008
氧化还原电势（25℃，pH 值6.6）/V	+0.23～+0.35
表面张力（20℃）/（N/m）	52

二、乳的光学性质

新鲜正常的牛乳呈不透明的白色并稍呈淡黄色，称之为乳白色。乳白色是由于乳中的酪蛋白酸钙-磷酸钙胶粒及脂肪球等微粒对光的不规则反射的结果。

牛乳中的脂溶性胡萝卜素和叶黄素使乳略带淡黄色；而水溶性的核黄素使乳清呈荧光性黄绿色。

牛乳的折射率由于有溶质的存在而比水的折射率大，但在脂肪球的不规则反射影响下，不易正确测定。由脱脂乳测得的较准确，折射率为1.344～1.348，此值与乳固体的含量有比例关系，由此可判定牛乳是否掺水。

三、乳的热学性质

乳的热学性质包括沸点、比热和冰点。

1. 沸点

牛乳的沸点在101.33kPa（1个大气压）下为100.55℃。乳的沸点受其固形物含量的影响，在浓缩过程中，因水分不断减少，干物质含量增高而使沸点不断上升，浓缩到原体积一半时，沸点上升到101.05℃。

2. 比热容

牛乳的比热容与其主要成分的比热及其含量有关，并受温度的影响。牛乳中主要成分的比热容［kJ/（kg·k）］分别为：乳蛋白2.09，乳脂肪2.09，乳糖1.25，盐类2.93，由此及乳成分的含量计算得牛乳的比热容约3.93［kJ/（kg·k）］。

乳品生产中，比热容常用于加热量和致冷量的计算，几种乳制品的比热容如表2－20所示。

表 2-20 几种乳制品的比热容 单位：kJ/（kg·k）

牛乳	稀奶油	干酪	炼乳	加糖乳粉
3.92~3.98	3.34~4.09	2.34~2.51	2.17~2.35	1.83~2.01

3. 冰点

牛乳的冰点通常在-0.550~-0.510℃。尽管因个体差异，但正常的牛乳其乳糖及盐类的含量变化很小，乳的冰点是相对恒定的，所以，牛乳的冰点是检测是否掺水的唯一可信的物理参数。

乳脂肪球、酪蛋白和乳清蛋白由于颗粒较大或分子较大，对乳的冰点几乎无影响，而乳糖和盐类等小分子物质是导致冰点下降的主要因素。但要注意，乳经高温处理时，一些磷酸盐沉淀，导致冰点升高。酸败的牛乳其冰点会降低，所以，测定冰点要求生乳的酸度<20°T。

冰点测定及意义：①如果在乳中掺水，可导致冰点回升。通过测定冰点可测出掺水量，当牛乳的冰点超过范围时，牛乳一定掺假了（该法可检测出加水量3%以上的乳）；②可根据冰点变动，用下列公式来推算掺水量：

$$X=[(T-T_1)\times 100]/T$$

式中，X 为掺水量（%）；T 为正常乳的冰点（℃）；T_1 为被测乳的冰点（℃）。

溶液或水的内压或渗透压也影响溶液或溶剂的冰点，因此，冰点降低也是衡量渗透压的方法（见表2-23）。

当因生理或病理使乳成分发生改变时（如泌乳末期和乳房炎），乳就变成了异常乳，但其渗透压和冰点值维持不变，最重要的改变是乳糖含量的降低和氯化物含量的升高。

四、乳的电学性质

1. 电导率（γ）

电导率是物体传导电流的能力，单位是西门子/米（S/m）。

由于乳中含有盐类等电解质而具有导电性，但乳并不是电的良导体。25℃时，正常牛乳的电导率为0.004~0.006。

影响电导率的因素有：

（1）盐类离子 特别是 Na^+，K^+，Cl^-。

（2）发酵 发酵使乳糖产生乳酸，电导率升高，因此，电导率可监测乳酸菌在乳中的生长情况。

（3）温度 温度升高，电导率增加。

（4）乳房炎 乳房炎乳中，乳糖和 K^+ 降低，而 Na^+ 和 Cl^- 升高，电导率升高，一般电导率超过0.06即可认为是病牛乳。因此，测定乳的电导率可用作快速测定隐性乳房炎。

（5）脱脂乳 脱脂乳中由于妨碍离子运动的脂肪已被除去，因此，导电率比全乳增加。

（6）将牛乳煮沸时 由于 CO_2 消失，且磷酸钙沉淀，导电率减低。

（7）乳在蒸发过程中 干物质浓度在36%~40%时导电率增高，此后又逐渐降低。因此，在生产中可以利用导电率来检查乳的蒸发程度及调节真空蒸发器的运行情况。

2. 乳的氧化还原电势

氧化还原电势表征了物质失去或得到电子的难易程度。物质被氧化得越多，它的电势就呈现越多的正电。

乳的氧化还原电势取决于乳中所含物质的种类及性质，即氧化型或还原型物质含量和比例。乳中含有很多具有氧化还原作用的物质，如维生素 B_2、维生素 C、维生素 E、酶类、溶解态氧、微生物代谢产物等。乳中进行氧化还原反应的方向和强度取决于这类物质的含量。

氧化还原势（E_h）可反映乳中进行的氧化还原反应的趋势。一般牛乳的 E_h 为 +0.23 ~ +0.35 伏特（V）。乳经过加热则产生还原性的产物而使 E_h 降低，Cu^{2+} 存在可使 E_h 增高。

氧化还原电势在乳制品加工过程中的应用表现在：

①乳的氧化还原电势直接影响着乳中微生物的生长以及乳成分的稳定性。牛乳如果受到微生物污染，随着氧的消耗和还原性代谢产物的产生，可使其氧化还原电势降低，当与甲基兰、刃天青等氧化还原指示剂共存时可显示其褪色，此原理可应用于微生物污染程度的检验。

②降低乳的氧化还原电势可有效抑制需氧菌的生长，降低乳中易氧化营养成分（如脂肪）的氧化作用。

③在生产中，降低氧化还原电势的常用方法有：脱除乳中溶解氧的含量；调整乳中氧化还原物质的含量和状态（如乳粉的真空包装或充氮包装、乳酸菌发酵）等。

五、密度和相对密度

密度 ρ 是指某种物质在一定温度下单位体积的质量（kg/cm^3）。相对密度（旧称比重）是指在特定温度下，该种物质的密度和水的密度之比。

在 GB 5413.33—2010 中，规定牛乳的相对密度为 20℃时牛乳的质量与同体积水在 4℃时的质量之比，用 ρ_4^{20} 表示。

20℃时，常乳的密度和相对密度分别为 1.030 和 1.0321kg/cm^3。

常用 20℃/4℃的密度计进行测定。温度对密度的测定值影响较大，每升高或降低 1℃实测值就减少或增加 0.0002，因此，在提及物质的密度或相对密度时要指明温度。

乳的相对密度在挤乳后 1h 内最低，其后逐渐上升，最后可大约升高 0.001，这是由于气体的逸散及脂肪的凝固使体积发生变化的结果。故不宜在挤乳后立即测试相对密度。

乳的相对密度是乳中所含各种成分的量所决定的，而乳中各种成分的量虽有变化，但大体上是稳定的，因此，相对密度是比较稳定的，是评定生乳成分是否正常的一个指标，但不能只凭这一项来判断，必须再通过脂肪等指标来综合判定。

六、乳的酸度

乳的酸度是反应牛乳新鲜度和热稳定性的重要指标。酸度高的牛乳，新鲜度低，热稳定性差。

乳的酸度包括固有酸度和发酵酸度，固有酸度和发酵酸度之和称为总酸度。一般条件下，乳品工业所测定的酸度就是总酸度。

固有酸度或自然酸度主要由乳中的蛋白质、柠檬酸盐、磷酸盐及 CO_2 等酸性物质所造成，与储存过程中因微生物繁殖所产生的酸无关。正常乳的自然酸度为 12 ~ 18°T，其中，来源于 CO_2 占 2 ~ 3°T 、乳蛋白占 3 ~ 4°T 、磷酸盐占 10 ~ 12°T 和柠檬酸盐占 2°T。

挤出的乳在微生物的作用下发生乳酸发酵，导致乳的酸度逐渐升高。由于发酵产酸而升高的这部分酸度称为发酵酸度。

总酸度<22°T 的原料乳，可用于制造奶油，但风味较差；超过 22°T 的原料乳，只能用来制造工业用的干酪素、乳糖等。

乳的酸度可用 pH 值、滴定酸度、乳酸度，以及°SH 即 Soxhle Henkle 度来表示。

正常乳的 pH 值为 6.4 ~ 6.8，酸败乳或初乳的 pH 值 < 6.4，乳房炎乳或低酸度乳 >6.8。

滴定酸度是用已知浓度的碱液使被检乳样中的 pH 值从 6.6 升高到 8.4 所需碱的多少，通常以酚酞作为指示剂，其颜色从无色变为粉色。滴定酸度有两种表示方法：吉尔涅尔度（°T，TepHep），为 GB 方法；也可用乳酸度% 来表示。吉尔涅尔度是指中和 100ml 牛乳所需 0.1mol/L 的 NaOH 的体积（ml），消耗 1ml 为 1°T。

乳酸度是用乳酸量表示的酸度。按上述方法测定后用下列公式计算：

乳酸（%）=［（消耗 0.1mol/L 的 NaOH 的 ml 数 ×0.009）×100］/牛乳重量（g）

SH 即 Soxhle Henkle 度，取 100ml 乳样用 1/4N 的 NaOH 滴定，以酚酞作指示剂，其标准值约为 7。此法多被欧洲采用。

乳中的很多物质既呈弱酸性，也呈弱碱性。例如，蛋白质、乳酸/乳酸盐、柠檬酸/柠檬酸盐、磷酸/磷酸盐等，这些物质具有缓冲作用，化学上将这些体系称为缓冲溶液，因此，乳是一个缓冲体系，在一定浓度下，当加入酸或碱时，溶液的 pH 值可维持不变。如图 2-16和图 2-17 所示。

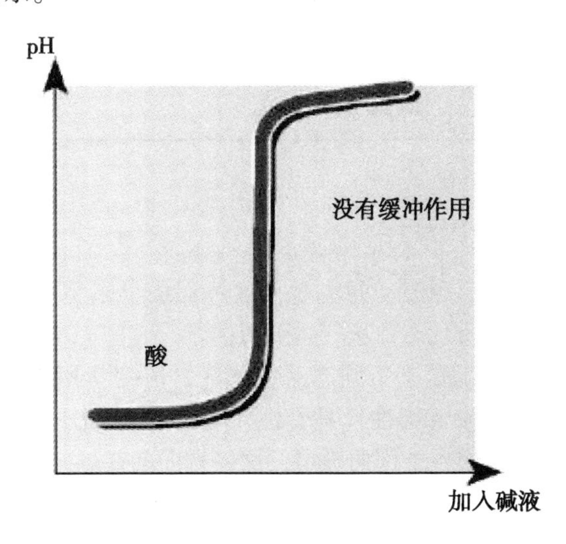

图 2-16　当向酸液中加碱时，溶液的 pH 值立即升高，这是非缓冲溶液

因此，乳制品的加工和储藏过程中，在一定的范围内，虽然因微生物的作用产生乳酸，但乳的 pH 值并不发生明显的变化。牛乳在高温长期贮存时，乳已经变酸，其缓冲能力几乎耗尽，此时只需添加少量酸即可改变牛乳的 pH 值。

而滴定酸度，则按质量作用定律发生中和反应，因此，滴定酸度可及时反映出乳酸产生的程度，而 pH 值则不呈现规律性的关系。所以，生产中广泛采用滴定酸度来评价乳的新鲜度，乳酸度越高，乳的热稳定性就越低。

牛乳酸度与蛋白质的凝固特性如表 2-21 所示。

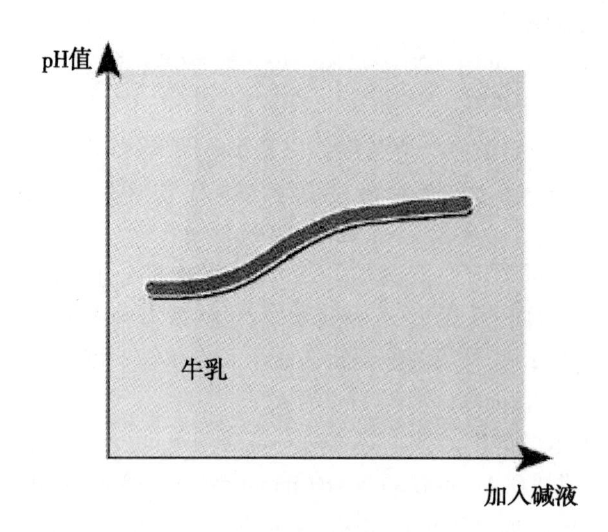

图2－17　当向牛乳中加碱时，乳的pH值改变很小，这是因为牛乳中含有缓冲体系

表2－21　牛乳酸度与蛋白质凝固特性

牛乳酸度/°T	蛋白质凝固特性
18～20	不出现絮片
20～22	很细的絮片
22～24	细的絮片
24～26	中型的絮片
26～28	大的絮片
28～30	很大的絮片

七、乳的流变性质（流变学）

流变学是关于物质的变形和流动的科学，这一词最早来源于希腊语 rheos，意思是流动。流变学适用于所有的物质状态，从气体到固体。

流变学应用于食品科学以定义不同产品的稠度，流变学所讲的稠度通过两部分来表示，黏度（粗糙，缺乏润滑）和弹性（黏着性，结构）。因此，在实践中流变学就意味着黏度测量，流动状态特性和物质结构的确定，这些方面的基础知识对于设计加工过程和产品质量评定是必不可少的。

乳及其分离相的黏度如表2－22所示。

表2－22　乳及其分离相的黏度（牛顿流体）

类别	黏度/（mPa·s）
全脂乳	1.5～2.13
脱脂乳	1.79
酶凝乳清	1.25
5%乳糖溶液	1.15
水	1.00

20℃时，正常乳的黏度为1.5～2.0mPa·s，牛乳的黏度随温度升高而降低。

在乳的成分中，脂肪及蛋白质对黏度的影响最显著，随着含脂率和乳固体的含量增高，黏度也增高。初乳、末乳的黏度都比正常乳高。

在加工中，黏度受脱脂、杀菌、均质等操作的影响。以甜炼乳而论，黏度过低则可能发生分离或糖沉淀，黏度过高则可能发生浓厚化。贮藏中的淡炼乳，如黏度过高则可能产生矿物质的沉积或形成凝胶体（即形成网状结构）。此外，在生产乳粉时，如黏度过高可能防碍喷雾、产生雾化不完全及水分蒸发不良等现象，因此，适当的黏度是充分雾化的必要条件。

在不同的产品体系中牛乳的主要流变特性可表现为牛顿流体、非牛顿流体、凝胶等，表示这些特性的物理参数有：黏度、硬度、弹性等。

1. 牛顿流体

牛顿流体被定义为在特定温度下有单一黏度的流体，它根据温度不同而变化，但与剪切率无关，即牛顿流体的主要特点是：在层流条件下，剪切应力 σ 与剪切率 γ 成正比，其关系曲线为直线，即流体的黏度不随剪切速率而变化：

$$\sigma = \eta\gamma$$

式中，σ——剪切应力（Pa）；η——黏度（Pa·s）；γ——剪切速率（s^{-1}）。

水、矿物质、植物油和纯蔗糖溶液都是牛顿流体的例子，通常低浓度液体，比如牛乳和脱脂奶在实际过程中可以称为牛顿流体。换句话说，在一定条件下（中等剪切速率、脂肪<40%、温度>40℃，脂肪呈液态），乳、脱脂乳和稀奶油呈牛顿流体特性。

牛顿流体和非牛顿流体的流动特性曲线、牛顿流体和非牛顿流体的黏度特性曲线分别如图2-18和图2-19所示。

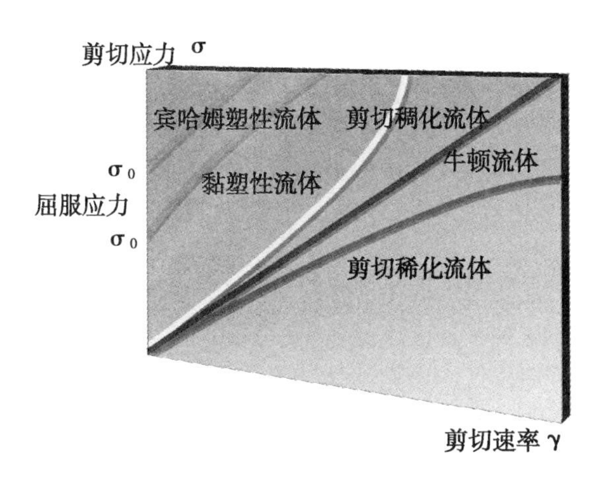

图2-18 牛顿流体和非牛顿流体的流动特性曲

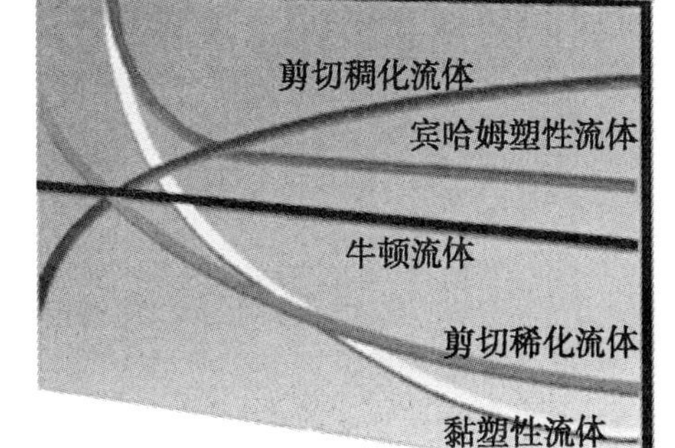

图2-19 牛顿流体和非牛顿流体的黏度特性曲线

2. 非牛顿流体

在特定温度下，无单一黏度值的物质称为非牛顿流体。这些物质的黏度必须用对应的温度和剪切率一起来表示。如果剪切率改变，那么黏度也改变。

非牛顿流体的 τ 和 γ 的关系曲线不是直线，$\tau = k\gamma^n$，其中，k 和 n 为常数，n 是流体特征常数，表示流体偏离牛顿流体的程度。

另外，时间也影响非牛顿流体的黏度；大多数情况下，也是剪切连续作用频率的函数。

不随时间而变的非牛顿流体被定义为剪切稀释，剪切增稠或塑性；随时间变化的非牛顿流体被定义为触变的、胶变性或非触变性。对于全脂乳和稀奶油，在温度 <40℃（脂肪呈半固态）、低剪切速率下，表现为非牛顿流体；当剪切速率足够高时，其表现特征又接近牛顿流体。

依时间而变的非牛顿流体的流动特性曲线和依时间而变的非牛顿流体的黏度曲线如图 2－20 和图 2－21 所示。

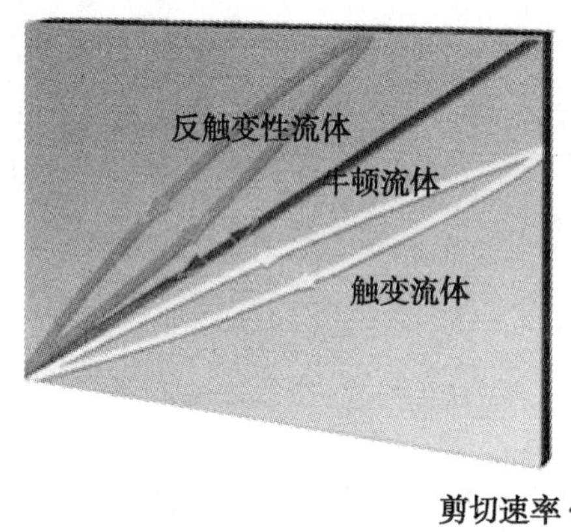

图 2－20　依时间而变的非牛顿流体的流动特性曲线

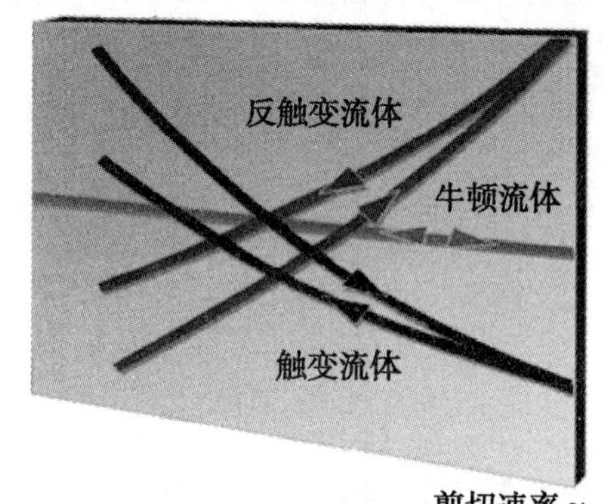

图 2－21　依时间而变的非牛顿流体的黏度曲线

（1）剪切稀化流体的特性　剪切稀化流体（有时也称为假塑性流体）的黏度随着剪切速率的增加而减小，许多液态食品属于这一类。对于一种液体决定于其温度和浓度，形成剪切稀化的原因是提高了剪切率，损坏和重新调整了粒子，由此引起流体阻力低，最终是黏度也低。

剪切稀化流体的典型例子有奶油、浓缩果汁和色拉油，应注意虽然蔗糖溶液显示出牛顿流体的特性，不依赖于其浓度，但浓果汁却总是明显的非牛顿流体。

剪切稠化流体的黏度随剪切率增加而增加，这种类型流体通常能在高浓度悬浮液中发现，剪切稠化流体表现出膨胀流特性，例如，溶剂以低的剪切率做为粒子间的润滑剂，但在高的剪切率下却不行，结果引起粒子较高致密的填充，剪切稠化系统的典型例子有湿砂子和多糖类稳定剂等。

（2）塑性流体特性　显示出屈服应力的流体叫塑性流体，其流动特性产生的实际结果是在物质像液体一样开始流动以前，必须对其施以有效的外力，如果施加的外力小于相应的屈服应力，那么物质储存变形能，结果显示出弹性特性，就相当于一个固体，外力一旦大于屈服应力，液体就像牛顿流体一样能流动，其被描述成像宾哈姆塑性流体或者是像剪切稀化流体一样能流动，被称成黏塑性流体。塑性流体的典型例子是夸克、番茄酱、牙膏、奶油等。

（3）触变流体的特性　触变流体可被描述为剪切稀化体系，其黏度的降低不仅与剪切率的增大有关，而且也与在恒定剪切率下的时间有关。

触变流的特性通常是在回路试验下研究的，在实验中，物质须经剪切率的提高，接下来以同样程度降低剪切率，时变型触变流体的特性可通过上升的和下降的黏度与剪切应力曲线来观察，要恢复其原来的结构，此物质必须静置一段时间，物质不同，则时间不同。

触变流体的典型例子有酸乳、蛋黄酱、人造奶油、冰激凌等。

(4) 胶变流体的特性　胶变流体可被当作触变型流体，但二者还是有明显的不同点，那就是流体的结构，只有在承受很小的剪切率时，才能完全恢复，这就意味着胶变流体静止时不会重建它的结构。

(5) 反触变流体的特性　反触变流体可被当作剪切稠化系统，比如，剪切率增加，黏度也增加，但也和恒定剪切率下的时间有关，与触变流体一样，其特性可通过循环实验来说明，这种类型流体特性在食品业非常少见。

八、表面张力

牛乳的表面张力与牛乳的起泡性、乳浊状态、微生物的生长发育、热处理、均质作用及风味等有密切关系。

测定表面张力的目的是为了鉴别乳中是否混有其他添加物。20℃，牛乳的表面张力为0.04～0.06N/cm。随温度上升而降低，随含脂率的减少而增大。乳经均质处理，则脂肪球表面积增大，由于表面活性物质吸附于脂肪球界面处，从而增加了表面张力。但如果不将脂酶先经加热处理而使其钝化，均质处理会使脂肪酶活性增加，使乳脂水解生成FFA，使表面张力降低，而表面张力与乳的泡沫性有关。加工冰激凌或搅打发泡稀奶油时希望有浓厚而稳定的泡沫形成，但运送乳、净化乳、稀奶油分离、杀菌时则不希望形成泡沫。

九、渗透压

牛乳的合成起源于血液，乳和血液被一个渗透膜所分离，因此，两者具有相同的渗透压，或者说两者是等渗的。

血液的渗透压是非常衡定的，尽管其成分如红色素量、蛋白质等的变化。牛乳的情况也很类似，其总渗透压由几个部分组成，如表2－23所示。

表2－23　牛乳的渗透压

成分	分子质量	含量/%	渗透压/atm	冰点降低/℃	占渗透压百分比/%
乳糖	342	4.7	3.03	0.28	46
氯化钠	58.5	0.1	1.33	0.11	19
其余盐类	—	—	2.42	0.20	35
总值			6.78	0.56	100

注：$1atm = 1.01 \times 10^5 Pa$

渗透压取决于分子总数或粒子总数，与溶质重量无关。因此，100个粒径为10的分子产生的渗透压比10个粒径100的分子的渗透压大10倍。在一定重量下，粒子越小，渗透压值越大。

第三节 乳成分的变化及其影响因素

影响牛乳成分的因素很多，主要是遗传因素、生理状况和环境因素，如品种、饲料、饲养技术、环境、季节、气候 、泌乳期、胎次、年龄、个体特征、挤乳技术、疾病、地理等。总体来看，个体差异、品种和饲料的影响是主要的。

一、品种

品种对产乳量和乳成分的影响最大。荷斯坦牛的乳最稀薄，但产奶量最大；水牛、牦牛乳最浓厚，干物质含量很高，但产量较低。不同品种牛乳的平均组成如表 2－24 所示。

表 2－24 不同品种牛乳的平均组成 单位：%

乳牛品种	干物质	脂肪	蛋白	乳糖	灰分
荷斯坦	12.5	3.55	3.43	4.86	0.68
短角牛	12.57	3.63	3.32	4.89	0.73
西门达尔	12.82	3.79	3.34	4.81	0.71
更赛牛	14.87	5.19	4.02	4.91	0.74
娟姗牛	14.69	5.19	3.86	4.94	0.70
水牛	18.59	7.47	7.1	4.15	0.84
牦牛	18.40	7.8	5.0	5.0	—

二、泌乳阶段

泌乳期为 305 天，干乳期为 60 天。不同泌乳阶段（初乳、常乳、末乳，详见第五节）的产乳量和乳成分差异很大，如表 2－25、图 2－22 和图 2－23 所示。

表 2－25 牛初乳成分的逐日变化情况 单位：%

产犊后天数	1	2	3	4	5	6
干物质	24.58	22.00	14.55	12.76	13.02	12.48
脂肪	5.40	5.00	4.10	3.40	4.60	3.30
酪蛋白	2.68	3.65	2.22	2.88	2.47	2.67
乳清蛋白及球蛋白	12.40	8.14	3.02	2.88	0.97	0.58
乳糖	3.31	3.77	3.77	4.46	3.88	4.89
灰分	1.20	0.93	0.82	0.85	0.31	0.80

产乳量和乳干物质在第 1～2 泌乳月呈上升趋势，3～4 泌乳月开始平稳，并保持到干乳期前 15 天开始下降。

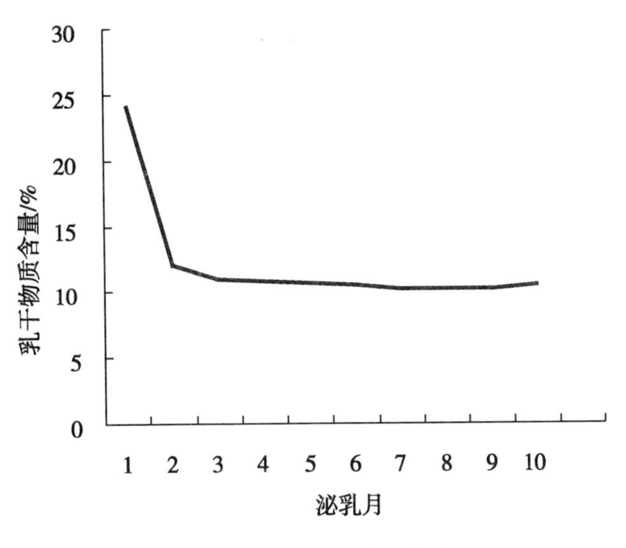

图 2－22 乳成分变化曲线

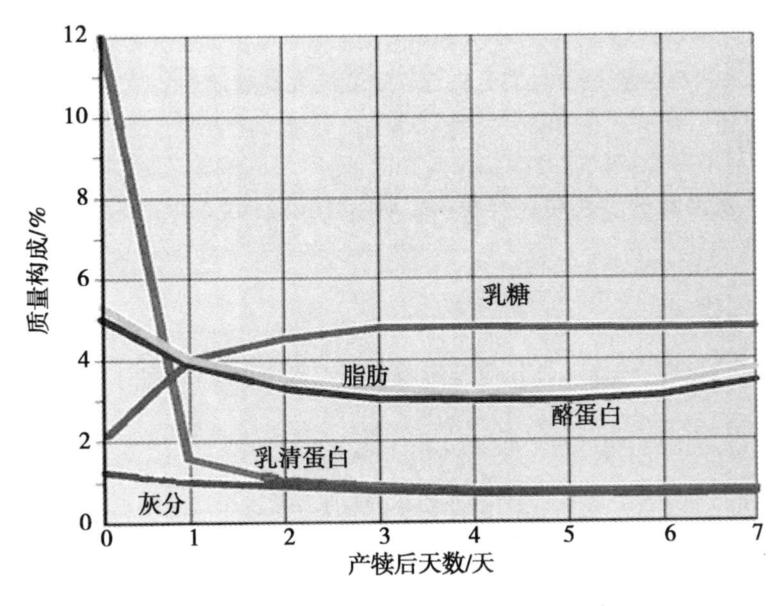

图 2－23 牛初乳成分的逐日变化情况

三、个体差异

即使在同样的环境条件下，由于个体间遗传因素的不同，同一品种不同个体间乳成分差异很大，这一差异要大于不同品种之间的差异。如乳脂率的变化范围：荷斯坦牛为2.6%～6%，娟姗牛为3.3%～8.4%；而产乳量变动则更大，范围为2 000～12 000kg。

四、饲料

低蛋白日粮会造成乳蛋白降低，高蛋白日粮会使乳中非蛋白氮 NPN 增加。饲料中营养成分不足时，会引起挤乳量下降，也会导致乳中相应的营养成分的含量降低。优良的干草可以提高乳脂率，大量饲喂新鲜牧草，则乳脂比较柔软，制成的奶油熔点低。

五、挤乳方法

产乳量高低与挤乳技术有关，包括乳房按摩、挤乳次数、挤乳时间、挤乳顺序等。

每次挤乳时，最初挤出的乳中含脂率（1% ~2%）比最后挤出的乳中含脂率（7% ~9%）低得多；另外，早晨挤的乳稀，晚上挤的乳稠；这种差异的原因还不清楚，因此在检测乳中的含脂率时，应取乳牛的全天乳汁混合样做检测。

至于挤乳次数，一般每天挤乳 2 次，若挤 3 次，产乳量增加 10% ~25%。

六、年龄与胎次

年龄对产乳性能的影响不是遗传因素，而是生理因素。产乳量随机体生长发育的进程而逐渐增加，以后随机体的衰老而下降，一般第 7 胎次时达到高峰。而乳脂率和非脂乳固体在初产期最高，以后逐渐下降。

七、季节

气温由 10℃升至 40. 5℃，乳牛的呼吸次数增加 5 倍。当气温升高时，食欲下降，因此，饲料消耗量减少，产乳量下降，尤其是高产牛或泌乳高峰期的下降幅度更大。

八、体型大小

同一品种、同一年龄的乳用牛，体型大，则消化器官容积大，采食量多，产乳量较高。

九、疾病和药物

乳牛的健康状况对乳的产量和成分均有影响，患有消化道等疾病时，乳糖含量减少，氯化物和灰分增加。

患有乳房炎时，除产量下降外，非脂乳固体、乳糖、酪蛋白、脂肪、钾、产乳量、钙磷镁、乳清、维生素 B_1、维生素 B_2 等含量降低；而钠、氯、NPN、过氧化氢、白细胞数、pH 值、灰分、球蛋白、细胞（上皮细胞）数量等均比正常乳增加。这些异常变化是由于侵入乳房的细菌引起的乳腺细胞的通透性增加，影响乳汁的正常生成所致。

乳中的体细胞，特别是多形核白细胞增加，因此，体细胞常用来作为判断乳房炎的指标。

另外，包括杀菌剂、抗菌素在内的许多用于治疗牛病的药物都可能进入乳中而改变乳的正常组成。

十、各种乳成分变化的相互关系

在所有的乳成分中，变化最大的是脂肪，蛋白质次之，而乳糖和灰分的变化很小。同时，凡是脂肪含量高的乳，其脂肪球也较大，容易加工奶油。

各种成分的组成也会发生变化，如脂肪的脂肪酸模式、蛋白质的氨基酸模式、矿物质的比例 Na/K 等。

除遗传变异体，每一种蛋白质的组成是恒定的，但蛋白质间的比例会发生变化。酪蛋白相对比较恒定，但乳清蛋白的组成会发生变化。

对于大量收购的乳来讲，乳成分的变化主要取决于牛场的规模。就单体而言，乳脂肪的变化可能在2% ~9%，但对于整个牛场来说，这一变化很小。

季节造成乳成分的变化与牧场的产犊计划有关，如果一年四季均衡产犊，影响不大；如果安排在某个季节集中产犊，影响就大。

十一、乳成分的变化对乳制品加工的影响

乳制品的组成取决于原料乳的组成；加工过程中，热交换器结垢是由于乳蛋白、盐类等物质在交换器表面的沉积，与乳成分有显著的关系，乳清蛋白含量高、酸度高的乳易结垢；可溶性盐类与乳糖的比率对于乳的风味十分重要；另外，乳的色泽由于乳脂肪中β-胡萝卜素含量的变化而变化。

第四节　乳中各成分的分散状态

乳是一种具有生理作用和胶体特性的液体，是多种物质组成的混合物，乳中各种物质相互组成分散体系，其中，分散剂是水，分散质有乳糖、盐类、蛋白质、脂肪等。分散质分散在水中，形成一种复杂的具有胶体特性的分散体系，如图2－24所示。

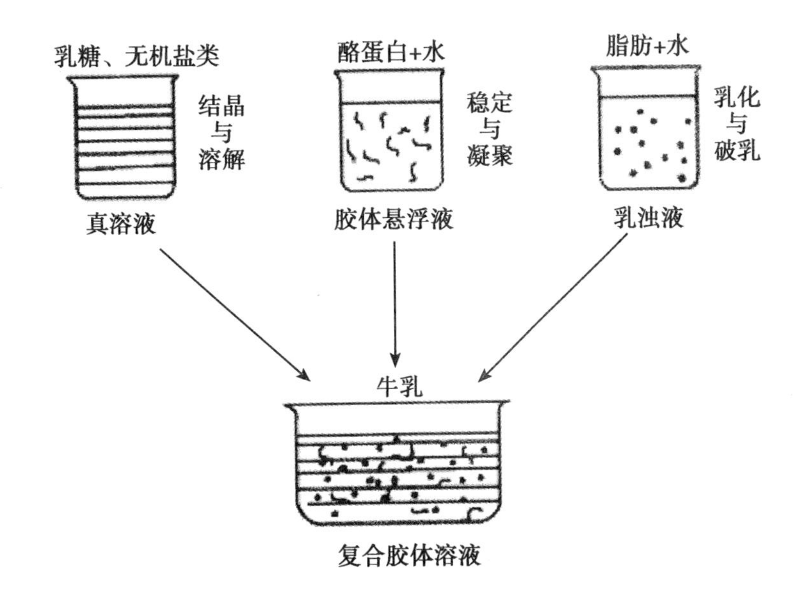

图2－24　牛乳的分散体系

由于分散质种类繁多，分散度差异很大。所以，乳不是简单的分散体系，而是包含着真溶液、胶体悬浮液、乳浊液及其过渡状态的复杂分散体系。

由于乳中包含着这些分散体系，所以，乳作为具有胶体特性的多级分散体系，而被列为胶体化学的研究对象。

1. 真溶液

凡粒子直径在1nm以下，以分子或离子状态存在的分散系称为真溶液。

当水中或其他液体中溶入一些物质，形成的液体即为真溶液。它可分为：①非离子溶液：当乳糖溶入水中，其分子结构无大变化；②离子溶液：当食盐溶于水中时，Na^+和Cl^-会分散在水中，形成电解液。

牛乳中以分子或离子状态存在的溶质有水溶性维生素、水溶性盐类如磷酸盐和柠檬酸盐等、乳糖等。它们分散于乳中，形成真溶液。

2. 高分子溶液或胶态溶液（Colloidal Solution）

胶态的分散体系也称为胶体溶液，胶体溶液中的分散物质叫做胶体粒子，粒径为1～100nm。

当物质以从真溶液（如糖分散在水中）到悬浊液（如白垩分散在水中）的中间状态存在时称为胶体溶液或胶体悬浊液。胶体的典型特征为：①粒子直径很小；②带电荷；③与水分子之间具有亲和能力。

分散质是液体或者即使分散质是固体，但粒子周围包有液体皮膜都称为乳胶体。

分散在牛乳中的酪蛋白颗粒，其粒子大小为5～15nm，乳白蛋白的粒子为1.5～5nm，乳球蛋白的粒子为2～3nm，这些蛋白质都以乳胶体状态分散于乳中，形成典型的高分子溶液。

此外，脂肪球中凡在100nm以下的也称乳胶体，牛乳中二磷酸盐、三磷酸盐等磷酸盐的一部分，也以悬浮液胶体状态分散于乳中。

3. 胶体悬浮液

酪蛋白在乳中形成酪蛋白酸钙-磷酸钙复合体胶粒，从其结构、性质和分散度来看，它处于一种过渡状态，一般把它列入胶体悬浮液的范畴。胶粒直径为30～800nm，平均为100nm。

乳中的清蛋白是一种胶体溶液，而酪蛋白是一种胶体悬浊液。将牛乳或稀奶油进行低温冷藏，则最初是液态的脂肪球凝固成固体，即成为分散质为固态的悬浮液。

用稀奶油制造奶油时，需将稀奶油在5～10℃进行成熟，使稀奶油中的脂肪球从乳浊态变成悬浮态。这在制造奶油时，是一项重要的操作过程。

4. 乳浊液（乳状液）

一种液体以液滴形式悬浮于另一种液体中。乳是乳脂肪分散到水中的乳状液，而奶油是水分散到乳脂肪之中。被细微分散的相称为分散相，另一个称为连续相。

分散质粒子的直径在100nm以上的液体可分为乳浊液和悬浊液两种。

分散质是液体的则属于乳浊液。乳脂肪在常温下呈液态的微小球状（脂肪球）分散在乳中，形成乳浊液，脂肪球直径为100～10 000nm，可在显微镜下明显地看到，所以乳中的脂肪球即为乳浊液的分散质。

此外，乳中含有的少量气体以分子态溶于乳中，部分经搅动后在乳中呈泡沫状态。

第五节　异常乳

常乳是指乳牛产犊7天以后至干奶期开始之前2周所产的乳，为常乳。其成分和性质基本稳定，为乳制品的加工原料乳。

异常乳是指在泌乳期中，由于生理、病理或其他因素的影响，乳的成分与性质发生变化的乳。包括生理异常乳、病理异常乳、化学成分异常乳和微生物污染乳等。一般情况下，异常乳不宜用于生产。详见表 2－26 所示。

表 2－26 异常乳

异常乳类型	特点
生理异常乳	营养不良乳、初乳、末乳；高酸度酒精阳性乳、低酸度酒精阳性乳；冻结乳、低成分乳
化学成分异常乳	混入异物乳、风味异常乳
微生物污染乳 生理异常乳	乳房炎乳、其他病牛乳

一、生理异常乳

1. 营养不良乳

因饲料不足、营养不良所产生的乳称为营养不良乳，这种乳几乎不被皱胃酶凝固，不能用于制造干酪。

2. 初乳

产犊 1 周之内所分泌的乳称为初乳。

感官上，呈黄褐色，有异臭，味苦，黏度大。

理化性质上，相对密度高于常乳达 1.060（常乳为 1.030），冰点低于常乳，pH 值较低，可达 6.0。

成分组成上，初乳与常乳相差很大。总干物质高出常乳 1 倍多，可高达 24%；乳糖含量低，而脂肪和蛋白质特别是乳清蛋白和免疫球蛋白含量高，其中，乳清蛋白的含量高达 11%，而常乳中只有 0.65%（图 2－23）。因此，初乳对热的稳定性差，当加热到 80℃时，初乳凝固成为凝胶。

初乳中富含生物活性物质，如免疫球蛋白、乳铁蛋白、溶菌酶、生长因子等，以保证小牛在自身免疫系统健全之前免受感染。在整个泌乳期中，乳中免疫球蛋白的含量变化最大，初乳中的含量最高达 120g/L，几天后迅速下降，在泌乳高峰期的含量为 0.5～1.0g/L。由于各种家畜的胎盘不能传送抗体，新生幼畜主要依赖初乳内丰富的抗体或免疫球蛋白形成机体的被动免疫性，以增强幼畜抵抗疾病的能力。如表 2－27 所示。

初乳中灰分高，特别是钠和氯含量高；Cu、Fe 较高，铁是常乳的 3～5 倍，铜是常乳的 6 倍，并且富含镁盐，镁盐的轻泻作用能促进肠道排出胎粪；各种维生素等较常乳多，尤其维生素 A、维生素 D、维生素 B 等，是常乳的 3～10 倍；另外，初乳中的体细胞、过氧化氢酶和过氧化物酶含量也高。

表 2-27　牛乳和人乳中的活性成分　单位：mg/ml

活性成分	牛乳			人乳
	初乳	常乳	末乳	
β-Lg（乳球蛋白）	—	3.2~4.0	5.0	无
α-La（乳白蛋白）	—	1.2~2.0	2.1	1.6~2.8
IgG1	29.9~84.0	0.35~1.15	32.3	初 0.4 常 0.04
IgG2	1.9~2.9	0.06~0.02	2.0	1.0
IgA	2.0~4.4	0.05~0.25	3.31	初 17.4 常 1.0
IgM	3.2~4.9	0.04~0.05	8.60	初 1.6 常 0.1
Lf（乳铁蛋白）	2.0	0.02~0.35	20.0	2.0
Lz（溶菌酶）	0.1	0.0015		0.4
BSA（血清白蛋白）	1.0	0.29~0.4	8.0	0.6
Tf（转铁蛋白）	0.4	0.1		

牛初乳的一般理化性质与泌乳时间的关系如表 2-28 所示。

表 2-28　牛初乳的一般理化性质与泌乳时间的关系

泌乳时间/h	3	12	24	36	48	72
密度（kg/m^3）	1.044	1.046	1.044	1.032	1.029	1.032
pH 值	6.1	6.15	6.23	6.4	6.5	6.6
酸度/°T	44.3	44.2	36.8	30.4	26.5	25.9

3. 末乳

末乳也称老乳，指干奶期或停止泌乳前 15 天所分泌的乳。

末乳中除脂肪外，其他成分均较常乳高；末乳具有苦而微咸的味道，Cl^- 约 0.16%；末乳中脂肪酶活性较高，常带有脂肪酸败味；末乳中微生物数量比常乳高，达 250 万 CFU/ml，末乳的酸度较低，一般末乳的 pH 值达 7.0。

二、化学成分异常乳

1. 酒精阳性乳

检验原料乳时，一般用 72% 左右的酒精与等量的乳混合，凡产生絮状凝块的乳称为酒精阳性乳。包括高酸度酒精阳性乳、低酸度酒精阳性乳和冷冻乳。

（1）高酸度酒精阳性乳　酸度 24°T 以上的乳，酒精实验（Alcohol Test）均为阳性。原因是生乳中微生物的污染和繁殖使酸度升高。因此，要注意挤乳时的卫生，并将挤出的生乳保存在适当的温度条件下，以免微生物污染繁殖。

（2）低酸度酒精阳性乳　低酸度酒精阳性乳是指滴定酸度 11~18°T，但酒精试验也呈阳性的乳。与常乳比较，低酸度酒精阳性乳中，钙、氯增加；蛋白质、脂肪、乳糖的含量没有差别，但蛋白质的成分变化大，αs-CN 和乳清蛋白含量增加，蛋白质不稳定，温度 >120℃时易发生凝固，不利于加工。

总的看来，盐类含量不正常及其与蛋白质之间的平衡不匀称时，容易产生低酸度酒精阳性乳。低酸度酒精阳性乳往往给生产上造成很大的损失，其产生的原因有以下几种。

①环境：春季发生较多，到采食青草时自然治愈；开始舍饲的初冬，气温剧烈变化，或者夏季盛暑期也易发生。卫生管理越差，发生的越多，因此采用日光浴、放牧、改进换气设施等使环境条件改善，具有一定的效果。

②饲养管理：饲喂腐败饲料或者喂量不足，长期饲喂单一饲料、过量喂给食盐而发生低酸度酒精阳性乳的情况很多。因饲料骤变或维生素不足而引起时，可喂根菜类加以改善。挤乳过度而热能供给不足时，也易发生低酸度酒精阳性乳。

③生理机能：乳腺的发育、乳汁的生成是受各种内分泌的机能所支配。内分泌，特别是发情激素、甲状腺素、副肾上腺皮质素等与阳性乳的产生都有关系，而这些情况一般与肝脏机能障碍、乳房炎、软骨症、酮体过剩等并发。年龄在 6 岁以上的奶牛分泌异常乳的几率增大。例如牛乳中可溶性钙、镁、氯化合物含量多而无机磷含量较少会产生异常乳；机体酸中毒、体液酸碱失去平衡，使体液 pH 值下降时也会分泌异常乳；机体血液中乙酰乙酸、丙酮、β-羟基丁酸过剩并蓄积而引起酮血病也会分泌异常乳。

总之，低酸度酒精阳性乳产生的原因很多，但至今对其发生规律和机理尚未完全搞清，因而也没有特效的防治办法。

低酸度酒精阳性乳对冷热处理的稳定性，与常乳也基本相同，仍具有可加工利用的基本条件。在加工条件上，100℃左右加热时，与常乳没有太大区别，但在苛刻的条件下，如 130℃加热时，比常乳容易产生凝固，所以，容易在片式换热器上产生乳石，喷雾干燥后的奶粉，可能影响溶解度。

研究表明，利用低酸度酒精阳性乳加工的产品，其理化指标和微生物指标均能符合标准要求，主要是感官指标中的组织状态和风味欠佳。

(3) 冷冻乳　在冬季，生乳易冻结，使部分酪蛋白变性，容易产生酒精阳性乳，但这种阳性乳的耐热性稍好于其他阳性乳。

2. 低成分乳

因乳牛品种、饲养管理、营养素配比、高温多湿及病理等因素的影响而产生的乳固体含量过低（<11%，乳脂率 <2.7%）的牛乳，称为低成分乳。

3. 混入异物乳

是指在乳中混入原来不存在的物质的乳。这些物质包括随摄取饲料而经机体转移到乳中的污染物、有意识地掺到原料乳中的物质、因预防治疗或促进发育使用的抗生素和激素等、因保藏过程添加的防腐剂、因虚增产量而添加的异种脂肪和异种蛋白等。

此外，还有因饲料和饮水等使农药进入乳中而造成的异常。

4. 风味异常乳

乳中含有挥发性脂肪酸和其他挥发性物质，所以，牛乳带有特殊的香味。此外，牛乳容易吸收外界的各种气味。所以，挤出的牛乳如在牛舍中放置时间太久会带有牛粪味或饲料味，贮存器不良时则产生金属味，消毒温度过高则产生焦糖味。

乳的异味主要来自于外界吸收：如饲料味、牛体味；加工中的化学反应如脂肪氧化酸败味、蛋白蒸煮味、焦煳味等；微生物的作用如嗜冷菌产生的丁酸酯（水果味）；嗜冷菌产生的二甲硫化合物（污浊味）；乳链球菌产生的甲基丁醛（麦芽味）；以及酶的作用如酶水解蛋白产生的苦味等。

（1）生理异常风味　由于脂肪没有完全代谢，使牛乳中的酮体类物质含量过多而引起的乳牛味；因冬季、春季牧草减少而以人工饲养时产生的饲料味，产生饲料味的饲料主要是各种青贮料、芜菁、卷心菜、甜菜等；杂草味主要由大蒜、韭菜、苦艾、猪杂草、毛茛、甘菊等产生。

（2）脂肪分解味或酸败味　又称肥皂样的酸败味（Soapy-rancid），由于乳脂肪被脂酶水解，产生游离的低级挥发性脂肪酸所致。

（3）氧化味　氧化味是由乳脂肪氧化而产生的不良风味。促进脂肪氧化的因素有：光、重金属（如铜和铁）、酶（如脂肪球膜中的黄嘌呤氧化酶、过氧化物酶等）、氧、温度、水分、FFA 含量等。

铜的影响较大，即使量很少（10μg/kg）也会造成脂肪氧化，产生哈败味，有时也产生“纸板味”，后者主要是由于磷脂氧化造成的，而且在脱脂乳中也能发生；奶油中的铜含量很大程度上取决于加工条件，在稀奶油酸化时，会转移到脂肪球，因此，发酵奶油比甜奶油更易受到铜的影响。

加热后（76.7℃以上）因产生—SH 基化合物可防止氧化；另外，充氮操作有助于减少奶油中的溶解氧，防止乳脂氧化。

（4）日光味（日晒味）　暴晒于阳光下会产生氧化味和日晒味。牛乳在阳光下照射10min，可检出日光味或日晒味，这是由于乳清蛋白受阳光照射而产生。日光味类似焦煳味，其强度与核黄素维生素 B_2 和色氨酸的破坏有关，日光味的成分为乳蛋白质-维生素 B_2 的复合体。另外，暴露在阳光下，Met 在维生素 B_2 和维生素 C 的共同参与下，被氧化成甲硫醛（甲巯基丙醛），以及含硫氨基酸残基生成游离的硫醇。甲巯基丙醛具有典型的味道，称之为纸板味或金刚砂味，这种风味在均质后的灭菌乳中不会产生，可能因为维生素 C 加热后降解，乳清蛋白-SH 化合物发生了化学变化。

影响日晒味的原因有：①光敏性（日光或人造光，特别是荧光）；②照射时间；③乳的自然特性：均质乳比非均质乳对光照更敏感；④包装材料，不透明的包装，例如塑料或纸包装在自然条件下具有较好的避光效果。

（5）蒸煮味　不同的热处理会产生不同的风味，这取决于热处理强度，如表 2－29 所示。温度 >75℃时，变性的乳清蛋白会暴露出含硫氨基酸残基，并释放巯基，通常以硫化氢、硫醇等挥发性硫化物的形式释放出来，从而使热处理牛乳产生“蒸煮味”。这些游离的巯基主要来自 β-乳球蛋白和其他一些含硫蛋白质，此外，脂肪球膜蛋白在加热后也能产生部分活性巯基。UHT 乳中，游离巯基的含量约 0.7μmol/L；巴杀乳中通常没有蒸煮味。

通过加入 L-胱氨酸可降低乳中游离巯基的含量，还可加入巯基氧化酶将巯基氧化以减少乳中的蒸煮味。

由于脂肪变化产生甲基酮、内酯和含硫化合物会使牛乳产生 UHT 酮味。

表 2-29 不同热处理强度对蒸煮味的影响

温度	未加热	62.8℃/30min	68.3℃瞬间	76.7℃瞬间	82.2℃瞬间	89.9℃瞬间
蒸煮味	正常	正常	正常	+	+ +	+ + +

另外，乳长时间冷藏时，往往产生苦味。其原因为低温菌或某种酵母使牛乳产生肽类化合物，如残留在 UHT 乳中的血纤维蛋白溶酶会使蛋白质水解产生苦味。

（6）其他味　有些微生物能产生强烈的气味，如环状芽孢杆菌会导致瓶内灭菌乳的酚味（Phenolic），霉菌能产生一种烂味，放线菌能产生泥腥味，酵母菌能产生水果味，假单胞杆菌能产生水果味、腐臭味或鱼腥味，大肠菌能产生脏臭味，乳酸链球菌 *Maltigenes* 亚种能产生麦芽味。

三、病理异常乳

1. *乳房炎乳*

由于外伤或者病原菌感染，使乳房发生炎症，这时乳房所分泌的乳，即为乳房炎乳。

造成乳房炎的原因主要是乳牛体表和牛舍环境卫生不合乎要求，挤乳方法不合理，尤其是使用挤乳机时，使用不合理或不彻底清洗杀菌，使乳房炎发病率升高。

引起乳房炎的主要病原菌约 60% 为葡萄球菌，20% 为链球菌，混合型 10%，其他菌 10%。

乳腺炎有临床和隐性两种，后者的患病率是前者的 15～40 倍。

乳牛患临床型乳腺炎时，乳房发热、脓肿，产乳量迅速降低，其乳有较大的凝块或片状物，不能作为加工原料。患有临床型乳腺炎的乳牛，一般挤奶员可以直接看出。

乳牛患隐性或称亚临床型乳腺炎时，乳房和乳汁无肉眼可见异常，但乳汁在理化性质和细菌学上已发生变化，因此，隐性乳腺炎具有患病率高、患病期长、难以检测、产乳量下降等特点，所以，更具危害性。

乳房炎乳的判断：除了成分变化外，乳房炎乳的凝乳张力下降，乳中有乳块、絮状物和纤维，细菌数和电导率增高，用凝乳酶凝乳时所需的时间较长（乳蛋白异常所致），常见的变化有：

（1）pH 值　常乳 pH 值为 6.6，如果乳的 pH 值 >6.7，则可怀疑是隐性乳房炎。

（2）乳糖、氯及其他矿物质　乳房炎乳中的 NaCl 含量升高（0.14% 以上），而乳糖含量减少，灰分增加。因此，可用“氯糖数”来反映乳房的健康状况以及检测乳房炎乳。常乳的氯糖数（[Cl]/[乳糖]）×100 为 1.5～3.0，乳房炎乳在 3.5 以上。

（3）酪蛋白数　乳房炎乳中的酪蛋白氮指数 <78［酪蛋白氮指数 =（酪蛋白氮/总氮）×100］。

乳房炎乳中球蛋白升高、酪蛋白下降，用凝乳酶凝乳时所需的时间较长。急性乳房炎乳中的免疫球蛋白含量显著增加，可由此作为检查乳房炎乳的依据。

（4）体细胞数　乳房炎检查的标准方法是直接镜检来测定细胞总数或体细胞数，体细胞数包括白血球、淋巴细胞、上皮细胞等，一般要求 <50 万个/ml 以上。

2. 其他病牛乳

除乳房炎外，乳牛患有其他疾病时也可导致乳的理化性质和成分发生变化。患口蹄疫、布氏杆菌病等的乳牛所产的乳，乳的质量变化大致与乳房炎乳相似。另外，乳牛患酮体过剩、肝功能障碍、繁殖障碍等，易分泌低酸度酒精阳性乳。

四、微生物污染乳

由于挤乳前后的污染、不及时冷却、器具的洗涤杀菌不完全等原因，使生乳被微生物污染，造成生乳的细菌数大幅度增加，以致不能用作加工乳制品的原料，这种乳称为微生物污染乳。

一般而言，菌数较低的生乳中以微球菌居多，而菌数较多的生乳中以长杆菌、微球菌、大肠菌、革兰氏阴性菌占优势。详见第三章《乳中的微生物》。

微生物污染乳的种类：

（1）酸败乳　由乳酸菌、丙酸菌、大肠菌、小球菌等造成，导致牛乳酸度增加，稳定性降低甚至凝固。

（2）黏质乳　由嗜冷菌、明串珠菌等造成，导致牛乳胨化和变黏，蛋白质分解。

所谓胨化是指液体牛乳中蛋白质的分解，主要分两个阶段进行：由凝乳酶引起牛乳的凝固或凝结，牛乳的这种变质被称作甜凝固，这种缺陷在较高温度下贮存的巴氏杀菌乳中常见；蛋白质最终分解成碱性的氨产物。

（3）着色乳　由嗜冷菌、球菌、红色酵母等引起，导致乳的色泽变黄、变赤、变蓝等。

（4）异常凝固分解乳　由蛋白质分解菌、脂肪分解菌、嗜冷菌、芽孢杆菌等引起，导致乳产生胨化、碱化和风味异常。

（5）细菌性异常风味乳　由蛋白质分解菌、脂肪分解菌、嗜冷菌、大肠菌等引起，导致乳产生异臭、异味。

（6）噬菌体污染乳　由噬菌体引起，主要是乳酸菌噬菌体，常导致乳中菌体溶解、细菌数减少。

本章思考题

1. 牛乳的主要化学成分包括哪些？平均含量是多少？
2. 乳脂肪在乳中的存在状态如何？乳脂肪球膜的构造如何影响乳脂肪的稳定性？
3. 乳脂肪酸组成有何特点？
4. 乳脂肪球的结构如何？
5. 乳中蛋白质的种类有哪些？各有什么特点？简述酪蛋白和乳清蛋白的区别。
6. 酪蛋白在乳中的存在状态如何？酪蛋白有何特性？
7. 影响酪蛋白胶粒稳定性的因素有哪些？
8. 酪蛋白的凝固方式有哪些？各依据什么原理？
9. 乳糖的种类、特点及结晶状态对乳制品的品质有何影响？
10. 牛乳中的无机物种类及存在状态如何？无机物对牛乳的稳定性有何影响？
11. 加热对乳中盐类平衡有何影响？
12. 乳中的酶类主要有哪些？对乳制品的质量有何影响？

13. 简述影响乳牛产乳性能或乳成分变化的因素。
14. 试述牛乳的分散体系。
15. 什么是异常乳？简述其形成的原因？简述异常乳的种类和特性？
16. 乳中存在哪些污染物？对乳品安全有何影响？
17. 解释乳的酸度、冰点和电导率。

第三章　乳中的微生物

大多数生物可被分为两界，即动物界和植物界。但是，微生物不符合这两界中的任何一界，它和藻类、原生动物及病毒一起被归为第三界“原生生物界”。

到处都存在着微生物—空气中、水中、动植物体上以及土壤中，它们能分解有机物，在自然界的物质循环中扮演着重要角色。

但要注意区分有害微生物和有益微生物。有益微生物即生产用微生物，如细菌和真菌，除能用于干酪、酸乳、啤酒等食品制造外，它们所产生的酸也有利于食品的贮存。

第一节　乳中微生物的来源

刚挤出的未被污染的健康牛乳，微生物数量较少，500 ~ 1 000CFU（Colony Forming Units）/ml。但由于牛乳是微生物繁殖的天然培养基，如果控制不当，污染微生物的牛乳会很快变质。

乳中微生物的主要来源有：乳房内部、挤奶过程和挤奶后污染。前者属于内源性污染，后二者属于外源性污染。

一、乳房内的微生物

内源性污染是指污染的微生物来自牛体内部。乳头周围的微生物沿着乳导管进入乳房内，虽然乳房组织对侵入的特异性物质有防御和杀灭的作用，但仍有抵抗力强的微生物在乳房中生存繁殖。因此，乳房是生乳中微生物不可避免的来源。这些微生物包括微球菌、链球菌、葡萄球菌、牛棒状杆菌等，它们多数不耐热。

最先挤出的奶中，微生物含量较多约 6 000CFU/ml，中间挤出的奶约 550CFU/ml，最后挤出的奶较少约 400CFU/ml，所以挤奶时一般要弃去头几把奶。

牛患病特别乳腺患病时，可使病原菌通过泌乳排出到乳中造成对乳的污染。这些病原菌包括：金黄色葡萄球菌、无乳链球菌、停乳链球菌和乳房链球菌等，并且菌落总数可达 50 万 CFU/ml 以上。

二、挤奶过程中的微生物污染

1. 牛舍内饲料、垫草、粪便及土壤的污染

饲料或垫草含有大量微生物，它们随灰尘附在牛体上，挤奶时落入奶中或直接散落在奶桶内；每克尘埃或牛粪的含菌量约几十万到几亿个，主要是芽孢杆菌和丁酸菌等。

2. 空气、蚊蝇和昆虫的污染

清洁牛舍的含菌量约 5 ~ 100CFU/ml，尘埃多时可达 10 000CFU/ml，主要是细菌、芽孢杆菌、球菌，其次是霉菌和酵母菌等。

挤奶前要将牛舍通风，并用清水喷洒地面，以减少室内空气的尘埃；喂料、洗刷牛体、打扫牛舍等活动可使空气中的尘埃和微生物数量急剧增加，因此要在挤奶后进行喂饲等活动；另外，每只苍蝇身上带菌达600万个以上。

机械化挤乳或管道封闭运输，可减少空气的污染。

3. 挤乳用具和盛奶容器的污染

乳桶、挤乳机、过滤布等挤乳用具，要事先进行清洗杀菌。用清水洗过的奶桶盛奶，奶中细菌可达250万CFU/ml，而用蒸汽消毒过的奶桶约2.3万CFU/ml。

有时乳桶虽经清洗杀菌，但细菌数仍旧很高，这主要是由于乳桶内部凹凸不平、生锈、存在乳垢等所致。

各种挤乳用具和容器中所存在的细菌，多数为耐热的球菌属（70%）；其次为链球菌和杆菌。所以这类用具和容器如果不严格清洗杀菌，则生乳污染后，即使用UHT杀菌也不能消灭这些耐热菌，结果使生乳变质。

4. 牛体的污染

挤奶时生乳受乳房周围和牛体其他部分污染的机会很多，特别是尘埃、泥土、粪便中的细菌大量附着在乳房的周围，当挤乳时侵入牛乳中。这些污染菌中，多数属于芽孢杆菌和大肠菌等。

因此，挤奶前要对乳房和腹部进行清洗消毒，一般用含次氯酸的消毒液（0.6mmol/L）或肥皂水（水温约50℃）将毛巾沾湿并拧干后，擦洗奶头，一头牛用一条毛巾，每次挤乳应洗2~3次，洗后擦干并将乳头干燥。

5. 工作人员的污染

指甲、皮肤皱纹处带有大量细菌，工作人员如患有伤寒、肝炎等传染疾病，其病原菌可将牛乳污染。

三、挤奶后的微生物污染

牛乳中含有天然的抗菌体系如免疫球蛋白、过氧化物酶、乳铁蛋白、溶菌酶等，故挤奶后2h之内微生物的增殖很少，这一时期称为牛乳的抗菌期。利用这一特性，挤奶后迅速将奶液冷却到4℃左右，是保存牛乳最有效的方法。

但挤奶后的过滤、冷却、运输等过程控制不好，都会导致牛乳的再次污染。

第二节 乳中微生物的种类

牛乳在乳房中，已有某些细菌存在，加上在挤乳和处理过程中外界微生物的侵入，因此乳中微生物的种类很多，包括：乳酸菌、大肠菌、丁酸菌、丙酸菌等。

一、按适宜生长温度分类

根据适宜生长温度将细菌分类如图3－1所示。

耐冷菌：不管最佳生长温度如何，能在7℃或7℃以下生长繁殖。

嗜冷菌：适宜生长温度20℃以下，如假单胞菌属、明串珠菌属、微球菌属、产碱杆菌属等。

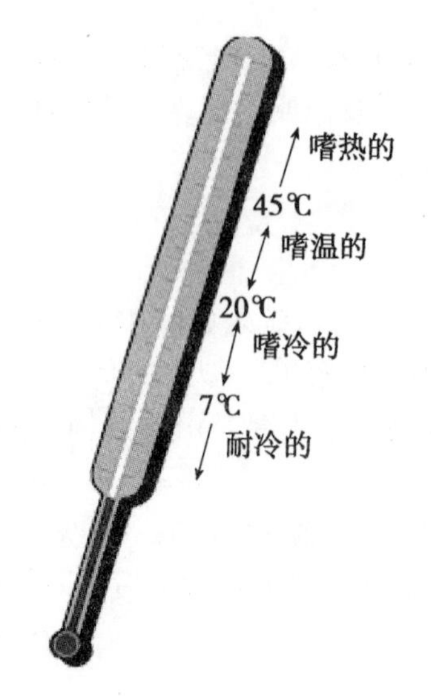

图3-1 根据适宜生长温度将细菌分类

嗜温（嗜中温）菌：适宜生长温度20～44℃，如乳酸菌、丙酸菌、丁酸菌、肠杆菌等。

嗜热菌：适宜生长温度45～60℃，如嗜热链球菌、嗜热脂肪芽孢杆菌、牛链球菌等。

耐热菌：能耐70℃以上的高温，即使在高温下它们不能生长繁殖，但能抵抗这些高温而不被杀死。

1. 嗜温菌（Mesophilic Bacteria）

（1）乳酸菌（*Lactobacillus*） 乳酸菌是乳中数量最多的微生物，占微生物总数的80%，主要有乳球菌科和乳杆菌科，包括链球菌属、明串珠菌属、乳杆菌属等。

乳酸菌为兼性厌氧菌，能形成长度不同的链状排列，但不能形成芽胞。

乳酸菌以乳糖作为碳源，它们发酵乳糖产生乳酸，发酵可能是彻底的，也可能是不彻底的，即终产物可能都是乳酸（同型发酵，相应的菌叫正型乳酸菌），也可能有其他产物生成，如醋酸、CO_2、酒精（异型发酵，相应的菌叫异型乳酸菌）。

发酵能力因菌种的不同而异，大多数乳酸菌能形成0.5%～1.5%的乳酸，但有些菌种能形成3%的乳酸。

乳链球菌中的某些菌珠是制备奶油发酵剂、干酪发酵剂和酸乳等的重要菌种；乳杆菌中的德氏乳酸杆菌和保加利亚乳酸杆菌是生产酸乳的主要菌种；肠球菌中包括粪肠球菌和粪化肠球菌，能发酵乳糖和甘油生成酸。

（2）丙酸菌（*Propionibacterium*） 丙酸菌也属于产气菌，生长温度15～40℃，是一种分解、发酵乳糖生成丙酸、丁酸、醋酸、CO_2的革兰氏阳性短杆菌。丙酸菌因形状的不同可分为若干种类，它们不能形成芽孢。可从牛乳和干酪中分离得到费氏丙酸杆菌（*Prop. freudenreichii*）和谢氏丙酸杆菌（*Prop. shermanii*）。

用丙酸菌生产埃门塔尔等干酪时，可使产品具有孔眼和特有的风味。

（3）丁酸菌（*Butyric Acid Bacteria*） 丁酸菌是一种能形成芽孢的厌氧菌，最适生长温度37℃，可分解糖类产生丁酸、CO_2和氢气等。

它们在牛乳中生长不良，因为牛乳中含有氧气，但在干酪中却能迅速生长，因为干酪提供了良好的缺氧环境。

（4）肠杆菌（*Enterobacteriaceae*） 肠杆菌是一群寄生于肠道的革兰氏阴性短杆菌，属于产气菌，在牛乳中生长时能生成酸和气体。例如，大肠杆菌（*Escherichiacoli*）和产气杆菌（*Aerobacter Aerogenes*）是常出现于牛乳中的产气菌。产气杆菌能在低温下增殖，是牛乳低温贮藏使牛乳酸败的一种重要菌种。

这些菌统称大肠菌群（*Caliform*），来自粪便、牛体及饲养员的手等。该菌群的检测是衡量企业卫生管理水平的重要指标之一，也是生产工艺过程污染的标志指标。

2. 嗜热菌（高温菌，*Thermophilic Bacteria*）

嗜热菌或高温菌是指40℃以上能正常发育的菌群，如乳酸菌中的嗜热链球菌、保加利亚乳杆菌、好气性芽孢菌（如嗜热脂肪芽孢杆菌）、嫌气性芽孢杆菌（如好热纤维梭状芽孢杆菌）和放线菌（如干酪链霉菌）等，其中，嗜热脂肪芽孢杆菌的最适发育温度为60～70℃。

在生产上，耐热性细菌是指低温杀菌条件下还能生存的细菌，如某些乳酸菌、耐热性大肠菌、微杆菌，某些放线菌和球菌等。

（1）嗜热链球菌　制备酸乳和一些干酪使用的菌珠。

（2）嗜热脂肪芽孢杆菌（*Spore-forming Bacilus*）　是导致罐装乳制品变质的原因菌，来源于淀粉、糖和谷物等配料，其最适温度为60～70℃。嗜热脂肪芽孢杆菌可分为好气性杆菌属和嫌气性梭状菌属两种。该菌因能形成耐热性芽胞，故杀菌处理后，仍残存在乳中。

芽孢是细菌自我保护和御防外界不利因素时的一种生存方式，这些不利因素包括加热和冷却、消毒剂、水分、营养物质的缺乏等，图3－2表示芽孢形成的不同种类。

在不利的条件下，这些微生物聚集核物质和一些营养物在细胞的某一区域，并形成一硬的外壳，保护这些核物质。

芽孢不进行新陈代谢，在干燥的空气中能生存数年，而且对化学杀菌剂、抗菌素、干燥和紫外线比营养体有更强的抵抗力。它们耐热，在120℃/20min下才能100%地将芽孢杀死。

圆形

椭圆形

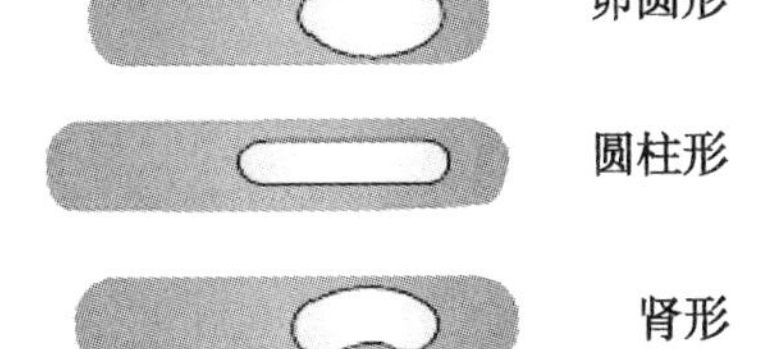

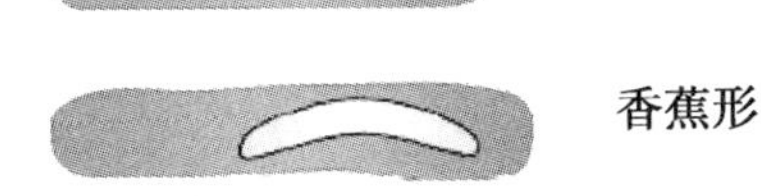

图3－2　细菌中芽孢形成的不同类型

有些杆菌和球菌被一浓厚的黏液层—荚膜包围，尽管荚膜不会像芽孢那样有很强的抵抗力，但使细菌免受干燥条件的影响，只要这类微生物在乳中繁殖，就会使牛乳黏滑，导致出现“黏稠”牛乳的现象。

（3）牛链球菌：存在于牛羊等反刍动物的食道、猪的粪便中，能发酵葡萄糖和乳糖等产酸。

3. 嗜冷菌（*Psychrotrophic Bacteria*）

凡在0～20℃下能够生长的细菌统称低温菌，而7℃以下能生长繁殖的细菌为嗜冷菌。嗜冷菌主要来自水和挤乳、储乳设备。当原料乳中的菌落总数超过5×10^5CFU/ml时，嗜冷菌就会生长繁殖。

乳中的嗜冷菌主要是革兰氏阴性杆菌，其中假单孢菌约占其总数的50%，此外还有醋酸杆菌属、蜡状芽孢杆菌、微球菌属、产碱杆菌属等。

低温下长时间贮存的牛乳会含有较多的嗜冷菌，其危害是会产生一些经灭菌处理也不会失活的耐热酶类，如蛋白酶、脂肪酶等。在产品贮存期间，这些酶引起蛋白分解和脂肪酸败，产生酸辣味、苦味，甚至产生凝胶化问题（老化凝胶或甜凝块）。

二、按种属分类

细菌是乳中最常见的微生物，包括链球菌属、明串珠菌属、乳酸杆菌属、丙酸菌、肠细菌、孢子杆菌、假单胞杆菌属、放线菌等；另外，还有酵母菌（Yeasts），霉菌（Molds），噬菌体（病毒，Bacteriophage），病原菌如沙门氏菌、志贺氏菌、金黄色葡萄球菌等。

1. 细菌（Bacteria）

细菌是单细胞有机体，通过二分裂方式进行繁殖，即一分为二。细菌的形状有三种：球状、杆状和螺旋状。

（1）明串珠菌（Leukonoid） 最适温度为20～25℃，包括蚀橙明串珠菌（又叫柠檬明串珠菌）和戊糖明串珠菌2种。这些菌可利用碳水化合物产生乳酸、挥发性酸如醋酸及CO_2等的多元发酵型球菌。用于发酵乳制品，可将柠檬酸变成香气物质，如丁二酮。

（2）放线菌（Actinomycetes） 与乳品有关的有分枝杆菌属（*Mycobaoterium*）、放线菌属、链霉菌属。

分枝杆菌属中以嗜酸菌而闻名，是抗酸性的杆菌，无运动性，多数具有病原性，例如结核分枝杆菌形成的毒素，有耐热性，对人体有害。

放线菌属中主要有牛型放线菌（*Act. bovis*），此菌生长在牛的口腔和乳房，随后转入牛乳中。

链霉菌属中与乳品有关的主要是干酪链霉菌等，都属胨化菌，能使蛋白质分解导致腐败变质。

2. 酵母菌（Yeasts）

（1）酵母菌的生长条件 酵母菌在含糖高、偏酸性的环境中生存较多，能在较大的pH值范围内（3～7.5）生长。

像细菌一样，酵母菌必须有水才能存活，但酵母需要的水分比细菌少，某些酵母能在水分极少的环境中生长，如蜂蜜和果酱，这表明它们对渗透压有相当高的耐受性。其最适生长温度为20～30℃，生长中的细胞在52～58℃/5～10min就被杀死。

酵母菌在有氧和无氧的环境中都能生长，即酵母菌是兼性厌氧菌。缺氧时，酵母菌把糖分解成酒精和水；有氧的情况下，它把糖分解成CO_2和水。

（2）酵母菌的分类 根据酵母菌产生孢子（子囊孢子和担孢子）的能力，可将酵母分成三类：形成孢子的株系属于子囊菌和担子菌；不形成孢子但主要通过芽殖来繁殖的称为不完全真菌，或者叫“假酵母”。

（3）酵母菌的重要性 在啤酒、葡萄酒和蒸馏酒工业中，酵母很有价值。但因酵母菌能造成干酪和奶油的缺陷，一些情况下，对乳制品是有害的微生物。

在发酵乳中，由于其较低的pH值，芽孢杆菌属、肠杆菌科和假单胞菌属等微生物不能增殖；然而，发酵变酸的乳制品适合酵母菌的增殖而易引起变质。

酵母菌通常在挤乳过程中，从地面、墙壁、饲草料和空气以及乳房、挤乳器和人手污染到乳中。另外，一些乳制品的变质，如黄油和奶油制品产生异味以及在其表面形成色斑等、酸牛乳胀包、絮状沉淀和霉败气味的形成等也是酵母菌的二次污染所造成。

有些酵母菌是条件性致病菌，如白色念珠菌和新型隐球菌等，多见于乳房炎患牛的乳汁中，在加工处理的乳制品中很少能发现。

另外，酵母菌也被用于一些乳制品的生产。在一些表面成熟的软质和半硬质干酪的生产以及传统发酵乳制品，如开菲尔（Kefir，一种俄国的发酵乳制品）乳和马奶酒（Kumiss）等制品中，是用酵母和乳酸菌混合发酵剂发酵而得，酵母菌发酵糖类形成乙醇和

CO_2，并对产品芳香气味的构成有一定的作用。

乳中常见的酵母有脆壁酵母、毕赤氏酵母、汉逊氏酵母、圆酵母属、假丝酵母属等。

脆壁酵母能使乳糖形成酒精和 CO_2，该酵母是生产乳酒的珍贵菌种，乳清进行酒精发酵时常用此菌；毕赤氏酵母能使低浓度的酒精饮料表面形成干燥皮膜，故有产膜酵母之称，主要存在于酸凝乳及发酵奶油中；汉逊氏酵母多存在于干酪及乳房炎乳中；圆酵母属是无孢子酵母的代表，能使乳糖发酵，污染有此酵母的乳和乳制品会产生酵母味，并能使干酪和炼乳罐头膨胀；假丝酵母属的氧化分解能力很强，能使乳酸分解形成 CO_2 和水，由于酒精发酵力很高，因此，也用于开菲乳（Kefir）和酒精发酵。

3. 霉菌（Molds）

霉菌通过各种孢子进行繁殖，这些孢子一般具有较厚的细胞壁，并相对耐热和耐干燥。孢子非常小又非常轻，被风从一个地方吹到另一个地方来传播霉菌。

像酵母一样，一般的巴氏杀菌 72～75℃/10～15s，霉菌就会死亡，所以这些霉菌的存在是二次污染的一个指标。

在干酪和奶油表面的霉菌，可引起产品脱色和变味，为了防止在加工中受到霉菌的污染，在乳品厂必须严格卫生管理，比如，墙壁和天花板必须严格地保持干净，以防霉菌污染。

（1）乳制品中的霉菌种类　主要有白地霉、根霉、毛霉、曲霉、青霉、串珠霉等；多数（如污染于奶油、干酪表面的霉菌）属于有害菌；但生产卡门培尔（Camembert）干酪、罗奎福特（Roguefert）干酪和青纹干酪时依靠的霉菌属于有益菌。

曲霉菌属中，有的菌株可用于干酪制造，如利用米曲霉的蛋白质分解作用制造特殊风味的干酪，但引起腐败变质的菌株较多。

根霉菌属的黑根霉常污染奶油和干酪，在其表面形成污点。

毛霉的酒精发酵、蛋白和脂肪的分解能力较强，常见于干酪中。

白地霉能引起乳制品的腐败变质，常出现于酸败乳、酸性奶油以及在干酪表面形成白色皮膜。该菌分解乳酸为水和 CO_2 的能力较强；并产生脂肪分解酶、酵母样臭味；在奶油或干酪上还能形成黏性物质，导致酸败。另外，半知菌门的丛梗孢属，是契达干酪成熟过程中最易污染的霉菌之一，如好食丛梗孢菌、苹果褐腐丛梗孢菌等，常污染奶油和干酪制品，产生黑斑、酸败以及恶臭味。

有些种类的青霉菌具有很强的蛋白质和脂肪分解能力，并产生不快的霉味，容易在干酪上增殖。兰纹干酪（Blue Cheese）霉菌称为娄地青霉（*Penicillum Requeforti*），卡曼贝尔法国浓味干酪（Gamembert）的霉菌为卡曼贝尔青霉（*Penicillium Camemberti*），它们在干酪的成熟过程中起重要的作用。

曲霉属中的黄曲霉和寄生曲霉的一些菌株产生的黄曲霉毒素，具有极强的致癌和致畸作用。米曲霉具有很强的蛋白分解力，可用于生产特殊干酪。曲霉属中 Asp. Repens 的菌丝体能与酪蛋白凝块形成白色或褐色的大型颗粒，这是炼乳中形成纽扣状物的原因。

生乳或干酪中还会污染一些青霉属和镰刀霉属的菌株产生霉菌毒素，可引起食物中毒。其中，镰刀霉可产生耐热的具致吐作用的赤霉毒素。

（2）影响霉菌生长的因素

水分：霉菌能在含水量很低的物质上生长，并且能从潮湿的空气中吸收水分。

Aw：霉菌对低*Aw*的耐受性比细菌强，有些霉菌能耐受高渗透压的糖和盐溶液，如果酱，甜炼乳。

氧气：霉菌生长一般是需氧的，分生孢子的形成和菌丝体的生长都需要氧。

温度：多数霉菌的最适生长温度是20～30℃。

酸度：霉菌能在pH值3～8.5的环境中生长，但有许多霉菌喜欢酸性环境，如干酪、柠檬和果汁。

4. 噬菌体（Bacteriophages）

早在1915年，英国科学家托特（Twort）发现了一些葡萄球菌培养物被破坏和降解；两年后，加拿大科学家德黑尔（D. Herelle）发现了一个类似的现象，并假设这一现象是由以细菌为食的不可见的有机体引起的，他称其为“噬菌体”。

噬菌体是病毒，即细菌的毒素，它们靠自身能持久存在，但不能生长或复制，除非有细菌作为复制场所。详见第六章“发酵乳的生产”。

5. 球菌类（Micrococcaceae）

球菌类一般为好气性，能产生色素，牛乳中常见的有微球菌属和葡萄球菌属。导致产生颜色的微生物被称为生色菌，生色常在低温下进行，有氧环境对生色也是必需的。

色素分为两种：内生色素存在于细胞内；外生色素扩散到细胞外食品中。有三种基础色：类胡萝卜素为黄色、绿色、奶油色或金色；花色素为红色；黑色素为褐色或黑色。

微生物的名称常常用它所产生的颜色来表示，如金黄色葡萄球菌＝金色的葡萄球菌。

6. 病原菌（Pathogenic Bacteria）

能引起疾病的微生物称为致病性微生物，这些微生物通过侵袭和破坏细胞产生毒素，给人类和动植物带来疾病，产毒的微生物可能死亡，但其所产毒素仍具有致病性。包括沙门氏菌、金黄色葡萄球菌、李斯特氏菌，结核杆菌等。

病原菌容易引起大规模的食物中毒，非常幸运的是牛乳中的大多数致病菌都不能形成芽孢，因此，很容易通过热处理而杀灭。

三、按分解特性分类

按分解特性，乳中微生物可分为蛋白分解菌和脂肪分解菌，但许多能分解蛋白的细菌和霉菌同时也能氧化分解脂肪，这种分解过程通称为腐败作用。其中的一些菌能应用在乳品加工中，但大部分会带来问题。

亚麻短杆菌能在干酪上形成一层黄红色覆盖物，在波特·萨卢特（Port Solut）干酪成熟阶段分解干酪表面的蛋白质，并产生风味，是一种有用的具有分解蛋白作用的菌，和其他微生物不同，它非常耐盐。

荧光假单胞杆菌，常存在于被污染的水和泥土中。它能产生非常耐热的脂酶和蛋白酶，对奶油非常不利，用劣质的清水漂洗奶油时很易使奶油污染该菌。

1. 蛋白分解菌（Proteolytic Bacteria）

蛋白分解菌是指能产生蛋白酶而将蛋白质分解的菌群。

生产发酵乳制品时的大部分乳酸菌，能使乳中蛋白质分解，属于有用菌，如乳油链球菌的一个变种，能使蛋白质分解成肽，致使干酪带有苦味。

假单胞菌属等低温细菌、芽孢杆菌属、放线菌中的部分菌，属于腐败性的蛋白分解菌，能使蛋白质分解出氨和胺类，使牛乳产生黏性、碱性和胨化。

2. 脂肪分解菌（Fat Decomposing Bacteria）

脂肪分解菌是指能使甘油酯分解生成甘油和脂肪酸的菌群。脂肪分解菌中，除部分在干酪生产中有用外，一般都会使牛乳和乳制品变质，尤其对稀奶油和奶油的危害更大。这是因为，纯净的脂肪对微生物的分解有相对的抵抗性，但稀奶油和奶油形式的乳脂肪中包含了蛋白质、碳水化合物、矿物质等营养物质，所以对微生物是很敏感的。

主要的脂肪分解菌（包括酵母、霉菌）有：荧光极毛杆菌、蛇蛋果假单胞菌、无色解脂菌、解脂小球菌、干酪乳杆菌、白地霉、黑曲霉、大毛霉等。

大多数的解脂酶有耐热性，并且在0℃以下也具有活力。因此，牛乳中如有脂肪分解菌存在，即使进行冷却或加热杀菌，也往往带有意想不到的脂肪分解味。

3. 其他腐败菌

除蛋白分解菌和脂肪分解菌外，有些腐败菌还能产生一种类凝乳酶，这些酶能使牛乳不经酸化而凝结（甜凝乳），在夏秋季从零散奶户收来的奶，有些被这些菌严重污染。

产芽孢的、厌氧的梭状芽孢杆菌是一种典型的产气腐败菌，存在于发酵的饲料、水、土壤以及肠道中，牛乳中很容易被这种菌污染。这种菌能在缺氧的干酪，尤其是再制干酪中生长，进行非常剧烈的发酵作用。

第三节 乳中微生物的影响因素和生长特性

一、牛乳中微生物的生长代谢

微生物生长必须从菌体外取得必需的营养和足够的能量来合成菌体。其生长可分为4个阶段，即缓慢期、对数期、稳定期和衰亡期。细菌生长曲线如图3－3所示。

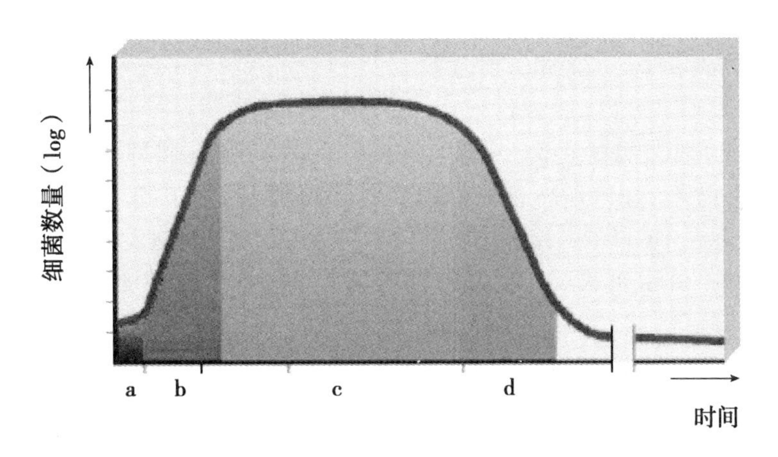

图3－3 细菌生长曲线

a. 延迟期或缓慢期 b. 对数生长期 c. 稳定期 d. 衰亡期

缓慢期中，菌种生长刚开始一段时间，菌体数目并不增加，甚至稍有减少，但菌体细胞的代谢却很旺盛，菌体细胞的体积增长很快。

之后，菌体细胞分裂程度剧烈上升，菌体数目以几何级数增加，所以，成为对数期。

生产上采用各种措施尽量延长对数期以提高发酵生产力，这就是连续发酵的基本原理。对数期后，当培养液中菌体的增多数和死亡数相平衡时，即为稳定期。此时，由于营养物质的减少，菌体有毒代谢产物的积累，促使菌体加速死亡。菌体死亡速度大大超过繁殖速度时，就进入衰亡期，并出现菌体变形、自溶等现象。

生乳在生产阶段细菌数的变化如图 3 -4 所示。

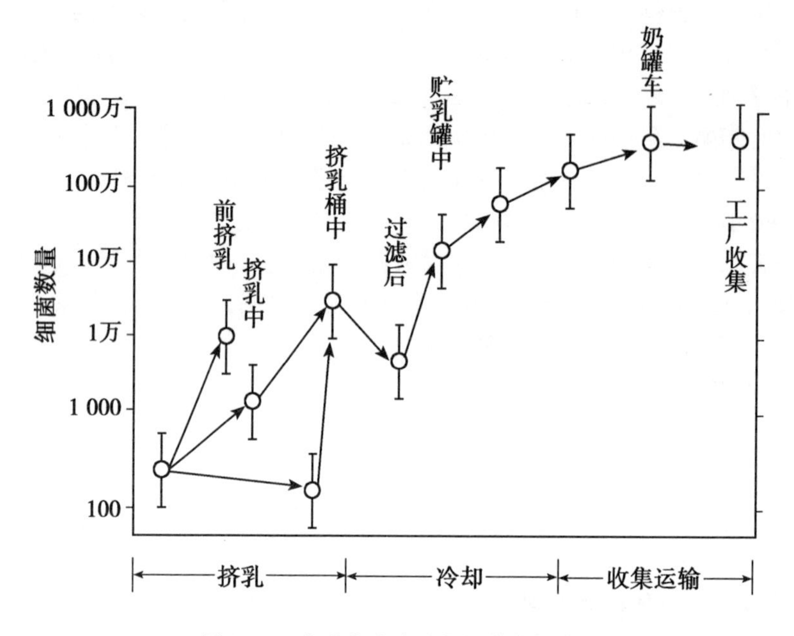

图 3 -4　生乳在生产阶段细菌数的变化

二、影响因素

影响因素包括物理、化学和生物因素。

1. 物理因素

季节：气候条件影响着土壤、空气、饲料等环境中的微生物种类和数量。

温度：40℃以下，温度越高细菌生长越快。为了延长生乳的保存时间，最好是在挤奶后 2h 内将牛乳冷至 4℃以下。冷藏中多数微生物的生长受到抑制，而嗜冷菌却能生长。

饲养条件和挤乳卫生状况：良好的饲养条件是保证牛体健康和原料乳卫生质量的关键。

压力、音波和放射线照射：压力（加压灭菌）、音波（超声波）会破坏细菌膜，紫外线和放射线等可抑制细菌的增殖。

2. 化学因素

水分、氧气、pH 值、氧化还原电位、营养物质、生长促进因子、生长抑制因子等化学因素会影响微生物的生长。

水分：乳粉水分 <5% 时，在密封状态下，不会引起微生物的生长发育。

pH 值：大部分细菌的生长最适 pH 值为 5.6 ~ 7.5。乳酸菌、霉菌、酵母等在微酸性条件下易生长；大肠菌、蛋白分解菌在碱性条件下易生长。

营养物质和生长促进因子：微生物生长所必需的营养素为水、含氮化合物、含碳化合物、无机盐、维生素等；乳酸菌的生长促进因子是某些特定的微量成分，它们可显著地促进乳酸菌的生长发育。

生长抑制因子：阳离子多时对微生物有抑制作用，尤以二价阳离子如汞、铅、铜为甚；安息香酸、水杨酸等对微生物发育有抑制作用，故可作为防腐剂。

抗生素：会抑制发酵，试验表明，乳中青霉素的含量为 0.008IU/ml 和 0.016IU/ml 时，酸乳的凝固时间分别为 4h 和 6h，含有 0.08IU/ml 时则 13h 也不能完全凝固；乳酸菌对抗生素的感受性，一般以青霉素最大，其次为四环素、链霉素、氯霉素。

3. 生物学因素

牛体生理状况如乳牛患病会造成生乳的严重污染，生产中要严格将乳房炎乳分开，并禁止用于生产。

第四节　生乳存放期间微生物的变化规律

挤出的牛乳在进入乳罐车或储乳缸时经过了多次的转运，期间又会因接触相关设备、人员手及暴露在空气而多次污染，并且，此过程中若没有及时冷却还会导致细菌大量增殖。

不同条件下牛乳中微生物的变化规律不同，主要取决于其中含有的微生物种类和牛乳固有的性质。

一、室温存放时生乳的微生物变化规律

生乳在杀菌前期都有一定数量的、不同种类的微生物存在，如果放置在室温（10～21℃）下，乳液会因微生物的繁殖而逐渐变质。室温下微生物的生长过程，可分为以下几个阶段。

1. 抑制期

生乳中含有多种天然的抑菌物质，如溶菌酶、硫氰酸盐-乳过氧化物酶-H_2O_2 体系、乳铁蛋白、免疫球蛋白等，它们对许多细菌、病毒等有抑菌作用，这一作用在室温下可保持 18h 以上，低温下可保持更长时间。

在此期间，乳液含菌数不会增高，若温度升高，则抗菌物质的作用增强，但持续时间会缩短。因此，生乳放置在室温下，一定时间内不会变质。

2. 乳链球菌期

随着生乳中抑菌物质的减少，乳中的微生物就开始大量繁殖，占优势的细菌是乳酸链球菌、乳酸杆菌、大肠杆菌和一些蛋白分解菌等，其中，以乳酸链球菌的生长繁殖最为旺盛。

它们分解乳糖产酸，因而乳液的酸度不断升高。如有大肠杆菌繁殖时，将有产气现象出现，并伴有轻度的蛋白质水解。

随着乳球菌的进一步繁殖，酸度不断升高，抑制了其他腐败菌的生长，当酸度升到一定限度时（pH 值 4.6），乳酸链球菌本身也受到抑制并逐渐减少，这时有乳凝块出现。

3. 乳杆菌期

优先生长繁殖的乳球菌和链球菌使乳的 pH 值降到 6 左右时，嗜好于酸性条件生长的乳杆菌就开始大量繁殖。

当 pH 值继续降到 <4.5 时，由于乳酸杆菌耐酸力较强，尚能继续繁殖并产酸，同时

一些耐酸性强的丙酸菌、酵母和霉菌也开始生长，但乳杆菌仍占优势；此时出现大量乳凝块，并有大量乳清析出。

4. 真菌期

当酸度继续下降至<pH 值 3.5 时，多数微生物被抑制甚至死亡，仅酵母、霉菌等真菌能适应高酸环境而生长，并能利用乳酸等有机酸；由于酸的消耗，使乳液的 pH 值不断上升并接近中性。

5. 胨化菌期

经过上述各阶段微生物的生长繁殖，使乳糖大量被消耗，残留量已很少，pH 值接近中性，蛋白质和脂肪成为主要的营养成分，因此，特别适合蛋白质分解菌和脂肪分解菌等腐败菌的生长，如芽孢杆菌属、假单胞菌属、产碱杆菌属以及变形杆菌属等。

其结果是蛋白质和脂肪被分解，已凝固的乳胶体凝块被液化，乳蛋白胶粒被分解成小分子肽、胨，外观呈现透明状或半透明状，乳液的 pH 值上升并向碱性方向转化（碱化），并产生腐败臭味。

二、生乳在冷藏中的微生物变化

生乳不经消毒即冷藏保存的条件下，适于室温下繁殖的微生物的生长被抑制；而嗜冷菌能够生长，但生长速度缓慢。这些嗜冷菌包括：假单胞杆菌属、产碱杆菌属、无色杆菌属、黄杆菌属、克雷伯氏杆菌属和小球菌属。

冷藏乳的变质主要是乳液中的蛋白质和脂肪分解。低温下促使蛋白分解胨化的细菌主要为产碱杆菌属、假单胞杆菌属。

多数假单胞杆菌属中的细菌均具有产生脂肪酶的特性，这些脂肪酶在低温下活性非常强并具有耐热性，即使在加热消毒后的乳液中，还残留脂酶活性。

4℃下生乳中细菌的生长情况如图 3-5 所示。

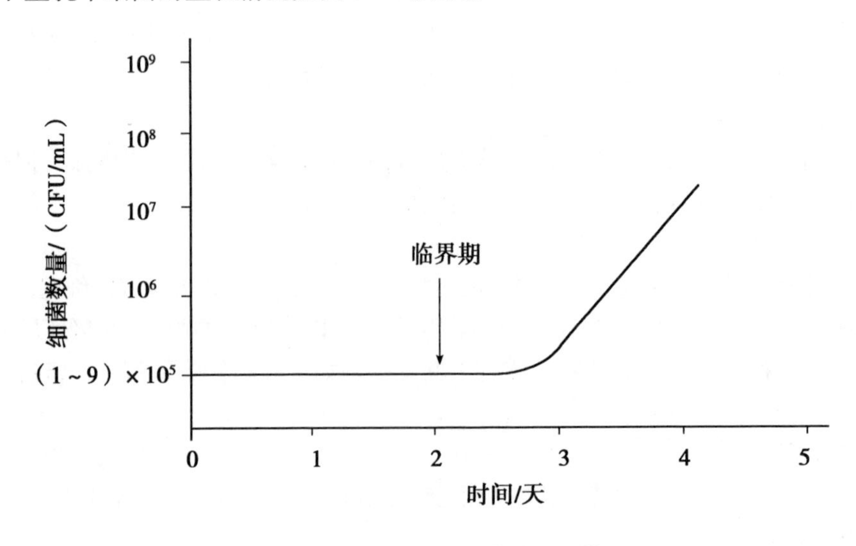

图 3-5 4℃下生乳中细菌的生长情况

第五节　微生物的生长引起的乳及乳制品变质的类型

乳和乳制品是微生物的最好培养基，所以牛乳被微生物污染后不及时处理，乳中的微生物就会大量繁殖，分解糖、蛋白质和脂肪等产生酸性物质、色素、气体，有碍产品风味及卫生的小分子产物及毒素，从而导致乳品出现酸凝固、色泽异常、风味异常等腐败变质现象。因此，在乳品生产中要严格控制微生物的污染和繁殖。乳及乳制品的变质类型及相关微生物如下表所示。

表　乳及乳制品的变质类型与相关微生物

乳制品类型	变质类型	微生物种类
生乳与市售乳	变酸及酸凝固	乳球菌、乳杆菌属、大肠菌群、微球菌属、微杆菌属、链球菌属
	蛋白质分解	假单胞菌、芽孢杆菌属、黄杆菌属、产碱杆菌属、微球菌属等
	脂肪分解	假单胞菌、无色杆菌、黄杆菌属、芽孢杆菌、微球菌属
	产气	大肠菌群、梭状芽孢杆菌、芽孢杆菌、酵母菌、丙酸菌
	变色	类蓝假单胞菌（灰蓝致棕色）、类黄假单胞菌（黄色）、荧光假单胞菌（棕色）、黏质沙雷氏菌（红色）、红酵母（红色）、玫瑰红微球菌（红色）等
	变黏稠	黏乳产碱杆菌、肠杆菌、乳酸菌、微球菌等
	产碱	产碱杆菌属、荧光假单胞菌
	变味	蛋白质分解菌（腐败味），脂肪分解菌（酸败味），球拟酵母（变苦），大肠菌群（粪臭味），变形杆菌（鱼腥臭）
酸乳	产酸缓慢、不凝乳	菌种退化，噬菌体污染，抑菌物质残留
	产气、异常乳	大肠菌群、酵母、芽孢杆菌
干酪	膨胀	大肠菌群（粪臭味）等
	表面变质	液化：酵母、短杆菌、霉菌、蛋白分解菌；软化：酵母、霉菌
	表面色斑	烟曲霉（黑斑）、干酪丝内孢酶（红点）、植物乳杆菌（铁锈斑）等
	霉变产毒	交链孢霉、曲霉、枝孢霉、丛梗孢霉、地霉、毛霉和青霉
	苦味	酵母，液化链球菌、乳房链球菌
淡炼乳	凝块、苦味	枯草杆菌、凝结芽孢杆菌、蜡样芽孢杆菌
	膨听	厌氧性梭状芽孢杆菌
甜炼乳	膨听	炼乳球拟酵母、丁酸酵母、乳酸菌、葡萄球菌等
	黏稠	芽孢杆菌、微球菌、葡萄球菌、链球菌、乳杆菌
	纽扣状物	葡萄曲霉、灰绿曲霉、黑丛梗孢霉、青霉等
奶油	表面腐败酸败	腐败假单胞菌、荧光假单胞菌、梅实假单胞菌等
	变色	紫色色杆菌、玫瑰色微球菌、产黑假单胞菌
	发霉	枝孢霉、单孢枝霉、交链孢霉、曲霉、毛霉、根霉等

本章思考题

1. 简述乳中微生物的来源及控制方法。
2. 简述乳中微生物的种类及其性状。
3. 举例说明乳中存在的致病菌和腐败菌的特性和危害。
4. 乳中常见的乳酸菌有哪些（写出属名）？各有什么主要特性？
5. 什么是嗜冷菌？有何特点？如何控制？
6. 结合乳中微生物生长的特点，谈谈如何控制原料乳的卫生质量？
7. 简述影响乳中微生物质量的主要因素。
8. 简述生乳存放期间微生物的变化规律（包括室温和冷藏）。

第四章　乳制品生产的通用单元操作

本章重点讲述在乳制品加工中的通用单元操作及其设备，而奶粉生产设备、干酪生产设备，奶油生产设备等将在相应的章节中讲述。

第一节　原料乳的收集、运输和贮存

原料乳的质量好坏是影响乳制品质量的关键，只有优质的原料乳才能保证优质的产品。

一、生乳标准 GB 19301—2010

我国生乳收购标准有 GB/T 6914—1986《生鲜牛乳收购标准》、GB 19301—2003《鲜乳卫生标准》、NY 5045—2008《无公害食品 生鲜牛乳》和 GB 19301—2010《生乳》。

本标准主要变化如下：标准名称改为《生乳》；增加了“术语和定义”；“污染物限量”直接引用 GB 2762 的规定；“真菌毒素限量”直接引用 GB 2761 的规定；“农药残留限量”直接引用 GB 2763 及国家有关规定和公告；修改了“微生物指标”。

1. 生乳的感官要求

如表 4－1 所示。

表 4－1　生乳的感官要求

项目	指标
色泽	呈乳白色或微黄色
滋味、气味	具有乳固有的香味，无异味
组织状态	呈均匀一致液体，无凝块、无沉淀、无正常视力可见异物

2. 生乳的理化指标

如表 4－2 所示。

表 4－2　生乳的理化指标

项目	GB/T 6914—1986	GB 19301—2003	NY 5045—2008	GB 19301—2010
脂肪/（g/100g）　≥	3.1	3.1	3.2	3.1
蛋白质/（g/100g）　≥	2.95	2.95	3.0	2.8
相对密度/（20℃/4℃）	≥1.028	≥1.028	1.028～1.032	≥1.027
酸度/°T　≤	0.162（乳酸度%）	牛乳 18 羊乳 16	12～18	牛乳 12～18 羊乳 6～13

（续表）

项目	GB/T 6914—1986	GB 19301—2003	NY 5045—2008	GB 19301—2010
杂质度/（mg/kg） ≤	4	4	4	4
非脂乳固体/（g/100g）≥		8.1	8.3	8.1
冰点/℃			-0.550～-0.510	-0.560～-0.500
酒精试验（72℃）	阴性			

3. 生乳的微生物限量

如表4－3所示。

表4－3　生乳的微生物限量

	美国	欧盟	GB/T 6914—1986	GB 19301—2003	NY 5045—2008	GB 19301—2010
菌落总数/（万CFU/ml）≤	10（生产前≤30）	10（生产前≤30）	一级50/二级100/三级200/四级400	50	50	200
体细胞SCC/（万个/ml）≤	75	40			60	
致病菌	不得检出					

4. 注意事项

（1）与1986版标准相比　新标准中只有合格指标，取消了分级，这样可有效防止为了“升级赚钱”而非法添加外来物质的做法。

（2）许多单位还规定下述情况之一者不得收购　病牛乳，如乳房炎乳；初乳和末乳；颜色有明显变化如呈红色、绿色等的牛乳；有凝块或絮状沉淀的牛乳；有畜舍味、苦味、霉味、臭味、蒸煮味等异味乳；用抗生素或其他药物治疗期间及停药后3天内的乳；添加有防腐剂等有碍食品卫生的乳。

1993年，欧盟《通用食品卫生规定》（93/43/EEC）中对原料乳及乳制品的卫生规定为：生乳菌落总数＜100 000CFU/ml；生乳在乳品厂贮奶罐中超过36 h的菌落总数＜200 000CFU/ml；生乳中体细胞数250 000～500 000个/ml。

美国的生乳标准如表4－4所示。

表4－4　美国生乳标准

品名	指标	要求
用于巴氏杀菌、超巴氏灭菌或无菌加工的优质A级原料奶和奶制品	温度	开始挤奶的4h内，应将奶冷到10℃以下；在挤奶结束后2h内，冷到7℃或更低温度。应保证前后2次挤出的奶的混合温度＜10℃
	菌落总数	单个奶户的奶在与其他奶户的奶混合之前，其菌落总数＜10万/ml。在巴氏杀菌前，混合奶的菌落总数＜30万/ml
	药物残留	无阳性反应
	体细胞	＜75万/ml

二、原料乳的收集

原料乳的收集需要通过挤奶器具、冷却设备和奶罐车运输等过程，如果控制不好，送到乳品厂时，其中的菌落会快速增长，因此应采取如下措施。

①建立牛舍环境及牛体卫生管理制度。

②乳头的清洗。

③乳房按摩：排乳不仅是牛乳从乳房中排出的简单的机械作用，而是在神经系统和内分泌的共同作用下完成的排乳反射过程，所以挤奶前按摩乳房，对提高产乳量和乳脂率十分必要。

乳房按摩能引起血管反射性扩张，进入乳房的血流量加大；同时，引起肌上皮和平滑肌细胞的收缩，使内压增高，产生排乳。

1. 挤奶

为了引起乳房排乳，乳牛首先要释放一种称为催产素（Oxytocin）的激素到血液中去，这种激素分泌并贮存于脑下部的脑下垂体腺里。当母牛在适当的刺激下预备挤奶时，一个刺激信号送到垂体腺，并使贮存于垂体中的催产素释放出来。现代化牛场的奶牛没有随身的犊牛，但习惯于挤奶时其他刺激如声音、气味和感觉等。

在开始准备挤奶前1min，催产素开始起作用，引起肌细胞压迫腺泡。在乳房中产生用手可以感觉得到的压力—这被认为是排乳反射。

总之，泌乳是由激素、催产素和刺激引起并导致肌细胞压迫腺泡的过程。这一过程使乳房产生压力，此即排乳反射的现象。在此压力作用下，乳被排送到乳池，再经挤奶机的吸乳杯或手工挤压排出乳汁。

排乳反射随着催产素在血液中的不断稀释、减弱而逐渐消失，即母牛排乳的反射和收缩作用时间很短，在5～8min后彻底结束。因此，挤奶要在这一时间段内完成。一般挤奶5～6min可得到最大的泌乳量，太短，不能排空，太长，即延长挤奶“挤干”乳汁，就会造成对乳房不必要的扭拉，从而激怒母牛，导致挤奶困难。

总之，擦洗和按摩乳房后，要立即挤奶，在5～8min内挤完，而且从擦洗乳房到挤奶结束一定要连贯进行，中途不要停顿。如果时间拖得过长，反射活动已过，乳便返回乳房而很难挤出，一般，缓慢挤奶可降低乳量12%左右。

至于挤奶顺序，一般是先挤后侧两个乳头，这叫双向挤奶法；此外，还有单向（先挤一侧两乳头），交叉挤奶和单乳头挤奶法。

挤奶方法有手工挤奶和机械挤奶，其原理完全不同，机械挤奶的原理与犊牛吃乳的过程一样。

手工挤奶时，通常每天母牛都由同一挤奶员挤奶，母牛听到熟悉的准备挤奶的声音就会迅速受到刺激和排乳。当母牛有了排乳反射后，开始挤奶，先挤三把乳（注：先挤三把乳再洗乳房，反之乳中菌数会增加），并收集弃掉（不能弃于地上），因为头几把乳含有较多细菌。

在乳头通道中常集有细菌，但大部分细菌在开始挤奶时被冲掉，最好是把每个乳头开始挤下的带有许多细菌的牛乳单独装带有黑罩的容器中，在黑色背景下，病牛的絮凝奶很易被发现，如图4－1所示。

图 4－1　将每一乳头开始挤下的带有许多细菌的奶收集到黑罩容器中

奶被挤进 30～50L 的奶桶存放。注意，病牛的乳不能与健康牛的乳混合，含抗生素的牛乳必须与常乳分开，即挤奶时，要将劣质奶和常奶分开。

挤奶机类型包括桶式、管道式、串列式、并列式、鱼骨式、转盘式、可移动式等。

挤奶机利用真空原理把乳从乳头中吸出。该设备由一个真空泵，一个作为乳采集器的真空容器、与真空容器由软管连接的吸乳杯和一个交替地对吸杯施以真空和常压的脉冲器组成。

吸乳杯由一个被称为吸杯套筒的橡皮内管和一个不锈钢外管组成。在吸奶过程中，吸乳杯的吸杯套筒内维持 5×10^4Pa（50% 真空）的压力。脉冲室（在套管和外管之间）通过脉冲器的作用交替地接受真空和大气压，由此在吸奶阶段，乳从乳头中吸出，进入真空容器，然后压力转为常压，进入按摩阶段，原奶线被挤压停止吸奶，乳从腺胞流入乳池，随后进行另一吸奶阶段，如此反复。

在按摩阶段使乳头放松是必要的，这样可避免乳头充血和充液。充血和充液引起的疼痛，可导致奶牛停止排奶，挤奶和按摩间的脉冲变化为 40～60 次/min。

与爪形集流器连接的 4 个吸奶杯套在乳头上。在挤奶时，吸奶动作交替出现于左、右乳头，或者有时为前侧乳头和远侧乳头。乳从乳头吸到真空容器或到一个真空输送管道。在挤奶中如果一个吸奶杯脱落，系统会自动关闭阀门以防止污物被吸入系统中。

桶式挤奶机挤奶完毕后，将奶桶（真空容器）送到贮奶室，倒入贮奶罐内冷却。在奶桶盖上装有脉冲器或脉冲转播器，盖子上的止回阀保证了奶桶中的空气可被吸出。

管道式挤奶系统是用真空直接把奶从吸奶杯送到贮奶室，如图 4－2 所示。采用这一系统，牛乳挤出后沿着一个封闭的系统将乳直接从母牛身上收集到贮奶室的奶罐中。从细菌学角度出发，这是一大优点。然而，管道系统的设计要避免因空气泄漏而导致对牛乳有损害的搅动。

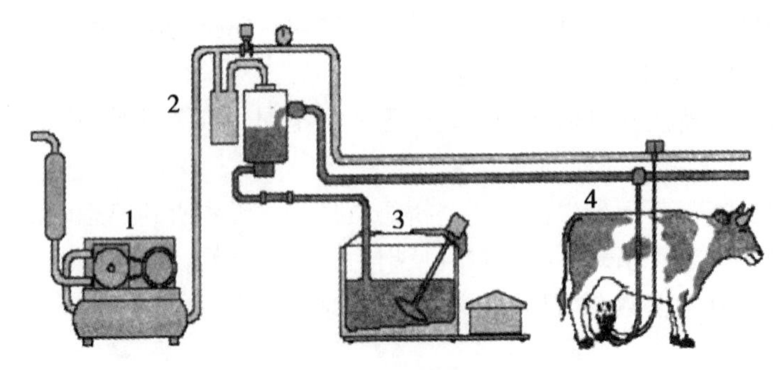

图 4－2　管道式挤奶系统的一般流程

1. 真空泵　2. 真空管线　3. 乳冷却罐　4. 牛乳管线

另外，挤奶系统还有奶桶式，如图4-3所示；移动式，如图4-4所示；平面畜舍式挤奶厅，如图4-5所示；转盘式挤奶台，如图4-6所示。其中转盘式挤奶台每转1圈10min，转到出口处正好挤完乳，劳动效率高，适于大规模乳牛场。

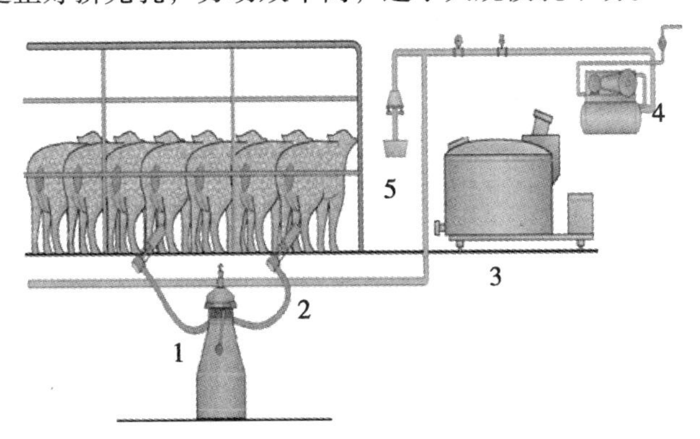

图4-3　奶桶式挤奶系统

1. 具有脉冲器的奶桶　2. 真空管道　3. 用于冷却和贮存的奶罐　4. 真空泵　5. 吸乳杯清洗接口

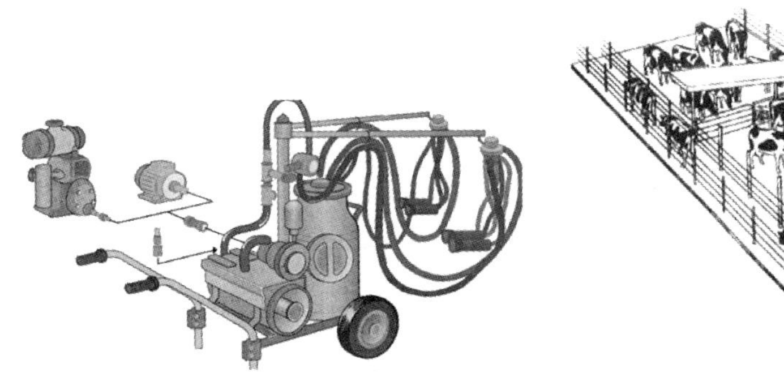

图4-4　移动式挤奶机

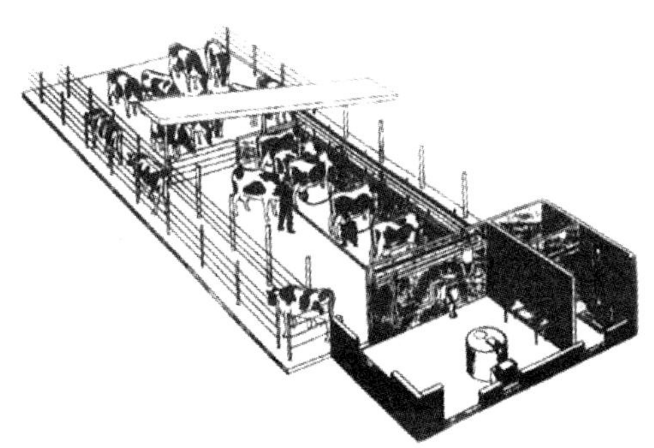

图4-5　平面畜舍式挤奶厅

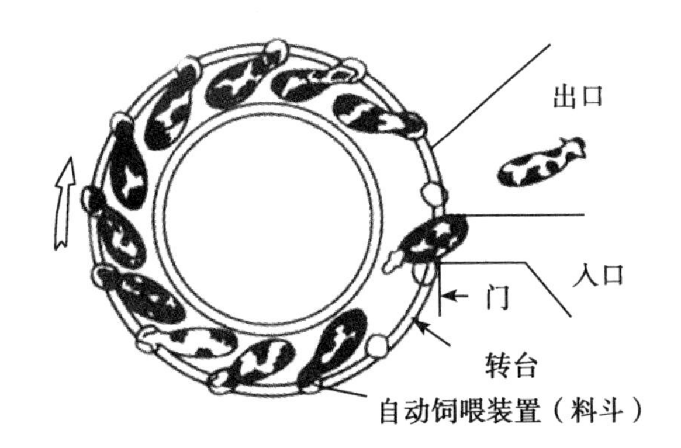

图4-6 转盘式挤奶台

移动式挤奶设备由一个完善的真空系统、动力系统（电源或燃料发动机）、吸奶杯及可容纳20~50L的储乳容器和脉冲系统组成，全部系统装在一个两轮车上。

2. 牛乳的冷却

生乳的冷却包括：牧场中挤奶后的冷却、运输过程的冷却和收奶后即加工前的冷却。

（1）冷却的作用及其影响因素　刚挤下的乳温约36℃，是微生物繁殖的最佳温度，因此净化后的乳最好直接加工，如果短期贮藏时，应2h之内冷到4～10℃（《乳品质量安全监管条例》规定为0～4℃），以抑制乳中微生物的繁殖，保持乳的新鲜度。各国牛乳的冷却温度如表4－5所示。

表4－5　各国牛乳的冷却温度

	美国	欧盟	中国
挤奶后温度	<7℃	<6℃	0～4℃
运输温度	<10℃	<10℃	—
送至工厂后	<7℃	<7℃	—

贮藏温度对生乳中细菌生长的影响，如图4－7所示。

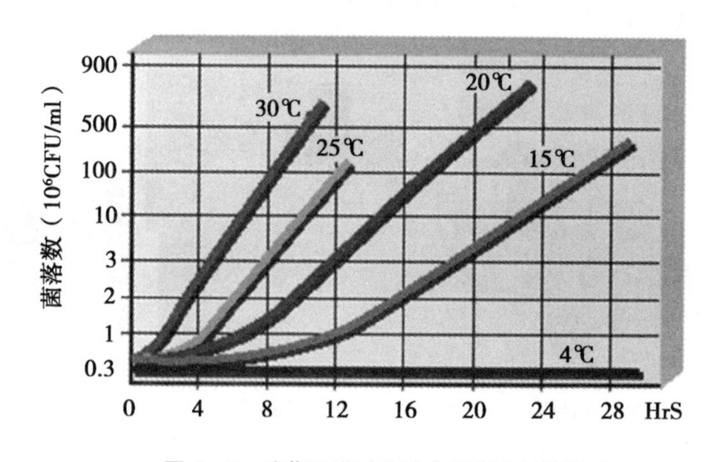

图4－7　贮藏温度对生乳中细菌生长的影响

表4－6是冷却处理与菌落数的关系（CFU/ml），未冷却的乳其微生物增加迅速，而冷却乳则增加缓慢。其中冷却乳在6～12h微生物有减少的趋势，这是低温和乳中天然抗菌体系的作用结果。

表4－6　冷却处理与菌落数的关系

贮存时间/h	刚挤出的乳	3h	6h	12h	24h
冷却乳	11 500	11 500	8 000	7 800	62 000
未冷却乳	11 500	18 500	102 000	114 000	1 300 000

乳中天然抗菌体系延续时间的长短，与温度和乳的细菌污染程度有关。原料乳污染越严重，抗菌作用时间越短。例如，挤奶时是否严格执行卫生制度，将乳样冷至10℃后，其抗菌期相差1倍（24h到12h）。

总之，温度和时间是影响原料乳中微生物生长的主要因素。挤奶后2h内迅速冷到4℃左右可使抗菌特性保持较长的时间；但低温下嗜冷菌仍可生长，因此，原料乳在4℃下的贮存不能超过24h。另外，对于大型牛场，要安装单独的冷却器（见管道式挤奶系统），将牛乳在进入大罐前首先进行冷却，这样就避免了刚挤下的热奶与罐中已经冷却的牛乳相混合。

（2）冷却方法

①用奶桶向乳品厂送奶的农场，使用水池、喷淋式或浸入式冷却器对生乳进行冷却。

a. 水池冷却：将奶桶放在水池中，用冷水或冰水进行冷却，可使乳温冷到比冷却水温度高3～4℃。为了加速冷却，需经常搅拌，并按照水温进行排水和换水。池中水量应为冷却乳量的4倍，水面应没到奶桶颈部。每隔3天清洗水池一次，并用石灰溶液进行消毒。

水池冷却的缺点是冷却缓慢，消耗水量较多，劳动强度大，不易管理。

b. 喷淋式冷却器中，不断循环的冷却水喷淋在奶桶外侧以保持牛乳冷却。

c. 浸没式冷却器：这种冷却器可以插入贮乳槽或奶桶中以冷却牛乳，由一个置于奶桶中下部的盘管组成，冷却水通过盘管循环，使乳温降到所需温度，压缩机挂在墙上，蒸发器装在浸入部件的最低端。如图4－8所示。

这种冷却器中带有离心式搅拌器，可以调节搅拌速度，使牛乳均匀冷却，防止稀奶油上浮，有固定式和移动式两种类型，当路面条件不允许用罐车运输时，可使用适用于野外挤奶的移动式罐将乳送到一个合适的收奶点，如图4－9所示。

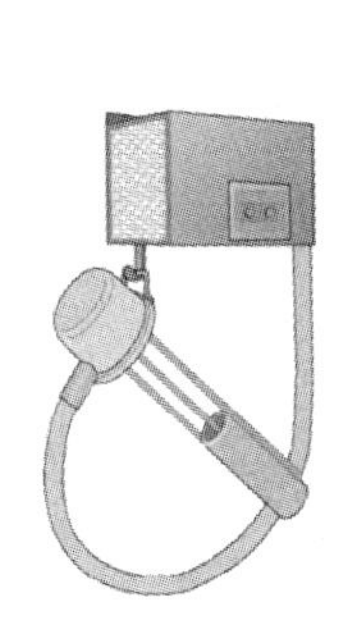
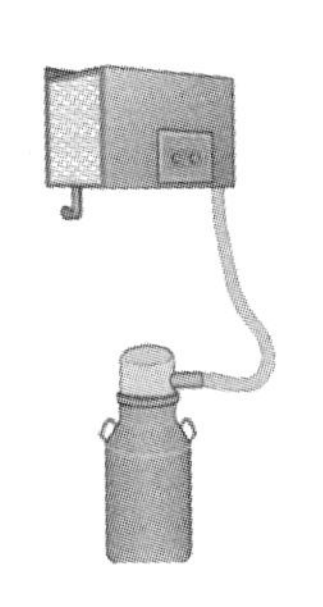

图4－8 浸入式冷却器

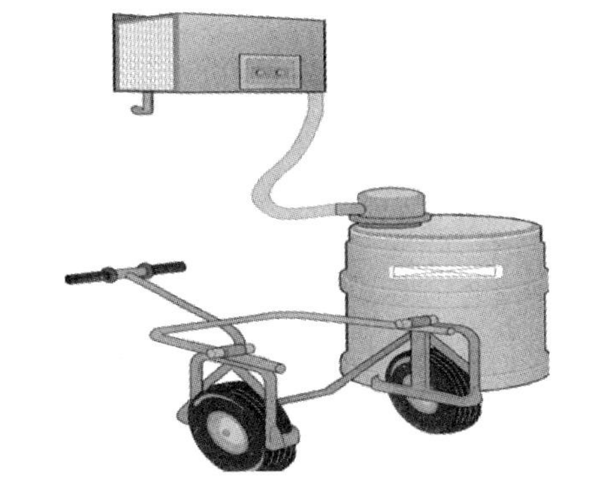

图4－9 移动式冷却罐

②机械挤奶时，乳被收集在特制的罐中，如图4－10所示。这些大小不同的奶罐内部都设有冷却设备，保证乳在规定时间内冷却到符合要求的冷却温度。

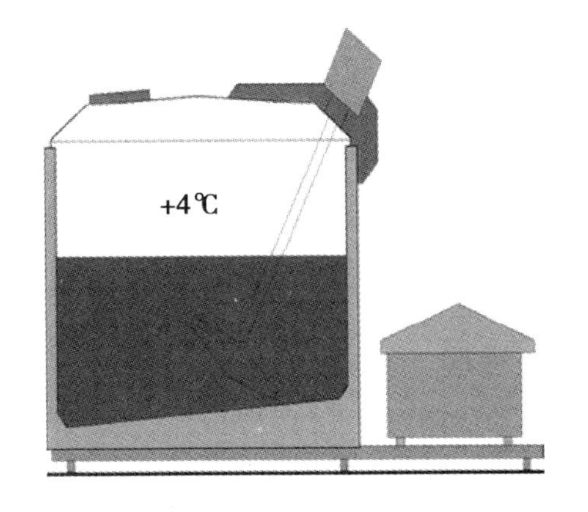

图4－10 用于牛乳冷却和贮存的直冷罐

③在特大型农场及收奶站，大量的乳（超过5 000L）必须从37℃快速冷到4℃，在贮罐内的冷却方式已不适用。在此情况，这些罐主要用来保持要求的贮存温度；冷却主要由与输送管道相连接的板（片）式换热器完成，这种冷却器的冷却效率较高。

乳流过冷排冷却器与冷剂（冷水或冷盐水，用冷盐水作冷媒时，可使乳温迅速降到4℃左右）进行热交换后流入贮乳槽中。克服了表面冷却器因乳暴露于空气而容易受到污染的弊端，而且热交换率高，占地面积小，清洗装拆方便。

三、原料乳的运输

原料乳是从奶牛场或收奶站用奶桶（容量30～50L）或奶槽车（容量5～10吨）送到乳品厂进行加工的。

奶源分散的地方多用奶桶运输；奶源集中的地方或距离较远的地方，多用奶槽车运输，无论哪种运送方法，要求都是一样的：运输容器须保持清洁卫生，并严格清洗消毒；牛乳必须保持良好的冷却状态，防止乳在途中温度升高，特别是在夏季；夏季必须装满盖严，以防震荡，冬季不得装得太满，避免因冻结而使容器破裂；运输过程中尽量减少震动，防止混入空气；运输途中应尽量缩短时间。

1. 往乳品厂送奶的频率

以前，农场早、晚两次将乳送到乳品厂。那时乳品厂和农场的距离不远，但随着乳品厂规模扩大和数量的减少，收奶范围增大，从农场到乳品厂的平均距离增加，这意味着收奶的间隔时间变长了。

收奶的间隔时间太长，乳会出现质量问题，一些微生物如嗜冷菌在7℃下能够生长和繁殖。这些微生物主要存在于土壤和水中，因此，保证清洗用水的卫生质量是很重要的。

嗜冷菌可在4℃贮存的乳中生长，经过48～72h的驯化期，生长进入对数生长期，其结果导致脂防和蛋白质分解，使乳制品产生异味并危害产品质量。

在定期收奶的情况下必须考虑这一现象，如果收奶间隔长是不可避免的，则应将乳冷却到2～3℃。

2. 奶槽车乳的收集

奶车是由汽车、奶槽、奶泵室、站立平台、人孔、盖、自动气阀等构成。

奶槽车内外壁之间有保温材料，通常奶槽车上装有一个流量计和一台泵，以便自动记录收奶的数量。多数情况下奶槽车上装有空气分离器。

冷藏贮罐一经抽空，奶泵应立即停止工作，这可避免将空气混入到牛乳中，奶槽车的奶槽分成若干个间隔，以防牛乳在运输期间晃动，每个间隔依次充满。

四、原料乳的接收与计量

1. 牛乳的脱气

为避免因与空气接触而产生更多的气体，牛乳在输送、贮存过程中应尽量在密闭的容器内进行。另外，为避免加工过程中牛乳中的气体对产品质量的破坏作用，要对生乳进行脱气处理。脱气的作用除了可避免第二章中所述的破坏作用外，还能脱去产品中存在的挥发性异味，例如，当奶牛吃了含洋葱属植物的饲料时。

不同处理阶段牛乳的脱气，描述如下。

（1）奶罐车收乳的脱气　来自农场的牛乳从乳桶或冷却罐收集到乳罐车里时，牛乳的量是通过流量计测量的，因此，要在奶槽车上安装脱气设备，以避免泵送牛乳时影响流量计的准确度。即乳在泵入车载测量器前，先通过空气分离器。

图4－11所示是Wedholms系统，泵乳设备安装在罐后部的一个柜子里，在牛乳被抽

入罐车收乳罐前，设备的作用是先经过过滤，泵送除气后，进行容积计量。

吸乳管 1 连接到农场的乳桶或冷却罐，牛乳被吸过过滤器 2，泵入到空气分离器 4，定量泵 3 是自吸式的。当牛乳在空气分离器中升高一定液位时，浮子也抬高，当液位到达一定位置时浮子关闭容器顶部的阀门。容器内压力上升，检查阀 6 打开，牛乳流过测量装置 5 到阀组 7，然后到达罐车的乳罐内，乳罐借助皮管 9 通过出口 8 排空。

（2）乳品厂收乳的脱气　在到达乳品厂的运输过程中，因道路的崎岖振荡，牛乳中又将混入更多的分散空气，通常牛乳被泵入收奶罐时需计量，这样，牛乳必须再次通过同样的空气分离器确保精确的计量。即在乳品厂收乳间的流量计之前要安装脱气设备，如图 4－12所示。

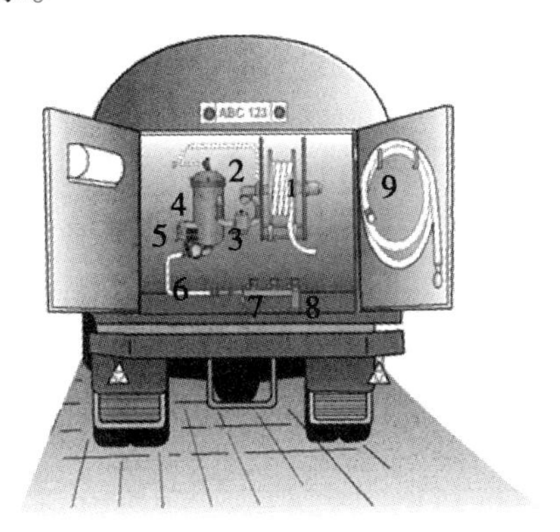

图 4－11　乳品厂罐车的后部

1. 吸乳管　2. 过滤器　3. 泵　4. 空气分离器　5. 计量装置　6. 检查阀　7. 阀组　8. 罐出口　9. 排乳管

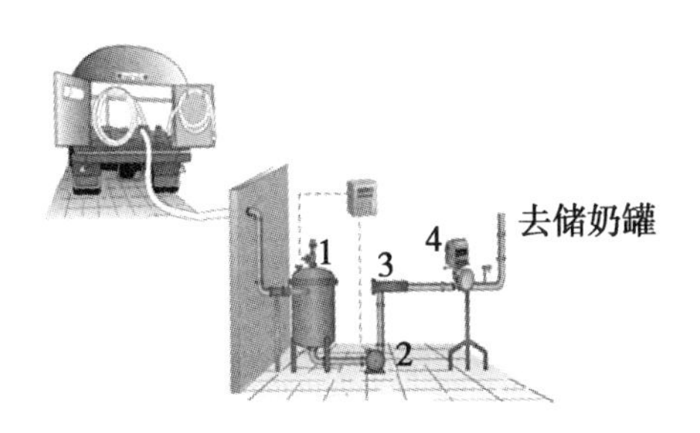

图 4－12　乳品厂的收乳装置

1. 脱气装置　2. 泵　3. 过滤器　4. 流量计

圆柱状容器的进口必须安装在比乳车上的乳罐出口管低的位置，因为牛乳不是靠泵输入容器里，而是靠重力自流。

槽车的出口阀与一台脱气装置相连，牛乳经过脱气被泵送至流量计，流量计不断显示牛乳的总流量。当所有牛乳卸车完毕，记录下牛乳的总体积。

（3）牛乳生产线的脱气　空气分离器对乳中细小的分散气泡是不起作用的。因此，进一步处理牛乳时，还应使用真空脱气罐，以除去细小的分散气泡和溶解氧。

真空处理过程中，将牛乳预热至 68℃，预热乳被泵入膨胀罐，罐的真空度被调节到低于预热温度 7～8℃的沸点温度，68℃的乳进入罐，温度马上降到 68－8＝60℃，低压下释放出空气，连同一定数量牛乳中的水分一起蒸发（汽化），这时空气和部分牛乳会蒸发至罐顶部，蒸汽通过安装在罐里的冷凝器被冷凝，再流回到乳里；而空气及一些不凝气体（异味）通过真空泵被排出罐外。为取得最佳效率，牛乳从较宽的入口以正切线方向进入真空罐，在罐壁形成薄膜，在入口处蒸汽从乳中出来并加速沿罐壁流动的牛乳。

牛乳在向下朝着出口方向的流动过程中，速度降低，出口与罐底也呈切线方向。脱气后的乳温为 60℃，在回到巴氏消毒器进行最终热处理前先经分离标准化和均质处理。

奶泵的启动由与脱气装置相连的传感控制元件控制。在脱气装置中，当牛乳达到能防止空气被吸入管线的预定液位时，奶泵开始启动。当牛乳液位降至某一高度时，乳泵立即停止。

在生产线上有分离机时，必须在分离前安装一个流量控制器，保持以一个稳定的流量通过脱气罐，这样，均质机必须安装一个循环管路。没有分离机的生产线，均质机（没有循环管路）保持稳定流量通过脱气罐。

2. 原料乳的计量

（1）奶桶乳的接收和计量　一般采用磅秤计量，配置有磅乳槽和受乳槽。其中磅乳槽用于称重计量，而受乳槽用于牛乳的缓冲暂存。

原料乳在称重之后，泵送至贮存罐以待加工。空桶传送到清洗车间，用水和洗涤剂洗净残奶。最后，奶桶被送到装货台以待运回奶牛场。

（2）奶槽车乳的计量　到达乳品厂的奶槽车直接驶入收奶间，进行计量收奶，计量方式有容积法或质量法。

容积法计量可根据所记录的液位来计算，一定容积的奶槽，一定的液位代表一定体积的乳，该法可将乳中的空气计量进去，因此，用流量计进行计量时，为提高计量的精确度，需对牛乳脱气，可在流量计前装一台脱气装置。

质量法计量装置有地磅和称量罐两种形式。

奶槽车到达乳品厂后，车开到地磅上进行称量和记录，当记录下奶槽车的毛重后，牛乳通过封闭的管线经脱气装置，而不是流量计，进入乳品厂。牛乳排空后，奶槽车再次称重，同时用前面记录的毛重减去车身自重就得牛乳的净重。

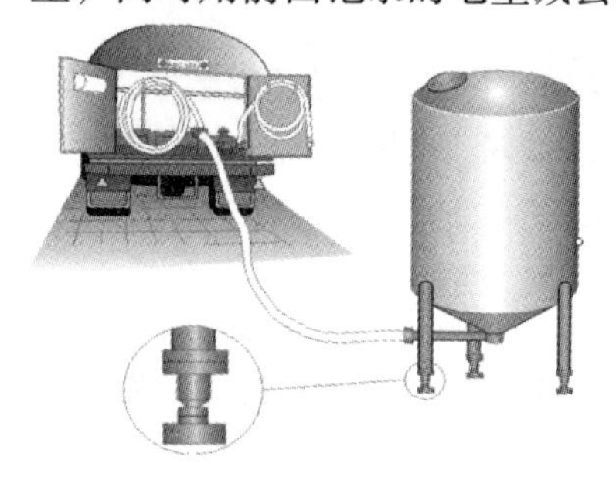

图4－13　用称量罐收奶

另一种方法是用在底部带有称量元件的特殊称量罐称量。牛乳从奶槽车被泵入一个罐脚装有称量元件的特殊罐中，该元件发出一个与罐重量成比例的信号。当牛乳进入罐中时，信号的强度随罐的重量增加而增加。因此，所有的奶交付后，该罐内牛乳的重量被记录下来，随后牛乳被泵入大贮奶罐。如图4－13所示。

通常奶槽车在称重前先通过车辆清洗间进行冲洗，这一步骤在恶劣的天气条件下尤为重要。

3. 原料乳重点验收实验

（1）酒精试验　是观察生乳抗热性广泛使用的方法。通过酒精的脱水作用，确定酪蛋白的稳定性。新鲜牛乳对酒精的作用表现出相对稳定；而不新鲜的牛乳，其中，蛋白质胶粒已呈不稳定状态，当受到酒精的脱水作用时，则加速其聚沉。

酒精检验可鉴别原料乳的新鲜度，了解乳中微生物的污染状况。新鲜牛乳存放过久或贮存不当，乳中微生物繁殖使营养成分被分解，则乳中的酸度升高，酒精试验易出现凝块。此法可验出高酸度乳、盐类平衡不良乳、初乳、末乳、冻结乳、乳房炎乳等。

酒精试验与酒精浓度有关，在一定的醇浓度下，蛋白质会变性，表现为牛乳出现絮凝。一般以68%、70%或72%容积浓度的中性酒精与等量原料乳混匀，无凝块出现为标准。乙醇的浓度越高，而对应牛乳没有发生絮凝，说明牛乳的稳定性越好。如表4－7所示。

表 4-7　酒精试验

酒精浓度/%	不出现絮状物的酸度/°T
68	<20
70	<19
72	<18

混合时的化合热会使温度升高 5～8℃，因此，两种液体的温度应 <10℃，否则会使检验的误差增大。

正常牛乳的滴定酸度为 12～18°T，不会出现凝块。但是，影响乳中蛋白质稳定性的因素较多，如乳中钙盐增高时，在酒精试验中会由于酪蛋白胶粒脱水失去溶剂化层，使钙盐容易和酪蛋白结合，形成酪蛋白酸钙沉淀。

为了合理利用原料乳和保证乳制品质量，用于制造淡炼乳和 UHT 灭菌奶的原料乳，用 75% 酒精试验；用于制造甜炼乳的原料乳，用 72% 酒精试验；用于制造乳粉的原料乳，用 68% 酒精试验（酸度 <20°T）。

（2）磷酸盐试验　磷酸盐试验是确定原料乳的热稳定性的另一种方法。

取 10ml 牛乳注入试管中，加 KH_2PO_4 溶液 1ml（68.1g KH_2PO_4 溶于水中，并用水定容至 1 000ml），充分混匀后，将试管浸于沸水浴中 5min，取出冷却后观察。如无凝块出现，即可高温杀菌，如有凝块出现，就不适合高温杀菌。

（3）滴定酸度　详见第二章“乳的化学组成和性质”。该法测定酸度虽然准确，但在现场收购时受到实验室条件限制，故常用酒精试验来判断生乳的酸度。如在酒精验收时出现细小凝块，可进一步测定酸度或进行煮沸试验。

（4）抗生素残留量检验　见第六章“发酵乳制品的生产”。

（5）细菌检查　牛乳中细菌数的含量是牛乳卫生质量的一项指标。细菌检查方法有刃天青试验、美蓝还原试验、细菌总数测定、直接镜检等。

①刃天青检验：刃天青是一种蓝色染料，当它被还原时将变成无色。把它加到牛乳样品中后，牛乳中细菌的新陈代谢可改变刃天青的颜色，改变的速度与细菌数有直接关系。

利用这一原理进行的卫生检验有两种方法。一种是快速鉴别试验，来决定是否拒收质量差的牛乳。如果奶样立即变色，则该牛乳不宜饮用。另一种方法是常规检验，将奶样在冰箱中贮存过夜后加入刃天青溶液，然后把该样品在 37.5℃的水浴中保持 2h。

②美蓝（亚甲基蓝）还原试验：乳中的还原酶是细菌的代谢产物，污染越严重，还原酶的数量就越多。该法是用来判断原料乳新鲜程度的一种色素还原试验。生乳加入亚甲基蓝后染为蓝色，如污染大量微生物产生还原酶使颜色逐渐变淡，直至无色，通过测定颜色变化速度，间接地推断出生奶中的细菌数。该法除可间接迅速地查明细菌数外，对白血球及其他细胞的还原作用也敏感。因此，还可检验异常乳（乳房炎乳及初乳或末乳）。

③稀释倾注平板法：平板培养计数是取样稀释后，接种于琼脂培养基上，培养 24h 后计数样品的细菌总数。该法测定样品中的活菌数，需要时间较长。

④直接镜检法（费里德氏法）：是利用显微镜直接观察确定生乳中微生物数量的一种方法。取一定量的乳样，在载玻片涂抹一定的面积，经过干燥、染色、镜检观察细菌数，

根据显微镜视野面积，推断出生乳中的细菌总数。该法比平板培养法更能迅速判断结果。

（6）体细胞数检验　正常乳中的体细胞，多数来源于上皮组织的单核细胞，如有明显的多核细胞出现，可判断为异常乳。当牛乳中的体细胞数超过500 000个/ml，意味着奶牛得了乳房疾病。

常用的方法有直接镜检法（同细菌检验）或加利福尼亚细胞数测定法（GMT法）。GMT法是根据细胞表面活性剂的表面张力，细胞在遇到表面活性剂时，会收缩凝固。细胞越多，凝集状态越强，出现的凝集片越多。

（7）乳成分的快速测定　快速测定便于指导生产。

①微波干燥法测定总干物质（TMS检验）：通过2 450MHz的微波干燥牛乳，并自动称量、记录乳固体的重量，测定速度快、准确。

②红外线牛乳全成分测定仪（FT120）：通过红外线分光光度计，自动测出牛乳中的脂肪、蛋白质、乳糖3种成分。红外线通过牛乳后，牛乳中的脂肪、蛋白质、乳糖减弱了红外线的波长，通过红外线波长的减弱率反应出3种成分的含量。该法迅速，但造价高。

五、原料乳的贮存

1. 贮存要求

为了保证连续生产，必须有一定的原料乳贮存量。一般贮乳量应不少于1天的处理量。

通常，在运输途中，不可避免地奶温会略高于4℃。因此，牛乳在贮存等待加工前，需要冷却。冷却温度取决于贮存时间的长短，表4－8是牛乳的贮存时间与冷却温度的关系。

表4－8　牛乳的贮存时间与冷却温度的关系

贮存时间/h	6～12	12～18	18～24	24～36
应冷却的温度/℃	8～10	6～8	5～6	4～5

2. 奶罐

乳品厂中的奶罐，容积有小型2 000L、中型5 000L、大型15 000～45 000L、超大型100 000～200 000L。

按其作用，分为两类：贮存罐、加工罐；其外形为圆柱体，有立式和卧式两种型式。

（1）贮存罐　收乳用的乳仓属于贮存罐，一般10吨以下的小型贮藏罐多装于室内；大型罐多装于室外，以减少厂房建筑费用。如图4－14人孔在室内的室外乳仓的布置。

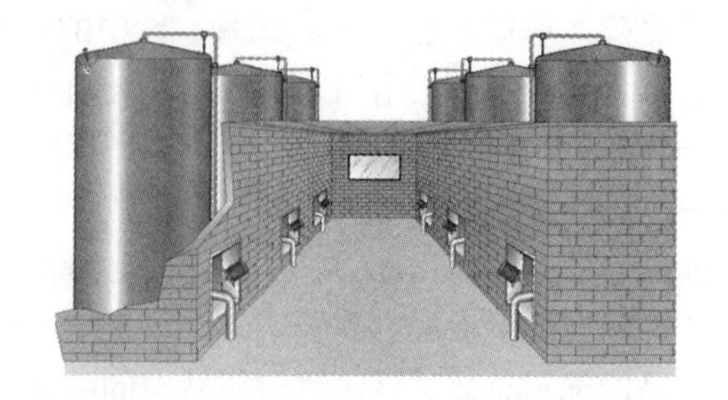

图4－14　人孔在室内的室外乳仓的布置

贮乳罐外边有绝缘层（保温层）或冷却夹层，以防止罐内温度上升，使贮存的生乳保持一定的低温。贮存罐的保温性能以贮乳24h后、升温2～

3℃为标准。

材料方面，凡是与产品接触的部分都采用不锈钢材料，主要使用 ALSL304 和 ALSL316 两种型号，后者常被称做防酸不锈钢；也有采用铝材或耐酸搪瓷等材料制造。

每罐须放满，并加盖密封。如果装半罐，会使乳温上升，不利于原料乳的贮存。贮存期间要定时搅拌乳液，防止乳脂肪上浮而造成分布不均匀。24h 内搅拌 20min，乳脂率的变化在 0.1% 以下。

为了易于彻底排放，罐底部朝出口处倾斜大约 6% 的倾斜度，在某些国家这一点有法律要求。图 4－15 是立式贮乳罐。

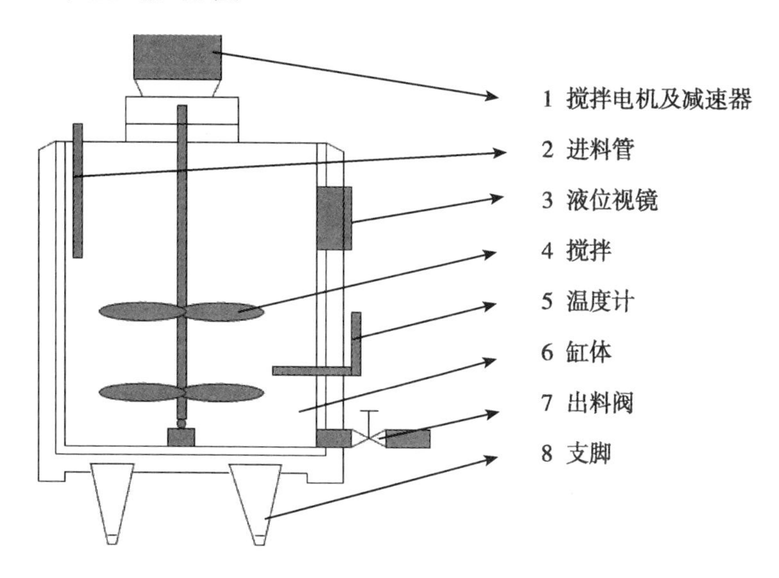

图 4－15　贮乳设备（立式贮乳罐）

牛乳在加工之前最好已经贮存了至少 1～2h，这样，牛乳可自然脱气。短时间的搅拌是允许的，但直至排空前的 5～10min 才真正需要搅拌，以使全部牛乳的质量均一，也可避免干扰自然脱气的过程。

大型乳仓必须带有搅拌设施，以防止稀奶油的分离。搅拌必须平稳，过于剧烈的搅拌将导致牛乳中混入空气和脂肪球的破裂，从而使游离的脂肪在牛乳的解脂酶的作用下分解。因此，轻度的搅拌是牛乳处理的一条基本原则。

图 4－16 的贮乳罐中带有一个叶轮搅拌器，应用于大型贮乳罐中，效果良好。在很高的贮乳罐中，要在不同的高度安装两个搅拌器以达到所希望的效果。

罐内的温度显示在罐的控制盘上，可用普遍温度计或电子传感器，传感器将信号送至中央控制台，从而显示出温度。

至于液位指示，有很多方法，气动液位指示器通过测量静压来显示出罐内牛乳的高度，压力越大，罐内的液位越高，指示器把读数传递给表盘显示出来。

所有牛乳的搅拌必须是轻度的，因此，搅拌器必须被牛乳覆盖以后再启动。为此，常在开始搅拌所需液位的罐壁安装一根电极。罐中的液位低于该电极时，搅拌停止，这种电极就是通常所说的低液位指示器（LL），这样可实现低液位保护。如图 4－17 所示。

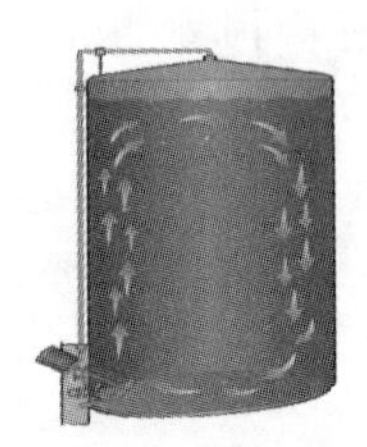

图 4－16　带螺旋桨搅拌器的贮奶罐

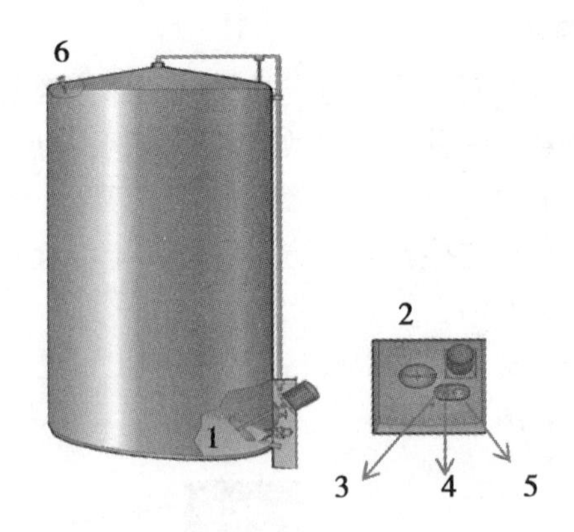

图 4－17　带探孔、指示器的奶罐

1. 搅拌器　2. 探孔　3. 温度指示　4. 低液位电极　5. 气动液位指示器　6. 高液位电极

为防止溢流，在罐的上部安装一根高液位电极（HL）。当罐装满时，电极关闭进口阀，然后牛乳由管道改流到另一个大罐中，这就是溢流保护。

在排乳操作中，重要的是知道何时罐完全排空。否则当出口阀门关闭以后，在后续的清洗过程中，罐内残留的牛乳就会被冲掉而造成损失。另一个危害是，当罐排空后继续开泵，空气就会被吸入管线，这将影响后续加工。因此，在排乳线路中常安装一根电极（LLL），以显示该罐中的牛乳已完全排完，即空罐指示。该电极发出的信号可用来启动另一大罐的排乳，或停止该罐排空。

（2）中间贮存罐　这种罐供生产过程中短时间贮存产品用。这些罐用于缓冲贮存，以平衡流量中的变化。牛乳在热处理和冷却之后，进入一个缓冲罐，并由此进入包装工序。如果因某种原因包装中断时，经加工的牛乳能缓冲贮存在该罐中直至包装过程恢复。同样，在加工暂时停顿时，也能从该罐取乳。

贮存罐有一个搅拌器，并装备用于清洗、控制液位和温度的各种组件和系统，加工过程中要求的缓冲能力一般设定为 1.5h 的正常加工量，如果正常生产量为 20 000L，则罐的容量为 $1.5 \times 20\ 000 = 30\ 000$L。

（3）加工罐　产品在这些罐中经处理改变其性能，例如，生产奶油、发酵乳制品的成熟罐，用于搅打稀奶油的结晶罐以及用于发酵剂制备的发酵罐。这些加工罐的设计因用途而异，但都有某种形式的搅拌器和温度控制。

（4）平衡罐　在管道线上输送产品时，会发生以下问题：如果要使离心泵发挥其正常功能，则处理的产品必须不含空气或其他气体；为避免气蚀现象，在泵入口处所有点的压力必须大于该液体在此温度下的汽化压力；为了保证在加工线中流量不变，泵吸入口的压力必须保证稳定；当热处理的产品温度降到低于所要求的值时，必须有一个阀门开启以改变有缺陷的液体方向。

对这些问题，通常需在加工线的泵入口前安装一个平衡罐的办法来解决，平衡罐保持一个比泵进口高的稳定的产品的液位，换言之，在吸入口的压头保持恒定。

如图 4－18 所示的罐包含一个浮子，此浮子由一根连杆与操纵该罐进口阀的偏心轴连接起来。当浮子随着液位朝上或朝下移动时，该阀相应地被打开或关闭。如果泵经过浮子抽走的液体量大于浮子室入口进入的量，那么浮子室中的液位便下降，浮子同时下降，于是阀开启，更多的液体进入罐，这样，罐的液体将保持在一个稳定的液位上。

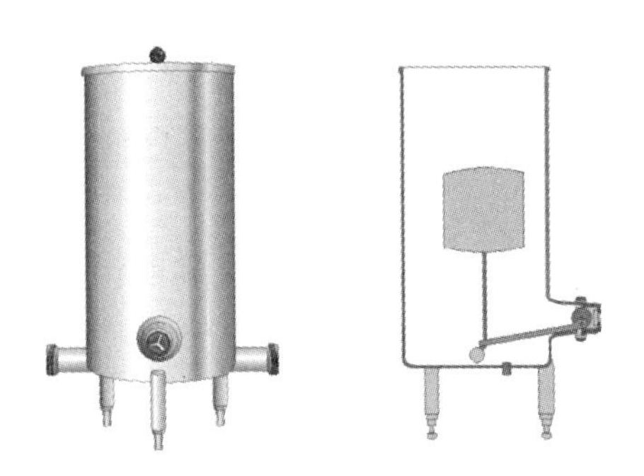

图 4－18 保持泵入口压力恒定的平衡罐

进口位于罐的底部，以使液体从液面下进入，其结果是没有飞溅，更主要的是没有空气存在。存在于产品中的空气，随着产品进入罐上升到浮子室的液面，这也是某种程度的脱气，这有利于泵的运转，对产品的处理也缓和。

平衡罐经常包括液体返回再循环的液体回流系统，如不完全热处理的产品的回流系统，在这种情况下，温度指示器导致转向阀直接将产品回流到平衡罐，这将引起液位急剧上升，相应地，浮子的机械运动以同等程度关闭进口阀，然后该产品进行循环，直至故障被排除或者停机进行调整为止，当生产线清洗时，也可采用相类似的过程来循环清洗液。

3. 乳在贮存过程中的变化

（1）微生物的繁殖　乳在奶罐中微生物的质量变化，主要取决于嗜冷菌的生长。生产之前，如果乳中细菌数超过 5×10^5 个/ml 时，就说明嗜冷菌已产生了足够的耐热酶，即脂酶和蛋白酶。

值得注意的是，若将含有许多嗜冷菌的少量乳与含有少量嗜冷菌的大量乳混合，这种混合乳所造成的危害要比含有菌数相同的乳更大，这是因为嗜冷菌在对数生长期的最后阶段，胞外酶的产生占优势。

预热是一种控制原料乳质量较好的方法，常用较为温和的热处理方法（如 65℃/15s）以降低贮藏原料乳中嗜冷菌的数量。热处理之后，假如乳没有再次受到嗜冷菌的污染，这种乳可在 6～7℃保持 4～5 天，细菌数不增加。

乳应尽可能地在运抵乳品厂之后立即进行预热，预热后的乳仍会受到非常耐热的嗜冷菌（例如耐热性产碱杆菌）的威胁。

（2）酶活力　虽然乳中其他酶（例如蛋白酶和磷酸酶）也引起乳的变化，但脂酶对生乳的质量影响更为突出。因此，5～30℃应避免温度反复波动，并防止破坏脂肪球。

脂肪球的破坏主要是因空气的混入和温度的波动引起的，温度的波动使一些脂肪球融化和结晶，导致脂肪分解加速。

（3）化学变化　应避免乳受到阳光暴晒，因为这会导致乳变味。也应避免冲洗水（引起稀释）、消毒剂（氧化）的污染，特别是铜（起触媒作用引起油脂氧化）的污染。

（4）物理变化　在低温条件下，原料乳或预热乳中的脂肪会迅速上浮，通过有规律的搅拌（例如每 1h 搅拌 2min），能避免稀奶油层的形成。

通常用搅拌或通入空气的方法来完成，所用空气必须是无菌的，空气泡非常大，否则许多脂肪球就会吸附在气泡上。

第二节　牛乳的净化

冷牛乳（<6℃）在进入乳品厂之后，要立即进行离心净化，特别是当牛乳要贮存到第二天使用时，更要这样处理。

净化的目的：乳容易被饲料、垫草、牛毛或蚊蝇所污染，因此常含有脏颗粒、白血球、体细胞等杂质，如果牛乳中细菌成团或在牛乳中的颗粒上隐藏，巴氏杀菌的效率就会下降，所以在热处理之前，挤出的牛乳必须进行过滤、冷却等净化处理，净化的目的就是除去乳中的机械杂质并减少微生物数量，使杂质度≤4mg/kg 。

净乳的方法有过滤法和离心法两种。

过滤方法有常压（自然）过滤、减压过滤（吸滤）和加压过滤等，包括过滤网、纱布、过滤套筒、过滤布袋、双筒过滤器或双联过滤器等。凡是将乳从一个地方送到另一个地方，从一个工序到另一个工序，或者由一个容器送到另一个容器时，都应该进行过滤。

原料乳经过滤后，虽然除去了大部分的杂质，但不能除去肉眼看不见的细小杂质、体细胞和细菌细胞。采用离心净乳机处理，可将乳中90%的细菌除去，尤其对密度较大的菌体芽孢特别有效，如丁酸梭状芽孢杆菌孢子。该菌在发酵过程中能产生大量气体，破坏产品的组织状态，并产生不良风味。

离心净乳一般设在粗滤之后，冷却之前。普通的净乳机，在运转2~3h后需停车排渣，而采用自动排渣净乳机或三用分离机，可同时实现奶油分离、净乳和标准化的操作。

净乳温度为30~40℃。温度低，乳脂肪的黏度大而影响流动性和分离效果；也可采用40~60℃的温度净化，但净化之后应该直接进入加工段，而不应该再冷藏。

现代的离心净乳机既能处理冷乳（<8℃），也能处理热乳（50~60℃）。

第三节　乳的标准化

一、标准化的概念

生乳中的脂肪（F）和非脂干物质（SNF）随着季节、地区等因素的变化会有较大的差别，如图4-19所示。为此，必须调整原料乳中脂肪和非脂干物质之间的比例关系，使产品中脂肪占干物质比例（fat-in-dry-matter，FDM）达到标准要求和保证每批产品的成分均一，这一过程称为标准化。

脂肪不足时，要添加稀奶油，脂肪过高时要添加脱脂乳或用分离机除去部分稀奶油。

二、标准化的原理

处理100kg含脂率为4%的全脂乳，要求生产出脂肪含量为3%的标准化乳和脂肪含量为40% 的多余奶油的最适宜量。

100kg的全脂乳分离出含脂率0.05%的脱脂乳90.35kg，含脂率为40%的稀奶油9.65kg。在脱脂乳中必须加入含脂率为40%的稀奶油7.2kg，才能获得含脂率为3%的市

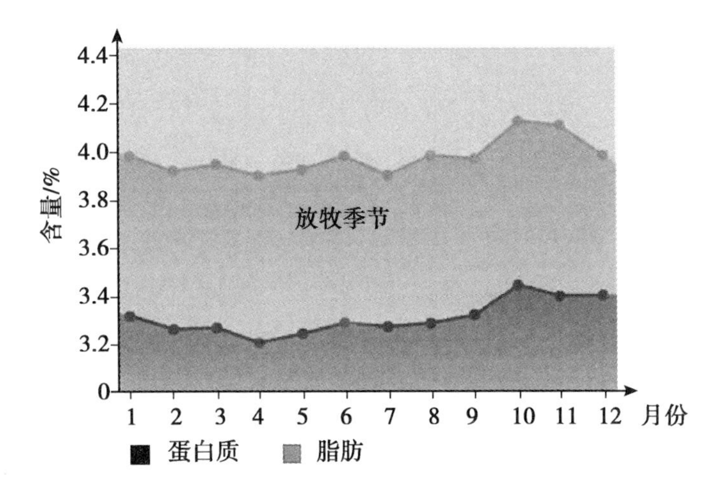

图 4－19　1966～1971 年瑞典生乳中蛋白质和脂肪的平均值

乳 97.5kg，剩下 9.65－7.2＝2.45kg 为含脂率 40% 的稀奶油，图 4－20 说明了这个原理。

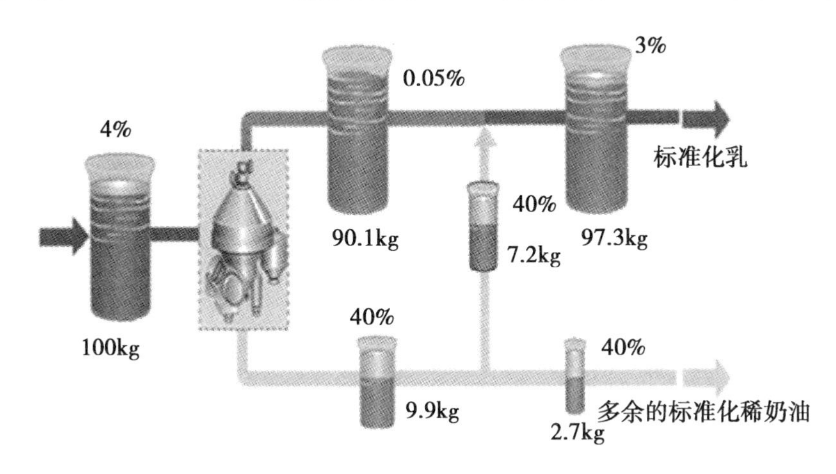

图 4－20　乳的标准化原理

三、标准化的计算

1. 方格法（皮尔逊法、四角法）

方格法是乳脂肪标准化常用的计算方法。

质量为多少（kg）含脂率为 A% 的稀奶油与含脂率为 B% 的脱脂乳混合，就可获得含脂率为 C% 的混合物？

如图 4－21 所示，A 稀奶油的脂肪为 40%，B 脱脂乳的脂肪为 0.05%，C 最终产品的脂肪为 3%；斜对角上脂肪含量相减得 C－B＝2.95 及 A－C＝37。

那么，将 2.95kg 的 40% 稀奶油和 37kg 的 0.05% 脱脂乳混合，就可得到 39.95kg 脂肪为 3% 的标准化产品。

2. 公式法

设：F－原料乳的含脂率（%）；F_1－标准化后乳的含脂率（%）；F_2－产品中的含脂

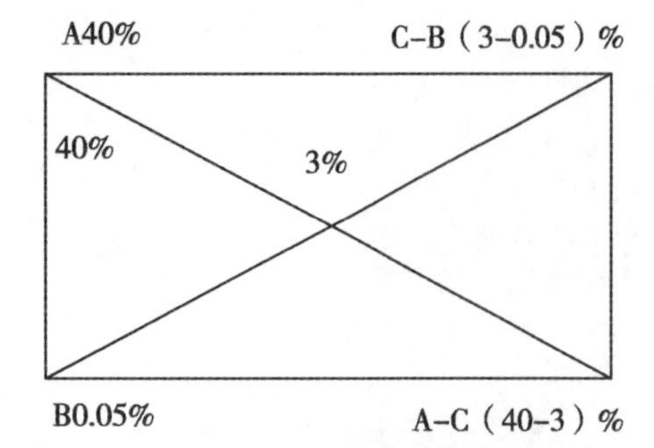

图 4-21 乳标准化计算图

率（%）；SNF-原料乳的非脂乳固体（%）；SNF_1-标准化后乳中非脂乳固体（%）；SNF_2-产品中的非脂乳固体（%）。

则：$F/SNF \xrightarrow{调整} F_1/SNF_1 = F_2/SNF_2$

（1）脱脂乳中非脂乳固体的计算

$SNF_{脱}\%$ = ［全脂乳中的 SNF% /（100 - 全脂乳中的 F%）］×100

【举例】从含脂率 3.4%，非脂乳固体 7.9% 的原料乳分离脱脂乳，求该脱脂乳中的非脂乳固体含量。

解：$SNF_{脱}\% = [7.9/(100-3.4)] \times 100 = 8.18\%$

（2）稀奶油中 $SNF_{稀}$ 的计算

$SNF_{稀}\%$ = ［（100 - 稀奶油中的 F%）/100］×脱脂乳中 $SNF_{脱}\%$

【举例】把含脂率为 3.5% 的原料乳分离，其脱脂乳中非脂乳固体含量为 8.2%，问含脂肪 40% 的稀奶油中非脂乳固体含量是多少?

解：$SNF_{稀} = [(100-40)/100] \times 8.2 = 4.9\%$

3. 标准化举例

设原料乳中的含脂率为 F%，脱脂乳或稀奶油的含脂率为 q%，按比例混合后乳（标准化乳）的含脂率为 $F_1\%$，原料乳的数量为 X，脱脂乳或稀奶油的数量为 Y 时，对脂肪进行物料衡算，即原料乳和稀奶油（或脱脂乳）的脂肪总量等于混合乳的脂肪总量，则形成下列关系式：$FX + qY = F_1(X+Y)$

则 $X(F-F_1) = Y(F_1-q)$ 或 $X/Y = (F_1-q)/(F-F_1)$

脱脂乳或稀奶油的量：$Y = [(F-F_1)/(F_1-q)] \times X$

$\because F_1/SNF_1 = F_2/SNF_2$，$\therefore F_1 = (F_2/SNF_2) \times SNF_1$

又因在标准化时添加的稀奶油或脱脂乳的量很少，标准化后乳中干物质含量变化甚微，标准化后乳中的非脂干物质含量约等于原料乳中非脂干物质含量。

即$\because SNF_1 = SNF$，$\therefore F_1 = (F_2/SNF_2) \times SNF$。

若 $F_1 > F$，则加稀奶油调整；若 $F_1 < F$，则加脱脂乳调整。

【举例】今有含脂率 3.5%，总干物质 12% 的原料乳 5 000kg，欲生产含脂率 28% 的全脂奶粉，试计算进行标准化时，需加入多少千克含脂率 35% 的稀奶油或含脂率 0.1% 的脱脂乳。

解：

① $\because F(\%) = 3.5$，$\therefore SNF = 12-3.5 = 8.5\%$，则 $SNF_1 = SNF = 8.5\%$

② $\because F_2 = 28$，$\therefore SNF_2 = 100-28 = 72\%$，

根据 $F_1/SNF_1 = F_2/SNF_2$ 得：$F_1 = SNF_1 \times (F_2/SNF_2) - 8.5 \times (28/72) = 3.3\%$

③ $\because F_1 < F$，应加脱脂乳调整。

根据皮尔逊法则：$Y = (F-F_1)X/(F_1-q) = (3.5-3.3) \times 5\,000/(3.3-0.1) = 312.5kg$

即需要加脂肪含量为 0.1% 的脱脂乳 312.5kg。

第四节　热处理

牛乳一定要进行热处理，以杀死所有的致病菌。

一、热处理目的

（1）灭活微生物，延长保质期，保证消费者的安全。包括杀灭金黄色葡萄球菌、沙门氏菌、李斯特菌等病原菌，及其他类微生物。

（2）灭活乳中天然存在或由微生物分泌的酶。灭活脂肪凝集因子，可避免脂肪氧化和快速上浮；灭活蛋白酶，以免蛋白水解；灭活免疫球蛋白和乳过氧化物酶系统等抑菌剂，以促进发酵剂菌株的增殖，生产出良好的酸乳制品。

（3）形成产品的特性。预热可使酪蛋白的稳定性增强，并赋予炼乳等制品适当的黏度；预热可防止灭菌时凝固、结焦，并防止成品出现变稠或脂肪上浮等现象；预热可促进乳在酸化过程中乳清蛋白和酪蛋白凝集；预热可除去乳中的气体，特别是 O_2 的除去对防止氧化和随后的细菌增长速度有重要影响。

二、杀菌、灭菌及商业无菌的概念

杀菌是指杀死所有的致病菌，但允许保留部分乳酸菌、酵母菌和霉菌等非致病菌，产品在货架期内不会产生缺陷。

灭菌是指杀死所有微生物，产品呈绝对无菌状态。

商业无菌是指：①不含危害公共健康的致病菌和毒素；②不含在产品贮存、运输及销售期间能生长繁殖的微生物。

三、热处理强度和热处理方法

在 19 世纪 30 年代中叶，Kay 和 Graham 声明在生乳中检出了磷酸酶，这种酶会在巴氏杀菌中被破坏。另外，这种酶是否存在也容易确定。依据 Scharer 的磷酸酶实验，牛乳中若不存在磷酸酶，表明牛乳已经经过适当的热处理。

在生产实践中，牛乳经常是被过度加热，或是加热不够，而使得牛乳带有蒸煮味或发现仍含有存活的 T. B（结核杆菌，是牛乳中巴氏杀菌的指标菌）。

非常幸运的是，只要通过缓和的热处理，就能杀死乳中的全部致病菌，这种热处理对乳的理化特性影响很小。其中，最耐热的结核杆菌（T. B），通过 63℃/10min 的热处理，就会被杀死，将牛乳加热到 63℃/30min 就能保证 100% 的安全。因此，T. B 就可作为巴氏杀菌的指标：任何能破坏 T. B 的热处理就可杀灭乳中所有其他的致病菌。

热处理的效果取决于热处理的强度，即加热温度和加热时间的组合。

从杀死微生物的观点来看，牛乳的热处理强度越强越好。但是，强烈的热处理对牛乳色泽、风味和营养价值会产生不良后果，如乳蛋白变性、牛乳变味等。

换句话说，无论杀菌或灭菌，其强度应对牛乳的物理和化学性质无明显影响。因此，时间和温度组合的选择必须考虑到微生物和产品质量两个方面，以达到最佳效果。

图 4 -22 表示的是大肠杆菌、斑疹伤寒菌和结核杆菌的致死曲线。根据这些曲线，如

果把牛乳加热到70℃/1s，就可杀死大肠杆菌，而在65℃下，需要10s才能杀死大肠杆菌，即70℃/1s和60℃/10s这两种组合具有同样的致死效果。

结核菌比大肠杆菌具有更强的热抵抗力，在70℃/20s或在60℃/2min才能保证将它们全部杀灭掉。另外，牛乳中还有耐热的球菌，通常情况下，它们是完全无害的。

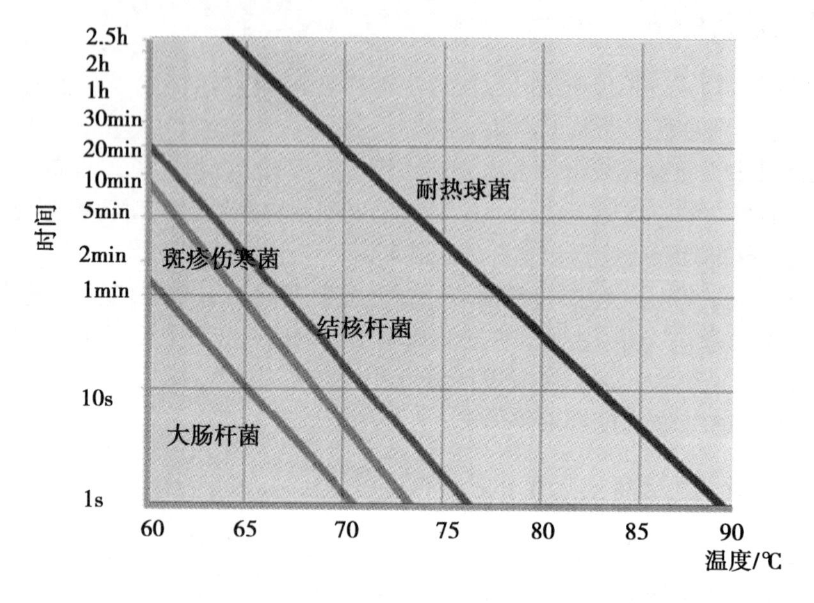

图4-22 细菌的致死效率

热处理强度可分为预热杀菌、低温巴氏杀菌（LTLT）、高温巴氏杀菌（HTST）、超巴氏杀菌、灭菌等，详见表4-9所示。

表4-9 热处理强度和热处理方法

工艺名称	温度/℃	时间
预热杀菌	60～69	15～20s
低温长时巴氏杀菌	63～72	20～30min
高温短时巴氏杀菌	72～85	5～20s
超巴氏杀菌	125～138	2～4s
UHT灭菌（流动灭菌）	130～140	3～5s
保持灭菌（包装后灭菌）	110～121	20～30min

1. 预热杀菌

许多情况下，收奶之后不能立即对所有的牛乳进行巴氏杀菌和加工处理，部分牛乳必须在奶仓中贮存，这样有时即使是深度冷却也不能防止牛乳的变质。因此，许多乳品厂先将牛乳预热至低于巴氏杀菌的温度，以暂时阻止细菌的生长，这种加工方法称为预杀菌（Thermalization）。

预杀菌是一种强度低于低温巴氏杀菌的热处理方式，条件为60～69℃/15～20s，主要用于处理原料乳，经处理后的牛乳其磷酸酶试验应呈阳性，即这种温度和时间的组合不能钝化磷酸酶。

在许多国家中，法律禁止两次巴氏杀菌，所以，预杀菌必须在还没有达到巴氏杀菌条件时就停止。其目的是杀死细菌，减少原料乳中的细菌数，特别是嗜冷菌，以防止其产生的耐热脂酶和蛋白酶对乳的破坏，一旦嗜冷菌产生了脂酶和蛋白酶，这种处理就很难使它们灭活。

由于热处理强度低，该法除了杀死一些微生物外，对乳成分和理化特性不产生明显影响。为了防止热处理后需氧芽孢菌在牛乳中繁殖，牛乳必须迅速冷至4℃以下，且不能与未处理的牛乳混合。

预杀菌对某些芽孢菌有积极的作用，预杀菌能引起许多芽孢恢复到营养体状态，这意味着，牛乳在后续的巴氏杀菌过程中，这些芽孢将被破坏。

预杀菌只是在特殊情况下采用，实际上，牛乳在到达乳品厂24h之内应全部进行巴氏杀菌。

2. 低温长时巴氏杀菌

低温巴氏杀菌乳的磷酸酶试验应呈阴性，而过氧化物酶试验呈阳性，否则表明热处理过度（过氧化物酶的活性需要80℃以上的温度来抑制）。

乳蛋白酶和某些金黄色葡萄球菌株的细胞能经受热处理而存活，但巴氏杀菌乳的保存时间很短，不会造成什么问题，也不足以生长到能中毒的程度。

低强度巴氏杀菌中，牛乳的风味几乎不发生变化，乳清蛋白不会变性，乳过氧化物酶、免疫球蛋白等保持完好，抑菌作用还可保持完整。

巴氏杀菌乳要求巴氏杀菌后，应及时冷却、及时包装。其优点是设备简单，投资少；其缺点是无法实现连续化生产，所以，除少数工厂仍在使用外，已基本不用。

3. 高温短时巴氏杀菌（High Pasterurization, HTST）

HTST能使除芽孢外的所有细菌都被杀死，大部分酶被钝化，但乳蛋白酶和某些细菌蛋白酶和脂酶不被完全钝化。HTST是一种能使过氧化氢酶或乳过氧化物酶灭活的热处理强度，条件为72～85℃/5～20s；有时采用更高温度，一直到100℃。

HTST的时间和温度组合，可根据所处理产品的类型而定。IDF推荐，用于牛乳和稀奶油的HTST条件分别如下：生乳72～75℃/15～20s；稀奶油（脂肪含量10～20%）75℃/15s；稀奶油（脂肪含量>20%）80℃/10s。如图4－23所示。

磷酸酶试验不适用于脂肪含量>8%的乳制品。因为巴氏杀菌后，在相当短的时间里，酶的活力又会有所恢复。由于脂肪是不良的热导体，热处理也应该更剧烈一些，所以用另一种酶——过氧化氢酶来检查稀奶油的巴氏杀菌效果（过氧化氢酶试验）。

磷酸酶试验同样不适于酸性乳制品的检测，所以加热温度的控制决定于过氧化氢酶。牛乳要制成发酵乳制品，通常要经过强烈的热处理，以使乳清蛋白变性，从而提高它的水合性（防止乳清析出）。

采用72℃/15s的热处理，会引起乳清蛋白如免疫球蛋白的部分变性，牛乳的风味也会发生明显变化。但由于受热时间短，热变性现象很少，风味有浓厚感，无蒸煮味。

高强度巴氏杀菌乳（如85℃/15s）中，乳中天然存在的细菌生长抑制物被破坏，因此，尽管其初始菌落数较低，但牛乳的保质期可能比低强度巴氏杀菌乳还短。

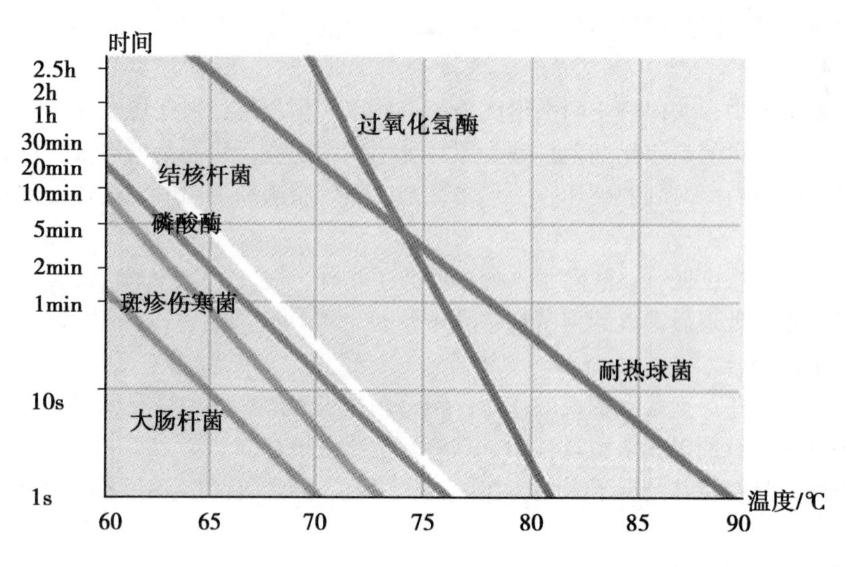

图4-23　某些酶失活的时间/温度曲线和某些微生物的致死曲线

巴氏杀菌太强烈，牛乳会有蒸煮味和焦煳味，奶油则产生瓦斯味；稀奶油也会产生结块或聚合。

营养方面，除维生素C损失外，营养价值无明显变化。

4. 超巴氏杀菌

超巴氏杀菌（Ultra Pasteurization）是目前生产延长货架期（ESL乳）的一种杀菌方法，条件为125~138℃/2~4s。详见第五章。

5. 灭菌

灭菌（Sterilization）是一种能杀死所有微生物包括芽胞的热处理强度，可钝化乳中所有的固有酶，但不能完全钝化微生物产生的脂酶和蛋白酶。

条件为110~120℃/10~40min（瓶中灭菌或保持灭菌）或130~150℃/0.5~4s（UHT，超高温瞬时灭菌）。

（1）保持灭菌　有3种方法即一段灭菌、二段灭菌和连续灭菌。

一段灭菌：牛乳先预热到约80℃进行预先杀菌（或不杀菌），然后灌装到干净的、加热的瓶子中。瓶子封盖后，放到杀菌器中，110~120℃/10~40min，对乳的损害最大。

二段灭菌：牛乳在130~150℃/0.5~4s后，冷到80℃，灌装到干净的、热处理过的瓶中，封盖后放到灭菌器中灭菌。后一段处理不需要像前一段杀菌时那样强烈，因为第二阶段杀菌的目的只是为了消除第一阶段杀菌后重新染菌的危险。

连续灭菌：牛乳在装瓶封口后，经连续工作的灭菌器灭菌。在连续灭菌器中灭菌可用一段灭菌，也可用二段灭菌。

奶瓶缓慢地通过杀菌器中的加热区和冷却区往前输送，这些区段的长短应与处理中各个阶段所要求的温度和停留时间相适应。

（2）UHT灭菌　过程为：物料在连续流动的状态下通过热交换器加热，经130~150℃/0.5~4s的处理以达到商业无菌水平，然后在无菌状态下灌装于无菌的容器中。

系统中的所有设备和管件都是按无菌条件设计的，这就消除了重新染菌的危险性，因而也不需要二次灭菌。目前大多数都是这种灭菌方法。即 UHT 是一个在密闭系统中连续的加工过程，这可防止空气中微生物的污染，产品要连续快速地通过加热和冷却段。无菌罐装是加工过程中的重要部分，它可防止产品的再次污染。

根据加热方式，UHT 的处理方法有三种：①直接加热法：牛乳直接与蒸汽接触被加热，饱和蒸汽与乳接触瞬间就达到 UHT 所需的温度；或是将蒸汽喷进牛乳中，或是将牛乳喷入到充满蒸汽的容器中，在真空条件下蒸发冷却。直接加热包含了产品与加热介质的混合，可将外界杂质带入产品，因此，这种方法对加热介质要求十分严格，某些国家法律禁止使用直接加热方法。②间接加热法：即热媒与乳不接触，是在热交换器中进行加热和冷却；包括板式间接加热和管式间接加热。③直接加热和间接加热兼有的 UHT 生产方法。

保持灭菌产生严重的美拉德反应，导致棕色化；形成灭菌乳气味；Lys 损失 ；维生素含量降低；引起包括酪蛋白在内的蛋白质较大的变化；使乳的 pH 值降低约 0.2 个单位。但 UHT 处理时间很短，故风味、性状和营养价值等与普通杀菌乳相比几乎没有差异。

灭菌乳在无菌条件下包装后的成品，可保存相当长的时间不会变质。

四、热处理动力学

1. 微生物热致死动力学

关于细菌及芽孢的热致死规律，通常采用如下方程描述。

$$\log N = \log N_0 - t/D$$

式中：N——菌落数，t——反应时间，D——热致死时间（对数递减时间）

如果初始菌落数 N_0 增高，达到需要的菌落数 N 所需热处理的时间更长；在 N_0 很高的情况下，进一步降低菌落数，最好升高温度，而不要延长时间。

2. 微生物的耐热性

不同微生物的耐热性差异很大，即使同一菌株，微生物的热抗性也不同，表现出遗传差异。一般在加热期间最敏感的细胞首先被杀死，余下的细胞热抗性增加。各种微生物的抗热性会随体系中干物质含量的增加而提高，一般用特征参数 D 和 Z 来表示。

加热杀菌时，要精确地确定杀死所有微生物的时间是不可能的，但可确定在给定的温度下杀死 90% 的微生物细胞或芽孢所需的时间。杀死一个对数循环即 90% 的残存的活菌所需时间（min）称为指数递降时间（Decimal Reduction Time），即 D 值。Z 值的定义是热力致死时间下，降一个对数循环所需提高的温度。

如果一种微生物的 D 值和 Z 值已知，就可确定其耐热性，从而确定将该微生物从原始菌数减少到安全范围所需的杀菌率，也就确定了对应的热处理工艺。

3. 影响微生物耐热性的因素

实际生产中，杀灭细菌和芽孢常与理想反应动力学有偏差，影响因素有：

①微生物的种类。

②微生物的最适和最高生长温度，温度越高意味着耐热性越强。

③细胞内脂类物质的含量，脂类会增强耐热性。

④微生物所处生长期，处于对数生长期的细胞比衰退期的更耐热。

⑤基质的 pH 值：对于某些细菌，如果培养基的 pH 值降低 0.1 个单位，杀菌的反应速度会提高 10% 。即 pH 值远离最适 pH 值时，微生物的耐热性下降。

⑥基质的氧化还原电势：某些细菌在比较高的氧化还原电势下具有更高的热敏感性。

⑦某些微生物营养细胞的热致死处理条件可能不会影响到芽孢的存活，有时甚至可以激活芽孢的萌发。例如，对原料乳进行一次加热和冷却处理来激活芽孢，然后再迅速加热杀死已经激活的芽孢和营养体细胞，这样可使乳中蜡样芽胞杆菌的数目降低 1 ~ 2 个数量级。

4. 酶的热失活动力学

多数酶的失活遵循一级反应动力学，这与球蛋白的变性反应相似。失活反应明显受温度影响，不同种类的酶，其热失活明显不同。

乳中残留的内源性蛋白酶会水解 β-CN 和 α_{s2}-CN 而产生苦味；对于脱脂乳，这种水解作用会导致产品透明化。而乳中残留的细菌蛋白酶主要作用于 κ-CN，结果可能是产生苦味、形成凝胶、产生乳清。

乳中的脂肪酶没有完全失活，脂类水解会导致酸败味的产生。

冷藏的牛乳中，嗜冷菌尤其是荧光假单胞菌是原料乳中的主要微生物。嗜冷菌可经热处理被杀灭，但是它们分泌的胞外蛋白酶、脂肪酶和磷脂酶极端耐热。在 150℃ 钝化 90% 约需 30s 以上的时间，甚至 UHT 后会部分复活。因此，如果原料中含有大量的嗜冷菌，UHT 处理后残存的蛋白酶和脂肪酶足以引起不良风味（如苦味、酸败味）和凝胶现象。

从加工角度来说，只有进一步提高热处理，才能控制乳中酶的作用。但如果将这些酶全部灭活，所采用的热处理方法也会使产品遭到破坏。因此，根本的控制手段是减少原料乳中微生物的污染和繁殖。

五、热处理对乳的影响

（一）物性变化

1. 褐变

加热过程中，乳的颜色起初变得微白一些，随着加热强度的增加，颜色变为棕色。

加热时，具有—NH_2 的化合物如蛋白质、尿素等与具有羰基—C = O 的糖如乳糖之间发生美拉德反应，使得 Lys 效价降低，并形成褐色物质。褐变反应的程度随温度、酸度和糖的种类而异，温度和酸度升高、糖的还原性增强（葡萄糖、转化糖），棕色化越严重。

为了抑制褐变反应，添加约 0.01% 的 L—半胱氨酸，具有一定的效果。

2. 形成蒸煮味

蛋白中的二硫键断裂，形成游离巯基。详见第二章　乳的化学组成和性质。

3. 乳的热凝固（热稳定性）

乳的热凝固是指乳在加热灭菌（或杀菌）处理时抵抗凝胶形成的能力。酪蛋白耐热，但在强热条件下，也能发生凝聚，尤其在胶束内部。如果凝聚大量出现而形成可见的凝胶体，出现这种现象即发生凝固作用所需的时间称为热凝固时间（HCT，Heat Coagulation Time）。

影响乳热凝固的因素主要是温度、时间和 pH 值。

乳的初始 pH 值对热凝固时间影响很大，在 pH 值 6.4 以下，pH 值越低，发生凝固的温度越低。在温度保持不变的条件下，凝结速率随 pH 值的降低而增加。凝聚往往不可逆，即 pH 值增加不能使形成的凝聚再分散。实际生产中，该反应主要表现在灭菌过程中发生凝固作用，最终形成大的聚集体或凝胶。浓缩乳制品（如炼乳）的杀菌过程中和保存过程中经常出现不可逆的胶凝化（浓稠化），就是这个原因。

100℃以下虽对化学性质影响不大，但对物理性质却有影响。如 63℃处理的牛乳，再用酸或皱胃酶凝固时，形成的凝块小而柔软；100℃的处理更加明显。

加热会使乳的 pH 值降低，并且滴定酸度增加；加热过程中，乳 pH 值的最初降低主要是由磷酸钙沉淀引起，进一步的降低是由于乳糖产生甲酸等酸类物质引起。

不良风味和老化胶凝作用会影响 UHT 灭菌乳的货架期。

为了防止灭菌乳产生凝胶，可采取以下措施：①选用优质的原料乳；②预热和杀菌过程的热处理要充分；③产品进行低温贮存；④添加多聚磷酸盐。

在原料乳没经预热的炼乳中，乳清蛋白处于自然状态；在预热过程中，不形成胶体化是因为乳清蛋白浓度太低；用预热过的生乳制成的炼乳中，乳清蛋白是变性并被浓缩的，变性的乳清蛋白与酪蛋白胶束结合。

此外，在炼乳中 pH 值由 6.2 上升到 6.5，稳定性也随之增加，原因与生乳一样是因 Ca^{2+} 活性降低的缘故。pH 值 >7.6 时，炼乳稳定性降低，其原因是由于酪蛋白胶粒 κ-CN 脱落引起的，结果没有 κ-CN 的胶束对 Ca^{2+} 敏感性增加，而炼乳中盐浓度比液态乳的要高，因此造成炼乳的不稳定。

4. 形成薄膜

40℃以上加热时，牛乳表面形成薄膜。这是由于蛋白质在空气与液体的界面形成不可逆的凝固物。随着时间的延长和温度的升高，从液面不断蒸发出水分，因而促进凝固物的形成而且厚度也逐渐增加。

这种凝固物中，包含干物质 70% 以上的脂肪和 20% ~25% 的蛋白质，且蛋白质中以乳清蛋白为主。为防止薄膜的形成，可在加热时搅拌或减少从液面蒸发水分。

（二）成分变化

1. 热处理对蛋白质的影响

蛋白质是牛乳中对热最敏感的成分。加热会使蛋白质的空间结构发生变化，但一级结构（肽键）并不受到破坏。

（1）酪蛋白的变化　酪蛋白对热是相对稳定的，酪蛋白含有较多的 Pro 残基，可阻止酪蛋白凝固所必需的氢键的形成。热处理对 β-CN 的物化特性的影响比对 α-CN 小。

100℃以下加热，酪蛋白几乎不发生结构变化，100℃以上长时间加热，酪蛋白会参与褐变反应。120℃/30min 以上，α 和 β-CN 的电泳峰趋向扁平，并发生部分水解、脱磷酸和聚集。

（2）乳清蛋白的变性　乳清蛋白属于典型的球蛋白，具有二、三级结构，容易受到不同因素的影响而发生变性。乳清蛋白的热变性首先是 α-乳白蛋白和 β-乳球蛋白之间发生相互作用，然后在乳清蛋白与酪蛋白之间形成一种复合物，复合的主要成分是 κ-CN 和 β-乳球蛋白。

乳清蛋白的凝固程度与热处理强度呈正相关，因此，在灭菌乳中最为明显。当酪蛋白发生沉淀时，包含于复合物的乳清蛋白会发生共沉淀作用。

总之，乳清蛋白的热稳定性低于酪蛋白，是由于乳清蛋白含磷少，Pro 含量低，胱氨酸和 Met 含量高。如果加热时间均为 30min，免疫球蛋白变性温度为 70℃，血清蛋白为 74℃，β-乳球蛋白为 90℃，α-乳白蛋白为 94℃。

（3）其他活性蛋白的变性　牛乳中含有多种活性蛋白，如维生素结合蛋白、免疫球蛋白、金属结合蛋白、抗菌蛋白（乳转铁蛋白质、溶菌酶、乳过氧化物酶等），各种生长因子和激素。

这些活性蛋白具有热敏感性，某些在 HTST 杀菌条件下就变性，在 UHT 和更强的热处理条件下几乎所有的蛋白质都会失活。

2. 热处理对乳脂肪的影响

乳脂肪属于非热敏性成分，100℃以上加热，乳脂肪不发生明显的化学变化。但高温长时间加热，乳脂肪中的微量成分开始生成内酯、甲基酮等产物。

热处理中，乳脂肪的物理特性发生明显变化。高温加热会使乳脂肪球融化在一起产生上浮。65～70℃的较高温度处理，可使脂肪球物理状态发生变化，造成稀奶油的分离性能变差，但 62～63℃/30min 加热并立即冷却时，不产生这种现象。

牛乳经过 70～80℃/15s 的热处理后，脂肪结团现象在 74℃时已很明显，如图 4－24 所示，其原因有很多说法，但释放出的自由脂肪球在碰撞时形成黏结团块是其主要原因，均质可以避免这一现象。随着巴氏杀菌温度的变化，牛乳中脂肪团块的变化范围从 0（无影响）到 4（固态稀奶油团块），所有的巴氏杀菌时间非常短（约 15s）。

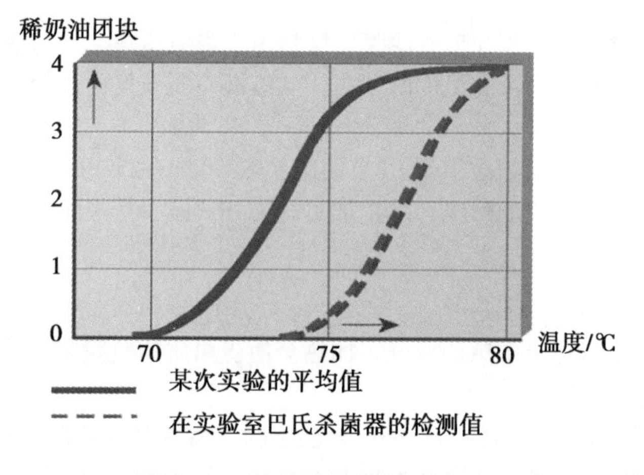

图 4－24　热处理对乳脂肪的影响

当乳加热到 105～135℃，无论是均质乳还是非均质乳，含脂 30% 的稀奶油都有游离脂肪从脂肪球逸出，其原因是脂肪球失去稳定性，导致游离脂肪从膜中逸出，这些游离脂肪在脂肪球的相互碰撞过程中，能起到黏合剂的作用，从而产生较稳定的脂肪球簇。

牛乳经过 135℃以上的加热，蛋白质沉淀在脂肪球表面上，形成一种网状结构，使得脂肪球增密，渗透性降低。因此，对含脂率较高的乳制品进行 UHT 处理时，要求均质操作设在灭菌之后。

3. 热处理对乳糖的影响

100℃短时间加热，乳糖的化学性质基本没有变化。

热处理对乳糖的影响主要有：一是乳糖的异构化如异构化乳糖，并进一步生成酸，包括乳酸、醋酸、蚁酸等；二是与蛋白质发生美拉德反应。

不太强烈的热处理时或反应初期，主要是乳糖通过异构化降解，或只是乳糖和 Lys 之间的反应，少部分通过美拉德反应后期降解；很强的热处理以及在反应中后期，美拉德反应才占主要地位。

牛乳在加热过程中，由于乳中酪蛋白自由氨基的促进作用，部分乳糖异构为乳果糖（Lactulose，由半乳糖和果糖组成的二糖），因此，可通过乳果糖含量来判断热处理强度，随着热处理强度的提高，乳果糖的含量随之增加。

在灭菌乳中，乳果糖可大量形成，从 0.3g/L 增加到 1g/L（约 3mmol/L），UHT 乳的标准为乳果糖 <600mg/L，但此时已经产生明显的蒸煮味。

乳果糖的果糖残基可分解成甲酸和 C_5、C_6 化合物，其中，C_6 化合物中包括羟甲基糠醛（HMF），但 HMF 的量远少于乳果糖的量。热处理对 HMF 的影响如表 4－10 所示。

表 4－10 热处理对 HMF 的影响

热处理条件	HMF 量/（μmol/L）
巴氏杀菌	2.4
直接 UHT	5.3
间接 UHT	10.0
瓶装高温	19.1

美拉德反应占主要地位时，其结果就是乳的风味发生变化、产生褐变、与 Lys 反应引起营养素损失。

通过测定褐变强度、HMF 的生成量、Lys 的损失以及呋喃素的生成量（呋喃素是由乳果糖基 Lys 经酸水解后生成的）可以检测褐变反应的情况。

用于检测还原奶的农业部标准 NY/T 1332—2007“乳与乳制品中 5-羟甲基糠醛含量的测定—HPLC 法”，就是基于以上理论推出的标准，但争议较大。

总的看来，温度和 pH 值越高，褐变就越严重；牛乳中的糖类还原性越强，褐变就越严重。

4. 热处理对盐类的影响

牛乳中的无机盐中，仅有酪蛋白胶束上的磷酸钙受热影响。

牛乳中的钙离子浓度较高，如果饲喂不当，原料乳中的柠檬酸盐含量过低时，牛乳在 HTST 加热后会凝固。钙离子浓度增加，牛乳的热稳定性急剧增高，若处理不当，无法耐受二次灭菌或 UHT 加工。

UHT 灭菌乳中，可溶性钙降低了 40%～50%。如果热处理比较温和，冷却过程中这些变化是可逆的。强烈的热处理后，受热的酪蛋白会沉淀，可逆性变差。

在 63℃ 以上加热时，可溶性的钙和磷减少 0.4%～9.8%。这是因为加热使钙和磷的胶体性质发生变化，可溶性的钙和磷成为不溶性的磷酸钙沉淀在酪蛋白胶束上，这就是与多数化合物不同，磷酸钙的溶解度随温度的升高而减少的原因。

另一种解释是，当加热到 75℃ 以上时，因表面失水而形成不溶性正磷酸钙，由此会对干酪生产产生损害，所以，热处理的程度要慎重选择。

5. 热处理对维生素的影响

维生素A、维生素D、维生素E、核黄素、泛酸、生物素和烟酸对热相对稳定，只有在灭菌乳和长时间加热时，其含量才会降低，其中维生素A和维生素E的减少主要是氧化所致。

维生素B_1、维生素B_6、维生素B_{12}、叶酸（维生素B_9）和维生素C对热不稳定，加热很容易损失，如表4－11所示。

表4－11 热处理对维生素的损失率 单位:%

热处理条件	维生素B_1	维生素B_6	叶酸	维生素B_{12}	维生素C
75℃（15s）	5～10	0～5	3～5	3～10	5～20
140℃（15s）	5～15	5～10	10～20	10～20	10～20
115℃（20min）	20～40	10～20	20～50	30～80	30～60

六、热处理方式及热交换

（一）加热工艺

（1）热处理温度 时间参数要合理，包括升温和冷却的时间。

（2）热处理应避免使产品出现不良变化，如成分的损失、脂肪球聚结以及蛋白质凝固等。

（3）处理费用要经济合理。

（4）热处理工序应注意与其他操作工序相协调。

（二）热处理设备

乳品加工中对乳与乳制品的冷却、预热、杀菌、蒸发、结晶和干燥等均需通过热交换设备来完成。热交换设备主要有以下几种。

1. 贮槽式热交换器

贮槽式热交换器又称“冷热缸”，是间歇式杀菌设备，即所谓的保持式杀菌，在63℃保持杀菌30min。用于牛乳的低温消毒，亦可作预热和冷却，如用于液态乳的巴氏杀菌、发酵剂的生产等。其优点是简单、灵活、可以控制恒温；缺点是加热和冷却时间长、不能热回收、无法连续生产。

冷热缸由内胆、外壳、保温层、行星减速器和放料旋转塞等组成。如图4－25所示。

2. 板片式换热器（PHE）

乳制品的热处理大多在板式热交换器中进行，由夹在框架中的一组不锈钢板平行排列而成，是一种传热效率高，结构紧凑，便于拆卸和清洗，并且能实现自动控制的热交换设备。

板片设计成传热效果最好的瓦楞型，板组牢固地压紧在框中，瓦楞板上的支撑点保持各板分开，以便在板片之间形成细小的通道。

液体通过板片一角的孔进出通道。改变孔的开闭，可使液体从一通道按规定的线路进

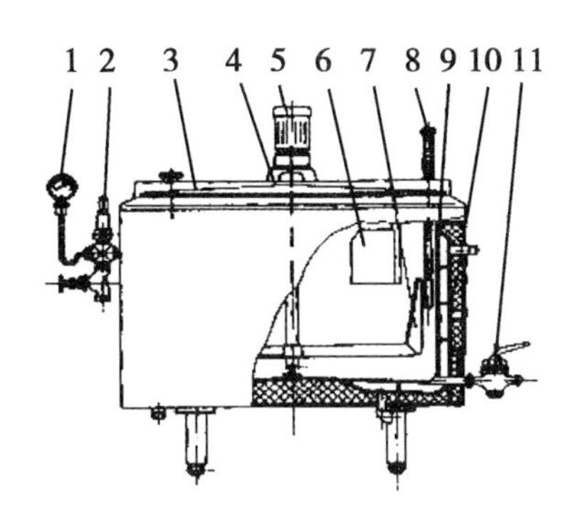

图 4－25　冷热缸

1. 压力表　2. 弹簧安全阀　3. 缸盖　4. 电动机底座　5. 电动机和行星减速器
6. 挡板　7. 锚式搅拌器　8. 温度计　9. 内胆　10. 夹套　11. 放料旋塞

入另一通道。

板片式换热器的优点是：连续生产；升温和降温速度快；加热介质和液体物料之间的温差小，适于热敏性产品；热量可以回收，能耗小。缺点是：密封周边长，需要较多的密封垫圈，而且垫圈容易泄漏，需要经常清洗、更换；不耐高压，流体流过换热器后压力损失较大。

常用的热交换板是波纹板和网流板。一般在板的表面设置了较多的突缘，使板片形成多点支撑，不易变形，如图 4－26 和图 4－27 所示。适合高温短时（HTST）和超高温（UHT）杀菌，也可用于冷却，见本章“牛乳的冷却”。

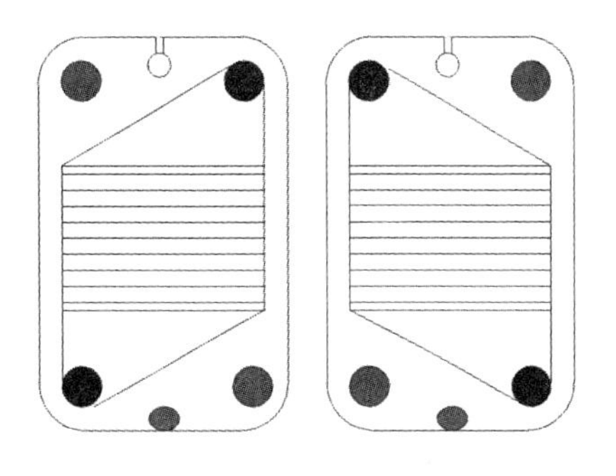

图 4－26　板式热交换器

为了实现有效的热传递，板片之间的通道应尽可能地窄，但大量的产品流过这些窄通道，流速和压力差将会很大。为了解决这个矛盾，产品通过热交换器可以分成若干支平行的支流。

如图 4－28 所示，产品流被分成二支平行的液

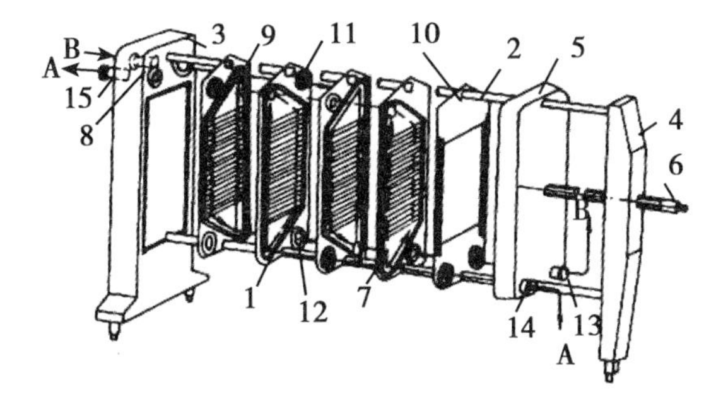

图 4－27　板式换热器组合

1. 传热板　2. 导杆　3. 前支架（固定板）　4. 后支架　5. 压紧板　6. 压紧螺杆
7. 板框橡胶垫圈　8. 连接管　9. 上角孔　10. 分界板　11. 圆环橡胶垫圈　12. 下角孔
13，14，15. 连接管

流，在这一阶段中，改变4 次方向。加热介质的通道被分成4 支平行液流，它改变二次方向。这一组合可以写成4 ×2/2 ×4，即产品的通过次数乘以平行的液流数/加热介质的通过次数乘以平行的液流数，这被称为板片组。

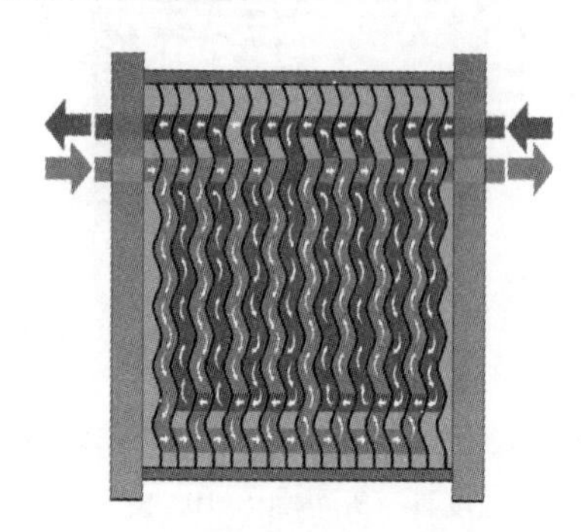

图4－28　产品和加热/冷却介质平行流动的装置

3. 管式换热器（THE）

管式换热器是以管壁为换热间壁的换热设备，有列管式、盘管式、套管式等。

特点是管道比较结实，没有密封垫圈，但单位体积液体的加热面积较小，因此加热介质与进入的液体之间的温差较大。为了防止堵塞和增加热交换，必须提高液体流速。

从热传递的观点看，管式热交换器比板式热交换器的传热效率低。不过，管式换热器可获得较高的加热温度如150℃，适于间接的UHT 处理。

不同于板式热交换器，它在产品通道上没有接触点，这样它就可以处理含有一定颗粒的产品。颗粒的最大直径取决于管子的直径，在UHT 处理中，管式热交换器要比板式热交换器运行的时间长。如图4－29 所示。

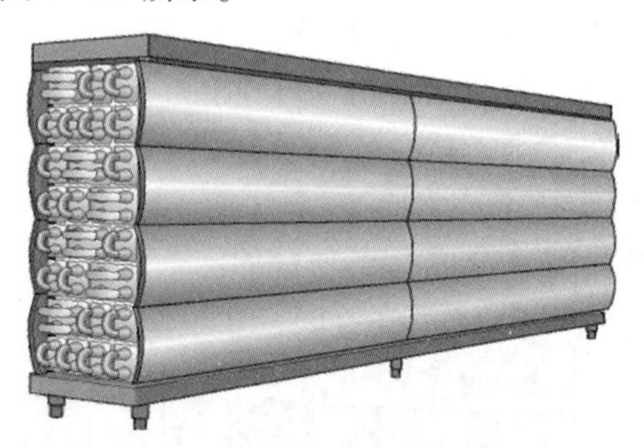

图4－29　管式热交换器的管子被组装成紧凑的装置

管式换热器广泛用于乳品、饮料等液体物料的UHT 灭菌或无菌加工。该机由多组列管组合而成，在同一机组内同时实现加热、保温、热回收及冷却。具有杀菌温度自动控制、记录、报警；杀菌温度超差时物料自动回流至平衡罐的功能；机组内均质温度及出料温度自动控制；还可根据要求设置不同的出料温度。常用的套管式杀菌设备如图4－30所示。

4. 高压灭菌器

将牛乳灌装到密封容器，然后进行高压灭菌，可有效阻止微生物的二次污染。其缺点是加热和冷却时间长、罐内的温差较大，会引起牛乳的棕色化和不良风味。

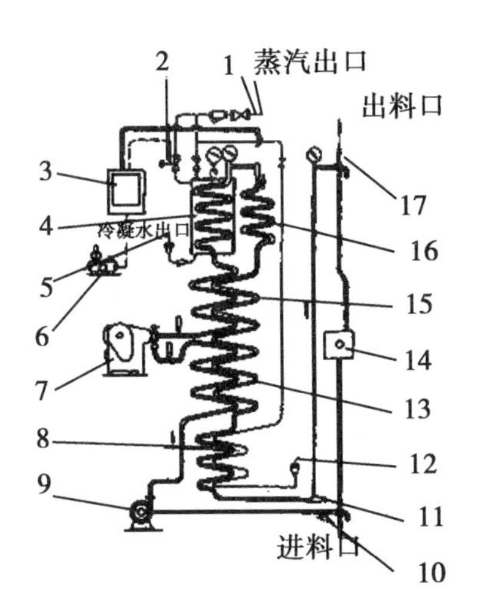

图4－30　套管式超高温杀菌设备

1. 蒸汽进口　2. 控制阀　3. 温度控制器　4. 加热器　5. 凝结水出口　6. 空气压缩机　7. 均质泵　8. 再热段　9. 离心泵　10. 牛乳进口　11. 节流阀　12. 凝结水出口　13. 第一组热交换段　14. 循环贮槽　15. 第二组热交换段　16. 保温段　17. 牛乳出口

5. 直接式换热器

也称混合式换热器，特点是冷、热流体直接混合换热，热交换的同时，还发生物质交换；对蒸汽的纯度要求很高。

尽管在加热蒸汽和液体物料之间温差很大，但这类设备的加热仍较温和，原因是：①加热时间短，可在0.1s从80℃加热到145℃（这样，牛乳中的蛋白酶不能完全失活；而间接UHT，可通过适当延长升温时间，使酶失活）；②在加热蒸汽和液体物料之间可迅速形成一层很薄的冷凝热膜，可保护液体物料免受高温影响。

因此，直接加热方式允许很高的温度梯度，这是间壁式换热器无法做到的。直接UHT处理设备中最关键的是加热介质与物料的混合装置，有两类：一是物料注入式（Infusion），一是蒸汽喷射式（Injection）。

目前，热处理中普遍采用连续式换热器，加热介质是蒸汽或热水。

6. 刮板式热交换器

用于加热和冷却黏稠易成块的产品或是用于产品的结晶。产品一侧的工作压力很高，通常达1.40×10^5Pa，所以凡是能泵送的产品均可用此设备处理。

刮板式热交换器包括一个缸筒，产品以逆流的方式泵送至被传热介质包围的缸筒中。各种直径的转筒，从50.8mm到127mm不等，销钉和刮刀的配置可以任意调节，以适应不同的用途。较小直径的转筒可使大颗粒（可达25mm）的产品通过缸体，而较大直径的转筒则可缩短产品在缸体中的停留时间，并提高传热性能。

产品通过下面的孔垂直进入缸体，并连续不断地向上流过这缸体，如图4－31所示。

旋转的刮刀连续不断地把产品从缸壁上刮下来，以确保热量均匀地传给产品，另外，避免了表面的沉积。产品从缸体的上端排出，产品的流量和转筒的转速可以调节，使其适应缸体内产品的特性。

在生产结束时，由于是垂直设计，产品可用水顶出，从而实现产品的回收。然后，彻

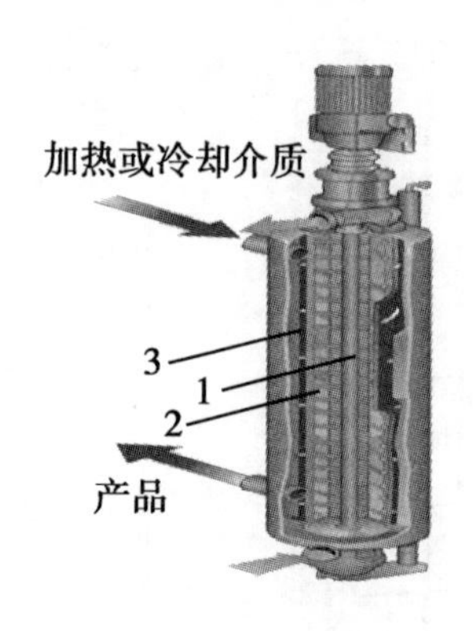

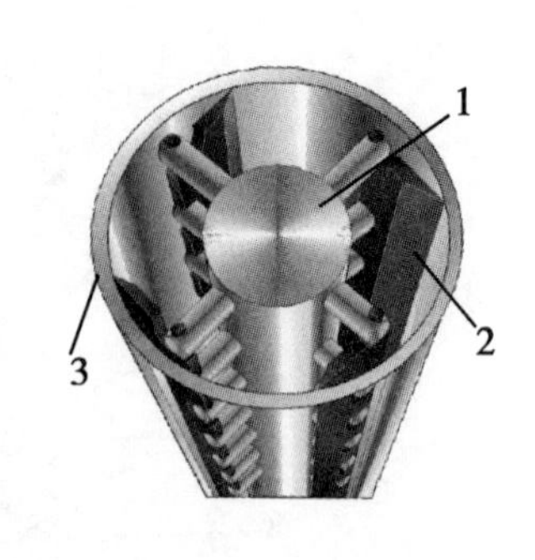

图 4-31　刮板式热交换器

1. 转筒　2. 刮刀　3. 缸体

底排水，进行 CIP 清洗和产品更换。

用刮板式热交换器处理的典型产品有果酱、糖果、调味品、巧克力和花生奶油；也可用于脂肪类制品，或用于人造奶油和起酥油的结晶等。

七、加热和冷却中的热回收

在许多情况下，一种产品必须首先经过一定程度的加热处理，然后再冷却，牛乳的巴氏杀菌就是一例。冷却的牛乳从 4℃加热到巴氏杀菌温度 72℃，在此温度下保持 15s，然后再冷却到 4℃。

利用热流体，如巴氏杀菌乳的热量来预热进口的冷牛乳的方法称之为热回收。热牛乳同时被预冷，这样可以节省水量和能量。这一过程在片式热交换器中进行，被称之为交流换热或者更通俗地说是热回收，即在加热和冷却工序进行热量的回收和冷量的节约。

热回收率是指在热回收区段吸收的热量占吸收总热量的百分比。

未经处理的冷牛乳被泵入巴氏杀菌器中的第一段，即预热段，在此，冷牛乳被已经过巴氏杀菌的牛乳加热，同时，热牛乳被冷却。在现代化的巴氏杀菌装置中，热回收效率可达 94% ~95%，即热量的 94% ~95% 都可以实现循环使用。

【举例】以原乳的热处理为例，公式：$R=(t_r-t_i)\times 100/(t_p-t_i)$

式中：R－热回收效率，t_r－热交换后牛乳的温度（在此为 68℃），t_i－原乳进口温度（在此为 4℃），t_p－巴氏杀菌温度（在此为 72℃）

得到：$R=(68-4)\times 100/(72-4)=94.1\%$

八、热处理工序的控制

（1）由于蒸汽不足、加热温度波动、管道结垢阻塞等原因可造成产品的加热强度不够为此，巴氏杀菌器有所谓的自动流向转向阀，如果巴氏杀菌的温度低于预先设定值，牛乳会流回到相应管道。

（2）二次污染　牛乳通过不清洁的机器或管道时，可能出现污染。无论巴氏杀菌乳或 UHT 乳，很少的二次污染就会引起腐败等不良后果。生乳或热处理不足的牛乳可能进入加热处理的牛乳中，这可能是由于换热器渗漏所致。

九、冷加工对乳的影响

1. 冷冻对蛋白质的影响

牛乳的冷冻加工，主要是指冷冻保存和冷冻升华干燥。

牛乳冷冻保存时，-5℃下保存5周以上或-10℃下保存10周以上，解冻后酪蛋白产生凝固沉淀。这种现象主要受牛乳中盐类的浓度（尤其是胶体钙）、乳糖的结晶、冷冻前牛乳的加热和解冻速度等所影响。不溶解的酪蛋白中，钙与磷的含量几乎和冷冻前相同。

在冻结初期，把牛乳融化后出现脆弱的羽毛状沉淀，其成分为酪蛋白酸钙，这种沉淀物用机械搅拌或加热易使其分散。随着不稳定现象的加深，形成用机械搅拌后或加热也不分散的沉淀物。

乳中酪蛋白胶体溶液的稳定性与钙的含量有密切关系，钙的含量越高，则稳定性越差。为提高牛乳冻结时酪蛋白的稳定性，可以除去乳中的一部分钙，也可添加六偏磷酸钠（0.2%）或四磷酸钠，或其他和钙有螯合作用的物质。

冷冻保存期间蛋白质的不稳定现象，也可能是pH值降低所致。但快速冻结（1℃/h），pH值变化很小，缓慢冻结时（如0.25℃/h或0.1℃/h），则pH值的变化较大。

此外，冷冻保存期间蛋白质的不稳定现象也与乳糖有关。浓缩乳冻结时，乳糖结晶能促进蛋白质的不稳定现象，添加蔗糖则可增加酪蛋白复合物的稳定性，这种效果是由于黏度增大影响冰点下降，同时有防止乳糖结晶的作用。

牛乳的保存温度越低，则保存时间越长。融化冻结乳的温度，以82℃水浴锅中融化效果最好。

冷冻升华干燥常用于初乳制品及酪蛋白磷酸肽等高附加值产品的加工，加工中需要事先冷冻。这需要采用薄层速冻的方法，以完全避免酪蛋白的不稳定现象。

2. 冷冻对脂肪的影响

牛乳冻结时，由于脂肪球膜的结构发生变化，脂肪乳化产生不稳定现象，以致失去乳化能力，并使大小不等的脂肪团块浮于表面。

当牛乳在静止状态冻结时，由于稀奶油上浮，使上层脂肪浓度增高，因而乳冻结可以看出浓淡层。但含脂率25%~30%的稀奶油，由于脂肪浓度高，黏度也高，脂肪球分布均匀，因此，各层之间没有差别。此外，均质处理后的牛乳，脂肪球的直径在1μm以下，同时黏度也稍有增加，脂肪不容易上浮。

冷冻使牛乳脂肪乳化状态破坏的过程为：首先由于冻结产生冰的结晶，由这些碎片汇集成大块时，脂肪球受冰结晶机械作用的压迫和碰撞形成多角形，相互结成蜂窝状团块。此外，由于脂肪球膜随着解冻而失去水分，物理性质发生变化而失去弹性。又因脂肪球内部的脂肪形成结晶而产生挤压作用，将液体释放，从脂肪内挤出而破坏了球膜，因此乳化状态也被破坏。防止乳化状态不稳定的方法很多，最好的方法是在冷冻前进行均质处理（60℃/22~25MPa）。

3. 不良风味的出现和细菌的变化

冷冻保存的牛乳，经常出现氧化味、金属味及鱼腥味，这主要是由于处理时混入了金属离子，促进不饱和脂肪酸的氧化所致。

牛乳冷冻保存时，细菌几乎没有增加，与冻结前的乳相似，如表4-12和表4-13

所示。

表 4－12　冷加工对乳的影响

名称	冻结前细菌数/（CFU/ml）	6 个月后细菌数/（CFU/ml）
杀菌乳	3 600	1 500
杀菌、均质乳	200	400

表 4－13　冻结乳融化后的细菌数　　单位：CFU/ml

名称	刚融化细菌数	24h 后（4.4℃）细菌数	48h 后（4.4℃）细菌数
杀菌乳	1 200	1 200	8 000
杀菌、均质乳	400	400	450

第五节　输液泵

泵是用来输送和提升乳液的压力容器，乳品厂的奶泵主要有：离心泵、回转泵（液环泵）和三柱塞往复泵（正位移泵）。

1. 离心泵

离心泵是乳品生产中应用最广的输液设备，进入泵的流体直接被引入叶轮的中心，并随叶轮的叶片做圆周运动。因此，靠离心力作用和叶轮的运转，液体就以比进叶轮时高得多的压力和速度离开了叶轮，使得液体不断进入泵的吸入口，从而连续地将液体输送到各个设备或容器中，如图 4－32 和图 4－33 所示。

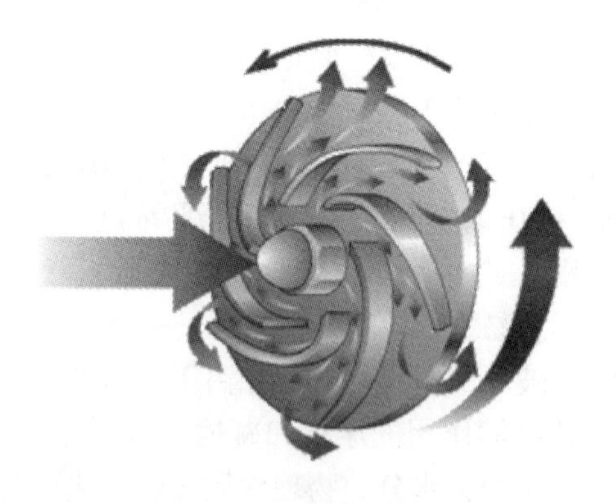

图 4－32　离心泵的流动原理

离心泵主要用于输送低黏度的产品，黏度 <500cP，超出此水平，动力的需要会急剧上升；也可泵送含有较大颗粒的流体，只要颗粒大小不超过叶轮流道的宽度。但它不能输送高含气量的液体，否则，它就失去原来的动力停止泵送，这就必须把泵停下来灌液，使泵中充满液体，然后重新启动。

通常离心泵不是自灌式泵，在操作之前，进口管线和泵体内必须充满液体，因此，安装时要仔细计划好。

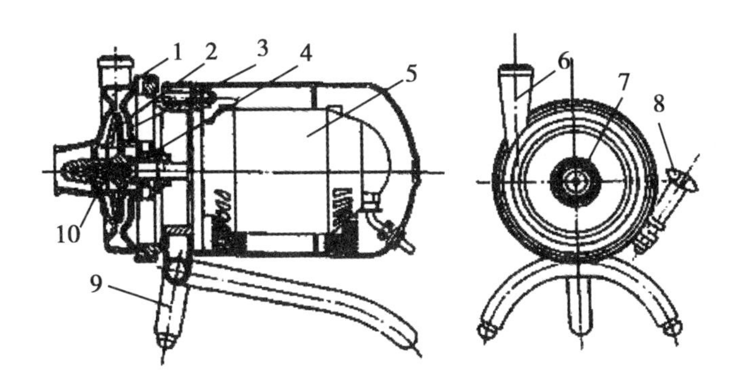

图4－33　离心泵的结构图

1. 活动泵壳　2. 叶轮　3. 固定泵壳　4. 轴封装置　5. 电动机　6. 出口　7. 进口　8. 快拆罐　9. 支架　10. 泵轴

2. 液环泵

液环泵的泵壳充有一半以上的液体，它就能自注，这种泵能泵送气体含量高的液体，如图4－34所示。

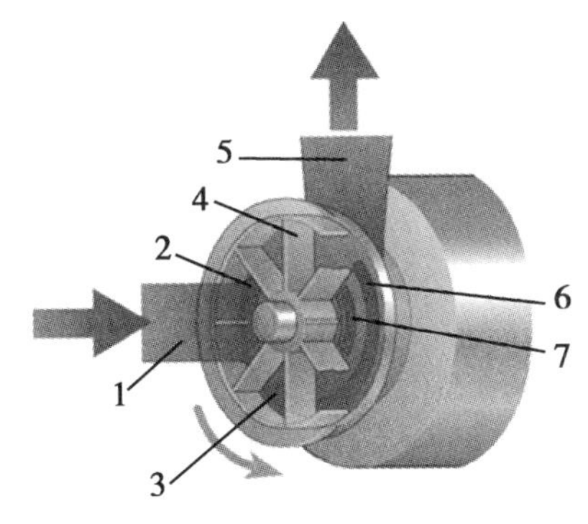

图4－34　自注液环泵的工作原理

1. 进口管线　2. 浅的槽沟　3. 深的槽沟　4. 径向叶片　5. 泵的出口　6. 浅的槽沟　7. 排放口

该泵由一个在泵壳内转动的带有辐射状直叶片的叶轮4，一个进口、一个出口和一个传动电机组成，液体由进口1进到叶片之间，并朝着泵壳加速，在泵壳内形成与叶轮转速一样的液环。

在泵壳壁上有一槽沟，由点2开始，在接近点的过程中渐渐地变深变宽，到点3开始逐渐又变浅，直到点6，当液体被叶片输送时，该槽沟也被充满，因此，叶片之间增加了可用的容积。这就在中心产生了真空，引起更多的液体从吸入管中吸到这个空间。

一旦通过点3，随着槽沟变浅，叶片之间的容积减少，逐渐地使液体返向中心，直到液体从点7到泵出口5排出。

如果吸入管道有空气，它将和液体一起被泵送，即液环泵可用于泵送含有大量的空气或其他气体的产品，而离心泵不能用于这些产品。这种泵的叶轮和泵壳之间间隙很小，所以它不适宜泵送悬浮液。

其通常的应用是做为CIP回流泵，输送罐内清洗后的清洗液，因为清洗液中通常含有大量的空气。

3. 正位移泵

正位移泵通常作为高黏度液体的高压供液泵和循环泵，例如，在对酸化的牛乳进行超滤处理的最后阶段。这种类型的泵以正向排液的原理工作，每一转或每一往复运动，一定数量的液体被泵送，不考虑压差 H。

有两种主要类型，旋转式泵（罗茨泵）和往复式泵。

当泵送黏度较低的液体时，可能出现打滑，随着压力的增加，渗漏也一定会发生，这样每一转或每一冲程流量就会减少，渗漏随着黏度的增加而减少。

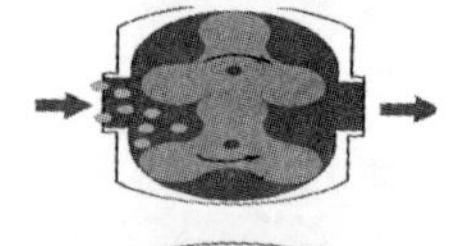
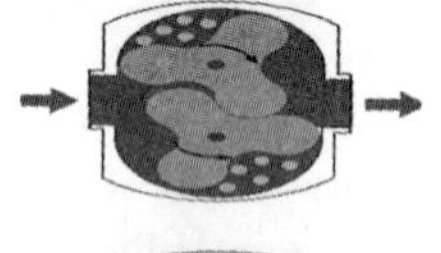
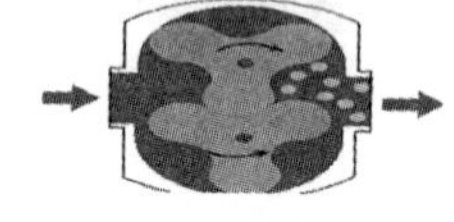

图 4 – 35　正位移泵（罗茨泵）

正位移泵出口的节流会显著提高压力，因此非常重要的是：泵后不能有任何阀被关闭；泵和卸压阀一起安装，阀安装在泵里或另接旁通。

（1）罗茨泵　泵有两个转子，通常每一转子有 2 ~ 3 片凸齿，当转子转动时，在进口处产生真空，真空吸液体进入泵里，然后液体沿着泵壳周边移动到出口，随着容积的减小，液体被推出出口，如图 4 – 35 所示。

转子由泵后部的齿轮独立驱动，转子相互不接触，也不触及泵壳，但泵里每一部分相互间隙非常小。

罗茨泵的应用：当黏度超过约 300cP 时，这种泵有 100% 容积效率（没有打滑）。由于其卫生设计和对产品的温和处理，这种泵广泛用于泵送高脂肪含量的稀奶油、发酵乳制品、凝乳或乳清混合物等。

（2）柱塞泵　柱塞泵由在套桶中往复运动的柱塞构成，由两个基本部分组成：输送液体的泵体部分（由活塞、泵缸、吸入阀、排出阀、吸入管和排出管组成）和将原动机的能量传给活塞的传动机构（由一个电机驱动，通过曲轴和连杆机构将电机的旋转运动转换成泵柱塞的往复运动）。

柱塞泵在乳品上主要用作计量泵，目前乳品厂常用的高压泵和均质机就是同一类型三柱塞往复泵。

柱塞在高压泵体的圆柱腔中运动，机器装有两个柱塞密封，水进入两个密封之间冷却柱塞。当均质机设置于无菌加工的下游区段时，要用热的冷凝水来密封以防止再污染。

当柱塞向右运动时，进液阀开启，排液阀关闭；当柱塞向左运动时，进液阀关闭，排液阀开启，将物料压出。如图 4 – 36 所示。

4. 螺杆泵

螺杆泵是一种回转体积式泵，利用一根或数根螺杆的齿合空间体积变化来输送牛乳，也是一种正位移泵，它借螺杆在螺腔内的回转使流体产生轴向移动。有单螺杆、双螺杆和多螺杆等，常用单螺杆卧式泵，用于向喷雾干燥塔离心盘内输送浓奶及炼乳的输送。如图 4 – 37 所示。

5. 真空吸料泵

真空吸料泵是一种简易的牛乳输送方法，是利用真空系统将流体短距离输送。乳品厂多用于原料乳的输送或炼乳的输送。如图 4 – 38 所示。

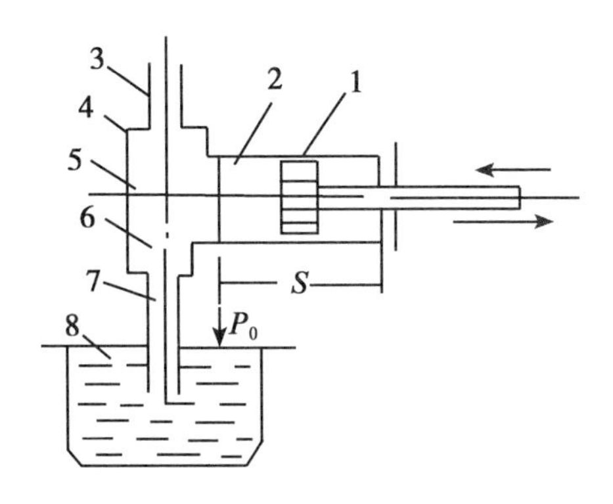

图4－36　往复泵工作原理

1. 活塞　2. 泵缸　3. 排出管　4. 排出阀　5. 工作室　6. 吸入阀　7. 吸入管　8. 贮液槽

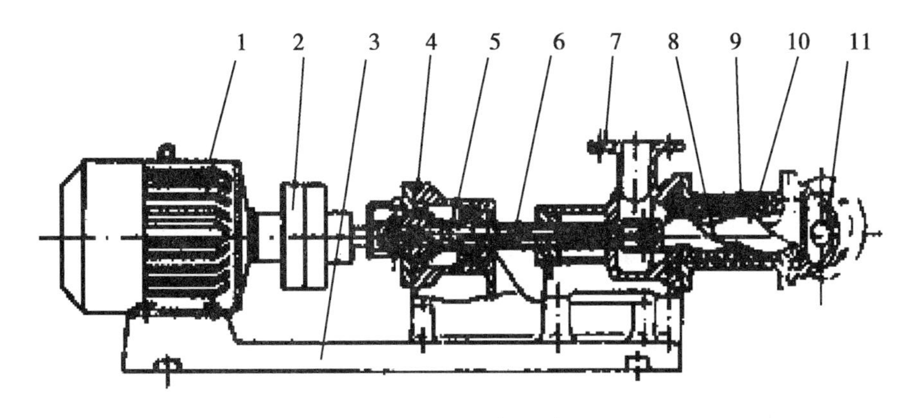

图4－37　螺杆泵的结构

1. 电动机　2. 联轴器　3. 底座　4. 机座　5. 空心轴　6. 绕轴　7. 泵壳　8. 螺腔　9. 壳体　10. 螺杆　11. 出料口

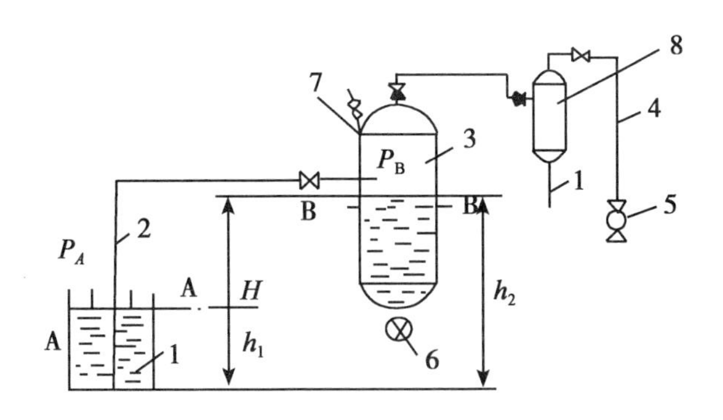

图4－38　真空吸料装置

1. 输出槽　2，4 管道　3. 密闭罐　5. 真空泵　6. 叶片式阀门　7. 阀门　8. 分离器

吸入管线：泵的安装应尽可能靠近液体的罐或其他前置设备。在吸入管线上应尽可能少地设置弯头和阀门，同时吸入管线需有较大的管径，以减少气蚀的危险。

输送管线：任何节流阀只能安装在输送管线上，有可能伴有一个单向阀。节流阀用来调节泵的流速，单向阀保护泵不受水的冲击，当泵停止时，防止液体倒流，通常单向阀的位置是在泵和节流阀之间。

6. 气蚀现象及其避免

气蚀现象可通过泵中的劈啪声判断出来。当局部压力低于蒸汽压，液体中出现汽泡就产生了气蚀现象。随着液体不断流向叶轮，在此压力增加，蒸汽被非常迅速地冷凝。气泡急速破裂，并能引起高达 10^7Pa 的局部压力，这个过程不断地以很高的频率重复出现，使局部泵材料受到严重损害。

气蚀出现于当吸入管道的压力相对低于被泵送液体的蒸汽压力时，当泵送黏性或易挥发的液体时，气蚀的趋势加重。泵送中发生气蚀现象的结果是降低压头和泵的效率，气蚀现象不断加剧，泵会逐渐地停止泵送。

气蚀应尽量避免，但因操作不当，气蚀现象是轻微的，这些泵仍可用，但如果泵在长时间气蚀状态下使用，叶轮仍会出现一定损伤。因为乳品工业使用的泵叶轮都是耐酸钢材，耐酸钢有极强的耐损力。

如何避免气蚀？经验是：进口管线上较低的压降（较大的管径，较短的进口管线，较少的阀和弯头等）；高的进口压力泵送，如液位高于泵的进口高度，液体温度要低。

7. 阀

（1）单向阀　安装在需要防止产品流向容易产生错流的地方。在正向流动时，该阀保持打开状态，流动停止时，阀塞通过弹簧力量压向阀座，这样，阀对于反方向流动流体是关闭的。

（2）调节阀　截流阀和转向阀有确定的打开和关闭位置，调节阀的通道能逐渐调整，调节阀用于管道系统中各部位流量和压力的微调控制。

（3）阀系统　阀被成排安装为阀组使死角达到最少，并使在乳品厂内各加工区域间进行产品分配成为可能。同时阀也被用于各自管线间隔离，以使一条管线清洗时，产品可同时在其他管线中流动。如图 4－39 所示。

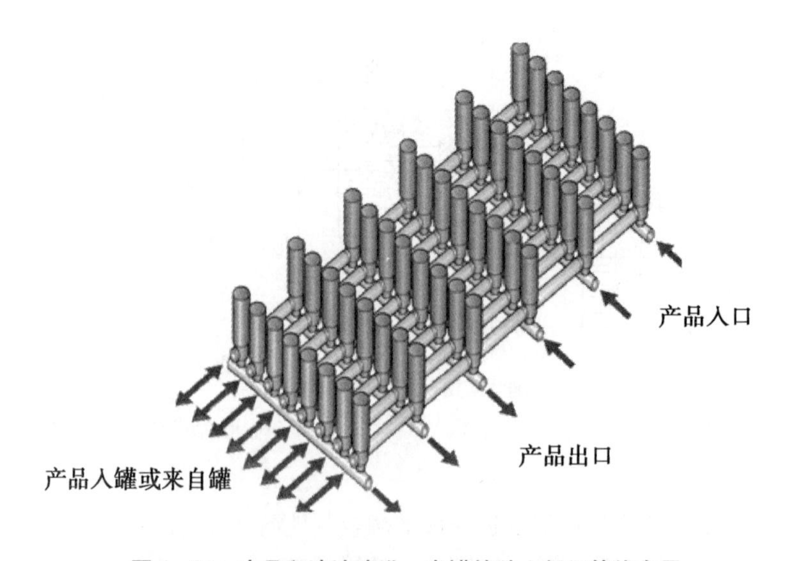

图 4－39　产品和清洗液进、出罐的独立阀组管线布局

第六节 离 心

一、离心目的

离心目的如下。

①用于牛乳的净化，清除乳中杂质和体细胞等。

②除菌：除去细菌和芽孢，如丁酸梭状芽孢杆菌和蜡样芽孢杆菌的芽孢。在73℃，用除菌机处理2次会使菌数减少3个数量级，可得到芽孢数量很少的乳。但有少部分乳固体进入杂质中，为了提高得率，排除的杂质可杀菌后再加回乳中。

③分离出稀奶油或乳清。

④标准化：对乳或乳制品进行标准化以得到要求的脂肪含量、蛋白质含量及其他成分含量。

二、离心分离的原理

在牛乳中，脂肪是以脂肪球的形式存在的，脂肪球以外的物质称为乳浆。因此，牛乳可以看成是以乳浆为连续相、脂肪球为分散相的乳状液。乳的分离就是将乳中无脂肪部分（脱脂乳）与多脂部分（稀奶油）或乳中杂质分开的物理过程。

分离原理上，要处理的液体必须是悬浮液，即两种或更多相的混合物，其中，一种为连续相。在牛乳中，乳浆或脱脂乳是连续相，脂肪以直径<15μm的小球分散在脱脂乳中。牛乳也含有第三相，一些分散的固体颗粒，如乳房细胞，粉碎的稻草和毛发等。

被分离的相之间必须互不相溶。在溶液中，溶质不能用沉降的方法分离，如溶解的乳糖不能通过离心分离，然而，乳糖结晶后即可通过沉降分离出来。

要分离的相也必须具有不同的密度。在牛乳中的各相符合这一要求，固体杂质比脱脂乳密度大，而脂肪又比脱脂乳的密度小。这样，脂肪球与乳浆或杂质之间的密度差异就是牛乳分离的基础。

三、离心分离的影响因素

用分离机分离牛乳，除了分离机本身的结构和性能外，更重要的是使用分离机的技术，如转速、温度、流量等。

影响脂肪/稀奶油分离的因素有很多，以分离脂肪为例，直径为d的一个脂肪球的沉降速度v为：

$$v = R\omega^2(\rho_p - \rho_f)d^2/18\eta_p$$

式中：R——有效离心半径；ω——角速度；ρ_p——乳浆或脱脂乳密度；ρ_f——脂肪球密度；η_p——黏度。

影响分离效率的主要因素如下。

（1）脂肪球的大小分布　颗粒液滴的沉降/上浮速度，随颗粒直径的平方而增加，例如直径为2cm颗粒的沉降/上浮速度要比直径为1cm的颗粒速度快4（2^2）倍。

直径6~10μm的脂肪球很易分离，通过离心而保持不分离的脂肪球的临界直径约

0.7μm。另外，乳中还有一些很难分离的非球状脂肪（约0.025%）。

极小的脂肪球，在给定的速度下还没来得及上升就被脱脂乳带出了分离机，脱脂乳中残留的脂肪含量介于0.04%～0.07%，据此，称该设备的脱脂能力为0.04～0.07。

图4－40为不同直径脂肪球在重力作用下如何通过乳浆上浮的示意图。在零时间时，脂肪球在容器底部；7min后，已发生一定程度的上浮；3$t$min后，最大的脂肪球已达到表面，这时，中等大小的脂肪球已上升到中途，而最小的脂肪球仅到达容器1/4的高度；中等大小的脂肪球将在6$t$min内达到表面，而最小的到达表面则需12$t$min。

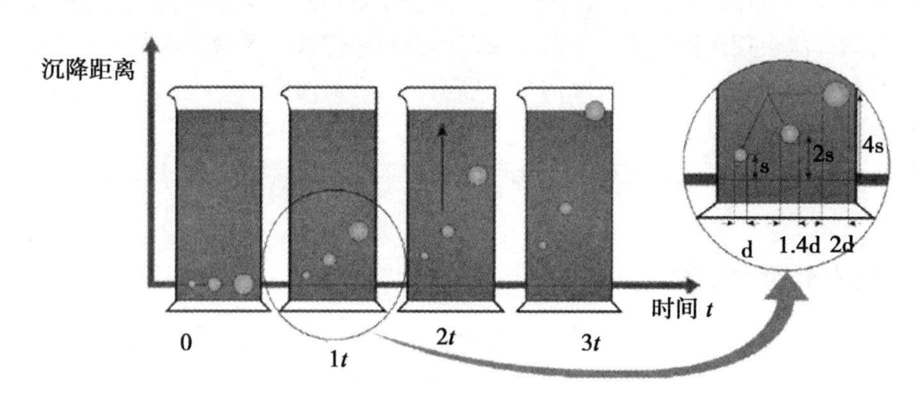

图4－40　不同大小脂肪球的上浮速度

（2）乳的温度　脂肪球上浮速度与乳浆黏度成反比，与乳浆和脂肪球密度差成正比。而温度影响η_p、ρ_f、ρ_p，温度低时，乳的密度较大，使脂肪的上浮受到一定阻力；加热后的乳密度大大降低，同时由于脂肪球和脱脂乳在加热时膨胀系数不同，脂肪的密度较脱脂乳减低的更多，使乳更易分离。

一般离心温度为35～50℃，温度太高，会产生大量泡沫不易消除；但乳要在低温下如4℃分离，需要使用特殊构造的分离机。

（3）乳的脂肪含量　脂肪含量越高，得到的脱脂乳中的脂肪含量就越高（可达到0.01%～0.02%）。因此，对于高含脂率的乳，进入离心机的乳的流量要减少，以延长分离时间和提高分离效果。

（4）乳中的杂质含量　分离机的能力与分离钵的半径成正比。若乳中杂质度高，分离钵的内壁易被污物堵塞，其作用半径就减少，分离能力就会降低，故分离机每使用一定时间即需清洗一次；同时在分离前必须把原料乳进行过滤，以减少乳中的杂质；此外，当乳的酸度过高而产生凝块时，因凝块容易粘在分离钵的四壁，也与杂质一样会影响分离效果。

（5）脂肪球移动的距离　分离盘将分离机中的空间分成许多部分，隔开的空间间距仅0.5mm。

（6）分离的时间　受离心机容量和流速的影响。

（7）乳的流量　流量越小，分离越完全，但分离机的生产能力也随之降低，一般应按分离机标明的最大生产能力的80%左右来控制进乳量。

（8）离心加速度$R\omega^2$　成正比，即转速或离心加速度越快，分离效果越好；一般在4 000×g，g是重力加速度。

（9）分离机的结构和型号　分离机的结构对分离结果影响很大，它决定持续时间和有效半径的范围。

总之，在一定温度下，乳浆的黏度和密度，脂肪球的大小和密度基本恒定，因此，影响乳分离的主要因素就是离心机的离心半径和转速。

四、离心机种类

1. 按外型分类

按外型，离心机可分为开放式、半密闭式和密闭式。

(1) 开放式牛乳分离机　如图4-41所示，用于小规模生产。牛乳进机前盛于机身最高端，依靠重力作用从入口进料，同时使稀奶油和脱脂乳在常压下排出。

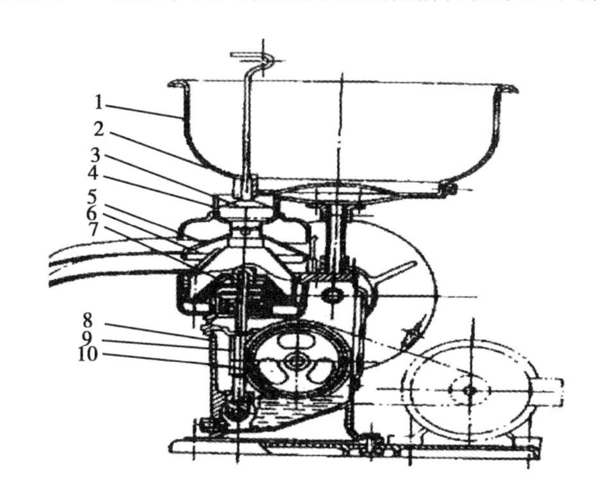

图4-41　开放式牛乳分离机

1. 贮奶槽　2. 阀　3. 浮球　4. 漏斗　5. 分油器　6. 分乳器　7. 分离钵　8. 机体　9. 带螺旋齿轮转轴　10. 螺旋齿轮

(2) 半封闭式（半开式）牛乳分离机　供乳部分开放，它与开放式的区别在于有泵状结构，因此，能使脱脂乳和稀奶油在压力作用下从分离钵排除，几乎没有泡沫；在半开式的分离机中，稀奶油和脱脂乳的出口处都有一个特殊的出口装置-压力盘，如图4-42所示。由于这种出口设计，半开式分离机通常被称为压力盘式分离机。

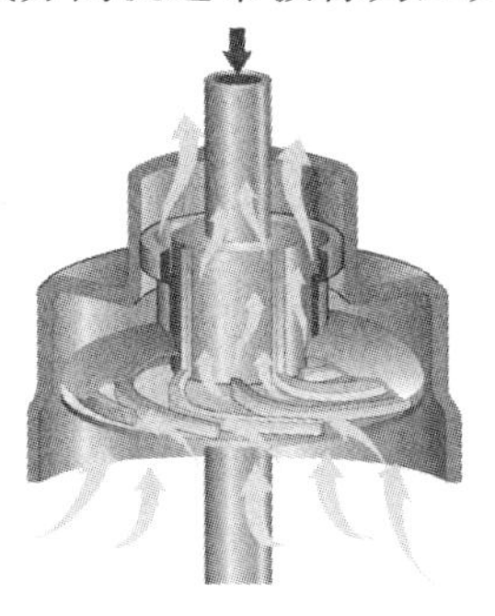

图4-42　位于半开式钵体顶部的压力盘出口

出口带有手动控制装置的压力盘式分离机，如图4-43所示。

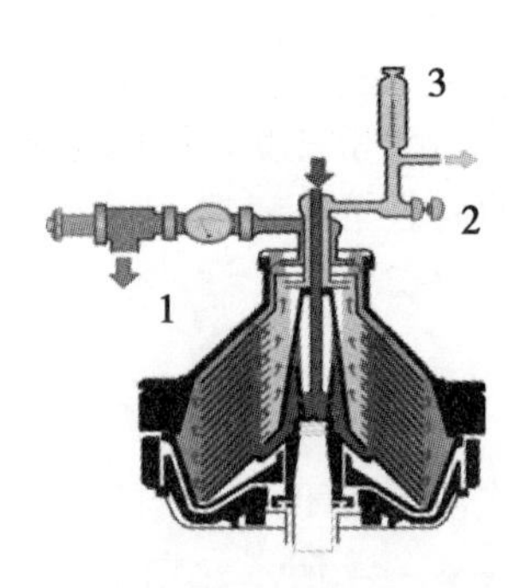

图4-43　出口带有手动控制装置的压力盘式分离机

1. 带有压力调节阀的脱脂乳出口　2. 稀奶油节流阀　3. 稀奶油流量计

从压力盘式分离机中排出的稀奶油的量可用稀奶油出口处的节流阀调节。如果该阀门逐渐地打开，从稀奶油出口排出的稀奶油量渐渐地增加，而其脂肪含量逐渐地减少。

在压力盘式分离机中，排出稀奶油的体积由一个带有流量计3的稀奶油阀控制。阀孔的大小由一个螺钉调节，通过分析进来的全脂乳的脂肪含量，并计算出所要求脂肪含量的稀奶油的体积，就可相应地调整节流螺钉，以达到一粗略的流量设定位置。再根据所测稀奶油的脂肪含量，进行细调。

（3）封闭式分离机　如图4-44所示，具有封闭式牛乳的入口和封闭式的脱脂乳及稀奶油的排出口，牛乳借重力作用自空心轴进入分离机，并很快加速到钵体的转速，然后继续通过分配器进入碟片组。

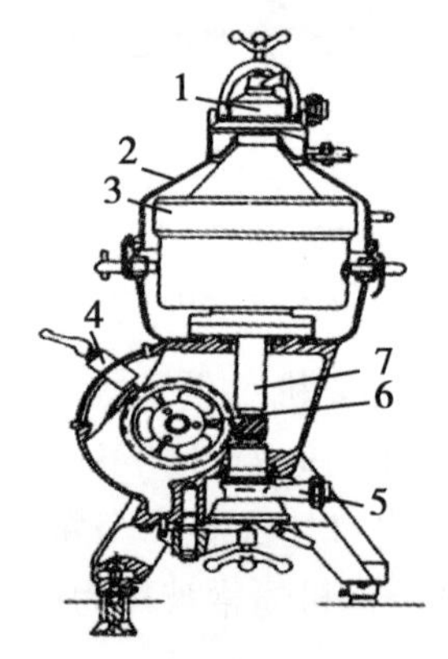

图4-44　封闭式分离机的结构图

1. 出口装置　2. 盖　3. 分离钵　4. 制动器　5. 进口装置（连泵）　6. 水平驱动装置　7. 垂直传动装置

整个密闭，由于无空气进入，分离得到的稀奶油和脱脂乳均不含泡沫，故亦称“无沫分离”。这对改进产品的风味有好处。如图4-45和图4-46所示。

密闭式分离机的钵体在操作过程中被牛乳完全充满，中心处没有空气，所以密闭式分离机可被认为是密闭管路系统的一部分。

外部泵产生的压力足以克服产品从分离机进口到稀奶油和脱脂乳出口排出泵间的流动阻力。

在稀奶油浓缩到脂肪含量为72%时，脂肪球之间实际已互相接触在一起了。从压力盘

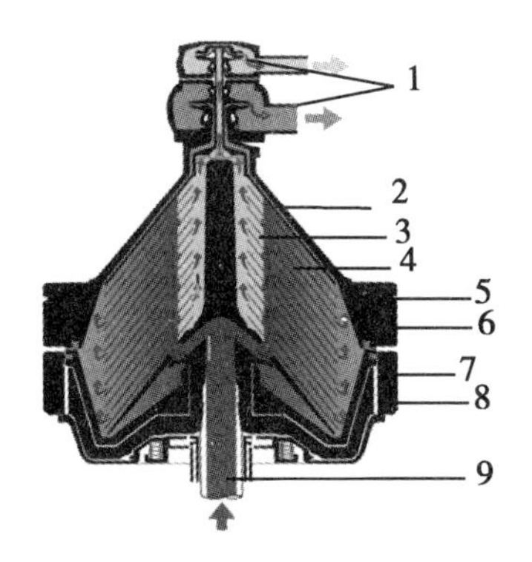

图 4－45　密闭式分离机钵的断面图

1. 出口泵　2. 钵罩　3. 分配孔　4. 碟片组　5. 锁紧环　6. 分配器　7. 滑动钵底部　8. 钵体　9. 空心钵轴

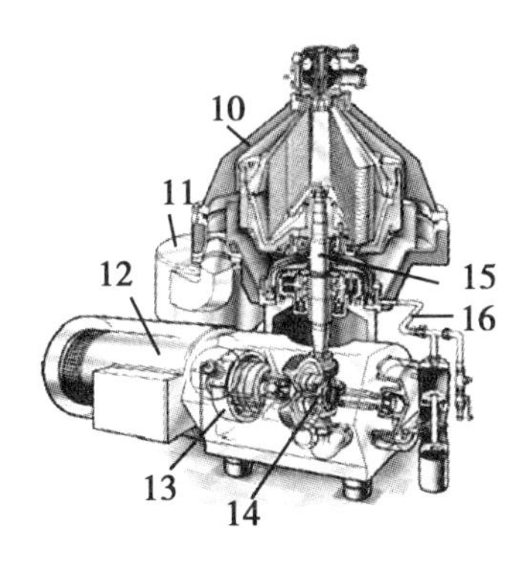

图 4－46　密闭式分离机的剖面图

10. 机盖　11. 沉渣器　12. 电机　13. 制动　14. 齿轮　15. 操作水系统　16. 空心钵轴

式分离机上获得如此高含脂率的稀奶油几乎是不可能的，因为稀奶油已经太浓了，在压力盘式分离机上不可能达到如此高的压力，而在密闭式分离机上可形成高压使含脂率超过 72% 球形脂肪的稀奶油的分离成为可能。

2. 按用途分类

（1）离心净乳机　除去机械杂质、体细胞、细菌等，牛乳中这些高密度的固体杂质迅速沉降于分离机的四周，并汇集于沉渣空间。

（2）离心净乳均质机　将乳的净化和均质结合起来的一种设备，因均质效果差，很少使用。

（3）离心分离机　分离脱脂乳和稀奶油。离心净乳机和分离机最大的不同在于碟片组的设计，净乳机没有分配孔，有一个出口，而分离机有两个出口。

（4）三用分离机　包括净乳、分离和标准化三种作用。

（5）离心除菌机　细菌特别是耐热芽孢，比牛乳的密度高很多，可通过离心除去。由于这些芽孢非常耐热，所以离心除菌机可以弥补预杀菌、巴氏杀菌和灭菌加工的不足。离心除菌通常将乳分离成几乎不含细菌的部分和含有细菌和芽孢的浓缩物部分，后者约占进入离心除菌机来料的 3%。

有两种类型的离心除菌机：①两相离心除菌机：在顶部有两个出口，分别排除细菌浓缩液和细菌已减少的相。②单相除菌机：在顶部只有一个出口，用于排除细菌已减少的牛乳；而细菌浓缩液被收集于分离钵中的沉渣空间并定时排出。

含菌液比牛乳的干物质含量高，这是因为一些大的酪蛋白胶粒也随着细菌和芽孢一起被分离出来。

分离钵的沉降空间里收集的固体杂质（沉渣）有稻草、毛发、乳房细胞，白血球（白细胞），红血球，细菌等；沉渣总量约为1kg/10 000L。

在使用残渣存留型的分离机时，要经常把钵体拆开，定期进行人工清洗，这需要大量的体力劳动；现代化的自净或残渣排除型的分离机配备了自动排渣设备，不再需要人工清洗。将沉积物定期自动排除，通常30～60min进行一次，通过钵体周围沉渣空间的短时开启排除固体污物。如图4－47所示。

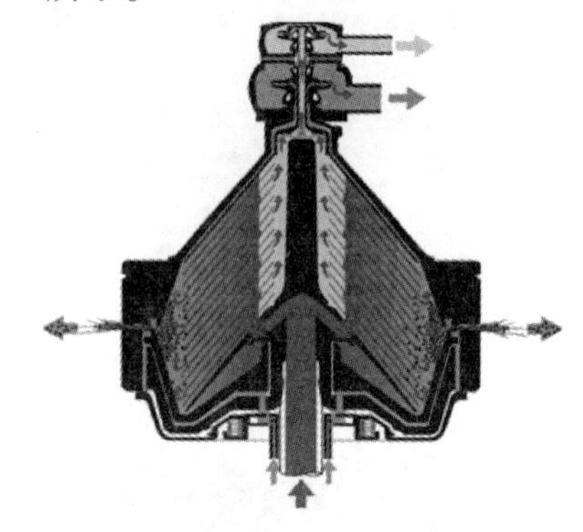

图4－47　固体杂质的排出

五、离心除菌工艺及其应用

离心除菌的基本工艺为：经过净乳和标准化的乳，加热到除菌温度55～75℃，然后离心除菌；除菌后的乳巴氏杀菌并冷却。分离出的含菌液经130～140℃/3～4s的灭菌处理，灭菌后的含菌液冷却后再回到牛乳中，或单独排出另作它用。

离心除菌的工艺有多种，例如离心除菌机可与离心分离机串联使用，安装在上游或下游。当标准化后的过量稀奶油的质量要求非常高时，则离心除菌机要安装在离心分离机的上游，这样稀奶油的质量提高，因为需氧芽孢菌的芽孢如蜡状芽孢杆菌的数量会减少。

以下给出3个例子：连续排放淤泥的两相离心除菌机；间歇排放淤泥的单相离心除菌机；两次离心除菌，使用两个串联的单相离心除菌机。

1. 连续排放淤泥的两相离心除菌机

如图4－48所示，设备在空气密闭条件下工作，生成连续无空气的细菌浓缩液做为重相，约占进料量的3%（通过一个外部可控的叶轮泵调节），通常重相可灭菌后再混入原料中，灭菌机是混注型，灭菌条件约130℃经数秒即可有效抑制梭状芽孢杆菌的芽孢，离开灭菌机的热流体首先与一半分离乳混合降低温度后再混入到全部分离乳中，随着混合牛乳循环至巴氏杀菌机，经72℃/15s的消毒，随后经热回收和最后冷却降温到凝乳温度。

这种离心除菌机可在以下条件下应用：有将灭菌的浓缩液再混入到原料中的可能；有具备能使微生物失活的强烈热处理条件，含有的浓缩液产品有其他用途。

其生产能力为15 000～25 000L，除菌能力可达到除去乳中>98%的芽孢。

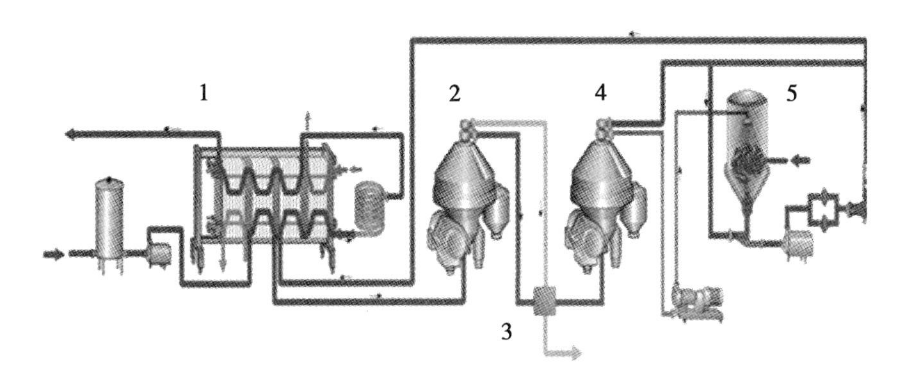

图 4－48　带有连续排放细菌浓缩液并对细菌浓缩液灭菌的离心除菌过程

1. 巴氏杀菌器　2. 离心分离机　3. 自动标准化系统　4. 两相离心除菌机　5. 注入式灭菌器

2. 间歇式排放淤泥（Bactofugate）的单相离心除菌机

如图 4－49 所示。淤泥按预置的 15～20min 的间隔从单相离心除菌机的分离钵孔隙排放一次，这就意味着浓缩物的浓度相当高而容积量低，占进料量的 0.15%～0.2%，浓缩液重新混入干酪乳之前必须先经灭菌，但在浓缩物被泵入混注式灭菌机之前要与约占进料量 1.8% 的除去芽孢后的乳混合稀释到一定容积，以利于灭菌。排料泵 6 的启动和停机与离心除菌机的排料系统的操作模式相连。

当热浓缩液离开灭菌机后，通过与约占进料量 50% 的脱菌乳混合进行冷却。在法规不准使用浓缩液时，可将浓缩液收集于一个罐中做为垃圾处理。

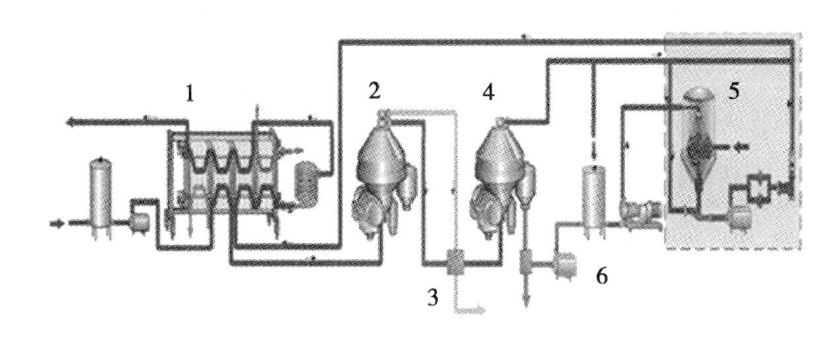

图 4－49　带有细菌浓缩液间歇排放和备用灭菌机的离心除菌机

1. 巴氏杀菌器　2. 离心分离机　3. 自动标准化系统　4. 单相离心除菌机　5. 注入式灭菌器　6. 排料泵

3. 常温双除菌技术

常温双除菌是指在常温下使原料乳通过两次高速离心除菌过程，达到物理去除牛乳中的细菌、芽孢和体细胞的效果。

有时，对牛乳一次离心除菌是不够的，尤其是乳中芽孢数很高的情况下，常温双除菌对芽孢特别有效，因为芽孢具有相对高的密度，1.2～1.3g/L，细菌密度通常低于芽孢，离心分离一般难以去除细菌细胞。使用两个离心除菌机可使梭状芽孢杆菌数的减少达到 > 99% 的程度。

常温双除菌是一种温和的除菌方式，其除菌效果低于高温杀菌（HTST），也较微滤和电脉冲技术低，不能完全替代HTST，但它能去掉较高比例的芽孢（>98%），而芽孢是不能完全被HTST钝化的，所以通常将常温双除菌与其他热杀菌方式组合使用。

一般情况下，密封离心机可去除98%的厌氧芽孢、95%的好氧芽孢菌，降低总菌数约86%。所以，在生产质量很高的乳制品时，通常将常温双除菌设置在原料奶预处理工序中，以降低原料乳中的芽孢数，再通过HTST杀菌，生产出细菌总数和芽孢数相对较低的产品。

多数情况下，牛乳经两次离心除菌足以用于生产干酪，而不必再添加抑菌化学药品，然而如果乳中的芽孢数目非常高，且法规允许，则可使用这些化学药品。在没有机械除菌的手段时，一般在乳中加入15～20g/100L的硝酸钠以抑制芽孢生长，但如使用一个离心除菌机，即便乳中的芽孢数很大，则乳中加入2.5～5g/100L也足以防止残留芽孢的生长。

图4－50是串联两个单相离心除菌机和一个灭菌机的加工线。

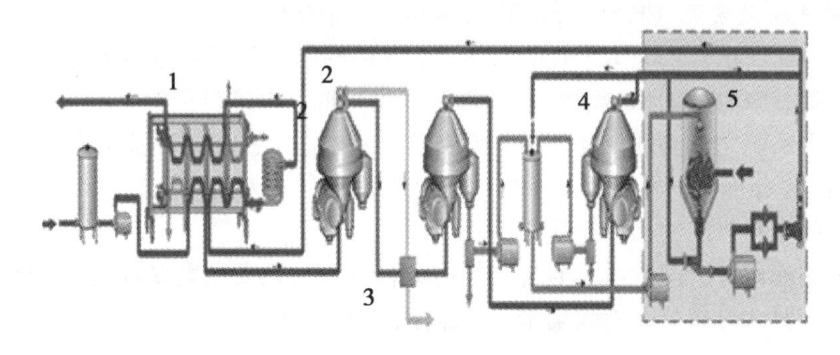

图4－50 两个离心除菌机带一个灭菌器

1. 巴氏杀菌器 2. 离心分离机 3. 自动标准化系统 4. 单相离心除菌机 5. 注入式灭菌器（备用）

常温双除菌技术与传统杀菌技术的比较：

传统杀菌技术：都是高温杀菌，虽然微生物被杀死了，但主要有两个缺点：①造成营养素和生物活性物质的损失；②存在致死的菌体，高温杀菌后细菌是没有了，但死的菌体还存在。

常温双除菌技术的优点：①避免了高温对各种营养素及生物活性物质的破坏；②机械处理，根据离心的原理，细菌特别是芽孢菌，与牛乳的相对密度不一样，通过离心的办法把有害的微生物分离出来，这样既保存了牛乳的营养成分，又达到了除菌的作用。

第七节 膜 滤

一、膜分离技术在乳品工业中的应用

很久以前，人们就知道孔径约为0.2μm的膜过滤器可从水溶液中滤去细菌。膜分离技术就是用于对分子和离子进行分离的技术。

早在20世纪70年代初，该技术就在乳品工业中应用了，主要涉及：

反渗透（RO）：除去水，使溶液浓缩；用于乳清、超滤清液和超滤浓缩液的脱水。

毫微过滤（NF）：通过除去单价的成分如钠、氯（部分脱盐），实现有机成分的浓缩；

当需乳清、超滤清液或超滤浓缩液部分脱盐时使用。

超滤（UF）：大分子的浓缩；典型地应用于牛乳蛋白的浓缩、乳清蛋白的浓缩和用于生产干酪、酸乳以及其他乳制品的牛乳蛋白标准化。

微滤（MF）：除去细菌，大分子分离；用于减少脱脂乳、乳清和盐溶液中的细菌，也用于准备生产乳清蛋白浓缩物的乳清脱脂以及蛋白分馏。

二、传统过滤与膜过滤的基本区别

传统的过滤方法，也被称为死端（Dead End）过滤法，常用于分离粒径大于10μm的悬浮微粒，而膜滤则是用于分离分子 $<10^{-4}$μm 的方法。因此，应用膜滤时，所供料液中一定不能含有粗糙的颗粒，因为粗粒子会破坏薄的过滤膜。所以，在供料系统中，经常要用一个细网眼的滤网。

对乳进行微滤的问题是，乳中大部分的脂肪球、一些蛋白质比细菌大或一样大，当选用的膜孔非常小时，其结果是过滤膜上会迅速形成一层淤积，因此，实际上是脱脂乳流经过滤器，而稀奶油则和微滤下来的细菌液一块进行灭菌。

实际生产中，膜的孔径大小选在0.8～1.4μm，以降低蛋白质淤积浓度，另外，蛋白质形成动态膜，也会起到防止微生物通过的作用。

传统的过滤与膜滤最主要的区别如图4－51所示。

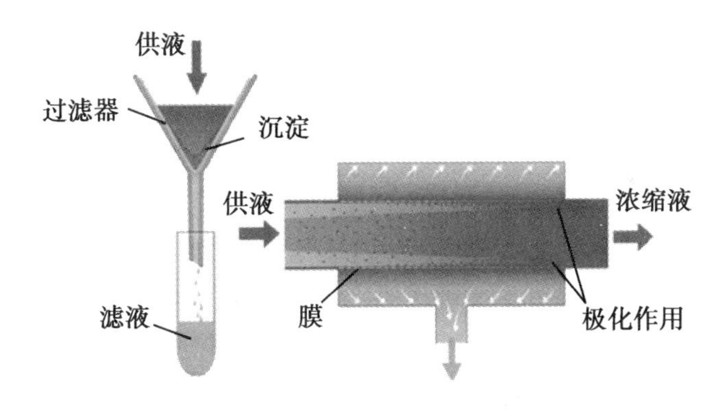

图4－51 传统过滤（左）与膜过滤的基本区别

传统过滤与膜过滤之间有几点不同：①使用的过滤材料：传统的过滤器厚，典型材料为纸；膜滤的膜薄且孔径大小受到控制，材料为聚合物和陶瓷，现已很少用醋酸纤维素。②分离的动力：在传统的过滤中，重力是影响粒子分离的主要动力，压力只应用于加速分离的过程。供液方向与过滤材料相垂直，过滤在开放的系统中进行。

在膜滤中，必须使用压力作为驱动力；供液方向是错流或切向流动。供料液平行流过膜表面，清液与膜呈垂直方向流动。膜滤一定要在密闭的系统中进行，如图4－52所示。

由于RO膜比其他两种系统的膜更紧密，故而生产中要求的入口压力要稍高一些，系统要靠多个如三个串联的离心进料泵和一个离心循环泵来维持。其他两种过滤装置，NF和UF，具有较大的膜孔，所以分别设置两台和一台供料泵。

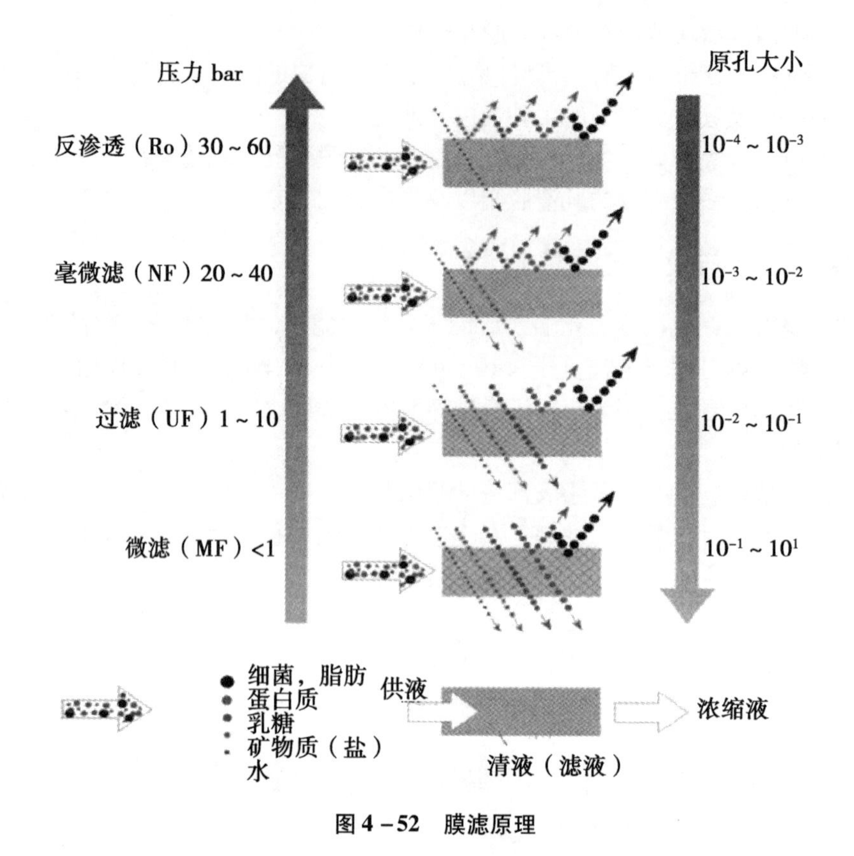

图 4 – 52　膜滤原理

三、微滤生产线

图 4 – 53 为一条带有微滤设备的生产线。微滤装置带有两个并列的工作套管，每一个套管可处理 5 000L/h的脱脂乳，即整个微滤设备具有 10 000L/h的生产能力。

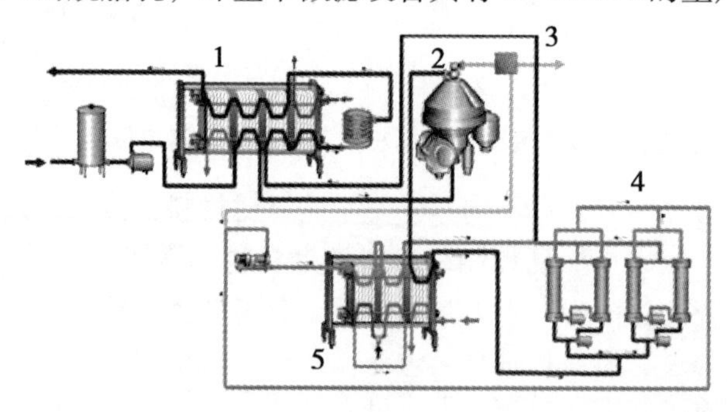

图 4 – 53　两个微滤套管用于细菌浓缩液与稀奶油共同灭菌的装置

1. 巴氏杀菌器　2. 离心分离机　3. 自动标准化系统　4. 两个微滤套管装置　5. 灭菌装置

原乳进入加工线被预热到适于分离的温度 60 ~ 63℃，在此温度下，乳被分离成稀奶油和脱脂乳，预定量的稀奶油，足够达到干酪乳标准化含脂率，被标准化设备分送到灭菌加工线。与此同时，脱脂乳经管道送至灭菌设备上单独隔开的冷却段冷至 50℃，即进入微滤装置之前通常的微滤温度。

牛乳被分成两等量液流进入的两个套管，在套管中被分成高浓度细菌液（浓缩液，约为进入套管流量的5%），和细菌减少的液相（清液）。

来自两个套筒的浓缩液，随后与标准化用的稀奶油混合，然后再进入灭菌机。随后经120～130℃下数秒钟灭菌。在与清液混合之前，混合液先冷却至70℃；最后，全部流体在70～72℃下经15s巴氏杀菌并冷至凝乳温度，典型为30℃。

鉴于除菌率很高，微滤后的牛乳中不需添加任何化学物质来抑制梭状芽孢杆菌芽孢在成形的硬质或半硬质干酪中的生长。

第八节　均　质

一、均质的概念

均质是指在机械作用下，将脂肪颗粒破碎成较小的脂肪球，并均匀地分散在乳中的操作，是一种“使脂肪乳浊液稳定，防止重力分离”的方法。

二、均质的基本原理

关于均质的理论主要有两种。

湍流涡流（微旋涡）引起脂肪球破裂的理论：高速运动的液流中产生大量的小旋涡，速度愈高，产生的旋涡越多，这些微旋涡与同等大小的油滴撞击，使油滴破裂。

空穴理论：当蒸汽爆裂时产生冲击波，从而分裂脂肪球，根据这个理论，均质是在液体离开缝隙时产生的。所以，在均质时能够产生空穴的背压是非常重要的。然而，没有空穴，也能均质，只是均质效率会降低。

根据以上理论，均质是由以下三个因素协调作用而完成的。

①乳液在均质机中高速（200～300m/s）通过均质阀中的狭缝（100μm），导致剧烈的湍流，产生巨大剪切力，使脂肪球变形、伸长（拉丝现象）和粉碎。

②乳液在间隙中加速的同时，产生高频振动，会形成气穴（空穴）现象，使脂肪球受到非常强的爆破力。

③当乳高速离开均质阀时，压力突然降低，产生喷射撞击作用，进一步使脂肪球破裂。如图4－54所示。

三、影响均质的因素

1. 含脂率

脂肪过高，均质后会形成脂肪球粘连即黏滞化现象，因为大脂肪球破碎后形成许多小脂肪球，而形成新的脂肪球膜需要一定的时间，如果均质乳的含脂率过高，那么新的小脂肪球间的距离就小，这样会在保护膜形成之前因脂肪球的碰撞而产生粘连。此即脂肪结团现象，特别是当浆液蛋白的浓度相对于脂肪含量低的时候，更易产生这一现象。

脂肪率＞12%时，此现象就易发生，所以稀奶油的均质要特别注意。换句话说，脂肪含量＞12%的稀奶油不能在正常压力下进行正常的均质，因为膜物质（酪蛋白）的缺乏而会导致脂肪再度聚结。

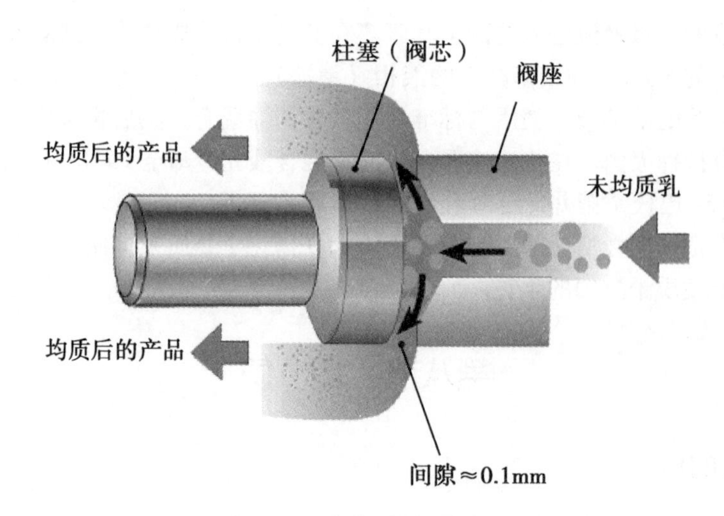

图 4－54　乳通过均质阀的情况

为取得良好的均质效果，要求每克脂肪大约对应 0.2g 的酪蛋白。

2. 均质温度

对冷牛乳均质是无效的，冷牛乳中脂肪是固化的。在乳脂肪凝固点温度下加工，脂肪不能完全分散。而且，低温下均质，易产生黏滞化现象。只有当脂肪相呈液体状态时，均质才是最有效的。因此，均质前需要预热，达到 40～65℃。

3. 均质压力

压力低，达不到均质效果；压力高，又会使酪蛋白受影响，后续杀菌时容易产生絮凝沉淀。一般均质压力为 5～25MPa。

四、均质的工艺要求

1. 均质机在生产线上的位置

由于乳在均质机中可能被细菌污染，因此，常在杀菌前均质，即均质机被设置在上游区段，也就是说，放在最终加热的前面。

如果杀菌后均质，则应使用无菌均质机（比普通均质机昂贵得多）。无菌均质机要带有无菌柱塞密封、包装、无菌冷凝器和特殊的无菌挡板。

当乳制品中脂肪含量为 6%～10% 和蛋白含量较高时，则要求将均质机放在下游区，原因是随着脂肪和蛋白含量的增加，在高温处理下的脂肪成簇或蛋白聚集也加剧，这些球簇团块由位于下游区的无菌均质机将其打散。

2. 一级（段）均质和二级（段）均质

均质机上可以安装一个或两个串联的均质装置，分别称为一级均质和二级均质。一级均质用于低脂和高黏度产品（一定程度结团）；二级均质用于高脂（用于打碎产品中的脂肪球簇）、高干物质和低黏度产品的生产。

为得到最佳均质，实际生产中多用二级均质，第一级均质压力较大，为 15～25MPa（占总均质压力的 2/3），形成的湍流强度高是为了破碎脂肪球，但有聚集的倾向；第二级的压力较小，为 5～10MPa（占总均质压力的 1/3），其作用是防止第一段已破碎的脂肪重新粘连和聚集，使脂肪球分散得更加均匀。如图 4－55、图 4－56 和图 4－57 所示。

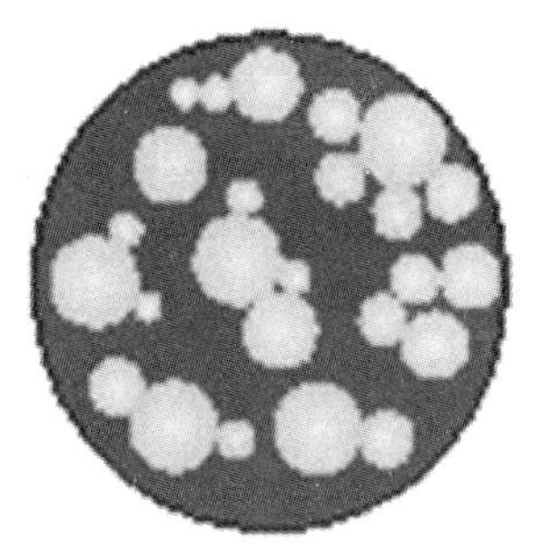

均质前脂肪分布1～10μm

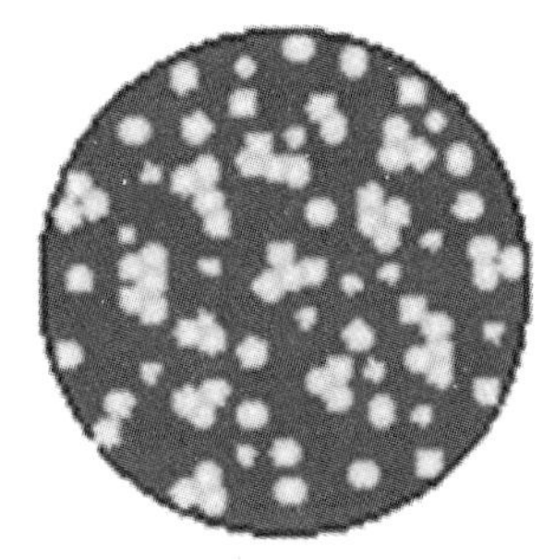

一级均质后脂肪分布1μm以下

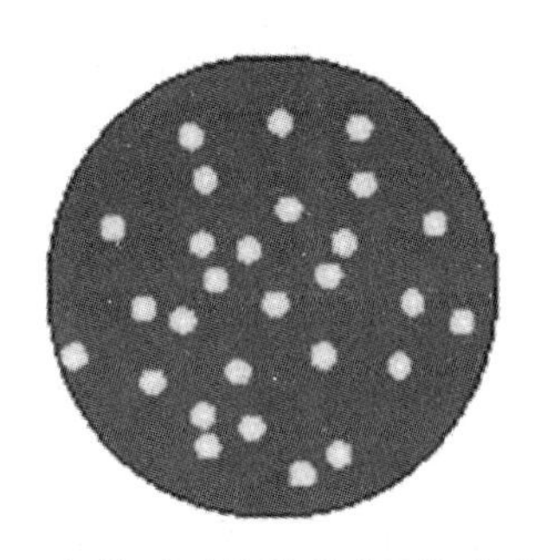

二级均质后脂肪分布更加均匀

图4－55 均质前后乳中脂肪球的变化

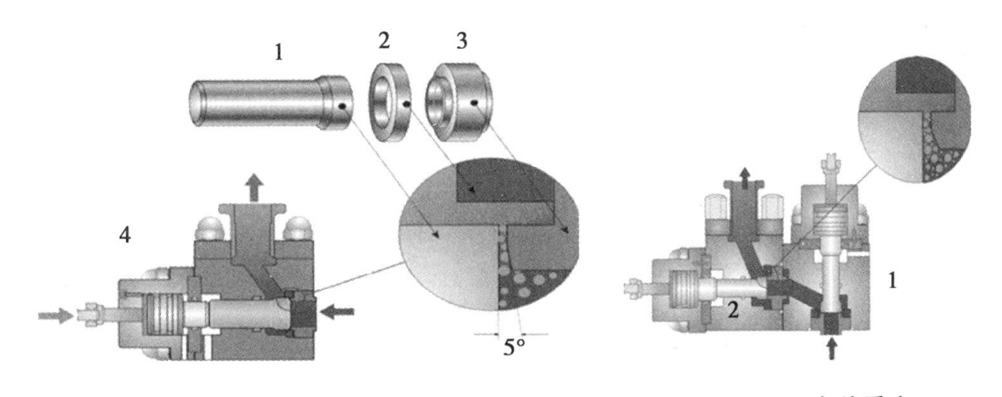

图4－56 一级均质装置的组成

1. 均质头 2. 均质环 3. 阀座 4. 液压传动装置

图4－57 两级均质头

1. 第一级 2. 第二级

均质总是发生在第一级，而第二级有两个基本目的：①为第一级提供一个恒定的、可控制的背压，给均质提供一个最好的条件；②打散均质之后形成的脂肪球簇。

冲击环以一定的方式固定在阀座上，冲击环的内表面与间隙的出口相垂直。阀座有一个5℃的倾角，使产品有控制地进行加速，这样就可减少不如此而发生的快速磨损。

牛乳以较高的压力被送入阀座与均质头之间的空间，间隙的宽度约0.1mm，是均质乳中脂肪球尺寸的100倍。液体以100～400m/s的速度通过窄小的环隙，均质就在这10～15μs中发生。在这一刹那，所有柱塞泵传过来的压力能都转换成了动能。经过均质装置后，这些能量中的一部分又转回为压力能，另一部分能量作为热量散失了。在均质装置上每0.4MPa的压力降就会使温度升高1℃，而用于均质的能量不足1%。

3. 全部均质或部分均质

均质可以是全部均质，也可以是部分均质；后者意味着脱脂乳的主体部分不均质，而只是对稀奶油或高脂乳进行均质，即部分均质中，高脂乳被均质后再与低脂乳混合。

部分均质主要应用于巴氏杀菌乳上，可大大降低操作费用，总能量消耗可降低65%。

当产品中每1g脂肪含有至少0.2g的酪蛋白，稀奶油的含脂率<12%时，可获得良好的均质效果，即部分均质时稀奶油的含脂率不应>12%。此外，应避免均质后的乳与原料乳混合，以防脂肪被分解。

五、均质对乳的影响

均质给牛乳的物理性质带来很多的优点：脂肪球变小不会导致形成奶油层；颜色更白，更易引起食欲；降低了脂肪氧化的敏感性；更强的整体风味，更好的口感；发酵乳制品的稳定性更好。

然而均质也有一定的缺点：均质乳不能再被有效地分离；增加了对光线、日光和荧光灯的敏感性，可导致“日照味”；降低了热稳定性，特别是经一级均质高脂肪含量和有其他影响脂肪结团因素存在的情况下；均质牛乳不能用于生产半硬或硬质干酪，因为凝块很软，以致难于脱水。

①乳的稳定性变化：均质能防止脂肪上浮和蛋白质沉淀。

乳中的脂肪球具有不均一性，很不稳定，易出现聚集和上浮现象，均质后，大的脂肪颗粒破碎成均匀一致的小脂肪球（直径约 1μm）并稳定地分散在乳中，因此，均质可以减少脂肪上浮，减小脂肪成团或聚结的倾向。

但均质后乳蛋白的热稳定性降低，而且，均质破坏了脂肪球膜并暴露出脂肪、释放出酶类，使脂肪更易被氧化或被脂酶水解，对光更加敏感。因此，应避免均质生乳，或均质后的生乳应迅速杀菌以使解脂酶失活。

均质过程中，脂肪球膜受到了破坏，并形成了新的表面膜。新表面膜主要由酪蛋白和乳清蛋白组成，并以酪蛋白为主（90%，在还原乳中为 100%）。

酪蛋白胶粒被吸附在均质后的脂肪球表面，以脂肪球膜的形式包裹在脂肪球的周围，使脂肪球具有像酪蛋白胶束一样的性质，任何使酪蛋白胶束凝集的因素如凝乳、酸化或高温加热都将使均质后的脂肪球凝集。

②乳的流变性变化：均质后由于吸附于脂肪球表面的酪蛋白量增加，使乳的黏度增加，口感细腻。

③均质使乳脂肪球变小，并使乳中的成分分布均匀，利于消化和吸收。

④乳的颜色和风味变化：颜色变白；风味方面，由于均质使脂肪球内部的脂肪充分释放，同时也释放出芳香成分，因此，风味有所改善。

六、均质团现象

均质后的稀奶油黏度增加，在显微镜下看到在均质的稀奶油中存在大量含有约 10^5 个脂肪球的脂肪球聚集物，即所谓均质团（Hmogenization Clusters）。

均质过程中，当部分裸露的脂肪球与其他已经覆有酪蛋白胶束的脂肪球相碰时，这种酪蛋白胶束能附着在裸露的脂肪球表面，因此，两个脂肪球由酪蛋白胶束这个“桥”连接着，从而形成均质团，该团块会很快被随后的湍流旋涡打散。然而，如果蛋白质太少以至于不能完全覆盖在新形成的脂肪球表面，这些脂肪球也会形成均质团。

高脂肪含量，低蛋白含量，高均质压力及表面蛋白相对过剩，均质温度低（酪蛋白胶束扩散慢），强烈预热（几乎没有乳清蛋白吸附）等，都会促进均质团的形成。

当稀奶油含量 <9% 时，均质团块不产生；脂肪 >18% 的稀奶油通常产生均质团；在脂肪含量 9% ~18% 范围内的，产生的团块主要与均质压力和温度有关。

一般，二级均质可避免形成均质团。

七、均质机的基本结构

均质机是带有背压装置的一个高压泵，主要由产生高压推动力的活塞泵（高压泵）和均质阀（1 个或多个）组成，如图 4－58 所示。

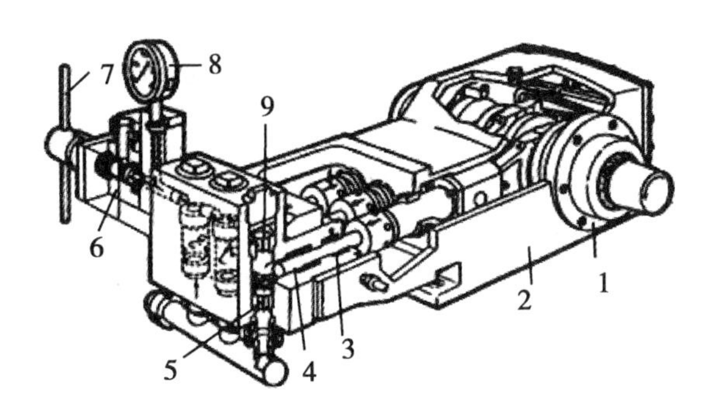

图 4－58　均质机的基本结构

1. 传动轴　2. 机体　3. 密封垫料　4. 柱塞　5. 吸入阀　6. 均质阀　7. 阀杆　8. 压力表　9. 排出阀

高压均质机的柱塞泵提供了均质过程中所需的压力。

常用的均质阀有球形阀、提升阀和菇形阀 3 种。球形阀能在小区域范围内产生很大压力，生产出颗粒更小的产品，适于高黏度产品；使用提升阀时，底座面积要大，以确保操作中的密封和稳定性；在借鉴提升阀和球形阀的基础上，Tetra Pak 研制出了菇形阀，在泵产生力的作用下，液体通过二级阀，能够产生爆破力并能迅速终止，然后进入高压配置阀管，如图 4－59 所示。

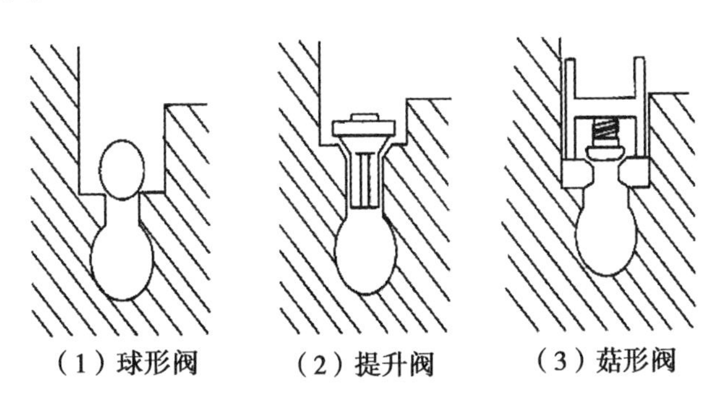

图 4－59　高压均质机阀的类型

八、均质效果的检验

均质效果可用均质指数、显微镜、离心、静置等方法来检查。

（1）显微镜检查　该法简便快速，一般采用 100 倍的显微镜镜检，直接观察均质后乳脂肪球的大小和均匀程度。如果 80% 以上的脂肪球直径在 2μm 以下，就可认为均质充分了。

（2）均质指数法（HI）　量取 250ml 均质乳样，在 4～6℃下保持 48h，然后测定上层（容量的 1/10）和下层（容量的 9/10）中的含脂率。上层与下层含脂率的百分比差数，除以上层含脂率数即为均质指数。例如，上层的含脂率为3.3%，下层为3.0%，则HI=［（3.3-3.0）/3.3］×100%=9.09（均质指数应在1~10的范围之内）。如果顶部脂肪含量的0.9倍<底部的脂肪含量，则认为均质是有效的。

（3）尼罗（N120）法　取25ml乳样在半径250mm，转速为1 000r/min的离心机内，于40℃下离心30min。然后取底部20ml液体乳样和离心前样品分别测其含脂率，两者相除，再乘以100即得N120值。巴氏杀菌乳的N120值通常为50%~80%。此法迅速，但精确度不高。

（4）激光测定法（粒径分布分析）　使用激光发射装置，让激光穿过试管中的样品，其光的散射决定于脂肪球的大小和数量，因此，可测出样品的粒子或液滴的粒径分布曲线，脂肪的百分比被作为是粒子（脂肪球大小）的函数。

牛乳3种典型的粒径分布曲线如图4-60所示，注意，当使用较高的均质压力时，曲线向左漂移。此法快速准确，但仪器昂贵。

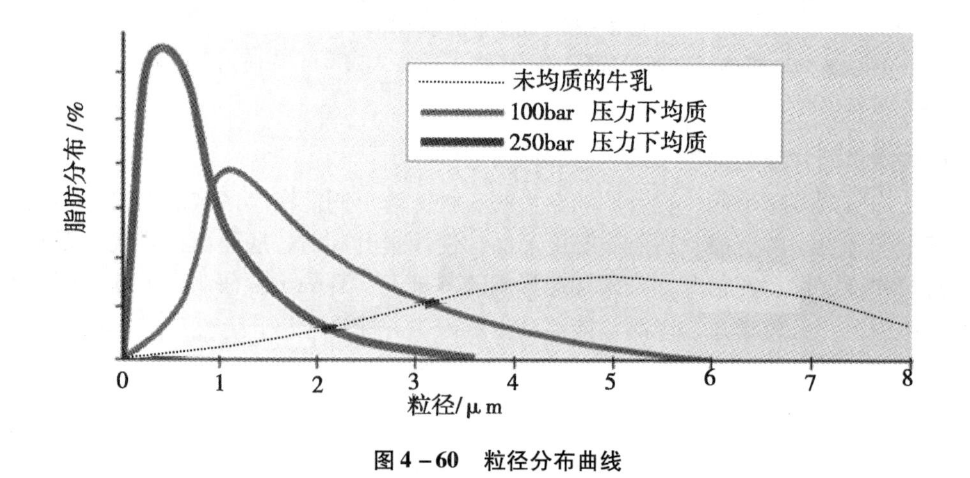

图4-60　粒径分布曲线

第九节　乳的浓缩

一、定义

蒸发：牛乳受热，水分子获得了动能，当水分子的能量足以克服分子间的引力时，水分子就会逸出液面进入上部空间，称为水蒸气分子，也叫二次蒸汽，这就是汽化。

浓缩：利用设备的加热作用，使牛乳中的水分汽化，并将汽化所产生的二次蒸汽不断排除，从而脱除乳中的水分，使牛乳中的干物质含量提高的加工过程，就是蒸发浓缩。

由于真空时牛乳的沸点降低，可避免由加热造成的成分损失，所以乳的浓缩一般采用真空浓缩，此外还有反渗透浓缩和冷冻浓缩方法。

乳的浓缩程度用浓缩比Q表示，即浓缩产物中的干物质含量与原溶液中的干物质含量之比。

浓缩过程能达到的程度是由产品的性质决定的，如黏度、耐热性等。对于脱脂乳和全脂乳来说，最高限可分别浓缩到48%和52%。

二、蒸发浓缩目的

①炼乳、乳粉、浓缩酸乳、乳糖等乳制品的生产，需要浓缩处理，如从乳清生产乳糖的过程中，浓缩可增加结晶。

②除去部分水分，降低水的活性，利于保藏，如炼乳。

③减少质量和体积，便于运输。

④真空蒸发除水要比直接干燥除水节能，如喷雾干燥每蒸发 1kg 水需消耗蒸汽 3 ~ 4kg，而在单效真空蒸发器中消耗蒸汽 1. 1kg，在双效真空蒸发器中消耗蒸汽 0. 4kg。

三、真空浓缩条件

在 8 ~21kPa 减压条件下，采用蒸汽直接或间接法对牛乳进行加热，使其在低温下沸腾，部分水分汽化并不断地排除。做到这一点，要具备如下条件。

1. 不断供给热量

牛乳应首先预热到蒸发温度，预热的作用一方面可保证沸点进料，使浓缩过程稳定进行，加速蒸发；另一方面，可防止低温的原料乳进入浓缩设备后，由于与加热器温差太大，原料乳骤然受热，在加热面上焦化结垢，影响热传导与成品质量。

经预热杀菌的乳到达真空浓缩罐时的温度为 50 ~85℃，处于沸腾状态，但水分蒸发使温度下降，因此要保持水分不断蒸发必须不断供给热量，这部分热量一般是由锅炉供给的饱和蒸汽，称为加热蒸汽，而牛乳中水分汽化形成的蒸汽称为二次蒸汽。

2. 不断排除二次蒸汽

汽化形成的二次蒸汽如果不及时排除，又会凝结成水分回流到牛乳中，蒸发就无法进行下去。

一般采用冷凝法使二次蒸汽冷却成水排掉。这种不再利用二次蒸汽叫单效蒸发，如将二次蒸汽引入另一小蒸发器作为热源利用称之为双效蒸发，依次类推。

一般，蒸汽的需要量大约等于水分挥发总量除以效数。

四、影响浓缩的因素

①加热器的总加热面积：加热面积越大，乳受热面积就越大，在相同时间内乳所接受的热量亦越大，浓缩速度就越快。但清洗成本随设备加热面积增加而增加，即随着多效蒸发器效数的增加而增加。

②蒸汽的温度与物料间的温差：温差越大，蒸发速度越快。

③乳的翻动速度：翻动速度越大，乳的对流越好，加热器传给乳的热量也越多，乳既受热均匀又不易发生焦管现象。另外，由于翻动速度大，乳在加热器表面不易形成液膜，而液膜能阻碍乳的热交换。乳的翻动速度还受乳与加热器之间的温差、乳的黏度等因素的影响。

④乳的浓度与黏度：随着浓缩的进行，浓度提高，比重增加，乳逐渐变得黏稠，流动性变差。

五、真空浓缩的特点

①受热时间短：在降膜式蒸发器中乳的停留时间仅 1min，这样可避免牛乳受高温作用

而造成营养成分的损失，对产品色泽、风味和溶解度都有好处。

②具有节省能源，提高蒸发效能的作用：例如，在常压下浓缩，98kPa 加热蒸汽的温度为120℃，牛乳的沸点为100.6℃，温差为19.4℃；而在真空度20kPa 浓缩时，牛乳的沸点为56.7℃，其温差为63.3℃，即温差较常压下提高3.3倍，从而增加了换热器的热交换速度，提高了浓缩效率。

③由于沸点降低，蒸发可在较低温度下进行，保持了牛乳原有的性质；而且在热交换器壁上结焦现象也大为减少，便于清洗，有利于提高传热效率。

④真空浓缩是在密闭容器内进行的，避免了外界污染。

总之，蒸发器的设计应做到低温和较短的保持时间，这样，大部分产品经浓缩后会得到良好的结果。

六、浓缩引起的变化

①浓缩引起结晶：在浓缩过程中，一些物质可能成过饱和状态，并可能结晶产生沉淀。如乳中磷酸钙本来是饱和的，浓缩后会有一部分转化为不可溶状态。室温下 $Q=2.8$（Q 为浓缩比，即浓缩物中的干物质含量与原来溶液中的干物质含量之比）时，乳糖达到饱和状态，出现结晶，但乳糖的过早结晶会引起设备快速结垢，这在低温浓缩的乳清中更易发生。

②高度浓缩时，酪蛋白分子缔合聚结，导致蛋白质颗粒增大。

③物化性质的变化：冰点下降、沸点升高、电导、密度、折射率等增加，热导降低，离子强度和 pH 值也有变化。

④流变性的变化：黏度增加，炼乳稠化，变成非牛顿流体，具有黏弹性和剪切稀化性质。另外，因黏度增加，流速减慢，温度高、温差大、容易在加热器表面发生结垢现象，预热可明显减小在高温段处的结垢。

⑤低温浓缩时脱脂乳会产生泡沫，对此应使用合适的设备如降膜蒸发器来减少泡沫的产生。

⑥扩散系数降低：浓缩过程中多数反应的速度会降低，主要是因为扩散系数的降低。

⑦当浓缩产品贮存温度较高、干物质含量较大时，易发生老化增稠。

⑧浓缩产品易发生美拉德反应。

⑨降膜蒸发器中，脂肪球会破裂，形成小的脂肪球，例如，乳浓缩到干物质达50%，其脂肪球平均直径可从3.8μm 降到2.4μm，此时一些脂肪球容易相互聚结，再均质处理就可解决聚结问题。

⑩在水分蒸发过程，一些挥发性物质和溶解的气体也同时被除去，同时去掉了异味。

⑪在浓缩过程中，水分活度降低，但有些细菌如嗜热脂肪芽孢杆菌经巴氏杀菌后仍存活，并在较高温度下生长，这一现象在末效浓缩过程中表现尤为突出。因此，要求加工过程必须卫生，在连续工作20h 内，对设备进行清洗消毒。但要注意：不要过度浓缩，以免降低热稳定性。

蒸发后的浓缩乳的总干物质含量应采用测量折射率或相对密度的方法不断调整。

不同蒸发程度对乳中可溶成分浓缩有不同影响，如在浓炼乳中乳糖不结晶，而在高浓缩脱脂乳中乳糖可能逐渐结晶。

Q 高的浓缩乳清，由于过饱和盐在加热表面沉积可能使蒸发器设备产生较多的乳垢，这个缺陷可通过将一部分浓缩乳清在进一步浓缩前保留在设备外一段时间（大约 2h）来克服。

七、闪蒸

在蒸发器内，料液水分的蒸发除了因吸收蒸汽潜热而汽化的部分外，尚有少量是因吸收进料液的显热而汽化的。

可以设想：高温高压液料突然进入低压空间时，因压力差较大，料液冷却放出显热的同时，部分水分急剧汽化，这种蒸发就是闪蒸。因此，在闪蒸器内不需要设置加热面。

闪蒸可在不改变牛乳成分性质的前提下提高牛乳的干物质含量，增加牛乳的香气，并能脱除乳中的不良气味。

闪蒸的一般流程是：从杀菌器出来的高温牛乳进入闪蒸器，由于牛乳温度高于闪蒸器的蒸发温度（可由真空泵、供料量等调整真空度大小，从而控制闪蒸温度），部分显热迅速转变为蒸发过程中所需要的潜热，结果牛乳在闪蒸器内瞬间蒸发，牛乳温度随之降低由出料泵打回杀菌器，而闪蒸出的水蒸气进入冷凝器，被冷却水吸收，由冷却水泵打入板式换热器进行冷却，冷却后的水进入罐进行再循环。

八、蒸发设备的分类

虽然蒸发设备的工作原理基本相同，但它们的设计结构却各具特色，加热室的列管可以是卧室的，也可以是立式的，蒸汽可采取管内循环，也可采取管外循环。多数情况下，产品在管内循环，而蒸汽则在管外循环，列管可用板片、暗箱或薄层板取代。

蒸发器由加热室和分离室两部分组成。加热室的作用是利用水蒸气为热源来加热液料，分离室的作用是将二次蒸汽中夹带的雾沫分离出来。

蒸发设备或真空浓缩设备的种类：

（1）根据物料流程　蒸发设备分为单程式和循环式。

单程式设备中，物料经 1 次循环就必须达到所需浓度。

循环式又分内循环和外循环、自然循环和强制循环。内循环为蒸发室和加热器合二为一，物料在同一空间内进行循环；外循环为将蒸发室和加热器一分为二，物料在加热器被加热，在蒸发器内脱水；自然循环用于结构简单的浓缩设备，强制循环用于结构复杂的浓缩设备，强制循环是指物料利用奶泵按规定的路径进行循环。

当需要低浓度或加工产品量较小时常采用循环蒸发器。例如，在酸乳生产中，蒸发被用来把乳浓缩至 1.1 ~ 1.25 倍或者说把乳的干固物从 13% 浓缩至 14.5% ~ 16.5%，这种处理，自动使产品脱气，也去掉了异味，如图 4 – 61 所示。

（2）根据二次蒸汽的利用次数　有单效浓缩设备和多效浓缩设备（效数主要取决于节能与设备投资之间的平衡）。

（3）根据加热器结构　蒸发设备可分为直管式、盘管式、列管式和板式等。

（4）根据物料在蒸发器中的流向　分为升膜式和降膜式。

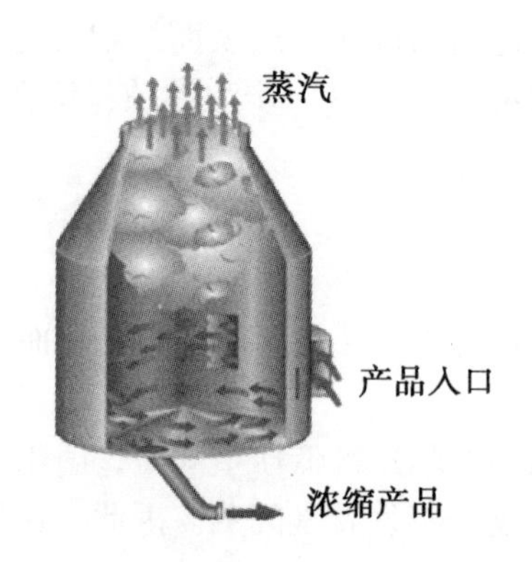

图 4 －61　循环蒸发器之真空室

（一）单效蒸发设备

1. 单效升膜式蒸发设备

用于加热物料的加热蒸汽仅利用一次，单效升膜式蒸发设备是由加热器、分离器、雾沫捕集器、水力喷射器、循环管等部分组成，属于外加热自然循环式蒸发设备。

物料从加热器底部进入多列管，加热蒸汽在加热管外加热管壁和管内物料，使牛乳沸腾，迅速汽化，大量蒸汽在加热管内以极高的速度上升，形成气泡拖曳物料成薄膜状沿管壁上升。上升的薄膜增加了蒸发面积，提高了蒸发效率，并且，液膜和二次蒸汽在分离器高真空吸引力作用下，高速进入分离器中，物料和二次蒸汽经过分离器分离后，分别送到加热器底部和水力喷射器。

当浓缩物料达到规定的浓度时，从出料口连续出料，且从此以后使进料量、蒸发量和出料量相互平衡。

盘管式真空浓缩锅如图 4 －62 所示。为立式圆筒形锅体，上下两端为半圆形封盖。主要由加热器、蒸发室、牛乳进料、出料装置等组成。

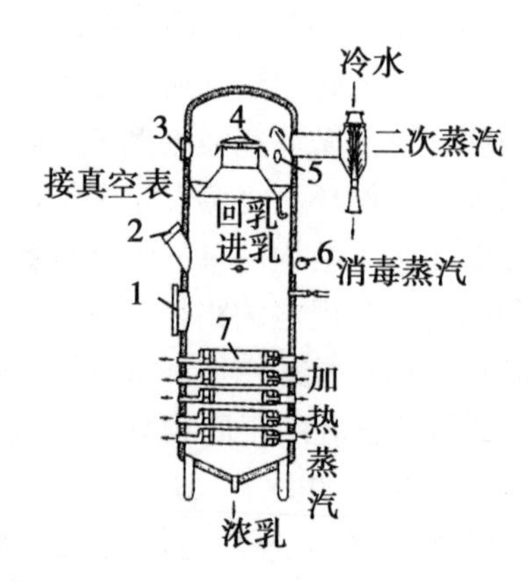

图 4 －62　分离器在内的盘管式浓缩锅

1. 快开式人孔　2，3. 窥视孔　4. 捕沫器　5，6. 灯孔　7. 盘管

外加热式蒸发器由加热室、蒸发室、循环管组成，属于循环型蒸发器，其加热室装于蒸发室之外。由于牛乳在加热室沸腾汽化，亦能呈膜状操作，所以被称作“升膜式”连续

浓缩锅。如图 4－63 所示。

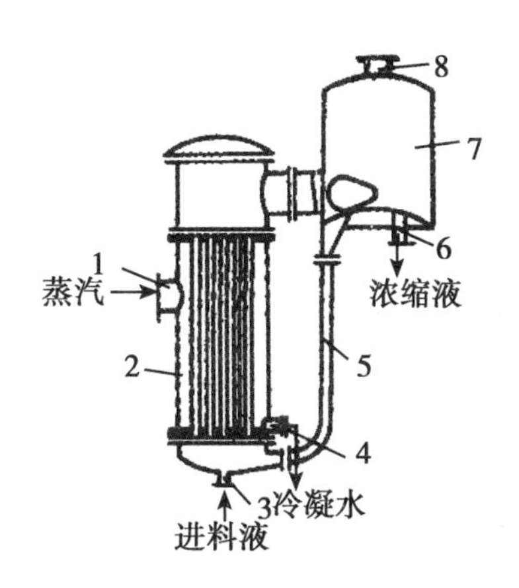

图 4－63　外加热式浓缩蒸发装置

1. 蒸汽进口　2. 加热室　3. 料液进口　4. 冷凝水出口　5. 循环管　6. 浓缩液进口　7. 分离器　8. 二次蒸汽出口

升膜式蒸发器的加热室由许多垂直长管组成，料液经预热后由蒸发器底部引入，进到加热管内迅速沸腾后汽化，生成的蒸汽高速上升。料液为上升蒸汽所带动，从而也沿着管壁呈膜状迅速上升，并在此过程中继续蒸发。

2. 单效降膜式蒸发器

降膜式蒸发器是乳品工业中最常见的蒸发器。与升膜式基本结构相似，只是物料从加热器顶部进入。液体在重力作用下，沿着加热面（加热面由不锈钢管或不锈钢板片组成）成液膜状（牛乳沿管子的内壁形成一层薄膜，而管子四周是蒸汽）向下流动。由于向下流动，克服加速压头的阻力比升膜式小，沸点升高也小，加热蒸汽与料液间温差大，所以传热效果较好。

当达到蒸发分离器与二次蒸发分离后，二次蒸汽由分离室顶部排出，浓缩液由分离器底部排出。如图 4－64 和图 4－65 所示。

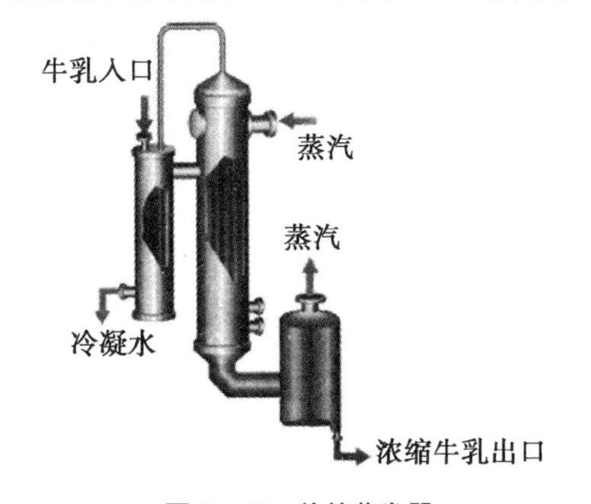

图 4－64　单效蒸发器

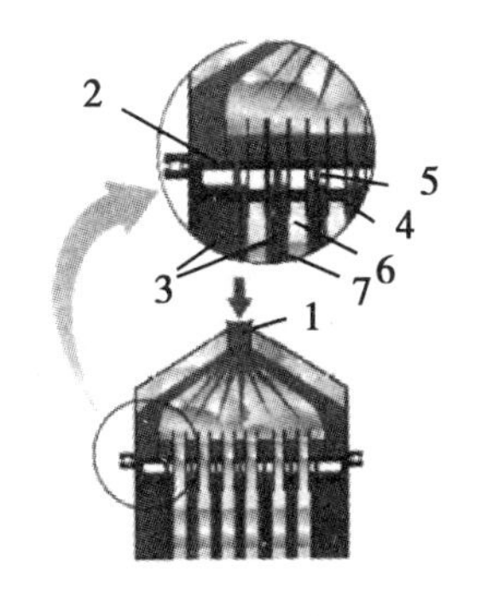

图 4－65　单效蒸发器上部

1. 喷嘴　2. 分布板　3. 加热蒸汽　4. 同轴管　5. 通道　6. 蒸汽　7. 蒸发管

（二）双效浓缩设备

双效蒸发器是将两台蒸发器串联起来，从第一效蒸发器出来的蒸汽可用作第二效的加热介质，第二效的真空度高，因此蒸发温度较低，即一效和二效的蒸发温度分别约60℃和50℃，这样，大约用1.2kg的一次蒸汽，可从牛乳中蒸发掉2kg的水。

双效降膜蒸发器包括：物料的预热杀菌，带有回收利用二次蒸汽的蒸汽喷射式热压泵，真空形成采用两级蒸汽喷射（也可用水环真空泵）和低位混合式冷凝器。

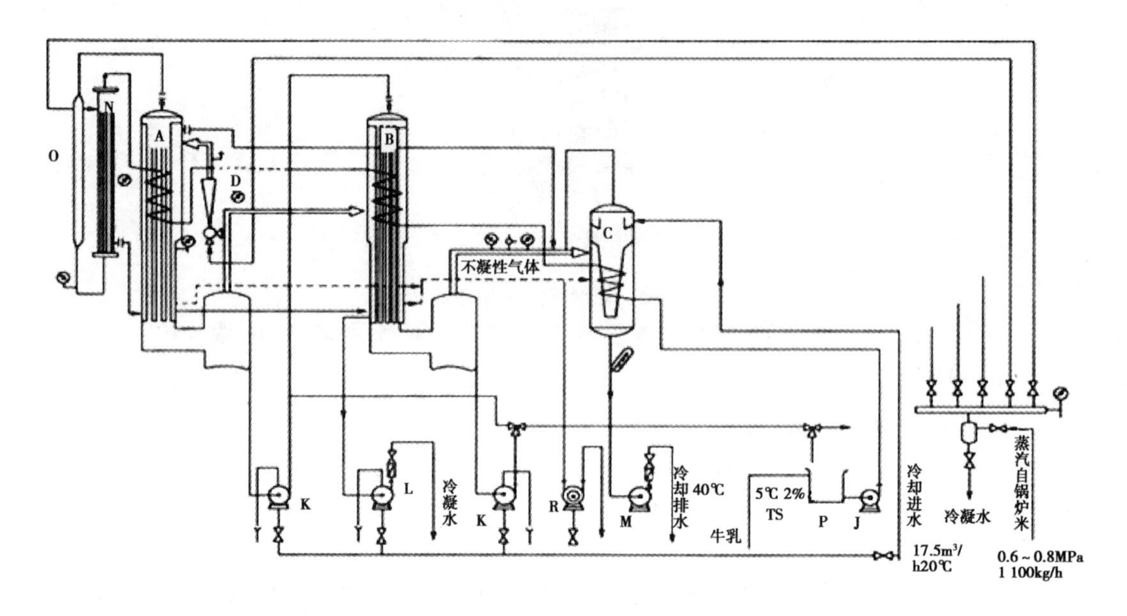

图4-66 双效降膜式蒸发器

A. 一效蒸发器 J. 供料泵 N. 管式杀菌器 B. 二效蒸发器 K. 浓乳泵 O. 保温管 C. 混合式冷凝器 L. 冷凝水泵 P. 供料平衡槽 D. 蒸发热压泵 M. 冷却水泵 R. 水环式真空泵

双效浓缩的工作原理：如图4-66所示。物料由进料泵送入到降膜室的顶部，经过布膜装置均匀分配于各效降膜管内，物料在自重和二次蒸汽的作用下成膜状自上而下流动，同时与降膜管外壁加热蒸汽发生热交换而蒸发，蒸发后的物料及二次蒸汽进入分离室进行气液分离。物料经出料泵排出，二次蒸汽进入冷凝室，用冷却水进行冷却，最后经水泵抽出。

双效浓缩的基本流程是：

（1）预热杀菌　预处理过的牛乳，通过调节进料的针形直角阀进入混合冷凝器C的预热盘管，出口温度约42℃；再进入二效蒸发器B的上部壳层的预热盘管，出口温度约64℃，而后至一效蒸发器A上部壳层内的预热盘管，再进入杀菌管N（生蒸汽加热段），物料由此入保温管O时温度已达90℃，其流速由1.1m/s降至0.1m/s，流经时间约24s，到此完成物料的预热杀菌。

（2）蒸发浓缩　物料首先进入一效蒸发器A顶部的分配盘，均匀分布于蒸发管内，物料沿管壁呈膜状下降，蒸发产生的二次蒸汽与物料同至底部，再与物料一起进入离心分离器。此时，一效蒸发器A加热壳层的温度为83～85℃，管内蒸发温度为70～72℃。经分离器与二次蒸汽分离的物料浓度约24%（干物质），然后由中间离心式物料泵K送至二效蒸发器B，重复上述过程。二效加热器温度为70～72℃，蒸发温度为45～50℃。由二效分离器出来的物料浓度达48%左右。最后，由离心式出料泵K送至喷雾工段。

当出料浓度与要求浓度相差不大时，调节出料阀与出料管支路上的再循环阀，使部分物料返回二效蒸发器 B 再次循环（小循环），此阀可视为浓度微调阀。当出料浓度与要求浓度相差很大时，关闭出料阀，打开回流阀，物料回到平衡槽 P 进行大循环。

（3）加热蒸汽与冷凝水　一效蒸发与其预热管内物料的热能，由蒸汽喷射式热压泵 D 供给，这部分热能由热压泵的动力蒸汽（锅炉供给的一次蒸汽）和抽吸的部分一效的二次蒸汽组成，比例约 1∶1。

二效蒸发器 B 和预热盘管内物料的热能全部为一效的二次蒸汽供给。二效二次蒸汽全部进入混合冷凝器 C，首先用于预热盘管内的物料，其余被冷却水冷凝。

杀菌过程中物料的热能，由锅炉的一次蒸汽供给，其冷凝水靠压差进入一效蒸发器 A 壳层，汇集一效蒸发器加热蒸汽冷凝水，再靠压差进入二效蒸发器 B 壳层，最后与二效蒸发器的加热蒸汽冷凝水一起由离心式冷凝水泵 L 排出。

（4）真空的形成　采用混合式冷凝器 C 冷凝二效蒸发器 B 的二次蒸汽，并用水环式真空泵 R 抽吸不凝性气体，以维持设备的真空。

（5）冷却水　冷却水靠压力进入混合式冷凝器 C 上部洒水盘，由上而下经两道伞式折流板分散，把由上而下的二次蒸汽冷凝。冷凝水与冷却水一起由冷却水泵 M 排出。

（三）多效蒸发器

串联三台以上蒸发器即多效蒸发器，采用多效蒸发的目的是为了减少加热蒸汽的消耗量，但效数是有限度的，主要是因为：

①效数增加，要求提高第一效的温度，但牛乳属于热敏性物料，第一效不能使用过高的加热蒸汽，因此总温差减少限制了效数的增加。

②随着效数的增加，在整个系统中乳料的总量要增加，这对处理热敏感的物料是不利的。

③效与效之间存在热损失，因此，实际耗气量大于理论耗气量；而且效数增加，温差损失增加。

④随着效数增加，设备费用成倍增加。

以多效蒸发代替单效蒸发具有显著的节能效果，但提高热能经济性还有其他方法，如目前在乳品生产中应用的蒸汽（热）再压缩蒸发 TVR（Thermo Vapour Recompression）和机械再压缩蒸发 MVR（Mechanical Vapour Recompression）。

蒸汽再压缩蒸发（热压缩）就是利用蒸汽喷射泵和机械压缩机将二次蒸汽（即从产品产生的蒸汽）再压缩，再用作加热介质，使得二次蒸汽可以得到高效率的回收和利用，大大减少了蒸汽的用量。

带热压缩器的单效蒸发器与不带热压缩器的双效蒸发器一样经济，多效蒸发器与热压缩器共同使用可使热效率达到最高。

图 4－67 为带热压缩器的双效蒸发器。从蒸汽分离器出来的部分蒸汽供给热压缩器压缩，同时与高压蒸汽（600～1 000kPa）相通，压缩器利用高压蒸汽提高动能，蒸汽通过喷头高速喷入。喷射器的作用是混合生蒸汽和从产品中出来的二次蒸汽并把混合物压缩到较高的压力。

将牛乳从平衡槽泵送到巴氏杀菌器杀菌，其温度调节到一效的温度，牛乳连续流入一效蒸发器 2，真空度与 60℃的沸点相适应。当牛乳以很薄的一层膜流过两个板片之间时，

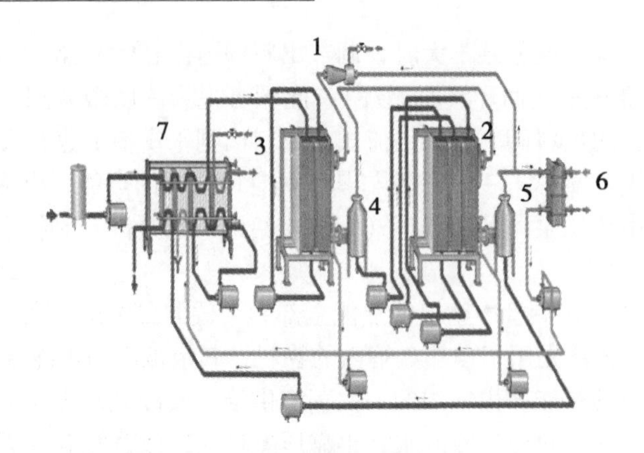

图4－67　带压缩机的两效蒸发器

1. 压缩机　2. 一效蒸发　3. 二效蒸发　4. 一效蒸汽分离器　5. 二效蒸汽分离器　6. 板式冷却器　7. 预热器

水分被蒸发，同时，牛乳被浓缩。

浓缩液在分离器中与蒸汽分离，被泵送到二效蒸发器，二效的真空度比一效的高一些，真空度与50℃的沸点相对应。在二效进一步蒸发后，浓缩液在分离器中与蒸汽分离，经预热器，泵送出系统外。

高压蒸汽喷入热压缩器1增加了二效蒸发器出来的蒸汽压力，蒸汽和二次蒸汽混合物用来作为一效蒸发器2的加热介质。

不像热压缩器，机械或蒸汽压缩系统是将蒸发器里的所有蒸汽抽出，经压缩后再返回到蒸发器中。

压力的增加是通过机械能驱动压缩机来完成的，无热能提供给蒸发器（除了一效巴氏杀菌的蒸汽），无多余的蒸汽被冷凝。

在机械式蒸汽压缩过程中，所有的蒸汽在蒸发器里循环，这就使得热能的高度回收成为可能。

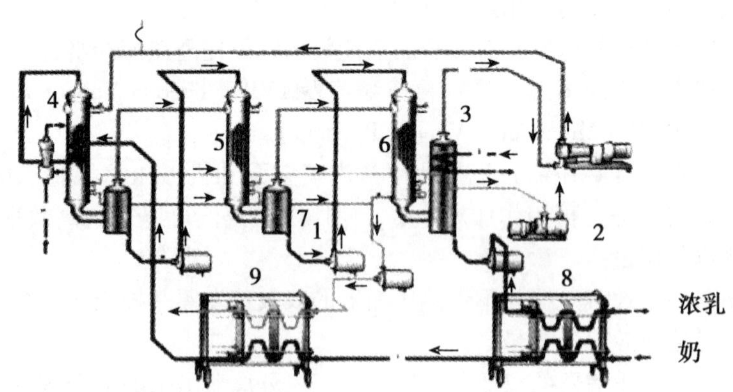

图4－68　配有机械蒸汽压缩机的三效蒸发器

1. 压缩机　2. 真空泵　3. 机械式蒸汽压缩泵　4. 第一效　5. 第二效　6. 第三效　7. 蒸汽分离器　8. 产品加热器　9. 板式冷却器

图4－68是带机械式蒸汽压缩机的三效蒸发器。压缩蒸汽从压缩机3回到一效蒸发器加

热产品，从一效出来的蒸汽用来加热二效的产品，从二效出来的蒸汽用来加热三效的产品。

压缩机把蒸汽压力从 20kPa 升高到 32kPa，把冷凝温度从 60℃提高到 71℃。

71℃的冷凝温度在一效蒸发器里不足以消毒产品，因此，实际中需要在一效前面安装热压缩器以提高冷凝温度。

在第三效蒸发器蒸汽分离之后，蒸汽进入一小型冷凝器，从蒸汽喷射器喷入的蒸汽被冷凝。同时冷凝器还控制蒸发器里的热平衡。

机械式蒸汽压缩使得蒸发 100～125kg 水，只需 1kW 电力成为可能。带机械式压缩的三效蒸发器的操作费用是带热压缩器的七效蒸发器操作费用的一半。

第十节 清洗与消毒

多数乳制品对热很敏感，所以在处理过程中，要非常小心。如果用一平底锅加热牛乳，在平底锅内壁上，蛋白质将凝结并在其上结垢。如果热交换器表面太热，这种情况也同样会在热交换器中发生。如图 4－69 所示。

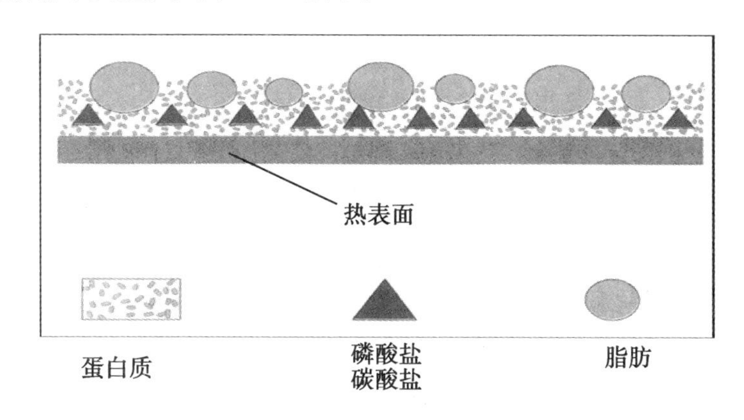

图 4－69 受热表面上的沉积物

所以加热介质和产品的温差要尽可能地小。如果间壁表面太热，牛乳中的蛋白质将会有凝结并在间壁上结焦的危险，而热量必须通过这一垢层进行传递，这将导致总传热系数 K 值下降。

结垢后，即使加热介质和产品的温差与以前相同，也不能传递同样多的热量，产品的出口温度将会下降。这可通过提高加热介质的温度来补偿，但这又提高了传热表面的温度，以致更多的蛋白质凝结在换热器表面上，垢层的厚度增加，K 值进一步下降。

容易出现在乳品设备表面且需要除去的污物（乳的结垢）包括哪些呢？主要有两类：一是在热表面形成的“乳石”，二是在冷表面形成的“干垢”。

牛乳被加热到 60℃以上时，乳石便开始形成，其成分主要是磷酸钙、磷酸镁、蛋白质、脂肪等的沉积物。

设备经较长时间的运转后，在加热段和热回收的片式换热器的板片上，易出现乳石。乳石会紧紧地附着在设备表面上。刚开始形成时，乳石呈白色；设备运行超过 8h，乳石变成褐色。

另一种结垢是发生在设备的“冷”表面，即所谓“干垢”。牛乳输送后，一层乳膜会黏附在所经过的管、泵、缸等的壁面上（冷表面）。在系统排空后，要尽快进行清洗作业，否则，这层膜逐渐脱水形成“干垢”，最终难以除去。

无论是乳石还是干垢，其组成成分都是乳中的组分，对微生物来说，都是良好的培养基。如果不及时清除，细菌就会利用这些物质生长繁殖。

在受热表面上，能看到的污物如表4－14所示。

表4－14　化学作用和污物特性

表面成分	溶解性	除去的容易程度	
		低温、中温巴氏杀菌	高温巴氏杀菌、超高温
糖	溶于水	容易	焦糖化，困难
脂肪	不溶于水	用碱困难	聚合作用，困难
蛋白质	不溶于水	用碱非常困难，用酸稍好些	变性作用，更难
无机盐	溶于水	多数盐溶于酸	不定

一、清洗消毒的目的

由设备导致乳被细菌污染的程度很大；与乳相接触的任何设备表面都可能是潜在的污染源。因此对设备进行清洗和消毒是非常重要的。

巴氏杀菌设备运行一定时间（一般为6h，视其设备和原料奶质量而定）后，冷却段内的乳会孳生细菌，这些细菌附着在乳垢里形成微生物薄层，并能迅速生长。

这些微生物多数是嗜热链球菌（最高生长温度53℃），而粪渣链球菌、坚忍链球菌（最高生长温度52℃）和粪链球菌（最高生长温度47℃）也会带来问题。

因此，须定期清洗消毒，以清除管道内、单元设备内残留的乳成分和污垢，防止细菌孳生、杀灭设备和管道内的微生物。

二、清洗与消毒

所谓清洗就是通过物理或化学的方法除去被清洗表面可见和不可见的杂质的过程。而清洗所要达到的标准是指被清洗表面所要达到的清洁程度，有下面几种表示方法。

（一）表示清洗程度的术语

（1）物理清洁度　指除去表面上的肉眼可见的污垢。

（2）化学清洁度　不仅除去表面上肉眼可见的污垢，而且还要除去肉眼不可见的、但可尝出或嗅出的残留物。

（3）微生物清洁度　通过消毒达到的清洁度。

（4）无菌清洁度　需要杀灭所有微生物。

其中，微生物清洁度和无菌清洁度，通常伴有物理清洁，但不一定伴有化学清洁。必须指出，设备不需经过物理或化学清洗就能达到细菌清洗度。然而，需要清洗的表面如果首先经过最起码的物理清洗后，就更容易达到细菌清洁度。

对乳品厂而言，化学和微生物清洁度是要达到的标准，因此，设备表面首先用化学洗涤剂进行彻底清洗，然后再进行消毒。

（二）清洗的几个要素

为了保证清洗效果，达到微生物清洁度的要求，必须对清洗过程的几个要素进行控制。

（1）清洗剂的选择　不同清洗剂的清洗效果是不同的，应根据具体情况合理选择。例如：如果清洗后仍有奶垢，要用六偏磷酸钠等处理。清洗挂锡的奶桶时，为保护桶内的锡不受腐蚀，在碱液内应添加亚硫酸钠（NaOH：亚硫酸钠＝4：1）。

（2）洗涤剂溶液的浓度　清洗开始之前，溶液中洗涤剂的量必须调整到正确的浓度，在清洗过程中，清洗液被漂洗水和牛乳残留物所稀释，同时也发生了一系列的中和作用。所以在清洗的过程中，有必要检测一下清洗液的浓度，做不到这一点将会严重影响清洗效果。增加其浓度并不一定会提高清洗效果，有时还会因起泡等现象而起到相反的效果，使用过多的洗涤剂只会使清洗产生不必要的浪费。

（3）清洗时间　洗涤剂清洗阶段的持续时间必须要进行仔细的计算，以获得最佳的清洗效果。同时还要考虑电力、加热、水和人工等项的费用。

只用洗涤剂溶液冲洗管道系统是不够的。洗涤液还需要在管道中循环足够长的时间，才能溶解污物。循环所需时间的长短需根据沉淀物的厚度和洗涤液的温度来确定，凝结了蛋白质的热交换器板片的清洗需经硝酸溶液循环20min，而用碱液溶解乳罐壁上的薄膜有10min就足够了。

（4）清洗温度　一般而言，洗涤剂的清洗效力随着温度的上升而增加，而混合洗涤剂通常有一个最佳的使用温度。

通常，采用碱性洗涤剂清洗的温度与产品在加工过程中的温度一样，至少70℃，用酸性洗涤剂清洗要求温度为60～70℃。

（5）清洗流量　在手工清洗中，使用硬毛刷来达到所要求的机械刷洗效果。在机械清洗管道系统、罐和其他加工设备中，靠洗涤剂的流速来提供对清洗表面产生的机械作用或湍流作用，提高清洗效果。

作为一般的清洗原则，清洗液流速至少应达到：管道内1.5～3.0m/s、垂直罐中200～250L/（m^2·h）、卧式罐中250～300L/（m^2·h）；而热交换器清洗时的流速应比生产时大出10%。洗涤剂供液泵的能力比产品泵的能力高，从而使液流能产生所需要的流速，使液流呈湍流，在设备的表面产生良好的洗刷效果。

（6）设备设计必须适合清洗线路　为了有效地进行就地清洗，设备的设计必须适合清洗线路，并且易于清洗。

洗涤剂溶液要到达设备的所有表面，系统中不能存在洗涤剂不能到达或流入的死角，安装机器和管道要使洗涤剂能充分地排出，任何积聚在囊状或弯曲部分的残留水都会给细菌的迅速繁殖提供场所，会给产品再污染带来危险。因此，管路的设计、清洗液的流动方向对清洗效果也有影响，其中，影响最大的就是管路的末端设计。

在管路设计中要尽量避免末端的个数，如T形连接等。若T形连接是不可避免的，作为一般原则，T形管的长度L应不大于管径D的1.5倍，即$L/D \leqslant 1.5$。

管路设计、流动方向对清洗效果的影响，如图4－70所示。

管路系统中难清洗部位的例子见图4－71所示。

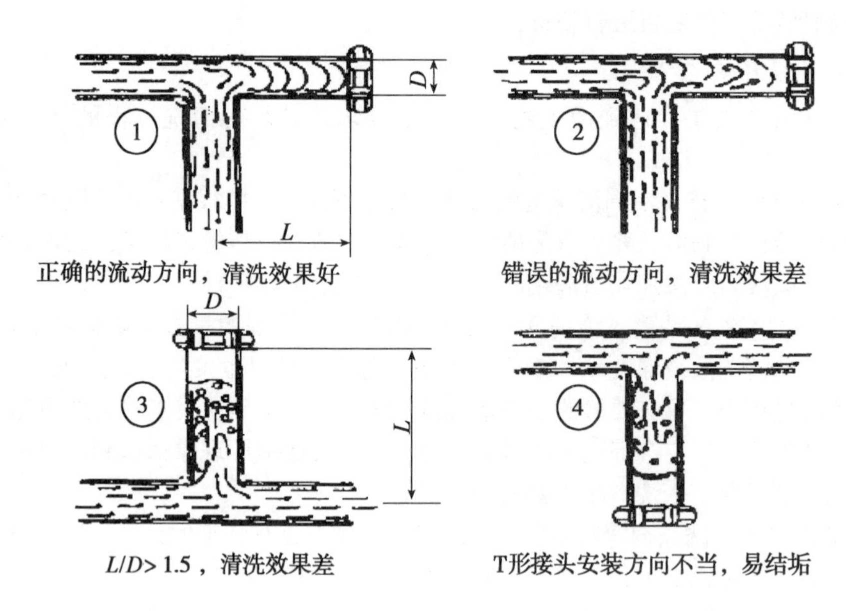

图4-70　不同的管路设计、流动方向对清洗效果的影响

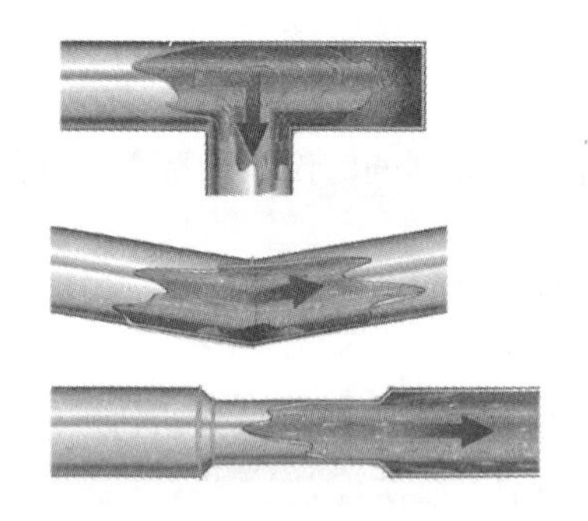

图4-71　管路系统中难清洗部位

对热交换器而言，为了实现有效的清洗，设计热交换器时，不仅要考虑到温度程序的要求，而且还要考虑到清洗的要求。

在热交换器中，如果某些通道很宽，即有几条并联的通道，那么在清洗过程中，紊流就不能充分有效地清除污垢沉积物。另一方面，如果通道很窄，即只有少数的几个通道，这样紊流程度加剧，压力降将会提高。如此高的压力降将会减小清洗液的流速，导致清洗效果降低，因此，一个热交换器在设计上一定要能有效地进行清洗。

（7）合适的材料　加工设备的材料，例如不锈钢、塑料和弹性体，一定是不能给产品带来任何异味的材料，也必须是在清洗温度下能抵抗洗涤剂和消毒剂侵蚀的材料。

在某些情况下，管子和设备的表面可能受到化学腐蚀以致污染产品。铜、黄铜、锡和镀锌铁皮对强酸和强碱很敏感，牛乳中即使极少量的黄铜残留也会引起氧化味（油腻、鱼油味）。不锈钢是乳品厂用于产品润湿表面的通用材料，因此，可避免金属污染，然而不锈钢却能被氯溶液腐蚀。

当在不锈钢系统中装入铜或黄铜制成的部件时，会产生电解腐蚀现象。该情况下，污染的危险很大，如果在设备中含有不同质量的钢，用阳离子活性剂清洗时，也可能会出现电解腐蚀。

弹性体（例如，橡胶垫圈）会被氯和氧化剂腐蚀变成黑色或断裂，分离的橡胶粒子可能进入牛乳中。

加工设备中使用的塑料可能会引起污染，某些塑料中的成分能被牛乳中的脂肪溶解，也可被洗涤剂溶液溶解，所以乳品厂中用的塑料要在成分上和稳定性上符合要求。

三、CIP 清洗

以前乳品设备的清洗是靠人工用刷子和清洗剂溶液进行的。清洗工人必须拆开设备，钻进大罐才能清洗设备表面，这不仅费力，而且也不卫生；产品也常常受到清洗不彻底的设备的污染。

就地清洗（Cleaning In Place，CIP）就是在无需进行设备及整个生产线拆卸的情况下，冲洗水和洗涤剂溶液循环通过罐、管路和加工线，形成一个闭合的清洗循环回路，高速液流过设备表面产生一种能除去沉淀污物的机械冲击力，以实现良好的清洗效果。

此方法仅适用于管道、热交换器、泵、阀、分离机等，而清洗大罐时，是在罐的顶部安装一个清洗喷射装置，洗涤剂溶液由上沿罐壁靠其重力流下。虽然机械刷洗效果可以通过特殊设计的喷嘴，如“涡轮旋转喷头”取得一定程度的提高，但需要大量的洗涤液进行循环才可达到良好的效果。

哪类设备能在同一清洗回路清洗要根据以下因素决定：产品残留物一定是同一类型，以便使用同样的洗涤剂和消毒剂；清洗设备的表面必须是同种材料或者适用于同样的洗涤剂和消毒剂。

回路中的所有组件，在清洗时应全部备好。为了达到清洗的目的，作为一个整体的乳品设备，可划分成几条线路，这样能在不同的时间内进行清洗。

为了获得所要求的清洁度，清洗操作一定要严格按照制定的清洗程序进行，乳品厂中的清洗循环通常包括以下几个步骤。

通过刮落、排出、用水置换或用压缩空气排除等方法来回收残留的产品→用水预冲掉松散的污物→用洗涤剂清洗→用清水漂洗→用加热法或用化学药剂进行消毒（任选的，在后一种情况下，应再加一次清水漂洗）。每一步均需要一定的时间以获得可靠的结果。

与手工清洗相比，CIP 具有以下特点：安全可靠，设备无需拆卸；按程序进行，有效减少人为失误；水、洗剂、杀菌剂和蒸汽的耗量少，清洗成本降低。

（一）典型的 CIP 清洗流程

设备在生产结束后或生产间歇（一般连续生产 6h），一定要认真清洗和消毒。清洗和消毒必须分开进行，因为未经清洗的导管和设备，消毒效果不好。

CIP 程序必须适应不同的乳品对操作条件的要求。

1. 残留产品的回收

生产结束时，应从生产线中回收残留的产品，其重要性有①减少产品损失；②有利于清洗；③减轻废水处理系统的负担，节约废水处理费用。

当设备表面覆有固体残留时，如在清洗奶油搅打器时，必须将残留其内的产品刮擦干净。从生产线回收残留产品的方法是在清洗前，先用水将生产线中残留的乳冲出（俗称

“水顶乳”）。如果有条件，也可将管线中的乳用气吹出（俗称“气顶乳”），然后将乳收集到贮罐中。

2. 冷水预冲洗

残留产品回收后，要立即进行预冲洗，否则牛乳残留物会变干黏附在设备表面上，更难清洗，通常利用上一个清洗循环中回收的最后一道冲洗用水。预冲洗的水温不要超过55℃，以免蛋白变性黏附，造成清洗困难。

预冲洗必须连续进行，直到从设备中排出的水干净为止。否则，会增加洗涤剂的消耗量，并会降低含氯水等消毒剂的效果。

如果设备表面上存在干的乳品残留物，应浸泡使污物松软，从而使清洗更有效。

预冲洗阶段排出的水和乳的混合物可收集在贮罐中，进行特殊的加工。有效的预冲洗可除去至少90% 的非结焦残留物，一般为总残留的99%。

3. 用清洗剂清洗

冷水预洗后，用热的洗剂（70～72℃）进行冲洗，目的是除去容器内壁的蛋白质和脂肪等固体奶垢。

受热面上的污物通常用碱和酸性清洗剂进行清洗，按照这个顺序或反过来都行，但都要用中间介质水进行漂洗。冷表面通常用碱来清洗，只是偶尔用酸液清洗。

对清洗剂的选择，过去首先考虑清洁程度和经济效果，现在则首先考虑环境污染。清洗剂通常有5类：碱类、酸类、螯合剂类、磷酸盐类、润洗剂类。

（1）碱类　常用NaOH、正硅酸钠、硅酸钠、磷酸三钠、碳酸钠、碳酸氢钠。其中NaOH和正硅酸钠会导致严重的皮肤灼伤，使用时要倍加小心；硅酸钠和磷酸三钠对清洗顽垢很有效；碳酸钠和碳酸氢钠碱度低，是可以与皮肤接触的清洗剂。

碱性洗剂虽对金属有腐蚀作用和对垫圈有不良影响，但目前仍以碱性洗剂为主。

（2）酸类　有些设备仅用碱洗不能达到最佳效果，如清洗热处理设备中的乳垢必须用酸洗，常用硝酸、磷酸、氨基磺酸、羟基乙酸、柠檬酸等。

（3）螯合剂类　洗涤剂也必须能够“分散”污物，并使悬浮的颗粒分散，防止再絮集。

多聚磷酸盐、EDTA及其盐类等是有效的螯合分散剂，它们也能使水软化。螯合剂使用的理由是：水的硬度较高时，碱洗过程中会发生一些化学反应，如NaOH溶液作为清洗液时发生的化学反应有：

$Ca(HCO_3)_2 + 2NaOH \rightarrow CaCO_3\downarrow + Na_2CO_3 + 2H_2O$

$MgSO_4 + 2NaOH \rightarrow Mg(OH)_2\downarrow + Na_2SO_4$

$CaSO_4 + Na_2CO_3 \rightarrow CaCO_3\downarrow + Na_2SO_4$

因此，使用螯合剂的目的就是防止钙镁盐沉淀在清洗剂中形成不溶性的化合物。

（4）表面活性剂　为了能使碱性和酸性洗涤剂溶液与污物膜充分地接触，有必要在溶液中加入一些能降低液体表面张力的“润湿剂”（表面活性剂），以改善洗涤性能。

常用的有阳离子表面活性剂（烷基、芳基、磺酸盐）、阴离子表面活性剂（季铵化合物）和非离子的胶体。阴离子表面活性剂与非离子表面活性剂最适于用作洗涤剂，而阳离子的表面活性剂通常用作消毒剂。

4. 清水漂洗

经洗涤剂清洗后，要用清水冲洗足够长的时间，以除去洗涤剂的残留。因为残留的洗涤剂可再污染牛乳，所以必须排除干净。

漂洗要用软化水，以免在设备和管道表面形成钙垢沉淀，要求软化水的总硬度在0.1～0.2mmol/L或5～10mg/$CaCO_3$［2～400dH（德国硬度）］。

另外，清洗用水不能有致病菌存在，要求：菌落＜500CFU/ml，大肠菌群＜1CFU/100ml。

经强碱或强酸溶液在高温下处理后，设备和管道系统实际上是无菌的。为防止在该系统中停留过夜的残留冲洗水中的细菌生长，可将漂洗水进行酸化处理（例如添加磷酸或柠檬酸等），使其pH值＜5来加以防止，因为酸性环境能防止大部分细菌生长。

5. 消毒

消毒前须将消毒管道或设备充分清洗，以除去有机质。

用酸和碱性洗涤剂进行清洗，不仅能使设备达到物理和化学清洁度，而且也能取得细菌清洁度。细菌清洁度能通过消毒得到进一步提高，使设备实现无菌。

在灭菌乳的生产中，必须对设备进行彻底灭菌，使其表面完全无菌。因此，清洗后的管道和设备、容器等在使用前要进行消毒处理。

在牛乳开始加工前，立即进行消毒，当设备排出全部消毒溶液后就可接收牛乳。如果在工作结束时进行消毒，应用清水把消毒剂溶液冲洗干净以防止残留物对金属表面的腐蚀。

常用的消毒方法有2种：

（1）热消毒（沸水，热水，蒸汽） 沸水和热水消毒是最简便的方法，也容易做到。用热水消毒时，必须使消毒物体达到90℃以上，并保持2～3min。

蒸汽消毒法系用直接蒸汽喷射在消毒物体上。消毒导管和保温缸等设备时，通入蒸汽后，应使冷凝水出口温度达82℃以上，然后把冷凝水彻底放尽。

（2）冷消毒 是乳品工业常用的消毒方法，也称化学消毒，消毒剂包括：次氯酸盐、氯、酸、界面碘剂、过氧化氢等。

次氯酸盐容易腐蚀金属（包括不锈钢），特别是使用软水而pH值很低时，更易腐蚀，故必须注意浓度和pH值。通常杀菌剂溶液中有效氯的含量为200～300mg/kg，如使用软水时，应在水中添加0.01%的碳酸钠。

使用次氯酸盐消毒时，为了控制有效氯的含量，应测定有效氯的浓度。其方法为：取50ml次氯酸盐溶液于三角瓶中，加15%的碘化钾溶液5ml和50%的醋酸2ml，在暗处静置5～6min后，加5%的可溶性淀粉溶液1～2ml，用0.01mol/L的硫代硫酸钠溶液滴定游离碘，直至无色为止。每毫升0.01mol/L的硫代硫酸钠溶液相当于14.2mg/kg有效氯。

用这种方法消毒时，必须彻底冲洗干净，直到无氯味为止。

（二）清洗程序的选择

乳品厂的CIP程序根据要清洗的线路中是否包含有受热表面而不同，将其划分为：用于巴氏杀菌器、UHT等带受热表面的设备的CIP程序；用于管路系统、罐和其他不带受热面的设备的CIP程序。

两种类型的主要不同点在于第一类中必须包含一个酸洗循环，以除去受热设备表面上的变性蛋白质和盐类。

1. 冷管路及其设备的清洗程序

冷管路包括收乳管线、原料乳储存罐等设备。牛乳在这类设备和连接管路中，由于没有受到热处理，所以相对结垢较少。因此，建议的清洗程序如下：

温水冲洗3~5min→用75~80℃热碱性洗涤剂循环10~15min（如0.5%~1.2%的NaOH溶液）→温水冲洗3~5min→每周用65~70℃的酸循环1次（如0.8%~1%的硝酸溶液）→用90~95℃热水消毒5min→用冷水逐步冷却10min，但储奶罐一般不需要冷却。

2. 热管路及其设备的清洗程序

（1）一般受热设备的清洗　是指混料罐、发酵罐、受热管道等。

用温水预冲洗5~10min→用70~80℃碱性洗涤剂（0.5%~1.5%）循环15~30min→用温水冲掉碱性洗涤剂5~8min→用65~70℃酸性洗涤剂循环15~20min（如0.5%~1%的硝酸或2%的磷酸）→用冷水后冲洗5~10min→生产线用90℃热水循环15~20min，以便对管路进行杀菌。

（2）巴氏杀菌系统的清洗程序　当乳制品被加热到65℃以上时，就会产生一些污垢，这意味着在设备达到极限的运行时间之前，巴氏杀菌器必须停下来清洗。巴氏杀菌系统运行时间的长度很难预测，但不能说不能预测，它需根据形成污垢的数量来决定。

污垢聚集的速度取决于很多因素，如产品和加热介质的温差、牛乳质量、产品中空气的含量、加热段的压力条件。

产品中应尽可能保持较低的空气含量，这点相当重要，产品中过量的空气将会导致污垢量的增加。

因此，在安排巴氏杀菌器生产计划时，要安排出定期的清洗时间，这点也非常重要。

用水预冲洗5~8min→用75~80℃热碱性洗涤剂循环15~20min（如浓度为1.2%~1.5%的NaOH溶液）→用水冲洗5~8min→用65~70℃酸性洗涤剂循环15~20min（如0.8%~1%的硝酸或2%的磷酸溶液）→用水冲洗5min。

巴氏杀菌器通常在生产开始之前消毒，用90~95℃的热水循环，当回水温度不低于85℃之后，再循环10~15min。

在某些工厂中，用水预冲洗后，程序要求CIP系统先用酸性洗涤剂清洗，以除去沉淀的盐类，这样可以破坏污物层，使后续的碱性洗涤剂容易将蛋白质溶解下来，如果要用含氯的化学药剂消毒，即使有一点酸性洗涤剂的残留，都会有腐蚀的危险。所以，当采用开始用碱液清洗，中间冲洗之后，再用酸液清洗时，要在使用含氯药剂消毒之前，设备用弱碱冲洗一下，以中和残留的酸液。

（3）UHT系统的清洗程序　相对于其他热管路的清洗来说要复杂得多。

对板式UHT系统可采取以下程序：用水冲洗15min→用生产温度下的热碱性洗涤剂循环10~15min（如137℃，浓度2%~2.5%的NaOH溶液）→用清水冲洗至中性，pH值为7→用80℃酸性洗涤剂循环10~15min（如1%~1.5%的硝酸溶液）→用清水冲洗至中性→用85℃的碱性洗涤剂循环10~15min（如浓度2%~2.5%的NaOH溶液）→用清水冲洗至中性，pH值为7。

对于管式UHT系统，可采用以下程序：用清水冲洗10min→用生产温度下的热碱性洗涤剂循环45~55min（如137℃，浓度2%~2.5%的NaOH溶液）→用清水冲洗至中性，

pH 值为 7。

（4）UHT 系统的中间清洗（Aseptic Intermediate Cleaning，AIC）　完全 CIP 循环通常在生产结束时立即进行，需 70～90min。

AIC 清洗是为了除去加热面上沉积的脂肪、蛋白质等垢层，降低系统内压力，有效延长运转时间。即大规模连续生产中，工作几小时后，在保温管里（传热面上）通常聚集一些沉淀物，影响传热的正常进行，这时可以进行一次无菌中间清洗处理，在完全无菌条件下进行 30min 的中间清洗，然后继续生产。

在生产中无菌中间清洗是非常有益的。当设备长时间运转，无论何时需要除掉生产系统中的沉积，而又不破坏无菌条件时都可以进行一次 30min 的 AIC。设备在 AIC 之后不必重新灭菌，这一方法节省了停机时间并使生产时间延长。

AIC 是指生产过程中，在没有失去无菌状态的情况下，对热交换器进行清洗，而后续的灌装可在无菌罐供乳的情况下正常进行的过程。即如果使用无菌罐，中间清洗可在生产中进行，而无需停下包装线，即中间不用停车。

AIC 清洗的程序如下：①用水顶出管道中的产品；②用碱性清洗液（如 2% 的 NaOH 溶液）按“正常清洗”状态在管道内循环，但循环时要保持正常的加工流速和温度，以便维持热交换器及其管道内的无菌状态。循环时间 10～30min，标准是热交换器中的压力下降到设备典型的清洁状况（即水循环时的正常压降）；③当压降降到正常水平时，即认为热交换器已清洗干净。此时用清洁的水替代清洗液，随后转回产品生产。当加工系统重新建立后，调整至正常的加工温度，热交换器可接回加工的顺流工序而继续正常生产。

（三）CIP 清洗系统的类型

在乳品厂中，就地清洗站包括储存、监测和输送清洗液至各种就地清洗线路的所有必需的设备。

CIP 系统有两种类型：集中式清洗，分散式清洗。

20 世纪 60 年代前，清洗是分散式的。乳品厂内的清洗设备紧靠加工设备附近，洗涤剂在现场由手工混合到所要求的浓度，这是一项讨厌和危险的工作。

60 年代后，集中式的就地清洗开始普及。集中式就地清洗站向乳品厂内所有就地清洗线路供应冲洗水、洗涤剂溶液和热水。如图 4－72 所示。

用过的液体返回中心站，并按规定的线路流入各自的收集罐。来自第一段冲洗的牛乳和水的混合物被收集在冲洗乳罐中。

洗涤剂溶液经重复使用变脏后必须排掉，贮存罐也必须进行清洗，再灌入新的溶液。最终的冲洗水被收集在冲洗水罐中，并作为下次清洗程序中的预洗水。

每隔一定时间排空并清洗就地清洗站的水罐也很重要，以免时间久了出现微生物繁殖的风险。

现在的清洗站自动化程度很高，各个罐都配有高、低液位监测电极。

清洗溶液的回流情况可通过导电传感器来控制，导电率通常与乳品厂中使用的清洗液浓度呈比例。用水冲洗的过程中，洗涤剂溶液的浓度越来越低，低到预设的值时，转向阀将液体排掉，而不返回洗涤剂罐。

就地清洗的程序由定时器控制，大型的就地清洗站可以配备多用罐，以提供必要的容量。

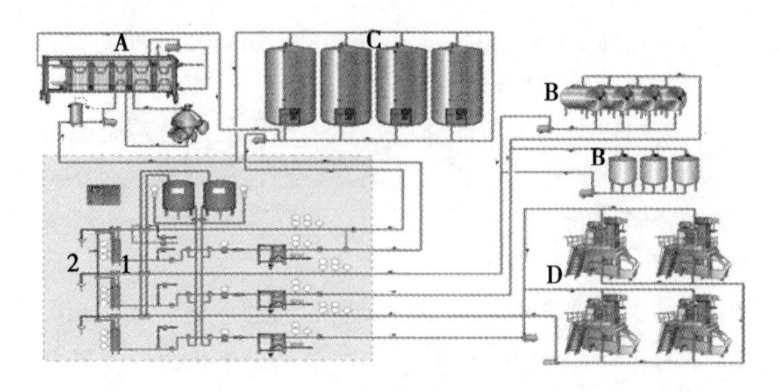

图 4-72 集中式 CIP 系统

清洗单元（虚线内）：1. 碱性洗涤剂罐 2. 酸性洗涤剂罐

清洗对象：A. 牛乳处理 B. 罐组 C. 奶仓 D. 灌装机

分散式就地清洗系统如图 4-73 所示。其中，仍有一个供碱液和酸性洗涤剂贮存的中心站，碱性洗涤剂和酸性洗涤剂通过主管道分别被派送到各个就地清洗站中，冲洗水的供应和加热则在各自的就地清洗站就地安排。这样很好地解决了清洗成本的问题。

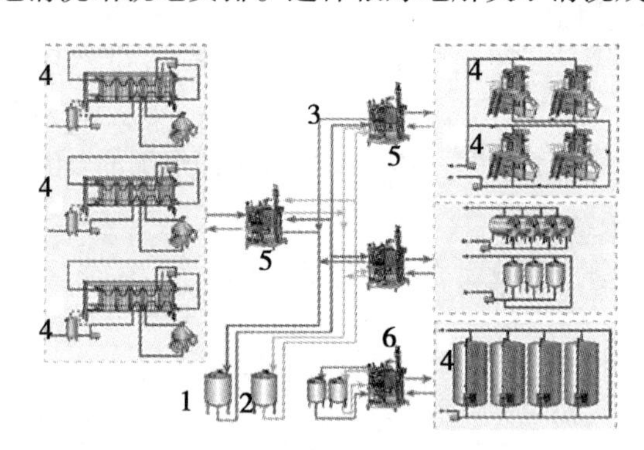

图 4-73 分散式就地清洗系统

1. 碱性洗涤剂贮罐 2. 酸性洗涤剂贮罐 3. 洗涤剂的环线 4. 被清洗对象 5. 卫星式就地清洗单元 6. 带有自己洗涤剂贮罐的分散式就地清洗

这些站，根据仔细测量，用最少液量来完成各阶段的清洗程序，即液体够装满被清洗的线路。最少量清洗液循环的原则有许多优点，水和蒸汽的消耗量会大大降低。第一次冲洗获得的残留牛乳浓度高，因此，处理容易，蒸发费用低。分散式就地清洗比使用大量液体的集中式就地清洗对废水系统的压力要小。

另外，可以使用一次性的洗涤剂。但一次性使用洗涤剂的概念与分散的就地清洗一起应用，违背了集中系统中循环洗涤剂的标准作业。

一次使用的概念是根据假定洗涤液的成分对一给定的线路是最合适的，在使用一次后就认为该溶液已经失去效用。虽然在某些情况下，可在下一程序中用作预冲溶液，但主要的效用是在首次使用上。

四、清洗喷头的类型

为获得良好的清洗效果，清洗喷头的设计和选择是十分重要的。乳品厂常用的清洗喷头有两种，即球形喷头和涡轮旋转喷头。球形喷头的罐内模拟清洗状态如图 4－74 所示，球形喷头结构简单，清洗效果好，如图 4－75 所示。

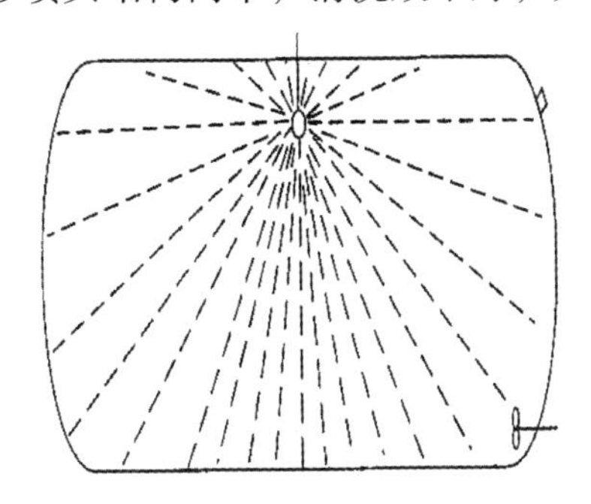

图 4－74　罐内球形喷头的模拟清洗状态

图 4－75　典型的球形喷头

涡轮旋转喷头可产生更大的冲击力，所以其清洗效果更好。涡轮旋转喷头由装在同一管子上的水平喷嘴和垂直喷嘴组成，喷嘴的转动是由向后弯曲的喷嘴在喷射作用下产生的。如图 4－76 所示。

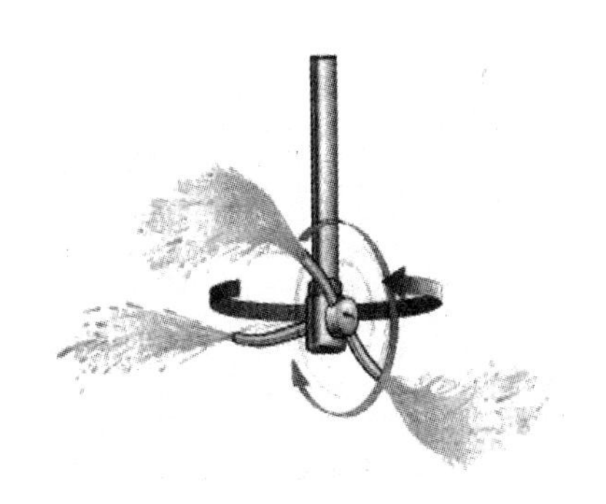

图 4－76　涡轮旋转清洗喷头

五、清洗效果的检验

定期对清洗效果进行检验，具有以下意义：①经济清洗，控制费用。②对可能出现的产品失败提前预警，把问题处理在事故之前。③长期、稳定、合格的清洗效果是生产高质量产品的必需。

清洗效果的检验有两种形式：肉眼检查和细菌监测，一般检验过程如下。

1. 设定标准

基本要求为：①气味：适当清洗过的设备应有清新的气味。②设备的视觉外观：不锈钢罐、管道、阀门等表面应光亮，无积水，表面无膜，无乳垢和其他异物（如沙砾或粉状堆积物）。③无微生物污染：设备清洗后达到绝对无菌是不可能的，但越接近无菌越好。

2. 可靠的检测方法

现代的加工线中，用肉眼检查很难达到目的，必须在加工线上的关键点，以严格的细菌检测来代替。一般用培养大肠杆菌来检查，其标准为每 $100cm^2 < 1$ 个。如果多于这个标准，清洗结果就不合格。

这些试验可在就地清洗程序完成后，特别是当产品中检查出过多的细菌数目时进行，通常是从第一批冲洗水或从清洗后第一批通过该线的产品中取样。

完整的质量控制，除对大肠杆菌进行检查外，还包括细菌总数的检查和感官控制（品尝味道）。

（1）检验频率

①奶槽车：送到乳品厂的乳接受前和奶槽车经 CIP 后。

②贮存罐（生乳罐、半成品罐、成品罐等）：一般每周检查一次。

③板式热交换器：一般每月检查一次。

④净乳机、均质机、泵类：应定期拆开检查。

⑤灌装机：对于手工清洗的部件，清洗后安装前一定要仔细检查并避免安装时的再污染。

（2）产品检测

①取样人员的手应清洁、干燥，取样容器应无菌，取样方式也应在无菌条件下进行。

②料乳应通过检测外观、滴定酸度、风味来判断是否被清洗液污染。

③ 刚热处理开始的产品应取样进行大肠菌群的检查，取样点应包括巴氏杀菌器冷却出口、成品乳罐、罐装的第一杯（包）产品。

（3）取样装置　在乳品厂，取样装置需要安装在一个特殊连接点。

可以从取样阀取得样品，如图 4－77 所示；对于卫生质量检验，取样方法必须防止所有管道外来污染的危险，因此，需使用取样杆，这种插杆其底部有一个橡皮塞，取样时拿下塞子，并对可能污染样品的所有部件灭菌，把皮下注射器的针头穿通橡皮塞进入产品中，然后将产品吸入注射器中，如图 4－78 所示。

对于无菌产品—即经过灭菌处理的产品为了避免重新污染需用无菌取样阀来取样。

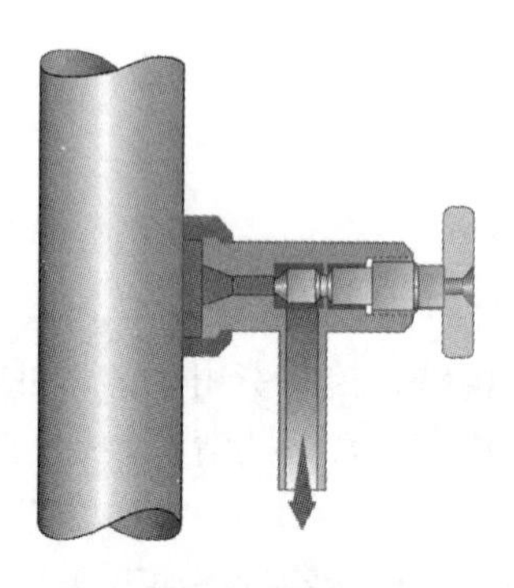

图 4－77　取样阀

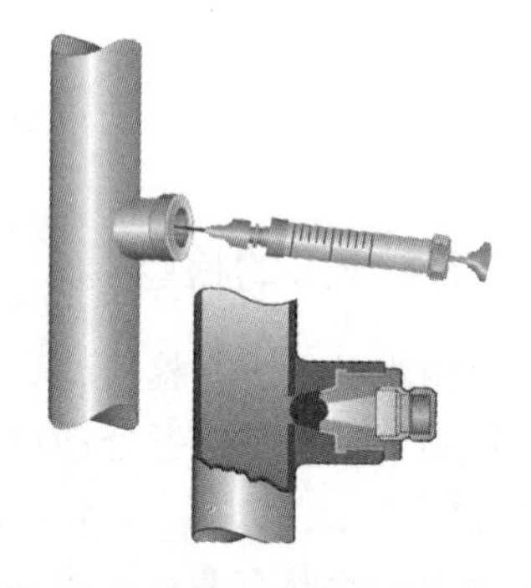

图 4－78　用于细菌学分析的取样杆

①灌装机：是很重要的潜在污染源，因为大部分灌装机或多或少的会有手工清洗部分，清洗后再安装时会被再污染。对无菌产品而言，灌装机清洗后、生产前还有一套杀菌程序。通常清洗后罐装的第一包（杯或袋等）产品应进行大肠菌群检查，结果应呈阴性；或检测第一包产品的杂菌数，一般在十几个。

②设备清洗后，外观检查只是一方面，如能配以定期的涂抹检查就能更彻底的了解设备清洗后的微生物状况。涂抹地点一般为最易出问题的地方，涂抹面积为（10×10）cm^2。清洗后涂抹的理想结果建议如下：细菌总数 <100；大肠菌群 <1；酵母菌 <1；霉菌 $<1CFU/100cm^2$。

③最后冲洗试验，即清洗后通过取罐中或管道中残留水来进行微生物的检测，从而判断清洗效果。理想结果为：菌落总数 < 100CFU/ml 或与最后冲洗冷水的菌落数一样多，或 < 3CFU/ml（若水来自热水杀菌或冷凝水）；大肠菌群 < 1CFU/ml。

3. 记录并报告检测结果

化验室对每一次检验结果都要有详细的记录，异常时应及时将信息反馈给相关部门。

4. 采取行动

跟踪调查，当发现清洗问题后应尽快采取措施。

六、车间消毒

乳制品生产厂的车间可划分为“湿区”和“干区”，湿区是指从原料接收、配料或标准化、到包装前的加工区域，干区是指产品的包装区域。相对而言，干区的要求较高，评价指标包括沉降菌、尘埃数、温度、湿度和照度。

不同的洁净级别有不同的指标要求，一般婴幼儿配方奶粉的干区或称洁净区要达到10万级。为达到洁净度的要求，对车间的消毒规程一般包括物理清扫和清洗、空气过滤、紫外线消毒、臭氧消毒、温湿度调整等。

其中紫外线消毒的原理：紫外线能引起细菌的 DNA 和细胞蛋白的化学变化，所以许多微生物会被紫外线杀死。因此，紫外线常被用来对车间空气进行消毒，然而紫外线会引起食品的一些化学变化，所以并不直接用于食品的灭菌。

空气过滤、温湿度调整等其他规程可参见相关章节和文献。

本章思考题

1. 解释概念：浓缩、蒸发、闪蒸、单效蒸发、多效蒸发、升膜蒸发、降膜蒸发。
2. 简述原料乳的质量标准。
3. 简述原料乳的净化方法和目的。
4. 简述原料乳的冷却方法。
5. 奶牛场、收奶站和乳品厂如何保证牛乳的生产冷链？
6. 原料乳在贮藏期间有哪些变化？
7. 牛乳离心分离的目的？
8. 简述牛乳分离的原理。
9. 什么是标准化？举例说明如何进行乳的标准化。
10. 现有含脂率 4% 的原料乳 100kg，要求生产出含脂率 3% 的产品，需要含脂率 0.05% 的脱脂乳多少？假如原料乳含脂率为 2%，其他条件均相同，那么需要含脂率 40% 的稀奶油多少？（答案是 33.9kg 和 2.7kg）
11. 举例说明乳品工业中有哪些热处理方法。
12. 简述冷冻对乳成分的影响。
13. 均质的目的？
14. 简述牛乳均质的原理及其对乳成分的影响。
15. 什么是均质团块，如何避免？
16. 简述浓缩对乳的影响，影响浓缩的因素有哪些？
17. 什么是 CIP 清洗？如何进行 CIP 清洗？

第五章　液态乳的加工工艺

在乳制品的消费方面，婴幼儿、老年人、特殊群体将以配方乳粉为主，大众群体将以液态乳为主。

第一节　液态乳的分类

按保质期分，有保鲜乳（7~21天）和常温乳（1~8个月）。

按酸度分，有酸乳和中性乳。酸乳又分为发酵酸乳和调配酸乳（果汁、柠檬酸、苹果酸等）；中性乳又分为巴氏杀菌乳、灭菌乳、调制乳等。本章主要讨论中性乳。

一、根据杀菌的方法分类

1. 低温长时（LTLT）巴氏杀菌乳（Pasteurized Milk）

经62~65℃/30min保温杀菌，即保温杀菌乳。

2. 高温短时（HTST）巴氏杀菌乳

采用72~75℃/15 s或75~85℃/15~20s杀菌。

3. 高温瞬时灭菌乳（UHT）

130~150℃/0.5~4s。

4. 保持灭菌乳（Retort Sterilized Milk）

以生牛（羊）乳为原料，添加或不添加复原乳，无论是否经过预热处理，在灌装并密封后经灭菌（110~120℃/10~40min）工序制成的液体产品。

二、根据脂肪的含量分类

1. 全脂乳（Whole Milk）

不添加任何添加剂，保持乳的自然状态，脂肪含量3.1%~4.5%。

2. 部分脱脂乳（Partly-Skimmed Milk）

脂肪含量1.0%~3.1%。

3. 脱脂乳（ Skim Milk ）

脂肪含量<0.5%。

三、按添加的辅料品种分类

即调味乳或称花色乳（Flavored Milk），是以生乳为原料，添加调味成分如巧克力、咖啡、谷物、果汁等制成的产品，再加以调色调香而制成的饮用乳。

这类产品要求含有80%以上的乳成分。

四、根据营养成分分类

1. 纯牛乳

以生乳为原料，不添加其他原料制成的产品。

2. 营养强化乳

在生乳的基础上，添加其他营养成分，如维生素、矿物质、DHA 等制成的产品。即把加工过程中容易损失的营养成分和日常食品中不易获得的成分加以补充，使成分加以强化的牛乳。

3. 功能乳

如低乳糖牛乳、低钠牛乳（高血压患者要限制钠含量）等。

4. 含乳饮料

在乳中添加水和其他调味成分而制成的含乳量为30% ~80% 的产品。

五、根据包装形式分类

有玻璃瓶、塑料瓶、塑料涂层的纸盒、塑料薄膜包装、多层复合纸（有铝箔）包装等形式。

保鲜乳包装一般为屋顶盒、塑料杯、塑料袋、塑料瓶、玻璃瓶和涂塑复合纸袋等；常温乳包装一般为多层复合纸（利乐砖、利乐枕）、多层复合膜（百利包）、塑料瓶等；其中保持灭菌乳多以高密度聚乙烯瓶为主。

第二节　液态乳的典型生产工艺

无论保鲜乳还是常温乳，其基本工艺的大体相同，典型的生产工艺如图 5 -1 所示。

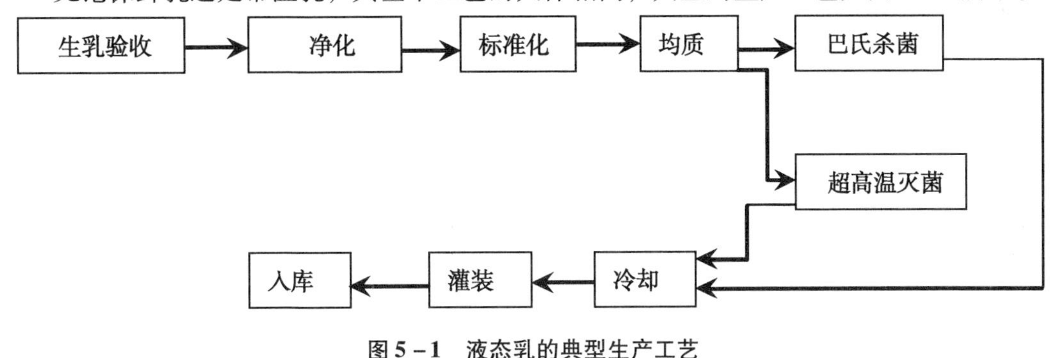

图 5 -1　液态乳的典型生产工艺

第三节　巴氏杀菌乳

巴氏杀菌乳又称鲜乳（Fresh Milk）、消毒乳、杀菌乳，国标中对巴氏杀菌乳的定义是：仅以生牛（羊）乳（Raw Milk）为原料，经巴氏杀菌等工序制得的液体产品。

经巴氏杀菌后，生乳中的蛋白质及大部分维生素基本无损，其风味和营养价值与生乳相差很小。但是，没有杀死所有微生物，所以，杀菌乳不能常温储存，需低温冷藏，保质期为7~21天。

巴氏杀菌曲线如图5-2所示。

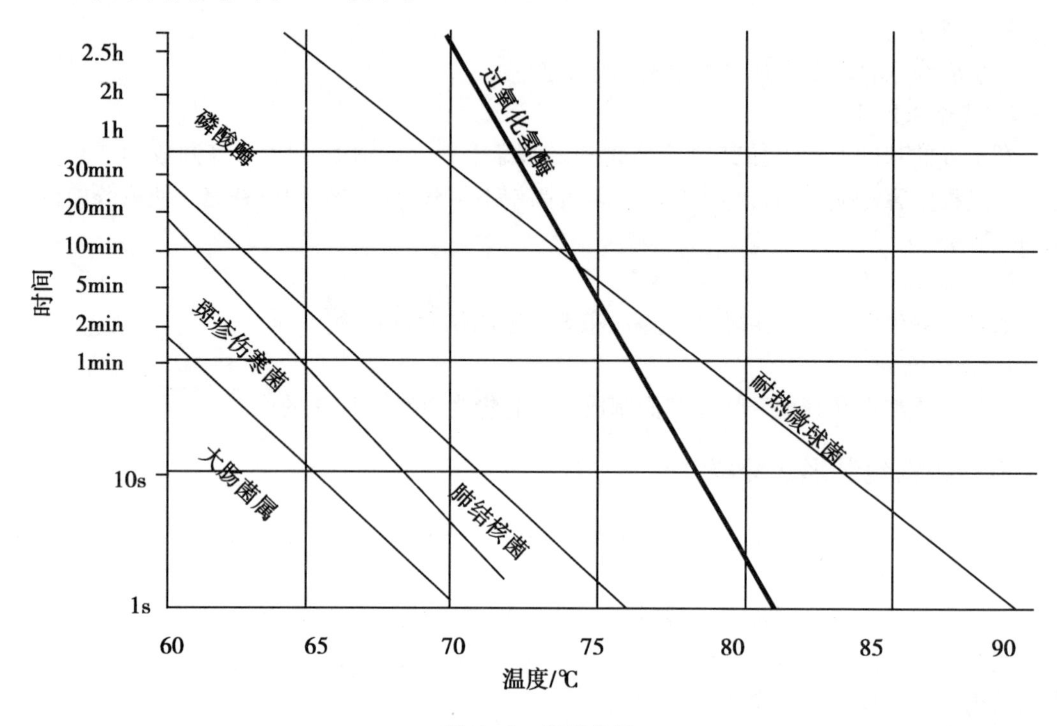

图5-2 杀菌曲线

一、巴氏杀菌乳国家标准 GB 19645—2010

本标准代替 GB 19645—2005《巴氏杀菌、灭菌乳卫生标准》以及 GB 5408.1—1999《巴氏杀菌乳》。

本标准与 GB 19645—2005 相比，主要变化如下：将《巴氏杀菌、灭菌乳卫生标准》分为《巴氏杀菌乳》《灭菌乳》《调制乳》三个标准，本标准为《巴氏杀菌乳》；修改了“范围”的描述；明确了“术语和定义”；修改了“感官指标”；取消了脱脂、部分脱脂产品的脂肪要求；增加了羊乳的蛋白质要求；将“理化指标”中酸度值的限量要求修改为范围值；取消了“兽药残留指标”；取消了“农药残留指标”；“污染物限量”直接引用 GB 2762 的规定；“真菌毒素限量”直接引用 GB 2761 的规定；修改了“微生物指标”的表示方法；取消了“食品添加剂”的要求；修改了“标识”的规定。

巴氏杀菌乳的感官要求、理化指标和微生物限量，分别如表5-1、表5-2和表5-3所示。

表5-1 巴氏杀菌乳的感官要求

项目	巴氏杀菌乳
色泽	呈乳白色或微黄色
滋味、气味	具有乳固有的香味，无异味
组织状态	呈均匀一致液体，无凝块、无沉淀、无正常视力可见异物

表 5－2　巴氏杀菌乳的理化指标

项目		巴氏杀菌乳
脂肪/（g/100g）	≥	3.1（仅限全脂巴氏杀菌乳）
蛋白质/（g/100g）	≥	牛乳 2.9，羊乳 2.8
非脂乳固体/（g/100g）	≥	8.1
酸度/°T		牛乳 12～18，羊乳 6～13

表 5－3　巴氏杀菌乳的微生物限量

项目	采样方案及限量（若非指定，均以 CFU/g 或 CFU/ml 表示）			
	n	*c*	*m*	*M*
菌落总数	5	2	50 000	100 000
大肠菌群	5	2	1	5
金黄色葡萄球菌	5	0	0 /25g（ml）	—
沙门氏菌	5	0	0 /25g（ml）	—

二、巴氏杀菌乳的工艺要求

1. 生乳验收

见第四章第一节。

2. 过滤或净化

见第四章第二节。

3. 预杀菌

为了节约成本，多数乳品厂仅对牛乳进行冷却处理，而省略预杀菌工序。

4. 标准化

根据产品品种和标准，对生乳进行标准化，凡不合乎标准的生乳都必须进行标准化。标准化有 3 种方法：

（1）预或前标准化　指在杀菌之前把全脂乳分离成稀奶油和脱脂乳，再根据产品对脂肪的要求，通过添加稀奶油或脱脂乳与原料乳混合以达到所要求的含脂率。

（2）后标准化　是指在杀菌之后进行，它与预标准化不同的是二次污染的可能性更大。

（3）直接标准化　上述 2 种方法都需要使用等量的混合罐，分析和调整工作也很费工，而直接标准化快速、稳定、精确，与分离机联合运作，单位时间内处理量大，直接标准化的原理如图 5－3 所示。

将牛乳加热至 55～65℃，按预先设定好的脂肪含量，分离出脱脂乳和稀奶油，并根据最终产品的脂肪含量，由设备自动控制回流到脱脂乳和稀奶油的流量，多余的稀奶油会流向稀奶油巴氏杀菌机。

5. 均质

65～70℃/10～20MPa。

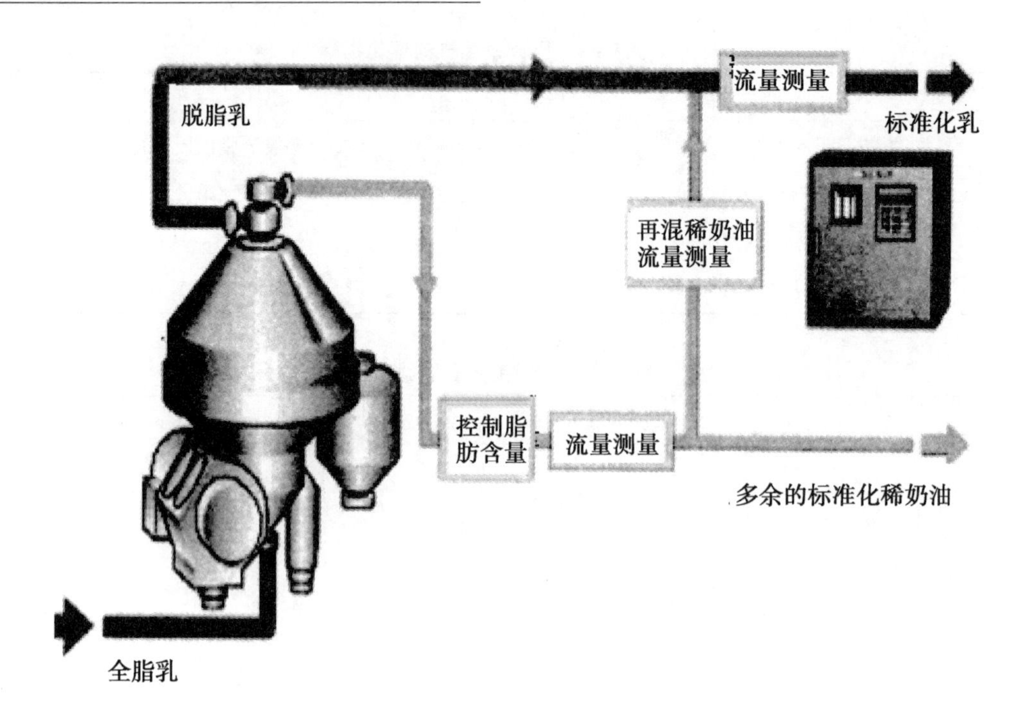

图5-3 稀奶油和牛乳在线直接标准化原理

6. 巴氏杀菌

巴氏杀菌的温度和持续时间是关系到巴氏杀菌乳质量和保存期的重要因素，要求热处理后必须保证杀死致病菌，并且产品不被破坏。

高温短时巴氏杀菌的条件为72~75℃/15~20s。

实践表明：杀菌温度76℃时，产品在低温储藏时细菌生长缓慢并有较长的货架期；而84~92.2℃杀菌时，产品在低温储藏时细菌生长率最快，并不能改善货架期，这可能与较高的温度破坏了乳中固有的抑菌物质和刺激孢子生长有关。

巴氏杀菌的控制必须确保牛乳在离开板式热交换器之前，已经经历了充分的巴氏杀菌，假如杀菌温度 <72℃，那么未巴氏杀菌的牛乳就必须与巴氏杀菌的牛乳分开来。

为实现这一点，在保持管的下游段安装有温度传感器和液流转向阀，假如温度传感器检测出通过它的牛乳没有充分地被加热，转向阀就会将未巴氏杀菌的牛乳打回到平衡槽。

7. 冷却

巴氏杀菌后，大部分微生物已消灭，但后续操作中，因不是无菌罐装，仍有被污染的可能。为了抑制细菌生长，延长保存期，需及时冷至4℃左右。而UHT乳、灭菌乳则冷至20℃以下即可。

现代的巴氏杀菌器的冷却系统中，产品主要是通过热回收换热进行冷却，热回收的最大效率为94%~95%，这就意味着从热回收冷却获得的最低温度为8~9℃。

如将牛乳冷到4℃贮存，就需要约2℃的冷却介质如冰水。若要实现更低的温度，就要使用盐溶液或酒精溶液，以防止出现冷却介质结冰的危险。

冷却介质从乳品厂的制冷设备到如图5-4所示冷却段11之间进行循环，通过控制进入巴氏杀菌器的冷却介质的流量，来维持产品出口温度的恒定。这可通过一个调节循环来实现，此循环包括产品出口管线上的温度传感器，控制板上的温度控制器以及冷却介质入口管线上的调节阀，根据传感器的信号，由控制器来改变调节阀的位置。来自传感器的信号与巴氏杀菌器出来的产品温度成正比。

要防止巴氏杀菌产品被非巴氏杀菌产品和冷却介质再污染，即使在巴氏杀菌中发生泄漏，也一定要保证巴氏杀菌产品向非巴氏杀菌产品及冷却介质方向泄漏，这就意味着经过巴氏杀菌的产品的压力要高于热交换另一侧介质的压力，所以，在生产线上安装了一台增压泵8，如图5-4所示。增压泵可放在保持管之后，也可放在最终加热段之前。

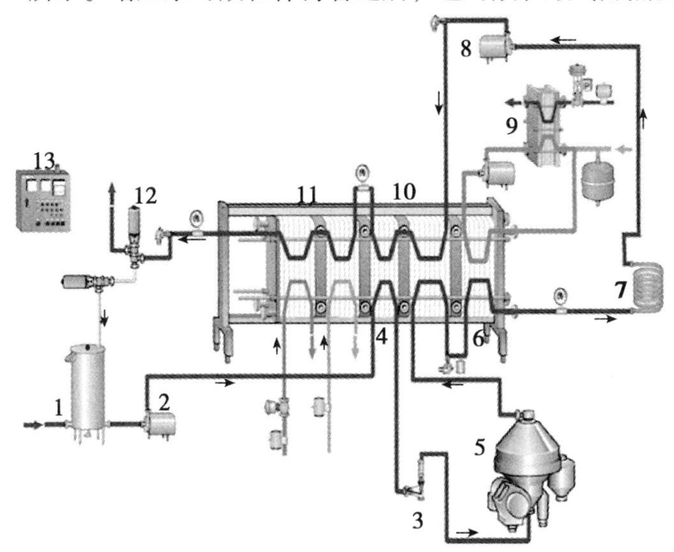

图5-4　完整的巴氏杀菌器

1. 平衡槽　2. 供料泵　3. 流量控制器　4. 热回收预热段　5. 离心净化器　6. 加热段　7. 保持管　8. 增压泵　9. 热水加热系统　10. 热回收冷却段　11. 冷却段　12. 液流转向阀　13. 控制盘

8. 灌装

灌装容器主要有玻璃瓶、聚乙烯塑料瓶、塑料袋、复合塑纸袋和纸盒等。

液体食品易于腐败，所以干净的，无污染的包装是绝对必要的；包装也应当保护产品免于机械冲击、光照和氧气；其他产品，例如，风味乳中含有对氧敏感的风味物质或维生素，因此包装最好除去氧气；应尽量避免灌装时的产品升温，因为包装后的产品冷却比较缓慢；包装环境、包装材料及包装设备等要用紫外线等方法消毒，以防止二次污染；尤其是在使用可回收奶瓶时。

包装材料的要求：①保证产品的卫生及清洁，对产品没有任何污染；②避光性、密封性好，有一定的机械抗压能力；③便于运输；④便于携带和开启；⑤有一定的装饰作用。

早在20世纪初就采用了玻璃瓶装牛乳，但玻璃瓶具有许多缺点如较重、易碎、重新使用之前必须清洗等问题，因此，自1960年以来，其他包装进入牛乳市场，主要是纸杯包装、塑料瓶装和塑料袋装。

（1）玻璃瓶包装　优点是可循环多次使用，破损率可控制在0.3%左右，与牛乳接触不起化学反应，无毒，光洁度高；缺点是质量大，运输成本高，易受日光照射，产生不良气味和造成营养成分损失。回收的空瓶微生物污染严重，一般玻璃瓶的容积与内壁表面之比为奶桶的4倍，奶槽车的40倍，这就意味着清洗消毒的工作量加大。

（2）塑料瓶包装　多用聚乙烯或聚丙烯塑料制成。优点是聚丙烯具有刚性，能耐碱液和次氯酸的处理，还能耐150℃的高温，而且质量轻，可降低运输成本，破损率低，循环使用可达200～500次；缺点是旧瓶表面容易磨损，污染程度大，不易清洗和消毒。较高的室温下，数小时后即产生异味。

（3）涂塑复合纸袋（盒）包装　优点是容器轻，容积小；减少洗瓶费用；不透光线，不易造成营养成分损失，不回收容器，减少污染；缺点是一次性消耗，成本较高。

纸盒包装通常由纸板和塑料（聚乙烯）组成。纸板由木头制成，是一个可再生的资源，纸板使得包装具有一定的韧性，能阻挡机械应力，纸板在某种程度上也可以作为隔光层。由于聚乙烯很纯净，当焚烧时或填埋在垃圾场时，它对环境产生的影响最小。对于不需冷藏而且具有较长保质期并且非常敏感的产品，加入一薄层的铝箔在聚乙烯塑料层之间，铝箔可保护产品免于光线和大气中氧的影响。

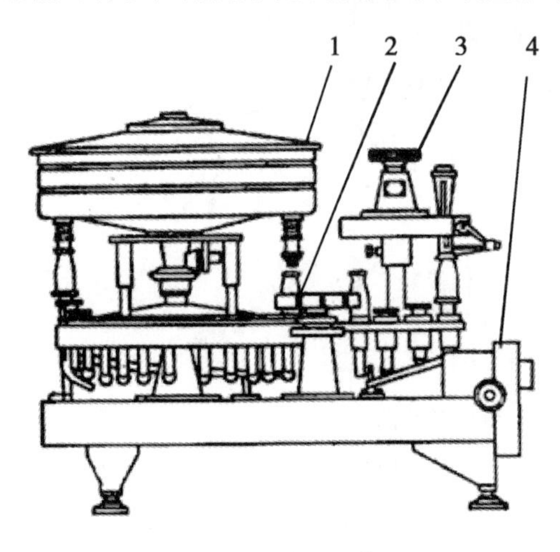

图5－5　自动装瓶打盖机

1. 灌乳　2 拨瓶　3. 打盖　4. 传动与调速装置

在纸板两面贴有较薄的食品级聚乙烯，这样使得纸盒具有防渗漏功能。当产品从仓库中取出时，外面的塑料膜也可使纸盒免于受到冷凝水的影响。

图5－5是一种自动装瓶打盖机。

9. 装箱

塑料箱要清洗干净，纸箱要干净无污染、无破损。

10. 库存与销售

杀菌乳应存放在2～6℃的库房内。库房要定期清扫、保持卫生，要严防鼠害。在分销过程中，必须保持冷链（2～4℃）的连续性，尤其是从出厂转运过程和产品的货架贮存过程是冷链的两个最薄弱环节。除温度外，还应避光、避免产品强烈振荡等。

三、举例：部分均质的液态乳生产线

如图5－6所示，牛乳经过平衡槽1进入到生产线，被泵入到板式换热器4，预热后再到分离机5，在这里分成脱脂奶和稀奶油。

不管进入分离机的原料乳含脂率和流速是否变化，从分离机流出来的稀奶油的含脂率都能调整到要求的标准。

用于生产搅打稀奶油的稀奶油含脂率通常设定在35%～40%，但也可设定为其他标准，例如生产奶油或其他类型的稀奶油。一旦设定，稀奶油含脂率通过控制系统保持恒定，此系统包括流量传感器7、密度传感器8、调节阀9和标准化控制系统。

该例中采用的是部分均质，即仅对稀奶油均质。这样，用较小的均质机12就能完成任务。

此系统的工作原理是：经过标准化设备之后，稀奶油分成两路：一路接着进行均质，

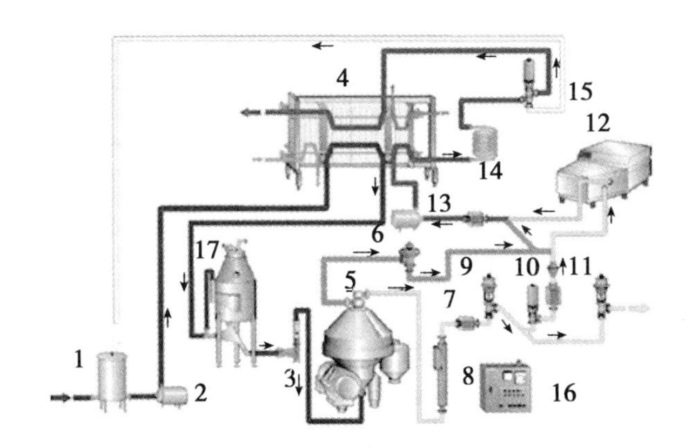

图5－6　部分均质的液态乳生产线

1. 平衡槽　2. 进料泵　3. 流量控制器　4. 板式换热器　5. 分离机　6. 稳压阀　7. 流量传感器　8. 密度传感器　9. 调节阀　10. 截止阀　11. 检查阀　12. 均质机　13. 增压泵　14. 保温管　15. 转向阀　16. 控制盘　17. 脱气装置

同时保证有适当的流量来达到产品所要求的含脂率；另一路为多余的含脂率40%的稀奶油，被送到稀奶油加工车间。

因为进行均质的稀奶油含脂率＞10%，所以需在均质前用脱脂乳进行“稀释”，接着均质；均质后的稀奶油在管中与脱脂乳混合达到3%的含脂率。之后，这种标准化的乳，被泵入到板式换热器的加热板中进行巴氏杀菌，所需的保温时间由单独的保温管14所保证。泵13是升压泵，即增加了产品的压力，这样如果板式换热器发生渗漏，经巴氏杀菌的乳不会被未加工的乳或冷却介质所污染。

如果巴氏杀菌的温度降低了，可被温度传感器检测到。信号促使开启转向阀，牛乳流向平衡罐。巴氏杀菌后，牛乳流到板式换热器冷却段，先与流入的未经处理的乳进行回收换热，本身被冷却，然后在冷却段再由冰水进行冷却，冷却后牛乳被泵入到灌装机。

四、巴氏杀菌乳的货架期

保质期又称最佳食用期，国外称之为货架期（Shelf Life），是指食品在标签指明的贮存条件下，保持品质的期限；即产品能够贮存的时间，在贮存期内产品质量不会低于一个可接受的最低水平。这一货架期的概念有一定主观性，如果产品质量标准定得很低，则其货架期就可能很长。

在良好的技术和卫生条件下，由高质量原料乳所生产的巴氏杀菌乳在未打开包装状态下，5～7℃下贮存，保质期一般为7～21d。

在适宜的贮存条件下，超过保质期的食品，如果色香味没有改变，在一定时间内仍然可以食用。而保存期是指产品可食用的最终日期，在保存期之后，食品可能会发生品质变化，不能食用。

五、巴氏杀菌乳贮藏过程中的质量变化

巴氏杀菌乳的保质期基本上是由原料乳的质量决定的，当然最佳的技术及卫生等生产

条件是非常重要的。

巴氏杀菌乳在贮藏过程中的主要变化有：乳中细菌生长造成产酸；乳中的酶造成脂肪和蛋白质的分解；脂肪上浮、絮凝、形成凝胶等物理化学变化；氧化、日晒味、酸败味等异味的产生。

而变质主要是由于微生物的生长引起的，影响因素有：贮存温度和贮存时间；二次污染的程度，巴氏杀菌乳通常在包装过程中被二次污染，大肠菌群的检出是被二次污染的一个指标；造成变质的细菌的世代间隔；原料乳中蜡样芽孢杆菌（*B. cereus*）的数量，如果没有发生二次污染的话，巴氏杀菌乳的变质主要是由于蜡样芽孢杆菌（7℃下增代时间 ≥ 10h）引起的，贮存温度 <6℃，蜡样芽孢杆菌不能生长，此时，变质可能是由环状芽孢杆菌引起的，如果储存温度较高，通过加热至 100℃左右生产的高强度巴氏杀菌乳的腐败主要是由地衣芽孢杆菌或枯草芽孢杆菌引起的；另外，光照会引起风味的变化和维生素的损失，暴露在光照度为 1 500lx 时风味及维生素的损失，如表 5 -4 所示。

表 5 -4 暴露在光照度为 1 500lx 时风味及维生素的损失 单位：%

纸装			时间/h	瓶装		
风味	维生素 C	维生素 B_2		风味	维生素 C	维生素 B_2
没损失	-1	没损失	2		-10	-10
	-1.5		3	很小	-15	-15
	-2		4	显著	-20	-18
	-2.5		5	强烈	-25	-20
	-2.8		6	强烈	-28	-25
	-3		8	强烈	-30	-30
	-3.8		12	强烈	-38	-35

六、延长货架期的液体乳（Extended Shelf-life，ESL 乳）

（一）概述

由于冷链的不完善、原料乳质量差以及加工和罐装工艺不合理等原因，保鲜乳的稳定性和货架期存在很大问题。

传统的巴氏杀菌乳在 4 ~6℃下的货架期只有 1 周左右，这样，产品的运输和销售区域就会受到很大的限制。而采用 UHT 杀菌和无菌罐装技术生产的液体乳虽然在室温下可保存 3 个月以上，但其感官质量发生很大的变化，具有明显的褐变和蒸煮味。

在此背景下，开发了 ESL 乳的生产工艺。ESL 乳既可满足消费者对液态乳的营养、新鲜、卫生和口感好的要求，又延长了货架期和增加了销售半径。

ESL 即延长货架寿命，目前没有统一的 ESL 定义，在美国和加拿大，是指在 7℃以下具有良好贮存质量的新鲜液态乳制品。主要措施是采用比巴氏杀菌更高的杀菌温度，但低于 UHT，即超巴氏杀菌（Ultra-pasteurized Milk），通常温度/时间组合是 125 ~ 138℃/2 ~

4 s。

同时，尽可能避免产品在加工、包装和分销过程的再污染，这需要较高的生产卫生条件和优良的冷链分销系统，温度<7℃（温度越低，货架寿命越长）。

“较长保质期”乳的保质期可达40天以上，主要取决于产品从原料到分销的整个过程的卫生和质量控制。

但无论超巴氏杀菌强度有多高，生产的卫生条件有多好，“较长保质期”乳本质上仍然是巴氏杀菌乳，与UHT乳有根本的区别。首先，超巴氏杀菌产品并非无菌灌装；其次，超巴氏杀菌产品不能在常温下储存和分销；第三，超巴氏杀菌产品不是商业无菌产品。因此，ESL产品在分送和零售贮存时，仍要保持在冷却条件下。

（二）ESL乳的生产方法

1. Pure-Lac™系统（蒸汽直接加热系统）

ESL乳的主要特征是保持新鲜的口感，因此，杀菌方法十分重要。延长货架期要尽量减少细菌数和孢子数，UHT可以做到，但UHT影响口感。为解决这一矛盾，蒸汽直接加热技术被应用到生产ESL乳上。近年来，APV和ELOPAK公司联合成功开发了Pure-Lac™系统。

该系统是一种基于蒸汽注入工艺，牛乳通过在注入室内自由降落时直接与蒸汽接触完成加热处理，避免了与“硬件”接触导致产生不良风味的可能性。

蒸汽直接加热系统包括一个可保持杀菌温度的蒸汽加压仓，牛乳融入蒸汽后从加压仓的顶部喷入，在下降过程中蒸汽冷凝，但产品到达底部时的温度和需要的温度相平衡。

该系统的杀菌温度为125～145℃，时间<1s，即瞬时加热<0.2s，闪蒸冷却时间<0.3s。此系统侧重于减少存活于巴氏杀菌的需氧嗜冷菌的孢子数，配合超清洁包装技术，产品在>10℃贮存销售时，货架期没有降低很多，达2～3周，同时，新鲜乳口感特性也没有明显降低。

2. 微滤技术与巴氏杀菌相结合生产ESL乳

利乐公司的Alfa-Laval Bactocatch设备，将离心与微滤结合，即在巴氏杀菌乳工艺中添加微滤装置生产ESL乳，可保持牛乳的新鲜风味、延长产品的货架期。

虽然二级离心除菌工艺可减少细菌芽孢的有效率达到99%，但是，如果要求在7℃以上延长保质期，此方法对巴氏消毒乳是不够的。

使用孔径为1.4 μm或更小的微滤膜可以有效地减少细菌和芽孢达99.5%～99.99%。但如此小的孔径，脂肪球也会被截留，因此，乳应首先被分离，经离心分离后，脱脂乳被送到微滤机，即微滤机进料要用脱脂乳。

离心与微滤的结合工艺如图5-7所示。

带有微滤装置的工艺如图5-8所示。

通过采用孔径更小的膜可以更有效地降低菌数甚至达到无菌状态，但这会降低流量和生产能力。

经微滤后的截留液数量约为进料的5%，此液富含细菌。截留液的总固体含量为9%～10%，其中，3.9%为蛋白质（包括来自微生物的蛋白质）和0.25%的脂肪。

此外，微滤单元包括一台为稀奶油和细菌浓缩液（截留液）的混合液进行高温处理的

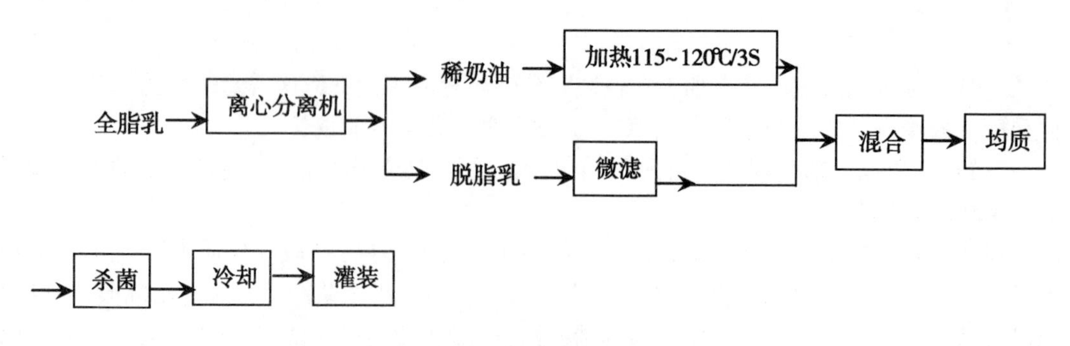

图5-7　离心与微滤结合工艺流程

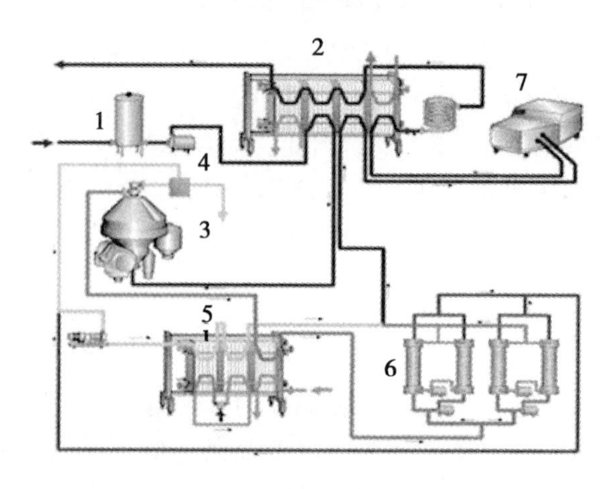

图5-8　带有微滤装置的生产线

1. 平衡罐　2. 巴氏杀菌机　3. 分离机　4. 标准化单元　5. 板式换热器　6. 微滤单元　7. 均质机

设备，此混合液经过热处理之后，与透过液即加工后的脱脂乳重新混合。

稀奶油和截留液在130℃灭菌4~12s，杀死耐高温的微生物如蜡状芽孢杆菌，之后与过滤后的脱脂乳重新混合，均质后一并在72℃巴氏杀菌15~20s，钝化其余部分带入的微生物，然后冷却到4℃包装。

这种工艺通过在达到同样的微生物处理效果的同时，由于只是部分乳经受较高温度处理，其余乳（主体）仍维持在巴氏杀菌的水平，这样得到的产品的口感、风味和营养都较完美。而且，整个销售过程中，如果牛乳的温度<7℃，产品的保质期可达45天。

3. 填充CO_2延长巴氏杀菌乳的货架期

CO_2可有效抑制许多引起食物腐败的微生物的生长，尤其是嗜冷菌。

在杀菌乳中填充CO_2能使货架期延长25%~200%，填充量在9.1mmol/L时，对口感影响不明显；当填充量>18.6mmol/L时，对口感影响明显。

各种ESL乳生产方法的产品，在储藏温度4℃和10℃下，其货架期的比较如表5-5所示。

表 5－5 各种 ESL 乳生产方法的产品货架期比较

	货架期/天	
	储藏温度 4℃	储藏温度 10℃
巴氏杀菌	10	1～2
离心除菌	14	4～5
微滤	30	6～7
Pure-Lac™系统	＞45	45

第四节 灭菌乳

灭菌乳是以生乳或复原乳为主要原料，添加或不添加辅料，经灭菌制成的液体产品。

灭菌的目的是杀死所有的微生物，包括细菌芽孢，达到商业无菌状态，因此，灭菌乳具有极好的保存特性，不需冷藏，常温下保质期 1～8 个月。

灭菌乳的基本要求：乳中的微生物（包括芽孢）被灭活到商业无菌的程度；乳中内源酶被充分灭活，而且原料乳中不含微生物产生的通过热处理不能够完全被灭活的外源酶；处理和贮存过程中，将乳的物化性质变化降至最低；保持乳的风味可以接受；乳的营养价值损失很小。

灭菌乳的加工原理如图 5－9 所示。

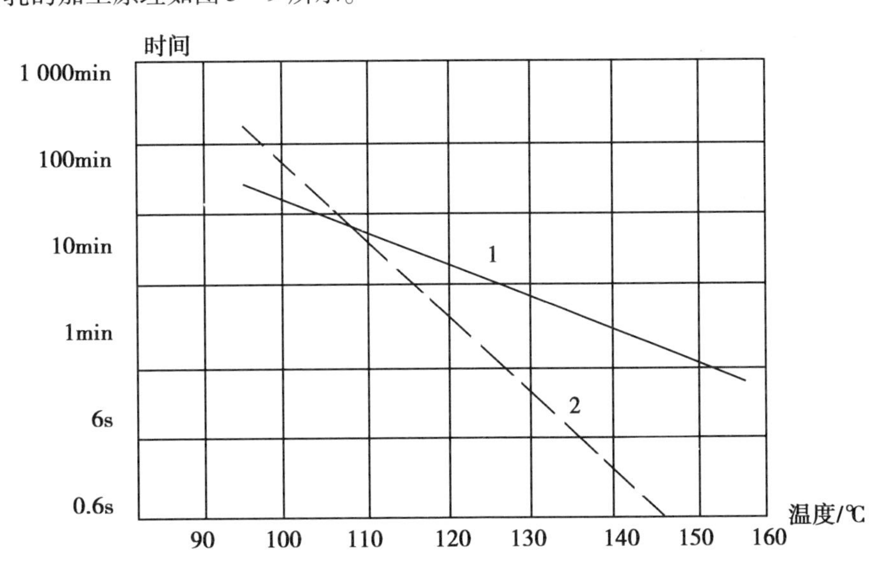

图 5－9 灭菌乳的加工原理（1 褐变，2 灭菌）

一、灭菌乳分类

除了杀菌和灌装条件的差异，灭菌乳的品种划分与巴氏杀菌乳是一样的。

国外灭菌乳制品主要包括：灭菌乳、咖啡稀奶油、甩打奶油和巧克力风味乳等。国内灭菌乳制品主要是：灭菌乳、调制乳、含乳饮料等。按照是否添加辅料将产品分为两类：灭菌纯牛乳和灭菌调制乳。每一类又包括全脂、部分脱脂、脱脂三种。

二、灭菌乳标准 GB 25190—2010

本标准代替 GB 19645—2005《巴氏杀菌、灭菌乳卫生标准》及 GB 5408. 2—1999《灭菌乳》中的部分指标。

本标准与 GB 19645—2005 相比，主要变化如下：将《巴氏杀菌、灭菌乳卫生标准》分为《巴氏杀菌乳》《灭菌乳》《调制乳》三个标准，本标准为《灭菌乳》；修改了“范围”的描述；明确了“术语和定义”；修改了“感官指标”；取消了脱脂、部分脱脂产品的脂肪要求；增加了羊乳的蛋白质要求；将“理化指标”中酸度值的限量要求修改为范围值；取消了“兽药残留指标”；取消了“农药残留指标”；“污染物限量”直接引用 GB 2762 的规定；“真菌毒素限量”直接引用 GB 2761 的规定；取消了“食品添加剂”的要求；修改了“标识”的规定。

灭菌乳的感官指标和理化指标，如表 5 – 6 和表 5 – 7 所示，而微生物指标是商业无菌。

表 5 – 6　灭菌乳的感官指标

项目	要求
色泽	呈乳白色或微黄色
滋味、气味	具有乳固有的香味，无异味
组织状态	呈均匀一致液体，无凝块、无沉淀、无正常视力可见异物

表 5 – 7　灭菌乳的理化指标

项 目		指 标
脂肪/（g/100g）	≥	3. 1（仅限全脂灭菌乳）
蛋白质/（g/100g）	≥	牛乳 2. 9，羊乳 2. 8
非脂乳固体/（g/100g）	≥	8. 1
酸度/°T		牛乳 12 ~ 18，羊乳 6 ~ 13

三、灭菌乳加工工艺要求

（一）原料的质量和预处理

灭菌乳对生乳的质量要求很高，要求生乳中的蛋白质能经得起剧烈的热处理而不变性，为此，生乳须在 75% 的酒精中保持稳定；不适宜生产灭菌乳的原料乳包括：

①酸度偏高的乳，酸败的牛乳热稳定性极差，会沉淀并焦煳在换热器表面，并导致生产时间缩短、清洗困难以及在贮存中蛋白质沉淀到包装的底部。

②盐类不平衡的乳，易形成软凝块，易在杀菌器内形成乳石。

③含有过多的乳清蛋白（免疫球蛋白、白蛋白等）的初乳或末乳，耐热性差。

④乳房炎乳：不仅含菌高，而且含有大量耐热的蛋白酶，经 UHT 杀菌后仍能残留或复活，使产品在贮存期内变苦、形成凝块等。

⑤含有抗生素的乳：注射了抗生素的奶牛所产牛乳的盐平衡系统遭到了破坏，使蛋白质耐热性差。

⑥生乳中的细菌学质量：生乳必须具有很高的细菌学质量，这不仅仅涉及细菌总数，更重要的是涉及那些能够影响灭菌效率的耐热芽孢和嗜冷菌的数目应该很低。一般而言，初始菌数尤其芽孢数过高则残留菌的可能性增加。

细菌可分为两大类群：一类仅以营养细胞形式存在（易于被加热或其他方式致死）；另一类以营养细胞及芽孢形式存在，如芽孢生成菌。这些细菌以营养细胞形式存在时易于被杀死，而以芽孢状态存在时则很难被消灭。

通常，产品中含有的是营养细胞的细菌和芽孢的混合菌丛，但是，混合菌丛中的细菌营养体和芽孢之间的相关性很低。含有很低细菌总数的产品中可能含有很高的芽孢数，也可能相反。因此，菌落总数不能做为芽孢数估测的依据。

当微生物进行热处理时，并非所有微生物都会被立即杀灭，而是在一定的时间段内，一定比例的微生物被杀死，而一部分则残存下来。

如果将残存下来的微生物再次置于同样处理条件并经历相同时间，与上次处理相同比例的微生物将被杀死，以此类推。换言之，在一定的灭菌或消毒剂的处理下，微生物总是按一定的比例被杀死，只不过，比例或大或小而已。

检测 UHT 设备的灭菌效率通常使用枯草芽孢杆菌（*B. subtilis*）和嗜热脂肪芽孢杆菌（*B. stearothermaphilas*）的芽孢做为目标微生物，因为这些菌株尤其是嗜热脂肪芽孢杆菌会形成相当抗热的芽孢。细菌芽孢的致死效果由约 115℃起始并随着温度的上升而快速上升。对不同状态下细菌的热影响如图 5－10 所示。

从灭菌效率考虑要控制芽孢的含量，根据生长温度范围，芽孢又分为嗜中温芽孢和嗜热孢胞；从酶解反应考虑，要考虑菌落总数，菌落总数一般不会影响灭菌效果，但灭菌乳是长货架期产品，如果原料中含有过高的细菌，其代谢将产生各种脂肪酶和蛋白酶，尤其是嗜冷菌产生的酶类相当耐热。这些酶存活于灭菌乳中，并在产品的储存期内复活，分解蛋白和脂肪，导致凝块和脂肪上浮等缺陷，而且过多的微生物代谢产物，会使人体产生不良反应，如发热、关节炎等。

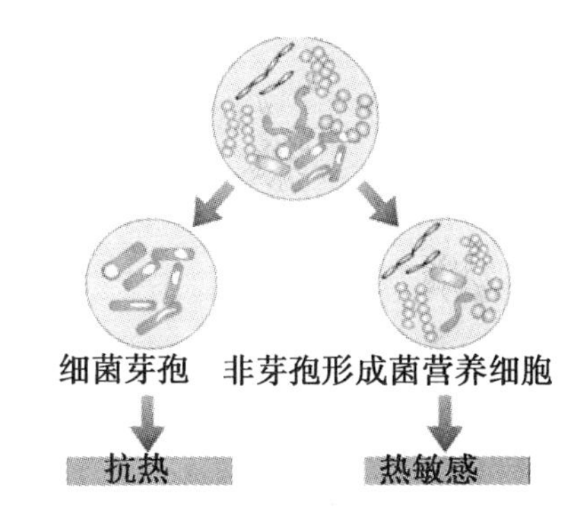

图 5－10　对不同状态下细菌的热影响

用于灭菌乳加工的原料乳的一般要求如表 5－8 所示。

表 5-8　用于灭菌乳加工的原料乳的一般要求

微生物		数量要求/（CFU/ml）
菌落总数	≤	10 万
芽孢总数	≤	100
耐热芽孢数	≤	10
嗜冷菌数	≤	1 000

（二）灭菌方法

如第四章所述，灭菌方法有两种：保持灭菌（瓶内灭菌或二次灭菌，即灌装后的产品和包装一起被灭菌）和超高温（UHT，为连续灭菌和无菌灌装）灭菌。

保持灭菌有 2 种方法：批量加工（一段灭菌、二段灭菌）和连续加工（连续灭菌、立式或卧式灭菌机）。

批量灭菌是一种常用于罐装食品的一种技术，事实上在装瓶和装罐后进行灭菌减少了无菌操作的麻烦，但另一方面，必须使用热稳定的包装材料。

当每天需要生产 10 000单位以上的产品时，最好使用连续加工系统。UHT 处理是一连续加工过程，设备局限于能够用泵输送的产品。现代 UHT 设备中，牛乳被泵入一个密闭系统。在流经途中，牛乳被预热、高温处理、均质、冷却和无菌包装。

低酸乳品（pH 值 >4.5）和高酸产品（pH 值 <4.5）都能在 UHT 设备中进行处理，然而，只有低酸产品才要求进行 UHT 处理使之成为商业无菌产品。

芽孢不能在高酸产品如果汁中生长，因此，含酸产品的热处理以达到能够杀死霉菌和酵母菌的强度即可，一般高温巴氏杀菌（90 ~ 95℃/15 ~ 30s）即已足够使高酸产品达到商业无菌。

与传统的在静水压塔中灭菌（二次灭菌）相比，UHT 处理可节省时间、能源和空间，并且 UHT 是一个高速加工过程，因此，对于牛乳风味的影响要远远小于前者。

超高温灭菌加工的类型

UHT 系统主要有直接加热系统、间接加热系统，以及兼有直接和间接的系统。

在直接加热系统中，产品与加热蒸汽直接混合，这样蒸汽快速冷凝，其释放的潜热很快对产品进行加热，同时产品也被冷凝水稀释。直接系统可分为：蒸汽注射系统（蒸汽注入产品）和蒸汽混注系统（产品进入充满蒸汽的罐中）。

间接加热系统中，产品与加热介质没有直接接触，热量是从加热介质中通过一个间壁（板片或管壁）传送到产品中。间接系统可分为：板式热交换器、管式热交换器和刮板式热交换器，详见第四章“乳制品的单元操作”。在间接系统中，可依据产品和加工要求将不同的热交换器进行组合。

蒸汽喷射喷嘴如图 5-11 所示，超高温瞬时灭菌机（直接喷射式）如图 5-12 所示。

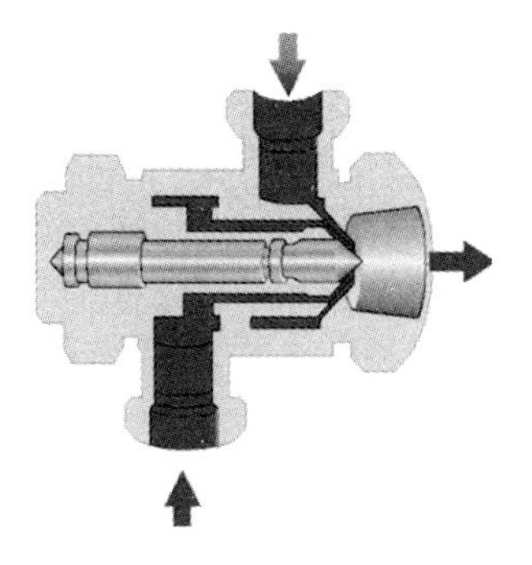

图 5－11 蒸汽喷射喷嘴

图 5－12 超高温瞬时灭菌机（直接喷射式）

超高温灭菌加工的类型如表 5－9 所示。

表 5－9 超高温灭菌加工的类型

<table>
<tr><td rowspan="5">蒸汽或热水加热</td><td rowspan="3">间接加热</td><td>板式加热</td></tr>
<tr><td>管式加热（中心管式和壳管式）</td></tr>
<tr><td>刮板式加热</td></tr>
<tr><td rowspan="2">直接蒸汽加热</td><td>直接喷射式（蒸汽喷入牛乳）</td></tr>
<tr><td>直接混注式（牛乳喷入蒸汽）</td></tr>
<tr><td>电加热</td><td>电导加热
间接电加热
摩擦加热</td><td></td></tr>
</table>

瓶内灭菌和 UHT（直接或间接加热）灭菌乳的时间温度曲线如图 5－13 和图 5－14 所示。

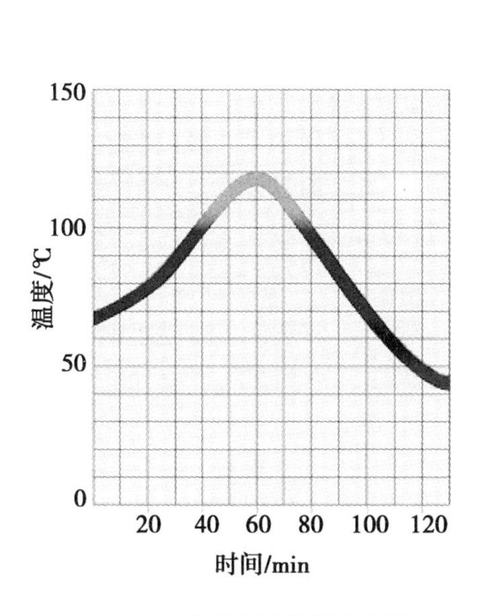

图 5－13 瓶内灭菌的温度曲线

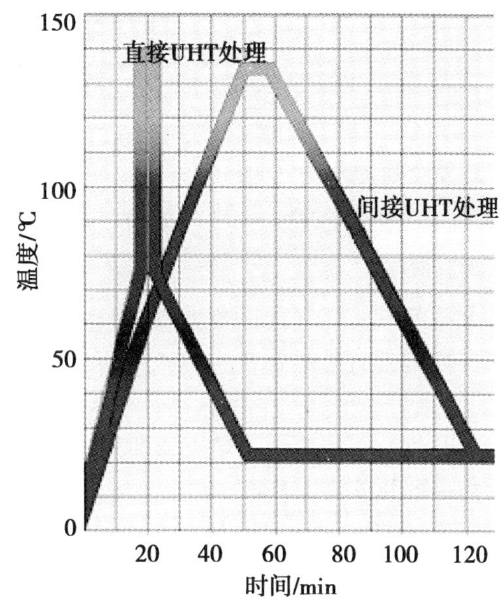

图 5－14 直接和间接 UHT 处理的温度曲线

（三）灭菌设备

巴氏德很早就进行过瓶装乳的无菌试验，但是直到1960年，当无菌加工和无菌罐装技术商业化后，UHT加工的现代化发展才真正开始。与罐内灭菌设备相比，UHT设备生产出的优异风味的产品很快赢得了赞誉，第一台直接灭菌UHT设备的加热方式为“直接蒸汽注射”。

连续加工系统，有两种主要机型：水压立式瓶灭菌器和卧式旋转阀封灭菌器。

1. 水压立式灭菌器

水压立式灭菌器又称为塔式灭菌器，如图5－15所示，包括一个中心室，通入蒸汽，在一定压力下，保持灭菌温度。在进口和出口处通过一定容积的水提供一相应的压力以保持平衡。在进口处水被加热，在出口处水被冷却，每一点都调整到瓶能接受和吸收最多热量的温度，而不致由于热力因素使玻璃瓶破裂。

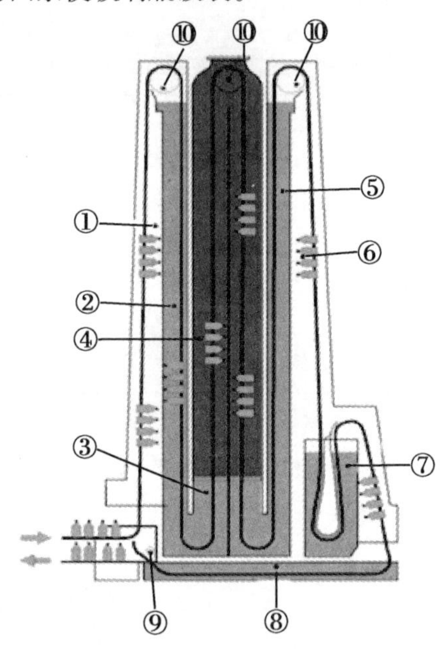

图5－15　水压立式连续瓶灭菌器

1. 第1加热段　2. 水封和第2加热段　3. 第3加热段　4. 灭菌段　5. 第1冷却段　6. 第2冷却段　7. 第3冷却段　8. 第4冷却段　9. 最终冷却段　10. 上部的轴和轮，分别驱动

在水压塔中，牛乳容器被缓慢地传送到有效的加热和冷却区域。

许多情况下，牛乳在一个类似UHT设备中预灭菌加热。牛乳被加热到135℃或更高的温度，保持数秒后冷却到30～70℃（取决于瓶子材料，如果是普通塑料瓶则要求更低的温度）。装入干净的经加热的瓶中，然后进入水压塔灭菌。牛乳在间接或直接灭菌设备上进行预灭菌时，不需要像一般灭菌那样进行强烈处理，因为其主要目的是减少芽孢数量以减少加热塔的热能需求。

水压灭菌器的循环时间约1h，其中20～30min用于通过115～125℃的灭菌段。水压灭菌器适于2 000×0.5L/h到16 000×1 L/h的处理量，玻璃瓶和塑料瓶都可使用。

2. 旋转阀封灭菌器

旋转阀封灭菌器，如图5－16所示，它带有机械转动阀旋转器，通过它，灌装后的罐进入一个相对高温高压的区域，其中产品被置于132～140℃下保持10～12min，全部循环时间为30～35min，可达到12 000单位/h的生产能力。

旋转阀封灭菌器可对塑料瓶、玻璃瓶以及塑料膜和塑料与铝铂的复合包装等易变形的容器进行灭菌。

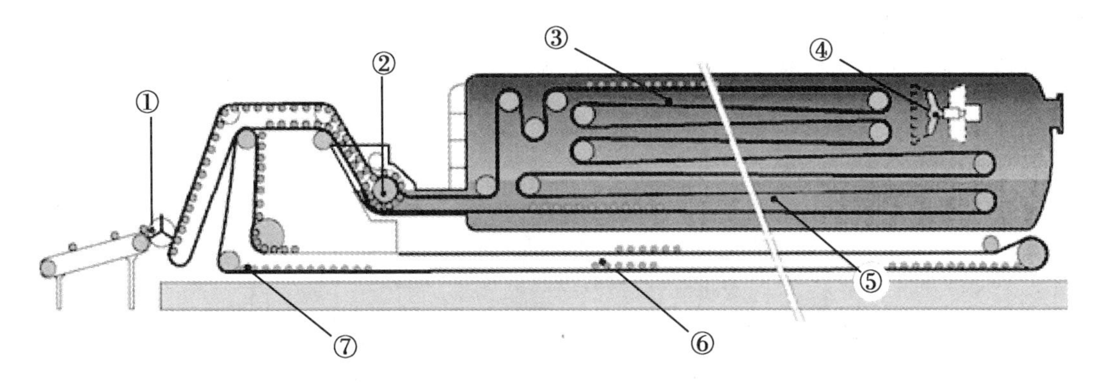

图5－16 带有转动阀封和正压装置（蒸汽/空气混合物）的卧式灭菌器

1. 自动装瓶或罐 2. 旋转阀同时将瓶传入和传出压力室 3. 灭菌区域 4. 排气扇 5. 预冷区域 6. 在常压下最终冷却 7. 自传送带上取下产品

3. UHT 设备

UHT 设备是完全自动化的，具有四个操作阶段：设备预杀菌、生产、AIC（无菌中间清洗）和 CIP（就地清洗）。

在一个 UHT 设备的设计中，安全是首要因素，必须完全消除未灭菌的产品进入到无菌灌装机的风险。控制程序的内部锁定程序必须提供完全保证，以防止操作错误和程序窜改，例如，如果设备未被良好灭菌，则生产程序不能启动。

启动、运行以及设备清洗的全部程序都由控制盘发出指令，控制盘包括加工过程需要的控制、监测和记录的所有必备设施。

（四）UHT 灭菌工艺

1. 蒸汽喷射直接超高温加热

（1）原料乳预热及设备预灭菌　经预处理的原料乳，需预热到80～90℃。

生产之前设备必须预先灭菌，以避免经灭菌处理后的产品被再次污染，包括：与生产温度相同的热水灭菌必须进行，灭菌时间为30min，自达到适宜温度的某一瞬间到设备中所有部件都要达到温度要求。之后，设备冷却至生产要求的条件。

（2）升压及灭菌　经预热的乳通过一台排液泵升压到0.4MPa，提高压力的目的是防止牛乳在加热管中产生沸腾。

通过蒸汽喷射头将过热蒸汽吹进牛乳中，使牛乳瞬间升到140℃灭菌，并在保温管中保持3～4s。牛乳从保温管穿过偏流阀进入到膨胀管，瞬间膨胀引起瞬时蒸发（闪蒸），乳温从140℃降到76℃。在此，真空条件的保持是通过一台真空泵完成，并保持着相当于在约76℃时沸腾的绝对压力。在膨胀管中的闪蒸可排除溶解在牛乳中的气体。

通过对系统进行调节，使沸腾蒸发的水量相当于用于杀菌的喷射蒸汽量，因此牛乳中总固形物含量在杀菌前后是一样的。

（3）回流　如果牛乳在进入保温管之前未达到正确的杀菌温度，在生产线上的传感器便把这个信号传给控制盘。然后回流阀开动，把产品回流到冷却器，在这里牛乳冷却到75℃再返回平衡槽。

（4）均质　牛乳从膨胀管用一台无菌泵送到无菌均质机，均质压力15～25MPa。

（5）无菌冷却　均质后，牛乳用泵送向无菌板式热交换器，冷到包装温度（20℃以下）。

【举例A】带有板式热交换器的直接蒸汽喷射加热的UHT生产线

图5－17的工艺具有2 000～30 000L/h的生产能力。

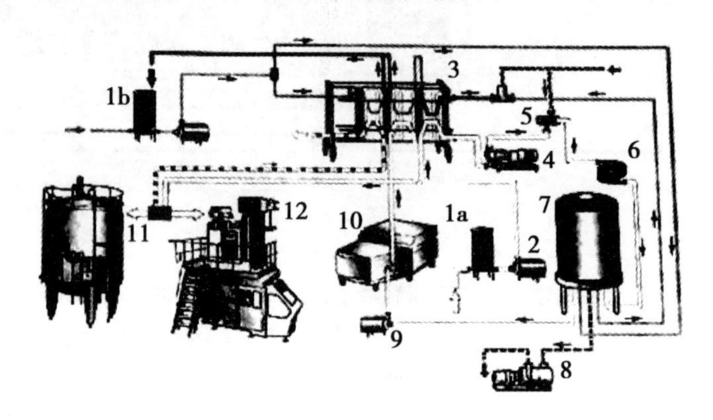

图5－17　带有板式热交换器的直接蒸汽喷射加热的UHT生产线

1a. 生乳平衡槽　1b. 水平衡槽　2. 供料泵　3. 板式换热器　4. 正位移泵　5. 蒸汽喷射泵　6. 保持管　7. 蒸发室　8. 真空泵　9. 离心泵　10. 无菌均质机　11. 无菌罐　12. 无菌罐装

由平衡槽提供的约4℃的牛乳通过喂料泵2流至板式热交换器3的预热段，在预热至80℃时，产品经泵4加压至约0.4MPa，并继续流动至环形喷嘴蒸汽注射器5，蒸汽注入产品中，迅速将产品温度提升至140℃（0.4MPa的压力预防产品沸腾）。产品在UHT温度下于保持管6中保温几秒钟，随后在装有冷凝器的蒸发室7中进行闪蒸冷却，由泵8保持蒸发室的部分真空状态，控制真空度，保证闪蒸出的蒸汽量等于蒸汽最早注入产品的量。一台离心泵将UHT处理后的产品送入二段无菌均质机10中。

由板式热交换器3将均质后的产品冷至约20℃，并直接连续送至无菌灌装机灌装或一个无菌罐进行中间贮存以待包装。

冷凝所需冷水循环由平衡槽1b提供，并在离开蒸发室7后经蒸汽加热器加热后预热介质。在预热中水温降至约11℃，这样，此水可用作冷却剂，冷却从均质机流回的产品。

在生产中一旦出现温度降低，产品即过一个附加冷却段后流至夹套缸，系统自动被水充满，随设备被水漂洗后，在再次开始生产之前系统进行就地清洗（CIP）并灭菌。

注：当要处理的产品为含有或不含有颗粒或纤维的低或中等黏度产品时，要变化以上的设计，可将板式热交换器换为管式热交换器。汤类、果汁和蔬菜产品、一些布丁和甜食是一些中等黏度产品的例子，也即适用于管式处理。管式热交换器由一些管集束成模件，串联或并联连接，形成一完整的最佳系统，以完成加热或冷却的任务。

而刮板式热交换器是最适宜处理含有或不含有颗粒的高黏度食品的UHT设备。

2. 以蒸汽混注为基础的直接UHT设备

蒸汽混注系统与蒸汽直接喷射系统的主要不同在于它是牛乳和蒸汽同时进入，其基本原理是让产品通过蒸汽气层以加热产品，如图 5－18 所示。产品喷射系统可以改变，但乳滴尺寸必须均匀，以保证换热效率均匀。假如液滴的大小不稳定，那么该系统就破坏了原始设计的理论模型。

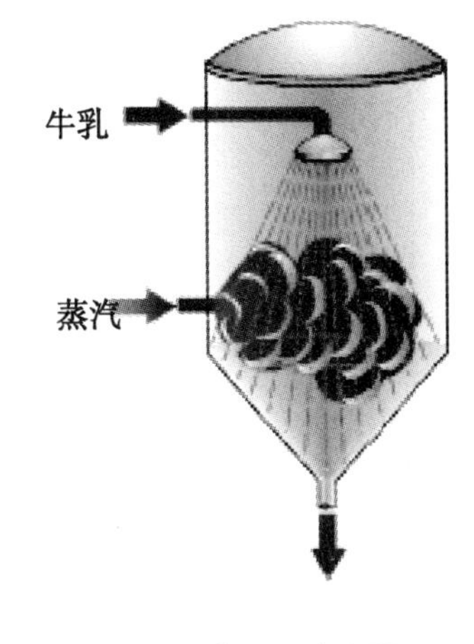

图 5－18　蒸汽混注容器

除此以外，生产过程与蒸汽喷射加热系统类似。

3. 间接 UHT 加工工艺

在一些国家禁止直接用蒸汽喷射牛乳杀菌，另外直接加热法对蒸汽的质量要求严格：蒸汽必须具有食品级纯度。因此，许多乳品厂宁愿使用间接加热设备。

（1）预热　原料乳从料罐泵送到 UHT 灭菌设备的平衡槽，由此进入到板式换热器的预热段与高温奶热交换，使其加热到约 66℃。

（2）均质　经预热的乳在 15～25MPa 的压力下均质。

（3）杀菌　均质后的牛乳进入板式热交换器的加热段，在此被加热到 137℃，热水的温度由蒸汽喷射予以调节。加热后，牛乳在保持管中流动 4 s。

（4）回流　如果牛乳在进入保温管之前未达到正确的杀菌温度，传感器便把这个信号传给控制盘。然后回流阀开动，把产品回流到冷却器，在此牛乳冷到 75℃，再返回平衡槽或流入一单独的收集罐。一旦回流阀移动到回流位置，杀菌操作便停下来。

（5）无菌冷却　离开保温管后，牛乳进入无菌预冷却段，用水从 137℃冷却到 76℃。进一步冷却是在冷却段靠与奶的热交换完成，最后冷却温度要达到约 20℃。

【举例 B】以板式热交换器为基础的间接 UHT 设备

间接加热 UHT 设备的生产能力可高达 30 000L/h，图 5－19 所示为一典型流程图。

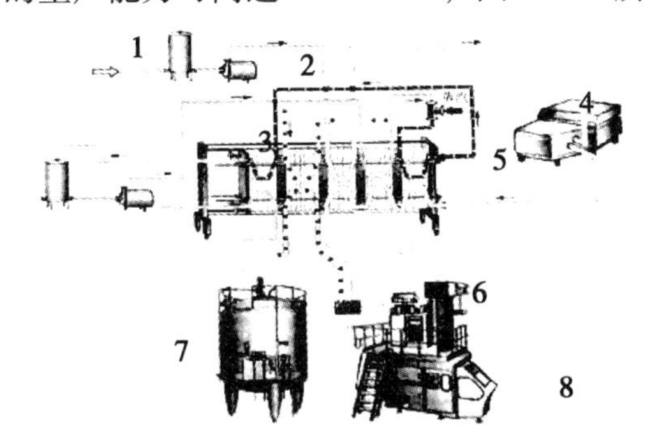

图 5－19　板式热交换器的间接加热 UHT 设备

1. 平衡槽　2. 供料泵　3. 板式热交换器　4. 非无菌均质机　5. 蒸汽喷射头　6. 保持管　7. 无菌缸　8. 无菌灌装

许多情况下，一套间接 UHT 设备在设计上基本具有 50% 和 100% 的两种生产能力并且直接与多个无菌包装线相连。如果在多台工作无菌灌装机中有一台停止工作，为避免产品加热过度，加热段可以分开，分裂成更小加工段，此即分散加热系统，如图 5－20 所示，当流量突然比正常减少 50% 时，阀门 1 启动，这时加热介质流出第一加热段（a），产品温度保持在预热温度（75℃）直至产品在第二（最终）加热段加热至相应的 UHT 温度。

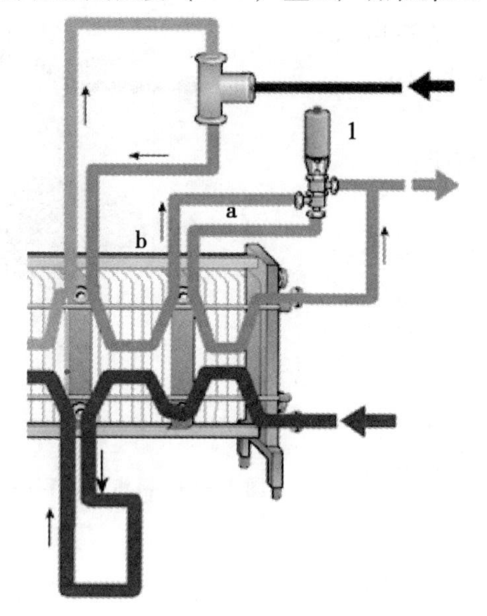

图 5－20　板式热交换器中的分散加热系统
a. 第一加热段　b. 最终加热段

约 4℃的产品由贮存缸泵送至 UHT 系统的平衡槽 1，由此经供料泵 2 送至板式热交换器的热回收段。在此段中，产品被已经 UHT 处理过的乳加热至约 75℃，同时，UHT 乳被冷却。预热后的产品随即在 18～25MPa 的压力下均质。在间接 UHT 工艺中，牛乳可在 UHT 处理前进行均质，亦即意味着可使用非无菌均质机，然而，在下游最好再使用一台无菌均质机，因为其可以提高一些产品如稀奶油的组织和物理稳定性。

预热均质的产品继续到板式热交换器的加热段被加热至 137℃，加热介质为一封闭的热水循环，通过蒸汽喷射头 5 将蒸汽喷入循环水中控制温度。加热后，产品流经保温管 6，保温管的尺寸大小要保证保温时间为 4 s。

最后，冷却分成两段进行热回收：首先与循环热水的换热，随后与进入系统的冷产品换热，离开热回收段后，产品直接连续流至无菌包装机或流至一个无菌缸做中间贮存。

生产中若出现温度下降，产品会流回平衡槽。

图 5－21 所示的时间/温度曲线表明，在正常和半生产能力下产品的热耗，图中虚线表示在一个没有分散加热装置的系统中，当生产能力为正常的 50% 时的温度进程趋势。注意，在较低生产能力时，保持时间将要加倍，以补偿较低 UHT 温度的不足。

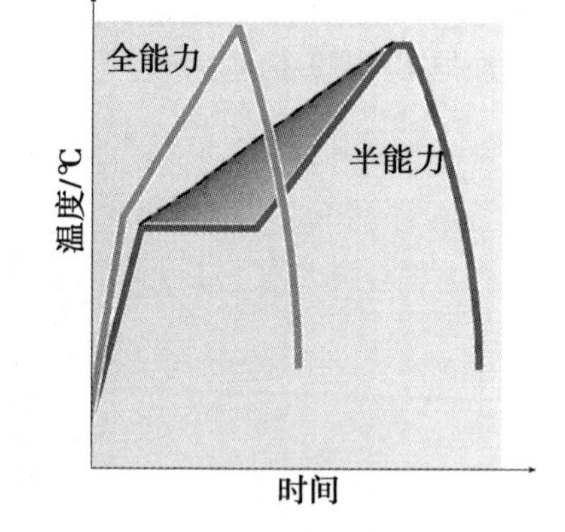

图 5－21　分散加热器对热负荷的影响

（五）无菌包装

UHT 技术必须和无菌包装技术配合才能实现产品的长期保存，即产品在高温处理后、包装完成前的任何中间过程必须保持无菌条件，这就是 UHT 加工被称为“无菌加工”的原因。

1. 概念

所谓无菌包装被定义为一个过程，该过程是将灭菌后的牛乳，从无菌冷却器冷却后流入包装线，在无菌环境下包装入预先已灭菌的容器内，进行无菌包装，示意图如图 5－22 所示。

为了补偿设备能力的差额或者包装机停顿时的不平衡状态，可在杀菌器和包装线之间安装一个无菌罐。这样，如果包装线停了下来，产品便可贮存在无菌罐中。

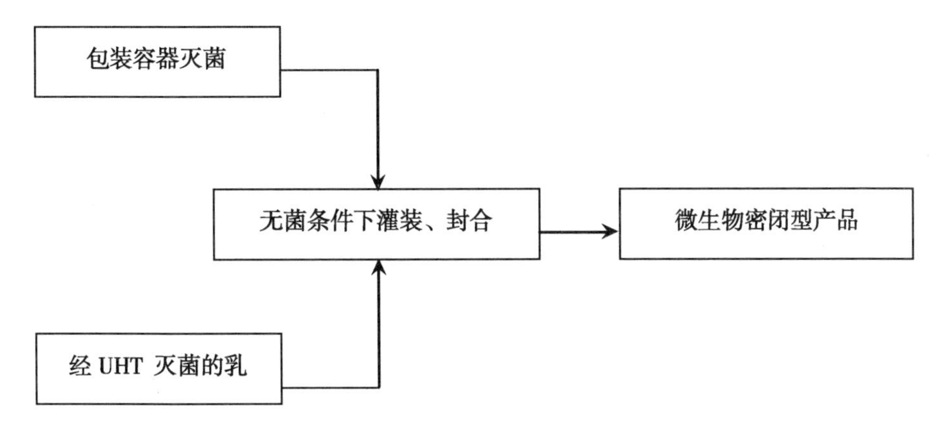

图 5-22 无菌包装示意图

当然处理的乳也可直接从杀菌器输送到无菌包装机，由于包装处理不了而出现的多余乳可通过安全阀回流到杀菌设备，这一设计可减少无菌罐的潜在污染。

2. 无菌包装的要求

无菌包装要求罐满，无顶隙。封合必须在无菌区域内进行。包装容器和封合方法必须适合无菌灌装，并且封合后的容器在储存和分销期间必须能阻挡微生物透过。

容器和产品接触的表面在灌装前必须经过灭菌。灌装过程中，产品不能受到来自任何设备表面或周围环境等的污染。若采用盖子封合，封合前必须灭菌。

由于产品要求在非冷藏条件下具有长货架期，所以包装也必须提供完全防光和防氧气的保护。这样无菌包装的材料要求有一个薄铝夹层，夹在聚乙烯塑料层之间。

3. 包装容器的灭菌方法

包装容器的灭菌方法包括物理法、化学法及其联合法。

（1）饱和蒸汽灭菌。

（2）H_2O_2 灭菌　双氧水可将包括芽孢在内的微生物杀灭，H_2O_2 灭菌的机理有一种解释是 H_2O_2 分解产生的羟基能使芽孢失活，因此，其灭菌效果是 H_2O_2 分解的函数，而不是 H_2O_2 本身的函数。

影响因素有 H_2O_2 浓度（30%～35%）、单位面积 H_2O_2 的使用量、温度和时间。加热 H_2O_2 不仅能提高反应速度，还能促进 H_2O_2 的分解，从而提高灭菌效率。

H_2O_2 灭菌系统主要有两种。一种是将 H_2O_2 加热到一定温度，然后对包装材料进行灭菌，这种灭菌一般在 H_2O_2 水槽内进行。另一种是将 H_2O_2 均匀涂布或喷洒于包装材料表面，然后通过电加热器或辐射或热空气加热蒸发 H_2O_2，从而完成杀菌过程，使用这种灭菌的 H_2O_2 中一般要加入表面活性剂以降低聚乙烯的表面张力，使 H_2O_2 均匀分布于包装材料表面上。

真正的灭菌过程是在 H_2O_2 加热和蒸发的过程中进行的。由于水的沸点低于 H_2O_2 的沸点，因此灭菌是在高温、高浓度的 H_2O_2 中，在很短的时间内完成的。

（3）紫外线辐射灭菌　紫外线灭菌的原理是细菌细胞中的 DNA 直接吸收紫外线而被杀死，最适合致死微生物的紫外线波长是 250nm。

（4）H_2O_2 与紫外线联合灭菌　紫外线辐射可促进 H_2O_2 的分解，从而提高灭菌效率；紫外线联合灭菌时，所需 H_2O_2 的浓度较低（0.5%～5%）；但较高强度的紫外线辐射需

要较高浓度的 H_2O_2。

这种灭菌方法比用 H_2O_2 结合加热灭菌具有潜在的优势，因为使用了较低浓度的 H_2O_2（<5%），使环境污染和产品中 H_2O_2 的残留量降低了。

（5）超声波灭菌　主要应用在清洗工具上。

高强度超声波（10～1 000W/cm^2）产生的压力和剪切力，可破坏微生物细胞。它与其他方法如加热、极限 pH 值等方法联合使用时效果显著。与加热联合称为“热超声作用”工艺，可在44℃灭菌。

超声波通过液体时形成气泡或气孔（空化作用），气泡的崩溃将导致局部电震波过强而带来高温、高压，致使物质结构受到破坏，且在空化过程中形成的自由基能破坏 DHA 等生物物质。

对牛乳进行超声波（8.4W/cm^2，1min）和紫外线辐照（20s）处理后，细菌总数和大肠菌群致死率分别为93.0%和97.5%。

4. 无菌灌装系统的类型

无菌包装形式多样，但就其本质不外乎包装容器形状的不同、包装材料的不同和灌装前是否预成形，主要有无菌纸包装系统、吹塑成形无菌包装系统等。

无菌包装设备也有多种类型，主要区别在于操作方式、包装形式和充填系统，主要有：无菌菱形袋包装机，无菌砖形盒包装机，多尔无菌灌装系统，安德逊成型密封机等。

纸包装或卷材纸盒包装系统主要分为两种类型，即包装过程中成形和预成形。

（1）纸卷成型包装（利乐砖 Tetra Brick）系统　采用“纸铝塑”共挤复合，结合了不同的保阻隔热封材料，是目前使用最广泛的包装系统。

包装材料由纸卷连续供给包装机，经过一系列的成型过程进行灌装、封合和切割。该系统主要分为两大类：敞开式和封闭式无菌包装系统。

①敞开式无菌包装系统：包装容量有200ml、250ml、500ml 和1 000ml 等，包装速度一般为3 600包/h 和4 500包/h 两种形式。

②封闭式无菌包装系统：其最大改进之处在于建立了无菌室，包装纸的灭菌是在无菌室内的双氧水浴槽内进行的，并且不需要润滑剂，从而提高了无菌操作的安全性。

该系统的另一改进之处是增加了自动接纸装置并且包装速度有了进一步的提高，最低5 000包/h，最高18 000包/h，并且包装容量范围扩大，从100ml 到1 500ml。

（2）预成型纸包装系统　这种系统的纸盒是经预先纵封的，每个纸盒上压有折叠线。运输时，纸盒平展叠放在箱子里，可直接装入包装机。若进行无菌运输操作，封合前要不断地向盒内喷入乙烯气体以进行预杀菌。

预成型无菌灌装机的第一功能区域是对包装盒内表面进行灭菌。灭菌时，首先向包装盒内喷洒双氧水膜，方法有2种：一是直接喷洒含润湿剂的30%的双氧水，这时包装盒静止于喷头之下；另一种是向包装盒内喷入双氧水蒸气和热空气，双氧水蒸气冷凝于内表面上。

（3）吹塑成型瓶装无菌包装系统：吹塑瓶作为玻璃瓶的替代，是以热塑性颗粒塑料为原料，采用吹膜工艺制成容器，直接在模中进行物料的填充、封口，其优点是成本低、瓶壁薄、传热速度快、可避免热胀冷缩等。

以前聚乙烯和聚丙烯材料广泛用于液态乳的包装中，但这种材料的避光和隔绝氧气能力差，会给长货架期的液态乳制品带来氧化问题，因此，在材料中加入色素来避免这一缺陷，但此举不为消费者接受；现采用多层复合材料制瓶（如聚酯瓶），虽其成本较高，但具有良好的避光性和阻氧性。

绝大部分聚酯瓶均用于保持灭菌而非无菌包装，采用吹塑瓶的无菌灌装系统有3种类型：包装瓶灭菌后无菌条件下灌装、封合；无菌吹塑后无菌条件下灌装封合；无菌吹塑同时进行灌装封合。

5. 无菌灌装机与超高温灭菌系统的结合

首先要保证无菌输送，同时为降低加工成本要保证最大限度地使用单个设备，也就是说每个热处理系统可以连接一种以上的灌装机以加工和包装不同类型、体积的产品。

最简单的结合方法是超高温系统与无菌灌装直接相连，较复杂的设计是在系统中间安装无菌平衡罐，但即使加装无菌平衡罐，系统也要尽量简化，因为中间设备的数量越多，细菌污染的可能性越大，故障排除的难度也相应增大。

（1）超高温系统与无菌灌装机直接相连　图5－23所示是最简单的单一超高温系统与无菌灌装机连接的形式。这种系统只适用于连续性的无菌罐装，体积式非连续性灌装机并不适用。

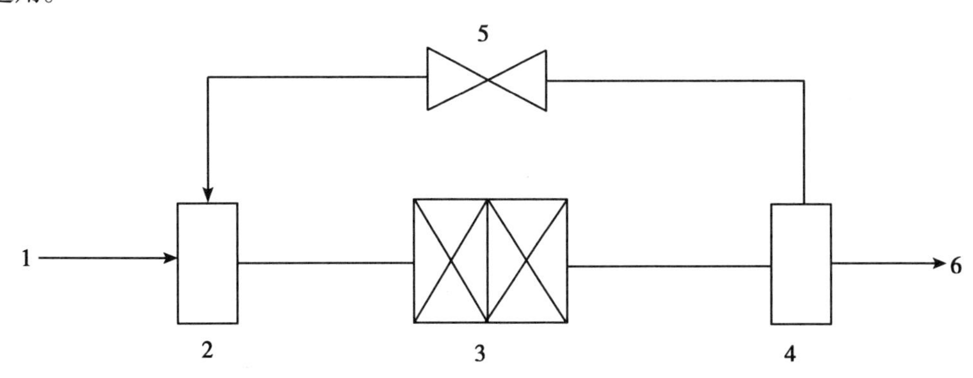

图5－23　超高温系统与无菌灌装机直接相连示意图

1. 原料进口　2. 平衡槽　3. 超高温灭菌机　4. 无菌灌装机　5. 背压阀　6. 产品

UHT系统与无菌灌装机系统直接相连，将细菌污染的危险性降到最低。但其灵活性较差，其中，一台机器出现故障将导致整个生产线必须停产，进行全线的清洗和预杀菌；另外，UHT系统与无菌灌装机相连的包装形式（形状、体积）比较单一。

单台灌装机与UHT系统相连的生产能力较低，其生产能力决定于灌装机，除非生产无菌大包装产品（500ml以上），否则生产成本相对较高。

为提高生产能力，可安装多台灌装机并配以不同的体积，但其加工的灵活性提高得并不显著，若其中一台灌装机停止操作，则多条产品将回流再加工，这样将给产品带来严重的负面的感官影响。

为减轻这一影响，UHT系统中要采用变速均质机，但由于流量减少，产品流速降低，受热时间就相应增加，从而导致产品质量下降。

（2）灌装机内置小型无菌平衡罐　这种系统主要适用于非连续性灌装机的生产，小型无菌罐与灌装机结合在一起，其体积并不很大，但足以提供灌装机所需求量。生产中其液位应保持恒定以保证稳定的灌装压力，为此就需要随时有产品溢出回流或作它用。

无菌罐必须是能灭菌的，罐内产品的顶隙要通入无菌过滤空气以保持无菌状态。

小型无菌罐使非连续性的灌装机与连续性的超高温系统得以匹配。

（3）大型无菌平衡罐的使用　产品由UHT设备直接进行包装，要求UHT系统有一个不少于300L的产品回流，产品回流循环可保持灌装压力的稳定，对过度处理敏感的产品不能使用这一回流，这时就必须由无菌罐来提供灌装机的流量压力要求。

大型无菌罐的容量为4 000~30 000L，根据灌装机的生产能力可以连续供料1h以上。在UHT线上，无菌罐有不同的用途。如果包装机中有一台意外停机，无菌罐用于照应停机期间的剩余产品；另外，无菌罐作为一种产品的中间贮存缸，两种产品同时包装时，首先将一个产品贮满无菌罐，足以保证整批包装，随后，UHT设备转换生产另一种产品并直接在包装机线上进行包装。

因此，无菌罐的使用使生产的灵活性大大提高，灌装机和灭菌机可以相对独立地操作，互不影响。

无菌罐与灭菌灌装机的连接方式有多种，图5-24所示是最简单的连接方式，平衡罐在灭菌机和灌装机之间形成“T”形连接，无菌罐内通入0.5MPa的无菌过滤空气。无菌过滤器本身是以蒸汽灭菌的，无菌空气经除油处理。

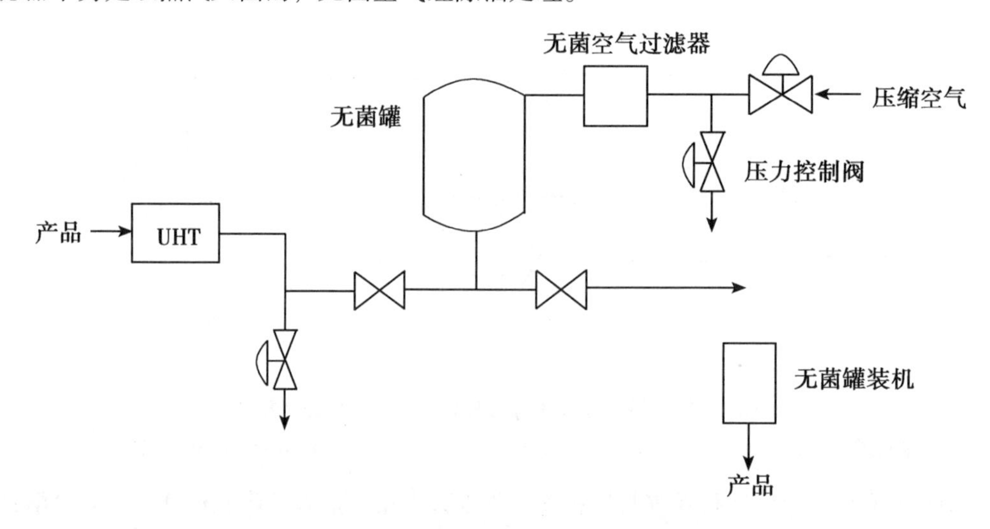

图5-24　最简单的含有无菌罐的灌装线

在操作过程中，压力控制系统控制空气压力以保证合格的灌装压力，因此，这种灌装方式不需要回流。

在生产中，产品压力由压力阀控制。由于灭菌机的流量大于灌装机所需流量的10%以上，无菌罐在生产的同时被缓慢充填。若灌装机停机，则灭菌机可继续操作，直至灌满无菌罐。另一种情况是若灭菌机停止生产（如中间清洗），而灌装机仍可利用无菌罐内贮存的物料继续工作。

图5-25所示为一种多用途的无菌灌装机生产线，生产线中有一个灭菌机，一个无菌罐带动两组灌装机，两组灌装机可同时生产不同的产品，即由灭菌机和无菌罐分别供料，生产中任何一台灌装机因故停机都不影响其他灌装机的生产。由于无菌罐供料的A组灌装不会产生回流及加工过度的情况。这种形式的组合可以使灭菌机在无菌状态下清洗，继续

加工下一产品，以供 B 组灌装机的生产。

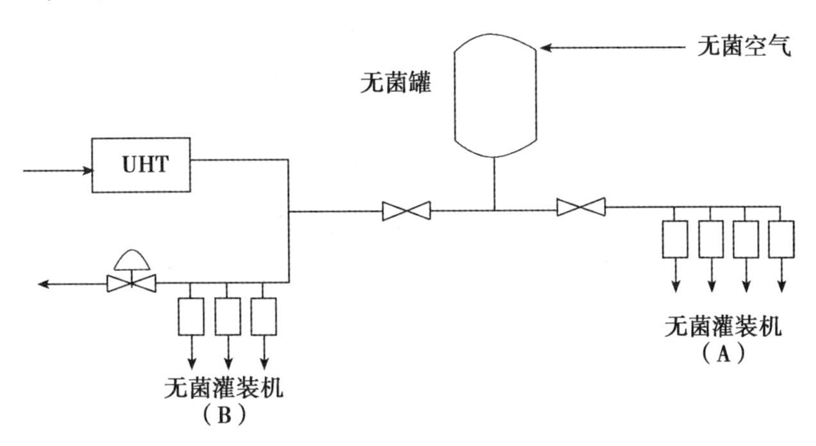

图 5－25　多用途的无菌灌装机生产线

在灭菌时对某些产品进行良好的组合，更换产品时灭菌机就不需要清洗。如先生产全脂乳后生产脱脂乳，全脂乳采用无菌罐和灌装机组 A。灭菌结束后，将灭菌机与无菌罐、灌装机组 A 分离，脱脂乳代替全脂乳进入灭菌机，这时灭菌机与 B 组灌装机连接。若含脂率要求非常严格，可采用相反的次序。

为保证产品质量的稳定，生产开始时的部分产品或者放出他用，或者作为不合格产品处理。若经过精确计算，这种不合格产品的量应是很少的。但若生产的两种产品的性质不同，为避免前一种产品灭菌时在管壁上形成的残留物进入下一个工序，或不同风味的混淆，一定要进行清洗操作。另外，灭菌机的连续生产时间也受一定限制。

无菌罐的采用给生产增加了灵活性，但同时也增大了微生物污染的危险性，因此，在选用无菌罐前要正确了解无菌罐的性能，并在生产中严格监控。

典型的封闭式无菌包装系统的结构如图 5－26 和图 5－27 所示。

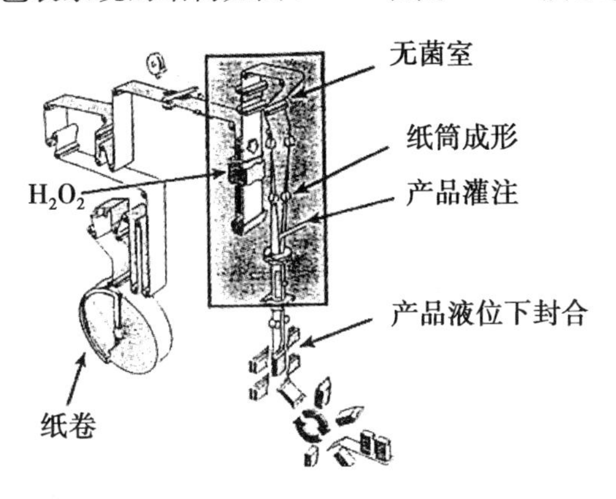

图 5－26　典型的封闭式无菌包装系统的结构

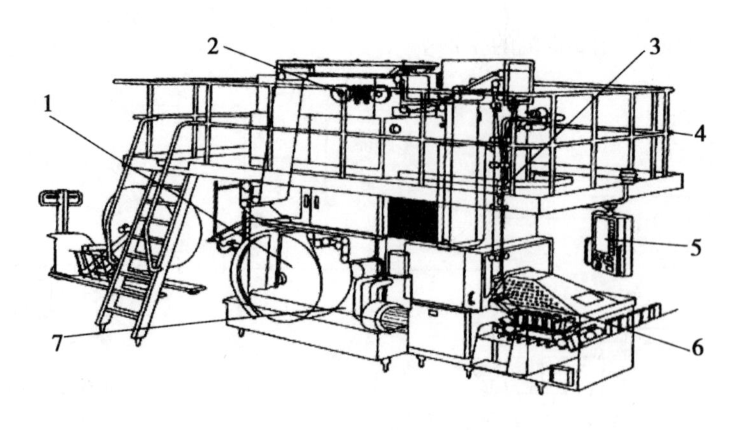

图 5－27　液态乳无菌罐装机

1. 卷轴　2. LS 封条附贴器　3. 充填系统　4. 平台　5. 控制台　6. 夹槽　7. 伺服单元

（六）关键操作

1. 设备灭菌

在投料前设备必须灭菌，先用水代替物料进入热交换器或通过蒸汽喷射头将蒸汽吹进生产系统，灭菌条件 140℃/30min。如果温度下降到＜140℃将重新灭菌过程。

如同直接加热设备一样，继电器保证在正确的温度下至少预杀菌 30min。在预杀菌期间，通向无菌罐或包装线的生产线也应灭菌。

灭菌后，用水运转一段时间把它提高到稳定的运转温度，然后放空灭菌水，进入物料开始生产。

2. 中间清洗

清洗完全是自动的，根据预先编成的程序进行，保证每次清洗都能达到同样结果，详见第四章“乳制品生产的通用单元操作”。

3. UHT 灭菌运转时间

UHT 设备运行一定时间后，牛乳会在设备的热传递表面上形成蛋白质沉淀，这些沉积物逐渐变厚，引起热传递表面的压降（即板式热交换器至保温管之间）、并引起热介质与间接杀菌设备中的产品之间的温差增加，所以，经过一定的生产周期后，要把设备停下来，清洗热传递表面。

设备连续生产符合要求的产品质量所持续的工作时间称之为运转时间。运转时间随设备的设计和产品对热处理的敏感性不同而变化。

四、灭菌乳的货架期

灭菌乳出厂前一般要做稳定性检测，即通过将样品在不同温度下（多采用 30℃ 和 55℃）培养几天后检测气味、滋味、外观、酸度、菌落总数和氧气压力，可以检测灭菌乳的保质期。

影响 UHT 乳货架期的因素包括：滋味、气味、颜色的变化、以及凝胶化、黏度增加、沉淀和脂肪上浮等现象的发生；因为经过很强烈的热处理，酶或氧化造成的变质几乎不会发生。

灭菌乳的腐败可能是由于热处理不充分造成的。枯草芽孢杆菌、环状芽孢杆菌、凝结芽孢杆菌、嗜热脂肪芽孢杆菌等菌非常耐热，容易残留而导致牛乳变质。

耐热性细菌酶导致 UHT 乳的变质（如胶凝化或产生苦味、腐臭味等），要通过使用优质的原料乳才能防止。

五、UHT 乳在加工和储存过程中的质量控制

（一）物理变化

1. 色泽变化

色泽变化有两种：褐变和白变。100℃以上产生褐变，而白变在 60℃就可发生。白变是牛乳中可溶性蛋白质变性和凝结作用所引起的，结果增加了牛乳中不透明粒子的数量。

2. 沉淀

沉淀是指蛋白质变性，甚至析出盐类，产生沉淀。影响沉淀的因素包括：钙平衡、预热处理（具有稳定乳体系的作用）、均质条件、盐的添加等。UHT 乳中添加 0.5g/L 的柠檬酸钠或碳酸氢钠，就可抑制沉淀的生成；相反，钙会促进沉淀。

（二）化学变化

1. 酸度变化

直接加热的 UHT 乳，酸度降低约 1.08°T。

2. 酶的复活

磷酸酶一般在巴氏杀菌过程中就被破坏了，但在长期储存后会复活。这种现象在 UHT 乳中比巴氏杀菌乳中常见，而且储存的温度越高时间越长，酶复活程度越高。

酶复活，可能是巯基释放的结果。另一种解释是：巴氏杀菌可使磷酸酶钝化，但牛乳中的抑制因子在巴氏杀菌条件下不被破坏，所以能抑制磷酸酶恢复活力，而在高温加热时，乳中的抑制因子被破坏，而活化因子可能存活，因而能激活已钝化的磷酸酶。

3. 风味变化

不同的热处理会产生不同的风味，这取决于热处理强度，主要有蒸煮味、UHT 酮味和焦糖化风味，详见第二章“乳的化学组成及其性质”。

相比而言，二次灭菌产品的蒸煮味更加浓烈，然而二次灭菌牛乳的老顾客习惯于其产品“蒸煮”和焦煳风味，反而会觉得 UHT 处理的产品“没味道”。

环状芽孢杆菌会导致瓶内灭菌乳的酚味（Phenolic）；残留在 UHT 乳中的酶如血纤维蛋白溶酶会造成苦味，主要是由于蛋白质被水解产生的；暴晒于阳光下会产生氧化味和日晒味。

加工过程中采用闪蒸处理和真空杀菌等，可以降低异味；另外，储藏过程中，较低的储藏温度，用空气将巯基氧化等措施，可降低蒸煮味。

4. 营养的变化

瓶内灭菌乳的营养价值损失较大，但 UHT 乳的营养价值变化较小。UHT 处理对牛乳组分的影响如表 5-10 所示。

表 5-10 UHT 处理对牛乳组分的影响

组分	热效应
脂肪	无变化
乳糖	临界变化
蛋白质	乳清蛋白部分变性
矿物质盐类	部分沉淀
维生素	临界损失

脂肪和矿物质的营养价值没有变化。

热处理对酪蛋白不构成影响，而乳清蛋白的变性并不说明 UHT 乳的营养价值降低，相反，热处理提高了乳清蛋白的可消化率。

赖氨酸（Lys）损失 0.4% ~0.8%，与巴氏杀菌乳的损失相同，但二次灭菌乳的损失 6% ~8%。美拉德反应是造成 Lys 损失的原因，但因为乳蛋白中 Lys 的含量过量，因此 Lys 的部分损失并不重要。

维生素 A、维生素 D、维生素 E、维生素 B_2、维生素 B_3、生物素和尼克酸具有一定的热稳定性。

一些水溶性的维生素对热不稳定，UHT 处理后，维生素 B_1 损失 <3%，而二次灭菌乳的维生素 B_1 损失 20% ~50%。其他热敏性维生素如维生素 B_6、维生素 B_{12}、叶酸和维生素 C 在 UHT 和二次灭菌乳中的损失也有上述现象，其中罐装灭菌乳中维生素 B_2 和维生素 C 的损失可高达 100%。

一些维生素如叶酸和维生素 C 具有氧化敏感性，由于乳中或包装中含氧量高，这些维生素的损失主要发生在储存期。然而，牛乳并不是提供维生素 C 和叶酸的好来源，乳中维生素 C 和叶酸的含量远低于人类每日摄入量的要求。

第五节 调制乳

以不低于 80% 的生牛（羊）乳或复原乳为主要原料，添加其他原料或食品添加剂或营养强化剂，采用适当的杀菌或灭菌等工艺制成的液体产品。

一、调制乳标准 GB 25191—2010

本标准代替 GB 19645—2005《巴氏杀菌、灭菌乳卫生标准》以及 GB 5408.1—1999《巴氏杀菌乳》、GB 5408.2—1999《灭菌乳》。

本标准与 GB 19645—2005 相比，主要变化如下：将《巴氏杀菌、灭菌乳卫生标准》分为《巴氏杀菌乳》《灭菌乳》《调制乳》三个标准，本标准为《调制乳》。

调制乳的感官指标、理化指标和微生物限量分别如表 5-11、表 5-12 和表 5-13 所示。

表 5－11　感官指标

项目	要求
色泽	呈调制乳应有的色泽
滋味、气味	具有调制乳应有的香味，无异味
组织状态	呈均匀一致液体，无凝块、可有与配方相符的辅料的沉淀物、无正常视力可见异物

表 5－12　理化指标

项　目		指　标
脂肪/（g/100g）	≥	2.5（仅适用于全脂乳）
蛋白质/（g/100g）	≥	2.3

表 5－13　微生物限量

项目	采样方案及限量（若非指定，均以 CFU/g 或 CFU/ml 表示）			
	n	*c*	*m*	*M*
菌落总数	5	2	50 000	100 000
大肠菌群	5	2	1	5
金黄色葡萄球菌	5	0	0 /25g（ml）	—
沙门氏菌	5	0	0 /25g（ml）	—

注：采用灭菌工艺生产的调制乳应符合商业无菌的要求

二、调制乳工艺

1. 原料

（1）咖啡　可用咖啡粒浸提液，也可直接用速溶咖啡。由于咖啡酸度较高，易引起乳蛋白不稳定，故应少用酸味强的咖啡，多用稍带苦味的咖啡。

咖啡浸出液的提取，可用产品重 0.5% ~2% 的咖啡粒，用 90℃ 的热水（咖啡粒的 12 ~20 倍）浸提。浸出液受热过度，会影响风味，故浸出后应迅速冷却并密闭保存。

（2）可可和巧克力　稍加脱脂的可可豆粉末称可可粉，不脱脂的称巧克力粉，其风味随产地而异。

巧克力含脂率 50% 以上，不容易分散在水中。可可粉的含脂率随用途而异，通常 10% ~25%，在水中较易分散，故生产乳饮料时，一般采用可可粉，用量 1% ~1.5%。

（3）甜味料　常用蔗糖（4% ~8%），也可用饴糖或转化糖液。

（4）稳定剂　包括海藻酸钠、CMC、明胶、淀粉等；明胶容易溶解，使用方便，用量 0.05% ~0.2%。

（5）果汁

（6）酸味剂　柠檬酸、果酸、酒石酸、乳酸等。

（7）香精　根据产品需要确定香精类型。

2. 配方及工艺

（1）咖啡乳　把咖啡浸出液、蔗糖和脱脂乳等混合，经均质、杀菌而成。

①咖啡乳的配方：全脂乳 40kg 、脱脂乳 20kg、蔗糖 8kg、咖啡浸提液 30kg、稳定剂 0.05% ~0.2% 、焦糖 0.3kg、香料 0.1 kg、水 1.6kg。

②加工要点：将稳定剂与少许糖混合后溶于水，与咖啡液充分混合添加到料液中，经过滤、预热、均质、杀菌、冷却后进行包装。

（2）巧克力乳

①配方：全脂乳 80kg、脱脂乳粉 2.5kg、蔗糖 6.5kg、可可（巧克力板需先溶化）1.5 kg（可可奶使用可可粉）、稳定剂 0.02 kg、色素 0.01 kg、水 9.47 kg。

②加工要点：首先要制备糖浆，调制方法是 0.2 份的稳定剂（海藻酸钠、CMC）与 5 倍的蔗糖混合。然后将 1 份可可粉与剩余的 4 份蔗糖混合，边搅拌边徐徐加入 4 份脱脂乳，搅拌至组织均匀光滑为止。

然后加热到 66℃，并加入稳定剂与蔗糖的混合物均质，然后杀菌（82 ~ 88℃/15min），冷却到 10℃以下进行灌装。

（3）果汁牛乳及果味牛乳　果汁牛乳是以牛乳和果汁为主要原料；而果味乳是以牛乳为原料加酸味剂调制而成的花色乳；其共同特点是产品呈酸性。

因此，生产的技术关键是乳蛋白质在酸性条件下的稳定性，需要适当的配制方法、选择适当的稳定剂并进行完全的均质。

第六节　含乳饮料的生产

含乳饮料（Milk Beverages）又称乳饮料、乳饮品，是以乳或乳制品为原料，加入水及适量辅料经配制或发酵而成的饮料制品。

根据 pH 值，含乳饮料可分为两大类，即中性含乳饮料和酸性含乳饮料，后者又分为配制型含乳饮料、发酵型含乳饮料和乳酸菌饮料。

配制型含乳饮料是以乳或乳制品为原料，加入水，以及白砂糖和（或）甜味剂、酸味剂、果汁、茶、咖啡、植物提取液等的一种或几种调制而成的饮料。

发酵型含乳饮料是以乳或乳制品为原料，经乳酸菌等有益菌培养发酵制得的乳液中加入水，以及白砂糖和（或）甜味剂、酸味剂、果汁、茶、咖啡、植物提取液等的一种或几种调制而成的饮料，如乳酸菌乳饮料。

乳酸菌饮料是以乳或乳制品为原料，经乳酸菌发酵制得的乳液中加入水，以及白砂糖和（或）甜味剂、酸味剂、果汁、茶、咖啡、植物提取液等的一种或几种调制而成的饮料。

发酵型含乳饮料和乳酸菌饮料，根据其是否杀菌处理而分为杀菌型（非活菌）和未杀菌型（活菌）。

一、含乳饮料标准 GB/T 21732—2008

含乳饮料的理化指标、乳酸菌活菌数指标（未杀菌），如表 5 - 14 和表 5 - 15 所示。

表 5-14 含乳饮料的理化指标

项目		配制型	发酵型	乳酸菌饮料
蛋白质 *∕(g/100g)	≥	1.0	1.0	0.7
苯甲酸 **(g/kg)	≤	—	0.03	0.03

* 含乳饮料中的蛋白质应为乳蛋白质；** 属于发酵过程中产生的苯甲酸，原料带入的苯甲酸应按 GB 2760 执行

表 5-15 乳酸菌活菌数指标（未杀菌）

检验时期	未杀菌（活菌型）发酵型含乳饮料	未杀菌（活菌型）乳酸菌饮料
出厂期	≥1×106CFU/ml	
销售期	按产品标签标注的乳酸菌活菌数执行	

二、中性含乳饮料的加工工艺

中性含乳饮料的加工工艺，如图 5-28 所示。

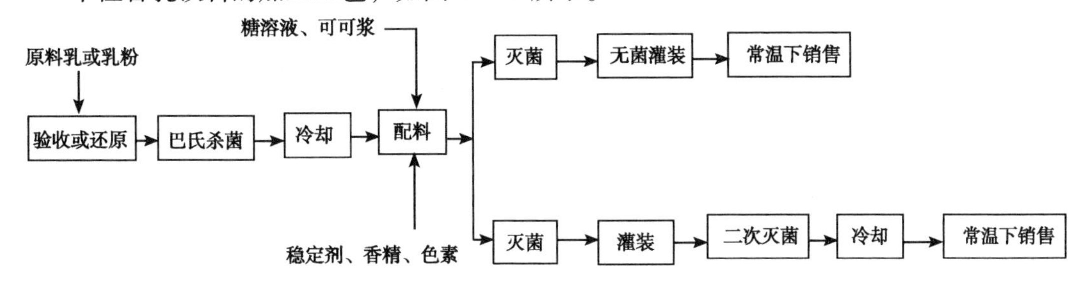

图 5-28 中性含乳饮料的加工工艺

1. 原料乳的验收或乳粉的还原

如果用乳粉做原料，当乳粉刚与水混合时，乳粉颗粒在水中呈悬浊颗粒，只有当乳粉不断分散溶解，吸水膨润之后，乳粉才能成为胶体状态分布于水中。

一般首先将水加热到 50～60℃，然后通过乳粉还原设备对乳粉进行还原。待乳粉完全溶解后，停止罐内的搅拌器，让乳粉在 50～60℃下的水中充分还原 30min 以上。

2. 巴氏杀菌

生乳验收或乳粉还原后，进行预热杀菌，并将乳液冷至 4℃。这样做的好处是：一旦后面的加工过程出现问题，原料乳在此温度下仍可贮存一夜后于第二天再加工。反过来若不进行预热杀菌和冷却，就会造成原料的巨大浪费。

3. 糖的处理

先将糖溶解于热水中，然后煮沸 15～20min，再经过滤后加入到原料乳中。

4. 可可粉的预处理

可可粉中含有大量的芽孢，同时，可可粉是不溶于水的固体颗粒，因此为保证灭菌效果和改善产品的口感，可可粉须先溶于水中，通过胶体磨，制成可可浆，并经 85～95℃/20～30min 热处理后，冷却，然后加入到牛乳中。

5. 加稳定剂、香精和色素

含乳饮料必须使用稳定剂，否则会产生分层、脂肪上浮、絮状沉淀等情况，稳定剂的溶解方法一般为：

①在高速搅拌（2 500 ~ 3 000r/min）下，将稳定剂缓慢地加入冷水中溶解、分散或将稳定剂溶于80℃左右的热水中；

②将稳定剂与其质量5 ~ 10倍的原料糖干混均匀，然后在正常的搅拌速度下加到80 ~ 90℃的热水中溶解；

③将稳定剂在搅拌下加入到饱和糖溶液中。

卡拉胶是悬浮可可粉颗粒的最佳稳定剂，这是因为一方面它能与牛乳蛋白结合形成网状结构，另一方面它能形成凝胶。

由于不同的香精对热的敏感程度不同，因此若采用二次灭菌，所使用的香精和色素应耐121℃温度；若采用超高温灭菌，所使用的香精和色素应耐137 ~ 140℃的高温。

然后将所有的原辅料加入到配料缸中，低速搅拌15 ~ 25min，以保证所有的物料混合均匀，尤其是稳定剂能均匀地分散于乳中。

6. 灭菌

可可（或巧克力）风味含乳饮料的灭菌强度较一般风味含乳饮料要强，常采用139 ~ 142℃/4s。

7. 冷却包装

灭菌后应迅速将产品冷至25℃以下，进行包装。

三、酸性含乳饮料的加工工艺

酸性含乳饮料按其加工工艺的不同，又可分为调配型酸乳饮料和发酵型乳酸菌饮料，其中发酵型含乳饮料详见第六章“发酵乳制品的加工工艺”，下面主要介绍调配型酸乳饮料。

调配型酸性含乳饮料是指以生乳或乳粉、糖、稳定剂、香精、色素等为原料，用乳酸、柠檬酸或果汁将牛乳的pH值调整到酪蛋白的等电点（pH值4.6）以下（一般为pH值3.7 ~ 4.2）而制成的一种含乳饮料。

典型的调配型含乳饮料的工艺流程如图5 - 29所示。

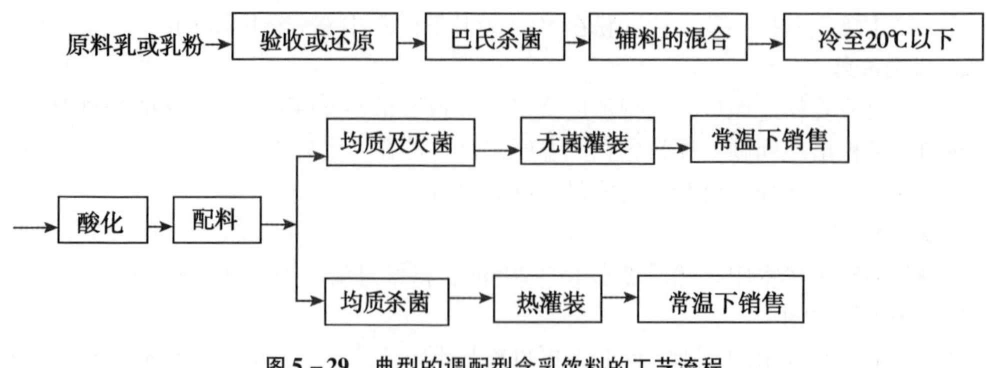

图5 - 29　典型的调配型含乳饮料的工艺流程

（1）原料乳的验收或乳粉的还原

（2）稳定剂的溶解

（3）混合 将稳定剂溶液、糖浆等加入巴氏杀菌乳中，混合均匀后，冷至20℃以下。

（4）酸化 酸化是调配型酸性含乳饮料生产中最关键的步骤，成品的品质往往由调酸过程的质量来决定。

在升温及均质前，应先将牛乳的pH值调至4.0以下，以保证酪蛋白颗粒的稳定性。

为得到最佳的酸化效果，酸化前应将物料的温度降至20℃以下。为易于控制酸化过程，在使用前应先将酸液稀释成10%～20%的溶液，还可在酸液中加入一些缓冲剂（如柠檬酸钠），以避免局部过酸。

将酸液薄薄地喷洒到牛乳的表面，同时剧烈搅拌，以保证牛乳的界面能不断更新，从而达到较缓和的酸化效果。

混料罐应配置高速搅拌器（2 500～3 000r/min），同时酸液应缓慢加入到配料罐内湍流区域，以保证酸液能迅速、均匀地分散于物料中，加酸过快会使酸化过程形成的酪蛋白颗粒粗大，产品易产生沉淀。

（5）配料均质 酸化过程结束后，将香精、色素等配料加入到酸化的牛乳中，同时对产品进行标准化后均质。

（6）杀菌罐装 由于调配型酸性含乳饮料的pH值一般在3.7～4.2，因此它属于高酸食品，其杀灭的对象菌主要为霉菌和酵母，故采用高温短时的巴氏杀菌就可实现商业无菌。

理论上来说，采用95℃/30s的杀菌条件即可，但考虑到各个工厂的卫生状况及操作条件的不同，大部分工厂对无菌包装的产品采用105～115℃/15～30min的杀菌公式。

对包装于塑料瓶中的产品来说，通常在灌装后采用95～98℃/20～30min的杀菌。

四、含乳饮料的质量控制

1. 原料乳质量

原料乳的蛋白稳定性差，将直接影响到灭菌设备的运转和产品的保质期，使灭菌设备容易结垢，清洗次数增多，停机频繁，从而导致设备连续运转时间缩短、耗能增加及设备利用率降低；若原料乳中的嗜冷菌数量过高，那么在储藏过程中，这些细菌会产生非常耐热的酶类，灭菌后它仍有少量残余，从而导致产品在储藏过程中组织状态发生变化。

2. 香精、色素质量

对于超高温灭菌产品来说，若选用不耐高温的香精和色素，生产出来的产品风味很差，而且可能影响产品应有的颜色。

3. 稳定剂的种类和质量

调配型酸性含乳饮料最适宜的稳定剂是果胶或与其他稳定剂的混合物，如耐酸的羧甲基纤维素（CMC）、黄原胶和海藻酸丙二醇酯（PGA）等。

在实际生产中，二种或三种稳定剂混合使用比单一使用效果好，使用量根据酸度、蛋白质含量增加而增加。

4. 水的质量

若配料使用的水碱度过高，会影响饮料的口感，也易造成蛋白质沉淀、分层。

5. 酸的种类

调配型酸性含乳饮料可使用柠檬酸、苹果酸和乳酸作为酸味料，且以用乳酸生产出的产品质量最佳。

6. 沉淀及分层

（1）选用的稳定剂不合适　解决措施是采用果胶或以其他稳定剂复配使用，一般用纯果胶时，用量0.35%～0.60%。

（2）酸液浓度过高　调酸时，若酸液浓度过高，就很难保证在局部牛乳与酸液能很好地混合，从而使局部酸度偏差太大，导致局部蛋白质沉淀。解决措施是，将酸稀释为10%或20%的溶液，同时也可在酸化前，将一些缓冲盐类如柠檬酸钠等加入到酸液中。

（3）调配罐内搅拌器的搅拌速度过低　搅拌速度过低，就很难保证整个酸化过程中酸液与牛乳的均匀混合，从而导致局部pH值过低，产生蛋白质沉淀。

（4）调酸过程加酸过快　可导致局部牛乳与酸液混合不均匀，从而使形成的酪蛋白颗粒过大，且大小分布不均匀，因此整个调酸过程加酸速度不宜过快。

7. 产品口感过于稀薄

如果产品喝起来感觉像淡水一样，原因是乳粉的热处理不当，或最终产品的总固形物含量过低或对配料终点的把握不准。

本章思考题

1. 简述消毒乳（巴氏杀菌乳）的概念和种类。
2. 简述巴氏消毒乳的加工工艺和要求。
3. 简述巴氏杀菌乳的特点及其在储存过程中的变化。
4. 什么是ESL乳？有哪些生产方法？各有什么特点？
5. 生产ESL乳，如何正确使用离心除菌和膜滤除菌技术？使用了离心除菌或膜滤除菌后，是否还需要进行热处理杀菌？离心除菌是否需要同时脱脂？膜滤除菌是否需要预先脱脂？
6. 什么是灭菌乳？灭菌乳有哪些生产方法？各有什么特点？
7. 简述直接UHT和间接UHT灭菌方法的区别。
8. 简述UHT乳的生产工艺和加工要点。
9. 什么是无菌包装？
10. 简述灭菌乳在货架期间容易出现的主要质量问题及其控制措施。

第六章　发酵乳制品的加工工艺

所谓发酵乳制品是指乳在发酵剂（特定菌）的作用下发酵而成的产品，包括干酪（详见第八章）、酸乳、活性乳饮料、酪乳、奶酒、维力、开菲尔（Kefir，由乳酸菌、酵母菌共同发酵制成）等。

发酵乳制品的营养与功能主要包括：发酵过程中产生的蛋白水解酶，使生乳中的蛋白水解，提高了蛋白质的消化吸收率；乳酸可与钙磷铁等矿物质形成易溶于水的乳酸盐，因此，发酵乳可提高矿物质的吸收率；发酵可产生较多的烟酸、叶酸、B族维生素和少量脂溶性维生素；酸乳中的乳酸菌可以活着到达大肠，在肠道中营造一种酸性环境，可改善肠道菌群平衡，利于肠道内有益菌的繁殖，抑制肠道内有害菌的生长，对便秘和细菌性腹泻具有预防治疗作用；常食酸乳可降低血清中胆固醇水平，预防心血管疾病；发酵过程中乳酸菌产生抗诱变活性物质，具有提高免疫和抑制肿瘤的作用；加工中用乳糖酶（β-半乳糖苷酶，发酵过程也可产生乳糖酶）将乳糖分解为葡萄糖和半乳糖，或利用乳酸菌将乳糖转化为乳酸，可预防乳糖不耐症，但通常乳酸发酵时，10%～30%的乳糖不能分解。

本章主要讨论酸乳和酸乳饮料制品，并简单介绍奶酒、酪乳等其他发酵制品。

第一节　发酵酸乳及其分类

发酵酸乳是指以生乳或复原乳为主要原料，添加或不添加辅料，在乳中接种保加利亚乳杆菌和嗜热链球菌，经过乳酸发酵而成的凝乳状产品。在保质期内，产品中的特定菌必须大量存在，并能继续存活，但不含任何病原菌。

酸乳可典型地分成以下几种：凝固型（Set Yoghurt），在包装容器中发酵和冷却；搅拌型（Stirred Yoghurt），在罐中发酵，包装以前冷却；饮用型，类似搅拌型，但包装前凝块被“稀释”成液体；冷冻型，在罐里培养，像冰淇淋一样凝冻；浓缩型（Concentrated or Condensed Yoghurt），在罐里培养，包装以前浓缩和冷却。

发酵酸乳的进一步分类如表6-1所示。

表6-1　发酵酸乳的分类

分类方法	分类名称	特征
成品组织状态	凝固型酸乳	先灌入零售包装容器，后在其中发酵，成品呈凝乳状态
	搅拌型酸乳	先在大罐中发酵，发酵后的凝乳被搅拌成黏稠状，并灌装于包装容器
	饮用型酸乳	基于搅拌型酸乳的工艺，固形物含量低，流动性好，也称“酸乳饮品”

（续表）

分类方法	分类名称	特征
成品风味	纯酸乳（原味酸乳 Natural Yoghurt）	仅由原料乳和发酵剂发酵而成，不含添加剂和辅料
	加糖酸乳（Sweeten Yoghurt）	由原料乳和糖加入发酵剂发酵而成（按新的国家标准，属于风味发酵乳），加糖量6%～7%
	风味酸乳（Flavored Yoghurt）	在天然酸乳或加糖酸乳中加入香精香料而成
	果料酸乳（Yoghurt with Fruit）	由加糖酸乳和果粒或果酱混合而成。在容器底部加有果酱的酸乳称为圣代酸乳（Sandae Yoghurt）
	复合型酸乳	在酸乳中强化营养素或混入谷物、干果等辅料而成。西方流行，常在早餐饮用
功能型	疗效酸乳（Curative Effect Yoghurt）	低乳糖酸乳、低热量酸乳等
发酵后的加工方法	浓缩酸乳	去除酸乳中的部分乳清而得到的浓缩产品，因其加工方式与干酪相似，因此又称酸乳干酪
	冷冻酸乳（Frozen Yoghurt）	在酸乳中加入果料、增稠剂、乳化剂，然后进行冷冻所得的产品
	充气酸乳（Carbonated Yoghurt）	发酵后在酸乳中加入稳定剂和起泡剂（碳酸盐等），再经均质而得，常以充 CO_2 气的酸乳饮料形式出现
	长效酸乳	发酵后巴氏杀菌或 UHT 后罐装
	酸乳粉（Dried Yoghurt）	用喷雾干燥法或冷冻干燥法将酸乳中 95% 的水分去除而制成
脂肪含量	全脂酸乳	脂肪 ≥ 3.1%
	部分脱脂酸乳	脂肪 1%～3.1%
发酵剂种类	脱脂酸乳	脂肪 ≤ 0.5%
	普通酸乳	用保加利亚乳杆菌和嗜热链球菌发酵制成
	益生菌酸乳	双歧杆菌酸乳，如法国的 Bio；嗜酸乳杆菌酸乳；干酪乳杆菌酸乳

第二节　发酵乳标准

本标准代替 GB 19302—2003《酸乳卫生标准》和第 1 号修改单以及 GB 2746—1999《酸牛乳》。

本标准与 GB 19302—2003 相比，主要变化如下：标准名称改为《发酵乳》；修改了“范围”的描述；明确了“术语和定义”；修改了“感官指标”；取消了脱脂、部分脱脂产品的脂肪要求；取消了风味发酵乳产品中非脂乳固体指标；取消了总固形物要求；“污染物限量”直接引用 GB 2762 的规定；“真菌毒素限量”直接引用 GB 2761 的规定；修改了“微生物指标”的表示方法；取消了致病菌中志贺氏菌的要求；修改了产品中乳酸菌数的要求；增加了对营养强化剂的要求。

发酵乳的感官指标、理化指标和微生物限量，分别见表6－2、表6－3和表6－4。

表6－2　发酵乳的感官指标

项目	要求	
	发酵乳	风味发酵乳
色泽 滋味和气味 组织状态	色泽均匀一致，呈乳白色或微黄色 具有发酵乳特有的滋味、气味 组织细腻、均匀，允许有少量乳清析出	具有与添加成分相符的色泽 具有与添加成分相符的滋味和气味 风味发酵乳具有添加成分特有的组织状态

表6－3　发酵乳的理化指标

项目	指标	
	发酵乳	风味发酵乳
脂肪/（g/100g）　≥	3.1	2.5
非脂乳固体/（g/100g）　≥	8.1	—
蛋白质/（g/100g）　≥	2.9	2.3
酸度/°T　≥	70.0	

表6－4　发酵乳的微生物限量

项目	采样方案及限量（若非指定，均以CFU/g或CFU/ml表示）			
	n	*c*	*m*	*M*
大肠菌群	5	2	1	5
金黄色葡萄球菌	5	0	0 /25g（ml）	—
沙门氏菌	5	0	0/25g（ml）	—
酵母　≤	100			
霉菌　≤	300			

发酵乳的乳酸菌数：产品中的乳酸菌数 $>1\times10^{6}$ CFU/g（ml）。

第三节　发酵剂菌种及其分类

生产发酵乳制品时所采用的特定微生物的培养物被称作发酵剂（Starter Cultures），其主要作用是：分解乳糖产生乳酸；产生风味物质，如丁二酮、乙醛等，从而使酸乳具有典型的风味；具有降解脂肪和蛋白质的作用，从而使酸乳利于消化吸收；酸化过程抑制了致病菌的生长。

一、发酵剂的分类

1. 按菌种分类

（1）链球菌属　该属中唯一用于乳品发酵的菌种是嗜热链球菌。与其他链球菌不同，该菌有较高的抗热性，能在52℃生长，但仅能发酵有限种类的碳水化合物，进行同型乳酸发酵。

（2）乳球菌属　是一种嗜温型微生物，同型乳酸发酵，可在10℃生长，但不能在45℃生长。

（3）明串珠菌属　属于乳酸异型发酵的嗜温型球菌。能利用柠檬酸代谢生成丁二酮、CO_2、3-羟基丁酮等，赋予发酵乳品特殊的香味。

（4）乳杆菌属　乳杆菌对酸的忍耐性最强，适于酸性条件下（pH 值 5.5～6.2）启动生长，且常常降低乳的 pH 值到 4.0 以下。

基于发酵的最终产物，乳杆菌划为3组，即同型乳酸发酵的乳杆菌（如德氏乳杆菌保加利亚亚种）、兼性异型乳酸发酵的乳杆菌（如干酪乳杆菌，用于生产益生菌酸乳）和专性异型乳酸发酵的乳杆菌（如高加索酸乳乳杆菌，用于生产开菲尔）。

（5）肠球菌属　常被用作食品安全的指示菌，它与通过食物传染的疾病有关。南欧生产的干酪中，用肠球菌作为发酵剂。商业上也用它们（如粪肠球菌和屎肠球菌）作为益生菌，以预防和治疗肠道菌群失调症。

（6）双歧杆菌属　属于放线菌科，其代谢产物是乳酸和乙酸，两者的比例是 2∶3。作为益生菌使用的包括长双歧杆菌、两岐双歧杆菌和动物双歧杆菌。

（7）酵母菌　酵母菌可进行乳酸发酵和乙醇发酵，在乳品生产中，这种类型的发酵仅限于 Kefir 和 Kumiss 奶的生产。

2. 按制备过程分类

商品发酵剂（主发酵剂，乳酸菌纯培养物）：从微生物研究单位购买的源发酵剂，即一级菌种。一般多接种在脱脂乳、乳清、肉汁或其他培养基中，或用冷冻升华法制成一种冻干菌苗（能较长时间保存并维持活力）。

母发酵剂：即一级菌种的扩大再培养，从主发酵剂繁殖培养的第一代发酵剂。

中间发酵剂：指中间环节繁殖生产的发酵剂。

生产发酵剂：即工作发酵剂，是母发酵剂的扩大培养，是直接用于生产中的发酵剂。

直投式发酵剂（DVI 或 DVS）：指高度浓缩和标准化的冷冻或冷冻干燥发酵剂菌种，可直接加到热处理的原料乳中进行发酵，而无需对其进行活化、扩培等处理的发酵剂。

3. 按使用目的分类

按使用目的，发酵剂可分为单一发酵剂、混合发酵剂和补充发酵剂。

（1）单一发酵剂　只含有一种菌的发酵剂。应用时，将每一种菌株单独活化，生产时再将各菌株混在一起。

其优点是长期活化和使用，其活力和性状的变化较少；缺点是容易受到噬菌体的侵染，造成繁殖受阻和酸的生成迟缓等。

某些丁二酮链球菌的产酸能力很强，所以可作为产酸发酵剂而单独使用，但是通常是与乳脂链球菌或乳酸链球菌一起使用。然而使用单一的噬柠檬酸明串珠菌种作为发酵剂是不行的，因其在牛乳中生长需要利用由乳酸链球菌或乳脂链球菌产生的营养成分，没有产酸菌存在时，噬柠檬酸明串珠菌在牛乳中生长很慢，而且也不能产生香气物质。

（2）混合发酵剂　含有两种或两种以上菌的发酵剂，如由德氏乳杆菌保加利亚亚种和嗜热链球菌按 1∶1 或 1∶2 比例混合制成的酸乳发酵剂。

在制备混合发酵剂时，必须注意各菌种生长的最适温度及其耐盐性。混合菌株的目的是要它们产生理想的共生效果而不是彼此竞争，因此它们的特性在这些方面必须互相补充。

生产中多采用混合发酵剂，其优点是能够形成乳酸菌的活性平衡，较好地满足制品发酵成熟的要求，全部菌种不会同时被噬菌体污染，从而减少其危害程度。缺点是每次活化培养很难保证原来菌种的组成比例，由于菌相的变化，培养后较难长期保存，每天的活力有一定的差异。因此，对培养和生产中的要求比较严格。

（3）补充发酵剂　为增加酸乳的黏稠度、风味和提高产品的功能性。可选择下列菌株（按单独培养或混合培养后加入乳中）：①产黏发酵剂；②产香发酵剂；③嗜酸乳杆菌；④干酪乳杆菌；⑤双歧杆菌。

4. 根据最适生长温度分类

根据最适生长温度的不同，可把发酵剂分成：嗜温菌（最适生长温度 20 ~ 30℃）；嗜热菌（最适生长温度 40 ~ 50℃）。嗜温菌发酵剂可进一步分成 O 型、L 型、D 型和 LD 型，表 6－5 列出了不同发酵剂菌种的新旧命名及应用［摘自《国际乳品联合会公报》（263/1991）］。

表 6－5　各种发酵剂的新旧命名及应用

类型	旧菌名	新菌名	产品
嗜温型			
O	乳脂链球菌	乳酸乳球菌乳脂亚种	切达干酪，弗塔干酪
	乳酸链球菌	乳酸乳球菌乳酸亚种	农家干酪，夸克
L *	乳脂链球菌	乳酸乳球菌乳脂亚种	干酪（带气孔）
	乳酸链球菌	乳酸乳球菌乳酸亚种	
	噬柠檬酸明串珠菌	肠膜明串珠菌乳脂亚种	酸乳油
	乳酸明串珠菌	乳酸明串珠菌	Feta 干酪
D **	乳脂链球菌	乳酸乳球菌乳脂亚种	酸乳油
	乳酸链球菌	乳酸乳球菌乳酸亚种	
	丁二酮链球菌	乳酸乳球菌丁二酮亚种	
LD	乳脂链球菌	乳酸乳球菌乳脂亚种	干酪（带气孔）
	乳酸链球菌	乳酸乳球菌乳酸亚种	霉菌成熟干酪
	噬柠檬酸明串珠菌	肠膜明串珠菌乳脂亚种	
	丁二酮链球菌	乳酸乳球菌丁二铜亚种	酸乳油

（续表）

类型	旧菌名	新菌名	产品
	乳酸明串珠菌	乳酸明串珠菌	
嗜热型			
1	嗜热链球菌	唾液链球菌嗜热亚种	酸乳
	保加利亚乳杆菌	德氏乳杆菌保加利亚种	莫扎瑞拉干酪
2	嗜酸链球菌	唾液链球菌嗜热亚种	埃门塔尔干酪
	瑞士乳杆菌	瑞士乳杆菌	Grana 干酪
	乳酸乳杆菌	德氏乳杆菌乳酸亚种	

* L 明串珠菌，** D 丁二酮菌

二、发酵剂菌种的选择

发酵剂的选择应从产酸能力、风味物质、黏性物质和蛋白质水解等方面考虑。

（一）产酸能力

1. 酸生成能力

酸生成能力可通过以下二种方法来评价。

①酸生长曲线；②酸度检测或活力检测：活力是指在给定的时间内，发酵过程中酸的生长速率。

2. 后酸化（Post-Acidification）

后酸化是指发酵乳酸度达到一定值后，终止发酵进入冷却和冷藏阶段仍继续产酸的现象。

后酸化现象受到菌株的遗传特性影响，并与发酵终点的 pH 值、储藏温度等因素有关。

从后酸化来看，发酵剂应符合：①通常产酸能力强的的发酵剂往往导致过度酸化和强的后酸化。因此，要选择产酸能力弱或中等的发酵剂。如接种 2% 不同类型的发酵剂，42℃培养 3h 后酸度分别为 87.5、95 和 100°T，则应选择前两支菌种。②尽量选择在冷藏过程中的产酸较弱的发酵剂；③尽量选择冷链中断时（10～15℃）的弱产酸者。

（二）风味物质的产生

酸乳发酵剂产生的芳香物质有乙醛、丁二酮、3-羟基丁酮和挥发性酸等。

从风味物质上评估发酵剂的方法如下。

1. 感官评估

品尝试验。

2. 挥发性酸的量

含量高，意味着生成的芳香化合物的含量高。

3. 乙醛含量

酸乳的典型风味是由德氏乳杆菌保加利亚亚种产生的乙醛形成的。乙醛含量在 4mg/

L，且乙醛、丙酮、3-羟基丁酮的比例在5：1：1时，风味最佳。

（三）黏性物质的产生

发酵产生的胞外多糖类黏性物质，有助于改善酸乳的组织状态和黏稠度。但产黏发酵剂生产的产品风味较差，所以产黏发酵剂通常作为补充发酵剂使用；若生产中正常使用的发酵剂突然变黏，可能是发酵剂变异或污染所致。

（四）蛋白质的水解

嗜热链球菌表现很弱的蛋白水解活性，而保加利亚乳杆菌表现出很高的活力，能将蛋白质水解为游离氨基酸和多肽。

影响牛乳蛋白水解的主要因素：球菌和杆菌的比例、温度、pH值、时间等。

三、发酵剂的制备

目前，有两种方法制备工作发酵剂：一种是发酵剂的扩大培养，即商品发酵剂→母发酵剂→中间发酵剂→工作发酵剂；另一种是直接用直投式发酵剂作为工作发酵剂。

总的发展趋势是对发酵剂不需要进一步繁殖，可直接用于生产的经特殊设计和浓缩的发酵剂。然而，许多厂仍然通过几个连续的步骤把母发酵剂培养繁殖成自己的生产发酵剂。

发酵剂的制备工艺为：培养基的热处理→冷却至接种温度→接种→培养→冷却→贮存。如图6－1和图6－2所示。

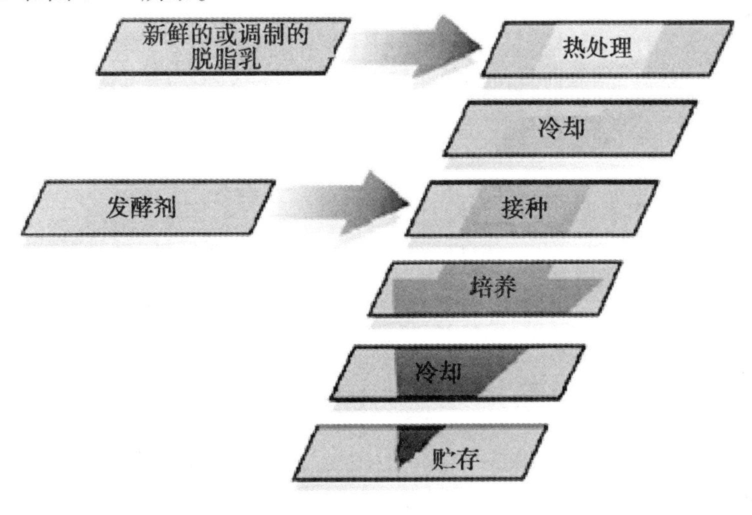

图6－1　发酵剂制备方框图

1. 菌种的复活（活化）

从菌种保存单位购来的乳酸菌纯培养物，通常都装在试管或安培瓶中。由于保存、寄送等影响，活力减弱，需恢复其活力。

在无菌操作条件下接种到灭菌的11%脱脂乳试管中，于21～26℃下培养16～19h，当凝固并达到所需酸度后，在0～5℃保存，也可冻结保存；每隔1～2周移植一次，以维持活力。

但在长期移植过程中，可能会有杂菌污染，造成菌种退化或菌种老化、裂解。因此，

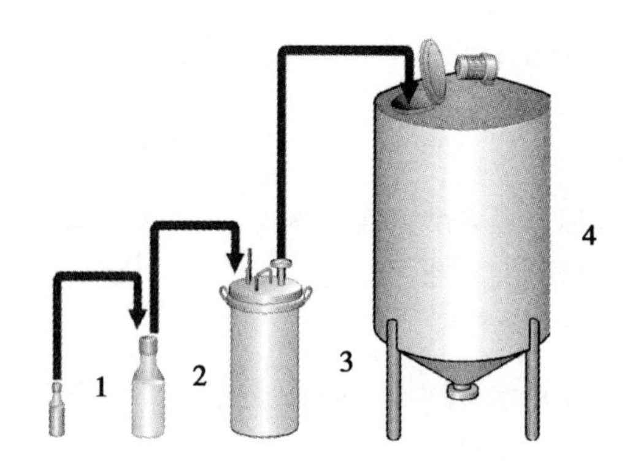

图 6-2 发酵剂的制作步骤

1. 商品菌种 2. 母发酵剂 3. 中间发酵剂 4. 生产发酵剂

菌种须不定期地纯化和复壮，以除去污染菌和提高活力。

2. 母发酵剂的调制

取脱脂乳量 1% ~2% 的充分活化的菌种，接种于盛有灭菌脱脂乳的三角瓶中，混匀后，21 ~23℃培养 12 ~16h，酸度达 0.75% ~0.8%，凝固后再移入灭菌脱脂乳中，如此反复 2 ~3 次，使乳酸菌保持一定活力，在 0 ~5℃ 保存备用。

3. 生产或工作发酵剂的制备

(1) 培养基的热处理　把培养基加热到 90 ~95℃/30 ~45min，以破坏噬菌体、消除抑菌物质、杀死微生物等。

制备发酵剂最常用的培养基是脱脂乳，也可用脱脂乳粉按 9% ~12% 的干物质（DM）制成的再制脱脂乳替代。用脱脂乳做培养基的原因是发酵剂风味方面的反常现象更易表现出来，但一些乳品厂也使用高质量生乳做培养基。

培养基也可通过添加一些生长因子如 Mn^{2+} 而加以强化，比如每升发酵剂添加 0.2g $MnSO_4$ 能促进噬柠檬酸明串珠菌的生长。

抗噬菌体培养基（PIM）也可用于生产单菌株或多菌株发酵剂，这些培养基中含有磷酸盐、柠檬酸盐或其他螯合剂，它能使 Ca^{2+} 成为不溶物，这样做的原因是因为大多数噬菌体的增殖需要 Ca^{2+}，将培养基中 Ca^{2+} 螯合起来，保护乳酸菌免遭噬菌体感染，可避免发酵剂活力降低。

(2) 冷却至接种温度　根据使用的发酵剂类型而定。

在培养多菌株发酵过程中，即使与最适温度有很小的偏差，也会对其中一种菌株的生长有益而对其他种不利，结果是使成品不能获得理想的状态。

常见的接种温度范围：嗜温型发酵剂为 20 ~30℃；嗜热型发酵剂为 42 ~45℃。

(3) 接种　接种 1% ~4% 的母发酵剂。

与温度一样，接种量的不同也影响产生乳酸和芳香物质的不同细菌的相对比例，因此接种量的变化也影响产品质量。图 6-3 表示了发酵剂的接种量对酸化过程的影响，曲线分别表示 0.5% 和 2.5% 的接种量，接种温度皆为 21℃。

(4) 培养　接种结束，发酵剂和培养基混合后，细菌开始增殖，培养开始。培养时间由发酵剂中的细菌类型、接种量等决定，一般 22 ~45℃ 下培养 3 ~20h，发酵到酸度 >0.8% 后，冷到 4℃ 备用。此时生产发酵剂的活菌数应达到 $1 \times 10^8 \sim 1 \times 10^9$ CFU/ml。

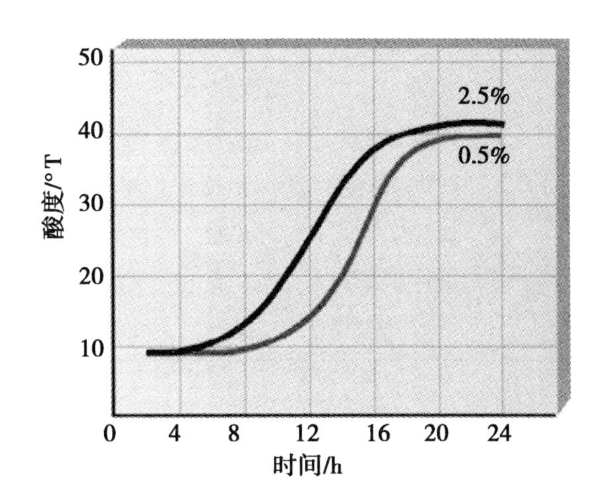

图 6－3　接种 0.5%和 2.5%嗜温发酵剂的产酸曲线（接种温度 21℃）

（5）冷却　当发酵达到预定的酸度时开始冷却，以阻止细菌的生长，保证发酵剂具有较高活力。当发酵剂要在接着的 6h 之内使用时，冷至 10～20℃即可；如果储存时间 >6h，一般冷至 5℃左右。

在大规模生产中，最好每隔一定时间，如 4h，制备一次发酵剂，这样随时都有活力较强的发酵剂可用，也容易安排以后的工作，而且能始终保证高质量的成品。图 6－4 是一种常见的产酸发酵剂，当接种 1% 的母发酵剂在 20℃培养时的生长曲线。

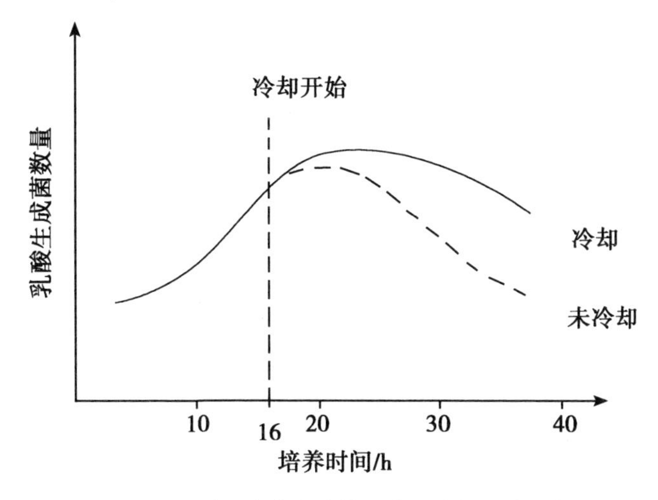

图 6－4　乳酸生成菌在培养结束后冷却及未冷却时的生长曲线

（6）发酵剂的保存　一般用冷冻法，温度越低，保存时间越长。在 －45～－18℃下，发酵剂的货架期可达 12 个月。

表 6－6 是丹麦汉森实验室推荐的菌种。应注意：深冻发酵剂比冻干发酵剂需要更低的贮存温度，而且要求用装有干冰的绝热塑料盒包装运输，时间不能超过 12h；而冻干发酵剂在 20℃下运输 10 天也不会缩短原有的货架期，只要货到后，按建议的温度贮存即可。

表6－6　一些浓缩发酵剂的贮存条件和货架期

发酵剂类型	保存	货架期/月	备注
冻干 DVS	< －18℃冷冻室	≥12	冻干超浓缩发酵剂（直接用于生产）
深冻 DVS	< －45℃冷冻室	≥12	深冻发酵剂
冻干 REDI-SET	< －18℃冷冻室	≥12	冻干超浓缩发酵剂（为制备生产发酵剂）
深冻 REDI-SET	< －45℃冷冻室	≥12	深冻浓缩发酵剂（为制备生产发酵剂）
DRI-VAC	< ＋5℃冷藏室	≥12	冻干粉末发酵剂（为制备母发酵剂）

4. 注意事项

发酵剂的制备要求极高的卫生条件，因此，要把酵母菌、霉菌、噬菌体的污染降到最低限度。

母发酵剂应在有正压和配备空气过滤器的单独房间中制备，如果不具备以上条件，也应在经严格处理的无菌室内操作。对设备的清洗系统也必须仔细设计，以防清洗剂和消毒剂的残留物与发酵剂接触而污染发酵剂。发酵剂的每一次转接应在无菌条件下操作。

制备生产发酵剂的培养基最好与成品的原料相同，以使菌种的生活环境不致急剧改变而影响菌种的活力。

生产发酵剂的添加量为发酵乳的1%～2%，为了缩短生产周期可加大到3%～4%，最高不超过5%。

常用乳酸菌的培养条件，如表6－7所示。

表6－7　常用乳酸菌的形态、特性和培养条件

细菌名称	发育最适温度/℃	凝固时间	极限酸度/°T	最大耐盐性/%
乳酸链球菌	30～35	12h	120	4～6.5
乳脂链球菌	30	12～24h	110～115	4
产香细菌： 柠檬明串珠菌 戊糖明串珠菌 丁二酮乳酸链球菌	30	不凝固 2～3天 18～48h	70～80 100～105	— 4～6.5
嗜热链球菌	37～42	12～24h	110～115	2
嗜热乳酸杆菌： 保加利亚乳杆菌 干酪杆菌 嗜酸杆菌	42～45	12h	300～400	2 2 —

【发酵剂的扩培举例】生产25 000L酸乳，按2%的接种量计算，需要发酵剂500L，其扩培过程如下：商品发酵剂1g→母发酵剂20ml→中间发酵剂10L→工作发酵剂500L→发酵罐生产（25 000L）。

一般情况下，生产发酵剂的制作要用二个罐循环使用，其中，一个罐准备的是当天要使用的发酵剂，而另一个做准备第二天要用的发酵剂。

发酵罐应该是无菌设计，如全封密、三层夹套等，能承受负压至30kPa和压力至100kPa，搅拌器应该是二层密封。

另外，送入罐中的空气和从罐中抽出的空气要通过一个灭菌的高效微粒空气过滤器（HEPA）4，以防止罐清洗后冷却和培养基热处理后冷却到培养温度时，被吸入的空气污染发酵剂。

生产发酵罐需要安装一个固定的pH值计7，它应能承受在清洗和热处理时发生的较大的温差。

从中间发酵剂到生产发酵剂罐的无菌转运如图6－5所示。

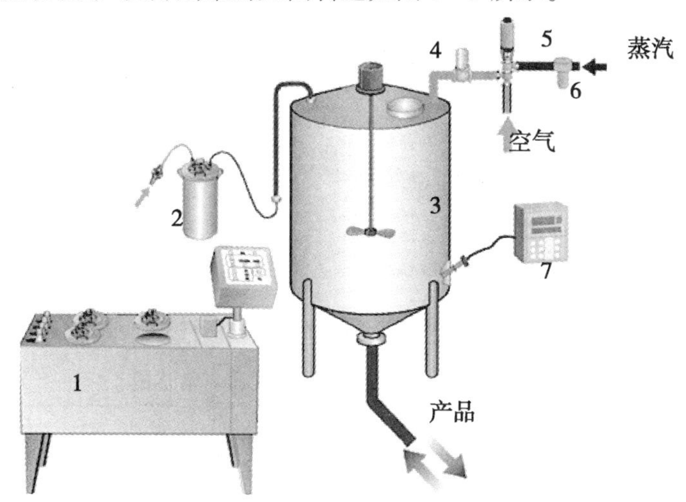

图6－5　从中间发酵剂到生产发酵剂罐的无菌转运

1. 培养器　2. 中间发酵剂罐　3. 生产发酵剂罐　4. HEPA过滤器　5. 气阀　6. 蒸汽过滤器　7. pH值测定

四、发酵剂的活力测定及其影响因素

1. 发酵剂的活力测定

发酵剂的活力是指构成发酵剂菌种的产酸能力，可用乳酸菌在单位时间内产酸的多少和色素还原等方法来测定。

（1）酸度测定法　在灭菌冷却后的脱脂乳中加入3%的发酵剂，并在37～38℃下培养3.5h，然后取出，加入2滴1%酚酞指示剂，用0.1mol/L NaOH的溶液滴定，如乳酸度>0.7%，则表示活力良好。

（2）刃天青（$C_{12}H_{17}NO_4$）还原试验　在9ml脱脂乳中加1ml发酵剂和0.005%刃天青溶液1ml，在36～37℃培养35min以上，观察刃天青褪色情况，全褪色为淡桃红色为止。褪色时间在培养开始后35min以内，表示活力良好；50～60min为正常活力。

2. 影响发酵剂活力的因素

（1）温度　通常情况下，原料乳经杀菌后，应直接冷到凝乳温度，这一温度应与发酵剂菌株所需要的最适生长温度相一致，如嗜温型发酵剂为32℃，而嗜热型发酵剂为37℃。在此温度下接种发酵剂，将有助于菌株在最短时间内进入对数生长阶段。

（2）天然抑制物　牛乳中的抑菌素、凝集素、溶菌酶和乳过氧化酶系统，都会抑制发酵，生产酸乳时，需要对其加热灭活。

（3）抗生素残留　牛乳中可能含有治疗牛的乳房炎所残余的抗菌素如青霉素，抗菌素能抑制或延缓发酵剂菌种的生长。

图6－6说明即使很少量的青霉素也会对多数发酵剂菌种有影响，表6－8是抑制一些微生物生长的青霉素含量。

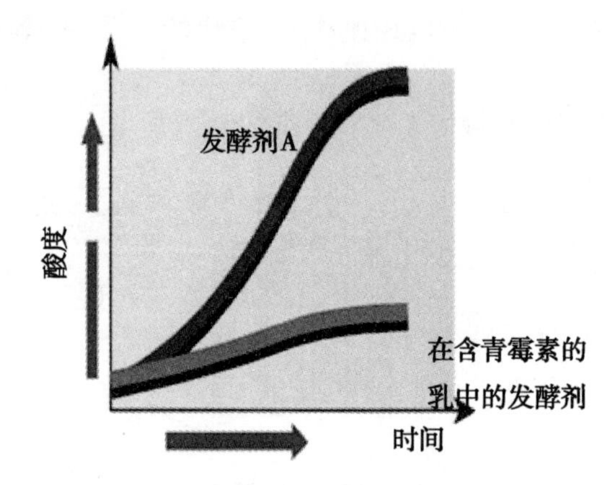

图6－6　青霉素在酸牛乳制造中的影响

表6－8　抑制一些微生物生长的青霉素含量

微生物	青霉素（IU*/ml）
乳酸链球菌	0.1～0.25
乳酪链球菌	0.05～0.1
嗜热乳链球菌	0.01～0.05
保加利亚乳杆菌	0.25～0.5
混合发酵剂	0.25～0.5

* IU = 国际单位

一般现场收购生乳不做细菌检验，但抗生素检验是发酵乳制品原料乳的必检指标。

牧场常用大量抗生素预防和治疗奶牛乳房炎等疾病，使生乳在一定时间内残留半衰期较长的抗生素。此外，为了延长生乳保存期，有人为掺入抗生素的可能。这些抗生素可引起部分人群的过敏反应，亦可抑制菌种的生长，从而影响发酵乳的正常生产。

常用于检验生乳中抗生素的残留量方法有：

TTC试验（指示剂2，3，5－氯化三苯四氮唑法，用TTC表示）：TTC在氧化态时为无色，还原态时为粉色或红色。试验时先在杀菌的生乳中加入敏感菌株（嗜热链球菌）培养液，水浴培养一定时间。该菌在生长繁殖过程中产生还原酶及其他还原型物质，能使TTC由氧化型（无色）还原为原型物质（红色）。TTC法抗生素残留检验程序如图6－7所示，检测各种抗生素的灵敏度如表6－9所示。

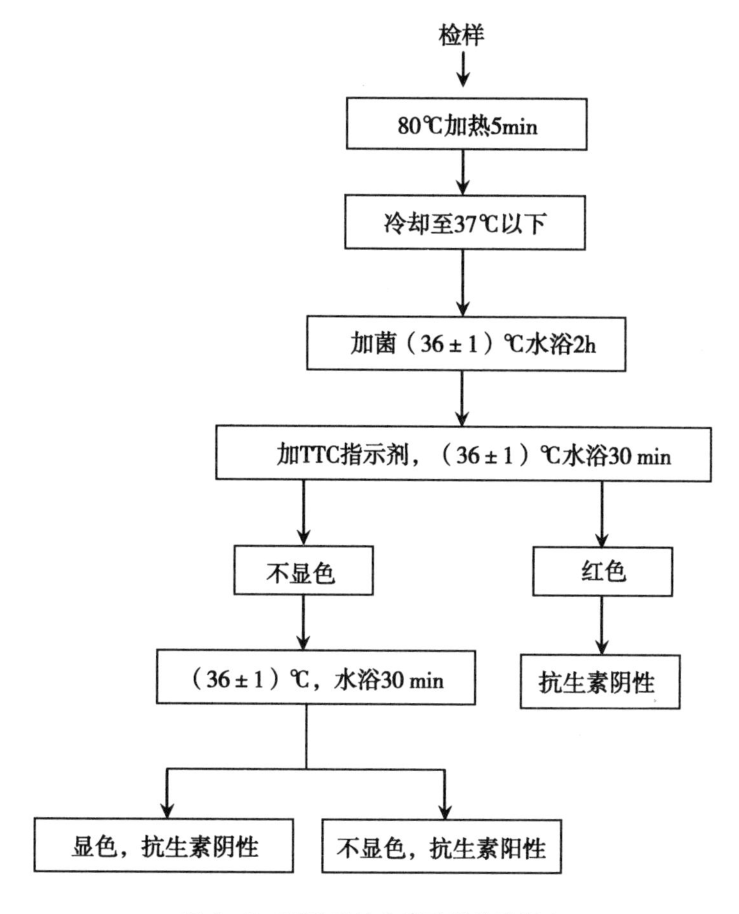

图 6－7　TTC 法抗生素残留检验程序

表 6－9　检测各种抗生素的灵敏度

抗生素名称	最低检出量/（IU/ml）
青霉素	0.004
庆大霉素	0.4
链霉素	0.5
卡那霉素	5

被检乳样中如果有抗生素残留，接种敏感菌株的增殖即被抑制，指示剂 TTC 保持原有的无色状态，因而检样不显色，为阳性；反之，如果没有抗生素残留，则加入的敏感菌株就会增殖，使 TTC 还原，被检样变成红色，为阴性。

纸片法：将指示菌接种到琼脂培养基上，然后将浸过被检乳样的纸片放入培养基上进行培养。如果被检乳样有抗生素残留，会向纸片的四周扩散，阻止指示菌的生长，在纸片的周围形成透明的阻止带，根据阻止带的直径，可判断抗生素的残留量。

工厂一般用做小样的方法即通过乳的发酵来判断原料乳中是否含有抗生素残留，但当原料乳量大和发酵乳产量高时，这种方法费时费力，可用专用的抗生素检测试剂盒进行检测。

（4）噬菌体　噬菌体对发酵乳的生产是致命的，其对嗜热链球菌的侵袭表现为发酵时间延长，产品酸度低，并有不愉快的味道（详见五“发酵剂噬菌体的感染及其防止”）。

（5）清洗剂和杀菌剂的残留　人工失误或清洗系统故障会造成残留，碱、碘灭菌剂、季铵类化合物、两性电介质等均会对发酵剂产生抑制，特别是季铵盐，0.5mg/L 的季铵盐就可对德氏乳杆菌保加利亚亚种菌株产生抑制作用，因此，生产发酵乳的工厂，最好不用季铵盐作消毒剂。

（6）乳酸菌变异　由于长期培养和连续发酵接种等因素，会导致菌种的不良变异，使菌的活力衰退，此时应及时更换，采用新的菌种。

3. *发酵剂的质量要求和控制*

将制备好的液态发酵剂，进行风味、组织、酸度和微生物学鉴定检查。

（1）感官检测　首先检查其组织状态、色泽及有无乳清分离等；将凝块完全粉碎后，质地均匀，细腻滑润，略带黏性，不含块状物；其次检查凝乳的硬度，凝块有适当的硬度，均匀细滑，富有弹性，表面光滑，无龟裂，无皱纹，未产生气泡等；然后品尝酸味与风味，无腐败味、苦味、饲料味和酵母味等异味。

（2）活力检查　使用前，应在化验室对发酵剂的活力进行检查，从发酵剂的酸生成状况或色素还原来判断。接种后，在规定时间内产生凝固，无延长凝固的现象。

（3）定期进行发酵剂设备和容器涂抹检查　判定清洗效果和车间的卫生状况，特别要防止噬菌体的污染。

4. *发酵剂的计数*

培养基的选择取决于：菌株的生化特性（如氧的敏感性、抗生素的抵抗力、产酸情况、发酵类型等）和产品类型。

同样的培养基可以通过改变培养温度或改变 pH 值来计数不同的菌株，如 M17 培养基在 37℃适于嗜热链球菌计数，而在 25℃适于乳球菌计数。

另外，通过添加一些成分来抑制其他菌的生长也有助于发酵剂计数，如在 Elliker 琼脂培养基中添加叠氮钠，能选择性地计数乳酸菌。

添加抗生素或控制碳源也可用于乳酸菌发酵的计数工作。

五、发酵剂噬菌体的感染及其防止

噬菌体是侵入微生物中病毒的总称，也称细菌病毒。换句话说，噬菌体是一类能够感染细菌的病毒，能使细菌溶解，延缓乳酸产生；另外，噬菌体能完全抑制发酵剂的产酸能力，导致发酵失败（因为噬菌体的繁殖速度远高于细菌的繁殖速度）。因此，它对乳制品的生产危害很大，是干酪、酸乳生产中很难解决的问题。目前对被噬菌体污染的发酵液还无法阻止噬菌体的溶菌作用，只能采取预防措施。

噬菌体有很强的专一性，即不同种类的宿主细菌有不同的唯一的噬菌体。乳品的主要噬菌体是乳酸菌噬菌体，包括乳酸链球菌噬菌体、乳脂链球菌噬菌体和嗜热链球菌噬菌体。

（一）噬菌体的结构及特点

噬菌体是必须寄生于细菌细胞才能生长的一类病毒，不能单独生长，即它只能生长于宿主菌内，并在宿主菌内增殖，导致宿主的破裂，产生溶菌作用。

噬菌体长为 0.03～0.3μm，只能通过电子显微镜才能看清，有一“头部”和一“尾部”，其结构如图 6－8 所示。

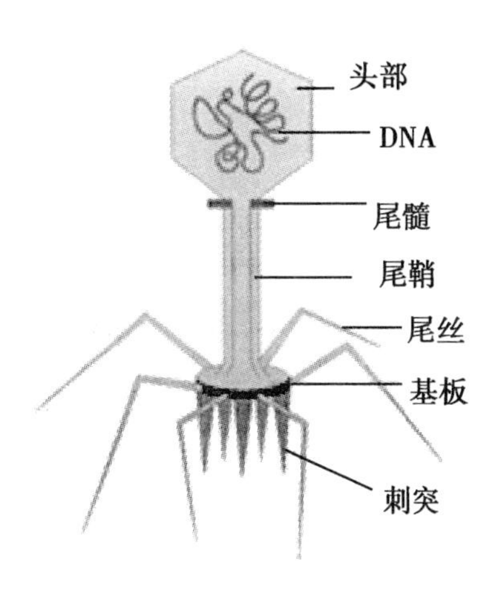

图 6－8　噬菌体结构

头部由蛋白质外壳组成，内含核酸，尾部用于将主要的遗传信息注入宿主细胞，噬菌体与宿主之间存在特异性的识别位点。

噬菌体只能侵袭细菌，一般是有生命力的幼龄菌，在细菌细胞内，它们能够繁殖，最后细菌体破裂，释放出 10～200 个噬菌体，它们再去感染新的受害者，此过程如图 6－9 所示。噬菌体吸附在宿主细胞表面，并将 DNA 注入细菌细胞内（1），细菌细胞“机器”再生产新的噬菌体的 DNA 和蛋白质（2，3），聚集在细菌细胞内（4），然后细胞破裂，噬菌体被释放出来（5）。噬菌体污染发酵剂后菌种的生长情况见图 6－10。

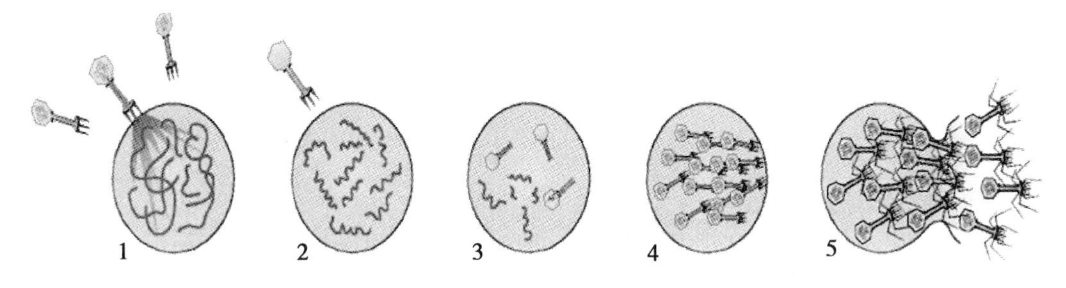

图 6－9　噬菌体增殖图解

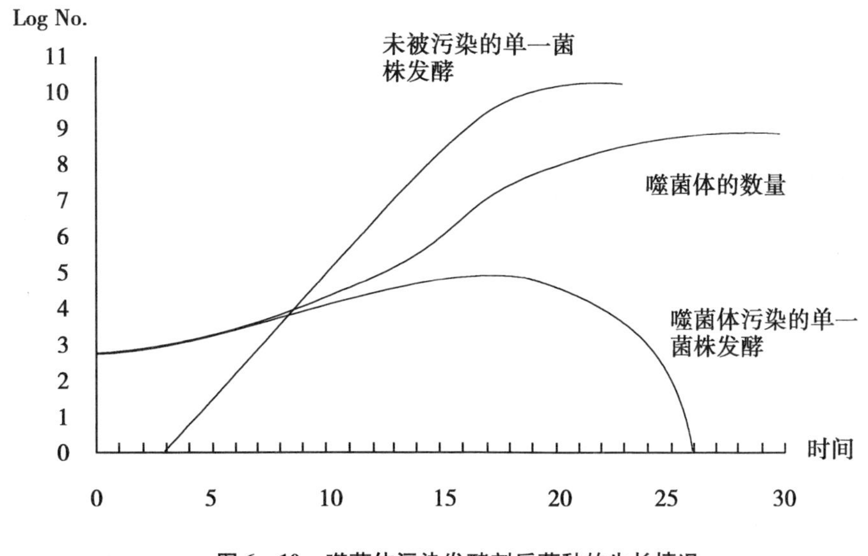

图 6－10　噬菌体污染发酵剂后菌种的生长情况

一个携带噬菌体但没有发生影响的细菌通过二分裂产生 4 个新的细菌，同时一个噬菌体已经生成22 500个，如图6－11所示，难怪有时感染一个噬菌体经一段时间后，发酵剂的生长会突然消失。

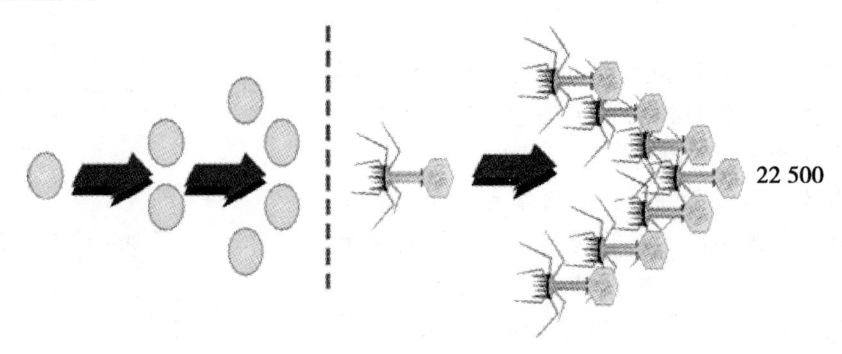

图6－11　发酵剂菌种的繁殖和噬菌体繁殖的比较

（二）乳酸菌噬菌体的来源、类型和特点

1. 乳品厂噬菌体的来源

噬菌体可存在于任何地方，凡是加工乳制品的区域都存在噬菌体，主要源头是原料乳、奶车、水池、下水道、设备和墙壁等。噬菌体可通过空气和工作人员在厂区内传播。

2. 类型

有烈性噬菌体、温和噬菌体两类，实际生产中，烈性噬菌体的危害更大。

3. 乳酸菌噬菌体的特点

对噬菌体的敏感程度，嗜温菌 > 嗜热链球菌 > 乳杆菌 > 益生菌。

用于发酵剂制备的培养基时，要在85℃加热至少30min才能使噬菌体失去活力。

滞留在表面的噬菌体很容易在氯离子的作用下失活，但碘离子和酸性清洗剂并不能使噬菌体失活。

（三）噬菌体的防治

1. 防止措施

发酵剂生产中，防止噬菌体有以下措施。

①选择噬菌体抗性培养基，其作用原理是添加了磷酸盐和柠檬酸盐，它们可与Ca^{2+}结合，所以能抑制噬菌体吸附在发酵剂菌种的细胞上，从而达到控制感染的目的。

②应用噬菌体抗性菌株，或轮换使用与噬菌体无关或抗噬菌体的菌株，或使用混合菌株的发酵剂。

③工作发酵剂培养基热处理时应确保灭活噬菌体病毒。

④生产发酵剂的罐应充满到最大容量，否则应延长热处理时间以杀灭罐内空间中可能存在的噬菌体。

⑤发酵剂继代培养过程中必须无菌操作。

⑥发酵室和生产车间要具有良好的卫生和有效的空气过滤。

⑦设备和车间必须经过充分的清洗和消毒。

2. 噬菌体的杀灭方法

（1）加热破坏　通常采用90℃/40min的处理。

（2）消毒剂消毒　用50～500mg/kg的次氯酸盐处理，可有效杀灭噬菌体。

(3) 紫外线照射 一般少于6h即可。

第四节 酸乳发酵过程中乳酸菌的生长及代谢

一、酸乳发酵过程中乳酸菌的生长

酸乳是由嗜热链球菌及德氏乳杆菌保加利亚亚种共同发酵生产的，两者可以互相促进生长，而且两者在一起的产酸速度要高于单一的产酸速度。当酸度达到一定程度，球菌不再生长，相对而言，杆菌较为耐酸。

对于酸乳良好风味的形成，两种菌在发酵过程中要保持大约相同的数量，即酸乳中球菌和杆菌的比例一般为1∶1或2∶1，杆菌永远不允许占优势，否则，酸度太强。

各种因素会影响球菌和杆菌的比例

1. 培养时间

短时间培养（此时酸度较低），球菌比例较高；长时间培养，则杆菌比例较高。

2. 接种量

接种量增大会加快产酸速度，很快使球菌停止生长，导致杆菌比例较高，接种量少，则相反。

3. 培养温度

杆菌较球菌具有较高的最适温度，温度>45℃，利于杆菌生长；<45℃，则有利于球菌生长。40℃时，球菌和杆菌的比例约为4∶1，而45℃时约为1∶2，酸乳生产中，2%～4%的接种量和2～3h的培养时间，要达到球菌和杆菌1∶1的比例，最适接种和培养温度为43℃，如图6－12所示，该图说明了酸乳菌种在逐渐递增的温度范围内培养时所产生的变化。

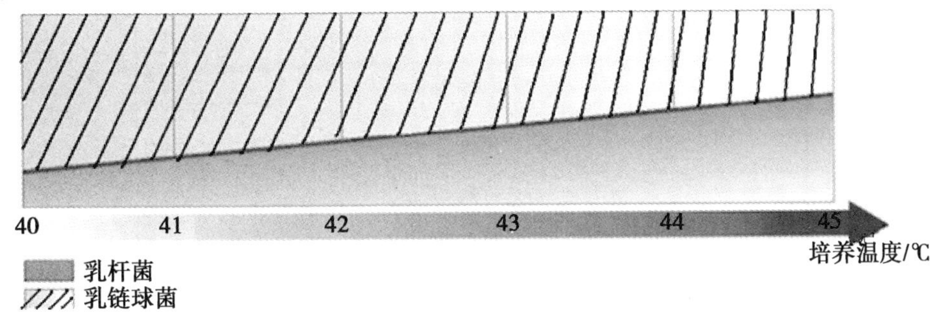

图6－12 培养温度对杆菌和球菌数量的影响

二、发酵过程中的代谢及其对乳成分的影响

(一) 风味物质的形成

发酵剂在生长过程中产生的风味物质主要有3类。

(1) 挥发性的酸 乳酸、丙酮酸、草酸、琥珀酸等，球菌代谢产生L（＋）-乳酸，杆菌产生D（-）-乳酸。

(2) 羰基化合物 乙醛、丁二酮、丙酮、3-羟基丁酮、双乙酰等。乙醛是酸乳必不可少的特征风味物质，其重要的前体物质是苏氨酸，但乳中本身的苏氨酸含量很低。发酵过程中，杆菌水解乳蛋白可产生苏氨酸。

（3）其他　某种氨基酸、热变性的蛋白质、脂肪、乳糖形成的成分。

酸乳中风味物质的含量随采用单一还是混合菌种以及球菌和杆菌不同的菌株而变化，同时也受乳的类型和质量的影响。对于风味物质的产生，两者也有协同作用，如表 6－10 所示。

表 6－10　酸乳发酵剂菌种产生的风味物质　　单位：mg/L

菌种种类	乙醛	丁二酮	丙酮	双乙酰	3-羟基丁酮
嗜热链球菌	1.0～8.3	0.1～13.0	0.3～5.3	0.1～13.0	1.5～7.0
保加利亚乳杆菌	1.4～12.2	0.5～13.0	0.3～3.2	0.5～13.0	痕量～0.2
混合菌种	2.0～41.0	0.4～0.9	1.3～4.0	0.4～0.9	2.2～5.7

图 6－13 是嗜热链球菌和保加利亚乳杆菌生长时产生物质的生成曲线。

乙醛是酸乳中主要的风味物质，而乙醛主要由保加利亚乳杆菌产生，虽然每种菌株产乙醛的能力不同。另外，嗜热链球菌和保加利亚乳杆菌共同生长产生的乙醛比保加利亚乳杆菌单株生长时产生的乙醛要高的多。因此，这些菌种之间的共生关系影响着酸乳中的乙醛含量。

在酸乳生产中，只有当酸度达到 pH 值 5 时，才有明显的乙醛产生。酸度为 pH 值 4.2 时，乙醛含量最高，pH 值 4.0 时，含量稳定。酸乳风味最佳时，乙醛含量为 23～41mg/kg 及 pH 值为 4.0～4.4。

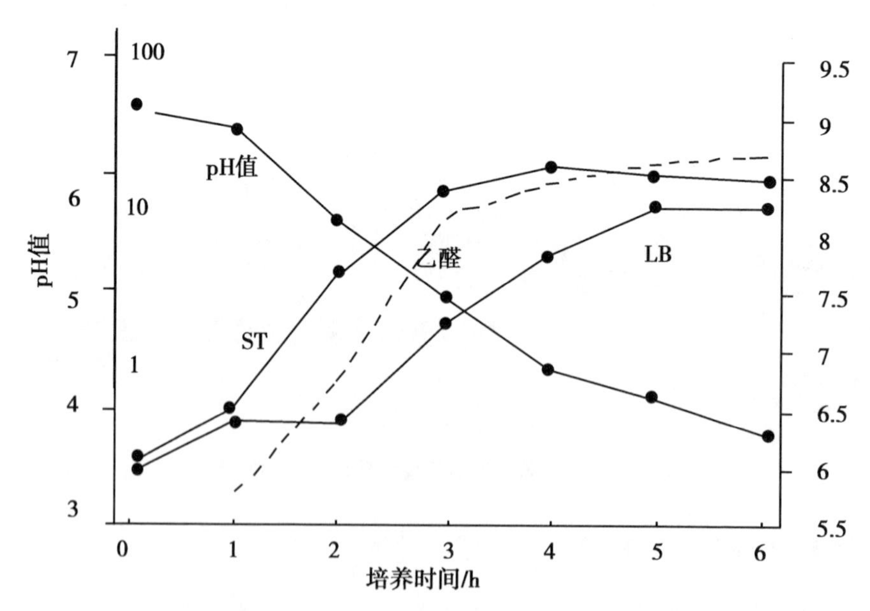

图 6－13　嗜热链球菌和保加利亚乳杆菌生长时产生物质的生成曲线（接种量 2.5%）

（二）碳水化合物代谢

乳酸菌利用原料乳中的乳糖作为其生长与增殖的能量来源，乳糖首先被水解成单糖-

葡萄糖和半乳糖，其中，葡萄糖被乳酸菌代谢产生乳酸，而半乳糖不被利用。

发酵作用通常形成不同的产物，如有机酸（乳酸、丁酸等）、醇（乙醇、丁醇等）和气体（氢气、CO_2 等）。

牛乳中最重要的发酵形式是：

1. 乳糖的酒精发酵

乳糖的酒精发酵形成醇和气体，如乳糖被分解成酒精和 CO_2，酒精发酵通常是在厌氧的条件下发生，并且主要是酵母和霉菌产生的。

2. 乳糖的乳酸发酵

乳糖的乳酸发酵形成乳酸，这种反应常用于干酪、酸乳和其他酸性产品的生产。

3. 乳糖的大肠（混酸和丁二醇）发酵

乳糖的大肠发酵形成多种产物，如乳酸、醋酸、丁二酸、甲酸、丁二醇、乙醇、CO_2 和氢气。

4. 丁酸发酵

丁酸发酵是在严格厌氧条件下，由梭状芽孢杆菌产生的。通过丁酸发酵，乳糖被分解成丁酸，CO_2和氢气，有时还能产生丁醇。

代谢途径有 3 类，即同型乳酸发酵，异型乳酸发酵和双歧途径，双歧途径也属于异型发酵（图 6 - 14）。

①同型乳酸发酵

链球菌、片球菌和乳杆菌的部分菌种能产生同型乳酸发酵。葡萄糖经糖酵解途径（EMP）降解成为丙酮酸，丙酮酸直接作为受氢体被还原成乳酸。

反应式：葡萄糖→2 乳酸 + 2ATP

②异型乳酸发酵

由 6 - 磷酸葡萄糖酸形成 5 - 磷酸核糖，5 - 磷酸核糖经异构化形成 5 - 磷酸木酮糖，该糖由磷酸解酮酶裂解为 3-磷酸甘油醛和乙酰磷酸，之后与同型乳酸发酵一样，形成丙酮酸，最后形成乳酸。

反应式：葡萄糖→乳酸 + 乙醇 + CO_2 + ATP

③双歧途径

双歧杆菌是一类特殊的严格厌氧菌，它们对葡萄糖的代谢也属于异型发酵，但与其他乳酸菌的异型发酵不同。双歧杆菌没有醛缩酶，也没有葡萄糖-6 - 磷酸脱氢酶，不能通过 EMP 途径代谢葡萄糖。但含有磷酸解酮酶，这是双歧途径的关键酶。

反应式：2 葡萄糖→3 乙酸 + 2 乳酸 + 2. 5ATP

（三）蛋白质代谢

由于乳酸菌不能吸收利用无机氮，所以，必须降解蛋白质和多肽才能满足它们的氨基酸需求。

乳酸的形成使乳清蛋白和酪蛋白复合体因其中的磷酸钙和柠檬酸钙的逐渐溶解而变得越来越不稳定。当体系内的 pH 值达到酪蛋白的等电点时（pH 值 4. 6 ~ 4. 7），酪蛋白胶粒开始聚集沉降，逐渐形成一种蛋白质网络立体结构，其中，包含乳清蛋白、脂肪和水溶液部分，这种变化使原料乳变成了半固体状态的凝胶体即酸乳。

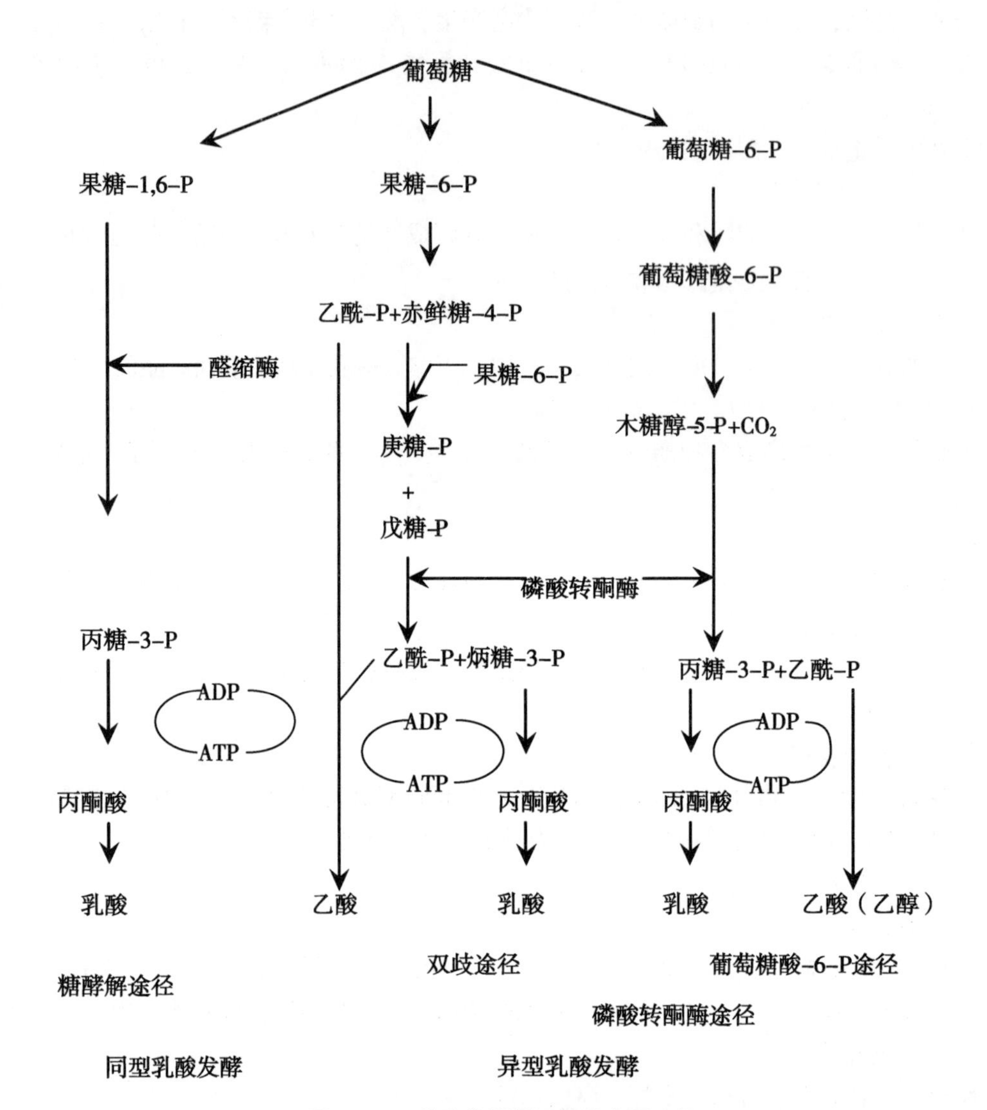

图 6－14 乳酸菌代谢已糖的主要途径

乳酸发酵后 pH 值从 6.6 降低至 4.4，形成软质的凝乳，产生了细菌与酪蛋白微胶粒相连的黏液，赋予搅拌型酸乳黏浆状的质地。

（四）脂肪代谢

嗜热型乳酸菌发酵剂能产生脂肪水解酶，但量不大，在酸乳的生产和贮藏期间，可部分水解脂肪，影响酸乳成品的风味。

（五）柠檬酸代谢

乳中的柠檬酸含量较低约 0.18%，且仅被能产生风味物质的嗜温型菌种利用，这些菌株主要是明串珠菌和部分乳酸链球菌菌株。

（六）乳酸菌产生的胞外多糖

一些乳酸菌株能利用培养基的碳水化合物产生胞外多糖（Exopolysaccharides，EPS）。

嗜热链球菌产生的胞外多糖由半乳糖：葡萄糖（1：1）组成，还含少量木糖、阿拉伯糖、鼠李糖和甘露糖。德氏乳杆菌保加利亚亚种产生的胞外多糖是由葡萄糖和果糖按1：2的比例组成。

利用产EPS的专用菌株来提高发酵乳的黏度和胶体稳定性，可以改善发酵乳的品质和组织状态，特别是搅拌型酸乳。

第五节　发酵乳的一般加工工艺

除了酸乳以外，世界各地生产不同类型的发酵乳，约有400多个品种。然而，发酵乳的制作工艺有很多相似之处。

为了减少设备的成本，凝固型酸乳和搅拌型酸乳的生产可以使用同一生产线，从牛乳的预处理到冷却至培养温度，工艺是一样的，如图6-15所示。

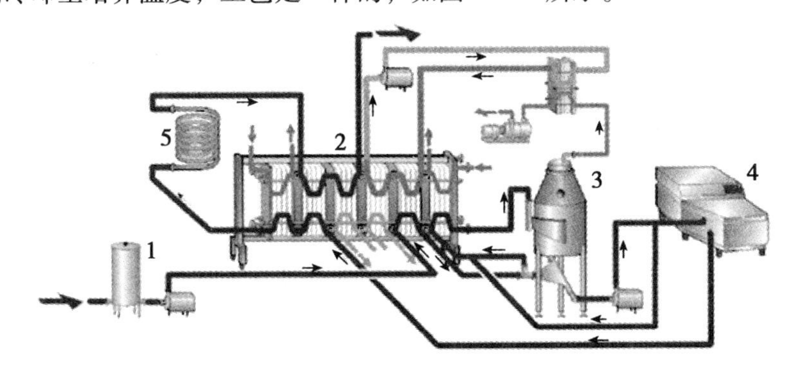

图6-15　发酵乳的一般预处理

1. 平衡罐　2. 6片式热交换器　3. 真空脱气罐　4. 均质机　5. 保温管

当原料奶经过预处理并冷却到接种温度后，进一步的加工工艺要根据是生产凝固型、搅拌型、饮用型、冷冻型还是浓缩型酸乳而定。酸乳的工艺流程，如图6-16所示。

一、凝固型酸乳的工艺要求

凝固型酸乳工艺流程图如图6-17和图6-18所示。

1. 原料乳

用于酸乳生产的牛乳必须具有最高卫生质量，细菌含量低（$<5\times10^5$CFU/ml），酸度<18°T，酪蛋白含量高、无阻碍酸乳发酵的物质（不含有抗生素、噬菌体、清洗剂残留物、杀菌剂等）。

2. 牛乳的标准化

总乳固体含量与酸乳的质地和风味关系很大，尤其是酪蛋白和乳清蛋白比例的增加，可提高酸凝乳的硬度，减少乳清析出。

增加干物质含量的方法有：①浓缩（真空浓缩、膜过滤浓缩）：将牛乳中水分蒸发10%～25%，相当于干物质增加1.5%～4%；②添加浓汁牛乳（如炼乳、牦牛乳或水牛乳等）；③添加1%～4%乳粉：如全脂奶粉、脱脂乳粉等；④添加酪乳粉：由甜性奶油（Sweet Cream Butter）的副产物butter milk喷雾干燥而成，成分与脱脂乳粉类似，但富含

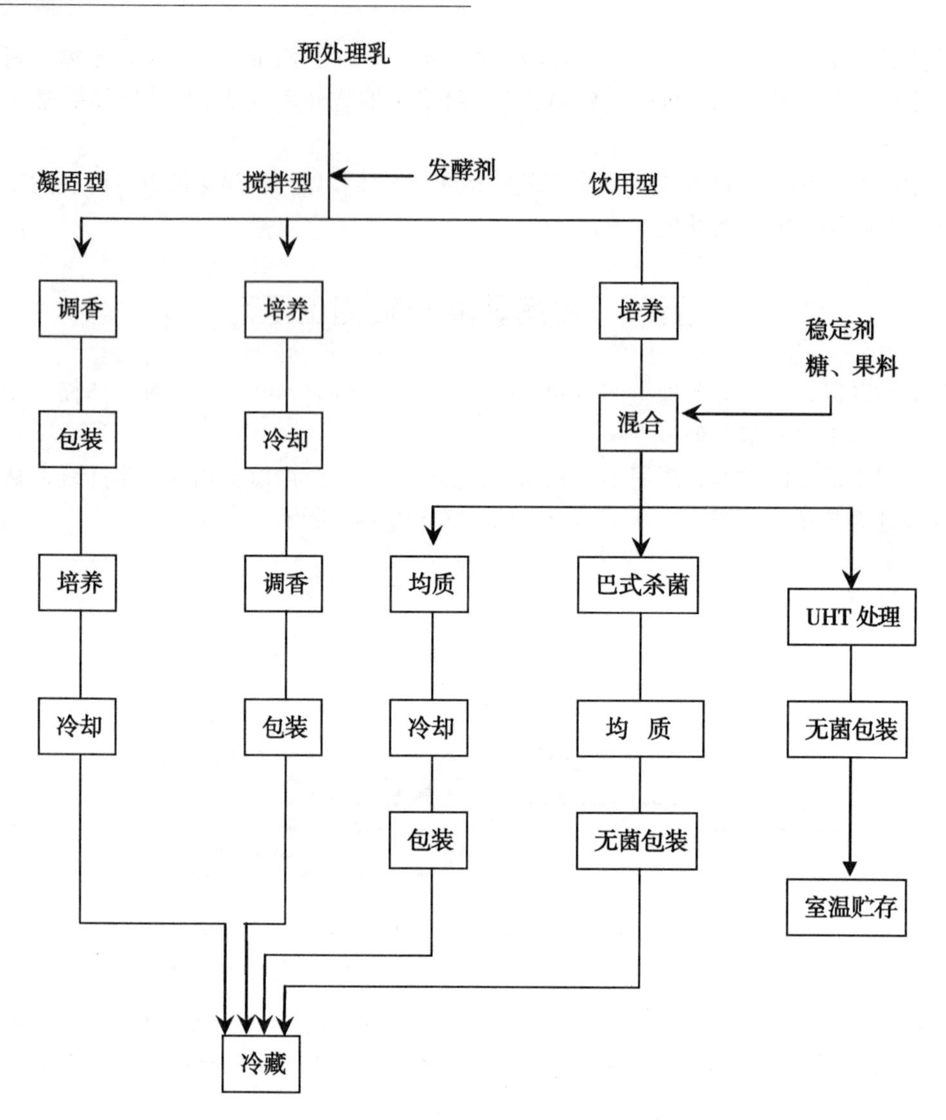

图 6-16　凝固型、搅拌型、饮用型酸奶工艺流程

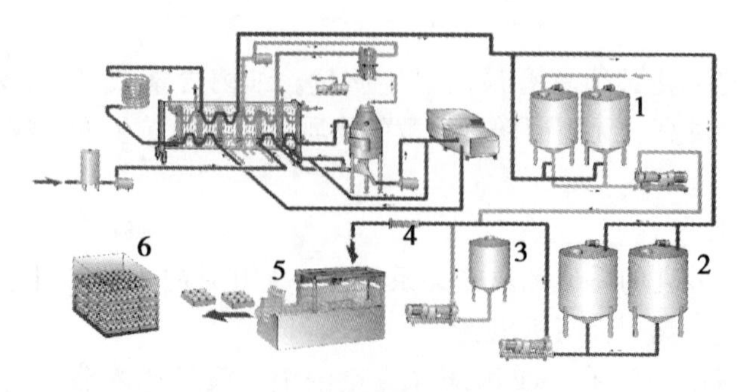

图 6-17　凝固型酸乳的生产线

1. 生产发酵剂罐　2. 缓冲罐　3. 香精罐　4. 混合器　5. 包装　6. 培养

磷脂，乳化性能好；⑤添加 1% ~2% 的乳清粉或乳清浓缩蛋白（WPC）、乳清分离蛋白

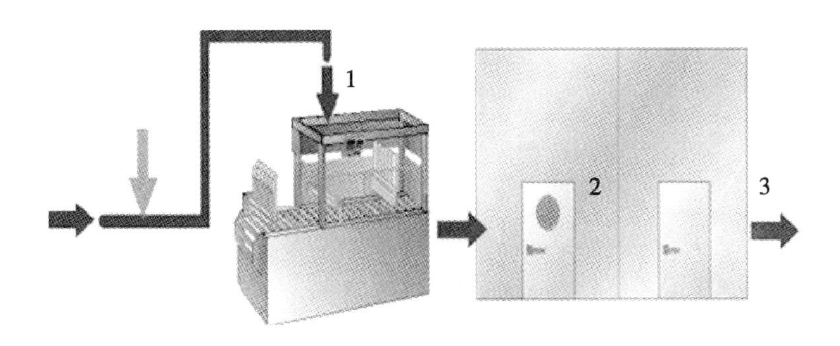

图6－18 凝固型酸乳

1. 杯灌装机 2. 培养室 3. 速冷室

（WPI）等；⑥添加酪蛋白粉：有酸性酪蛋白、皱胃酶酪蛋白、酪蛋白酸盐（Na、K、Ca－caseinate）。

3. 脱气

可改善均质机的工作条件；减少热处理期间产生的沉淀物；提高了酸乳的黏稠性和稳定性；去除了挥发性的异味（脱臭）。

4. 添加剂

可适量添加稳定剂、糖和维生素等。

正常情况下，天然酸乳不需要添加稳定剂，因为它会自然形成具有高黏度的、结实和稳定的胶体，在果料酸乳里可加稳定剂，而巴氏杀菌酸乳则必须添加稳定剂。酸乳中常用的稳定剂有：果胶、明胶、淀粉、琼脂等，用量为0.1%～0.5%。

糖常用蔗糖或葡萄糖，用量6.5%～8%；对糖尿病患者来说，应使用甜味剂，因为甜味剂使用量很小，甜度高，又没有营养价值（注意：甜味剂不能作为甜炼乳的保护剂）；果料通常含有50%的糖或相应的甜味剂，所以通过添加12%～18%的果料通常能提供所需要的甜味；应注意的是如果在接种或培养期以前添加太多的糖（超过10%）会对发酵产生不良影响，过多的糖会改变牛乳的渗透压。

5. 均质

10～25MPa/60～75℃。

均质和随后的热处理对发酵乳的黏稠度有很好的效果。表6－11说明了当牛乳在经过不同的均质压力和杀菌温度处理时对发酵乳（瑞典的Filmjolk酸乳，含脂率3%，非脂乳固体8.7%）黏稠度的影响，均质温度为60℃。

黏度是用一种简单的黏度计来测量（SMR黏度计），测定结果用100ml产品在20℃时通过某一直径的管嘴的时间（s）来表示。

发酵乳的黏度与均质压力成正比，高温热处理能使产品变得黏稠。

表 6-11 均质和热处理对发酵乳黏稠度的影响（瑞典的 Filmjolk）

在 60℃时的均质压力/ MPa	黏稠度在 20℃时流过的时间/s	
	普通杀菌奶（72℃/20s）	高温杀菌奶（95℃/5min）
0	5.7	15
2.5	5.5	14.6
5	7.1	15.8
7.5	8	19.2
10	8.9	22.1
15	10.4	28.7
20	11.2	30.2
30	13.8	32.7

6. 热处理

生乳经过 90～95℃ /5～10min 的热处理效果最好，此时，乳清蛋白变性 70%～80%，并且主要的乳清蛋白（β-乳球蛋白）会与 K-酪蛋白相互作用，使酸乳成为一个稳定的凝固体。

然而用于发酵的牛乳经过 UHT 处理后却不能在黏稠度上取得同样的效果，原因目前不详。

热处理目的：①杀灭原料乳中的杂菌和噬菌体，确保乳酸菌的正常生长和繁殖；②钝化原料乳中对发酵菌有抑制作用的天然抑制物；③使乳清蛋白充分变性，提高发酵乳的黏稠度、质地均一性和防止成品中乳清的析出。

7. 牛乳冷却

巴氏杀菌后冷至发酵剂菌种的最适生长温度，一般为 40～45℃，以便接种发酵剂。

生产凝固型酸乳时，如果预处理的能力与包装能力不匹配，那么应将牛乳冷却到 10℃以下，包装以前再将牛乳加热至培养温度。

8. 接种

发酵剂可达到的成品特性为：高黏度、低乙醛含量、高 pH 值；或低黏度、中等乙醛含量、适合于饮用酸乳等。

接种量要根据菌种活力、发酵方法、生产时间的安排和混合菌种配比的不同而定。一般生产发酵剂，其产酸活力为 0.7%～1.0%，此时接种量应为 2%～4%，如果活力低于 0.6%，则不能用于生产。

制作酸乳常用的发酵剂为嗜热链球菌和保加利亚乳杆菌的混合菌种，降低杆菌的比例则酸乳在保质期内产酸平缓，可防止酸化过度。酸度过高，乙醛过多时，常导致酸乳产生辛辣味。

如生产短保质期（14～21 天）的普通酸乳，发酵剂中球菌和杆菌的比例应调整为 1∶1、2∶1 或 5∶1 。对果料酸乳，两种菌的比例可调整到 10∶1，此时保加利亚乳杆菌的产香性能并不重要，其香味主要来自添加的水果。

注意：接种前应将发酵剂充分搅拌，使之成为均匀细腻的状态；发酵剂加入后也要充分搅拌，使发酵剂与原料乳混合均匀。

另外，接种是造成酸乳受到微生物污染的主要环节之一，因此，应严格注意操作卫生，防止细菌、酵母、霉菌、噬菌体和其他有害微生物的污染。

9. *罐装和培养*

凝固型酸乳在接种后立即装瓶，并在包装容器中发酵，有玻璃瓶、塑料杯等包装形式，装瓶前需对玻璃瓶蒸汽灭菌，一次性塑料杯可直接使用。

接种后，加入香料搅拌，如果需要添加带颗粒的果料或添加剂，应在灌装接种的牛乳以前先定量加入到包装容器中，但需注意：低 pH 值的添加剂会对发酵产生影响。

罐装后的包装容器放入敞口的箱子里，并尽快送进培养室，单个包装容器之间留有空隙，使培养室的热气和冷却室的冷气能到达每一个容器，确保质量的均匀一致。

如果堆放的高度为 1m，那么垛间的空十字部分通风面积必须占总面积的 25% 以上，空十字部分越小，需要的气流越大，消耗的能量也越大。

在培养期间，托盘（箱子）是静止的，它们被放在发酵间里，放置的原则是先进先出。

用保加利亚乳杆菌与嗜热链球菌的混合发酵剂时，发酵条件为：接种量 2% ~4%/40 ~45℃/2 ~4h，pH 值 4.5 ~4.7 或酸度 0.7% ~1.1%，达到凝固状态时即停止发酵，进行冷却。

用浓缩、冷冻和冻干菌种直接加入酸乳培养罐中培养时，应考虑其延滞期较长，培养条件为 43℃/4 ~6h。

发酵终点的判断：①滴定酸度 >80°T；②pH 值 <4.7；③表面有少量水痕；④倾斜酸乳瓶或杯时，奶变黏稠。

非常重要的一点是在最后的 2 ~2.5h 时，产品不能遭受机械震动，因为这时最容易出现乳清分离，而影响组织状态；另外，发酵温度应恒定，避免忽高忽低；而且要掌握好发酵时间，防止酸度不够或过度。

10. *冷却*

冷却目的是降低发酵菌种的代谢活动、控制发酵乳的酸度，以及形成“硬实”的组织状态和结构。

酸乳培养达到要求的 pH 值（4.2 ~4.5）时，终止发酵并冷却，迅速抑制乳酸菌的生长，以免继续发酵而使酸度过高。关于冷却程序，最好在 30min 内温度降至 35℃左右，在随后的 40min 内把温度降至 10 ~20℃，最后在冷库把温度降至 5℃左右。

选择开始冷却的时间对酸乳生产非常关键。冷却时间太早，风味尚未完全形成，发酵乳的组织均一性也差，并有乳清析出；但如果太迟，则风味比较辛辣，酸度过高。适宜的冷却时间是温度降到 6 ~8℃时，发酵乳的 pH 值为 4.5 ~4.7，如图 6 -19 所示。

11. *冷藏后熟*

冷藏温度为 2 ~7℃，冷藏期间，酸度仍会有所上升。

冷藏的作用除达到冷却项中所述目的外，还有促进香味物质产生、改善酸乳硬度的作用。

香味物质产生的高峰期是在酸乳终止发酵后第 4 ~24h，超过 24h 又会减少。酸乳的特

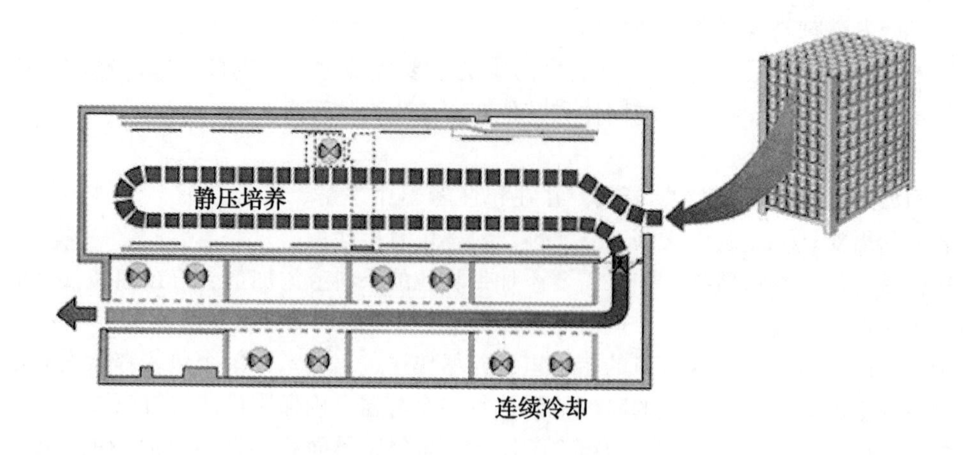

图 6-19　混合培养室和冷却隧道

征风味是多种风味物质相互平衡的结果。

因此，发酵凝固后须在 2～7℃储藏 24h 再出售，通常把该储藏过程称为后成熟。

二、搅拌型酸乳的特殊工艺要求

搅拌型酸乳的工艺流程如图 6-20 和图 6-21 所示。

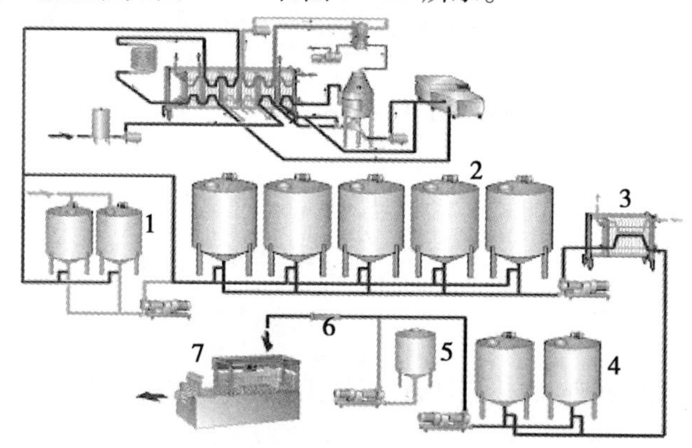

图 6-20　搅拌型酸乳的生产线

1. 生产发酵剂罐　2. 发酵罐　3. 片式冷却器　4. 缓冲罐　5. 果料/香料　6. 混合器　7. 包装

（一）搅拌型酸乳的特殊工艺要求

搅拌型酸乳的工艺与凝固型酸乳的工艺基本相同，只是多了一道搅拌混合工序。

根据是否添加果料，搅拌型酸乳分为天然和加料酸乳（即风味酸乳）。

在搅拌型酸乳生产中，为了改善酸乳的黏稠度，可添加适当的稳定剂，如明胶、果胶、琼脂、变性淀粉等，添加量 0.1%～0.5%。

果料及调香物质在搅拌型酸乳中使用较多，而在凝固型酸乳中使用较少；果料包括果酱（含糖量约 50%）和果肉（粒度 2～8mm）。

选用果料时应注意：①干物质含量：一般在 20%～68%，较低的干物质含量有助于果

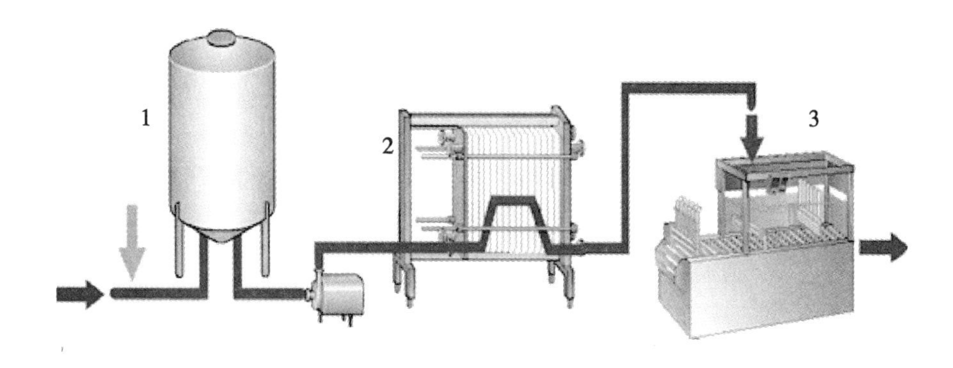

图 6－21　搅拌型酸乳工艺流程图

1. 培养罐　2. 冷却器　3. 杯灌装机

料与酸乳的相容，但需使用增稠剂以防止果粒的漂浮。②果料加入比例：通常在 6% ~ 18%。③pH 值：果料的 pH 值应接近酸乳的 pH 值，以防因果料的混入而影响酸乳的质量。

果料在包装以前或在包装的同时与酸乳混合，也可在包装前先加入到包装容器的底部再加入酸乳，或者与酸乳分别灌装成孪生杯。

（二）搅拌型酸乳与凝固型酸乳的不同点

1. 生产线设计

生产线的设计是影响酸乳质量的一个因素。图 6－22 表示搅拌型酸乳从离开发酵罐的那一刻，经过包装直到冷藏的 10h 内，稠度的变化曲线。

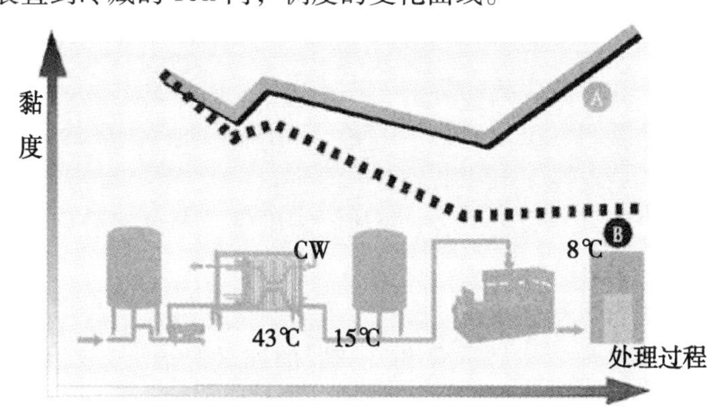

图 6－22　搅拌型酸乳冷却包装和冷藏后稠度的变化曲线

A. 最佳生产线设计　B. 不良的生产线设计

曲线 A 代表的是理想情况，即影响酸乳结构和黏稠度的所有操作都处于最佳状态。然而不可避免的是，经过处理后酸乳的黏度会降低，因为酸乳属于触变性流体产品。但是，如果所有的参数和设备都处于最佳状态，黏度几乎能完全再生，乳清析出的趋向也降到最低。

曲线 B 表示的是产品从发酵罐到包装，再到冷藏，经过的路线不合理的结果。

2. 发酵

搅拌型酸乳的发酵是在发酵罐中进行的，应控制好发酵罐的温度，发酵罐上部和下部温差不要超过1.5℃。

3. 搅拌破乳

通过机械力破碎凝胶体，使凝胶体的粒子直径达0.01~0.4mm，并使酸乳的硬度、黏度及组织状态发生变化。

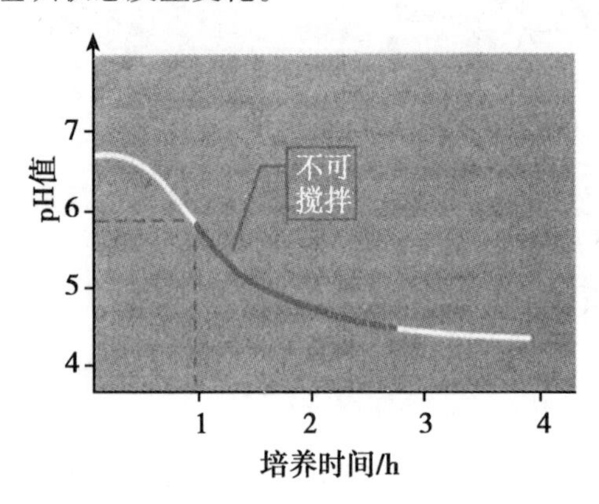

图6－23 搅拌型酸乳凝块形成后的搅拌临界点

（1）搅拌方法 机械搅拌，通常使用宽叶片搅拌器。搅拌不要过于激烈，也不要搅拌过长时间；通常搅拌开始用低速，以后用较快的速度。

（2）搅拌时的质量控制 搅拌最适温度为0~7℃，但实际生产中使40℃的发酵乳降到0~7℃不太容易，所以搅拌温度以20~25℃为宜。搅拌的临界点如图6－23所示。

（3）pH值 搅拌应在凝胶体的pH值达4.7以下时进行，否则因酸乳凝固不完全、黏性不足而影响质量。

（4）管道流速和直径 凝胶体流经泵、管道及冷却板片和灌装过程中，会受到不同程度的破坏，影响产品的黏度。凝胶体在管道输送过程中应以<0.5m/s的层流形式出现，管道直径不应随着包装线的延长而改变，尤其应避免管道直径突然变小。

4. 冷却

冷却目的是抑制乳酸菌的生长，防止产酸过度及搅拌时脱水。

冷却应在酸乳完全凝固（pH值4.2~4.7）后开始。先将凝乳冷至15~22℃，然后混入香味剂或果料，灌装后再冷至10℃以下。

冷却过程应稳定进行，冷却过快造成凝块收缩迅速，导致乳清分离；冷却过慢则造成产品过酸和添加果料的脱色。

冷却设备可用片式冷却器、管式冷却器、表面刮板式热交换器、冷却罐等。

为了确保产品的质量均匀一致，泵和冷却器的容量应恰好能在20~30min内排空发酵罐。

5. 混合、罐装

果蔬、果酱和调香物质等可在酸乳自缓冲罐到包装机的输送过程中，通过一台变速计量泵连续加入，果料计量泵和酸乳给料泵是同步运转的，最后经过混合装置使果料和酸乳彻底混合。

热处理的果料应在无菌条件下灌入灭菌的容器中，发酵乳制品经常由于果料没有足够的热处理引起再次污染而导致产品腐败。果料的杀菌温度应控制在能杀灭微生物，而又不影响果料的风味和结构。

6. 冷却后熟

灌装好的酸乳于0~7℃冷库中冷藏24h后熟，进一步促进芳香物质的产生和黏稠度的改善。安装在管道上的果料混合装置如图 6－24 所示。

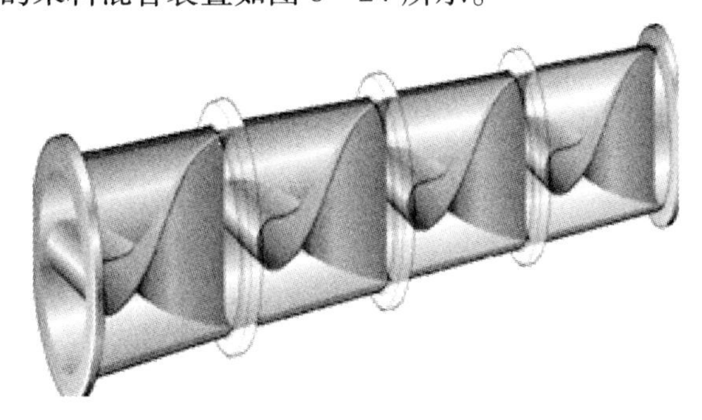

图 6－24　安装在管道上的果料混合装置

三、酸乳的包装

包材的发展趋势是一次性不用回收的包装形式。

（一）硬性材质包装

1. 玻璃瓶

玻璃材质用于酸乳的包装具有明显的优点，其中广口瓶比较流行，但成本较高，铝箔是常用的封口材料。

2. 陶器瓶

用黏土生产，与酸乳的接触面通常上釉，不回收，在发酵时不封盖以便形成表皮，冷却前用橡皮筋固定的牛皮纸封口。由于成本等原因，该类包装未被广泛应用。

3. 其他

粉末酸乳常用金属罐包装，常充氮气或二氧化碳以延长产品的货架期。

（二）半硬质材质包装

多为塑料材质，塑料材质应呈化学惰性，不与食品中的成分发生反应，不迁移有害成分，并且酸乳包材应抗酸、保味和不透氧。

（三）软体包装

有塑料袋和纸盒两种形式。

塑料袋有 PE/铝箔/PE、PE/纸/铝箔/PE 两种结构，它们仅用于包装粉末酸乳或冷冻干燥发酵剂，该包装不透气体和水蒸气。蜡纸盒包装自 1950 年后成为乳制品的流行包装，但随着铝箔纸盒的兴起其应用量逐步减少。

（四）外包装箱

其作用是使产品在储存、运输和销售过程中易搬运和堆放。可分为回收式和一次性包装，回收式包装由金属或硬质塑料加工而成，因箱体要回收，其应用受到限制，通常用于玻璃瓶的外包装。一次性包装应用最广泛，通常有半硬质塑料箱、软体塑料箱和纸箱三种。

四、长货架期酸乳

由于酸乳趋向于大规模的集中生产，市场范围扩大，运输距离加大，以及维持冷链的完整性较难，因此，需要延长酸乳的货架期，使它能在室温下保存。延长货架期的方法有以下两种。

1. 在无菌条件下进行生产和包装，以防止二次污染

在无菌生产中，采取了防止酸乳被霉菌、酵母菌污染的措施。这些微生物能在酸性环境中生长和繁殖，使产品乳清析出，并带有异味。主要措施是彻底清洗和对产品接触的所有表面进行灭菌。采用无菌空气加压的无菌罐、自控无菌阀、用于加果料的无菌计量装置和无菌灌装机等措施，能有效防止空气中微生物的污染，延长了产品的货架期。

附：净室生产条件

保持好的卫生条件，不仅包括直接与产品接触的设备，也包括生产厂房。图 6－25 是一个通过“完全过滤器”的空气过滤系统，它能使加工车间和罐里的空气达到纯净的高标准。

一个供应四个罐的空气过滤系统的组成：①一个风扇，大约运送 $400m^3/h$ 的过滤空气；②一个“完全过滤器”能拦住大于 0.3μm 的颗粒，这将挡住绝大部分微生物，因为球菌、杆菌和真菌（酵母和霉菌）的平均直径分别是 0.9、0.25～10 和 3～15μm；③一个放置过滤器的外壳箱；④一根总导管；⑤四根连接管道；⑥阀和压力表。

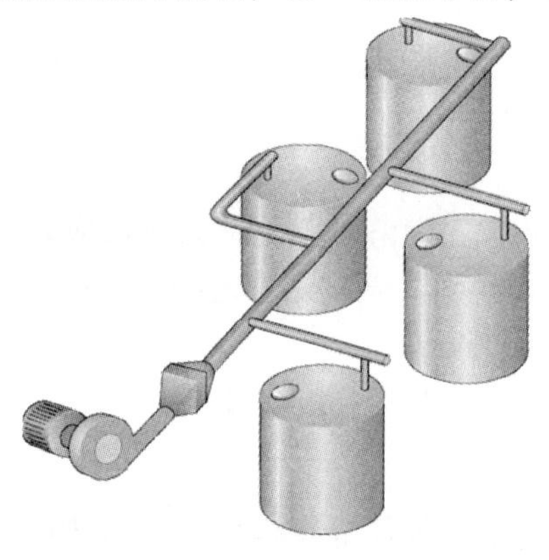

图 6－25　完成净室的空气过滤系统

每一个供给无菌空气的系统或罐都配装一个额外的空气导管和一个安全系统，以防止罐清洗后，温度降低导致真空，从而引起罐体破坏。

空气的速率为 0.5m/s，罐内的正压为 $(0.05\sim1)\times10^5$Pa。

通常过滤器是放在加工车间，这样室内空气的所有污染颗粒都全部滤出，从而创造一个“净室”条件。

2. 对包装前或包装后的成品进行热处理

酸乳的热处理可钝化发酵细菌和它们的酶，并杀死污染菌如酵母和霉菌，从而延长了酸乳的货架期。

凝固型酸乳可在特殊的巴氏杀菌室中 72～75℃加热 5～10min，搅拌型酸乳与稳定剂混合后加热到 72～75℃，并保持几秒钟。无论搅拌型酸乳还是凝固型酸乳，加热前均需添加稳定剂。

注意：在某些国家，酸乳被定义为一种到消费者时仍有活性的产品，这意味着不能对成品进行热处理。

五、冷冻酸乳（酸乳冰淇淋）

冷冻酸乳的生产有两种方法，一种是在进一步加工之前，酸乳与冰淇淋混合物混合；另一种是基料混合后再发酵加工。冷冻酸乳的生产工艺如图 6－26、图 6－27 和图 6－28 所示。

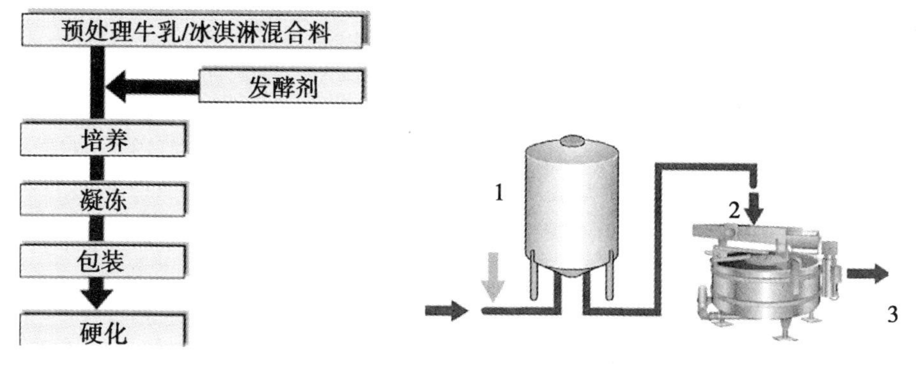

图 6-26 冷冻酸乳生产工艺

图 6-27 冷冻酸乳

1. 培养罐 2. 冰淇淋凝冻机 3. 速冻隧道

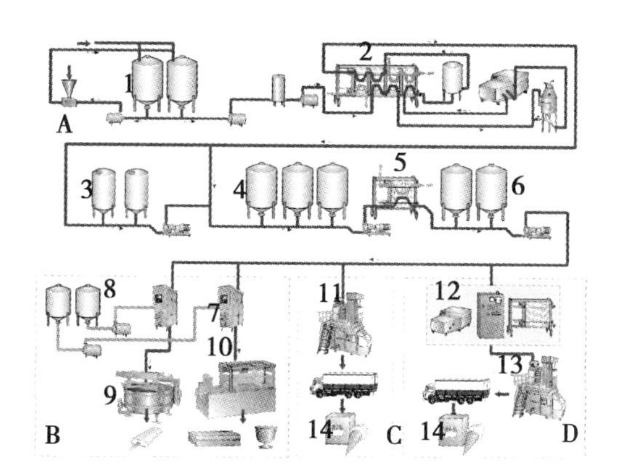

图 6-28 冷冻酸乳的不同生产工艺流程

A. 酸乳生产 B. 硬冰淇淋 C. 软冰淇淋混料 D. 长货架期软冰淇淋混料

1. 混料罐 2. 巴氏杀菌器 3. 生产发酵剂罐 4. 发酵罐 5. 冷却器 6. 缓冲罐 7. 冰淇淋凝冻机 8. 香料罐 9. 棒凝冻机 10. 杯/蛋卷灌装机 11. 包装 12. UHT 处理 13. 无菌包装 14. 在零售点的软冰淇淋机

冷冻酸乳可分成软硬两种类型，两种基料有些不同，典型的配方如表 6-12 所示。

表 6-12 冷冻酸乳的典型配方

成分	软质/%	硬质/%
脂肪	4	6
糖	11～14	12～16
非脂乳固体	10～11	12
稳定剂、乳化剂	0.85	0.85
水	71	66

1. 酸乳混合料的生产

添加了稳定剂和乳化剂的混料的生产基本上与传统的酸乳生产方式一样。

流程如图 6-28 所示。方框图 A 表述的工艺是混合的生料在 70℃脱气和均质，然后在热交换器中进行巴氏杀菌（95℃/5 min），冷却至43℃后，把牛乳送到发酵罐添加生产发酵剂。

发酵剂添加量为4% ~6%，牛乳泵入发酵罐的同时把发酵剂加进管内。酸乳混料的培养时间比正常酸乳的生产要长一些，这是因为混料里含有更多的碳水化合物，如果糖含量为10% ~12%，要想得到酸乳的典型酸度 pH 值4.5，需要发酵7 ~8 h。

当达到所需酸度时，酸乳混料在热交换器中冷却以阻止进一步发酵。在酸乳被送到中间贮存罐以前，把所有的香料和糖通过计量泵加到混料装置里。

从中间贮存罐出来，产品可沿几种不同途径进行加工，见图中的方框 B、C 和 D。

B：酸乳混料直接送到冰淇淋凝冻机，冻成冰棒或灌杯/散装，然后连续硬化成硬冷冻酸乳；C：做冷冻酸乳的混料直接灌装于任何包装物内，如传统的牛乳包装或盒装，然后直接送到销售点做软冰淇淋；D：为了延长货架期，可把做软冻酸乳的冰淇淋料进行 UHT 灭菌并无菌包装。

2. *硬冻酸乳*

和传统冰淇淋制作一样，酸乳在连续冰淇淋机中被预冻和搅打，搅打起泡时周边为含氮的气体，以避免随后贮存期间的氧化问题。凝冻的酸乳在 -8℃时离开凝冻机，这一温度比传统的冰淇淋要低，这样会使产品更适合于大多数灌装机。

液体果料、香味料和糖可在凝冻机里添加。

凝冻以后，冷冻酸乳用传统冰淇淋一样的方式进行包装成蛋卷、杯或散装，然后把产品送入硬化隧道，温度降至 -25℃。

冷冻酸乳棒可在一个规则的冰淇淋机中冷冻。因为酸乳直接在 -25℃冷冻，所以包装后可以立刻送到冷库贮存。

搅有氮气的硬冻酸乳可在冷藏情况下保持 2 ~3 个月，而它的风味和质地没有任何变化。

做软冻酸乳的基料（不经 UHT 处理）最高贮存温度为6℃，保持期为2 周，这种产品是凝冻后立刻消费。

六、浓缩酸乳

浓缩酸乳又称“脱乳清”酸乳（Strained）或莱勃尼。发酵后，乳清从凝块中排出，提高了产品的总干物质而成浓缩酸乳。

生产原理与夸克（Quarg）生产一致，见第八章“干酪的加工工艺”，唯一的不同是使用的发酵剂类型不同。工艺流程如图6 -29 和图6 -30 所示。

第六节　发酵乳饮料

发酵乳饮料即乳酸菌饮料，是指以乳或乳与其他原料混合并接种乳酸菌发酵后，经搅拌，加入稳定剂、糖、酸、水及果蔬汁等调配后，通过均质加工而成的液体状的酸乳制品。

乳酸菌饮料在国外有很长的历史，主要是短保质期的活菌型产品；UHT 灭菌的非活性乳酸菌饮料始于20 世纪70 年代末的荷兰，它具有味道好、保质期长（常温6 个月）、无

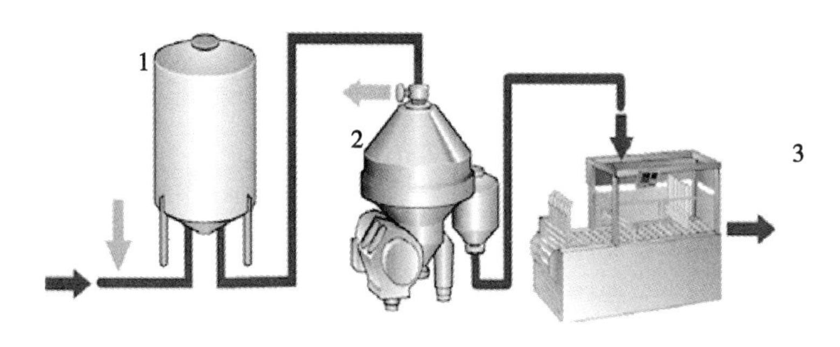

图 6－29 浓缩酸乳工艺流程

1. 培养罐 2. 分离机 3. 杯灌装机

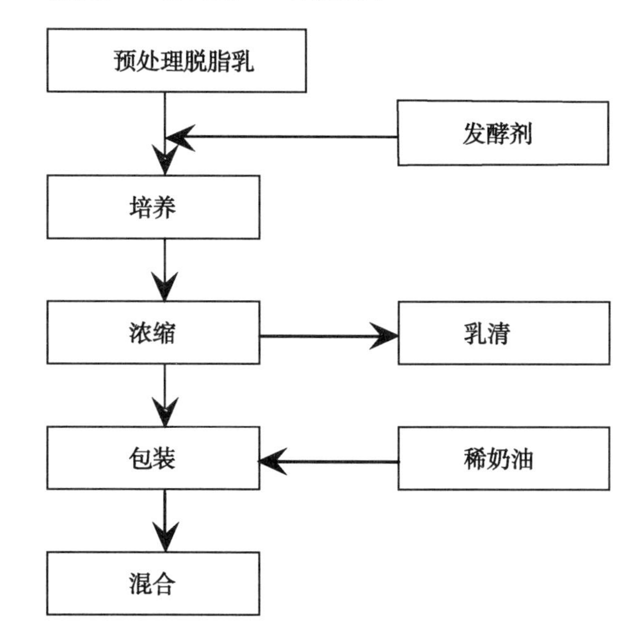

图 6－30 浓缩酸乳生产工艺

需冷链储运等优点。

一、发酵乳饮料的分类

1. 按加工工艺分类

（1）活性乳酸菌饮料 即加工后不经过杀菌工艺。

（2）非活性乳酸菌饮料 即加工后经过杀菌工艺。

2. 按配料分类

（1）酸乳型 在酸凝乳的基础上将其破碎稀释，配入白糖、香料、稳定剂等通过均质而制成的饮料。

（2）果蔬型 在发酵乳中加适量浓缩果汁或在原料乳中配入适量的蔬菜汁浆共同发酵后，再加糖、稳定剂或香料等，进行调配和均质后制作而成。

二、乳酸菌饮料卫生标准 GB 16321—2003

注意区别于 GB/T 21732—2008，详见第五章“液态乳的加工工艺”（非发酵乳饮料即中性乳饮料和配制型酸乳饮料的生产）。

GB 16321 较早，是强制标准，GB/T 21732 为推荐标准，理化指标基本相同，卫生指标如表 6－13 所示。

表 6－13　乳酸菌饮料的微生物指标

项目		指标	
		未杀菌乳酸菌饮料	杀菌乳酸菌饮料
乳酸菌/（CFU/ml）		出厂 ≥　1×10^6 销售：有活菌检出	— —
菌落总数/（CFU/ml）	≤	—	100
霉菌数/（CFU/ml）	≤	30	30
酵母数 /（CFU/ml）	≤	50	50
大肠菌群/（MPN/100ml）	≤	3	3
致病菌		不得检出	不得检出

三、发酵乳酸菌饮料的生产

1. 发酵乳饮料的工艺流程

发酵乳饮料的工艺流程如图 6－31 和图 6－32 所示。

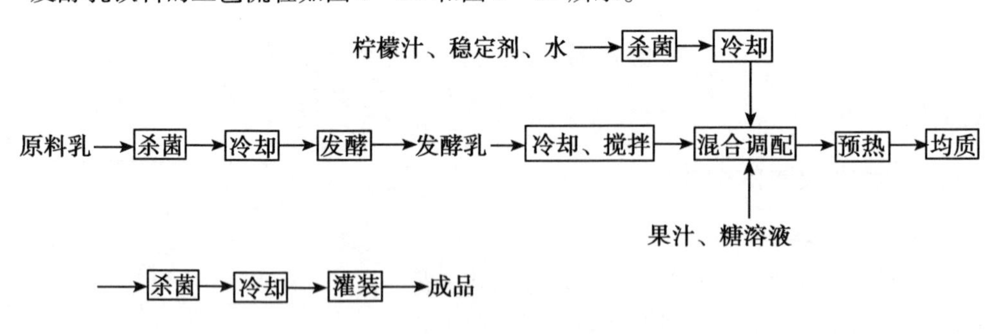

图 6－31　发酵乳饮料的工艺流程

2. 加工要点

（1）配方举例　酸乳 30%，糖 10%，果胶 0.4%，果汁 6%，乳酸（45%）0.1%，香精 0.15%，水 53.35%。

（2）配料　先将白砂糖、稳定剂、乳化剂、螯合剂等一起拌和均匀，加入 70～80℃的热水中充分溶解，经杀菌、冷却后，同果汁、酸味剂一起与发酵乳混合并搅拌，最后加

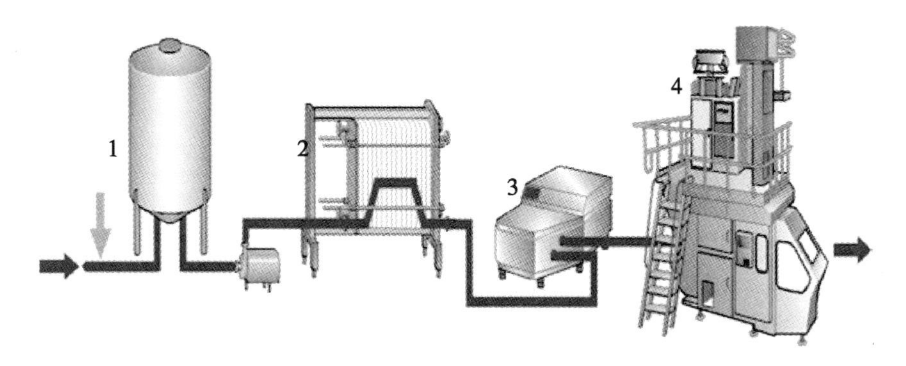

图 6－32　发酵乳饮料

1. 培养罐　2. 冷却器　3. 均质机　4. 灌装机

入香精等。

在制作果蔬乳酸菌饮料时，要先对果蔬进行加热处理，以起到灭酶作用，通常在沸水中放置 6～8min。经灭酶后打浆或取汁，再与杀菌后的原料乳混合。

乳酸菌饮料中常用的稳定剂是果胶，或果胶与其他稳定剂的复合物。果胶对酪蛋白颗粒具有最佳的稳定性，这是因为果胶是一种聚半乳糖醛酸，在 pH 值为中性和酸性时带负电荷，将果胶加入到酸乳中时，它会附着于酪蛋白颗粒的表面，使酪蛋白颗粒带负电荷。由于同性电荷互相排斥，可避免酪蛋白颗粒间相互聚合成大颗粒而产生沉淀。

考虑到果胶分子在使用过程中的降解趋势，以及它在 pH 值 4 时稳定性最佳的特点，因此，杀菌前一般将乳酸菌饮料的 pH 值调为 3.8～4.2。

（3）均质　50～60℃/20～25 MPa。

（4）杀菌包装　乳酸菌饮料属于高酸食品，采用高温短时巴氏杀菌即可得到商业无菌，也可采用更高的杀菌条件如 95～105℃/30s 或 110℃/4 s。对塑料瓶包装的产品来说，一般灌装后采用 95～98℃/20～30min 的杀菌条件。

经杀菌、无菌灌装后的饮料，保存期可达 3～6 月。

第七节　益生菌发酵乳

益生菌（Probiotics）是指应用于动物及人体内，通过改善宿主体内的微生物平衡进而促进宿主健康的单一或混合的活的微生物制剂。

该定义不仅强调了益生菌是一种活的微生物，而且指出益生菌不只应用于动物，也可应用于人体。

对肠道系统有功能的乳酸菌必须具有以下四个特性：在肠道中栖居和存活能力、吸附能力、聚集能力、颉颃作用。

嗜酸乳杆菌和双歧杆菌是肠道菌群的重要成员，前者通常在小肠里起支配作用，而后者是在大肠里占优势。

由于一些人服药、紧张或年老，这些重要细菌减少了，许多人由于这些肠道有益菌的减少而导致消化不良、肿瘤等疾病。食用含活性益生菌的乳制品是恢复肠道菌群平衡的理想方法，除了能预防或减轻腹泻外，还有助于降低血液中胆固醇的含量，减轻乳糖不耐症，增加免疫力，减少胃癌等。

一、益生菌的种类

常用益生菌有双歧杆菌属和乳杆菌属的菌种；另外，明串珠菌属、丙酸杆菌属、片球菌属、芽孢杆菌属的部分菌株以及部分霉菌、酵母菌也可用作益生菌。

理论上，益生菌菌株的选择应依据如下标准：①益生菌应来自寄主，理想的是来自健康人肠道的自然群体。②能顺利通过消化道，尤其是在上消化道极端条件（高胃酸、高胆汁）下具有较高的存活率。③具有对上皮细胞表面的黏附力，能在消化道内定植。④能与寄主肠道内菌群竞争，并具有生存发展的能力。⑤具有颉颃、免疫调节等有益于寄主健康的生理作用。⑥非致病性的，且无毒素产生。⑦具有加工和贮藏稳定性，在加工和贮藏过程中，仍然保持较高的存活率。

近几年，卫生部陆续公布了可用于普通食品、婴幼儿配方食品和保健食品的菌种名单，分别见表6－14、表6－15和表6－16。

表6－14　可用于生产普通食品的菌种名单

菌种名称	拉丁学名
一、双歧杆菌属	*Bifidobacterium*
青春双歧杆菌	*Bifidobacterium adolescentis*
动物双歧杆菌	*Bifidobacterium animalis*
两歧双歧杆菌	*Bifidobacterium bifidum*
短双歧杆菌	*Bifidobacterium breve*
婴儿双歧杆菌	*Bifidobacterium infantis*
乳双歧杆菌	*Bifidobacterium lactis*
长双歧杆菌	*Bifidobacterium longum*
二、乳杆菌属	*Lactobacillus*
嗜酸乳杆菌	*Lactobacillus acidophilus*
干酪乳杆菌	*Lactobacillus casei*
卷曲乳杆菌	*Lactobacillus cripatus*
发酵乳杆菌	*Lactobacillus fermentum*
格氏乳杆菌	*Lactobacillus gasseri*
约氏乳杆菌	*Lactobacillus johnsonii*
副干酪乳杆菌	*Lactobacillus paracasei*
植物乳杆菌	*Lactobacillus plantarum*
罗伊氏乳杆菌	*Lactobacillus reuteri*
鼠李糖乳杆菌	*Lactobacillus rhamnosus*
唾液乳杆菌	*Lactobacillus salivarius*
三、链球菌属	*Streptococcus*
嗜热链球菌	*Streptococcus thermophilus*

表 6-15　可用于婴幼儿配方食品的菌种名单

菌种名称	拉丁学名	菌株号	产乳酸构型
嗜酸乳杆菌*	*Lactobacillus acidophilus*	NCFM /SD5221	DL
动物双歧杆菌	*Bifidobacterium animalis*	Bb-12	L
乳双歧杆菌	*Bifidobacterium lactis*	HN019	L
乳双歧杆菌	*Bifidobacterium lactis*	Bi-07	L
长双歧杆菌	*Bifidobacterium longum*	BB536	L
鼠李糖乳杆菌	*Lactobacillus rhamnosus*	LGG	L
鼠李糖乳杆菌	*Lactobacillus rhamnosus*	HN001	L
副干酪乳杆菌	*Lactobacillus paracasei*	CNCM - 2116	L
嗜热链球菌	*Streptococcus thermophilus*	TH4	L

* 仅限用于 1 岁以上幼儿的配方食品

表 6-16　可用于保健食品的菌种名单

菌种名称	拉丁学名
两歧双歧杆菌	Bifidobacterium bifidum
婴儿双歧杆菌	Bifidobacterium infantis
长双歧杆菌	Bifidobacterium longum
短双歧杆菌	Bifidobacterium breve
青春双歧杆菌	Bifidobacterium adolescentis
德氏乳杆菌保加利亚种	Lactobacillus delbrueckii subsp. bulgaricus
嗜酸乳杆菌	Lactobacillus acidophilus
干酪乳杆菌干酪亚种	Lactobacillus casei subsp. casei
嗜热链球菌	Streptococcus thermophilus
罗伊氏乳杆菌	Lactobacillus reuteri

二、益生菌酸乳的生产工艺（以双歧杆菌为例）

1. 双歧杆菌发酵乳饮料

双歧杆菌是一类专性厌氧杆菌，广泛存在于人及动物肠道中。双歧杆菌在母乳喂养的健康婴儿肠道中几乎以纯菌状态存在，母乳喂养儿肠道中双歧杆菌量是人工喂养儿的 10 倍，健康人双歧杆菌量是病人的 50 倍。当患病、饮食不当或衰老时，双歧杆菌减少或消失。因此，双歧杆菌在肠道中的数量成为婴幼儿和成人健康状况的标志。

双歧杆菌的产酸能力弱，凝乳时间长，属于异型发酵，产生 3∶2 的醋酸和乳酸，产品的口感和风味欠佳。所以，双歧杆菌发酵乳的技术关键是既要保证产品的活菌含量，也要保证其口感风味被消费者接受。

2. 双歧杆菌发酵乳饮料的工艺

双歧杆菌发酵乳饮料是以乳为原料，经双歧杆菌和乳酸菌（保加利亚乳杆菌与嗜热链球菌以 1∶1 混合）发酵后加入稳定剂、糖、果汁等加工而成。

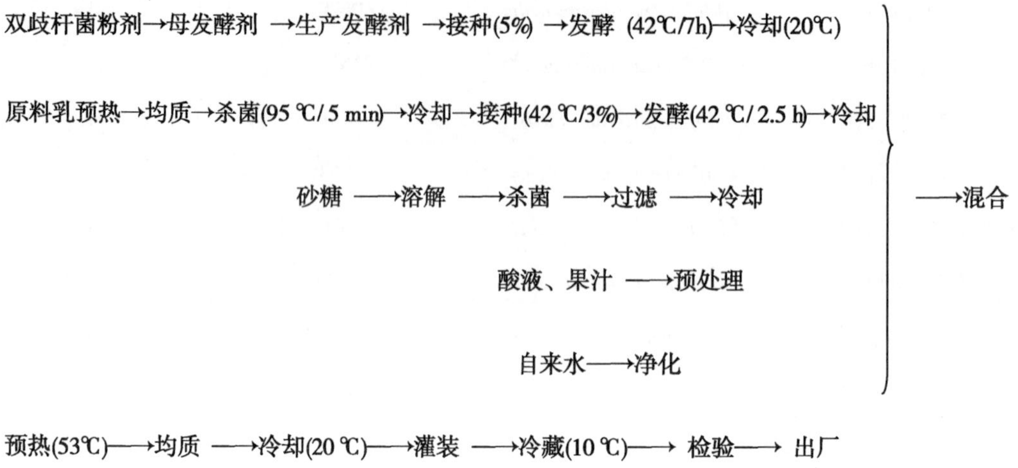

双歧杆菌粉剂→母发酵剂 →生产发酵剂 →接种(5%) →发酵 (42℃/7h)→冷却(20℃)

原料乳预热→均质→杀菌(95 ℃/ 5 min)→冷却→接种(42 ℃/3%)→发酵(42 ℃/ 2.5 h)→冷却

砂糖 ⟶溶解 ⟶杀菌 ⟶过滤 ⟶冷却　　　　⟶混合

酸液、果汁 ⟶预处理

自来水⟶净化

预热(53℃)⟶均质 ⟶冷却(20 ℃)⟶灌装 ⟶冷藏(10 ℃)⟶ 检验⟶ 出厂

图 6－33　益生菌酸乳的工艺流程

3. 工艺要求

（1）双歧杆菌的选择　双歧杆菌属中有 11 个菌种，常用两歧双歧杆菌、婴儿双歧杆菌和短双歧杆菌。

（2）双歧杆菌发酵乳的发酵条件　为使发酵乳中活菌含量较高，而凝乳时间又较短，最佳发酵工艺为：在原料中加入 0.25% 生长促进剂，接种 5% 的驯化双歧杆菌菌种，42℃培养 7h。

一般生长促进剂可用玉米浸出液 0.1% ～0.5%、胃蛋白酶、酪蛋白胨、大豆浸出液、酵母浸出液 0.1% ～0.5% 等。

由于厌氧菌需要无氧环境，加入还原剂则有利于双歧杆菌生长。常用还原剂及其使用量为：葡萄糖 1% ～5%，抗坏血酸 0.1% 及半胱氨酸 0.05% 等。

（3）发酵　将乳酸菌与双歧杆菌进行单独培养，乳酸菌按常规搅拌型酸乳发酵工艺制备；双歧杆菌的最佳发酵条件见（2）。

（4）混合　将双歧杆菌发酵乳与乳酸菌发酵乳在冷至 20℃时，以 2∶1 或 3∶1 混合，产品含双歧杆菌数 6.4×10^{6}CFU/ml 以上。

制备发酵乳饮料时，调酸一般用柠檬酸，但该酸对菌有抑制作用，故最好选用抑制作用小的酸类如苹果酸。

三、其他益生菌乳介绍

日本的益力多：用于酪乳杆菌发酵生产，其固形物含量较低，如 1.2% 的蛋白质、1.1% 的乳糖和 1.1% 的脂肪。

嗜酸乳杆菌乳：由单一的嗜酸乳杆菌发酵而成的，其生长温度 37～38℃，在乳中生长缓慢，发酵时间12h，乳酸浓度达到0.6%～0.7%时停止发酵。

甜性嗜酸乳杆菌乳：由于该菌生长缓慢、口感风味不好等缺陷，可将该菌作为益生菌直接添加到灭菌乳中，生产含有益生菌的甜性乳，适合那些不喜欢酸性口味的人饮用，4℃下，甜性嗜酸乳杆菌可在2周内维持其口感和风味。

生物性酸乳：将双歧杆菌、嗜酸乳杆菌等益生菌和乳酸菌（嗜热乳酸菌和保加利亚乳杆菌）混合发酵，既可提高产酸能力，又可改善口感风味，并且这种混合菌株发酵的乳制品其后酸化能力有限，在一定时间内可在室温贮藏。

第八节　其他发酵乳

一、开菲尔发酵乳

开菲尔是最古老的发酵乳制品之一，起源于前苏联的高加索地区，原料为山羊乳、绵羊乳或牛乳。俄罗斯消费量最大，人均年消费约5L，其他许多国家也生产开菲尔。开菲尔粒如图6－34所示。

开菲尔乳的特征是表面光泽、质地紧密，组织状态均匀，类似奶油状的黏稠性，并带有酸味、酒精味、酵母味等，pH值为4.3～4.4。其特殊发酵剂是开菲尔粒。

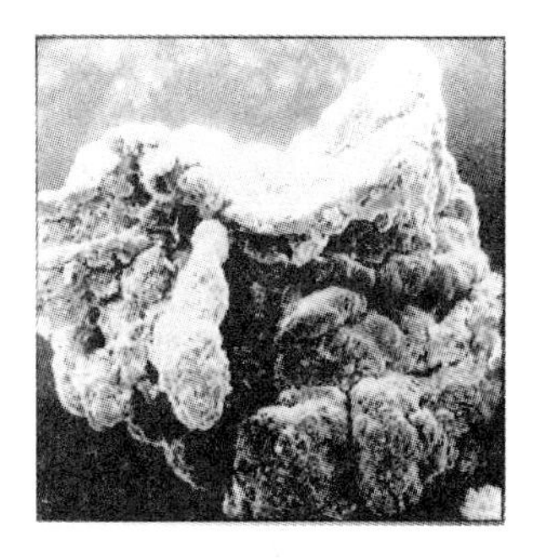

图6－34　开菲尔粒

（一）开菲尔粒的微生物组成

开菲尔粒呈淡黄色，不溶于水和大部分溶剂；直径0.3～2cm，形状不规则，具有弯曲或不均匀的表面，它们的大颗粒类似于蒸煮过的米粒。

新鲜开菲尔粒的干物质含量10%～16%，其中，蛋白质30%，碳水化合物25%～50%，主要由微生物细胞和它们的自溶物以及乳蛋白和碳水化合物的凝聚物构成。碳水化合物是由细菌产生的黏稠物质和多糖组成，也称作开菲尔粒多糖。

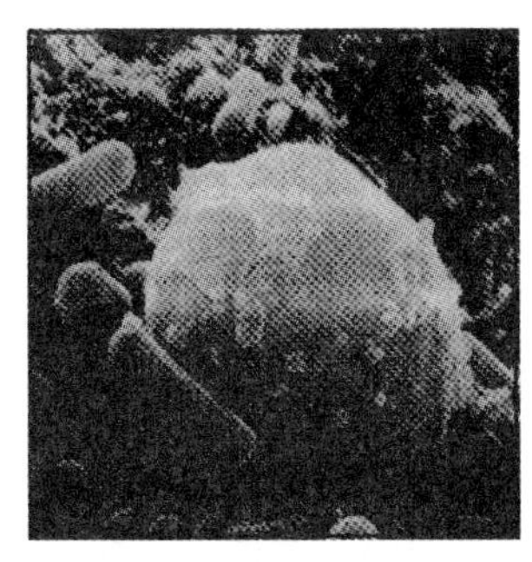

图6－35　电子显微镜显示的开菲尔粒表面的酵母和乳酸菌

开菲尔粒的微生物群由乳酸菌（乳杆菌和乳酸链球菌）和酵母菌共同组成的协同体系（图6－35），其中，乳酸菌数量10^8～10^9CFU/g，酵母菌10^8CFU/g。

乳杆菌（同型发酵和异型发酵）占整个微生物组成的65%～80%；剩余20%微生物是由乳酸链球菌（产酸和产香）以及酵母菌（约5%）构成；偶尔也能分离到醋酸杆菌。

发酵过程中，乳酸菌产生乳酸，酵母菌发酵乳糖产生乙醇和CO_2。在酵母的新陈代谢过程中，某些蛋白质发生分解从而使开菲尔产生一种特殊的酵母香味。

（二）开菲尔的传统制作方法

工艺与多数发酵乳制品相似。

1. 原料乳及其预处理

2. 均质

65～70℃/17.5～20MPa。

3. 杀菌

90～95℃/5min。

4. 发酵剂的制备

开菲尔发酵剂可用生乳来生产，但为了更好地控制开菲尔粒的微生物组成，常用脱脂乳和再制脱脂乳制作发酵剂。发酵剂的繁殖和其他发酵乳制品一样，培养基必须进行完全的热处理，以灭活噬菌体。

因为开菲尔粒体积大，不易处理，生产分两个阶段。

体积较小的在第一阶段中，经预热的牛乳用活性开菲尔粒接种，接种量5%或3.5%，23℃培养约20h；这期间开菲尔粒逐渐沉降到底部，要求每隔2～5h间歇搅拌10～15min。当达到pH值4.5时，搅拌发酵剂，在过滤器（过滤器的孔径为3～4mm）把开菲尔粒从母发酵剂中滤出（滤液）。开菲尔粒在过滤器中用凉开水冲洗（有时用脱脂乳），它们能在培养新一批母发酵剂时再用。培养期间每周微生物总数增长10%，所以它的重量一定增加了，再次使用时要去掉多余的部分。

第二阶段，如果滤液在使用前要贮存几个小时，那么要把它冷却至约10℃；另一方面，如果要大量生产开菲尔酒，那么可把滤液立刻接种到预热过的牛乳中制作生产发酵剂。

5. 接种

牛乳经热处理后，冷至接种温度23℃，添加2%～3%的生产发酵剂。

6. 培养

通常分两个阶段，即酸化和后熟。

酸化：此阶段持续至pH值4.5或85～110°T，约需培养12h，然后搅拌凝块，在罐内预冷至14～16℃，停止冷却，但继续搅拌。

后熟：在随后的12～14h，开始产生典型的酵母味，当酸度达到pH值4.4或110～120°T，进行最后的冷却。

7. 冷却包装

冷至4～6℃，以防止pH值的进一步下降。冷却和随后包装产品，非常重要的一点是处理要柔和。因此，在泵、管道和包装机中的机械搅动必须限制到最小程度。

典型开菲尔传统生产的不同工艺阶段如图6－36所示。

（三）开菲尔乳的现代生产过程

制作开菲尔生产发酵剂的传统方法很费力，加上微生物群的复杂性，有时会导致产品产生不可接受的质量变化。

为了减少生产过程杂菌的污染几率，降低设备成本，东欧国家开始使用冻干浓缩的开菲尔发酵剂，即直接将冷冻干燥的发酵剂投放到巴氏杀菌乳中，经培养后获得生产发酵

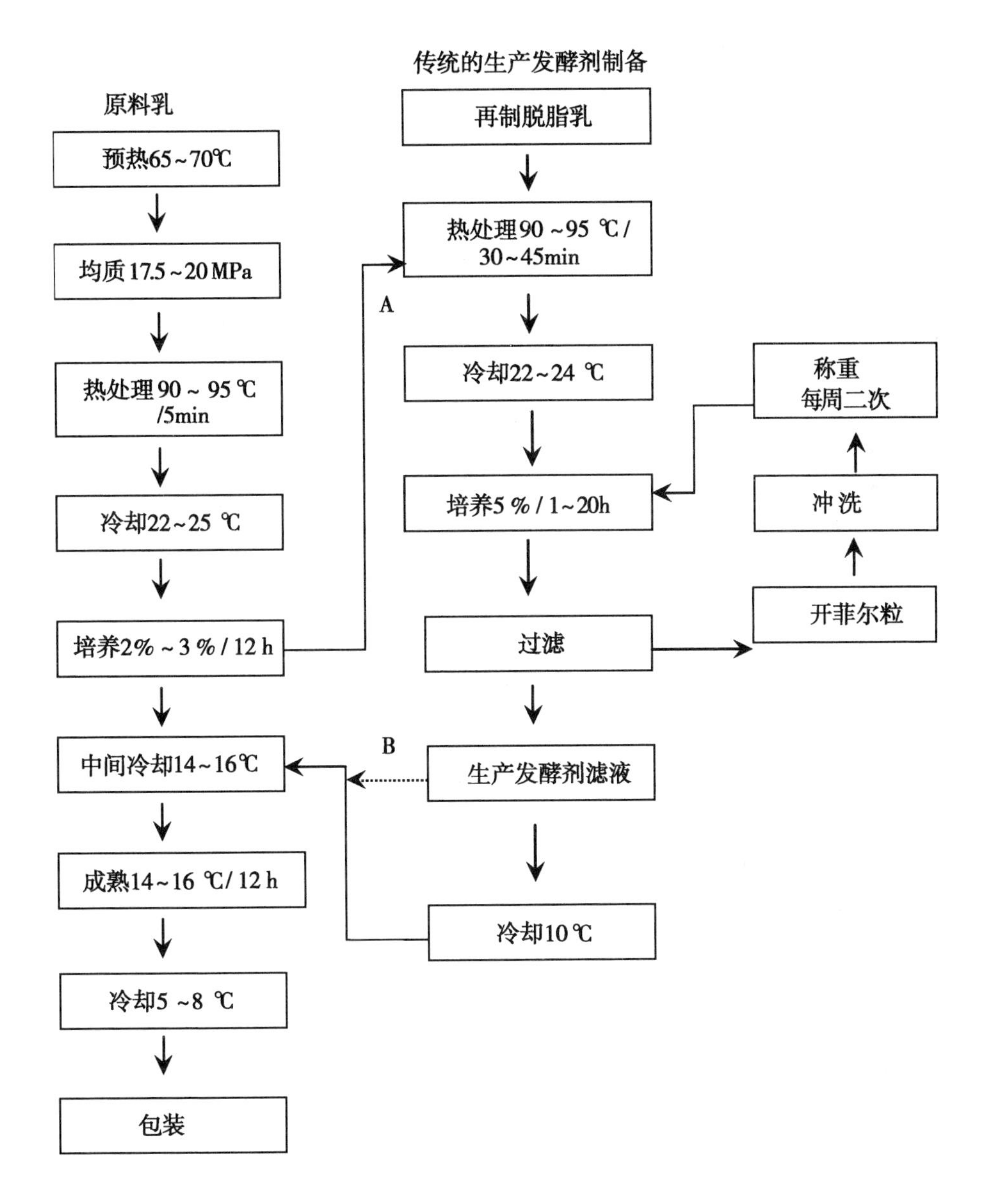

图 6-36　典型开菲尔传统生产的不同工艺阶段

剂，然后按 3%~5% 的比例将生产发酵剂接种到发酵罐中生产开菲尔乳产品。

图 6-37 说明了加工的几个阶段。与传统发酵剂的生产相比，冻干发酵剂减少了加工工序和发酵剂二次污染的危险性。

二、酸马乳

酸马乳（马奶酒，Koumiss/Kumiss/Kumys/Coomys）是以新鲜马奶为原料，经乳酸发

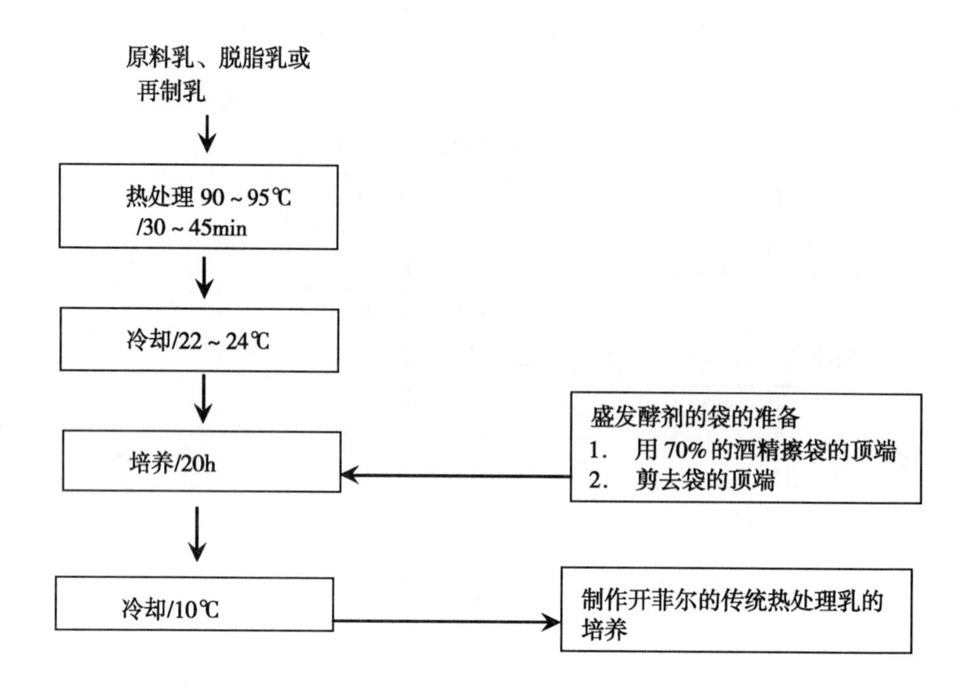

图 6－37　用冻干粉制作开菲尔生产发酵剂

酵和酵母菌等微生物共同自然发酵而成的酸性低酒精含量乳饮料。

三、Viili（一种特殊的霉菌发酵乳）

有类似线状或黏稠状的质地，具有愉快的辛辣味、良好的丁二酮风味和一点“霉味”，霉味由发酵剂中的白地霉引起。

四、斯堪的纳维亚酪乳

斯堪的纳维亚酪乳（Scandinavian Buttermilk）是用含有乳酸乳球菌乳酸亚种和乳酸乳球菌乳脂亚种以及产香的乳酸乳球菌双乙酰变种和肠膜明串珠菌乳脂亚种的菌株来发酵生产的。

五、发酵酪乳产品

酪乳是从甜奶油或酸乳油分离出来的奶油生产的副产品，脂肪含量约 0.5%，含较高的卵磷脂，其货架期很短，而且从酸乳油中分离出的酪乳常伴有乳清分离现象，这一缺陷很难克服。

为了克服产生异味和不易贮存等缺点，出现了发酵酪乳产品，所用的原料是从甜奶油生产奶油时分离出来的甜酪乳、脱脂乳或低脂乳，当原料为脱脂乳或低脂乳时，可添加一些奶油，使产品更接近酪乳。

酪乳发酵剂是常规的乳酸菌，主要由乳酸乳球菌乳酸亚种、乳酸乳球菌乳脂亚种乳酸球菌双乙酰变种和肠膜明串珠菌乳脂亚种构成。

六、保加利亚酸乳

保加利亚酸乳是一种酸度极高的产品（酸度 1.4% ~4%），由煮开的牛乳或羊乳通过接种以前剩下的发酵乳制成的。

第九节　发酵乳的质量控制

酸乳的物理结构是由凝聚的酪蛋白颗粒形成的网络，由于热处理，部分变性的乳清蛋白会“沉积”在酪蛋白的颗粒上。凝胶网络中包含脂肪球和乳清，网络中最大的孔径为 10μm。连续的网络构成了酸乳凝胶，如施加较小的压力（如 100Pa），酸乳凝胶表现为黏弹性物质的特性。如将凝块搅碎（如搅拌型酸乳），可形成黏性非牛顿流体。

发酵乳常见的质量问题及其控制措施如下。

一、凝固差或不凝固

1. 原料乳质量

乳中含有抗生素、防腐剂时，会抑制乳酸菌生长，导致发酵不好、凝固性差；乳房炎乳中白血球含量较高，在 500 万个以上，对乳酸菌有一定的噬菌作用；原料乳掺假，特别是掺碱，使发酵所产的酸消耗，而不能积累达到凝乳要求的 pH 值，从而使乳不凝或凝固不好；原料乳消毒前，污染能产生抗菌素的细菌，杀菌处理虽除去了细菌，但产生的抗菌素不受热处理影响，会在发酵培养中起抑制作用，原料乳的酸度越高，含这类抗菌素就越多。

2. 乳中主要成分的含量

硬度与凝块中酪蛋白的含量成正比，而脂肪含量越高，酸乳凝胶越软。

3. 发酵温度和时间

发酵温度低于最适温度，乳酸菌的生长、繁殖速度下降，凝乳能力降低，但温度低，延长发酵时间时，形成的凝胶较硬；发酵时间短、发酵室温度不均匀也会造成酸乳凝固性能降低；对于相同的培养时间，酸乳温度越低，其硬度越大，这是由于温度降低后网络中的酪蛋白胶粒膨胀增大（网络并不膨胀），这样使得任意两个胶粒间的接触面积增大，每个交叉点可形成大量的键。

4. 噬菌体污染

噬菌体污染是造成发酵缓慢、凝固不完全的原因之一。由于噬菌体对菌的选择作用，可用经常更换发酵剂的方法加以控制，此外，两种以上菌种混合使用也可减少噬菌体的危害。

5. 发酵剂活力

发酵剂活力弱或接种量太少会造成酸乳的凝固性下降。

6. 洗涤剂和消毒剂残留

灌装容器上残留的洗涤剂（如 NaOH）和消毒剂（如氯化物）须清洗干净，以免影响酸乳的发酵和凝固。

7. 加糖量

生产酸乳，加入适量蔗糖可改善产品的风味，黏度提高，并使凝块细腻光滑。若用量过大，会产生高渗透压，抑制乳酸菌的生长繁殖，造成乳酸菌脱水死亡，相应活力下降，使牛乳不能很好凝固。一般而言，6.5%的加糖量对产品的口味最佳，也不影响乳酸菌的生长。

8. 均质

均质可提高酸乳的硬度，这是由于均质后的脂肪球表面附有酪蛋白，由此脂肪球参与了酸化过程中网络的形成。

9. 热处理

可显著提高酸乳的硬度。热变性乳清蛋白的沉积可增加聚集酪蛋白胶粒的体积分数，也可改变酪蛋白粒子间键的数量和特性。

10. pH 值

pH 值越低，酸乳越硬，适宜 pH 值为 4.1～4.6。

二、脱水收缩或乳清析出

脱水收缩或乳清析出是生产酸乳常见的质量问题，脱水收缩多是由于凝胶网络的重新排列引起的，网络的重排导致酪蛋白粒子的交叉点增多，网络趋于收缩，然后排出内部的乳清。原因有：

1. 原料乳热处理不当

温度偏低或时间不够，就不能使乳清蛋白变性，变性乳清蛋白可与酪蛋白形成复合物，能容纳更多的水分，并且具有最小的脱水收缩作用（Syneresis）。

要保证酸乳吸收大量水分和不发生脱水收缩作用，至少要使75%的乳清蛋白变性，这就要求85℃/20～30min 或90℃/5～10min 的热处理。UHT 加热（135～150℃/2～4 s）处理虽能达到灭菌效果，但不能达到75%的乳清蛋白变性，所以酸乳生产不宜用 UHT 处理。

一般，原料乳的最佳热处理条件是 90～95℃/5min。

2. 培养温度的影响

酸乳在20℃培养（采用嗜温菌），不会出现脱水收缩现象；但在32℃培养则有可能出现；在45℃培养的酸乳，要通过强热处理，增加酪蛋白含量及降低储存温度等措施来防止。

3. 发酵时间的影响

发酵时间过长，酸度过大破坏了已经形成的胶体结构，使其容纳的水分游离出来形成乳清上浮。发酵时间过短，乳蛋白质的胶体结构还未充分形成，不能包裹乳中原有的水分，也会形成乳清析出。

因此，应在发酵时抽样检查，发现牛乳已完全凝固，就立即停止发酵；若凝固不充分，应继续发酵，待完全凝固后取出。

4. 搅拌速度的影响

搅拌速度过快，过度搅拌或泵送时混入空气，将造成搅拌酸乳的乳清分离。因此，要选择合适的搅拌器并注意降低搅拌温度。

搅拌酸乳的搅拌过程中将凝胶打碎，容易脱水收缩，进一步搅拌可使凝胶变得平滑，但黏度大大降低，为防止这一问题，可在低温下（<32℃）发酵或添加酪蛋白、稳定剂等，以提高酸乳黏度，防止乳清分离。

凝固型酸乳在凝胶刚开始或凝胶仍很弱时受到摇动，凝胶在局部破裂，会造成脱水收缩；凝固型酸乳包装容器盖内由于冷凝作用产生的水珠掉在酸乳凝胶表面，会引起乳清分离。

5. 其他因素

冷却温度不适、干物质含量不足、乳中钙盐不足（生产中，添加适量 $CaCl_2$，既可减少乳清析出，又可赋予酸乳一定的硬度）、接种量过大、酸乳的 pH 值<4，包装容器材料与酸乳凝胶的黏附力不强等，均可造成乳清分离或脱水收缩。

三、搅拌型酸乳的表观黏度

搅拌型酸乳的表观黏度，取决于：

1. 剪切速度

剪切速度高，黏度永久降低，这表明其结构发生了不可逆的破坏。

2. 搅拌前凝块的硬度

硬度越大，搅拌后的表观黏度越大。

3. 搅拌强度

搅拌强度大，黏度低，但产品更加平滑，因此，高硬度凝胶可承受较强的搅拌而不至于使产品变得太稀薄。

4. 包装机

包装机对黏度有破坏作用。

5. 所用菌株特性

所用的菌株特性对黏度也有影响。

四、风味不良

1. 无芳香味

由于菌种选择及操作工艺不当引起。正常酸乳生产应保证两种以上的菌混合使用并选择适宜比例，任何一方占优势均会导致产香不足，风味变劣。

高温短时发酵或发酵过度也会造成芳香味不足、酸甜不适口等缺陷。芳香味主要来自发酵剂酶分解柠檬酸产生的丁二酮等物质，所以原料乳中应含有足够的柠檬酸。

2. 酸乳的不洁味

由发酵剂或发酵过程中污染杂菌引起。被丁酸菌污染可使产品带刺鼻怪味，被酵母菌污染不仅产生不良风味，还影响酸乳的组织状态，使酸乳产生气泡。

3. 乳的酸甜度

过酸、过甜均会影响风味。发酵过度、冷藏温度偏高和加糖量较低等会使酸乳偏酸；而发酵不足或加糖过高又会导致酸乳偏甜。因此，应尽量避免发酵过度现象，并在0~4℃冷藏，防止温度过高，严格控制加糖量。

4. 原料乳的异味

牛体臭味、氧化臭味、过度热处理或添加风味不良的乳粉、炼乳等，也会造成酸乳风味不良。

5. 搅拌酸乳的搅拌过程中

因操作不当而混入大量空气，可造成酵母和霉菌污染，也会影响风味。较低的pH值虽然抑制细菌生长，但却适于酵母和霉菌的生长，造成酸乳变质、变坏和不良风味。

五、表面霉菌生长

酸乳储藏时间过长或温度过高时，会在表面出现霉菌。黑斑点易被察觉，而白色霉菌则不易被注意，误食这种酸乳后，轻者腹胀，重者腹泻。

六、口感差或砂状组织

优质酸乳柔嫩细滑，清香可口。用高酸度的原料乳或劣质乳粉生产的酸乳组织外观上有砂状颗粒存在，口感粗糙，有砂状感。因此，生产酸乳时，应采用新鲜牛乳或优质乳粉，并均质，使乳中蛋白质颗粒细微化。

制作搅拌型酸乳时，应选择适宜的发酵温度，避免原料乳受热过度，减少乳粉用量等。

七、色泽异常

因加入的果蔬处理不当或保存不当，易引起变色、褪色、沉淀、污染杂菌等，应根据果蔬的性质及加工特性与酸乳进行合理的搭配和制作。

为防止杂菌污染，加入果蔬物料时应预先杀菌处理，为防止变色，应适当加入抗氧化剂，如维生素C、维生素E、儿茶酚，EDTA等，以增强果蔬色素的抗氧化能力。

八、活菌数的保证

活性酸乳（饮料）要求含活的乳酸菌10^6个/ml以上，但含有双歧杆菌的乳制品在常温下（20℃）保存7天后，双歧杆菌的死亡率高达99%，而在冷藏条件下保存7天，其活菌数仅下降一个数量级。

影响酸乳活力的主要因素为：

①发酵剂选用耐酸强的乳酸菌种，如嗜酸乳杆菌、干酪乳杆菌等。

②对益生菌酸乳，可采用二次发酵的方法，即开始先用益生菌发酵2~3h，接着再用酸乳菌种发酵，从而使益生菌处在生长延迟期的最后阶段或生长对数期的早期阶段，使益生菌成为优势菌群而获得较高的数量。

③添加生长促进因子：包括浸膏植物浸取物（玉米、胡萝卜等）、糊精、麦芽糖、低聚糖；动物蛋白浸膏（酪蛋白水解物、浓缩乳清蛋白等）、酵母浸膏等。

④溶氧量：双歧杆菌等厌氧性益生菌，需要控制介质中的氧浓度；抗坏血酸和半胱氨酸能降低介质的氧化还原电位，可提高活菌数；另外，外界氧气可透过包装材料进入产品中，玻璃瓶或提高塑料包装的厚度可延长益生菌酸乳的货架期。

⑤为了弥补发酵本身的酸度不足，需补充柠檬酸，但柠檬酸会导致活菌数下降。苹果酸对乳酸菌的抑制作用小，与柠檬酸合用可减少活菌数的下降，同时又可改善柠檬酸的涩味。

⑥生产和消费过程中保持冷链连续。

九、沉淀

沉淀是乳酸菌饮料常见的质量问题。乳酸菌饮料的 pH 值在 3.8～4.2，此时，酪蛋白处于高度不稳定状态。此外，在加入果汁、酸味剂时，若酸浓度过大、加酸时混合液温度过高或加酸速度过快及搅拌不匀等均会引起局部过酸而发生分层和沉淀。

为防止沉淀，应注意以下情况。

1. 均质

经均质后的酪蛋白微粒，因失去了静电荷、水化膜的保护，使粒子间的引力增强，增加了碰撞机会，容易聚成大颗粒而沉淀。因此，均质必须与稳定剂配合使用，方能达到较好效果。

2. 稳定剂

能提高饮料的黏度，防止蛋白质粒子因重力作用下沉，而且，它本身是一种亲水性的高分子化合物，酸性条件下与酪蛋白结合形成胶体保护，防止凝集沉淀。

此外，由于牛乳中含有较多的钙，Ca^{2+} 与酪蛋白之间易发生凝集而沉淀，故添加适量磷酸盐使其与 Ca^{2+} 形成螯合物，能起到稳定作用。

3. 添加蔗糖

添加 13% 的蔗糖不仅使饮料酸中带甜，而且糖在酪蛋白表面形成被膜，能提高酪蛋白与其他分散介质的亲水性，并能提高饮料密度，增加黏稠度，有利于酪蛋白在悬浮液中的稳定。

4. 有机酸的添加

添加柠檬酸等有机酸是引起饮料产生沉淀的因素之一。因此，需在低温条件下添加，添加速度要缓慢，但搅拌速度要快，使其与蛋白胶粒均匀缓慢地接触。一般以喷雾形式加入。

5. 发酵乳的搅拌温度

高温时搅拌，凝块将收缩硬化，造成蛋白胶粒的沉淀。

十、脂肪上浮

稳定剂或乳化剂选择不当、均质条件不合要求等，均会引起脂肪上浮，可选酯化度高的稳定剂或乳化剂如卵磷脂、单硬脂酸甘油酯、脂肪酸蔗糖酯等。

十一、产品酸败

在乳酸菌饮料酸败方面，最大问题是酵母菌的污染。酵母菌繁殖会产生 CO_2，形成酯臭味和酵母味等。另外，霉菌耐酸，也易在乳酸菌饮料中繁殖并产生不良影响。

酵母菌、霉菌的耐热性弱，通常 60℃/5～10min 加热处理即被杀死。所以，制品中出现的污染，主要是二次污染所致。因此，使用蔗糖、果汁的乳酸菌饮料，其加工车间的卫生条件必须符合要求，以避免二次污染。

本章思考题

1. 简述发酵剂的概念、种类以及使用的主要菌种。

2. 简述发酵剂的制备方法和贮藏方法。
3. 什么是发酵剂活力？简述其影响因素。
4. 简述乳酸菌噬菌体的类型、来源、危害及其防治。
5. 什么是发酵乳？有哪些类别？各有什么特点？
6. 简述发酵乳的形成机理。
7. 简述乳酸菌代谢的主要特点。
8. 简述酸乳加工对原料乳的要求。
9. 简述酸乳的种类、加工工艺和要点。
10. 凝固型酸乳和搅拌型酸乳生产工艺的主要区别是什么？
11. 什么是酸乳凝胶？如何获得良好的酸乳凝胶？
12. 简述凝固型酸乳和搅拌型酸乳加工和储藏过程中常出现的质量问题和解决办法。
13. 简述乳酸菌饮料的概念和加工工艺。
14. 简述乳酸菌饮料在加工和贮藏过程中出现沉淀的解决办法。
15. 什么是益生菌？如何保证益生菌的活菌数？
16. 为什么有时采用两次发酵的方法来生产益生菌酸乳？
17. 简述用 TTC 法检测生乳中抗生素的原理与方法。
18. 除 TTC 法外，还有哪些较先进的方法检测食品中抗生素的残留量？

第七章　乳粉的加工工艺

乳粉市场总的趋势是成人乳粉的市场明显下降，婴幼儿配方乳粉和特殊人群配方乳粉的市场相对稳定。根据 Euromornitor 的统计估算，2010 年我国婴幼儿配方乳粉的市场规模为 368 亿元，到 2015 年，可达 800 亿元。

我国自 2003 年起对婴幼儿乳粉实施质量安全市场准入制度。2010 年 11 月国家质量监督总局规定：现行所有获得乳制品及婴幼儿配方乳粉生产许可的企业必须于 2010 年年底重新提出生产许可申请，2011 年获批的婴幼儿配方乳粉企业有 117 家。

成熟市场通常具有很高的行业集中度，以美国市场为例，仅 3 家龙头企业就已占据 97.1% 的婴幼儿乳粉市场份额。国内婴幼儿食品行业正处于快速发展阶段，随着市场竞争日趋激烈，国内品牌强者愈强、弱者越弱直至淘汰的效益将充分显现，即未来的乳粉市场将会形成一个寡头式结构，能成为这个寡头组织中的成员必然是那些在“营养和安全”方面做的优秀的企业。

母乳是婴儿最完美的天然食品，含有婴儿生长发育所需的全部营养物质，因此，WHO 提倡婴儿出生后母乳哺乳至少 6 个月，以保证婴儿的生长发育。

全球有 1/3 的婴幼儿是由非母乳喂养长大的。我国的母乳喂养率约 80%，每年有 1 700万以上的婴儿出生，即每年约有 340 万的婴幼儿需要人工喂养。

许多中国女性仍然抱有这样的观念：母乳喂养损害母亲的体型，在发达国家，女性的教育程度越高、收入越高，母乳喂养的比例则越高，这和这些母亲具有较多的科学知识有关。研究表明，母乳喂养不仅不会损害母亲的体型，而且是母亲产后体型恢复的关键。因为怀孕期间脂肪堆积的主要功能就是生产母乳。把这些母乳通过喂养而排出，自然加快了母亲体型的恢复。

然而由于职业、疾病等原因，母乳不足或缺乏时，婴幼儿配方乳粉作为母乳的替代品可以满足 3 岁以下婴幼儿的生长发育和营养需求。因此，生产出合格的、适合婴幼儿生长发育的婴幼儿配方乳粉非常重要。

第一节　乳粉的定义与种类

乳粉是以生牛（羊）乳为主要原料，添加或不添加辅料，经杀菌、浓缩、喷雾干燥制成的粉状产品。

按脂肪含量、营养素含量、添加的辅料来分，品种有：全脂乳粉（脂肪含量 >26%）、部分脱脂乳粉（脂肪含量 1.5% ~26%）、脱脂乳粉（脂肪含量 <1.5%）、全脂加糖乳粉（脂肪含量 >20%）、调制乳粉和配方乳粉等。

1. 全脂乳粉（Whole Milk Powder）

仅以乳为原料，添加或不添加食品添加剂、食品营养强化剂，经浓缩、干燥制成的粉状产品称为全脂乳粉。全脂乳粉的脂肪含量高，易被氧化，室温下可保藏 3 个月，最长 6 个月。

2. 全脂加糖乳粉（Sweet Milk Powder）

仅以乳、白砂糖为原料，添加或不添加食品添加剂、食品营养强化剂，经浓缩、干燥制成的粉状产品称为全脂加糖乳粉。

3. 部分脱脂乳粉（Partly-skimmed Milk Powder）

仅以乳为原料，添加或不添加食品添加剂、食品营养强化剂，脱去部分脂肪，经浓缩、干燥制成的粉状产品称为部分脱脂乳粉。

4. 脱脂乳粉（Skimmed Milk Powder）

仅以乳为原料，添加或不添加食品添加剂、食品营养强化剂，脱去脂肪，经浓缩、干燥制成的粉状产品称为脱脂奶粉。由于脱去了脂肪，脱脂奶粉的保藏性好（通常达 1 年以上，最长约 3 年的货架期）。

脱脂乳粉是最常见的工业乳粉，如果是用来生产再制乳，要求容易溶解；如果是用来生产巧克力，则要求乳糖具有一定程度的焦糖化。前者需要喷雾干燥生产，后者则是在滚筒的激烈热处理状态下生产。

5. 调制乳粉（Formulated Milk Powder）

以乳为主要原料，添加辅料，经浓缩、干燥（或干混）制成的、乳固体含量不低于 70% 的粉状产品称为调制奶粉。

6. 配方乳粉（Formula Milk powder）

针对不同人群的营养需要，以生乳或乳粉为主要原料，去除了乳中的某些营养物质或强化了某些营养物质（也可能二者兼而有之），经加工干燥而成的、乳固体含量不低于 70% 的奶粉称为配方乳粉。

配方乳粉最初是针对婴幼儿营养需要而研制的，供给母乳不足的婴儿食用。目前，配方乳粉已呈现出系列化的发展趋势，针对不同人群的营养需要，根据《中国居民膳食营养参考摄入量》的规定，在生乳中配以各种营养素经加工干燥而成。包括婴幼儿乳粉（母乳化）、老年乳粉（高蛋白、高纤维、高钙；低脂、低糖、低钠；抗衰老）、中小学生乳粉（益智、改善记忆）、孕妇配方乳粉（高营养密度、补充钙和叶酸），特殊人群乳粉（如降糖乳粉）等。

7. 乳清粉（Whey Powder）

以生产干酪或干酪素的副产品 - 乳清为原料，经杀菌、脱盐或不脱盐、浓缩、干燥制成的粉状产品。包括普通乳清粉、脱盐乳清粉、浓缩乳清粉等。

8. 酪乳粉（Butter Milk Powder）

以酪乳为原料，经过浓缩、干燥而成的粉末状产品，含有较多的卵磷脂。

9. 奶油粉（Cream Powder）

在生乳中添加一定比例的稀奶油或在稀奶油中添加一部分生乳，经干燥加工而成的粉末状产品。易氧化，与稀奶油相比保藏期长，贮藏和运输方便。

10. 麦精乳粉（Malted Milk Powder）

在生乳中加入麦芽糖、可可、蛋类、乳制品等，经干燥加工而成。

各种乳粉的化学组成如表 7 - 1 所示。

表 7－1　各种乳粉的化学组成　　单位:%

品种	水分	脂肪	蛋白	乳糖	无机盐	乳酸
全脂乳粉	2.00	27.00	26.50	38.00	6.05	0.16
脱脂乳粉	3.23	0.88	36.89	47.84	7.80	1.55
乳油粉	0.66	65.15	13.42	17.86	2.91	
甜性酪乳粉	3.90	4.68	35.88	47.84	7.80	1.55
酸性酪乳粉	5.00	5.55	38.85	39.10	8.40	8.62
干酪乳清粉	6.10	0.90	12.50	72.25	8.97	
干酪素乳清粉	6.35	0.65	13.25	68.90	10.50	
脱盐乳清粉	3.00	1.00	12.00	78.00	2.90	0.10
婴儿乳粉	5.0	22～30	9.5～14.7	41～62	4.0	
婴幼儿乳粉	5.0	15～29.5	15～25	45～63	5.0	0.17
麦精乳粉	3.29	7.55	13.19	72.40*	3.66	

*包括蔗糖、麦精和糊精

第二节　乳粉的标准

一、乳粉标准 GB 19644—2010

代替 GB 19644—2005《乳粉卫生标准》及 GB/T 5410—2008《乳粉（奶粉）》中的部分指标。

本标准与 GB 19644—2005 相比，主要变化如下：标准名称改为《乳粉》；修改了“范围”的描述；明确了“术语和定义”；修改了“感官要求”；取消了对全脂加糖乳粉指标的要求；取消了对脱脂乳粉及部分脱脂乳粉的脂肪要求；增加了以羊乳为原料的乳粉产品的复原乳酸度指标；增加了杂质度指标；“污染物限量”直接引用 GB 2762 的规定；“真菌毒素限量”直接引用 GB 2761 的规定；修改了“微生物指标”的表示方法；增加了对营养强化剂的要求。

乳粉的感官指标、理化指标和微生物限量，分别见表 7－2、表 7－3 和表 7－4。

表 7－2　乳粉的感官指标

项目	要求	
	乳 粉	调制乳粉
色泽	呈均匀一致的乳黄色	具有应有的色泽
滋味、气味	具有纯正的乳香味	具有应有的滋味、气味
组织状态	干燥均匀的粉末	

表 7－3　乳粉的理化指标

项目		乳粉	调制乳粉
蛋白质/%	≥	非脂乳固体[a]的 34	16.5
脂肪[b]/%	≥	26	—
乳固体/%	≥	—	70
蔗糖/%	≤	—	—
复原乳酸度/°T	≤	牛乳 18，羊乳 7～14	—
杂质度/（mg/kg）	≤	16	—
水分/%	≤	5.0	

a. 非脂乳固体（%）＝100%－脂肪（%）－水分（%）；b. 仅适用于全脂乳粉

表 7－4　乳粉的微生物限量

项目	采样方案及限量（若非指定，均以 CFU/g 表示）			
	n	*c*	*m*	*M*
菌落总数	5	2	50 000	200 000
大肠菌群	5	1	10	100
金黄色葡萄球菌	5	2	10	100
沙门氏菌	5	0	0/25g	—

二、婴儿配方食品标准 GB 10765—2010

本标准代替 GB 10765—1997《婴儿配方乳粉 I》、GB 10766—1997《婴儿配方乳粉 II、III》、GB 10767—1997《婴幼儿配方粉及婴幼儿补充谷粉通用技术条件》及其修改单。

本标准与 GB 10765—1997、GB 10766—1997 和 GB 10767—1997 相比，主要变化如下：将三项标准整合为一项标准，标准名称改为《婴儿配方食品》；修改了标准中的各项条款；本标准的附录 A、附录 B 为资料性附录。

婴儿配方食品的感官要求、必需成分、可选择成分、其他指标、污染物限量、微生物限量，以及必需和半必需氨基酸（资料性目录）分别见表 7－5、表 7－6、表 7－7、表 7－8、表 7－9、表 7－10 和表 7－11。

表 7－5　婴儿配方食品感官要求

项 目	要 求
色泽	符合相应产品的特性
滋味、气味	符合相应产品的特性
组织状态	符合相应产品的特性，产品不应有正常视力可见的外来异物
冲调性	符合相应产品的特性

表 7 – 6　婴儿配方食品必需成分

项目	每 100 kJ
蛋白质/g	0.45 ~ 0.70
脂肪/g	1.05 ~ 1.40
其中：亚油酸/g	0.07 ~ 0.33
α-亚麻酸/mg	≥12
亚油酸与 α-亚麻酸比值	5 : 1 ~ 15 : 1
碳水化合物总量/g	2.2 ~ 3.3
维生素 A/ μg RE	14 ~ 43
维生素 D/μg	0.25 ~ 0.60
维生素 E/ mg a-TE	0.12 ~ 1.20
维生素 K_1/μg	1.0 ~ 6.5
维生素 B_1/μg	14 ~ 72
维生素 B_2/μg	19 ~ 119
维生素 B_6/μg	8.5 ~ 45.0
维生素 B_{12}/μg	0.025 ~ 0.360
烟酸（烟酰胺）/μg	70 ~ 360
叶酸/μg	2.5 ~ 12.0
泛酸/μg	96 ~ 478
维生素 C/mg	2.5 ~ 17.0
生物素/μg	0.4 ~ 2.4
钠/mg	5 ~ 14
钾/mg	14 ~ 43
铜/μg	8.5 ~ 29.0
镁/mg	1.2 ~ 3.6
铁/mg	0.10 ~ 0.36
锌/mg	0.12 ~ 0.36
锰/μg	1.2 ~ 24.0
钙/mg	12 ~ 35
磷/mg	6 ~ 24
钙磷比值	1 : 1 ~ 2 : 1
碘/μg	2.5 ~ 14.0

（续表）

项目	每 100 kJ
氯/mg	12 ~ 38
硒/μg	0.48 ~ 1.90

注：蛋白质含量的计算，应以 N ×6.25；乳糖占碳水化合物总量 ≥90%；对于乳基产品，计算乳糖占碳水化合物总量时，不包括添加的低聚糖和多聚糖类物质；乳糖百分比含量的要求不适用于豆基配方食品

表 7 –7　婴儿配方食品可选择成分

项目	每 100 kJ
胆碱/mg	1.7 ~ 12.0
肌醇/mg	1.0 ~ 9.5
牛磺酸/mg	≤3
左旋肉碱/mg	≥0.3
DHA/% 总脂肪酸	≤0.5
ARA/% 总脂肪酸	≤1

如果 DHA（22∶6，$n-3$）添加到婴儿配方食品中，至少要添加相同含量的 ARA（20∶4，$n-6$）。EPA（20∶5，$n-3$）不适合添加到婴儿配方食品中，由于其可存在于长链不饱和脂肪酸中，产品中总量不应超过 DHA 的含量。

表 7 –8　婴儿配方食品其他指标

项目	指标
水分/%	≤5.0
灰分/ %（乳基粉状产品）	≤4.0
杂质度/（mg/kg）	≤12

表 7 –9　婴儿配方食品污染物限量

项目	指标
铅/（mg/kg）	≤0.15
硝酸盐（以 $NaNO_3$ 计）/（mg/kg）	≤100
亚硝酸盐（以 $NaNO_2$ 计）/（mg/kg）（仅适用于乳基婴儿配方产品）	≤2
脲酶活力（含大豆成分的产品）	阴性
黄曲霉毒素 B_1 或 M_1/（μg/kg）	≤0.5

表 7-10 婴儿配方食品的微生物限量

微生物	采样方案及限量（若非指定，均以 CFU/g 或 CFU/ml 表示）			
	n	*c*	*m*	*M*
菌落总数 *	5	2	1 000	10 000
大肠菌群	5	2	10	100
阪崎肠杆菌 **	3	0	0/100g	—
沙门氏菌	5	0	0/25g	—
金黄色葡萄球菌	5	2	10	100

* 不适用于添加活性菌种（好氧和兼性厌氧益生菌）的产品［产品中活性益生菌的活菌数应≥10^6 U/ g（ml）］；** 用于 0~6 月龄婴儿食用的配方食品

表 7-11 婴儿配方食品必需和半必需氨基酸

氨基酸	mg/g N	mg/100 kcal
胱氨酸	80	24. 1
组氨酸（His）	120	36. 1
异亮氨酸（Lle）	300	90. 2
亮氨酸（Leu）	540	162. 4
赖氨酸（Lys）	350	105. 3
蛋氨酸（Met）	65	19. 6
苯丙氨酸（Phe）	180	54. 1
苏氨酸（Thr）	250	75. 2
色氨酸（Try）	110	33. 1
酪氨酸（Tyr）	200	60. 2
缬氨酸（Val）	310	93. 2

三、较大婴儿和幼儿配方食品标准 GB 10767—2010

本标准代替 GB 10767—1997《婴幼儿配方粉及婴幼儿补充谷粉通用技术条件》、GB 10769—1997《婴幼儿断奶期辅助食品》、GB 10770—1997《婴幼儿断奶期补充食品》及其修改单。

本标准与 GB 10767—1997、GB 10769—1997、GB 10770—1997 相比，主要变化如下：将上述三项标准整合为一项标准，标准名称改为《较大婴儿和幼儿配方食品》；修改了标准中的各项条款。

较大婴儿和幼儿配方食品的感官要求、必需成分、可选择成分、其他指标、污染物限量，以及微生物限量，见表 7-12、表 7-13、表 7-14、表 7-15、表 7-16 和表 7-17 所示。

表 7－12　婴幼儿配方食品感官要求

项 目	要 求
色泽	符合相应产品的特性
滋味、气味	符合相应产品的特性
组织状态	符合相应产品的特性，产品不应有正常视力可见的外来异物
冲调性	符合相应产品的特性

表 7－13　婴幼儿配方食品必需成分

项目	每 100 kJ	
	最小值	最大值
蛋白质/g	0.7	1.2
脂肪/g	0.7	1.4
其中：亚油酸/g	0.07	NS
维生素 A/μg RE	18	54
维生素 D/μg	0.25	0.75
维生素 E/mg α-TE	0.15	NS
维生素 K_1/μg	1	NS
维生素 B_1/μg	11	NS
维生素 B_2/μg	11	NS
维生素 B_6/μg	11	NS
维生素 B_{12}/μg	0.04	NS
烟酸（烟酰胺）/μg	110	NS
叶酸/μg	1	NS
泛酸/μg	70	NS
维生素 C/mg	1.8	NS
生物素/μg	0.4	NS
钠/mg	NS	20
钾/mg	18	69
铜/μg	7	35
镁/mg	1.4	NS
铁/mg	0.25	0.50
锌/mg	0.1	0.3
钙/mg	17	NS
磷/mg	8.3	NS
钙磷比值	1.2∶1	2∶1
碘/μg	1.4	NS
氯/mg	NS	52

注：蛋白质含量的计算，应以氮 N×6.25

表 7-14 婴幼儿配方食品可选择成分

项目	每 100 kJ	
	最小值	最大值
硒/μg	0.48	1.90
胆碱/mg	1.7	12.0
锰/μg	0.25	24.00
肌醇/mg	1.0	9.5
牛磺酸/mg	NS	3
左旋肉碱/mg	0.3	NS
DHA/% 总脂肪酸	NS	0.5
ARA/% 总脂肪酸	NS	1

表 7-15 婴幼儿配方食品其他指标

项目	指标
水分/%	≤5.0
灰分/%	≤5.0
杂质度/（mg/kg）	≤12

表 7-16 婴幼儿配方食品污染物限量

项目	指标
铅/（mg/kg）	≤0.15
硝酸盐（以 $NaNO_3$ 计）/（mg/kg）	≤100
亚硝酸盐（以 $NaNO_2$ 计）/（mg/kg）	≤2
脲酶活性（含大豆成分的产品）	阴性
黄曲霉毒素 B_1 或 M_1/（μg/kg）	≤0.5

表 7-17 婴幼儿配方食品微生物限量

微生物	采样方案及限量（若非指定，均以 CFU/g 或 CFU/ml 表示）			
	n	*c*	*m*	*M*
菌落总数 *	5	2	1 000	10 000
大肠菌群	5	2	10	100
沙门氏菌	5	0	0/25g	—

* 不适合添加活性菌种（好氧和兼性厌氧益生菌）的产品

第三节　乳粉的湿法生产工艺

一、工艺概述

全脂乳粉的生产工艺最为简单，脱脂乳粉需要离心除脂，而婴幼儿配方乳粉的生产工艺主要有3种：湿法、干法以及湿法和干法相结合的生产工艺。

向婴幼儿配方乳粉中添加生物活性物质，是母乳化的重要方向之一。这些物质多数具有热敏性，不适合湿法添加，如免疫球蛋白经湿法杀菌后其活性损失大半。因此，湿法和干法相结合的工艺是未来婴幼儿配方乳粉的发展方向，即先生产含有基本成分的基粉，然后将热敏性的微量成分与基料粉干法混合均匀，最后包装、出厂。

也有采用单纯的干法工艺生产婴幼儿配方乳粉的企业，但此法对各种原辅料的颗粒度和比重有较高的要求，而且产品在贮运过程中易造成颗粒分级，导致产品中营养成分的含量不均匀。

新型的乳粉生产线已基本实现全自动化控制，从收乳、喷粉到自动包装，整个生产线实现了封闭运作，杜绝了产品与外界的直接接触，有利于保证产品的质量。

典型乳粉的湿法生产工艺如图7－1所示。

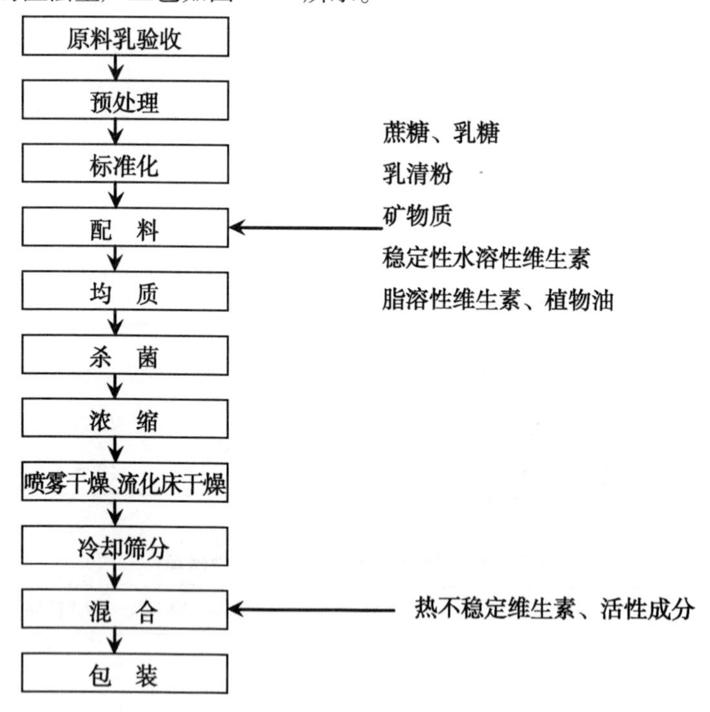

图7－1　典型乳粉的湿法生产工艺

二、乳粉湿法生产的工艺要求

（一）原料乳的验收及预处理

生产脱脂乳粉时，牛乳预热到38℃左右即可分离，脱脂乳的含脂率要求<0.1%。

（二）标准化或配料

除了少数几个品种（如全脂乳粉、脱脂乳粉）外，乳粉生产都要经过配料工序。

配料所用设备主要有剪切缸、混料罐和加热器。配料温度55℃左右，用于标准化的乳脂必须在其融点以上的温度加入，如40℃以上。

如果用乳粉还原生产，在乳粉水合没有彻底完成之前不应添入脂肪，避免在往水中加入乳粉的同时或之前加入脂肪，因为这样会导致乳粉水合不完全。

（三）均质

生产全脂乳粉、全脂甜乳粉以及脱脂乳粉时一般不需均质，但配料中加入了植物油或其他不易混匀的物料时，就要进行均质。

当乳脂加入到混料罐的乳中时必须充分搅拌，通常使用高剪切率搅拌器，即使系统中具有均质设备，在进料中脂肪均匀分散也是非常重要的。

均质条件：一段15～20MPa，二段5～10MPa，温度60～70℃。

（四）杀菌

低温长时间杀菌方法的效果不理想，已很少应用；常用高温短时灭菌法，如85℃/16s 。

（五）真空浓缩

真空浓缩是生产乳粉不可或缺的过程，没有预浓缩，乳粉颗粒将会非常小并含有大量空气，润湿性能下降，货架期缩短，加工过程也不经济。

牛乳经杀菌后立即泵入真空蒸发器进行浓缩，除去乳中大部分水分（65%），为了不使过多的乳清蛋白变性，蒸发浓缩温度以 <65.5℃为宜，浓缩后进行喷雾干燥。

浓缩终点的确定：浓缩的程度将直接影响到乳粉的质量，特别是冲调性。一般要求原料乳浓缩至原体积的1/4，乳干物质达到35%～55%。浓缩后的乳温47～50℃，此时浓缩乳的浓度一般为14～16°Bé。

20℃时，不同产品的浓缩程度为：全脂乳粉（脂肪 $>15\%$），浓度11.5～13°Bé，乳固体38%～42%；脱脂乳粉（脂肪 $<15\%$），浓度20～22°Bé，乳固体35%～50%；全脂甜乳粉，浓度15～20°Bé，乳固体45%～50%；生产大颗粒乳粉时浓缩乳浓度提高到18～20°Bé。

在浓缩到接近要求的浓度时，浓缩乳黏度升高，沸腾状态滞缓，微细的气泡集中在中心，表面稍呈光泽，根据经验观察即可判定浓缩的终点。但为准确起见，可迅速取样，测其相对密度、黏度或折射率来确定浓缩终点。

（六）干燥

干燥方法有滚筒干燥（干燥过程中乳颗粒与热交换器的表面直接接触，乳粉容易产生焦粒而影响质量）、发泡干燥、冷冻干燥（应用于生产高质乳粉，在其加工过程中，乳中的水分在真空中蒸发，蛋白质不会受到任何损害，但该法并没有广泛应用，部分原因是其能耗太高）等；因此，乳粉的干燥常用喷雾干燥。

1. 滚筒干燥

滚筒或滚鼓干燥是将乳分散在由蒸汽加热的转动圆鼓上，当乳触及热鼓表面，乳中的

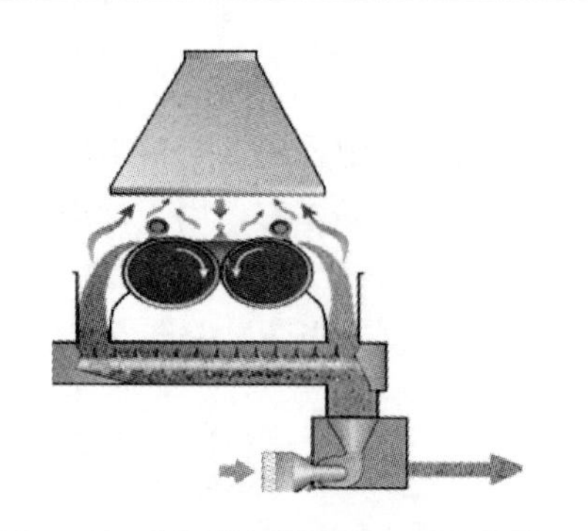

图7－2　连续供料的滚筒干燥器的原理

水分蒸发出来并被空气带走，高温的热表面使蛋白变为一种不易溶解且使产品变色的一种状态，强烈的热处理使乳粉的持水性能上升。

滚筒干燥中，供料方式有槽供料和喷雾供料两种，乳被供到热鼓表面上。图7－2是一个槽供料的原理图，预处理后的乳被送至由铸铁鼓和四壁构成的槽中，乳在热鼓表面迅速被加热形成一薄层，这层乳中的水分被加热蒸发而干燥，干燥料被刮刀刮下来落入螺杆传送器后，被传送到一个磨碎机，同时硬颗粒和焦粒在滤网中被分离出去。

根据生产能力，一个双滚桶干燥器长1～6m，鼓直径为0.6～3m，这一尺寸取决于膜厚度、温度、转鼓速度和干粉的干固物要求，干燥层的厚度可通过调整鼓间距来改变。

图7－3是喷雾供料滚桶干燥原理图，鼓上的喷嘴在热鼓表面将预处理奶喷成一个薄层，在此状况下，约90%的传热表面得以利用，相比之下槽供料干燥器只有不到75%的利用率。

膜厚度由喷雾嘴压力而定，干燥时间可通过调整温度和鼓的转速来控制。

2. 喷雾干燥

为使浓乳获得最佳的喷雾效果，一般将浓乳加热到45～72℃以降低黏度，然后通过高压泵将其送到干燥室顶部的雾化器，雾化为细小的液滴（10～400μm），再与进入干燥室的热空气接触，瞬间（10～30s）将大部分水分蒸发除去的单元操作，就是喷雾干燥。

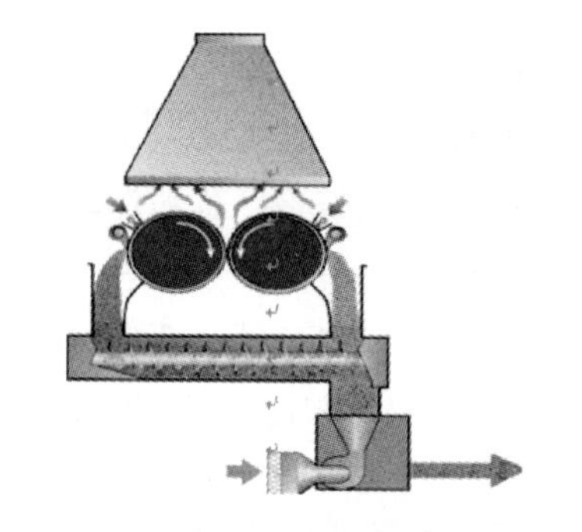

图7－3　喷雾供料滚筒干燥器的原理

1901年，喷雾干燥设备首次用于乳粉生产。1940年，我国开始使用。当时的结构是压力箱式（卧式），物料的雾化为双流体式，动力消耗大。

1955年，哈尔滨松花江牛乳厂首次用离心喷雾法生产乳粉。1958年，原轻工部在黑龙江推广压力式喷雾干燥器。这两种形式的喷雾干燥器当时都是平底结构，出粉是间歇式的，每工作一个班次人工出粉一次。

20世纪60年代，箱式压力干燥设备出现了锥底带螺旋出粉器（搅龙）的结构形式。20世纪70年代，第一台立式多喷头压力喷雾干燥设备诞生，它的出现使喷雾干燥设备的有效容积缩小近半，而且不用搅龙，连续出粉。20世纪80年代，又生产了单喷头的立式压力喷雾干燥设备，它在乳粉工业中的应用是推动我国乳粉工业技术进步的一个里程碑。

（1）喷雾干燥的基本原理　干燥的主要技术问题是防止干燥过程中发生不良反应，如导致蛋白质不溶解。这些反应主要与温度有关，水分13%的浓缩脱脂乳中，80℃下10s内就会使一半的蛋白质变成不可溶。因此，最好在温和的温度下快速通过水分8%～20%的区间，这就需要实现瞬间干燥。

但随着水分和温度的降低，水的有效扩散系数和干燥速率也相应降低。若要加速干燥进程，就必须减少液滴的大小，即将乳液很好地雾化分散为薄层厚度10μm的液滴，以缩短干燥时间。

换句话说，所需的干燥时间很大程度上取决于液滴的大小。干燥时间与r_o^2成比例，r_o是起始小液滴的半径。这意味着越大的液滴在高温条件下保持越长，会产生热凝固，此外，大微粒离开干燥室时水分也较高。这说明了对于较大液滴的干燥，出口温度较高。因此，研究液滴的大小对粉末性质的影响时，出口温度、粉末的含水量或浓缩物进料速度很重要。例如零度以下将浓缩脱脂乳的水分从20%降到10%，如果乳的薄层厚度为1mm，需7h；如果将其雾化为10μm的液滴，需2.5s。

在干燥液滴中，热扩散系数约保持在$10^{-7}m^2/s$，这说明在多数液滴中约不足10ms就可达到温度平衡。换句话说，在整个小滴中各部位温度基本相同。另外，扩散系数随干物质含量的增加而降低（如从$10^{-9}m^2/s$到$10^{-13}m^2/s$），因此，干燥速度显著下降。

干燥液滴的大小和粉粒的大小对于制造方式和得到的粉末性质很重要。微粒越大，不完全干燥的液滴接触机器壁的危险也越大，污染器壁甚至有构成火灾的危险；微粒越小，从干空气中分离它们就越困难。

因此，喷雾干燥的原理是：将浓缩乳通过雾化器，使之被分散成雾状乳滴，极大地增加了蒸发表面积，乳滴分散的越细，其比表面积越大，也就越能有效地干燥，1 L牛乳具有约$0.05m^2$表面积，这1L的牛乳在喷雾塔中被雾化，每一个小滴会具有0.05~$0.15mm^2$的表面积。从一升乳得到乳滴总表面积大约$35m^2$，这样，雾化使比表面增加了约700倍；此时在干燥室中与热风接触，浓乳表面的水分在0.01~0.04s内瞬间蒸发完毕，以减少不良反应发生，最大限度保留乳中的营养成分；雾滴被干燥成粉粒落入干燥室底部，水分以蒸汽的形式被热风带走。

（2）喷雾干燥的优缺点

①优点：干燥速度快，物料受热时间短，产品具有良好的冲调性；干燥过程中，液滴在刚刚离开雾化器时，温度较低，仅略高于干燥空气的湿球温度，乳粉颗粒的温度随水分的脱除而逐渐上升，但最终温度低于出口空气温度，究竟比出口温度低多少，决定于乳粉颗粒的水分含量（另外的解释是微小液滴中水分不断蒸发，由于蒸发潜热的损失，乳滴连续被冷却，乳粉颗粒表面的温度较低，不会超过干燥介质的湿球温度50~75℃，从而保证产品具有良好的理化性质）；便于调节工艺参数，产品质量容易控制；整个干燥过程在密闭的状态下进行，不易受到二次污染；操作简单，自动化程度高，劳动强度低，生产能力大。

②缺点：热效率低，只有35%~50%，因此热量消耗大，一般蒸发1kg水分需要3~4kg饱和蒸汽；容积干燥强度ε小［ε表示单位空间每小时的水分蒸发量，单位$kg/(m^3 \cdot h)$］，所以干燥器的体积庞大，需要多层建筑，基建费用大，可在不影响产品质量的前提下提高进风温度来增加ε，也可利用排风的温度来预热进风；塔的内壁会粘有乳粉，时间长会影响溶解性，而且粉尘回收装置复杂，设备清扫时劳动强度较大。

（3）喷雾干燥的基本流程　喷雾干燥分为3个连续过程。

①雾化：浓缩的奶液在高压泵的压力下从塔顶经过喷雾器将浓缩乳分散成非常细小的微滴，进入干燥室。

②干燥：空气经过滤后进入加热器，然后被送到喷雾塔的干燥室内；在此，分散的细小微滴与热气流混合，使水分迅速蒸发；该过程又可分为预热段、恒率干燥段和降速干燥段。

③粉粒回收：将干的乳粉颗粒从干燥空气中分离出来，干燥产品分别从塔底、旋风分离器下面获得，干燥后的潮湿空气由排风设备排入大气。

在干燥室内，整个干燥过程需 10～30s。由于微小液滴中水分不断蒸发，使乳粉的温度不超过 75℃。

干燥的乳粉含水分 2.5% 左右，从塔底排出，而热空气经旋风分离器或袋滤器分离所携带的乳粉颗粒而净化，或排入大气或进入空气加热室再利用。如图 7－4 所示。

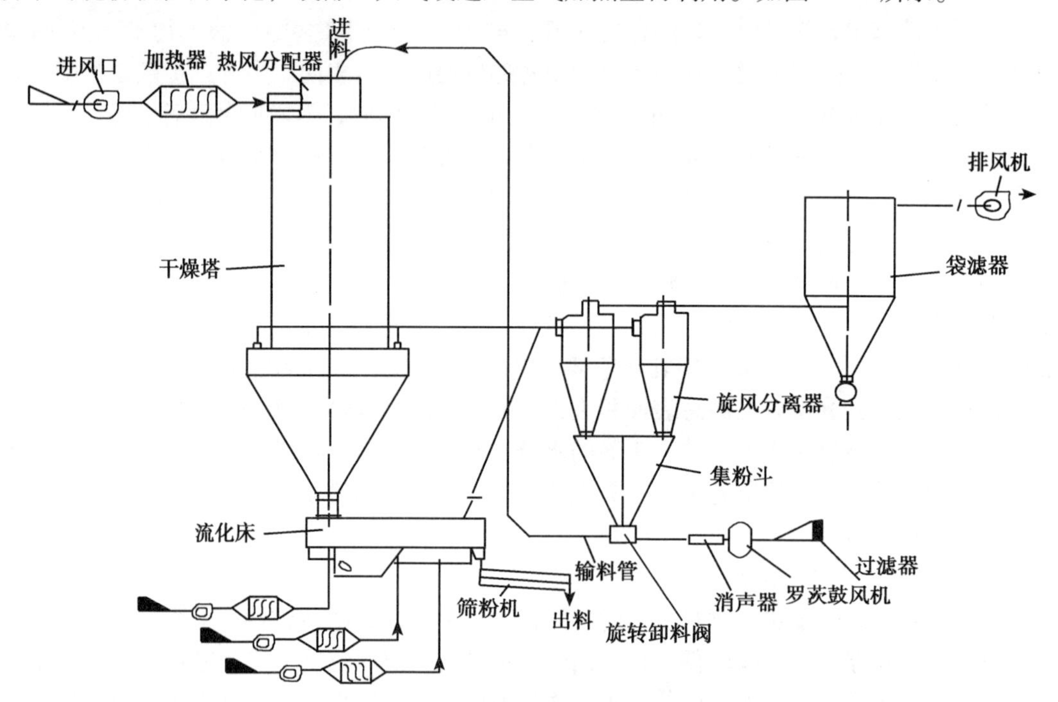

图 7－4　喷雾干燥的基本流程

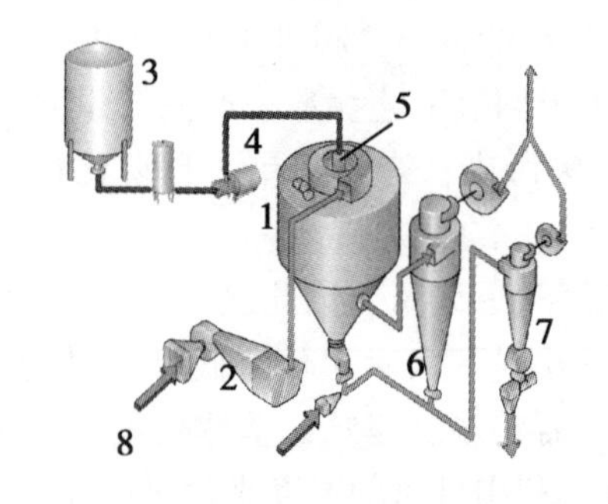

图 7－5　带有圆锥底的传统喷雾干燥（一段干燥）室

1. 干燥室　2. 空气加热器　3. 牛乳浓缩缸　4. 高压泵　5. 雾化器　6. 主旋风分离器　7. 旋风分离输送系统　8. 抽风扇和过滤器

图 7－5 是最简单的具有风力传送系统的喷雾干燥器，这一系统建立在一级干燥原理

上，即从脱除浓缩液中的水分至要求的最终湿度的过程全部在喷雾干燥塔 1 内完成。

浓缩乳由一个高压泵 4 送至喷雾器 5，继续进入干燥室 1，形成极细小的乳滴被喷入混合室与热空气进行混合。

空气由风扇吸入并通过过滤器，然后在加热器 2 处加热到 150 ~ 250℃，热空气经分散进入喷雾塔，在塔内，经喷雾的乳与热空气混合蒸发出乳中的水分。

最大程度的干燥发生在乳自喷雾器高速喷出后与空气摩擦减速的阶段。自由水自动蒸发，而毛细管孔隙间的水必须首先扩散到颗粒表面之后才能蒸发，这是乳粉在塔内缓慢沉降的过程中进行的，乳仅被加热到 70 ~ 80℃，因为空气的热容量在蒸发水分的过程中不断被消耗掉。

在干燥过程中乳粉在塔中沉降到塔底排出，一些小的、轻的颗粒可能与空气混在一起离开干燥空间，这些粉在一个或多个旋风分离器 6、7 中分离。经分离后，这些粉再混回到包装奶粉中，干净干燥的空气由风扇抽出。

（4）雾化及喷雾器（雾化器）　雾化目的是使液体形成细小的液滴，使其能快速干燥。雾化器是喷雾干燥的关键部件，有压力式、离心式和气流式三种。

①压力式喷雾器：浓乳雾化是通过一台高压泵的压力（15 ~ 20MPa）和一个安装在干燥塔内部的喷嘴来完成的。其雾化原理是用高压泵使液体获得高压，高压液体通过一狭小的喷嘴时将压力能转变为动能，并在高速喷出时瞬间得以雾化成雾滴。

其优点是结构简单，并可调节锥形喷嘴的角度，因此，可用直径相对小的干燥室；干燥强度较高，动力消耗小；制造成本低；操作简单，更换和检修方便；对于低黏度的料液，采用压力式喷嘴较适宜；干燥室沉积乳粉较少。

缺点是生产能力相对小，因此，在大型干燥室中，必须同时安装几个喷嘴；此外，喷嘴耐用性差，并且由于喷嘴孔很小，极易堵塞；喷嘴易受磨损；产品颗粒小，生产的乳粉的容积密度（堆密度）在 0.65 g/ml 左右；高黏度物料不易雾化。

雾化状态的优劣取决于雾化器的结构、喷雾压力、浓乳的流量、浓乳的物理性质（浓度、黏度、表面张力等）。

一般情况下，雾滴的平均直径与浓乳的表面张力、黏度及喷嘴孔径成正比，与流量成反比。可用下式表示：

$$X \propto P(-d\mu\sigma/w)$$

式中：X——雾滴平均直径（mm）；W——流量（g/s）；d——喷嘴孔径（mm）；σ——表面张力（N/m）；μ——黏度（Pa·s）。

干物质含量越高、温度越低，液滴的平均直径就越大，因为干物质含量和温度都可影响黏度。

浓乳流量则与喷雾压力成正比，用下式表示：

$$W \propto P$$

式中：P——压力（kPa）；W——流量（g/s）。

压力喷雾器有两种类型：M 型和 S 型。M 型是高压浓缩乳经分配板上的小孔、喷嘴的导沟从喷头喷出；S 型是高压浓缩乳沿着芯子上的螺旋状小沟以极高速度通过喷嘴的锐孔，以一定角度（70°左右）喷射出去，呈漩涡状运动。

两者的区别在于：M 型喷嘴中导沟的轴线和喷嘴的轴线相互垂直但不相交，而 S 型喷

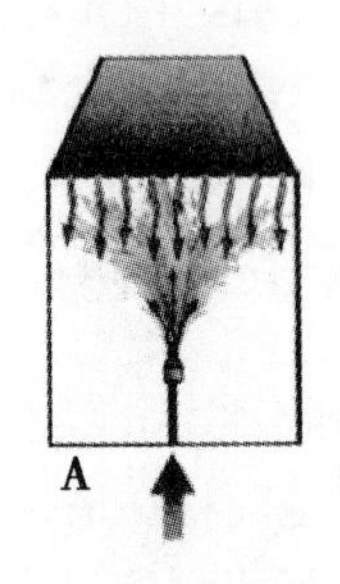

A.逆流喷嘴

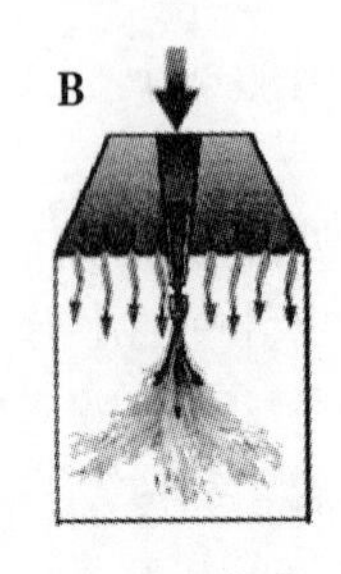

B.顺流喷嘴

图7－6　压力喷雾干燥室中的喷嘴

嘴导沟的轴线和水平面呈一定的角度，两者导沟设计的目的都是为了增加喷雾时料液的湍流程度。M型喷孔直径较大，不易堵塞，乳粉颗粒大，冲调性好；S型喷嘴直径较小。

雾化设备的设计取决于颗粒大小和干燥生产要求的特性，如乳粉颗粒、结构、溶解性、密度和润湿性。

图7－6中A的安排应用于低喷雾塔，较大的乳滴和干燥空气对流排放，图7－6中B为排出牛乳和空气流动的方向一致，在此情况下牛乳供入压力决定了颗粒大小，在供料压力高至30MPa时，乳粉将很细并具有很高的密度，在低压力下（5～20MPa）颗粒会较大。

影响压力喷雾器液滴尺寸的因素包括：（a）浓乳的流量：在喷嘴额定进料速率范围内，进料率增加，大液滴增多；（b）浓乳的黏度：黏度增加，液滴尺寸增加；（c）表面张力：表面张力增加，液滴尺寸增加；但与黏度相比，表面张力的影响较小；（d）喷嘴孔径：液滴尺寸随喷嘴孔径的平方而增加；（e）喷雾角：喷雾角增加，液滴尺寸减少；（f）喷雾压力：压力增加，液滴尺寸减少。

压力喷雾干燥生产乳粉的工艺条件如表7－18所示。

表7－18　压力喷雾干燥生产乳粉的工艺条件

项目	全脂乳粉	全脂加糖乳粉
浓缩乳浓度/°Bé	11.5～13	15～20
乳固体/%	38～42	45～50
浓缩乳温度/℃	45～60	45～50
高压泵工作压力/MPa	10～20	10～20
喷嘴孔径/mm	2.0～3.5	2.0～3.5
喷嘴数量/个	3～6	3～6
喷嘴角度/rad	1.047～1.571	1.222～1.394
进风温度/℃	140～180	140～180
排风温度/℃	75～85	75～85
排风相对湿度/%	10～13	10～13

②离心式喷雾器：离心式喷雾干燥中，浓乳的雾化是通过一个在水平方向做高速旋转的圆盘来完成的。其雾化原理是：当浓乳在泵的作用下进入高速旋转的转盘（转速5 000～25 000r/min）中央时，由于离心力的作用而以高速被甩向四周，形成雾滴，从而达到雾化的目的。

根据喷雾的方式，离心喷雾器主要有旋转盘、旋转喷嘴和旋转喷射盘3种。

雾化状态的优劣取决于转盘的结构及其圆周速度（直径与转速）、浓乳的流量与流速、浓乳的物理性质（浓度、黏度、表面张力等）。

当进料速率一定时，要得到均匀的雾滴，必须达到以下条件：雾化轮转动时无振动、旋转盘的转速要高、流体通道表面平滑、料液在流体通道上均匀分布、均匀的进料速度。

离心式喷雾器的优点：(a) 转速高，形成相对小的液滴，使液相的比表面增大，从而提高了干燥的传热和传质效率；(b) 转速提高则喷雾距缩短，可减少溶液粘壁的现象；(c) 处理量大，喷液量可达10t/h，转速10 000～15 000r/min可调；(d) 可控制乳粉容积密度，产品颗粒粒径较大；(e) 转盘不易堵塞，因此，预结晶的浓缩乳清也能够雾化；(f) 对物料浓度变化不敏感，可处理黏性物料（高黏度下仍可实现雾化），因此可生产高度蒸发的乳、有晶体的物料和一些在高温气体下易结垢的物料。

离心式喷雾器的缺点：(a) 在雾中形成许多液胞，此外液滴被甩出悬浮在转盘轴的周围，所以，干燥室必须足够大以防液滴碰到室壁，一般要求液滴水平轴向所覆盖距离至少为液滴直径的10^4倍；(b) 干燥强度较低，体积较大；(c) 喷雾器的功耗较大；(d) 转速提高后，增加了轴系和转动部分的制造成本；(e) 干燥室容易积粉。

离心喷雾干燥生产乳粉的工艺条件如表7－19所示。

表7－19　离心喷雾干燥生产乳粉的工艺条件

项目	全脂乳粉	全脂加糖乳粉
浓缩乳浓度/°Bé	13～15	14～16
乳固体/%	45～50	45～50
浓缩乳温度/℃	45～55	45～55
转盘转速/(r/min)	5 000～20 000	5 000～20 000
转盘数量/只	1	1
进风温度/℃	200	200
干燥温度/℃	90	90
出风温度/℃	85	85

③气流式喷雾器（又称二流体喷雾）：采用压缩空气或蒸汽以很高的速度（>300m/s）从喷嘴喷出，使气液间存在着相当高的相对速度，靠气液两相间的速度差所产生的摩擦力，液膜被拉成丝状，然后分裂成细小的雾滴，表面积突然增大与热空气迅速进行热质交换，水分被汽化，得到粉状干燥物料。

乳品工业中，常见的是二流体气流式喷雾器（图7－7），按照气体与料液的接触方式分为内混合式和外混合式。

内混合式的能量转化率比外混合式要高，即压缩空气所携带的能量用于将液体撕裂成液滴的比率较高，但内混合式对二股流体的调节要求高，且当温度高时，喷嘴易被未干的粉团所堵塞。外混合式喷雾因液体流与气流在外部混合、摩擦而产生细雾，可单独对二股流体进行控制，所以，雾化操作容易调节，也比较稳定，但能量利用率较低。

优点：(a) 喷嘴结构简单、磨损小；(b) 对于低黏度或高黏度料液，均可雾化，应

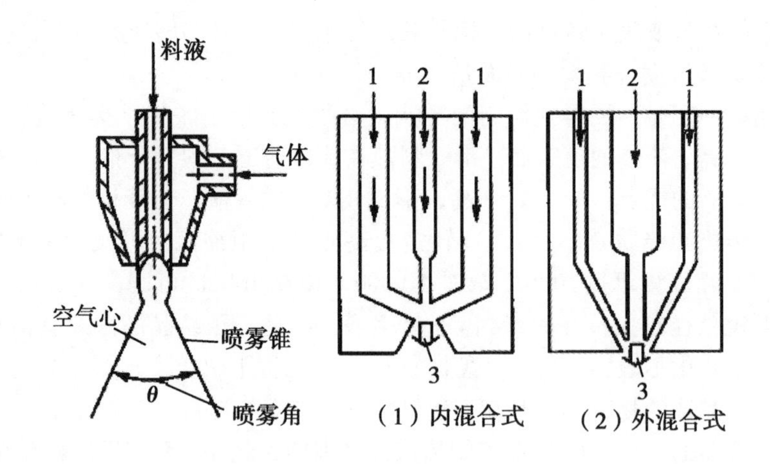

图 7－7　二流体气流式喷雾器

1. 料液　2. 压缩空气　3. 雾化物料

用范围广；气流式喷嘴所得雾滴较细；（c）操作弹性大，即处理量有一定伸缩性，且调节气液比可控制雾滴的大小，也控制了成品的粒度。

缺点：动力消耗较大，是压力式或离心式的 5 ~ 8 倍，所以，一般能用其他方法雾化的就尽量不用这种方法。

3 种喷雾器的比较如表 7－20 所示。

表 7－20　三种喷雾器的比较

特征	压力式	离心式	气流式
处理量调节	范围小，可用多喷嘴	范围大	范围小
进料压力/MPa	2 ~ 40	0	0.1 ~ 0.5
黏度	适于低黏度	改变转速，适于高黏度	改变压缩空气压力
流向	并流、逆流、垂直下降混流	下降并流、垂直下降混流	水平并流、上升逆流、下降并流
干燥塔高度	高	低	较低
干燥塔直径	小	大	小
产品粒度	粗粒	微粒	微粒
产品均匀性	较均匀	均匀	不均匀
粘壁现象	可防止	易粘壁	小直径时易粘壁
动力消耗	最小	小	最大
保养	喷嘴易磨损，高压泵需维护	转动装置精度高，保养难	容易
价格	便宜	高	便宜

（5）雾化机制　液体的雾化机制分 3 类：滴状雾化、丝状雾化和膜状雾化。

①滴状雾化：压力式喷雾器中，溶液以不大的速度流出喷嘴时，就形成细流状，在离喷嘴出口一定距离处，开始分裂成液滴；离心式喷雾器中，当盘的圆周速度和进料速度都很低时，溶液的黏度和表面张力的影响是主要的，雾滴将单独形成并从盘的边缘处甩出；气流式喷雾器中，在气液速度差很小时会出现滴状雾化。

②丝状雾化：压力式喷雾器中，进一步提高溶液的喷出速度，由于表面张力和外力的作用，液柱沿着水平与垂直方向振动，使其变成螺旋状振动的液丝，在其末端或较细处很快断裂为许多小雾滴；离心式喷雾器中，当盘转速和进料速度较高时，料液被拉成液丝；气流式喷雾中，当气液相对速度较大时，气液间有很大的摩擦力，此时液柱好像一端被固定，另一端用力拉成一条条细长的线，这些线的抽细处很快断裂，并分裂成小雾滴，相对速度越大，丝越细，丝存在的时间越短，雾越细。

③膜状雾化：使溶液以相当高的速度从压力式喷嘴喷出，或者气体以相当高的速度从气流式喷嘴喷出时，形成一个绕空心旋转的空心锥薄膜状雾滴群，薄膜分裂为液丝或液滴；离心式喷雾器中，当液量较大时，液丝数目与厚度均不再增加，液丝间相互合并成连续的液膜，这些膜由圆盘周边延长至一定距离后破裂分散成雾滴。

（6）干燥速率曲线　干燥速率被定义为单位时间除去水分的量。干燥过程包括恒速干燥和降速干燥两个阶段，在恒速干燥阶段，液滴中大部分自由水被蒸发除去，水分的蒸发是在液滴表面发生的；在降速干燥阶段，乳固体颗粒孔隙中和毛细管中的结合水分也被蒸发掉。

①恒速干燥阶段：在水分达到15%以前，可粗略地看成是恒速干燥。蒸发速度由蒸汽穿过周围空气膜的扩散速度所决定，周围热空气与液滴之间的温差则是蒸发速度的动力，而液滴温度约等于周围热空气的湿球温度，这个阶段液滴中水分的扩散速度等于蒸发速度。因此，液滴仍然是流体，其中的水分很容易由液滴内部迁移到表面，并保持表面润湿。

②降速干燥阶段：在水分含量减少到15%之后，干燥温度越高，液滴的相对干燥的外层很快变得很坚固，因此，阻止液滴进一步脱水浓缩。当液滴中水分扩散速度不能使液滴表面水分保持饱和状态时，即达到某一临界水含量（乳制品为15%～30%），液滴失去流体特性而变成湿固体，干燥进入降速阶段。

其特点是在液滴的径向出现湿度梯度，干燥速度的控制因素转为水分穿过颗粒内部的扩散速率，水分蒸发发生在液滴内部的某一界面上，开始蒸发液滴中的结合水，液滴温度升高到周围热空气的湿球温度以上。

当乳粉颗粒的水分含量达到或等于空气温度下的平衡水分（当湿物料与一定状态的空气接触并达到平衡后，物料中的水量不再变化，这一含水量就是平衡水分 $x*$），即喷雾干燥的极限水分时，则完成了干燥过程。

（7）干燥条件　浓乳雾滴的干燥是通过与干热空气的水分交换实现的。通常液体首先被加热到合适的温度，然后通过雾化器雾化。采用蒸气加热器（蒸汽压 9.09×10^5Pa），进风温度可提高到150～200℃；采用燃油炉加热器，进风温度可提高到200～250℃。由于工艺上的限制，国内很少采用后者的高温操作。

由于吸收液滴水分使热空气的温度下降，离开干燥塔的空气温度<100℃，有时回收用它在热交换器中加热新鲜空气。热空气与雾化液体同时进入干燥室并剧烈地混和，随之

发生干燥，同时空气很快冷却下来，结果大部分干燥过程的雾滴温度不超过排出空气的温度。

干燥过程中，入口的空气温度越高，效率越高。但入口温度有一个上限，否则对产品有破坏。此外，乳粉在干燥塔内放置时间长很可能起火，奶粉的燃点在 140℃左右；因此，在 220℃，5min 就会发生自燃。

（8）喷雾干燥室　干燥室是浓缩乳被雾化成微小液滴与热空气进行热交换的场所。按照干燥室外观结构，可分为箱式和塔式两种，一般多用塔式干燥室，也称干燥塔，其底部有锥形底、平底和斜底 3 种。

干燥室的形状十分重要。干燥室越大在给定范围内造价越高；干燥室越小，没完全干燥的液滴接触室壁并使干燥室结垢的可能越大。

干燥室内壁为不锈钢，外壳为钢板结构，内外壁之间以绝热材料填充，通常用 80 ~ 100mm 厚的岩棉层保温。

为了防止乳粉粘壁，需在干燥塔壁装配有震塔装置，一般采用若干个空气振荡锤或电锤，编排一定的振荡程序，定时敲打塔壁，使粘粉及时脱离塔壁，防止造成乳粉过度受热出现焦粉。空气振荡锤比电锤要好，但必须配备压缩空气。

干燥室下部的锥角多为 60°或 50°，干燥后的乳粉靠重力排出。

根据热风与物料颗粒运动的方式，喷雾干燥室可分为并流、逆流、混流等：①水平并流型：很难避免空气流的死角区，物料相对停留时间长，被淘汰；②垂直下降并流型：热气流与液滴接触，虽然气流温度高，其热量都供给水分蒸发，实际液滴表面温度接近湿球温度，故仍能保持物料原有的特性，是乳品干燥的主要形式，其缺点是干燥后的乳粉较易形成空心球粒而使容重降低；③垂直下降混流型：该型塔内不存在排风管上有堆积乳粉的现象，塔的直筒身短而锥角较小，故粉粒较易排出（锥角仅 40°）；塔内温度分布均匀且较低，故用于含油高的乳制品如稀奶油粉等；④垂直上升逆流型：因液滴在水分少的阶段与高温空气接触，从而干燥速度慢，适于干燥粒径较大的粒子，其优点是干粒的容重较大，空心、结皮倾向小；缺点是液滴表面温度高而易产生热变性，奶粉品质较差；⑤垂直上升混流型：热空气与物料均由干燥室底部进入，通过两次输入热空气保证室内高温，废气由顶部排出，细粉由底部分离，缺点是当粗微粒沉降时，和二次热空气接触，容易形成焦粉。

各种类型的喷雾干燥室如图 7 – 8 所示。

（9）热风分配形式　喷雾干燥设备的热风分配是个关键环节，热风的导入方式对整个干燥设备的性能有着重要的影响。

热风分配器的主要功能有：将干燥介质热空气引入干燥塔内使其与被干燥的物质接触；选择理想的结构使其导入的热介质与被干燥物料充分混合，达到较高的换热效率；减少或避免某些物料的粘壁、粘顶现象的发生。

以往的压力式喷雾干燥设备多采用套筒式调风结构，热风通过套筒调风后，进行分风进入喷雾干燥设备的内筒内。这种设备体积较大，现多采用多层筛板分风，因尺寸较小，故应用广泛。

压力式喷雾干燥设备在顺流喷雾时，热风进入导管的风速约 9m/s，在逆流或上排风喷雾干燥设备中，热风进入导风管内的风速要适当大些。

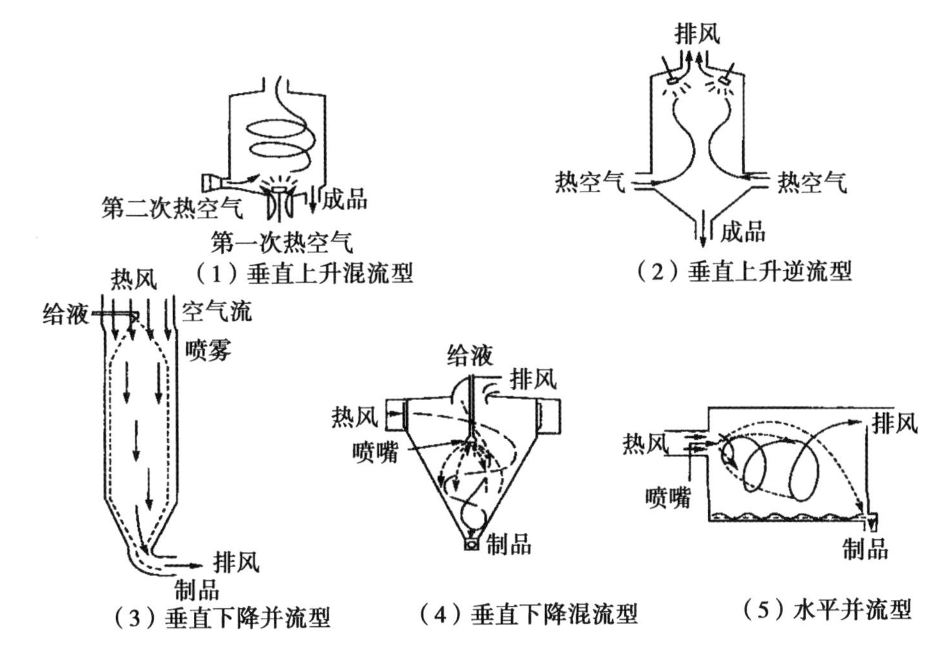

图7-8 各种类型喷雾干燥室

离心式喷雾干燥设备一般采用热风分配器，热风由蜗壳布风器经导风板进入喷雾干燥设备主体内，热风与离心式雾化器的旋向一致。

（10）塔体排风形式　在顺流喷雾干燥器中，一般采用下排风，压力喷雾干燥器在塔体锥节顶部将设备的直径加大，在环形带均匀地设置四个排风筒，然后汇集到扑粉器上，或在环形区上部直接设四个布袋式过滤室，然后将排风管路汇集到排风机的进风口处。

现在压力喷雾干燥器普遍使用上排风，热风从塔体上部进入塔内，物料也从上部喷入塔内，排风在塔体圆环部分均匀设置四个排风管路，然后将废气汇集到扑粉器上排除。这种喷雾干燥器的热风加热温度较高，干燥强度较大，塔的体积较小，设备及土建费用较低。

离心式干燥器的排风管是从塔体锥节部分引出，然后进入扑粉器，这样可在不影响正常出粉的条件下尽可能增大喷雾干燥塔的有效容积，使体积最小。

排风机风量比进风机风量大30%，原因有三：一是进风机鼓入的是室温空气，而排风机排出的是热空气，空气体积变大；二是喷雾干燥时，干燥塔内的真空度为0.147kPa，有利于物料的下行顺畅，减轻飞溅；三是在喷雾干燥瞬间有水分汽化，这也占有一定体积。

（11）设备的出粉和扑粉　干燥的乳粉，落入干燥室的底部，粉温60℃左右应尽快出粉。喷雾干燥设备的出粉是连续的，并在干燥塔的出粉口与振动流化床连接，使粉状物料实现二次干燥和快速冷却，使产品达到可以直接包装的状态，从而降低了产品包装前受污染的风险。

当空气排出干燥室和流化床时，会带出大量较轻、较细的乳粉颗粒（即细粉），细粉回收的目的主要是为了提高产量和避免污染空气。

细粉与干燥空气的分离或回收，或称设备的扑粉，可用旋风分离器、布袋过滤器或湿的净化系统。一般多用二级扑粉，第一级采用旋风分离，第二级采用布袋式过滤器，布袋式过滤器的滤布一般为130目。布袋式过滤器的滤袋抖动一般采用脉冲反吹式，价格较贵，消耗压缩空气较多，现一般采用气缸往复抖动，并将抖动与调风蝶阀关闭实现互锁，实现在不排风瞬间抖动布袋，价格便宜，效果较好。

（12）设备的清扫　国外的喷雾干燥器一般不设这种装置，而采用清洗的办法，国产喷雾干燥器一般均考虑这个问题。

压力喷雾干燥器塔壁的清扫一般用吊盘式扫粉装置，清扫得比较彻底，但塔体锥节应设清扫门在塔体外部进行清扫。

离心式喷雾干燥设备塔体的清扫一般采用推进式升降扫粉车，清扫得也比较彻底，当扫粉完毕后可将扫粉车沿着塔门移到塔体外面。

（13）流化床技术与多级干燥　根据独立干燥段的数目，有一级、二级及多级喷雾干燥。

一级干燥是指用一次喷雾干燥完成所需水分的排出，决定最终产品质量和干燥效率的关键工艺参数是进风和排风温度。提高进风温度能获得较高的热效率，而且可减少进风量，节省动力消耗，但提高进风温度必须在保证溶解度的前提下进行。即使使用高出口温度来提供足够的驱动力，但是，最后小部分水分从奶粉中的去除仍是极困难的，而且提高出口温度影响乳粉质量，如使乳粉的溶解度降低，另外，排风温度越高，废气带走的热量越多，喷雾干燥热效率越低，同时也影响布袋过滤器的寿命，甚至导致着火。因此，要求排风温度 <90℃，一般 70 ~90℃，绝对不超过 100℃。

用一级干燥工艺除去降速阶段的水分不仅过程长，而且操作成本也高。如用进风温度200℃的空气将浓度为 50% 的脱脂乳干燥到水分 3.6% 的乳粉，所需的空气量和能量，比只干燥到水分 7% 的乳粉多 33%，相应于 7% 与 3.6% 之差仅占总蒸发量的 4.1%，而却需多耗能 33%。

在有限的空间内，为了一步达到低湿含量的乳粉，迫使提高进出风温度，从而影响产品质量（常导致产品的速溶性差和焦粒）。因此，单级干燥必须在尽量保持液滴温度相当低的条件下操作，这就意味着要用较低的进风温度和进料浓度，这就影响其经济性。

雾化液滴中空气的存在对颗粒的形成和结构有重大影响。残留在液滴中的空气会在颗粒中形成空泡，即所谓闭锁气［以每 100g 固体中的体积（ml）数表示］。空泡会降低乳粉的容积密度、影响复水性。液滴中空气含量取决于蒸发器与喷雾干燥器之间料液的充气作用、雾化方法（离心雾化的含气量比压力喷雾多）和料液的类别及状态（主要是发泡性，它受浓度及乳蛋白的状态影响）。而避免乳成分热降解和夹杂空气的最佳方法是尽可能保持长的恒速干燥阶段，使得在临界点时周围空气的温度较低，为此开发了多级干燥。

两级干燥是先用喷雾干燥将乳粉干至比最终要求的水分含量高 2% ~5% 的程度，接着用流化床（代替一级干燥中的风力运送系统）干燥除去这部分超量湿度并最后将乳粉冷却下来，得到的奶粉可直接包装。

两次干燥工艺中喷雾干燥器的排风温度比单级干燥低 15% ~25%，因而在临界水分含量时周围空气的温度和颗粒所经受的温度也相应降低。因此，这种工艺允许进气温度和进料浓度提高到单级干燥的禁用值以上。

流化床连接在主干燥室的底部，由一个多孔底板和外壳构成。外壳由弹簧固定并有马达可使之振动，当一层乳粉分散在多孔底板上时，振动乳粉以匀速（流化速度 0.1 ~1m/s，脱脂粉较低，高脂粉较高）沿壳长方向运送。如图 7 -9 所示。

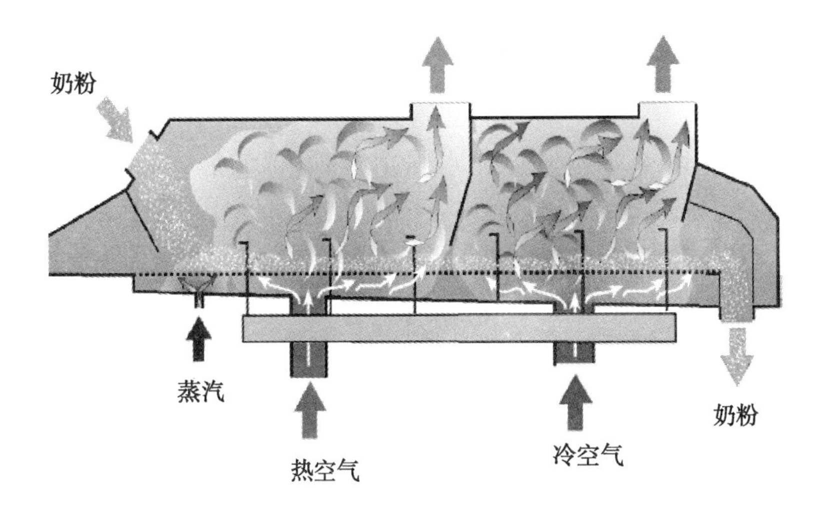

图 7－9　流化床

流化床中，干燥空气的进风温度一般为 80～100℃。

二级或多级干燥可用于较浓物料的加工而不影响乳粉的溶解性，同时乳粉受热程度也没有一级干燥那么高。在改善产品质量的同时，提高了经济性（节能）。与单级干燥相比，如果所有其他参数都相同，两级干燥可节能 10% 以上。

两级干燥可用于脱脂乳、全脂乳、预结晶的乳清浓缩液、酪蛋白酸盐等粉状产品，有些粉料的“黏附温度”较低而受到限制。粉料在一定湿度下开始附着在干燥器壁面，并形成团块的温度称为黏附温度。黏附温度取决于粉料的组成，非晶体乳糖含量、乳酸含量及水分增高均会使黏附温度降低。

单级和多级干燥能耗比较如表 7－21 所示。

表 7－21　单级和多级干燥能耗比较

级数	热量消耗/（kJ/kg）	节省能量/（kJ/kg）	节能/%
一级	5 023.2	0	0
二级	4 102.3	920.9	18.3
三级	3 558.1	1 465.1	29.2

由此可见，两段式干燥能耗低（20%）、生产能力更大（57%）、附加干燥仅耗 5% 热能、乳粉质量通常更好，但需要增加流化床。

乳粉在流化床干燥机中继续干燥，可生产优质的乳粉。因为可以提高喷雾干燥塔中空气进风温度，使粉末停顿的时间短（仅几秒钟）；而在流化床干燥中，空气进风温度相对低（80～100℃），粉末停留时间较长（几分钟），热空气消耗也很少。

将干物质含量 48% 的脱脂浓缩乳干燥到含水量 3.5%，传统干燥和两段式干燥的条件如表 7－22。

表 7－22　传统干燥和两段式干燥的条件比较

方　　式	传统干燥	二段式干燥
进风温度/℃	200	250
出风温度/℃	94	87
空气室出口 Aw	0.09	0.17
总消耗热/（kJ/kg 水）	4 330	3 610
能力/（kg 粉末/h）	1 300	2 040

带有流化床的二级干燥设备如图 7－10 所示。

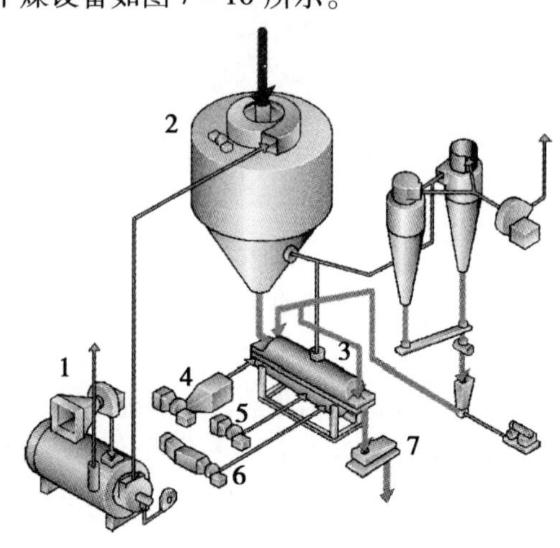

图 7－10　带有流化床的二级干燥设备

1. 空气加热器　2. 干燥室　3. 振动流化床　4. 用于流化床的空气加热　5. 用于流化床的冷却空气　6. 用于流化床的脱湿冷却空气　7. 筛子

丹麦 Niro 公司的上排风式多级喷雾干燥设备是将喷雾干燥和流化床干燥组合在一起。顶部设压力喷嘴（单个或多个），干燥室的底部设一固定的流化板（不振动）。液态物料由第一级喷雾干燥直接落入内置流化床进行二级干燥，最后用振动流化床进行三级干燥或涂卵磷脂和冷却。

这种干燥设备的进风温度较高，排风温度较低。其优点是热利用率高，并能充分利用喷雾干燥室的空间。乳粉形态呈团聚状粗粒，无细粉。

Niro 和 Anhydro 公司旋转式气流多级干燥设备是在喷雾干燥器的顶部安装有旋转气流式空气分布器，可用离心喷雾，也可用压力喷雾。在干燥室的锥形底内部，倒置一只空心锥体，内设一圈固定流化板，环形流化板上的舌形开孔朝一个方向旋转，从而使流化的分层产生旋转运动。

在干燥室的圆柱段和锥形底相连部分可进入一股冷风（环境温度），以减少这部分乳粉堆积，使热塑性物料冷却后容易降落。干燥室下连接于第三级干燥和冷却用的振动流化床。

以上两种装置的共同特点是：使用了内置式固定流化床，该装置充分考虑了乳粉在不同干燥阶段所需要的时间和热量，以不同的形式满足了要求，降低了干燥塔高度，改善了产品质量，节约了能耗，但对操作控制要求较高。

离开干燥器后，乳粉附聚物经筛或磨（取决于产品类型）分散达到要求的大小。小部分细粉随干燥空气和冷却空气离开干燥设备，在旋风分离器组与空气分离，这些粉或进入主干燥室或进入附聚需要的加工工艺点。

3. 冷却

干燥后的乳粉从塔底出来的温度约65℃，需冷到<28℃，过筛后包装。冷却方式一般有以下几种。

（1）气流出粉和冷却　该装置可连续出粉、冷却、筛粉、储粉、计量和包装。其优点是出粉速度快，5s内就可将喷雾室内的乳粉送出，并在输粉管内冷却；其缺点是易产生过多的细粉，并且冷却效率低，一般只能冷却到高于气温9℃左右，特别是夏天，冷却后的温度仍高于乳脂肪熔点（28～40℃）以上。

（2）流化床出粉冷却　其优点是①乳粉不受高速气流的摩擦，故乳粉颗粒不受损害；②可大大减少细粉的数量；③可用冷风来冷却乳粉，冷却效率高，一般乳粉可冷到18℃左右；④乳粉经过振动流化床的筛网板，可获得颗粒较大而均匀的乳粉。从流化床吹出的细粉还可通过导管返回到喷雾室与浓乳汇合，重新喷雾成乳粉。

（3）其他出粉冷却方式　可连续出粉的装置还有搅龙输粉器、电池振荡器、转鼓型阀、漩涡气封阀等。

（4）热回收　干燥造成大量的热量损失，部分可在热交换器中回收，但是，干燥空气中含有粉尘和蒸汽，因此，热交换器必须进行特殊设计。

从喷雾干燥器的废气中回收热量如图7－11所示。使用一种有很多玻璃管的特殊热交换器，光滑的玻璃表面预防了过量沉积的形成。热空气从管底进入，强制通过玻璃管，新鲜空气在玻璃管外流动得到加热。使用这种热回收方法，喷雾干燥设备的效率可增加25%～30%。

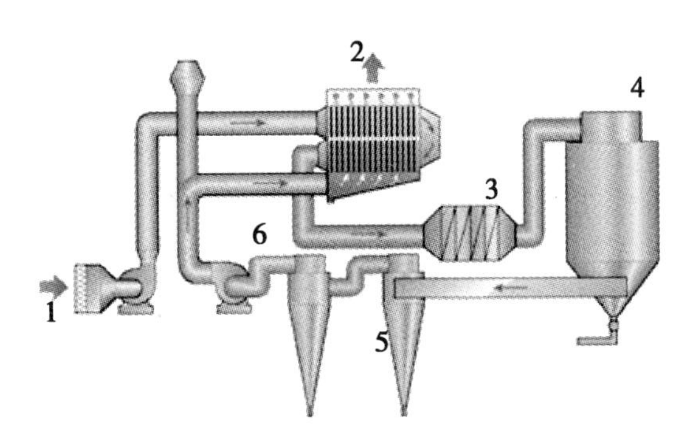

图7－11　从喷雾干燥器的废气中回收热量

1. 新鲜空气鼓风机　2. 玻璃管换热管　3. 加热器　4. 喷雾塔
5. 旋风分离器　6. 废气鼓风机

4. 筛粉

从流化床出来的乳粉要经过振动筛过筛（40～60目），筛粉的目的是破碎粘结的团块乳粉和防止异物的混入。

5. 包装

包装车间的环境要求为温度<25℃，RH<65%。

包装材料有马口铁罐、塑料袋、塑料复合纸袋、塑料铝箔复合袋等，常见规格有900g听装，700g、400g袋装，400g盒装，250g、150g促销装等。包装材料必须放在消毒间经过紫外线或臭氧进行消毒5~10min。。

对袋装乳粉还要进行拍包检测，确保封口严密，不漏粉。

包装方式直接影响乳粉的保质期，如塑料袋装的储存期为3个月，铝箔复合袋包装的储存期为12个月，真空包装和充惰性气体包装的保质期为24个月。

包装过程中影响产品质量的因素有：①乳粉的温度：热粉包装后，会使蛋白变性，造成溶解度下降，并能引起走油，使乳粉颗粒表面的脂肪暴露在周围的空气中，加速氧化。因此，乳粉应冷至28℃（乳脂肪熔点的低限值）以下再包装；②包装间的湿度：乳粉的吸湿性很强，吸潮后乳粉的溶解度下降，容易结块；一般要求湿度<65%；③空气：为了防止储存过程中的微生物生长、脂肪和维生素的氧化，最好对包装容器抽真空处理，然后充 N_2 和 CO_2 混合气体。微生物可分为需氧微生物、厌氧微生物、兼性厌氧微生物（在有氧和无氧时都能生长），对需氧微生物，除去氧和空气就意味着控制或抑制其生长，如真空包装，充气包装和使用一些空气屏障材料的物质，目的就是抑制需氧微生物的生长；但厌氧菌需在有氧的条件下保存才会死亡。

第四节　乳粉的干法生产工艺

湿法生产配方奶粉，需要将大量的粉料重新溶解，然后和牛乳及营养强化剂混合喷雾干燥，生产周期长，能耗大，成本高。

而干法生产是将配料用特殊的干混设备混合，然后包装出厂的一种工艺。其优点是省掉了乳清粉复水溶解及其喷雾干燥的耗能过程，节约能源；缩短了生产周期；防止了加热过程对营养强化剂的破坏，既保持了营养又降低了成本；其缺点是干法生产的配方乳粉感官质量欠佳，维生素和微量元素容易混不均匀，产品的微生物指标不好控制。

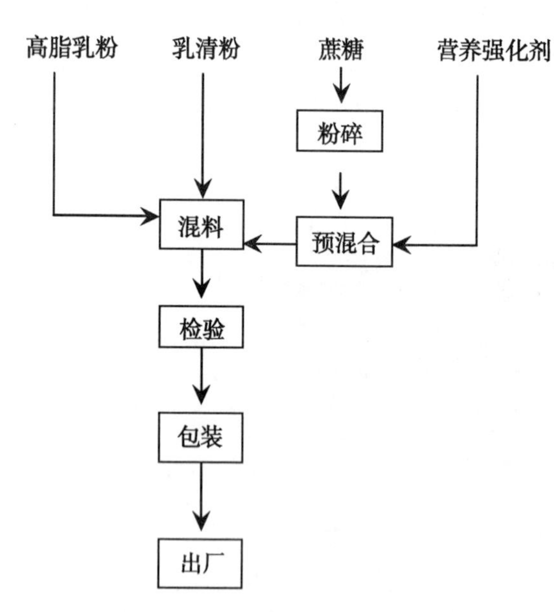

图7-12　干法生产配方乳粉的工艺流程

一、干法生产配方乳粉的工艺流程

干法生产配方乳粉的工艺流程如图7-12所示。

二、干法生产的工艺要求

1. 原料的计量和检验

生产前，每一批原料都须进行感官、理化及微生物指标的检验。

2. 营养强化剂的预混

由于维生素和微量元素的量较小，须先和糖预混合以缩小混合比例。白砂糖应先粉碎至100目以上，以保证与其他配料混合均匀。

3. 混合机的选择

采用三维混料机，此混料机在自转的同时能进行公转。一方面具有强烈的湍动作用，加速物料的流动和扩散；另一方面具有翻转和平移运动，克服离心力的影响，避免物料出现偏移和聚集。

图7－13所示的三维混料设备为半封闭式，按《婴幼儿配方乳粉许可条件审查细则（2010版）》的要求，该混合机不能用于主混或总混；图7－14所示的连续式混合机具有封闭、连续式、自动计量的特点，加工能力500kg/h或以上，适合用于婴幼儿配方食品的生产。

图7－13　三维混料机

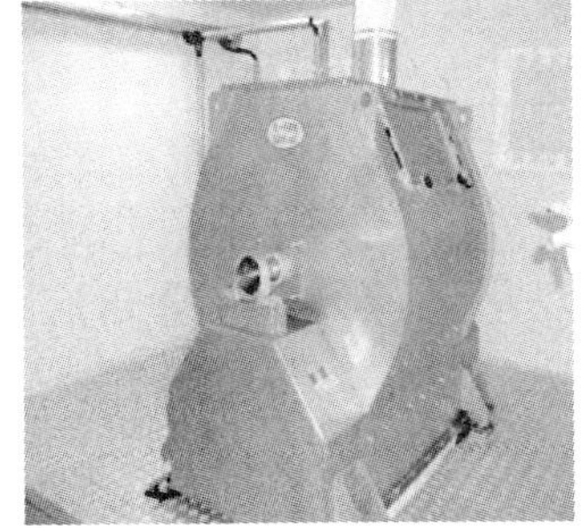

图7－14　连续式混合机

4. 混料车间的环境

干法生产乳粉的车间要求较高，应严格按照良好操作规范（GMP）标准设计，一般内部采用彩钢板等符合生产卫生要求的材料做隔断，地面采用环氧树脂等符合生产卫生要求的材料制作。生产环境要求空气净化，环境温度<25℃，相对湿度$<65\%$。

5. 混合工艺参数的控制

混合机的装载系数应为50%～80%，混料时间1～2min。

6. 工序检验

包括理化指标和营养素指标，以确保混合均匀。

7. 包装及产品检验

第五节　速溶乳粉的生产

首先大量生产的速溶乳粉是脱脂速溶乳粉，随后全脂速溶乳粉投入生产。

一、速溶乳粉的特征及质量

乳粉要想在水中迅速溶解必须经过速溶化处理，形成颗粒更大、多孔的附聚物。即速溶乳粉的外观特征是颗粒较大，一般为100～800μm。当用水冲调复原时，溶解很快，而且不会在水面上结成小团。

速溶乳粉颗粒中的乳糖呈结晶的α-含水乳糖状态，而不是非结晶无定形的玻璃状态，所以这种乳粉在保藏中不易吸湿结块。

但速溶乳粉的缺点是：其表观密度低，即体积质量小，只有0.35g/ml左右，所以同样质量时，速溶乳粉较普通乳粉所占的体积较大，对包装不利；速溶乳粉水分含量较高，一般3.5%～5.0%，不利于保藏；速溶脱脂乳粉的羟甲基糠醛含量高，这说明速溶乳粉在特殊制造过程中促进了褐变反应，如果包装不良，而且在较高温度下保藏时，很快会褐变；速溶脱脂乳粉具有粮谷的气味，这种不快气味是由含羰基或含甲硫醚基的化合物所形成的。

二、速溶乳粉的生产方法

一般一级干燥生产的乳粉颗粒细，无速溶性，容积密度较大。为了改善溶解性，需要改变干燥过程，以改善乳粉的润湿性和改变乳粉颗粒的大小，这可通过附聚的办法来解决，附聚的目的是解决在水中分散性差的细粉。当乳粉颗粒还没有完全干燥时，它们之间会粘在一起，利用这一特点，可让乳粉湿粒相互碰撞，发生附聚，使乳粉颗粒形成直径250～750μm的多孔性乳粉颗粒簇，其内部空气较多，此时乳粉间的空隙也会变大，乳粉容积密度较低，提高了乳粉的可湿性、沉降性和溶解性。

速溶乳粉的生产方法有两种，一是再润湿法（二段法），二是直通法（一段法），以直通法较经济。此外，还有很多附聚方法，如多喷嘴交错对喷，用曲面叶片旋转雾化器进行雾化，在浓缩物料中充入CO_2或N_2等。

再润湿法即将细粉颗粒循环返回到主干燥室中，其表面会被蒸发的水分所润湿，毛细管孔关闭并且颗粒变黏，其他乳粉颗粒黏附在其表面上，于是附聚物形成。即将从旋风分离器和布袋式过滤器分离出来的细粉，用罗茨鼓风机送入塔内返回到雾化区，进行细粉回塔附聚，增加颗粒度和溶解性能，在此细粉可作为附聚物形成“核”。

直通法即将从干燥室出来的含水8%～15%的乳粉颗粒在流化床进行湿润并附聚，如用0.2%的卵磷脂进行喷涂的造粒技术。

自干燥室下来的乳粉首先进入第一段，在此乳粉被蒸汽润湿，颗粒互相黏接发生附聚。振动将乳粉传送至干燥段，在此，乳粉中的水分从附聚物中蒸发出去。

（一）脱脂速溶乳粉的生产

可分为二段法和一段法。

1. 二段法

二段法是最先提出的，也是最先投入工业化生产的方法。首先要用喷雾法来制造普通的喷雾脱脂乳粉作为基粉。不过在制造基粉时，要求预热、杀菌和浓缩等都要限制在低温条件下进行，以控制其乳清蛋白的变性程度不超过5%。

然后将这种基粉再经过下列几道工序：①与潮湿空气及蒸汽接触以吸潮，目的在于使乳粉颗粒互相附聚，并使 α-乳糖结晶；②与热风接触进行再干燥；③冷风冷却；④粉碎过筛，使颗粒大小均匀。

具有代表性的二段法有 Peebles 法、Cherr-Burrell 法、Blaw-Konx 法、Lauder-Hodso 法、Bissell 法、Scott 法等。

Peebles 法是 1954 年由 Peebles 提出的专利，是最早投入工业化生产的方法。具体工艺是：将基粉用风机经导管打入圆锥形附聚室中洒下，这时与蒸汽相遇，进行附聚吸潮。同时从附聚室下方吹入 32 ~60℃的热风，基粉吸潮后变为簇集的潮粉，垂直落到下面的锥形漏斗中，同时吹以冷风。这时冷却的潮粉含水 10% ~15%，落于底部的传送带上，送入流化床干燥机。由下面吹入 110 ~ 121℃ 的热风，进行沸腾干燥，使乳粉水分降到 3% ~4.5%，落入回转式粉碎机中进行粉碎，同时过筛以调整颗粒大小使之均匀，然后包装。

Lauder-Hodso 法于 1958 年提出。首先用蒸汽使基粉吸收水分不超过 9%，蒸汽流以横切方向吹打落下的基粉，形成附聚的潮粉，并立即与热风接触而干燥，然后从下面以水平方向排出室外。这种速溶乳粉的特点是含有较多的 β-乳糖，而 α-乳糖含量少。

2. 一段法

考虑到二段法必须先制成基粉，会增加成本，而且会对产品的风味和溶解度产生影响，因而提出不需要预先制成基粉，而用一段法来生产速溶乳粉。

用一段法制成的速溶乳粉，其颗粒大小、密度与干燥前的脱脂乳的浓度及喷雾条件有关。一般浓度高获得的颗粒较大，从而可改进其可湿性及分散性。压力喷雾则在喷雾时减低压力，放大喷雾嘴锐孔直径来获得大颗粒的乳粉。

一段法工艺中，代表设备有尼罗直通式速溶乳粉瞬间形成机，其特点是用尼罗离心式喷雾干燥设备，在喷雾干燥室下部连接一个直通式速溶乳粉瞬间形成机，连续地进行吸潮再干燥并经流化床冷却，附聚造粒过筛。这种设备占地面积小，设于尼罗式离心喷雾干燥室下面即可。

喷雾干燥室的排风温度较生产普通乳粉的低，因此，从喷雾室落下的乳粉水分含量高。潮粉落到下面锥形底出口连接的流化床中，流化床分为三个区段，每个区段都有往复振动的多孔筛板，乳粉在筛板上不停地往复筛动。同时因筛板稍有倾斜，故乳粉会不断地从第一室移行到第二室、第三室，最后排出。第一室、第二室从筛板下面吹以热风，第三室从下面吹以冷风。

这样形成了大颗粒的速溶乳粉，而从筛板上吹起的细粉则被吸到旋风分离器捕集，然后经微粉导管送到喷雾干燥室顶部的离心盘处，与浓乳雾滴会合后再一起喷成乳粉。

这种设备从生产成本来看较二段法所耗用的蒸汽和电力少，成本几乎与普通乳粉一样。

（二）全脂速溶乳粉的生产

考虑到脂肪的影响因素，为了理想地制造全脂速溶乳粉，可采用与吸潮再干燥的方式完全不同的干燥方法，如薄膜干燥法、泡沫喷雾法等。

1. 薄膜干燥法

薄膜干燥法有间歇式和连续式两种。牛乳的浓缩采用低温真空蒸发器，浓缩到固体含量为 35%，然后在低温真空干燥器中形成薄膜进行干燥。干燥器压力要减到 49Pa 以下，这时牛乳在稍高于 0℃的低温下进行干燥，所得的乳粉为不规则片状，溶解度、可湿性及分散性非常好。但间歇式生产周期长，一次约需 80min，而且手续繁杂，所以不适于大规模生产。

连续式生产可使干燥时间缩短为 3~4min。该设备为一个长 16m 左右、直径 3.2m 的卧式真空干燥器，内设履带式不锈钢传送带，其一端经过一加热圆筒，另一端经过一冷却圆筒。

浓乳在不锈钢传送带上形成一个薄层，随着履带的传动，经过一系列辐射热的加热（辐射强度可调节），然后再经过冷却圆筒，冷却好的乳粉由一振动刮板刮下送去包装。

2. 泡沫干燥法

生乳经均质（63℃/17MPa）及杀菌（73℃/16s）后送至平衡槽，然后经泵送到薄膜真空蒸发器浓缩到乳固体含量约 43%（浓缩温度 38℃）。

浓乳经均质机进行二段均质（26.7MPa 及 3.4MPa）后通入氮气，再冷到 1~2℃，同时使氮气在浓乳中均匀分布，形成约 75μm 的气泡，再进行真空干燥。

该法的设备造价较高，乳粉的生产成本也高。为了降低成本，也可采用常压履带式泡沫干燥，在牛乳浓缩后，添加食用泡沫稳定剂（甘油-脂肪酸酯、蔗糖脂肪酸酯等），然后吹以氮气，再按上述履带式干燥机的方式进行泡沫干燥，但不必抽真空，在常压下进行。履带通过温度 54~88℃的隧道式干燥器，牛乳形成泡沫状干燥，然后刮下，粉碎包装。由于不抽真空，设备比较简单。

上述两种泡沫干燥法所得的乳粉均必须充氮包装，否则保藏性不佳。

3. 泡沫喷雾干燥法

该法可用一般的压力式喷雾干燥设备稍加改装即可，即在高压泵与喷嘴之间的一段高压管中连接一段能压入氮气的管路，向浓乳中充入氮气，再一起进行喷雾。

具体工艺条件为：牛乳经 74℃/15s 杀菌后，经 17.3MPa 的均质处理，于薄膜蒸发器中浓缩到含乳固体达 50%，浓乳保持 32℃，由高压泵送出喷雾。但在高压泵与喷嘴之间的一段高压管路中连接一段 T 形管，用以注射氮气。氮气的注入压力为 133.2MPa，氮气量为每 1kg 浓乳注入 0.0056~0.0255m^3，此时氮气与浓乳会合，形成泡沫状喷出。高压泵的压力调节到使喷嘴压力保持在 12.4MPa，喷嘴孔径为 1.0~1.3mm，喷雾室进风温度为 132℃。

在显微镜下观察，这种乳粉呈中空颗粒，含有大气泡。平均颗粒直径 104μm，而且颗粒之间互相黏附的现象较多，由于黏附而形成的不规则大颗粒的直径为 140~430μm，所以乳粉的体积增大。

如果利用该设备来生产脱脂速溶乳粉，可以不注入氮气而注入压缩空气或二氧化碳。这种设备也适合于喷乳清粉。

三、速溶奶粉的质量控制

影响乳粉速溶的因素如下。

①乳粉应能被水润湿，因为水分可通过虹吸作用被吸在乳粉颗粒之间的空隙中。乳粉的润湿性可通过乳粉/水/空气三相体系的接触角测定出来，如果接触角小于 90°，那么乳粉颗粒就能够被润湿。

脱脂乳粉的接触角约 20°，全脂乳粉的接触角较大为 50°，有时 >90°（特别是当一部分脂肪是固体时），这时水分不能够渗入到乳粉块的内部或仅能局部渗入，办法是将乳粉颗粒喷涂卵磷脂，从而减小有效接触角。

②水分在乳粉中的渗透率与乳粉之间的空隙大小有关，颗粒越小，孔隙就越小，渗透就越慢。如果乳粉颗粒的直径大小不均一，小颗粒可填在大颗粒的空隙之间，也会产生小的孔隙。渗透到乳粉内部的水分可因毛细管作用将乳粉颗粒粘在一起，导致乳粉之间的空隙变小。毛细管的收缩作用可将乳粉的体积减少 30% ~50%，蛋白质的吸水膨胀也会导致空隙的变小。

③乳粉中的一些成分，例如乳糖，溶解后会产生很高的黏度，从而阻碍了水分的渗透。正是由于乳粉中的乳糖是无定形状态，可以很快吸潮，导致水分无法渗透到乳糖内部，这时乳粉会形成内部干燥外部湿润的结块。

④乳粉的其他性质也有一定影响，如连接在一起的乳粉颗粒在彻底润湿后是否能够很快地分开，以及乳粉颗粒的密度是否会使颗粒下沉（这与乳粉颗粒内部空隙的体积有关）。

第六节　乳粉颗粒的理化特性

一、乳粉颗粒的大小

乳粉颗粒的大小对乳粉的冲调性、分散性、流动性等有很大影响，粒度 150μm 左右时冲调复原性最好；粒度 <75μm 时，冲调复原性较差。

一般，乳粉颗粒的直径为 20 ~60μm，呈不规则状。如果乳糖发生预结晶，会存在大的乳糖晶体（几十微米），如果乳糖是在吸湿后结晶的，晶体一般较小（1μm ）。

一般而言，压力喷雾干燥的乳粉较离心喷雾干燥的乳粉的颗粒小，前者为 10 ~100μm（平均 45μm ），后者为 30 ~200μm（平均 100μm）。

颗粒大小与浓缩乳的浓度有密切关系，其影响比喷雾方式的影响还要大；浓度较大且在较低温度下雾化，则平均颗粒较大。

二、乳粉中的空泡（或气泡）

乳粉颗粒中气体含量一般为 50 ~400cm^3/kg，影响因素有：

1. 来料的特性

混入产品中的空气量不仅取决于喷雾搅打反应的强烈程度，而且也取决于来料的特性，比如来料形成稳定气泡的能力，这个特性主要受蛋白成分及状态和可能存在的搅打抑制物的影响。有脂肪的浓缩物比脱脂乳难于形成泡沫；未变性乳清蛋白具较强的起泡趋势，通过热处理使乳清蛋白在一定程度上变性，可减少起泡。

2. 空气混入供料中

蒸发可有效脱去浓缩物中的空气，然而在浓缩物被输送到喷雾干燥器的过程中，会自渗漏的管路中吸取空气，在雾化过程中，一些空气会包在液滴中。离心喷雾时，每个液滴中产生 10 ~100 个气泡；但压力喷雾时，气泡数量很少，一般每个液滴为 0 ~1 个气泡。

冷浓缩物比热的更易搅打起泡，但提高干燥温度，将使空腔膨胀，并导致粉粒中产生裂纹，这会引起空腔与周围的空气发生接触。粉粒中的空腔使乳粉容易溶解，空腔体积取决于浓缩物中干物质的含量，浓缩物中较低的干物质含量更易形成泡沫；这很大程度是因为干物质含量对黏度的影响，低黏度是在高雾化温度下形成大体积空腔的原因之一。

三、乳粉的密度

密度有3种表示方法：真密度、颗粒密度和表观密度（松密度、容积密度）。

真密度（ρ_t，kg/m^3）：为单位体积乳粉的质量，是指乳粉颗粒物质的密度，不包括任何空气的乳粉本身的密度。不同乳粉的真密度如下：全脂乳粉1 300kg/m^3，脱脂乳粉1 480kg/m^3，乳清粉1 560kg/m^3。

颗粒密度（Particle Density，ρ_p）：包括颗粒内的空气（即颗粒中的空泡），而不包括颗粒之间空隙中的空气。脱脂乳粉的ρ_p一般为900～1 400kg/m^3。

容积密度（ρ_b），或称为包装密度，它包括乳粉颗粒内和颗粒之间的空气量。乳粉的容积密度：$\rho_b = \rho_p (1 - \varepsilon) = \rho_t (1 - \varepsilon) / (1 + V\rho_t)$

乳粉的容积密度受乳粉颗粒的内部结构及颗粒大小的影响，与制造工艺条件有关。滚筒干燥乳粉因其颗粒为不规则的片状，不易紧密充填于容器中，故这种乳粉的容积密度低于喷雾干燥的乳粉，单位质量的乳粉占有较多的体积，对包装不利。一般滚筒干燥乳粉的容积密度为0.3～0.5g/ml，喷雾干燥乳粉的容积密度为0.5～0.6g/ml。

乳粉的容积密度与乳粉的许多其他特性密切相关，如速溶性和流动性。

乳粉的比体积等于$1/\rho_b$，有时比体积与比包装容积（乳粉抖动后测定）有区别。对于乳粉包装来讲，乳粉的比包装容积更为重要。

对于乳粉的各种密度，ρ_b变化最大，如300～800kg/m^3，决定ρ_b的因素是V和ε。ε为乳粉颗粒间的空隙体积，取决于乳粉的加工方式，一般为0.4～0.75。一般而言，乳粉颗粒形状越不规则，乳粉颗粒大小相差越小，ε将越高，因此，乳粉的附聚以及细粉的去除都会使ε增大，ρ_b降低。乳糖的预结晶会使乳粉颗粒出现更多的边角，因而，ε会有所升高。

装好的乳粉抖动后，ε显著下降，ρ_b增大，一般而言，这一作用是可逆的，但对于附聚的乳粉，由于抖动会使附聚物崩解，结果ρ_b不可逆地增大，乳粉的速溶性受到破坏。

决定容积密度的基本因素为颗粒密度，由奶粉物质密度和颗粒内包含的空气构成，一般影响容积密度的因素包括：

①在相同的条件下干燥，全脂乳粉的ρ_b要低于脱脂乳粉的ρ_b，这是因为乳脂肪的密度低于乳蛋白质和乳糖的密度。然而，由于全脂乳粉中的脂肪抑制了泡沫的形成，有时弥补了这一差异。

②乳糖的浓度会影响乳粉的ρ_b，低乳糖乳粉具有较多的多孔状结构，其中具有较大的空泡。

③浓乳浓度的影响。

④预热处理会影响ρ_b，这是由于乳清蛋白变性程度不同造成的。

⑤为使乳粉更具速溶性，应使其附聚，这样微细颗粒（细粉）残留较少。

⑥雾化过程也有影响，压力雾化的乳粉其ρ_b要大于离心喷雾的乳粉，这是由于在离心雾化过程中蒸汽取代了空气，使进入乳粉颗粒内部的空气量降低。

⑦提高进风温度可降低ρ_b，这不仅是由于空泡体积的增加，而且乳粉颗粒表面硬壳的

形成阻止了其在干燥最后阶段的膨胀。一般来说，乳粉的微观结构直接受热处理的影响，提高进风温度可使乳粉表面形成皱褶或折叠，这主要是由酪蛋白引起的。

⑧随乳粉贮存时间延长，ρ_b 会增高，这是由于乳粉颗粒间的摩擦使得乳粉在包装袋或容器内体积减少。

四、乳粉的溶解性和还原性

乳粉加水冲调后，理应复原为生乳一样的状态，但质量差的乳粉，并不能完全复原。乳粉还原性的好坏反应乳粉中蛋白质的变性程度，优质乳粉的溶解度达99.9%以上。

乳粉的还原性（速溶性、冲调性）主要受附聚程度、水温及水合时间、乳粉受热情况、分散性、可润湿性、沉降性（能力）和溶解性的影响。

1. 水温及水合时间

当水温从10℃增加至50℃，乳粉的润湿性随之上升；在50～100℃，温度上升，润湿度不再增加且有可能下降。低温处理乳粉比高温处理乳粉易于溶解，在此蛋白回复到其一般的水合状态是很重要的，这一过程在40～50℃条件下至少需20 min，水合时间不充足将导致最终产品带有“粉笔末”缺陷。

2. 乳粉的一个重要特性是在水中的分散性

乳粉的分散性与其溶解性无关，但与水分迅速渗透到乳粉中有关。当粉类加入到水中分散成颗粒且并不存在团块时，即为具有良好分散性，乳粉颗粒结构以及蛋白质分子构造的影响最大，含有大量变性蛋白的乳粉，将很难于分散，最低90%的分散性是乳粉冲调性良好的要求。

3. 乳粉的可润湿性

可润湿性的程度与颗粒容积，尤其是乳粉的毛细管作用有关。乳粉的附聚可提高其毛细管作用，使润湿性能上升；增加颗粒尺寸（130～150 μm）也可使润湿性能上升，良好润湿性应低于30s。

①乳粉的可湿性取决于乳粉与水之间的表面张力。如果乳粉进入水中不能足够湿润，则会浮在水上，未分散的乳粉颗粒粘在容器壁上。

②可湿性跟乳粉颗粒与水面、空气三相的接触角 θ 有关，θ 取决于三相的界面张力（固－液、固－气、气－液）。对于疏水性固体，θ 较大；对于亲水性物质，θ 较小。若 $\theta<90°$（脱脂乳粉的 θ 约20°，全脂乳粉的 θ 约50°），乳粉颗粒可被湿润；θ 越小，乳粉颗粒间毛细管中水面上升得越高。在湿润过程中，乳粉颗粒间隙会变得更窄，这是由于水分渗透过程中毛细管作用的推动使乳粉颗粒间隙接触更紧密，特别是 θ 较小时更加明显。

在乳粉湿润过程中，存在一个有效接触角（θ_{eff}），在水平面上 $\theta_{eff}>\theta$；θ_{eff} 越大，水分渗透到乳粉中的速度越慢。渗透速度与乳粉颗粒间孔径呈正比，与液体黏度呈反比。对于全脂乳粉，θ_{eff} 有可能 >90°，特别是其中的脂肪部分固化后，其结果是水分不能渗透到乳粉中。脱脂乳粉中，乳粉颗粒间孔隙太窄，水分不能迅速渗透到乳粉中。乳粉颗粒表面喷涂卵磷脂后，θ_{eff} 可大大降低。

③乳粉中的各种成分在水中溶解时，液相浓度增大，使水分渗透到乳粉中的速度变得更慢。

④由于②、③的原因，水分渗透到乳粉中很快就会停止，造成乳粉结块（即乳粉外层

是高浓度、高黏性的乳液，内部是干的乳粉），结块后的乳粉难以溶解。

⑤可湿性受其中游离脂肪含量的影响。游离脂肪与蛋白质形成的复合物可使乳粉的可湿性降低。

⑥可湿性也直接受乳糖结晶的影响，乳糖储存过程中形成的无定形乳糖结晶会导致乳粉结块和塑化，这会破坏乳粉的可湿性。

⑦在贮存过程中，乳粉的可湿性降低。

4. 乳粉的沉降性

乳粉的沉降性是与比容和颗粒直径（颗粒密度）相关的参数，附聚的乳粉通常具有良好的沉降能力。一旦乳粉被润湿，即乳粉周围的气相被液相所取代，乳粉开始下沉，下沉后的乳粉有利于其溶解。

5. 乳粉的溶解性

一旦乳粉颗粒润湿并沉降后，其还原性就取决于溶解性。

溶解性是决定乳粉还原性总体质量的决定因素，用不溶度指数表示，良好溶解度的指标为50ml还原乳中有不高于0.25ml的不溶性沉淀物。

影响溶解度的因素主要有：生乳质量、乳粉加工方法、操作条件以及成品水分含量、成品保藏条件如时间、温度、湿度等。

酸度过高的生乳因乳蛋白质不稳定而影响乳粉的溶解度；热处理强度增大，乳粉的不溶度指数增大；雾化方式、干燥方式都会影响乳粉的溶解度；乳粉加工和贮存过程中发生美拉德反应所导致的蛋白质交联会引起乳粉溶解度下降；乳糖结晶、β-乳球蛋白在加工过程中的变性及酪蛋白的凝聚会导致乳粉不溶性增大；成品水分含量高（>5%），随着保存期的延长，其溶解度会降低；水分含量<3%，充氮密封包装后，在室温下保存2年，其溶解度不会下降。

乳粉的还原性参数如表7－23所示。

表7－23　乳粉的还原性参数

参数	影响因素
可湿性（能够吸收水分至表面的能力）	疏水性、卵磷脂化、附聚、颗粒密度
分散性（能够分散于水中不形成团块）	颗粒大小、附聚
穿透性（能够穿过水面）	颗粒间空隙空气、颗粒大小分布、液体黏度
沉降性（润湿后）	乳粉颗粒密度
溶解性（溶解速度）	乳粉的理化特性

五、乳粉的热分类及其稳定性

乳粉的热分类是指乳粉在生产过程中的受热程度，反应了在浓缩前预热处理的强度。

热处理使乳清蛋白变性，热处理强度增加变性程度增大，变性的程度通常表示为“乳清蛋白氮指数（WPNI）”，是用于脱脂乳粉热分类最常用的指标，是指1g乳粉中未变性乳清蛋白的质量（毫克）。另外，还可通过测定游离—SH含量（半胱氨酸数），或酪蛋白数评价乳粉的受热程度。

乳清蛋白的变性程度可衡量乳粉生产过程中的受热程度：高强度预热→高黏度浓缩乳→雾化时液滴大→在干燥过程中受热温度高→不溶性增加。

脱脂乳粉的热分类分为：低热、中热、高热和高-高热。对于低、中、高热乳粉，典型的半胱氨酸数和酪蛋白数分别为32%～38%、39%～48%、>62%和<80%、80.1%～88%、>88.1%。

乳粉的热分类如表7－24所示。

表7－24 乳粉的热分类

热分类	典型的热处理	WPNI	功能特性	食品中的应用
低热	70℃/15s	>6	溶解性，无蒸煮味	再制乳、标准化、干酪生产
中热	85℃/1min	1.5～6	乳化性，发泡性，吸水性，黏度，色泽，风味	冰淇淋、巧克力、糖果
	90℃/30s			
	105℃/30s			
高热	90℃/5min	<1.5	热稳定性，凝胶特性，吸水性	再制炼乳
	120℃/1min			
	135℃/30s		风味，持水性，色泽	
高-高热	>120℃/1min	<1.5		焙烤食品
	>135℃/30s			再制炼乳

乳粉热分类试验的有效性会受原料乳中乳清蛋白含量的影响，如季节变化造成乳成分的变化，会影响WPNI和—SH含量。

乳粉的热稳定性受原料乳质量的影响较大。泌乳末期的乳中钙离子和蛋白质浓度变化较大，对热不稳定；乳房炎乳中蛋白质水解活性高、体细胞数高，对热不稳定。

乳的预热处理对提高乳粉的热稳定性十分关键。强热预处理（如120～140℃/1～15min）生产出的高热乳粉对热十分稳定，这可能与预热处理过程中乳清蛋白的变性、磷酸钙的沉淀及酪蛋白对钙稳定性的增加有关。

干燥前，乳的浓缩方法对最终乳粉的热稳定性也有影响。利用超滤浓缩生产的乳粉，热稳定性显著高于蒸发浓缩生产的乳粉，这可能是超滤后浓乳中蛋白质组成和矿物质发生了变化。

乳粉在较高的温度下贮存（如37℃），其热稳定性显著降低。

浓缩和干燥前，在乳中添加卵磷脂或酪乳可提高全脂乳粉的热稳定性。卵磷脂的这一效果是由于其表面活性的作用，而酪乳的作用是由于其中钙和β-乳球蛋白的含量较低。

六、乳粉的流动性

乳粉的流动性是一个综合特性，取决于乳粉颗粒间和颗粒内的力，这一力可被粗略地定义为在内聚力下乳粉对流动的抵抗力。

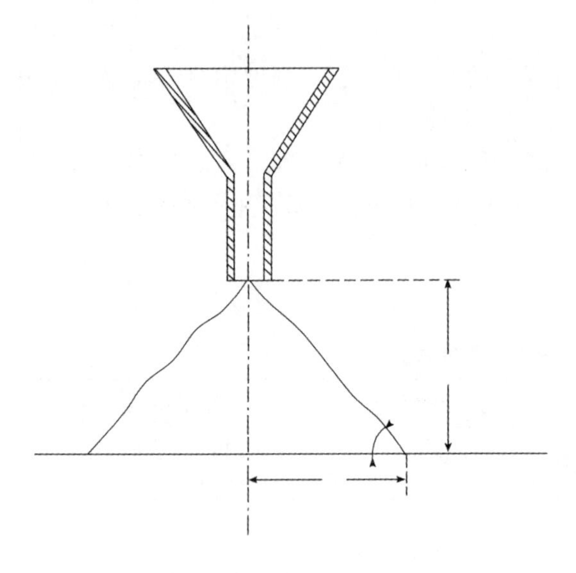

图7－15　乳粉堆静置角的测定

（自由流动性可表示为 $\cot\alpha = r/h$）

在乳粉的运输、称量、包装及后处理过程中，流动性是一个重要的特性。在标准条件下将一堆乳粉倾倒，测定乳粉堆的静置角（α）来评价乳粉的流动性。对于不同乳粉的流动性，次序为：附聚的脱脂乳粉 > 脱脂乳粉 > 附聚的全脂乳粉 > 全脂乳粉。

乳粉的流动性受乳粉颗粒的形状、大小、结构及乳粉中水分和脂肪含量的影响。

乳粉颗粒较大，容积密度较低，其流动性较好；乳粉水分含量增高，起始时流动性略有增加，水分 >5% 时，流动性大大降低；乳粉中脂肪含量在 20% ~45% 的范围内，流动性与脂肪无关，但“游离”脂肪对流动性影响很大；使用流动剂［SiO_2、$Ca_3(PO_4)_2$］及生产过程的速溶工艺有助于改善乳粉的流动性，如表7－25 所示。

表7－25　乳粉的流动性

乳粉	添加物	cotα	ε
全脂乳粉	—	0.45	0.74
脱脂乳粉	—	0.97	0.57
速溶脱脂乳粉	—	0.75	0.73
全脂乳粉	2% $Ca_3(PO_4)_2$	1.19	0.56
脱脂乳粉	2% $Ca_3(PO_4)_2$	1.28	0.54
速溶脱脂乳粉	2% $Ca_3(PO_4)_2$	0.93	0.63
全脂乳粉	0.5% SiO_2	1.23	0.51

七、游离脂肪含量

乳粉中，脂肪主要包裹于无定形乳糖基质中，也有一些脂肪存在于乳粉的毛细管孔、裂缝中以及乳粉颗粒的表面。

乳粉中的游离脂肪指在一定条件下可被有机溶剂抽提出的脂肪，游离脂肪一般来自于未被包于基质中的脂肪及有机溶剂穿过毛细管后接近的脂肪。

颗粒表面的脂肪 Fs 与乳粉湿润时的接触角 θ 有关，因此，也与乳粉的分散性有关，Fs 越多，湿润性越差；高强度的均质处理可大大降低可抽提脂肪量；排风温度升高，可抽提脂肪量增加，如排风温度从80℃升高到100℃，可抽提脂肪量将从8%升高到20%；游离脂肪高会造成乳粉结块、降低乳粉的流动性和分散性、易于氧化、降低乳粉的保质期及出现风味问题。

乳粉颗粒越小，乳粉中的空气越多，干燥温度越高（造成乳粉颗粒更多的破裂），有机溶剂抽提出的脂肪就越多。

对于巧克力用全脂乳粉，高含量游离脂肪是所需的特性，一般用滚筒干燥生产；采用乳糖预结晶的脱脂乳和高脂稀奶油同时雾化喷雾干燥也可生产出高游离脂肪的乳粉。

喷雾干燥乳粉的脂肪球较小（直径1～3μm），滚筒干燥乳粉的脂肪球为1～7μm，这是因为滚筒干燥过程中，牛乳与热的金属滚筒接触，牛乳中的脂肪球受到破坏，而且从滚筒上用刮刀刮下时，又受到机械的摩擦作用，使一些脂肪球聚结成较大的脂肪团块，所以，滚筒干燥的乳粉保存性较差。另外，滚筒干燥乳粉的游离脂肪可达91%～96%，喷雾干燥乳粉的游离脂肪为3%～14%，因此，滚筒干燥乳粉很易氧化。

八、感官特性

1. 乳粉的色泽

乳粉通常呈淡黄色。生产奶粉时，温度过高、时间过长；或产品在高温、高水分下贮存时，会使乳粉变暗、变褐，这主要与美拉德反应有关。如果水分含量超过5%，储藏温度在37℃以上时，不论真空或充氮包装与否，都容易产生褐变。

2. 乳粉的风味

乳粉还原后其风味与生乳有明显的区别，主要在于乳粉中的内酯、偶数短链脂肪酸及一些酮类化合物。

预热处理是全脂乳粉特殊风味形成的主要原因，如蒸煮味和乳脂味。乳粉的蒸煮味主要来自于脂肪加热过程中形成的甲基酮和内酯，以及美拉德反应产物（与乳清蛋白产生蒸煮味的原因有所不同，见第二章“乳的化学组成和性质”。

乳粉在贮存过程中会产生不愉快气味。贮存条件非常重要，特别是温度应控制在20～25℃，高温会促使脂肪氧化；同时要求低湿度和低光强度。

全脂乳粉最常见的异味是氧化酸败味。

脱脂乳粉中挥发性风味物质主要来自于残余脂肪的分解及其二级反应，或来自于饲草料包括牛舍味、干草味、硫磺味和喹啉味；成分有十四烷、β-紫罗酮、苯丙噻唑等；脱脂乳粉30℃下储存3个月蒸煮味达到最大，之后下降，蒸煮味随季节变化而变化，这与乳清蛋白含量变化有关。

高体细胞乳生产的乳粉，在开始时与正常乳粉的风味区别不大，但随着时间的延长会产生异味，这主要是高体细胞乳制得的乳粉蛋白质水解和脂肪水解活性较强之故。

贮存温度、包装材料及包装容器中残余空气的多少都会影响脱脂乳粉的氧化稳定性。采用CO_2或N_2充气包装有助于使脂肪氧化降到最低。

九、吸水特性

在中高相对湿度下，乳粉容易吸水，导致许多反应速率加快。乳粉吸水特性对其膨胀、凝胶化、乳化性、发泡性及感官特性至关重要。

乳粉的吸水特性常用吸水曲线表示，即测定在不同水分活度下的水合曲线。全脂乳粉和脱脂乳粉典型的等温吸湿曲线见图 7 – 16，两者的差异部分是由于脂肪的原因。

等温吸湿曲线中有一个明显的S形，在水分活度约0.6时呈不连续，这是由于乳糖结晶造成的。水分活度为0.33～0.50时乳糖开始结晶，这一等温吸湿是不可逆的，和水分结合非常牢固，即结晶水。

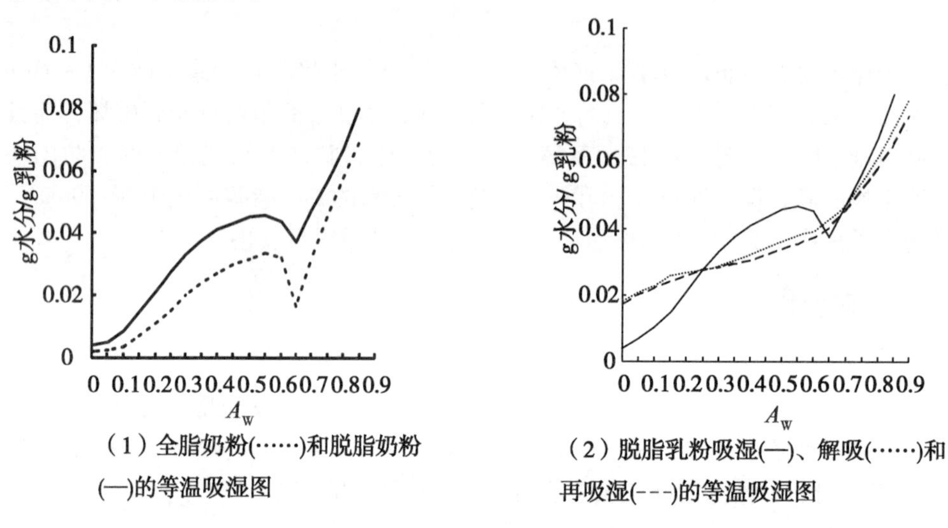

（1）全脂奶粉(……)和脱脂奶粉(—)的等温吸湿图

（2）脱脂乳粉吸湿(—)、解吸(……)和再吸湿(- - -)的等温吸湿图

图 7 – 16　等温吸湿图

乳粉的等温吸湿线可分为明显的3个区：起始时水分逐渐增加，这是由于乳粉颗粒外层吸水；之后迅速上升，这是由于玻璃状乳糖吸水之故，即乳糖晶体排列为紧密的网络，与无定形乳糖相比，不吸湿并最终释放出水分；最后一个区（A_w0.6～0.8）是由于水分扩散进入乳粉颗粒内部以及蛋白质吸水膨胀。

十、A_w 在乳粉贮存中与其他反应的关系

影响乳粉变质最主要的因素是水分含量。水分活度 A_w 的意思是相同温度下，产品水蒸汽压力和纯净的水蒸汽压力之比。乳粉的质量也取决于水分活度，0.11～0.23范围内其稳定性最佳。

A_w 与各种反应的相对反应速率关系见图 7 – 17。

各种乳制品的水分活度，见表 7 – 26。

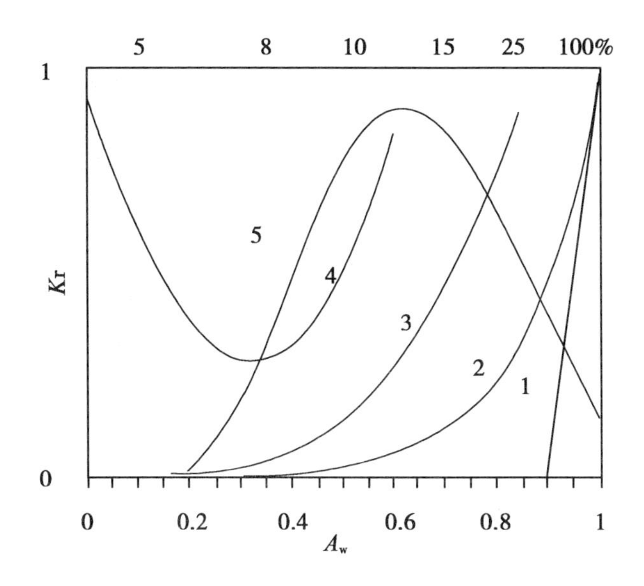

图 7－17　乳或乳粉在不同水分活度下各种反应的相对反应速率（K_r）

1. 金黄色葡萄球菌生长　2. 抗坏血酸氧化降解　3. 酶反应如脂肪酶　4. 脂肪自动氧化　5. 美拉德反应

表 7－26　各种乳制品的水分活度

乳制品	A_w
乳	0.993
浓缩乳	0.986
冰淇淋混合料	0.97
甜炼乳	0.83
脱脂乳粉（4.5%水分）	0.2
脱脂乳粉（3%水分）	0.1
脱脂乳粉（1.5%水分）	0.02
干酪	0.94～0.98

乳粉水分含量与水分活度的关系，如表 7－27 所示。

表 7－27　乳粉水分含量与水分活度的关系

乳粉	温度/℃	乳糖状态	水分含量/%（质量分数）			
			2	3	4	5
脱脂乳粉	20	无定形	0.07	0.13	0.19	0.26
全脂乳粉	20	无定形	0.11	0.2	0.3	0.41
乳清粉	20	无定形	0.09	0.15	0.2	0.26
脱脂乳粉	50	无定形	0.15	0.24	0.33	0.42
脱脂乳粉	20	结晶[a]	0.02	0.04	0.06	0.12
脱脂乳粉	20	结晶[b]	0.09	0.16	0.25	0.38

a：乳粉水分含量包括结晶水；b：乳粉水分含量不包括结晶水

1. 微生物和酶造成的变质

细菌生长需要水的存在。$A_w>0.6$，才会引起乳粉的微生物变质，乳粉长时间暴露在高湿环境下才能达到这样的水分活度。

许多细菌在干燥环境中会迅速死亡，而有些细菌能耐受几个月的干燥期，细菌芽孢能在干燥环境中生存多年。一般而言，产品的水分比其容水量（乳粉在RH100%空气时的平衡湿度）低30%时，产品中的微生物就不会繁殖。

为使乳粉长期贮存而不变质，要求水分<5%，相应$A_w<0.8$（一般0.2～0.3），此时微生物不生长（霉菌例外，因此造成乳粉变质的微生物主要是霉菌）。

如果干燥前存在未被钝化的酶，乳粉还原后仍会发生酶解变质。乳粉中蛋白质的酶解一般不会发生。但$A_w\geq0.1$，脂肪可被酶解，但酶解的速度较慢。

2. 结块

乳粉或乳清粉从空气中吸湿后会结块，乳清粉较乳粉更易结块。

结块是由于乳糖结晶造成的，乳糖结晶使乳粉颗粒结在一起。$A_w<0.4$，乳粉不会结块，温度高时乳糖更易结晶，A_w也较高。

3. 美拉德反应

随水分和温度的升高，美拉德反应增强，导致棕色化和异味。乳粉贮存过程中出现的焦味就是美拉德反应的结果，主要物质是O-氨基乙酰苯。另外，美拉德反应造成Lys损失：正常水分下，20℃贮存损失不明显；30℃下贮存3年，损失30%。

4. 脂肪的自氧化

A_w降低，氧化速率大大升高，但在乳粉贮存过程中为了防止其他的变质反应（特别是美拉德反应），A_w尽可能低。

为使乳粉在贮存过程中自氧化降到一定限度内，应采取如下措施：①热处理强度高会产生抗氧化的—SH基；②在不造成美拉德反应发生太快的情况下，尽可能将乳粉水分含量调高，最适宜的水分为2.5%～3.0%；③充N_2或CO_2；④包装材料阻气、阻光；⑤防止铜污染；⑥浓缩乳均质。

十一、乳粉的乳化性

乳粉的乳化特性较酪蛋白酸盐差，这是由于在乳粉中酪蛋白以胶粒形式存在，不像酪蛋白酸钠那样具有分子运动性和表面活性。但用乳粉制备的乳化液、抗乳脂分离的稳定性要高于酪蛋白酸盐。

pH值5.2，乳粉的乳化性较酪蛋白酸盐好，这可能是由于在此pH值下，酪蛋白分子从胶粒中解离下来。

第七节　乳粉生产和贮藏过程中的品质变化

乳粉，特别是婴幼儿乳粉的成分复杂，生产和保藏期间发生各种反应，从而引起外观、口感及风味上的变化。保藏时间越长，这种变化就越大。

但在室温和低水分的条件下，乳粉的各种化学反应进行得非常缓慢，乳粉的营养价值即使经几年的贮存，也不会受到大的影响。

一、蛋白质

预热阶段，乳清蛋白变性特别是β-乳球蛋白可与酪蛋白胶粒形成复合物。β-Lg 通过二硫键与牛血清白蛋白形成聚合物，α-La 则通过疏水作用形成聚合物。

预热过程的升温速度影响乳清蛋白的相互作用。较慢的间接加热有利于乳清蛋白的相互作用，乳清蛋白的变性程度要比快速直接加热高；快速直接加热有利于乳清蛋白与酪蛋白胶粒的相互作用。

另外，乳粉在 25～37℃中保藏 1 年，有效氨基酸的含量降低 8%～15%。

二、脂肪

全脂乳粉在贮存期间易酸败或氧化。脂肪分解产生酸败味，为了防止这一缺陷，要控制原料乳的微生物数量，同时杀菌时将解脂酶彻底灭活；脂肪氧化产生氧化味（哈喇味）：详见第二章“乳的化学组成及其性质”。

添加抗氧剂和在包装中充入惰性气体，可以延长保存期。

三、乳糖

20℃时，α-乳糖：β-乳糖为 37：63，温度升高，β-乳糖降低。喷雾干燥过程中，由于水分的快速蒸发，乳糖以无水的非结晶的无定形玻璃态存在，这一状态的乳糖吸湿性较强。

吸潮后，乳糖变为含有 1 分子结晶水的结晶乳糖，并以多种形式结晶，同时伴随着水分的释放，使蛋白质彼此黏结而导致乳粉结块、塑化和其他反应。

由于乳糖的结晶，使乳粉颗粒表面产生很多裂纹，这时脂肪就会逐渐渗出，同时外界的空气也容易渗透到乳粉颗粒中，引起氧化。因此，乳粉应保存在密封容器里，开封食用后也要注意密封或尽快食用完。

可利用乳糖的结晶特性来生产速溶乳粉。即在喷雾干燥前的浓乳中添加小的乳糖晶体（晶种），并在低温下放置一段时间，促进乳糖结晶，然后喷雾得到的乳粉中的乳糖就会呈结晶状态，而非玻璃状态，这种乳粉的溶解性好，且在贮藏中也不易吸潮结块。

生产速溶乳粉的工艺中，有时把喷雾后的乳粉，令其吸潮，使乳糖进行结晶，然后再干燥制成速溶乳粉，如附聚工艺。

在乳糖预结晶的乳粉中，乳糖以斧状的α-异构体晶体形式存在，而后结晶的产品中（指乳粉储存过程中吸湿结晶），乳糖主要以针状的β-异构体存在。

乳粉贮存中，乳糖会降解，形成半乳糖、乳酮糖、塔格糖，这是由碱基催化的乳糖降解作用和美拉德反应过程中乳糖-蛋白质的阿曼德重排断裂造成的。

四、矿物质

中高温条件下预热，大量的磷酸钙沉淀。蒸发过程中，由于乳糖和盐类浓度升高，导致部分可逆的可溶性磷酸钙向胶体形式转变，从而导致 pH 值下降。转变的程度取决于温度。

在还原的脱脂乳粉中，可溶性钙和磷较原乳中低，这是由于在干燥过程中可溶性钙、磷不可逆地向胶体转变。

乳的预热和浓缩乳的加热可降低 Ca^{2+} 活度，在乳粉贮存及还原过程中，可溶性 Ca^{2+} 活度会缓慢增加。

五、维生素

保藏期间如温度过高或受日光照射，维生素损失很大，如维生素 B_1 损失约 10%，维生素 B_6 损失约 35%，维生素 C 损失 50% 以上。

六、微生物

水分 <5% 的乳粉经密封包装后，一般不会有细菌繁殖，因此，正常乳粉不会由于细菌而引起变质。

干燥本身也可减少活菌数量，通常，对热不稳定的微生物在干燥过程中不能存活，但通过干燥不可能杀死所有的细菌。

乳粉中残留的细菌一般为乳酸链球菌、小球菌、乳杆菌及耐高温的芽孢杆菌等，打开包装后乳粉会吸潮，当水分含量 >5% 时，这些微生物开始繁殖和代谢，使乳粉变质变味。因此，乳粉一经开封，应尽快吃完，避免放置过长。

七、棕色化

水分含量 5% 以上的乳粉贮藏时会发生羰-氨基反应产生棕色化，温度高可加速这一变化。

第八节　特殊婴幼儿配方乳粉介绍

一、特殊医学用途婴儿配方食品通则 GB 25596—2010

1. 术语和定义

特殊医学用途婴儿配方食品：指针对患有特殊紊乱、疾病或医疗状况等特殊医学状况婴儿的营养需求而设计制成的粉状或液态配方食品。

在医生或临床营养师的指导下，单独食用或与其他食物配合食用时，其能量和营养成分能够满足 0～6 月龄特殊医学状况婴儿的生长发育需求。

2. 一般要求

特殊医学用途婴儿配方食品的配方应以医学和营养学的研究结果为依据，其安全性、营养充足性以及临床效果均需要经过科学证实，单独或与其他食物配合使用时可满足 0～6 月龄特殊医学状况婴儿的生长发育需求。

蛋白质、脂肪和碳水化合物指标，维生素指标，矿物质指标，其他理化指标，可选择成分，污染物限量（以粉状产品计），微生物限量，分别见表 7－28、表 7－29、表 7－30、表 7－31、表 7－32、表 7－33 和表 7－34。

表 7-28　蛋白质、脂肪和碳水化合物指标

营养素	每 100 kJ
蛋白质（×6.25）/g	0.45 ~ 0.70
脂肪/g	1.05 ~ 1.40
其中：亚油酸/g	0.07 ~ 0.33
α-亚麻酸/mg　≥	12
亚油酸与 α-亚麻酸比值	5 : 1 ~ 15 : 1
碳水化合物总量/g	2.2 ~ 3.3

终产品脂肪中月桂酸和肉豆蔻酸（十四烷酸）<总脂肪酸的 20%；反式脂肪酸<总脂肪酸的 3%；芥酸<总脂肪酸的 1%；总脂肪酸指 C4 ~ C24 脂肪酸的总和。

表 7-29　维生素指标

营养素	每 100 kJ
维生素 A/ μg RE	14 ~ 43
维生素 D/μg	0.25 ~ 0.60
维生素 E/ mg α-TE	0.12 ~ 1.20
维生素 K_1/μg	1.0 ~ 6.5
维生素 B_1/μg	14 ~ 72
维生素 B_2/μg	19 ~ 119
维生素 B_6/μg	8.5 ~ 45.0
维生素 B_{12}/μg	0.025 ~ 0.360
烟酸（烟酰胺）/μg	70 ~ 360
叶酸/μg	2.5 ~ 12.0
泛酸/μg	96 ~ 478
维生素 C/mg	2.5 ~ 17.0
生物素/μg	0.4 ~ 2.4

表 7-30　矿物质指标

营养素	每 100 kJ
钠/mg	5 ~ 14
钾/mg	14 ~ 43
铜/μg	8.5 ~ 29.0
镁/mg	1.2 ~ 3.6
铁/mg	0.10 ~ 0.36
锌/mg	0.12 ~ 0.36
锰/μg	1.2 ~ 24.0
钙/mg	12 ~ 35

（续表）

营养素	每 100 kJ
磷/mg	6～24
钙磷比值	1：1～2：1
碘/μg	2.5～14.0
氯/mg	12～38
硒/μg	0.48～1.9

表 7－31　可选择成分

可选择性成分		每 100 kJ
铬/μg		0.4～2.4
钼/μg		0.4～2.4
胆碱/mg		1.7～12.0
肌醇/mg		1.0～9.5
牛磺酸/mg	≤	3
左旋肉碱/mg	≥	0.3
DHA/%总脂肪酸	≤	0.5
ARA/%总脂肪酸	≤	1

如果特殊医学用途婴儿配方食品中添加了 DHA（22：6，*n*-3），至少要添加相同量的 ARA（20：4，*n*-6）。长链不饱和脂肪酸中 EPA（20：5，*n*-3）的量不应超过 DHA 的量。总脂肪酸指 C4～C24 脂肪酸的总和。

表 7－32　其他理化指标

项目		指标
水分/%	≤	5.0
灰分/%	≤	粉状产品 5.0，液态产品（按总干物质计）5.3
杂质度/（mg/kg）	≤	粉状产品 12，液态产品 2

表 7－33　污染物限量（以粉状产品计）

项目		指标
铅/（mg/kg）	≤	0.15
硝酸盐（以 $NaNO_3$ 计）/（mg/kg）	≤	100
亚硝酸盐（以 $NaNO_2$ 计）/（mg/kg）	≤	2
黄曲霉毒素 B_1/（μg/kg）	≤	0.5
黄曲霉毒素 M_1/（μg/kg）	≤	0.5
脲酶活力定性测定		阴性

表 7-34　微生物限量

微生物	采样方案及限量（若非指定，均以 CFU/g 或 CFU/ml 表示）			
	n	c	m	M
菌落总数 *	5	2	1 000	10 000
大肠菌群	5	2	10	100
阪崎肠杆菌	3	0	0/100g	—
沙门氏菌	5	0	0/25g	—
金黄色葡萄球菌	5	2	10	100

* 不适用于添加活性菌种（好氧和兼性厌氧益生菌）的产品［产品中活性益生菌的活菌数应≥10^6 U/ g（ml）］

附录 A　常见特殊医学用途婴儿配方食品（规范性目录）

产品类别	适用的特殊医学情况	配方主要技术要求
无乳糖配方或低乳糖配方	乳糖不耐受婴儿	1. 配方中以其他碳水化合物完全或部分代替乳糖 2. 配方中蛋白质由乳蛋白提供
乳蛋白部分水解配方	乳蛋白过敏高风险婴儿	1. 乳蛋白经加工分解成小分子乳蛋白、肽段和氨基酸 2. 配方中可用其他碳水化合物完全或部分代替乳糖
乳蛋白深度水解配方或氨基酸配方	食物蛋白过敏婴儿	1. 配方中不含食物蛋白 2. 所使用的氨基酸来源应符合 GB14880 或 GB 25596—2010 附录 B 的规定 3. 可适当调整某些矿物质和维生素的含量
早产/低出生体重婴儿配方	早产/低出生体重婴儿	1. 能量、蛋白质及某些矿物质和维生素的含量应高于 GB 25596—2010 的必需成分的规定 2. 早产/低体重婴儿配方应采用容易消化吸收的中链脂肪作为脂肪的部分来源，但中链脂肪不应超过总脂肪的 40%
母乳营养补充剂	早产/低出生体重婴儿	可选择性地添加 GB 25596—2010 中的必需成分和可选择性成分，其含量可依据早产/低出生体重婴儿的营养需求及公认的母乳数据进行适当调整，与母乳配合使用可满足早产/低出生体重婴儿的生长发育需求
氨基酸代谢障碍配方	氨基酸代谢障碍婴儿	1. 不含或仅含有少量与代谢障碍有关的氨基酸，其他的氨基酸组成和含量可根据氨基酸代谢障碍做适当调整 2. 所使用的氨基酸来源应符合 GB14880 或 GB 25596—2010 附录 B 的规定 3. 可适当调整某些矿物质和维生素的含量

附录 B 可用于特殊医学用途婴儿配方食品的单体氨基酸（规范性目录）

序号	氨基酸	化合物来源	化学名称	分子式	分子量	比旋光度[α]D，20℃	pH值	纯度/% ≥	水分/% ≤	灰分/% ≤	铅/(mg/kg) ≤	砷/(mg/kg) ≤
1	天冬氨酸	L-天冬氨酸	L-氨基丁二酸	$C_4H_7NO_4$	133.1	+24.5～+26.0	2.5～3.5	98.5	0.2	0.1	0.3	0.2
		L-天冬氨酸镁	L-氨基丁二酸镁	$2(C_4H_6NO_4)\cdot Mg$	288.49	+20.5～+23.0	—	98.5	0.2	0.1	0.3	0.2
2	苏氨酸	L-苏氨酸	L-2-氨基-3-羟基丁酸	$C_4H_9NO_3$	119.12	-26.5～-29.0	5.0～6.5	98.5	0.2	0.1	0.3	0.2
3	丝氨酸	L-丝氨酸	L-2-氨基-3-羟基丙酸	$C_3H_7NO_3$	105.09	+13.6～+16.0	5.5～6.5	98.5	0.2	0.1	0.3	0.2
4	谷氨酸	L-谷氨酸	α-氨基戊二酸	$C_5H_9NO_4$	147.13	+31.5～+32.5	3.2	98.5	0.2	0.1	0.3	0.2
		L-谷氨酸钾	α-氨基戊二酸钾	$C_5H_8KNO_4\cdot H_2O$	203.24	+22.5～+24.0	—	98.5	0.2	0.1	0.3	0.2
5	谷氨酰胺	L-谷氨酰胺	2-氨基-4-酰胺基丁酸	$C_5H_{10}N_2O_3$	146.15	+6.3～+7.3	—	98.5	0.2	0.1	0.3	0.2
6	脯氨酸	L-脯氨酸	吡咯烷-2-羧酸	$C_5H_9NO_2$	115.13	-84.0～-86.3	5.9～6.9	98.5	0.2	0.1	0.3	0.2
7	甘氨酸	甘氨酸	氨基乙酸	$C_2H_5NO_2$	75.07	—	5.6～6.6	98.5	0.2	0.1	0.3	0.2
8	丙氨酸	L-丙氨酸	L-2-氨基丙酸	$C_3H_7NO_2$	89.09	+13.5～+15.5	5.5～7.0	98.5	0.2	0.1	0.3	0.2
9	胱氨酸	L-胱氨酸	L-3，3′-二硫双（2-氨基丙酸）	$C_6H_{12}N_2O_4S_2$	240.3	-215～-225	5.0～6.5	98.5	0.2	0.1	0.3	0.2
		L-半胱氨酸	L-α-氨基-β-巯基丙酸	$C_3H_7NO_2S$	121.16	+8.3～+9.5	4.5～5.5	98.5	0.2	0.1	0.3	0.2
		L-盐酸半胱氨酸	L-2-氨基-3-巯基丙酸盐酸盐	$C_3H_7NO_2S\cdot HCl\cdot H_2O$	175.63	+5.0～+8.0	—	98.5	0.2	0.1	0.3	0.2
10	缬氨酸	L-缬氨酸	L-2-氨基-3-甲基丁酸	$C_5H_{11}NO_2$	117.15	+26.7～+29.0	5.5～7.0	98.5	0.2	0.1	0.3	0.2
11	蛋氨酸	L-蛋氨酸	2-氨基-4-甲巯基丁酸	$C_5H_{11}NO_2S$	149.21	+21.0～+25.0	5.6～6.1	98.5	0.2	0.1	0.3	0.2
		N-乙酰基-L-甲硫氨酸	N-乙酰-2-氨基-4-甲巯基丁酸	$C_7H_{13}NO_3S$	191.25	-18.0～-22.0	—	98.5	0.2	0.1	0.3	0.2
12	亮氨酸	L-亮氨酸	L-2-氨基-4-甲基戊酸	$C_6H_{13}NO_2$	131.17	+14.5～+16.5	5.5～6.5	98.5	0.2	0.1	0.3	0.2
13	异亮氨酸	L-异亮氨酸	L-2-氨基-3-甲基戊酸	$C_6H_{13}NO_2$	131.17	+38.6～+41.5	5.5～7.0	98.5	0.2	0.1	0.3	0.2
14	酪氨酸	L-酪氨酸	S-氨基-3（4-羟基苯基）-丙酸	$C_9H_{11}NO_3$	181.19	-11.0～-12.3	—	98.5	0.2	0.1	0.3	0.2
15	苯丙氨酸	L-苯丙氨酸	L-2-氨基-3-苯丙酸	$C_9H_{11}NO_2$	165.19	-33.2～-35.2	5.4～6.0	98.5	0.2	0.1	0.3	0.2
16	赖氨酸	L-盐酸赖氨酸	L-2，6-二氨基己酸盐酸盐	$C_6H_{14}N_2O_2\cdot HCl$	182.65	+20.3～+21.5	5.0～6.0	98.5	0.2	0.1	0.3	0.2
		L-赖氨酸醋酸盐	L-2，6-二氨基己酸醋酸盐	$C_6H_{14}N_2O_2\cdot C_2H_4O_2$	206.24	+8.5～+10.0	6.5～7.5	98.5	0.2	0.1	0.3	0.2
17	精氨酸	L-精氨酸	L-2-氨基-5-胍基戊酸	$C_6H_{14}N_4O_2$	174.2	+26.0～+27.9	10.5～12.0	98.5	0.2	0.1	0.3	0.2
		L-盐酸精氨酸	L-2-氨基-5-胍基戊酸盐酸盐	$C_6H_{14}N_4O_2\cdot HCl$	210.66	+21.3～+23.5	—	98.5	0.2	0.1	0.3	0.2

（续表）

序号	氨基酸	化合物来源	化学名称	分子式	分子量	比旋光度 [α] D, 20℃	pH 值	纯度/% ≥	水分/% ≤	灰分/% ≤	铅/(mg/kg) ≤	砷/(mg/kg) ≤
18	组氨酸	L-组氨酸	α-氨基 β -咪唑基丙酸	$C_6H_9N_3O_2$	155.15	+11.5 ~ +13.5	7.0 ~ 8.5	98.5	0.2	0.1	0.3	0.2
		L-盐酸组氨酸	L-2-氨基-3-咪唑基丙酸盐酸盐	$C_6H_9N_3O_2 \cdot HCl \cdot H_2O$	209.63	+8.5 ~ +10.5	—	98.5	0.2	0.1	0.3	0.2
19	色氨酸	L-色氨酸	L-2-氨基-3-吲哚基-1-丙酸	$C_{11}H_{12}N_2O_2$	204.23	-33.0 ~ -30.0	5.5 ~ 7.0	98.5	0.2	0.1	0.3	0.2

a 不得使用非食用的动植物原料作为单体氨基酸的来源。

二、特殊配方乳粉解释

1. 低乳糖或无乳糖配方

婴幼儿乳糖不耐受症是由于缺乏乳糖酶，不能完成消化分解母乳或牛乳中的乳糖所引起的非感染性腹泻。

采用牛乳为基料的无乳糖配方（乳糖 <0.2g/100g 粉），一是利用乳糖酶将牛乳中的乳糖进行预先水解成葡萄糖和半乳糖，然后再配料加工；二是采用乳蛋白分离物和乳清蛋白浓缩物，这些原料通过膜处理将其中的乳糖除去。

以大豆为基料的配方中添加乳糖以外的其他碳水化合物来生产无乳糖配方。

2. 乳蛋白部分水解、深度水解或氨基酸配方

约 35% 的婴幼儿患有遗传性过敏症，而且儿童期的过敏反应可能会发展成为过敏症。对乳蛋白过敏的婴儿约占婴儿总数的 20%，但真正 IgE 介导的遗传性过敏症状低于 0.5%。

牛乳中酪蛋白、β-乳球蛋白是牛乳中最主要的过敏原，乳蛋白通过酶解后可降低其抗原性。采用乳蛋白部分水解物为基料的配方可延缓或防止敏感婴儿过敏症的发生。

乳蛋白部分水解的配方不能用于患有遗传性过敏症的婴儿，对于高度过敏或遗传性过敏症的婴儿，应选用高度水解的配方和游离氨基酸配方。

3. 早产和低出生体重（LBW）配方

LBW 婴儿配方要求有足够的营养密度，较正常婴儿高。低标准的营养供给有可能会导致机体器官代谢能力的降低，如果后期的生长速度超过早期的生长速度，额外营养物质的代谢超过了器官的代谢能力，会导致一些慢性病的产生。

尽管早产儿的母乳其营养密度较正常母乳高，但也达不到像婴儿在子宫内生长速度所需的营养物质，如母乳蛋白只能提供像在子宫内机体蛋白沉积速率所需量的一半左右 。目前，许多国家采用在早产儿母乳中补加营养素来喂养低体重儿，称为“母乳强化乳（Human Milk Fortifiers，HMFs）”。

一般 LBW 配方的能量密度为 3 402kJ/L，碳水化合物采用乳糖和葡萄糖，脂肪中 40% ~50% 为中链脂肪酸，同时强化维生素和微量元素。

4. 抗回流配方

有些婴儿进食后会发生胃 - 食道回流（Gastro-oesophageal Reflux，GOR）的现象，即胃内容物不自觉地回流到食管中，给婴儿带来很大的痛苦。

一些食用胶或增稠剂，如刺槐豆胶、大米淀粉添加到婴儿配方中会增加进食后食物的黏度，可有效地降低回流的发生。

5. 特殊病儿用的高能量或高营养密度配方

跟早产儿即“妊娠龄小”的婴儿一样，很难存活的婴儿、手术前或手术后护理的婴儿，或患先天性心脏病以及患有囊肿性纤维化的婴儿，需选用高营养密度配方或称为高能配方。

这种婴儿配方乳粉一般以乳清蛋白为主，能量密度达15.8MJ/L。

6. 低苯丙氨酸配方

低苯丙氨酸配方是专门为患有苯丙酮酸尿症的婴儿制备的。一般采用酪蛋白水解物，苯丙氨酸含量 $<0.08\%$。

7. 低磷配方

母乳含磷150～175mg/L，钙：磷为2：1。牛乳含磷高，达1 000mg/L，喂养新生婴儿后，因新生儿的甲状旁腺功能未完善，不能调节磷平衡，可引起血钙降低，甚至出现高磷血症、甲状腺功能低下等内分泌疾病。

婴儿配方乳粉中，磷主要来源于牛乳、乳清粉以及矿物质添加剂。过多的磷酸盐能在肠道中和钙形成不溶物，影响钙的吸收。因此，矿物质添加剂尽量少用磷酸盐，合理地选择配料、降低产品中灰分含量可大大降低成品中磷的含量。

本章思考题

1. 乳粉主要有哪些类别?
2. 简述乳粉生产的一般工艺及其控制要点。
3. 简述乳粉的速溶化工艺。
4. 影响乳粉质量的主要因素有哪些，如何控制?
5. 简述喷雾干燥的基本原理和流程。
6. 常见喷雾器的类型? 各有什么特点? 雾化的机制是什么?
7. 常见的干燥室类型有哪些?
8. 什么是流化床干燥? 什么是多级干燥?
9. 简述乳粉干燥过程中的主要成分变化。
10. 论述乳粉的主要功能性质。

第八章　干酪的加工工艺

干酪（Cheese）是一种乳浓聚物，其主要成分是酪蛋白和脂肪。干酪在古代就出现过，1974 年，一些俄罗斯人在西伯利亚的永久冻土层中发现了一种干酪，至少有 2 000年的历史。

干酪生产在我国几乎是空白，而发达国家有近 30% ~50% 的乳用于干酪的生产。

第一节　干酪及其种类

干酪是指以生乳或脱脂乳、稀奶油为原料，经杀菌、添加发酵剂和凝乳酶，使乳蛋白（主要是酪蛋白）凝固后，排出乳清，将凝块压成所需形状而制成的产品。

FAO/WHO 对干酪的定义：通过凝乳酶或其他适宜的凝乳剂对乳、脱脂乳、部分脱脂乳、稀奶油、乳清奶油或酪乳、或这些原料的任意组合凝乳后制成的新鲜或发酵成熟的固态或半固态产品。通过排出部分水分后，从这些凝固物中得到乳清。

制成后未经发酵成熟的产品称为新鲜干酪（Fresh Cheese），经长时间发酵成熟而制成的产品称为成熟干酪（Ripped Cheese）。国际上，将这两种干酪统称为天然干酪（Natural Cheese）。

根据定义，排出乳清是必需的，通过浓缩仅仅除水之后的产品不能称为干酪。像挪威的“Mymost”（乳清干酪，Whey Cheese），按此定义不能称为干酪，它是通过浓缩乳清或乳清与乳及稀奶油的混合物，装模后并冷却而形成的棕色固形物，其主要成分是结晶乳糖。

干酪可进一步加工，如加工成再制干酪。在有些国家，这些产品不允许称为干酪。

干酪的种类最多，根据 IDF 统计，世界上约有 500 个以上被 IDF 认可的干酪品种。每一类干酪都可通过一系列特性，如结构（组织、质地），滋味和外观来鉴别，特性的形成是选用的菌种和加工技术的结果。

干酪种类的划分和命名主要依据干酪的原产地、制造方法、干酪的外观、理化性质和微生物学特征等内容。

通常把干酪分为三大类：天然干酪、融化干酪（再制干酪，Processed Cheese）和干酪食品（Cheese Food）。

天然干酪是以乳、稀奶油、部分脱脂乳、酪乳或混合乳为原料，经凝固后，排出乳清而获得的新鲜或成熟的干酪产品，允许添加天然香辛料以增加香味和口感。

融化（再制）干酪是用一种或一种以上的天然干酪，添加或不加添加剂，经粉碎、混合、加热融化、乳化后而制成的产品，含乳固体 40% 以上。此外，规定：允许添加稀奶油、奶油或乳脂以调整脂肪含量；添加的香料、调味料或其他食品，须控制在乳固体总量的 1/6 以内。不得添加 SMP/WMP/乳糖/干酪素/以及非乳脂肪、蛋白质和碳水化合物。

干酪食品是用一种或一种以上的天然干酪或融化干酪，添加或不加添加剂，经粉碎、混合、加热融化而制成的产品。产品中干酪质量需占总质量的 50% 以上。此外，规定：添加香料、调味料或其他食品时，需控制在产品干物质总量的1/6以内；可以添加非乳脂肪、蛋白质和碳水化合物，但不得超过产品总质量的10%。

干酪的进一步分类如下。

1. 根据固形物中的脂肪含量

根据固形物中的脂肪含量，可分为高脂、全脂、中脂、低脂和脱脂干酪。

2. 根据水分含量

根据水分含量，天然干酪可分为硬质（低水分）、半硬质、软质三大类。

有些干酪很难用半硬、半软和软质型来区分，它们处于过渡状态。太尔西特、蓝干酪或蓝纹干酪是这种过渡型干酪的典型代表，代表半硬和半软型干酪，霉菌在干酪内生长；卡曼贝尔干酪，代表半软/软质型干酪，表面霉菌生长，霉菌为卡曼贝尔青霉和 Penicillium Candidum；农家干酪和夸克代表软质鲜干酪。

3. 根据成熟的特征

（1）成熟的干酪　是一种不准备在加工后短期内消费，并必须在某一温度和某些条件下保存，最终经过能改变原有特性的生化、物理变化的干酪。还可进一步分为表面成熟和内部成熟干酪。

（2）非成熟干酪或鲜干酪　是一种生产后短时间内消费的干酪。

根据与成熟有关的微生物来进一步分类，如霉菌成熟干酪是一种通过干酪内部和/或表面上生长的特定霉菌进行成熟的干酪，见表8-1。

表8-1　干酪的分类

种类		与成熟有关的微生物	水分（%）	主要产品
软质干酪	新鲜	不成熟	40~60	农家干酪（cottage cheese） 稀奶油干酪（cream cheese） 里科塔干酪（ricotta cheese）
	成熟	细菌		比利时干酪（limburger cheese） 手工干酪（hand cheese）
		霉菌		法国浓味干酪（camembert cheese） 布里干酪（brie cheese）
半硬质干酪	细菌		36~40	砖状干酪（brick cheese） 修道院干酪（trappist cheese）
	霉菌			法国羊奶干酪（roquefort cheese） 青纹干酪（blue cheese）
硬质干酪	实心	细菌	25~36	荷兰干酪（gouda cheese） 荷兰圆形干酪（edam cheese）
	有气孔	细菌（丙酸菌）		埃门塔尔干酪（emmentaler cheese） 瑞士干酪（swiss cheese）
特硬干酪		细菌	<25	帕尔尔逊干酪（parmesan cheese） 罗马诺干酪（romano cheese）
融化干酪			<40	融化干酪（processed cheese）

4. 根据凝乳方法的不同

根据凝乳方法的不同，可将干酪分为四类：凝乳酶凝乳的干酪，大部分干酪属于此类；酸凝乳的干酪，如农家（Cottage）干酪、夸克（Quark）干酪和稀奶油（Cream）干酪；热/酸联合凝乳的干酪，如里科塔（Ricotta）干酪；浓缩或结晶处理的干酪，麦索斯特（Mysost）干酪。如图 8－1 所示。

由于凝乳酶凝乳的干酪品种之间仍然有很大差异，因此，可根据其成熟因素（如内部细菌、内部霉菌、表面细菌、表面霉菌等）或工艺技术再对这些干酪进一步分类。

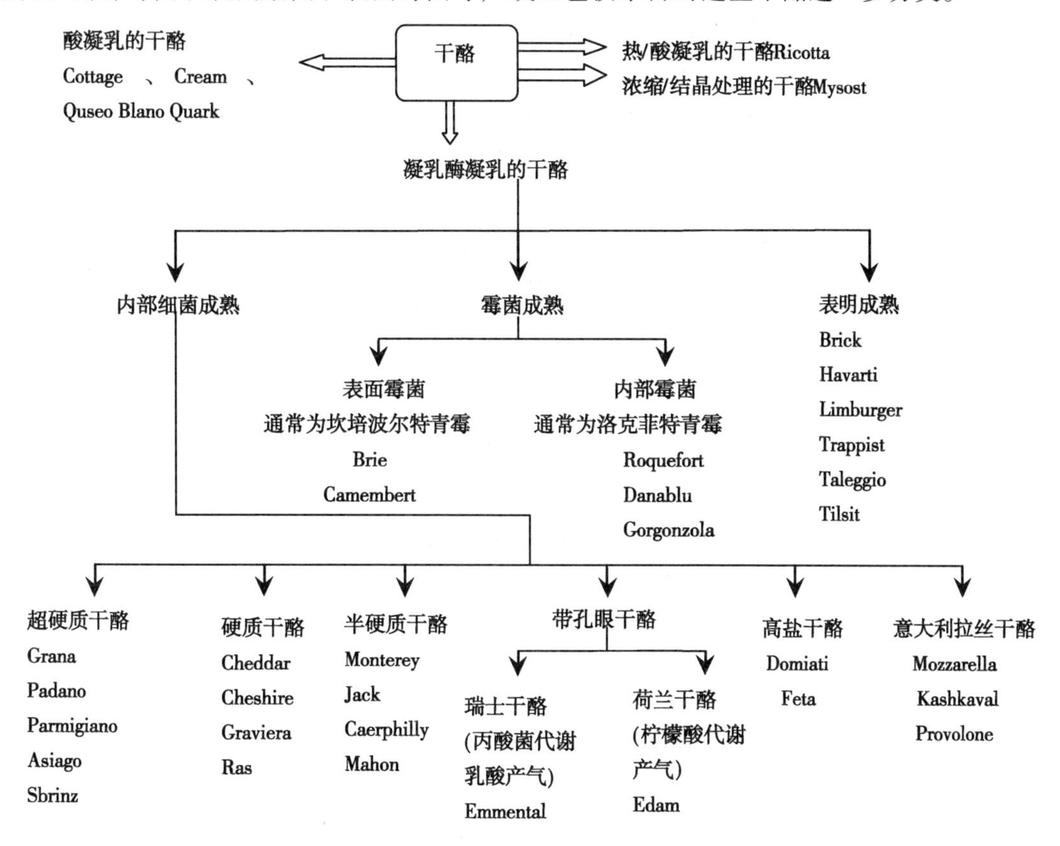

图 8－1 干酪的分类

干酪的主要组成，见表 8－2。

表 8－2 100g 干酪的主要组成

干酪名称	类型	水分/%	蛋白质	脂肪/g	钙/mg	磷/mg
契达干酪	硬质	37	25	32	750	478
法国羊奶干酪	半硬	40	21.5	30.5	315	184
法国浓味干酪	软质	52.2	17.5	24.7	105	339
农家干酪	软质	79	17	0.3	90	175

第二节　干酪的标准

本标准代替 GB 5420—2003《干酪卫生标准》以及 GB/T 21375—2008《干酪（奶酪)》。

本标准与 GB 5420—2003 相比，主要变化如下：标准名称改为《干酪》；修改了“范围”的描述；增加了“术语和定义”；删除了“理化指标”；“污染物限量”直接引用 GB 2762 的规定；“真菌毒素限量”直接引用 GB 2761 的规定；修改了“微生物指标”的表示方法；“微生物限量”中增加了单核细胞增生李斯特氏菌指标；增加了对营养强化剂的要求。如表 8－3、表 8－4 所示。

表 8－3　感官要求

项目	要求
色泽	具有该类产品正常的色泽
滋味、气味	具有该类产品特有的滋味和气味
组织状态	组织细腻，质地均匀，具有该类产品应有的硬度

表 8－4　微生物限量

项目	采样方案及限量（若非指定，均以 CFU/g 表示）			
	n	c	m	M
大肠菌群	5	2	100	1 000
金黄色葡萄球菌	5	2	100	1 000
沙门氏菌	5	0	0/25g	—
单核细胞增生李斯特氏菌	5	0	0/25g	—
酵母	50			
霉菌	50（不适用于霉菌成熟干酪）			

第三节　干酪的加工工艺

每一类型的干酪具有其特定的配方，并且具有区域性的特点，而且，各种天然干酪的生产工艺基本相同，一些基本的加工过程包括：酸化、凝乳、排乳清、加盐、压榨、成熟等，将乳中的蛋白质和脂肪进行“浓缩”。

一、工艺流程

半硬质或硬质干酪生产的基本工艺为：原料乳→标准化→杀菌→冷却→添加发酵剂→调整酸度→加氯化钙→加色素→加凝乳酶→凝块切割→搅拌→加温→乳清排出→成型压榨→盐渍→成熟→上色挂蜡→成品。

生乳经处理，加入特定菌种预发酵后，加入凝乳酶使乳凝固成凝块，凝块用刀切割成要求尺寸的小凝块（这是利于乳清析出的第一步）。在凝块加工过程中，细菌生长并产生乳酸，凝块颗粒在搅拌器具下进行机械处理，同时凝块按预定的程序被加热，这三种作用（细菌生长，机械处理和热处理）的混合效果，导致凝块收缩，使乳清自凝块中析出，最终凝块被装入金属的、木制的或塑料的模具中成型。

干酪经自重或通过向模具加压被压榨，图 8－2 的工艺也表示了干酪的加盐和贮存过程，以及最后干酪的浸膜（Coated），包裹（Wrapped）和包装（Packed）。

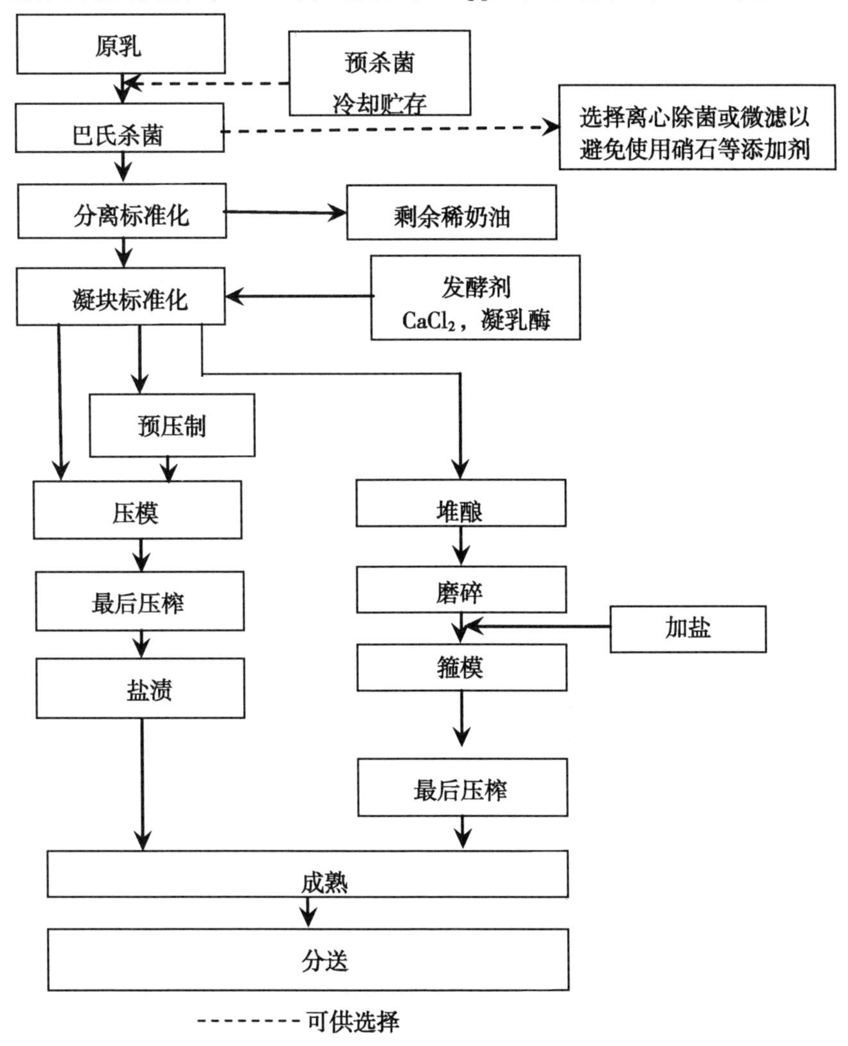

图 8－2 硬质和半硬质干酪的生产工艺

二、工艺说明

（一）原料乳的预处理

高质量的干酪一般不用乳粉生产。当用乳粉还原生产干酪时，要采用低热乳粉。中、高热乳粉还原后其凝乳性能较低，这是由于热处理过程中形成乳清蛋白-酪蛋白复合物而造成的。在贮存过程中，还原的低热脱脂乳的凝乳特性略有降低，但凝乳酶凝乳形成的凝块硬度显著降低。

1. 原料乳

原料乳的组成对干酪的得率及组成有很大影响。

（1）酪蛋白含量　干酪的得率主要取决于原料乳中的酪蛋白和脂肪含量，乳清蛋白和非蛋白氮一般不进入干酪中。

（2）脂肪/酪蛋白比率　脂肪/酪蛋白比率决定干酪的脂肪含量，同时对凝块的脱水收缩也有影响，进而影响干酪最终的水分含量。

（3）乳糖含量　乳糖含量决定乳酸的产量，从而显著影响干酪的 pH 值、水分含量等。

（4）乳氧化酶体系和抗生素　抗生素会抑制乳酸菌的生长和干酪的成熟，因此，生产干酪的原料乳，要求抗生素检验阴性。

（5）乳房炎乳　其中的乳糖含量低，酪蛋白氮/总氮比率也低，一般凝乳较慢，所形成的凝块脱水收缩能力较差。

（6）原料乳中的微生物　大肠菌在干酪生产中能引起严重的后果，除了影响风味外，在初期产生的大量发酵气体使干酪出现异常的结构——早期膨胀，大肠菌的发酵作用在 pH 值 6 以下就会停止，这表明大肠的发酵作用是在干酪的新鲜阶段，即在乳糖未被完全分解时；一些乳酸菌也会造成干酪风味的缺陷，如酵母味、卷心菜味、H_2S 味（粪链球菌造成）、酸败味或肥皂味（原料乳中的嗜冷菌所产的耐热性脂肪酶造成的）等。

2. 原料乳的处理

（1）热处理或预杀菌　如果生乳超过 24～48h 的贮存且到达乳品厂后 12h 内仍不能进行加工时，最好把乳冷至 4℃左右或预杀菌，以防止产生大量耐热性脂肪酶和蛋白酶，同时也可降低有害菌的数量（图 8－3）。

生乳在冷藏过程中，乳中的蛋白质和盐类特性发生变化，从而对干酪生产特性产生破坏。生乳在 5℃经 24h 贮存后，会出现约 25% 的钙以磷酸盐的形式沉淀下来，经巴氏杀菌时，钙重新溶解而乳的凝固特性也基本恢复；在贮存中，β-酪蛋白也会离开酪蛋白胶束，从而进一步影响干酪的生产性能，然而，经巴氏杀菌后也能基本恢复。

原料乳处理过程特别是从高处往干酪槽中放乳时，会混入空气，造成脂肪球破碎。脂肪球破碎后，脂肪酶会发生作用，并形成可见的脂肪团块。对于冷藏的原料乳，经预热处理使脂肪融化后再冷却到凝乳温度，可防止这一现象。

预杀菌是指缓和的热处理，65℃/15s，随后冷至 4℃，经处理后，牛乳呈磷酸酶阳性。这一技术最初被使用的目的是为了防止乳到厂之后继续贮存 12～48h 时乳中嗜冷菌的生长。通常，原料乳在 4℃下贮存时其“标准年龄”通常是挤乳后 48～72h。

（2）净乳或离心除菌　通过离心除菌（图 8－4）除去的含孢子的沉积物可使干酪的得率降低约 6%，因此，沉积物可经过 UHT 处理后回到原料乳中。

（3）标准化　生产干酪对原料乳的标准化不同于其他产品的标准化，这里除了对脂肪标准化外，还要对酪蛋白以及酪蛋白与脂肪的比例 C/F 进行标准化，一般要求 $C/F=0.7$。

实际生产中，由于干酪块在组成上的不均一，特别是经过盐渍的小块干酪，使得准确确定 FDM（未加盐干酪中所需相对含脂率）有困难，因而，干酪钻孔取样的测定结果与

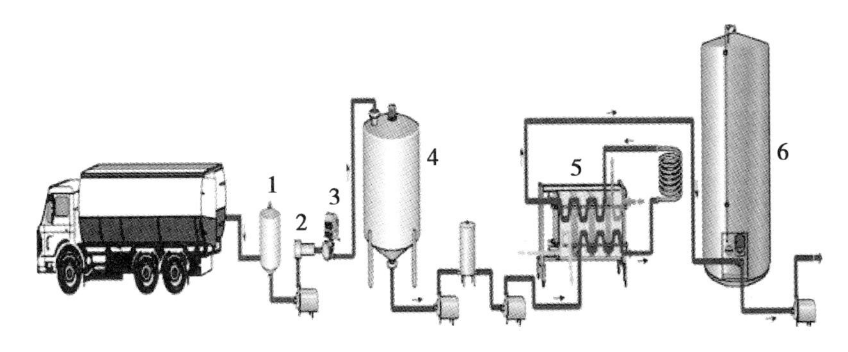

图 8－3　干酪乳的前处理流程

1. 脱气装置　2. 过滤器　3. 牛乳流量计　4. 中间贮存　5. 预杀菌和冷却（或仅为冷却）　6. 奶仓

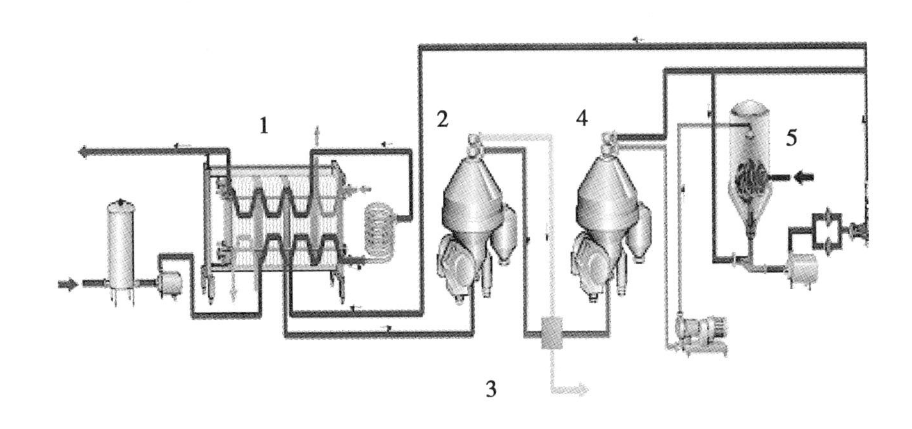

图 8－4　带有连续排放细菌浓缩液并对细菌浓缩液灭菌的离心除菌过程

1. 巴氏杀菌器　2. 离心分离机　3. 自动标准化系统　4. 两相离心除菌机　5. 注入式灭菌器

干酪的实际情况有偏差。因此，应考虑安全系数，将起始脂肪含量调整到略高于所需含量，一般多加 1.5% FDM。

调整脂肪和蛋白质比例的方法主要有：①通过离心等方法除去部分乳脂肪；②加入脱脂牛乳；③加入稀奶油；④加入脱脂乳粉、浓缩乳等。

【标准化举例】原料乳 1 000kg，含脂率 4%，用含酪蛋白 2.6%、脂肪 0.01% 的脱脂乳进行标准化，使 $C/F=0.7$，计算所需脱脂乳量。

解：全乳中的脂肪量：$1\ 000\times0.04=40$kg

原料乳中酪蛋白比率：根据公式，酪蛋白% $=0.4F+0.9=0.4\times4+0.9=2.5\%$

全乳中酪蛋白量：$1\ 000\times0.025=25$kg

原料乳中 $C/F=25/40=0.625$，希望标准化后 $C/F=0.7$

因此，标准化后乳中的酪蛋白应为：$40\times0.7=28$kg

应补充的酪蛋白量：$28-25=3$kg

所需脱脂乳量：$3/0.026=115.4$kg

（4）均质　用于生产干酪的牛乳通常不用均质，因为均质使结合水分的能力上升，导致很难生产硬质和半硬质干酪，而且均质会导致干酪的黏性组织结构和额外的脂肪水解。

但对于蓝霉、青纹等干酪，额外的脂肪水解正是所希望的。因此，通常乳脂肪以15%～20%稀奶油的状态被均质，这样做可使产品更白，而重要的原因是使脂肪更易脂解为游离脂肪酸，这些游离脂肪酸是这些干酪风味物质的重要成分。

（5）杀菌　在凝乳酶添加之前，冷藏的原料乳应在凝乳温度下保持一段时间，或预热到50℃以改善乳的凝乳特性。一般，在凝乳前马上进行巴氏杀菌，多采用63～65℃/30min的保温杀菌或71～75℃/15～20s的高温短时杀菌。

较强的巴氏杀菌可使乳清蛋白部分变性，留存于干酪中，增加干酪的得率；但温度过高或时间过长，则受热变性的蛋白增多，破坏乳中盐类离子的平衡，会降低凝乳性能和脱水收缩能力，使凝块松软，易形成水分含量过高的干酪。

实际上，对于生产非成熟干酪（鲜干酪）用的生乳以及用于生产一个月以上成熟期的干酪生乳不需要巴氏杀菌，但此时产生的乳清必须要巴氏杀菌以防止乳牛疾病的传播，当然，如果干酪乳经巴氏杀菌则没有必要再单独对乳清进行消毒。

生产埃门塔尔、Grana 等超硬干酪的生乳的热处理不能超过40℃，以免影响滋味、香味和乳清析出。

虽然使用不经巴氏杀菌的牛乳生产的干酪具有更佳滋味和香味，但是，生产者（除了超硬质类型干酪的生产）仍使用消毒乳，因为乳的质量很难保证，生产者不愿意冒乳不进行消毒所带来的风险。

巴氏消毒可杀死那些影响干酪质量的细菌，如能引起干酪早期“膨胀”和不良滋味的大肠菌群。然而，芽孢菌生成的芽孢不会被巴氏杀菌所杀死，芽孢在干酪的成熟期会引发一系列的质量问题，例如，丁酸梭状芽孢杆菌（*Clostridium tyrobutyricum*），能通过发酵乳酸生成丁酸和大量氢气，丁酸的气味难闻，氢气则会完全破坏干酪的组织。

更加强烈的热处理可减少这种风险，但也会严重破坏干酪生产用乳的性能，因此，需使用其他能减少耐热菌的方法。

传统上，为预防由耐热芽孢菌引起的干酪的“膨胀”和不良风味，生产开始之前，在原料乳中添加适量的硝酸盐（硝酸钠或硝酸钾）或过氧化氢，硝酸盐的添加量为0.02～0.05g/kg牛乳，过多的硝酸盐能抑制发酵剂的正常发酵，影响干酪的成熟和成品风味及其安全性。然而，随着化学药品的使用被限制，机械除菌（如离心除菌）的方法被普遍采用。

（二）添加发酵剂和预酸化

1. 发酵剂的作用

在干酪生产中，发酵剂的3个特征是最重要的：产酸能力、降解蛋白的能力以及当有必要时，产生CO_2的能力。

（1）发酵剂的主要作用是在凝块中产酸　乳酸的生成直至干酪中所有的乳糖被发酵了（除了软干酪）为止。乳酸发酵是一个相对快的过程，在一些干酪如契达干酪中，发酵必须在干酪压榨之前完成，在其他类型的干酪中发酵要在一周内完成。

发酵乳糖产生乳酸使干酪的pH值降低，可促进凝乳作用；而且在酸性条件下凝乳酶的活性提高，缩短了凝乳时间。

乳酸还可促进凝块的脱水收缩，利于乳清的排出，继而对干酪坚实度有影响的钙盐和磷酸盐离子释放出来，进一步增加凝乳颗粒的硬度，赋予制品良好的组织状态。

发酵剂的另一个重要功能是通过产酸菌来抑制巴氏消毒后残存的细菌和再污染的细菌，这些菌需要乳糖但无法承受乳酸；有的菌种还产生相应的抗生素，能防止杂菌的污染和繁殖，提高干酪的质地、一致性和风味，所以发酵剂对干酪的质量起着重要的作用。

(2) 干酪成熟过程中　来自于乳和发酵剂细菌的各种酶与凝乳酶一起作用，使蛋白质降解，可促进干酪的成熟，有助于形成干酪的风味和提高制品的消化吸收率。

(3) 如果发酵剂还含有产 CO_2 的菌如丙酸菌　那么，凝块在酸化的同时还伴随着 CO_2 的产生。由于丙酸菌的丙酸发酵，使乳酸菌所产生的乳酸还原，产生丙酸和 CO_2，CO_2 的产生是通过柠檬酸发酵菌的反应完成的，CO_2 在某些硬质干酪中产生特殊的孔眼，是干酪生成空穴所必需的，例如，由嗜温发酵剂生产的哥达干酪 Gouda 和嗜热发酵剂生产的埃门塔尔干酪等。生成的气体一开始溶解在干酪的液相中，但当液体饱和时，气体逸出并造成孔眼。

2. 干酪发酵剂的种类

干酪的加工中，用来使干酪发酵与成熟的特定微生物培养物称为干酪发酵剂。

(1) 依据微生物的种类　有细菌和霉菌发酵剂两类。

①细菌发酵剂：以乳酸菌为主，主要有乳酸球菌属、乳酸杆菌属、链球菌属、明串珠菌数、片球菌属、肠球菌属的种或亚种及变种等。有时为了使干酪形成特有的组织状态，还要使用短杆菌属和丙酸菌属的菌株。它们的主要作用是使乳酸化、产生风味物质、参与产品的后熟过程。

②霉菌发酵剂：主要采用对脂肪分解能力强的卡门培尔特青霉（*P. camenberti*）、洛克菲特青霉（*P. roqueforti*）等霉菌菌种。

干酪发酵剂种类及使用范围和作用如表 8－5 所示。

表 8－5　干酪发酵剂种类及使用范围

发酵剂种类	菌种名	使用范围、作用
乳酸球菌	嗜热链球（*Str. thermophilus*）	各种干酪、产酸及风味
	乳酸链球菌（*Str. tactis*）	各种干酪、产酸
	乳脂链球菌（*Str. cremoris*）	各种干酪、产酸
	粪链球菌（*Str. faecalis*）	契达干酪
乳酸杆菌	乳酸杆菌（*L. lactis*）	瑞士干酪
	干酪乳杆菌（*L. casei*）	各种干酪、产酸及风味
	嗜热乳杆菌（*L. thermophilus*）	干酪、产酸及风味
	胚芽乳杆菌（*L. plantarum*）	契达干酪
丙酸菌	薛氏丙酸菌（*Prop. shermanii*）	瑞士干酪
短密青霉菌	短密青霉菌（*Brevi. lines*）	砖状干酪、林堡干酪
曲霉菌	解脂假丝酵母（*Cand. lipolytica*）	青纹干酪、瑞士干酪
	米曲霉（*Asp. oryzae*）	
	娄地青霉（*Pen . roqueforti*）	法国绵羊乳干酪
	卡门培尔干酪青霉（*Pen . camembert*）	法国卡门塔尔干酪

（2）依据发酵剂的作用分类

①主发酵剂：指能够代谢乳糖生成乳酸或乳酸盐的发酵剂，主要由嗜热型或嗜温型的乳酸菌菌株组成。如制作荷兰 Edam 和 Gouda 干酪的发酵剂主要由同型乳酸发酵的乳酸球菌以及能够进行柠檬酸代谢的乳酸球菌和明串珠菌菌株发酵构成。

单菌株发酵剂主要用于只需生成乳酸和降解蛋白质为目的的干酪，如契达干酪。

②辅助发酵剂：相对于主发酵剂，辅助发酵剂菌株的生长和繁殖速度较慢，酸化活力有限，原因是这些菌株主要采取有氧代谢方式，或者根本不以代谢乳糖进行生长。

向干酪中添加辅助发酵剂，如表面成熟干酪品种的表面产黏细菌和酵母菌等，其作用是促进风味物质及色素的形成，改善干酪的组织结构，加快干酪后期成熟过程。另外，辅助发酵剂具有某些特殊的生化特征，以弥补主发酵剂在这些方面的不足，这些特征包括耐盐性、低 pH 值的生长能力、乳酸盐代谢能力、形成 CO_2、蛋白水解、脂肪水解和氨基酸转化能力等。

辅助发酵剂可采用浸渍、喷洒或直接加入原料乳的方法引入干酪中，但对于表面成熟的干酪，采取向原料乳中直接添加的方法，效果并不明显。

③非发酵剂乳酸菌（No-starter Lactic Acid Bacteria）：对于大部分干酪而言，除含有发酵剂菌株之外，还包含大量的非发酵剂乳酸菌，它们是一些异型发酵的乳酸杆菌如干酪乳杆菌和副干酪乳杆菌。

通常，生乳和工厂环境中的微生物是干酪中非发酵剂乳酸菌的主要来源。原料乳中极少数能够经受巴氏杀菌和高温处理（52℃）的乳杆菌便可作为非发酵剂乳酸菌来参与一些硬质干酪的生产。

（3）按最适温度的分类　分为最适温度在 20～40℃ 的嗜温菌发酵剂，以及在 45℃ 仍能生长的嗜热菌发酵剂。

最常用的发酵菌都是由几种菌种混合而成的发酵剂，单菌株发酵剂主要用于只需生成乳酸和降解蛋白质的干酪，如契达干酪。

3. 干酪发酵剂的制备

干酪生产过程中，发酵剂的加入方式有两种：①将厂内原有的新鲜发酵剂扩大培养后直接投入原料乳中进行干酪的生产，称为生产发酵剂；②采用冷冻或冷冻干燥的方式将发酵剂制成具有一定活菌数量的浓乳，直接投放到原料乳中进行生产，称为直投式发酵剂。

乳酸菌发酵剂的制备方法：通常分三个阶段，即乳酸菌纯培养物、母发酵剂和生产发酵剂，详见第六章“发酵乳制品的加工工艺”。

霉菌发酵剂的调制：将除去表皮后的面包切成小立方体，盛于三角瓶。加适量水并进行高压灭菌处理，此时如加少量乳酸增加酸度则更好。将霉菌悬浮于无菌水中，再喷洒于灭菌面包上。恒温 21～25℃ 培养 8～12h，使霉菌孢子布满面包表面。从恒温箱中取出，约 30℃ 下干燥 10 天，或在室温下进行真空干燥。最后研成粉末，经筛选后，盛于容器中保存。

干酪发酵剂一般采用冷冻干燥技术生产和真空复合金属膜包装。一般冷冻干燥的发酵剂，每克含菌量在 2×10^9 以上；另一类是采用培养、浓缩、冻干技术生产的浓缩发酵剂，每克含菌量在 5×10^{10} 以上。

发酵剂的常规制备方法比较复杂，容易造成噬菌体的污染。而浓缩发酵剂制备技术由于严格的无菌操作以及省去了种子发酵剂、母发酵剂，甚至也省去了生产发酵剂的操作制备过程，从而防止了噬菌体和杂菌的污染，保证了发酵剂的质量和干酪生产的顺利进行。

该项技术主要是将发酵剂接种在澄清的液体培养基中培养，靠离心作用或超滤技术将发酵剂进行浓缩处理，再经深层冻结或冷冻干燥，即得浓缩发酵制品。

一般培养基的配方多采用乳清蛋白的分解产物，添加蛋白胨和酵母浸膏等。在浓缩发酵剂生产过程中，采取自动滴定的方式添加 NaOH 来保持发酵液的 pH 值。一般，乳酸链球菌的 pH 值为 6～6.5；乳酸杆菌的 pH 值为 5.5，使发酵剂含菌量达 10^{10} CFU/ml 左右，最后，经浓缩处理可达 10^{11} CFU/ml，再经深层冷冻或冻干处理即得成品制剂。

另外，发酵剂的连续式制备技术是指从牛乳培养基的灭菌、冷却、接种、培养、冷藏以及向干酪槽中添加等过程均在严格的无菌条件下操作，并且采用连续自动化处理法生产。

4. 影响干酪发酵剂活力的因素

（1）发酵过程　发酵剂菌株对乳糖的利用程度将影响凝块的脱水收缩过程、凝块的含水量以及压榨后凝块中乳糖的残余量。

多数情况下，菌株初始阶段的发酵是在最适温度下进行，因此，乳糖的代谢速度和乳酸形成的速度都能达到最高水平。

在此期间，尽管凝乳被切割成体积较小的块状，而且细胞数量不再增加，但乳糖代谢仍在进行。逐渐加热至稍高于菌株最适温度，将有大量的乳清从凝块中排出，但乳酸的形成仍在继续，这将导致乳酸盐的大量积累，并反过来抑制发酵剂菌株的生长。

（2）NaCl　多数干酪的生产需要添加适量的 NaCl，NaCl 对发酵剂菌株的生长影响很大。

当盐浓度 >5% 时，多数乳酸菌菌株将被抑制，因此耐盐性是发酵剂菌株筛选的一项重要指标。

加盐方式也影响发酵剂的生长。采用直接向凝块中撒盐的方式对干酪进行盐化，将会迅速抑制发酵剂菌株的产酸过程。采用浸渍盐化的方式，干酪中的含盐量达到抑制菌株生长的水平就需要较长的时间，所以就可方便控制干酪中的 pH 值变化过程。因此，依据菌株对不同盐浓度及 pH 值的敏感性来筛选菌种，有助于控制干酪生产的各项指标，提高干酪质量。

5. 添加发酵剂进行预酸化（Preacidification）

原料乳经杀菌后，直接打入具有保温和搅拌作用的干酪槽中，将其冷却至 30～32℃，然后加入发酵剂。

发酵剂的加入方法：取原料乳量 1%～2% 的工作发酵剂，边搅拌边加入，并在 30～32℃下搅拌 3～5min。为了促进凝固和正常成熟，加入发酵剂后应进行短时（15～60min）发酵，以保证充足的乳酸菌数量和达到一定的酸度（0.18%～0.22%），此过程称为预酸化，对应的时间称为预成熟时间。

发酵剂产酸对乳凝块的影响：由于发酵剂中乳酸菌产酸使凝块的 pH 值下降，大大提高了凝块的脱水收缩速度。pH 值下降的速度取决于发酵剂（添加量、种类、菌株）、乳的组成和预处理，以及凝块处理过程中的温度。如果乳凝块在装模时较酸，则磷酸钙溶解较多，因而干酪中缓冲物质的含量降低。预酸化及接种大量发酵剂都会产生相似的影响。

调整酸度：预酸化后取样测定酸度，但该乳酸发酵酸度很难控制。为使干酪成品质量一致，可用1mol/L的盐酸调整酸度，一般调整到0.21%左右，具体的酸度根据干酪的品种而定。

另外，在干酪的生产过程中，要避免牛乳进入干酪槽时裹入空气，因为这将影响凝块的质量而且似乎会引起酪蛋白损失于乳清中。

6. 添加剂的加入

为了使加工过程中凝块硬度适宜、色泽一致，防止产气菌的污染，保证成品质量一致，可在添加凝乳酶前加入相应的添加剂。

（1）添加氯化钙　如果生产干酪的牛乳质量差，则凝块会很软，这会引起细小颗粒（酪蛋白）及脂肪的严重损失，并且在干酪加工过程中凝块收缩能力很差。

为了改善凝乳性能，加快干酪凝乳，降低凝乳酶的用量，形成较强的凝块，提高干酪质量，减少原料乳本身造成的凝乳性的差异，可添加氯化钙来调节盐类平衡，促进凝块形成。

氯化钙先配成10%溶液，100kg原料乳中添加5～20g（氯化钙量）足以能恒定凝固时间并使凝块达到足够的硬度，过量的氯化钙会使凝块过硬而难于切割。

（2）添加色素　干酪的颜色取决于乳脂肪的颜色，并随季节变化。为了使产品的色泽一致，需在原料乳中添加法规允许的色素，如胡萝卜、安那妥（Annato）、叶绿素等。常用安那妥，通常每1 000kg原料乳中加30～60g，以水稀释约6倍，充分混匀后加入。

（3）添加磷酸氢二钠　对于低脂干酪，在加入氯化钙之前，适量添加磷酸氢二钠（用量10～20g/kg），会增加凝块的塑性，因为磷酸氢二钠会在乳中形成胶体磷酸钙，它与裹在凝块中的乳脂肪几乎效果相同。

（4）添加 CO_2　是提高干酪用乳质量的一种方法。添加 CO_2 可使牛乳 pH 值降低0.1～0.3，这样会导致凝乳时间的缩短，这一效果在减少凝乳酶使用量的情况下，也能取得同样的凝乳时间。此法可节省一半的凝乳酶，而没有任何负效应。

CO_2 的添加可在生产线上（In-line）与干酪槽进口联接处进行，如图8－5所示。注入 CO_2 的比例，及混入凝乳酶之前与乳的接触时间要在系统安装之前进行计算。

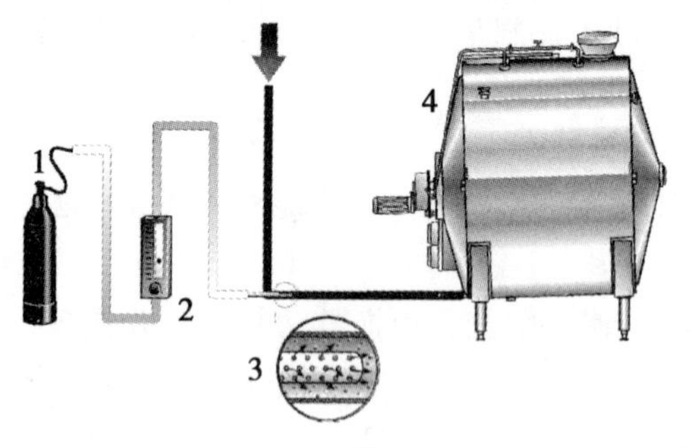

图8－5　CO_2 添加到干酪乳中

1. 气筒（或一组12个气筒或带蒸发器的液气贮缸）　2. 流量计　3. 多孔喷射管　4. 干酪生产缸

（5）添加硝酸盐（KNO_3 或 $NaNO_3$）最大允许使用量为30g/100g乳。

如果干酪乳中含有丁酸菌和大肠菌，就会有发酵问题。发生在干酪制成的最初几周内的丁酸发酵，是由发酵乳糖的丁酸菌造成的；之后乳糖发酵生成乳酸，乳酸和无机盐中和成乳酸盐，因此，后期发酵是由于丁酸菌发酵乳酸盐所致。

注意区别发酵乳酸盐引起后期丁酸发酵的酪酸梭状芽孢杆菌和既能发酵乳糖也能发酵乳酸盐的丁酸梭状芽孢杆菌，后者能引起干酪的早期和晚期丁酸发酵。这些发酵过程产生大量的 CO_2、氢气和挥发性脂肪酸如丁酸，使发酵后的干酪结构粗糙，并使产品带有酸败味和丁酸的微甜滋味，氢气则会导致干酪胀裂。

多年来，大量的干酪由于丁酸菌发酵作用而损坏，当它们生成耐热性芽胞时，巴氏杀菌不能将其杀死，因此，在生产中，要采取特殊的生产工艺防止丁酸菌的发酵作用。

食盐（氯化钠）对丁酸菌有很强的抑制作用，重要的是让食盐尽早地接触细菌，这也是凝块加盐干酪很少受丁酸菌发酵作用影响的原因。食盐不能加得太多，否则将抑制乳酸菌的生长。

另一种方法是在干酪乳中加硝酸盐，它对丁酸菌具有抑制作用，但用量过大，会抑制发酵剂生长，影响干酪的成熟，并会使干酪脱色，引起红色条纹和不良的滋味。然而，因为硝酸盐有致癌的可能，许多国家已禁止使用。丁酸菌的芽胞较重，可用离心除菌法或微滤（超滤）技术将它们从原料乳中分离出来，这样，硝酸盐的用量就可大大减少或不用。

另外，属于梭状芽孢杆菌-厌氧芽孢杆菌菌属的细菌是干酪生产者最害怕的一种细菌，因为很少的数量就会导致干酪后期产气，这也是为什么干酪乳要经过离心除菌的原因。

（三）凝块的制备

酪蛋白凝聚是干酪生产中的基本工序，除了几种类型的鲜干酪如农家干酪、夸克干酪的凝固操作是通过乳酸来完成的，其他所有干酪的生产是依靠凝乳酶的反应而形成凝块，其作用原理详见第二章“乳的化学组成及其性质”。

1. 凝乳酶凝乳

凝乳酶（Chymosin）常被称为皱胃酶，是一种可溶性天冬氨酸蛋白酶，为一内肽酶。凝乳酶中含有凝乳酶和胃蛋白酶，两者比例约4：1。皱胃酶的等电点为4.45～4.65，最适pH值为4.8～6.3，最适温度为39～42℃。

（1）皱胃酶的制备　皱胃酶由犊牛或羔羊的第四胃（皱胃）中分泌，当幼畜接受了母乳以外的饲料时，就开始分泌胃蛋白酶。

皱胃酶的分离很困难，一般选择出生后数周（最好是2周）内的犊牛，在第三胃和第四胃之间用绳扎住，从第四胃幽门口吹入空气使之膨大，用绳在幽门处结扎，置于通风处使其干燥后，贮藏备用。

皱胃酶的浸出：将干燥后的皱胃切细，用含4%～5%的NaCl，10%～12%的酒精（防腐剂）溶液浸提。将多次浸出液合在一起离心分离，除去残渣，加入5%的1mol/L HCl，使黏稠物质沉淀分离后，再加入5%的NaCl，使浸出液含盐量达10%。调整pH值至5～6（防止皱胃酶变性）即为液体制剂。

皱胃酶的结晶：将皱胃酶的浸出液经透析和醋酸处理（pH值约4.6），离心后，将沉淀的粗酶，反复经透析、酸化，离心2～3次后的精制品，在0～4℃/2～3天即可形成微小针状结晶。将结晶溶于水，再经透析，除去酸、盐等物质，最后冷冻干燥成粉末状，即为可长期保存的粉状制剂。

（2）皱胃酶代用品　由于皱胃酶来源于犊牛的第四胃，其成本高且资源有限；因此，皱胃酶代用品的使用越来越受到重视。实际上，除皱胃酶外，很多蛋白质分解酶也具有凝乳作用。根据来源，代用品分为动物性凝乳酶、植物性凝乳酶、微生物凝乳酶和遗传工程凝乳酶等。但要注意，在印度、以色列等国家，素食者会拒绝食用用动物凝乳酶生产的干酪；另外，在穆斯林世界，使用猪凝乳酶是绝对不行的。

①动物性凝乳酶：除犊牛皱胃酶外，也有从成年牛胃和猪胃中提取的凝乳酶使用，但

通常要与犊牛凝乳酶复合使用（50：50，30：70等）。

其他动物性凝乳酶主要是胃蛋白酶，其蛋白分解能力强，以其制作的干酪带有苦味，因此通常将胃蛋白酶和皱胃酶等量混合添加；其他动物性酶如胰蛋白酶和胰凝乳蛋白酶，其蛋白分解能力强，凝乳能力差，较少使用。

②植物凝乳酶：如无花果蛋白酶（Facin）、木瓜蛋白酶（Papain）和凤梨酶（Bromelains）。植物凝乳酶的凝乳能力较好，缺陷是在干酪成熟过程中经常出现苦味。

③微生物凝乳酶：主要有霉菌、细菌和担子菌三种来源，以霉菌来源的为主，其主要代表是从微小毛霉菌中分离出的凝乳酶，凝乳的最适温度较高为56℃。

微生物凝乳酶生产干酪的缺陷是在凝乳的同时，蛋白分解能力比皱胃酶高，干酪的得率较低；产品中具有苦味；另外，因为微生物凝乳酶的耐热性高，给乳清的利用带来不便。

④利用遗传工程技术生产皱胃酶：由于皱胃酶的各种代用酶在干酪的生产中表现出某种缺陷，迫使人们利用新的途径来寻求犊牛以外的皱胃酶来源。

美日等国利用遗传工程技术，将控制犊牛皱胃酶合成的DNA分离出来，导入微生物细胞内，利用微生物来合成牛凝乳酶（Bovine Chymosin），该种酶已经得到FDA的批准（1990年），并在很多国家得到应用。

（3）皱胃酶的活力及其测定　凝乳酶活力单位（Rennin Unit，RU）或强度（Rennet Strength）：是指1g或1ml皱胃酶在35℃下，40min内所能凝固牛乳的体积（ml）；也可用soxhlet单位表示，例如，10 000 soxhlet单位表示1g凝乳酶可使10 000g生乳在35℃下40min凝乳。

一般测定方法为：将100ml脱脂乳（若想得到较好的再现性，应取脱脂乳粉9g配成100ml的溶液），调整酸度为0.18%，加热至35℃，添加1%的皱胃酶食盐水溶液10ml，迅速搅拌均匀，准确记录开始加入酶液直到凝乳时所需的时间（单位：s），此时间也称皱胃酶的绝对强度。

按下式计算活力：活力=（供试乳数量/皱胃酶量）×（2 400s/凝乳时间s，式中2 400s为测定皱胃酶活力时所规定的时间（40min）。

活力确定后可根据活力计算皱胃酶的用量。

【例】今有原料乳80kg，用活力为100 000单位的皱胃酶进行凝固，需加皱胃酶多少？

解：1：100 000 = x：80 000，则 x = 0.8g，即80kg原料乳需加皱胃酶0.8g。

2. 凝块的形成

添加凝乳酶后，在32℃下静置40min左右，即可使乳凝固形成凝乳。通常按凝乳酶效价和原料乳的量计算凝乳酶的用量，活力为1：(10 000～15 000)的液体凝乳酶的剂量为30ml/100kg乳。使用过量的凝乳酶，或温度上升或时间延长，则凝块变硬。

为了便于分散，凝乳酶使用前用1%的食盐水将酶配成2%溶液，并在28～32℃下保温30min，然后加入到原料乳中，均匀搅拌2～3min后，使原料乳静置凝固。

注意：在随后的8～10min内乳静止下来是很重要的，这样可以避免影响凝乳过程和酪蛋白损失。

为进一步利于凝乳酶分散，可用自动计量系统对凝乳酶进行稀释，并通过分散喷嘴将凝乳酶喷洒在牛乳表面，该系统一般用于大型密封（10 000～20 000L）的干酪槽。

在较低的 pH 值下，凝乳酶可水解很多肽键，但在 pH 值 6～7 主要水解 K-CN105（Phe）～106（Met）间的肽键。

影响皱胃酶凝乳的因素，可分为对皱胃酶的影响和对乳凝固的影响。凝乳酶浓度、温度、pH 值、Ca^{2+}浓度对凝乳酶活化时间、K-CN 分解及副酪蛋白胶粒的絮凝密切相关。影响因素中，温度的影响相对较弱，钙离子的影响也较小，pH 值影响最大。

（1）pH 值的影响　随 pH 值降低，凝乳酶与酪蛋白胶粒的亲和力增大，因而反应速度加快，凝块较硬；但进一步降低 pH 值，反应速度变小，这是由于酶紧紧地吸附于胶粒上，在对下一个胶粒进行作用之前需从上一个胶粒释放出来。但在Ca^{2+}活力不太低的情况下，pH 值几乎不影响副酪蛋白胶粒的凝乳速率。

（2）温度的影响　皱胃酶的凝乳作用，在 40～42℃ 作用最快，但实际使用的温度要低一些，以避免凝块过硬；加热到 45℃，凝乳酶失活。

牛乳若先加热到 42℃ 以上，再冷到凝乳所需的温度后，添加皱胃酶，则凝乳时间延长，凝块变软，此种现象称为滞后现象。其原因是乳在 42℃ 以上加热处理时，酪蛋白胶粒中的磷酸盐和钙被游离了出来。

在一些干酪的生产过程中（如埃门塔尔干酪），在凝块的处理过程中要进行热烫，这一过程钝化了大部分凝乳酶。在较高的 pH 值（6.4）下，凝乳酶的钝化要比较低 pH 值（5.3）下强。

（3）钙离子的影响　盐可抑制凝乳酶的钝化，因而，商业化的凝乳酶制品中含有大量的盐。钙离子不仅对凝乳有影响，而且也影响副酪蛋白的形成。酪蛋白所含的胶质磷酸钙是凝块形成所必需的成分，钙离子增加可缩短皱胃酶的凝乳时间，并使凝块变硬。

当酪蛋白胶粒中 70% 的 K-CN 被凝乳酶水解后，由于胶粒间的空间排斥作用大大减弱，胶粒发生絮凝。所谓絮凝是指副酪蛋白胶粒紧紧地结合在一起，主要是在Ca^{2+}作用下进行的。Ca^{2+}的作用，一是通过中和胶粒上的负电荷从而减弱静电排斥作用；二是Ca^{2+}可在副酪蛋白胶粒上带有负电荷的位点间形成Ca^{2+}桥；此外，副酪蛋白胶粒间的范德华力也有一定作用；温度对絮凝也有很大影响，在 20℃ 时不发生絮凝。

凝乳酶水解 K-CN，形成副酪蛋白胶粒；副酪蛋白胶粒絮凝形成不规则的、类似线形的凝聚物，最后形成具有连续网络的凝胶。凝胶的硬度在一定时间内迅速增加，直到可以切割成小的方块。

（4）凝乳酶凝乳时间或絮凝时间　是指加入凝乳酶后到酪蛋白发生絮凝的时间，也可表达为酪蛋白胶粒形成具有一定强度凝胶的时间。

凝乳时间几乎与凝乳酶浓度成反比，或乳的凝固速率取决于凝乳酶的添加量；温度及Ca^{2+}浓度对凝乳时间有很大影响，Ca^{2+}浓度高，絮凝速度快。

凝固时间是指凝胶达到足以切割的硬度所需要的时间。凝固时间与温度密切相关，在 30℃ 时，温度每升高 1℃，凝固时间约降低 10%。一般而言，在 30℃ 时添加 0.025% 比活力为 11 000soxhlet 单位的凝乳酶，乳凝固的时间为 20～30min。

当絮凝过程持续到液态乳变为絮状物，其黏度接近无穷大时形成凝胶。开始时许多酪蛋白胶粒联结在一起，其后是任何 2 个酪蛋白胶粒由于融合作用使凝胶变得更强。

凝乳酶凝乳形成的凝胶是粒子凝胶（Particle Gel），不同于长链大分子通过交联作用形成的凝胶。这种凝胶是由酪蛋白胶粒形成的线状物组成，一般厚为 3 个胶粒、长为 10

个左右的胶粒，交替出现一些较厚的胶粒细节。凝胶中有许多孔，大多数宽度在几微米。凝胶中的网络非常不规则。

通过对乳进行酸化也可形成凝胶，但其特性与凝乳酶凝乳形成的凝胶大不相同。

3. 凝块脱水收缩

凝乳后凝块的处理，包括切割、搅拌、加热（热烫）及排乳清，对干酪的组成，特别是水分和 pH 值影响很大。

在这一过程中，最显著的作用是凝块的脱水收缩（主要影响成品干酪的水分含量），乳酸菌发酵产酸及漂洗也起着重要的作用（主要影响 pH 值）。

对于脱水收缩，凝胶颗粒间孔隙的大小足可以使液体（乳清）流过去，但凝胶网络空隙中的乳清会使脱水收缩速度减慢。

刚凝乳时，絮凝的酪蛋白胶粒尚未形成紧密的排列，凝块主要是由线形的酪蛋白胶粒在局部结合在一起。然而，在胶粒之间可以形成大量的键，此即造成脱水收缩的原因，因而导致键能的积累，最后形成更为致密的胶粒的聚集。但这一过程一般较慢，这是由于形成这些键从空间上来讲是较难的，虽然所有的酪蛋白胶粒表面上都有反应位点，然而由于大多数胶粒被束缚在凝胶网络中而不能相互接近，自由运动的机会非常少。

在大量脱水收缩之前，一些键或局部键必须首先断裂，造成组成凝胶网络的酪蛋白线形胶粒的断裂，之后引发新的、具有更多键的网络的形成，因而引起脱水收缩。

影响凝块脱水收缩的因素主要有：

①凝块切割时凝胶的强度：在形成的凝胶很弱时切割，凝块的脱水收缩很弱，但很快会增强；此时的切割会使大量的细小凝块流失，造成干酪产量降低。

②凝块的表面积：凝块的脱水收缩速度与凝块和乳清间的面积成比例。切块越小，脱水收缩越快，成品干酪的水分含量较低，但干酪得率较低。

③搅拌产生的压力：搅拌过程对凝块施加了压力，这部分是由于液体内的速度梯度产生的压力差，更重要的是由于凝块离子相互碰撞，在短暂的时间内相互挤压，同时搅拌防止了凝块的沉积。压力对凝块脱水收缩的影响，随着凝块与乳清的比率及搅拌速度的增大而更加显著。

④酸度：pH 值降低，凝块脱水收缩的速度增加，但 pH 值 <5.1 时，脱水收缩急剧下降。在干酪生产中，乳酸菌发酵产酸较多时意味着凝乳酶凝乳产生的凝块脱水收缩较快，最终成品的水分含量较低。

pH 值对凝胶的脱水收缩见图 8－6，pH 值 5.25 时凝胶的脱水收缩趋势最强；在接近酪蛋白等电点时最弱。

⑤温度：温度降低时脱水收缩作用停止，温度升高会显著加速凝块的脱水收缩。但如果升温太快（如添加热水），会造成凝块粒子的外层脱水收缩太快，形成所谓的“皮”，这层皮的阻挡使得内部乳清向外渗透变慢，因而降低了凝块进一步的脱水收缩。

⑥乳的组成：脂肪含量越高，凝块脱水收缩越弱，脂肪也可阻止凝块中乳清的排出，一般来讲，泌乳早期的牛乳凝乳速度较快，凝块更易脱水收缩；不同个体牛乳间差异很大；此外，Ca^{2+} 活度、pH 值、蛋白质含量及胶体磷酸钙浓度都会影响凝块的脱水收缩。

（四）凝块的切割

对于乳清的迅速排出，切割是必不可少的。凝胶的硬度用剪切模数（Shear Modulus）

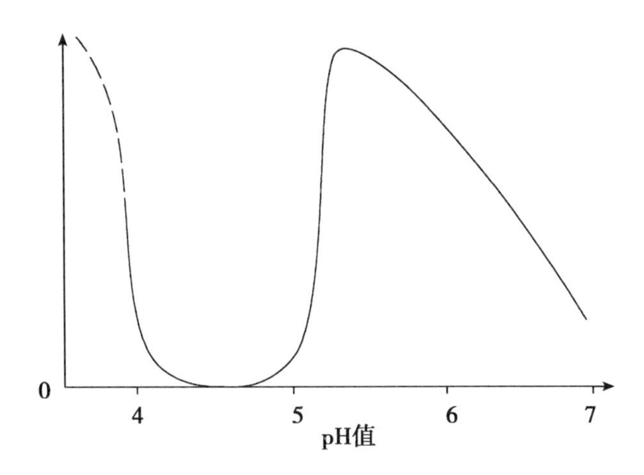

图 8-6　酸或凝乳酶凝乳形成的凝胶相对脱水收缩速率与 pH 值的关系（温度约为 30℃）

表示，即抵抗剪切的能力，模数到一定数值时就可以切割了。

典型的凝乳或凝固时间约为 30min。乳凝固后，凝块达到适当硬度时开始切割，用刀在凝乳表面切深 2cm、长 5cm 的切口。

切割后凝块大小为 3～15mm 的颗粒，其大小决定于干酪的类型。切块越小，最终干酪中的水分含量越低。

1. 切割的目的

使大凝块转化为小凝块，加快乳清从凝块排出，同时增大凝块的表面积，改善凝块的脱水收缩特性。

2. 切割时机

切割过早或过迟对干酪的得率和质量都有不良影响，因此切割时机非常重要。过早即在尚未充分凝固时进行切割，酪蛋白或脂肪损失大，生成柔软的干酪，凝块颗粒太弱，搅拌和堆积时易碎；切割时间过迟，凝乳变硬不易脱水，不利于凝块的切割和乳清的析出。

切割时机由下法判定：用食指或消毒过的温度计以 45°角插入凝块中约 3cm，挑开凝块，如裂口整齐平滑、指上无小片凝块残留，且渗出的乳清透明时，即可开始切割。另一方法是将一把小刀刺入凝固后的乳表面下，然后慢慢抬起，直至裂纹呈现玻璃样分裂状态就可认为凝块已适宜开始切割。上述两种方法由于受到个人熟练程度的影响，有时会误判。

近几年，日本研制出了利用细线加热黏度计来自动判定凝乳切割时机的技术。其原理是在已添加凝乳酶的原料乳中垂直固定一根特殊的金属丝（如白金丝），并接通电流使其发热。当乳的流动性良好时，金属丝所产生的热量及时散发到牛乳中，其本身温度上升较慢。当牛乳开始凝固后，乳的流动性变差，黏度增高，金属丝产生的热量较难传导出去，因而其本身温度开始逐渐升高。

利用这一原理，将金属丝的温度变化指标输入终端监视系统中进行处理，进而自动判定乳的凝固状态和切割的最佳时机。

该项技术的应用，不仅提高了干酪的品质和得率，而且节省了劳力。

3. 切割方式

切割方式主要有机械切割和手工切割两种。

机械切割是以旋转刀片进行切割，但不易获得均一的凝乳块；而手工切割主要采用干酪刀（Curd Knife）切割。干酪刀分水平式和垂直式两种。

切割工具可依不同方式进行设计，如图 8 -7 所示，为一个普通开口干酪槽，它装有几个可更换的搅拌和切割工具。

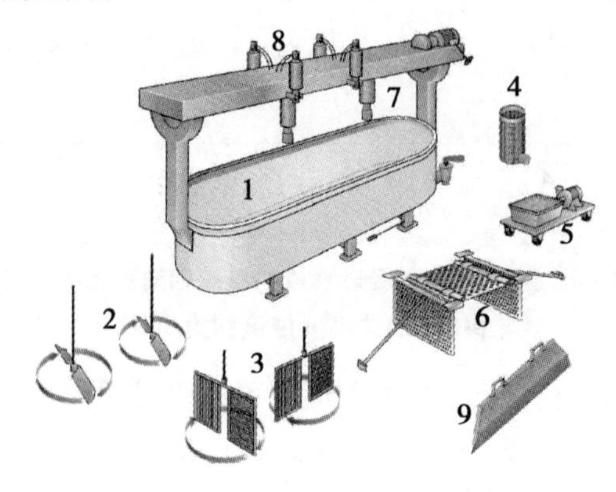

图 8 -7　带有干酪生产用具的普通干酪槽

1. 带有横梁和驱动电机的夹层干酪槽　2. 搅拌工具　3. 切割工具　4. 过滤器　5. 带有一个浅容器小车上的乳清泵　6. 用于圆孔干酪生产的预压板　7. 工具支撑架　8. 用于预压设备的液压筒　9. 干酪切刀

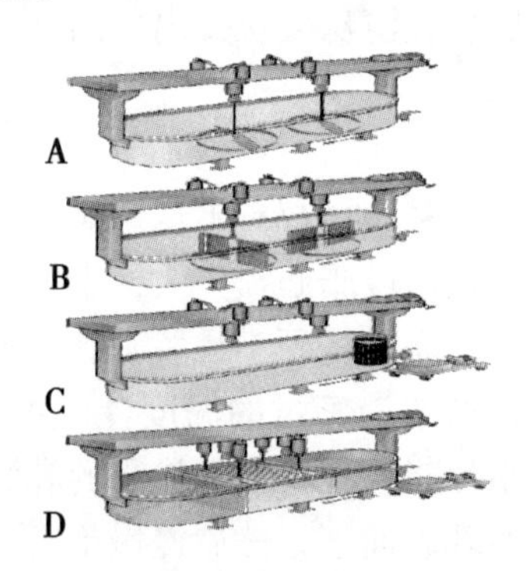

图 8 -8　干酪槽（Cheese Vat）

A. 槽中搅拌　B. 槽中切割　C. 乳清排放　D. 槽中压榨

在现代化的密封水平干酪槽中（图 8 -8），搅拌和切割由焊在一个水平轴上的工具来完成，水平轴由一个带有频率转换器的装置驱动。这个具有双重用途的工具是搅拌还是切割决定于其转动方向，凝块被剃刀般锋利的幅射状不锈钢刀切割，不锈钢刀背呈圆形，以给凝块轻柔而有效的搅拌。

另外，干酪槽可安装一个自动操作的乳清过滤网，能良好分散凝固剂（凝乳酶）的喷嘴以及能与 CIP 系统连接的喷嘴。

传统切割工作只能处理蛋白含量最高为 7% 的凝块，限定 CF 值约为 2；使用 CF 值3 ~ 5，凝块硬度增加，要求特殊的切割和搅拌工具，其中之一见图 8 -9 所示。

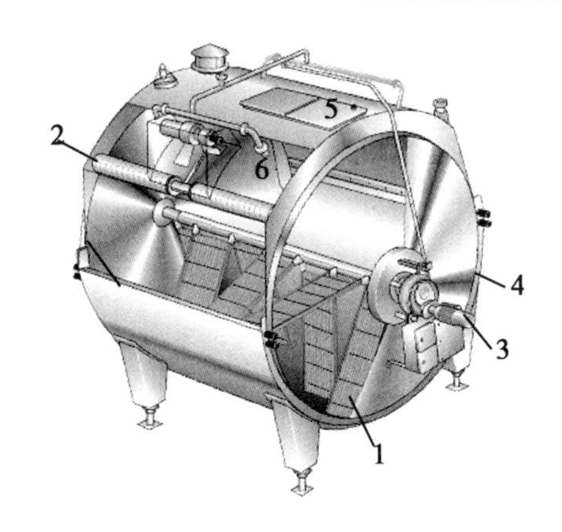

图8－9　带有切割和搅拌工具以及升降乳清排放系统的水密闭式干酪槽

1. 切割与搅拌相结合的工具；2. 乳清排放的滤网　3. 频控驱动电机　4. 加热夹套　5. 人孔　6. CIP 喷嘴

浓缩液、凝乳酶和发酵剂的混合液从计量泵分送进入凝乳管，此类的标准设备有4个螺旋弯曲的凝乳管，这些凝乳管包在不锈钢桶内并有一层绝热材料保护着，绝热材料用于保持正确的凝乳温度。

浓缩液、凝乳酶和发酵剂在进入第一个凝乳管1之前，由泵定量泵入并充分混合，当混合液要凝乳时，凝乳管2、3、4依次注满（图8－10）。

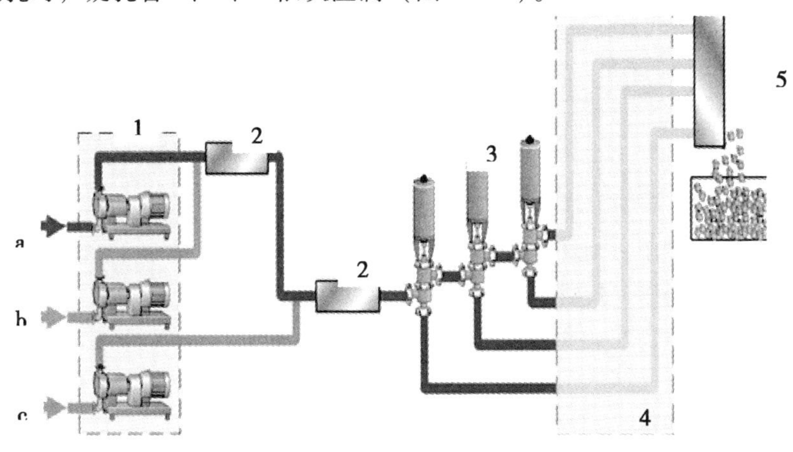

图8－10　凝块制造机的原理

1. 计量泵用于：a 浓缩液；b 发酵剂；c 凝乳液　2. 静压混合器　3. 阀门组　4. 凝乳管　5. 凝块切割装置

凝乳时间由计量泵的速度来控制。凝乳管的末端即是切割装置，该装置由旋转切刀和几套静置切刀组成，见图8－11、图8－12。

凝块像“香肠”一样被压迫通过静置切刀形成干酪条。随后的阶段是凝块条由旋转切刀割成方块，落入随后的设备，随后这些凝块进行下一步加工。

（五）凝块的搅拌及加温

1. 前期搅拌（预搅拌）

凝块切割后若乳清酸度达0.17%～0.18%时，开始用干酪耙或干酪搅拌器轻轻搅拌，

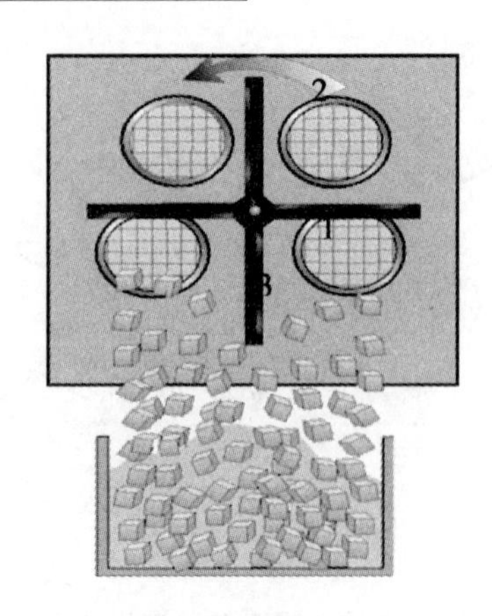

图 8－11　凝块制造机上的切割装置

1. 带有固定的水平和垂直切刀的管子末端　2. 旋转刀　3. 支架

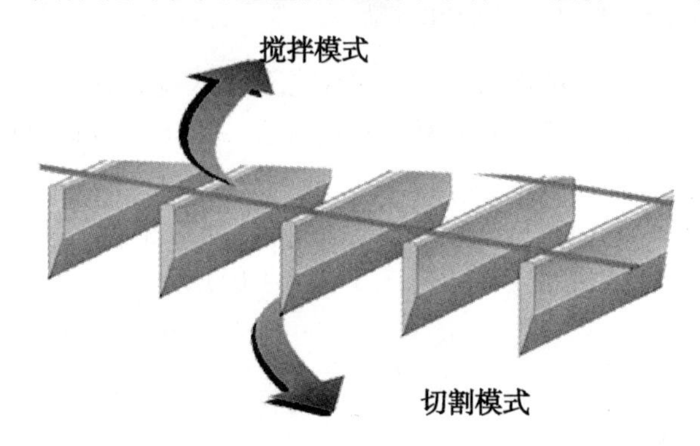

图 8－12　兼有锐切边和钝搅拌边的切割搅拌工具的截面

搅拌速度先慢后快。

刚刚切割的凝块较脆，对机械处理非常敏感，因此，搅拌必须缓和，但必须足够快，以确保颗粒悬浮于乳清中。搅拌中凝块在乳清中保持悬浮状态，内部的乳清排出，表面形成的光滑薄膜可防止蛋白质、脂肪的损失。

前期搅拌持续到第一次乳清排出时为止，时间 15～25min，这时颗粒较硬且不易堆积，之后搅拌速度可稍微加快。

乳清的预排放：某些类型的干酪如高达和 Edam，需要自颗粒中排出相对大量的乳清，为此，可通过向乳清和凝块混合物中直接加入热水的方法以提供热量，加水也降低了乳糖浓度。有时也排放掉乳清以减少用于直接加热凝块所需的热量，对于个别品种的干酪，每次排掉同等量的乳清，通常 35%，有时多达每一批容积的 50%，这一点是很重要的。

对于传统的干酪槽，乳清排放形式很简单，如图 8－8C 所示。图 8－9 所示为一个密闭、全机械化干酪罐的乳清排放系统。一个纵向的带有槽的过滤网自不锈钢缆上悬下，该缆与外部的提升驱动机相连。过滤网通过一个接口，与乳清吸入管线相连，然后通过罐壁与外部的吸入管相连，安装在过滤网上液位电极控制升降电机。在整个乳清排放期间，保持过滤网正好位于液面以下，启动信号自动给出。预定的乳清量能被排掉，它通过提升电机的脉冲显示器来控制，安全开关显示了过滤网的高位和低位。

乳清应该总是在高容量下排放，持续 5～6 min。排放进行的同时停止搅拌，凝块可能形成黏团，所以乳清的排放总是在搅拌操作的间隙中进行，通常是在预搅拌的第二段和加热之后进行。

2. 中期搅拌

从第一次排出乳清后到热烫前的搅拌称为中期搅拌，需 5 ~ 20min。

搅拌时间应保持恒定，否则将影响酸度的高低，原因是发酵剂中链球菌的适宜生长温度和凝乳酶的最适温度均在 30℃左右，因此，在凝乳、前期搅拌和中期搅拌期间使温度和时间恒定，将有助于使每批产品的凝乳程度和酸度保持恒定，使产品质量稳定。

另外，在随后的热烫过程中由于温度升高，乳酸菌的生长将受到抑制，如果热烫时间提前（即改变中期搅拌时间），乳酸菌的生长提前受到抑制，产酸受到阻碍，使凝乳颗粒酸度不足。

3. 加温和热烫（Scalding）

为使凝块的大小、酸度和水分含量符合要求，需要在凝块搅拌的同时，进行热处理。通过加热，产酸细菌的生长受到抑制，这样使得乳酸的生成量符合要求。

除了对细菌的影响以外，加热亦促进凝块的收缩并伴以乳清析出（脱水收缩）。

热烫温度升高，干酪水分下降，而 pH 值则升高，因为较高的温度有利于促进凝块的收缩和乳清的排出，使产品水分下降；另外，热烫可阻止乳酸菌代谢产酸，产品的 pH 值升高。

加热的时间和温度程序由加热的方法和干酪的类型决定，加热到 40℃以上时，有时亦称为热煮（Cooking）。加热到 >44℃时，称之为热烫（Scalding），嗜温菌完全失活。某些类型的干酪，如埃门塔尔，Parmesan 和 Grana，其热烫温度甚至高达 50 ~ 56℃，只有极耐热的乳酸菌可经此处理而残留下来。其中之一即为薛氏丙酸杆菌，该菌对于埃门塔尔干酪特性的形成至关重要。

随干酪类型的不同，加热可通过以下方式进行：仅通过干酪槽或罐夹套中的蒸汽加热；通过夹套中蒸汽伴以在凝块/乳清混合中加入热水；仅通过向凝块/乳清混合物中加入热水。

从凝乳温度到热烫温度是一个缓慢升温的过程，通常需要 30 ~ 40min。升温速度应严格控制，开始每 3 ~ 5min 升高 1℃，当升至 35℃时，则每隔 3min 升高 1℃。当温度达 38 ~ 42℃（应根据干酪的品种确定终止温度）时，停止加热并维持此时的温度。

通常加热分两个阶段进行。在 37 ~ 38℃，嗜温乳酸链球菌的活力下降，此时停止加热，检查酸度，随后继续加热到预期的最终温度。

升温的速度不宜过快，否则会影响发酵剂菌株的活力；使干酪凝块收缩过快，表面形成硬膜，影响乳清的排出；并使成品水分含量过高。因此，在升温过程中应不断地测定乳清酸度以控制升温和搅拌的速度。

热烫时加入热水的目的是稀释乳清中的乳糖，从而减少凝乳中可被乳酸菌利用的乳糖含量，因此，相对于同水分含量但未加热水处理的产品，其酸度较低。

热烫结束后须对凝乳颗粒进行冷却处理，后期搅拌时的冷却方式不同，会引起干酪水分含量和酸度的显著变化。

后期搅拌中，在不改变 pH 值的情况下，向乳清中加入冷水进行冷却可增加干酪的水分含量。一般，加入冷水后应持续搅拌至少 15min，以利于乳糖分散到乳清中。

在整个升温过程中应不停搅拌，以促进凝块的收缩和乳清的排出，防止凝块沉淀和相互粘连形成黏团，黏团会影响干酪的组织而且导致酪蛋白的损失。

凝块沉淀在干酪的底部会导致形成黏团，这会使搅拌机械受很大的力。低脂干酪的凝块沉积到干酪槽底部的趋势很强，这就意味着这一类凝块需要的搅拌要比高含脂率的凝块的搅拌强烈。凝块的机械处理和由细菌持续生产的乳酸有助于挤出颗粒中的乳清。

总之，升温和搅拌是干酪制作中的重要工序，它关系到生产的成败和成品质量的好坏。

4. 最终搅拌

随着加热和搅拌的进行，凝块颗粒的敏感性下降。在最终搅拌过程中，更多的乳清自凝块颗粒中析出，这主要是由于乳酸的持续生成，以及搅拌的机械作用的影响。最终搅拌的时间长短取决于干酪所需的酸度和水分含量。

5. 排出乳清

在搅拌升温的后期，一旦凝块（凝乳粒）的硬度和乳清酸度达到标准要求时（酸度达0.17%～0.18%），凝块收缩至原来的一半（豆粒大小），用手握一把干酪粒，用力压出水分后放开，如果干酪粒富有弹性，搓开仍能重新分散时，即可排出全部乳清。

排出乳清的目的是为热烫时加水提供空间并降低热烫时的能耗，同时，有助于进一步采用强度较大的搅拌。

乳清排出对制品的品质影响很大，而排出乳清时的适当酸度依干酪种类而异。排出的乳清脂肪含量约0.3%，蛋白质含量0.9%。若脂肪含量>0.4%，说明操作不理想。

图8－13　凝块和乳清于滚动式过滤器中分离

1. 凝块乳清混合物　2. 排放凝块　3. 乳清出口

（1）粒纹质地干酪　可直接从干酪口排出乳清，该法主要针对开口干酪槽进行手工操作。乳清排出后，将凝块压入模具，最终干酪的组织状态应具有不规则的孔或眼，即粒纹质地。也可将凝块乳清混合物用泵送至一个振动或滚动式过滤网，以使乳清排掉。同时从乳清中分离出的凝块可直接泄入模具中，最终干酪的质地为粒纹状。如图8－13所示。

（2）圆孔干酪　如图8－14所示，加工过程有些差别。

依照老方法，如生产埃门塔尔干酪，把仍在乳清中的凝块收集到干布袋中，然后转入到一个兼有排放乳清和压榨台的大模具中，这一过程可避免凝块在收集和压榨过程中暴露在空气中，而这一点是生产该类干酪良好组织状态的重要因素。

对圆孔/眼形成的研究表明，当凝块在乳清液面下被收集起来时，凝块含有微小的空穴。发酵剂细菌在这些细小的充满乳清的空穴中繁殖，当这些菌开始生长时，生成的气体首先溶解在液体中。但随着细菌持续生长，区域内出现过饱和，引发微小孔眼的生成。随后，当由于底物如柠檬酸缺乏时，气体生成停止，气体的扩散变成了最重要的过程，这一过程在扩大了一些已经相当大的孔眼的同时，较小的孔眼消失。

以较小的孔眼消失为代价使较大的孔眼增大是表面张力定律的必然结果，该定律表明，增大一个比较大的孔所需的气体压力比增大一个比较小的孔所需的气体压力小。

这一情况如图 8－15 所示。与此同时，一些 CO_2逸出干酪。

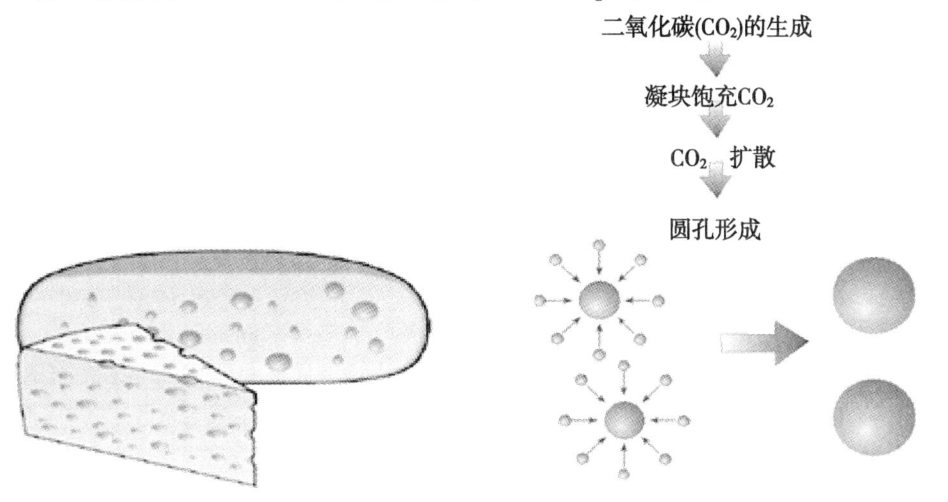

图 8－14　圆孔干酪　　　　图 8－15　气体在干酪中的发展及圆孔形成

（3）致密组织干酪　具致密组织的干酪类型中，契达是典型的一种。通常这些干酪是由不产气的发酵剂生产，如乳脂链球菌和乳酸链球菌。

然而，特定的加工技术可能导致形成空穴，称为“机械孔”。粒纹或圆孔干酪具有特定闪亮的内表面，而机械孔的内表面则是粗糙的。

当乳清的滴定酸度达到 0.2%～0.22% 乳酸时（加入凝乳酶后约 2h），排放乳清，同时凝块要进行一种被称为“堆酿”（Cheddaring）的特殊处理。

在排掉所有乳清后，凝块留下来继续发酵和熔融 2～25h，凝块被制成砖块状，并不断被翻转堆叠。

当被挤出乳清的滴定酸度达到 0.75%～0.85% 乳酸时，干酪块被切成“条”，这些条在上箍（契达干酪的模具称“箍”）之前，加干盐，“Cheddaring”工序详见“堆积”。

乳清通过干酪槽底部的金属网排出，此时应将干酪粒堆积在干酪槽的两侧，使乳清进一步排出。乳清的排出可分几次进行，为保证干酪生产中均匀地处理凝块，要求每次排出同样体积的乳清。

一般在干酪生产中，让凝块粒下沉并形成凝块层（Curd Layer），或将凝块与乳清混合物转到垂直的排乳清圆筒中，在此凝块下沉。

如果要使凝块很干，排尽乳清后的凝块可再进行搅拌，例如粉碎凝块，但这样会造成脂肪和细微的凝块大量流失于乳清中，最后成品干酪特别松散。

乳清排出时搅拌，可避免颗粒粘连在一起。乳清排出量一般为牛乳体积的 30%～50%。乳清排放时，如果搅拌停止，凝块可能形成黏团，所以乳清的排放总是在搅拌操作的间隙进行，通常是在预搅拌的第二段和加热之后进行。

乳清自凝块颗粒中分离出来可通过如下方法：编织好的塑料带，带盖的多孔不锈钢板，在边侧和末尾为多孔板的干酪槽。

塑料编织带可起到传送带的作用，在其上，预压榨后的干酪坯在通过被手动打开的门后被传至前端。在预压榨槽被排空之前，在压榨槽前装上一个带有纵切割刀和横切割刀的可快速运动的卸料装置，纵刀之间的间隔是可调的。也可使用固定的卸料装置，该卸料装置也起拉动传送带的作用。

切好的坯块随后装模。

（六）堆积（Cheddaring）

当所有自由乳清被除去后，可用不同的方式对凝块进行最终处理：直接送入模具（粒纹干酪）；预压榨成块并切成合适的尺寸后入模（圆孔干酪）或送去堆酿，最终阶段包括切条，加干盐或加箍，或者如果想生产帕斯塔-费拉塔（Pasta Filata）类干酪，可将未加盐的切条送入热煮-压延机中。

堆积是指对凝块进行渐进的加压处理，以促进干酪微观颗粒之间的凝聚和融合。传统上，堆积是将乳凝块反复压成片状并聚堆的过程。即乳清排出后，将干酪粒堆积在干酪槽的一端或专用的堆积槽中，上面用带孔木板或不锈钢板压 5 ~ 10min（由水压或气压装置加压，压力均匀分散在板面上），压出乳清使其成块，此过程称为堆积。

对 Pasta Filata（塑性凝块）干酪，其特征是通过“热煮和压延”堆酿处理的凝块，取得一种“松紧带”凝块，这种“绵花糖凝块”干酪如 Caciocavallo、Kashkaval 等，最早来自意大利。

经过堆酿和研碎，乳清中乳酸酸度为 0.7% ~ 0.8%（31 ~ 35.5°SH），酪条被传送或铲入装有 82 ~ 85℃热水的钢制混合钵中，搅拌所有物料直至其变得光滑、有弹性、没有黏团为止，通常，混合的水要存留并与乳清一起分离出来以回收脂肪。

伸展和混合必须彻底。在最终产品中有“大理石状”硬块通常是由于过分的混合、水温太低、低酸度凝块或是这些缺陷的组合造成的。

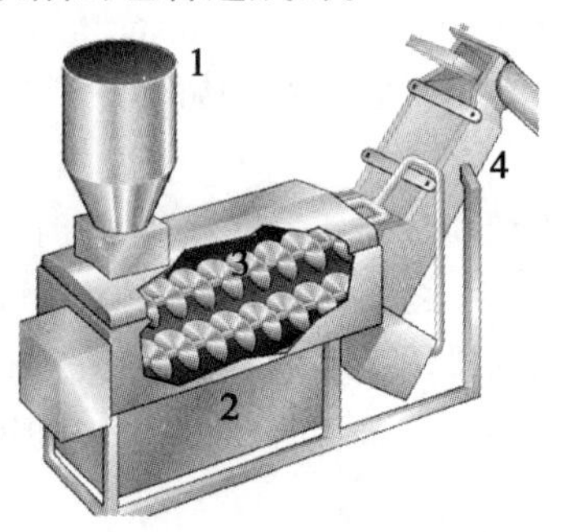

图 8 - 16　Pasta Filata 类型干酪的热煮和压延

1. 添料漏斗　2. 控温热水罐　3. 双对转螺杆　4. 螺杆转送器

连续热煮压延机用于大批量的生产，图 8 - 16 是一台热煮压延机。转杆的速度可变，以便获得最佳的工作方式。热煮用水的量和温度是连续控制的。

“堆酿”凝块连续送入机器的漏斗或圆桶，这可取决于添料的方法-螺杆输送或风送。

在生产 Kashkaval 干酪时，热煮器中的水被 5% ~ 6% 的盐液（盐）所代替。然而，热盐水腐蚀性极强，因此，容器、螺杆和其他与盐水接触的设备必须用特殊材料制造。

（七）成型和压榨

为使形成的乳凝块大小适宜、均匀，并具有一定的硬度和相对光滑致密的表面，需对凝块进行成型。对于硬质和半硬质干酪，这一过程还包括压榨。

当凝乳颗粒排出所有自由乳清后，并且酸度合适时，需把凝乳颗粒聚集成块状，即将堆积后的干酪块切成方砖形或小立方体，装入成型器（Cheese Hoop）或模具中使之形成一定的形状，并对其进行压榨。

1. 成型

干酪成型器可由不锈钢、塑料或木材制成。成型器周围设有小孔，由此渗出乳清。使用干酪成型器的目的在于赋予干酪一定的形状，使其中的干酪在一定的压力下排出乳清。

凝块的变形随水分含量特别是温度的增高而增大，高温下（如60℃），凝块可塑成任何形状。只有凝块粒子变形并融合（Fusion）在一起，凝块才能成型。在凝块成型过程中，变形是必需的。外力越大，变形越快，压榨有助于变形。

pH 值降低，凝块的变形性增大，直到 pH 值 5.2 ~ 5.3；当 pH 值进一步降低，由于凝块碎裂不能成型。另外，在适宜的 pH 值下，凝块可以被拉伸，这一特性用于 Pasta Filata 干酪的生产。

变形性差的凝块（低 pH 值，温度低、水分含量低）会导致干酪中出现空洞，即使压榨压力很大也会如此。

对契达干酪来说，关键的问题是生产良好成型的均匀一致的干酪坯，使用简单的真空处理及重力供料系统解决了成坯这一问题。研碎加盐后的酪条由真空吸至塔顶，如图 8 - 17 所示。塔被充满，同时凝块融合，形成连续的柱状凝块。由程序控制的真空使整个圆柱处于真空状态下，在机器底部形成完全一致的、无乳清、无空气的均匀产品。一定大小、质量（18 ~ 20kg）的厚坯被自动切断、排出、包装并运送到与生产线组合的密封装置，原坯不再需压榨。

全塔设计生产能力为 680kg/h 凝块，凝块需 0.5h 流经全塔，每 1.5 min 一块原坯。凝块柱自高 5m，全塔整高需约 8m。

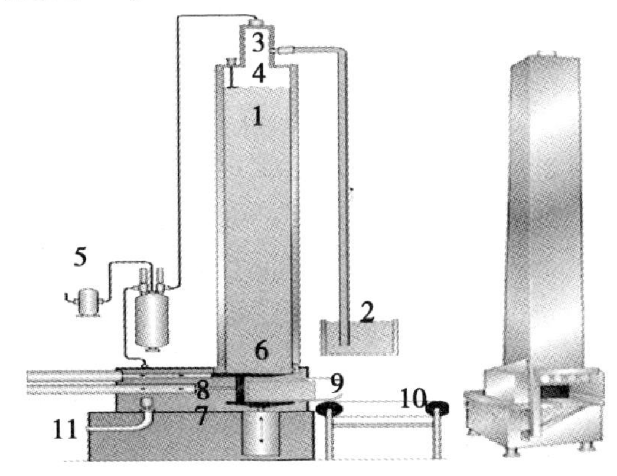

图 8 - 17　契达干酪的块坯成形系统

1. 柱　2. 凝块喂入　3. 低压区　4. 液位指示　5. 真空装置　6. 兼具底板和切刀　7. 升降平台　8. 推卸器　9. 挡板袋　10. 输送至真空密封　11. 乳清排放

2. 压榨

（1）压榨的目的　进一步最终排出乳清；使干酪成型；在以后的长时间成熟阶段使干酪表面形成一层坚硬的外皮（Rind）。如果制作软质干酪，则凝乳不需压榨。

压榨进一步促进了成型，为了达到致密的凝块表面例如形成干酪皮，压榨是必需的，压榨并不完全意味着降低凝块的水分含量，特别是干酪皮已经形成的情况下，乳清的流出受到阻碍，因此，通过压榨进一步降低水分的作用就很小了。压榨开始越早，压力越大，滞留于干酪中的水分也越高。

（2）压榨过程　在内衬网（Cheese Cloth）成型器内装满干酪块后，放入压榨机（Cheese Press）上进行压榨定型。压榨的程度即压榨的压力与时间依干酪的品种而定。

首先进行预压榨，压力0.2～0.3MPa，时间20～30min；预压榨后取下进行调整，并根据情况进行正式压榨，即将干酪反转后装入成型器内以压力0.4～0.5MPa，在15～30℃下再压榨12～24h。

在压榨开始阶段要逐渐加压，如果此时压力就很大，则压紧的外表面会使水分封闭在干酪块内，影响乳清的进一步排出。

带卸料和切割装置的机械化预压榨槽如图8－18所示。

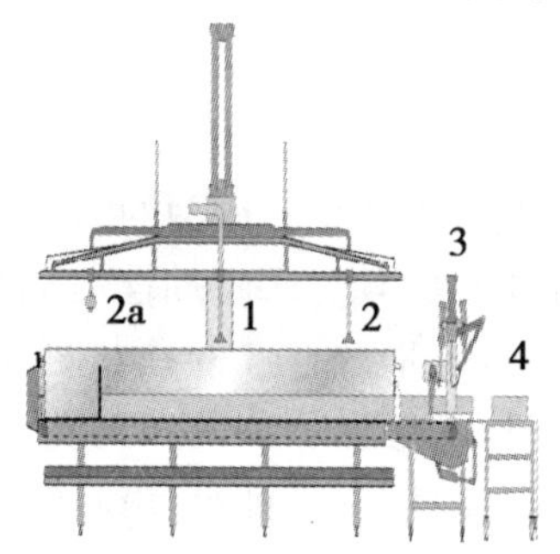

图8－18　带卸料和切割装置的机械化预压榨槽

1. 预压槽（也可用于整体的压榨）　2. 凝块分布器，可与CIP喷嘴（2a）调换　3. 卸料装置　4. 传送带

图8－19　带有气动操作压榨平台的垂直压榨器

压榨过程中要避免温度的快速下降，否则会影响凝块粒子的变形，并导致干酪皮的形成。干酪皮的形成受凝块的水分含量、温度、压榨过程中施加的压力和压榨时间的影响。主要因素是局部乳清的排出，因而形成紧密的表面。

（3）压榨系统　小批量干酪的生产，可用手动操作的垂直或水平（气力）压榨系统，水平压榨系统可使所需压力的调节简化。如图8－19所示。

大批量生产所用的压榨系统有：①活动台压榨：用于半机械化生产，其系统包括活动台、固定在台上的模具、压力柱筒的套筒压榨机；②自动填充隧道式压榨：已装好的模子到达传送系统上，3或5个一排，自动由气力推动装置送入自动填充隧道式压榨器；③传送压榨：应用于当预压榨和最终压榨时间间隔应最小的情形，如图8－20所示；④连续预压系统即集连续预压榨，切坯和装模机于一体称之为Casomatic的系统。

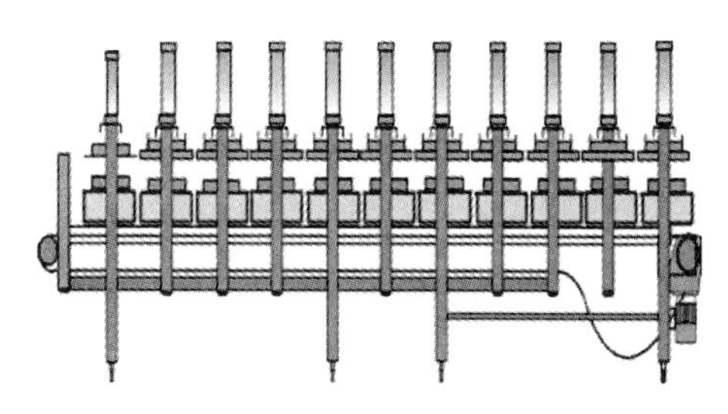

图8－20　传送压榨

压榨结束后，从成型器中取出干酪，并切除多余的边角，此时的干酪称为生干酪（Green Cheese或Unripened Cheese）。

3. *冷却*

某些干酪经压榨后，需盐渍再贮存发酵，但压榨后不能立即盐渍，这是因为此时酸化过程还未结束，盐分会破坏干酪表皮中的乳酸菌，阻止其继续发酵产酸。因此，干酪需静置冷却一段时间方可盐渍。

另外，由于酪蛋白的持水性随温度的降低而增加，盐渍前的冷却将有利于凝乳颗粒吸收残留在间隙中的乳清后膨胀，以促进凝乳颗粒完全融合。

若未经膨胀便进行盐渍，则高浓度盐水将渗入凝乳粒并从中提取水分，导致凝乳粒收缩，粒与粒之间的间隙增大，造成干酪表皮粗糙。

冷却还可减缓产香菌株的柠檬酸代谢，延长发酵过程，防止因CO_2产生的太早、太快而形成过多不规则孔眼。

冷却方式包括：①置于冷空气中冷却；②把干酪置于冷水中冷却。

（八）加盐或盐化

一般而言，在乳中不含任何抗菌物质的情况下，在添加原始发酵剂5～6h后，pH值在5.3～5.6时，开始在凝块中加盐。

加盐量按成品的含盐量确定，一般为0.5%～3%。而蓝霉干酪或白霉干酪的一些类型如Feta等的盐含量通常在3%～7%。不同类型干酪的盐含量如表8－6所示。

表8－6　不同类型干酪的盐含量

干酪类别	盐含量/%
农家干酪	0.2～1.0
埃门塔尔	0.4～1.2
高达	1.5～2.2
契达	1.75～1.95
Limburger	2.5～3.5
Feta	3.5～7.0
Gorgonzola	3.5～5.5
其他兰纹干酪	3.5～7.0

1. 加盐的目的

①防腐即防止和抑制杂菌的繁殖。

②调节或限制发酵剂的活力，降低成熟期中发酵剂的作用。

③盐加入凝块而导致排出的水分更多，增加干酪硬度，这是借助于渗透压的作用和盐对蛋白质的作用，渗透压可在凝块表面形成吸附作用，导致水分被吸出。

④促进干酪成熟过程中的物理化学变化。

⑤改善干酪的风味、组织和外观。

⑥加盐引起的副酪蛋白上的钠和钙交换会给干酪的组织带来良好的作用，使其变得更加光滑。

2. 加盐的方式

①向原料乳中（用于少数品种）或乳清（即后期搅拌时加盐，但目的主要是调整干酪的水分含量，而不算起到真正盐渍的作用）中加盐。

②将堆积形成的大干酪凝块破碎并向其表面散布适量盐，搅拌均匀后静置一段时间以使盐分吸收。

③干法加盐（干腌法）：将定量的干燥盐粉或将其与少量水混合形成的盐浆状物，直接涂布于已彻底排放乳清的凝块上或干酪粒中，或压榨成型的生干酪表面（如 Camembert），称为表面盐化（Dry-salted）。为了充分分散，凝块需进行 5 ~ 10min 的搅拌。

④盐水浸渍（湿盐法）：将压榨成型后的生干酪浸渍在一定浓度的盐水中，称为浸渍盐化（Brine-salted）。盐水浓度第 1 ~ 2 天为 17% ~ 18%，以后保持 20% ~ 23% 的浓度。为了防止干酪内部产生气体，盐水温度控制在 8℃左右，浸盐时间 4 ~ 6 天（如 Edam，Gouda）。

干酪生产中，浸渍盐化较常用，此法有利于干酪对盐分进行均匀充分的吸收。

⑤混合法：对部分干酪品种，还可采取几种添加方式相结合的办法对干酪进行盐化。如 Swiss 和 Brick 干酪，在定型压榨后先涂布食盐，过一段时间后再浸入食盐水中的方法。

3. 盐分的处理

盐水和干酪间的渗透压不同，导致一些溶于水的物质如乳清蛋白、乳酸和盐随水分从干酪中流出，并代之以氯化钠。但盐水具有腐蚀性，换热器的材料必须耐腐蚀，如钛钢。

盐水需要过滤除杂、除菌和加热处理。

对微生物的控制方法有：①对盐水进行巴氏杀菌处理，但巴氏杀菌破坏了盐水的盐平衡并导致磷酸钙沉淀，一些磷酸钙盐会粘在换热板上，而另一些将沉淀到盐池的底部成为污泥；②在设计盐水系统时，避免消毒后的盐水与未消毒的盐水混合；③盐水处理的另一种方法是加入化学物质，如次氯酸钠、山梨酸钾/钠等，但化学品的使用必须符合法规的要求；④其他杀菌方法还有让盐水流经紫外线、过滤或微滤等。

4. 盐渍系统

常用系统是将干酪放置在盐水容器中，容器应置于 4 ~ 12℃的冷却间。以浅盐浸泡或容器浸泡为基础的各种系统可用于大量生产盐渍干酪。如图 8 - 21 所示。

（1）表面盐化（表面浅浸盐化）　在盐化系统中，干酪被悬浮在容器内进行表面盐化，为保证表面润湿，干酪浸在盐液液面之下。

（2）深浸盐化　带有可绞起箱笼的深浸盐化系统也是基于同样的原理。笼箱大小可按

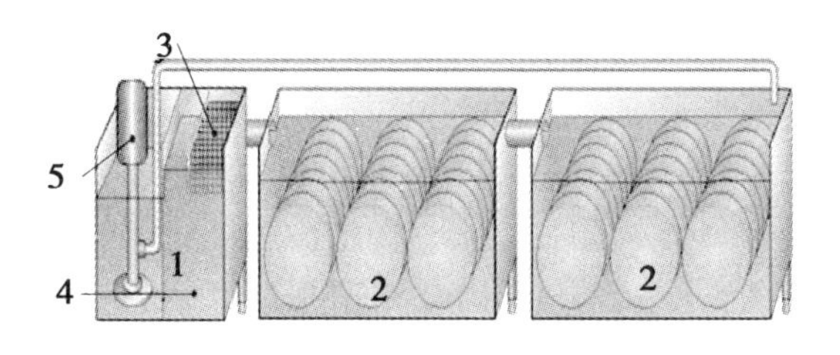

图 8－21　带有容器和盐水循环设备的盐渍系统

1. 盐溶解容器　2. 盐水容器　3. 过滤器　4. 盐溶解　5. 盐水循环泵

生产量设计，每一个笼箱占一个浸槽，槽深 2.5～3m。

为获得一致的盐化时间（先进、先出），当盐浸时间过半时，满载在笼箱中的干酪要倒入到另一个空的笼箱中继续盐化，否则就会出现所谓先进、后出的现象，在盐化时间上，先装笼的干酪和最后装笼的干酪要相差几个小时，因此，深浸盐化系统总要多设计出一个盐水槽以供空笼使用。

（3）格架盐化系统　另一种深浸盐化系统使用格架，格架能装入由一个干酪槽生产的全部干酪。所有操作过程可全部自动化进行：装入格架、沉入盐液、从盐水槽中绞起，并导入卸料处等。如图 8－22 所示。

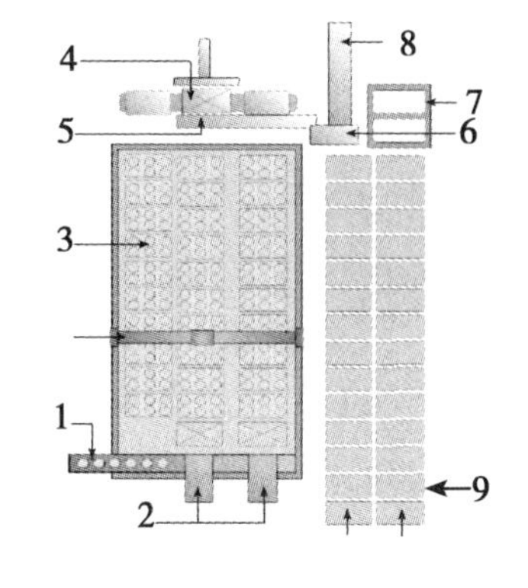

图 8－22　格架盐化系统

1. 供料传送装置　2. 机械装料装置　3. 格架盐化　4. 机械卸料装置　5. 卸料输送装置　6. 提升装置　7. 冲洗槽　8. 传送带　9. 悬空的输送升降装置

5. 影响盐渍的因素

在盐渍过程中，NaCl 进入干酪内部，乳清则由干酪内部排出到盐水中，而且乳清的排出量大于盐分的吸收量，因此，盐渍后的干酪质量将减轻，减少量约为干酪质量的2%～5%。

影响盐渍的因素如下。

（1）盐水浓度　通常 15%～25%。浓度越高，被吸收的盐量越大。在低浓度（<16%）时，酪蛋白膨胀，干酪表面因酪蛋白再溶解而变黏。

（2）盐水的温度　盐分的扩散速度与温度有关，盐水温度升高，其扩散和吸收速度增加。一般夏天 12℃，冬天 12～14℃。

（3）盐化时间　取决于盐浓度、干酪大小、盐的温度和盐含量。

（4）盐水的微生物控制　一些耐盐的微生物能降解蛋白质，给干酪带来黏腻的表面；其他一些微生物能引起色素形成或表面脱色，当使用低浓度盐水（<13%）时，来自盐水的微生物引发缺陷的风险很大。

（5）干酪的外形和大小　小而扁平的干酪对盐分的吸收较快，球形干酪对盐分吸收较为均匀。

（6）干酪的含水量　含水量较高的干酪吸收盐分的速度较高，这是因为盐分扩散是通过干酪中的液体成分进行的，干酪水分多，则盐分扩散状况好，吸收速度快。

（7）含脂率对渗透的影响　脂肪球具有阻塞酪蛋白网络结构的作用，因此，盐在高含脂率的干酪中渗透所需时间较长。

（8）盐渍前干酪的干燥情况　如果干酪在盐渍前进行冷却和干燥，其表皮将变得紧密，不易渗透，因此，吸收盐分较慢。

（9）pH值对盐吸收率的影响　盐水的pH值应与干酪保持一致，一般5.2～5.3。如果盐水pH值过高，则干酪外皮会变黏，甚至引起盐水腐败，此时可添加盐酸进行调节。

干酪中部分钙非常松散地与酪蛋白连接，而松散键接的钙的数量决定了干酪的组织状态。盐化时，松散键合的钙通过离子交换被钠所取代。为防止干酪表面出现黏滑（因Ca^{2+}缺乏而引起的蛋白质降解），需在新鲜盐水中添加适量的$CaCl_2$，以保证盐水中Ca^{2+}的浓度与干酪液相中的Ca^{2+}浓度相等。

松散键接的钙对H^+很敏感。H^+越多，离开酪蛋白胶束的Ca^{2+}越多，H^+取代了钙离子。在盐化中，H^+不会被盐水中的Na^+取代，这意味着：pH值5.8～6时，酪蛋白含钙高，最终更多的钠会键合到酪蛋白胶束上，而干酪将会较软并在成熟中进一步失形；pH值5.2～5.6时，有足够的Ca^{2+}和H^+交换，并键合足够多的Na^+，其结果是干酪组织状态良好、有弹性；低pH值（<5.2）时，干酪将包容更多的H^+，Na^+因不能替换H^+，干酪的组织将会变硬、变脆。

总之，酸化程度较弱、pH值较高的干酪吸收盐分的速度较高，因此，保证干酪在盐化之前的pH值为5.4左右是很重要的。

（九）干酪的贮藏成熟

除了鲜干酪以外，其他干酪在盐渍后须储存一段时间，在此期间干酪进入储藏成熟阶段。

1. 成熟的定义

将生鲜干酪置于一定温度（5～15℃）和RH（85%～90%）条件下，经一定时间（2周至2年），使干酪中所含脂肪、蛋白质及碳水化合物在微生物和凝乳酶的作用下分解并发生一系列的物理、化学及生化反应，形成干酪特有风味、质地和组织状态的过程，称为干酪的成熟。

这些变化涉及乳糖、蛋白质和脂肪，并由三者的变化形成成熟循环。这一循环随硬质、中软质和软质干酪的不同而有很大区别。

2. 成熟的目的

在适当的贮存条件下，干酪的成熟过程可改善干酪的组织状态和营养价值，增加干酪的特有风味。

但成熟过程中，要防止水分蒸发和微生物污染造成的变质。

3. 成熟的条件

在贮存室中，不同类型的干酪要求不同的温度和RH。环境条件对成熟的速率、质量损失、硬皮形成和表面菌丛至关重要。

干酪的成熟通常在成熟库（室）内进行。成熟时低温比高温效果好，一般为5～15℃/RH85%～95%。当RH一定时，硬质干酪在7℃下需8个月以上的成熟，在10℃时需6个月以上，而在15℃时则需4个月左右；软质干酪或霉菌成熟干酪需20～30天。

各种干酪的储存条件和成熟时间见表8－7。

表 8－7　各种干酪的储存条件和成熟时间

干酪种类	温度/℃	空气相对湿度/%	成熟时间/天
表面菌群成熟的软质干酪（如 Meshanger）	12～14	95	15～20
具有红斑的软质干酪（如 Muenster）	12～16	通常 >95	35
白霉干酪（如 Camdmbert）	（1）10 天，11～14	80～90	35
	（2）4（已包装）		
青纹干酪（如 Roquefort）	7～10	95	100
Gouda 和 Edam 类	12～16	85～90	50～300
表面菌群成熟的半硬质干酪（如 Tilsiter）	12～16	90～95	150
表面菌群成熟的硬质干酪（如 Gruyere）	（1）2 周，10～14	高	—
	（2）5～10 周，16	85～90	—
	（3）其余时间，10～14	85	300
Emmentaler	（1）2 周，10～14	80～85	—
	（2）5～10 周，20～24	80～85	—
	（3）其余时间，10～14	85	100～200
Cheddar types	（1）2 周，12～16	75～80	150
	（2）其余时间，5～7		
Parmesan	（1）1 年，16～18	80～85	—
	（2）1 年，10～12	85～90	700

通常，最初几周内成熟温度较高（这一时期称为发酵储存）；当成熟达到一定程度时，降低成熟温度进行贮存（称为成熟储存），在此期间，干酪的成熟过程继续进行，只是速度较慢。

特定的温度和 RH 组合在成熟的不同阶段，必须在不同贮存室中加以保持，不同干酪的成熟条件如下。

（1）契达类干酪　在低温下 4～8℃，RH < 80%，这些干酪在被送去贮存前，通常被包在塑料膜或袋中，装于纸盒或木盒中。成熟时间变化较大，1～10 个月不等。

（2）埃门塔尔干酪　见本节“4. 成熟的过程”。

（3）表面黏液类干酪　包括 Tilsiter 等，贮存于发酵室约 2 周，14～16℃/RH 约 90%，在此期间，表面用特殊混有盐液的发酵剂黏化处理，一旦达到一层符合要求的黏化表面，干酪即被送入发酵室，在 10～12℃/RH90% 下进一步发酵 2～3 周。

最后，黏表面被洗去后，干酪被包装于铝箔中，送入冷藏室于 6～10℃/RH70%～75% 下贮存，直至出售。

能进行干酪表面成熟的微生物种类很多，异质化程度也大，并按一定顺序生长。如酵母菌首先生长，使 pH 值升高，为棒状杆菌和节杆菌的生长提供条件。

（4）其他硬质和半硬质干酪　如哥达干酪，可首先在干酪室中于 10～12℃/RH75% 下贮存 2 周。随后在 12～18℃/RH75%～80% 下发酵 3～4 周，最终干酪送入 10～12℃/RH75% 下贮存室中。在此，干酪形成最终的特有品质。

4. 成熟的过程

（1）前期成熟　将待成熟的新鲜干酪放入温度、湿度适宜的成熟库中，每天用洁净的棉布擦拭其表面，防止霉菌繁殖。为了使表面的水分蒸发均匀，擦拭后要反转放置。此过程一般要持续15～20天。

(2) 上色挂蜡　为了防止霉菌生长和增加美观，将前期成熟后的干酪清洗干净后，用食用色素染成红色（也有不染色的）。待色素完全干燥后，在160℃的石蜡中进行挂蜡。所选石蜡的熔点以54～56℃为宜。

为了食用方便和防止形成干酪皮（Rind），现多采用塑料真空及热缩密封。

(3) 后期成熟和贮藏　为了使干酪完全成熟，以形成良好的口感和风味，还要将挂蜡后的干酪放在成熟库中继续成熟2～6个月。

成品干酪应放在5℃/RH80%～90%条件下贮藏。

例如，埃门塔尔干酪的成熟，最初成熟温度为8～12℃，保持2～3周；然后再将温度提高到20～25℃，维持2～7周，贮存室湿度通常为80%～90%，以促进丙酸细菌的生长，从而提高乳酸向丙酸和乙酸的转化程度；最后将温度降至4℃保存。

冷藏可延长干酪货架期，但干酪不耐冷冻，因为冷冻会破坏酪蛋白的网状结构，干酪松散易碎。

5. 干酪成熟过程中主要成分的代谢

除了鲜干酪外，其他干酪在经凝块化处理后，都要经过一系列的微生物、生物化学和物理方面的变化。

从生干酪到成熟干酪主要包括3方面的生化变化：糖代谢、脂肪代谢和蛋白质代谢，这些变化将生成大量风味物质，同时赋予干酪特殊的组织结构和质地。

(1) 糖代谢　生产中大部分乳糖（98%）随乳清一起被排出干酪体系，新鲜的干酪凝块中残留1%～2%的乳糖。

乳糖的发酵是由出现于乳酸菌中的乳糖酶引发的，生产不同品种的干酪采用不同的技术，一个总的方针是控制和调节乳酸菌的生长和活力，并因此影响乳糖发酵的程度和速度。在契达干酪生产中，乳糖在凝块上模前已经发酵，乳糖的绝大部分降解发生在干酪的压榨过程中和贮存的第一周或前两周。

多数干酪，凝块成型时的pH值为6.2～6.4。由于此时暂不进行盐化处理，干酪中的发酵剂微生物可在12h内将其中存留的乳糖代谢完全，生成乳酸。

如果加工过程中采用加入热水的方式进行热烫处理（如荷兰干酪），则糖代谢后凝块中的乳酸含量约1.0g/100g干酪；而对于不用热水处理的干酪，如瑞士埃门塔尔和意大利帕尔马干酪，乳酸浓度约1.5g/100g干酪。

干酪中的乳酸变化依干酪的品类而异。在契达干酪和荷兰干酪中，L（+）-乳酸在酶的催化作用下转化成外消旋乳酸的混合物。乳酸的这种构象变化并不会对干酪的风味产生影响，但是，如果D（-）-乳酸（盐）的含量过高，将会与Ca^{2+}反应并在干酪表面形成不溶性的乳酸钙结晶。

对于契达干酪，凝块成型时pH值较低（约5.4），而且盐化处理在干酪成型和压榨之前完成；较高的酸度和较快的盐渗透速度限制了微生物的糖酵解过程，减缓了乳糖代谢生成L（+）乳酸的速度。虽然如此，耐盐的发酵剂微生物仍然能使生干酪中的乳酸含量达1.5%左右。

在干酪中生成的乳酸有相当一部分被乳中缓冲物质所中和，绝大部分被包裹在胶体中，这样，乳酸以乳酸盐的形式存在于干酪中。在最后阶段，乳酸盐类为丙酸菌提供了适宜的营养，而丙酸菌又是埃门塔尔等干酪微生物菌丛的重要组成部分。

一些干酪的发酵剂不仅使乳糖发酵，而且可利用干酪中的柠檬酸，因此，除了生成丙酸、醋酸，还生成了大量的 CO_2 气体，气体直接导致干酪形成圆孔眼或不规则孔眼。

丁酸盐也可分解乳酸盐类，如果条件适宜，这种类型的发酵就会生成氢气、一些挥发性脂肪酸和 CO_2。这一发酵往往出现于干酪成熟的后期，氢气实际上会导致干酪的胀裂。

然而，契达干酪的生产中，如果凝块中的盐浓度过高，发酵剂微生物的生长便会受到抑制，而残余乳糖的降解则由非发酵剂乳酸菌完成，产物为 DL-乳酸。

另外，乳酸可氧化生成乙酸，这个反应进行的程度主要取决于凝块中 O_2 的含量，也就是说与包装材料对 O_2 的渗透性能有关。

对于表面成熟的干酪，表皮中的乳酸被霉菌和酵母菌代谢生成 CO_2 和 H_2O，由此导致干酪表皮的 pH 值升高，内部乳酸向外扩散。在成熟阶段，干酪的 pH 值在从表皮到中心的方向上呈梯度递减趋势，而乳酸浓度则在同方向上呈相应的梯度递增趋势。

对于霉菌表面成熟（Surface Mould-rippened Cheese）和棒状杆菌表面成熟（Surface Smear-rippened Cheese）的干酪而言，pH 值升高将有助于软化干酪的质地，改善产品的组织状态。

通常，在成熟过程中干酪的 pH 值会有所升高，但升高的程度依干酪的品类而有所不同，如荷兰干酪和瑞士干酪的 pH 值升高的程度较大，达 pH 值 5.8 左右；而英式契达干酪的 pH 值变化程度较小。在 pH 值 5.2 左右，干酪具有较大的缓冲能力，因此，要使初始时较低的 pH 值发生改变存在很大困难。

对于契达干酪，由于加工过程中采取加入热水的方式进行热烫处理，大部分乳糖随乳清和热水一起排出，而干酪中残留的极少量乳糖在短时间内被乳酸菌利用。当乳糖消耗完毕时，干酪的 pH 值开始上升。

相反，对于乳糖含量较高的干酪凝块来说，在乳糖没有耗尽的情况下，pH 值始终呈现出缓慢下降的趋势。因此，低乳糖干酪表现出清爽、温和的风味；而高乳糖含量的干酪则由于具有较低的 pH 值而呈现出浓郁、刺激的风味。

在瑞士干酪中，乳酸菌代谢乳酸生成丙酸、乙酸、CO_2 和 H_2O（见下式），其中 CO_2 与瑞士干酪中孔眼的形成有关，而丙酸和丁酸有助于改善干酪的风味。

$$3CH_3CH(OH)COOH \rightarrow 2CH_3CH_2COOH + CH_3COOH + CO_2 + H_2O$$

在许多干酪品种中，乳酸盐可被梭状芽孢杆菌的某些菌株代谢生成丁酸和 H_2，这将分别导致干酪的风味恶化和气体外逸。因此，需要对生产环境的卫生情况加以严格控制，以防止梭状芽孢杆菌对干酪的污染。对于原料乳中的孢子，可采用离心或细菌过滤的方式除去，或者向原料乳中添加一定量的 KNO_3 或融解酵素来抑制孢子的萌发。

图 8－23 给出了干酪成熟过程中乳糖代谢途径以及以乳酸为底物的代谢过程。

需注意在干酪生产过程中，应使生干酪中的乳糖在较短的时间内代谢完全，否则非发酵剂微生物将会利用乳糖代谢生成不希望的化合物，从而损害干酪的风味和品质。

另外，对于某些特殊处理的干酪，如意大利莫札瑞拉干酪需要加热处理，而帕尔玛干酪需要在低水分活度的环境中贮存等。残留乳糖会发生美拉德反应，生成色素物质，影响干酪的外观。因此，这些干酪的加工过程中，把能够代谢半乳糖的乳杆菌菌株引入发酵剂中，将有助于彻底降解干酪中的乳糖或半乳糖，改善其产品品质。

在干酪中生成的乳酸有相当一部分被乳中缓冲物质所中和，并且大部分被包裹在胶体

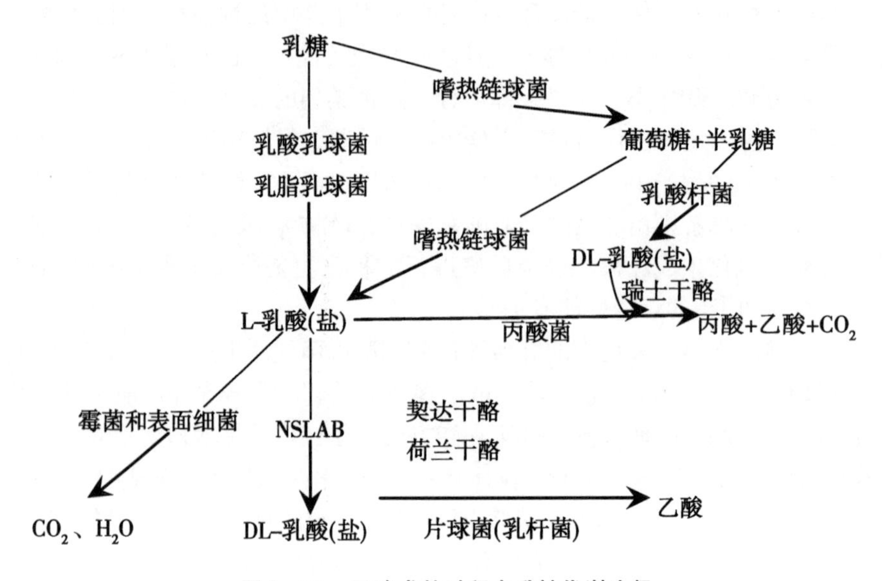

图 8－23　干酪成熟过程中乳糖代谢途径

中，这样，乳酸以乳酸盐的形式存在于干酪中。

（2）脂肪水解　多数干酪中，脂肪分解的程度相当有限。某些意大利干酪如 Pecorino 羊乳干酪的脂肪分解程度较高，这是由于加工使用的凝乳酶中含有脂酶 PGE（Pregastric Esterase）造成的。

另外，在霉菌干酪中脂肪降解较为普遍，这主要是因为根毛霉、某些青霉菌菌株（如洛克菲特青霉菌和卡曼贝尔青霉菌）均可分泌高活力的脂肪酶。很多干酪表面的产黏性微生物，也能分泌脂肪酶和酯酶。

游离脂肪酸（尤其是挥发型的短链脂肪酸）将有助于改善其产品的风味及口感，而且这些游离脂肪酸还可进一步转化成多种风味化合物，主要包括甲基酮类物质、酯类物质、硫酯类物质、内酯类物质、乙醛、乙醇等。干酪成熟过程中脂肪的降解如图 8－24 所示。

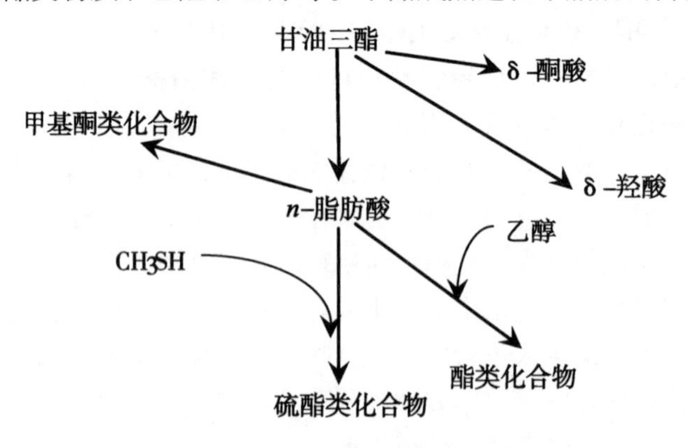

图 8－24　干酪成熟过程中脂肪的降解

在契达、荷兰和瑞士干酪中，较低浓度的挥发性短链脂肪酸具有令人愉快的香味，但只要脂肪水解稍微过量便会导致干酪风味的恶化，甚至形成恶臭。

相对于巴氏灭菌乳制成的干酪而言，采用生乳制成的干酪具有较高的脂肪水解率，其主要原因是生乳中含有某种特殊的微生物，能够分泌大量耐热性脂肪酶。

对于表面霉菌成熟的干酪来说，脂肪分解对产品的品质并没有显著的影响，但对于青纹干酪特殊风味的形成则是必需的。这是因为形成其特殊风味的化合物主要来源于甲基酮类物质，而这种物质是脂肪降解之后的脂肪酸经过β-氧化反应的重要产物（由洛克菲特青霉菌分泌的脂肪酶的催化），因此，脂肪分解直接影响青纹干酪的感官品质。

在细菌表面成熟的干酪中，脂肪分解水平较低，而且对于这种具有浓郁风味的干酪而言，由脂肪分解产生的风味物质对干酪品质的改善就显得微不足道。

（3）蛋白质降解　干酪的成熟，尤其是硬质干酪或内部细菌成熟的干酪的成熟，关键标志是蛋白质的降解作用。蛋白质降解可以改善干酪的组织结构和质地，并能生成多种具有典型风味的氨基酸和短肽等，因此，对改善干酪的风味及口感等具有重要的意义。

成熟期间，蛋白质的变化程度常以总蛋白中所含水溶性蛋白质和氨基酸的量为指标。水溶性氮与总氮的百分比被称为干酪的成熟度，随着成熟期的延长，水溶性含氮物增加。一般硬质干酪的成熟度为30%，软质干酪为60%。

干酪成熟的主要指标的测定：水溶性氮（Water Solubale Nitrogen，WSN）：取干酪样品5.0000g，加10ml蒸馏水，匀浆（6 000r/min）1min，定容到100ml，混合物在50～55℃下保温0.5h，并不断摇动，然后离心20min，取上清液1ml定氮；非蛋白氮（Non Protein Nitrogen，NPN）：取干酪样品2.0000g，加10ml质量分数为12%的TCA溶液，匀浆（6 000r/min）1min，用12%的TCA溶液定容至100ml，放置一夜，离心20min后，取上清液1ml定氮。

图8-25是干酪成熟过程中WSN/TN、NPN/TN的变化。

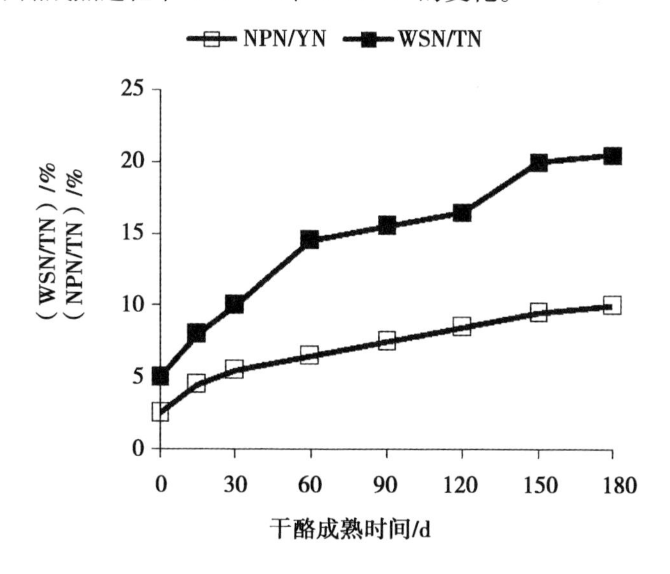

图8-25　干酪成熟过程中WSN/TN、NPN/TN的变化

①干酪中参与蛋白质水解的酶类。干酪中含有多种蛋白酶和肽酶，包括凝乳酶、微生物产生的酶、胞质素、纤维蛋白溶酶等；它们主要来源于凝乳剂、原料乳、乳酸菌、丙酸细菌、短杆菌等。

原料乳中的蛋白酶：生乳中含有大量来自于牛体的蛋白酶，主要是纤溶酶（Plasmin）。在内部细菌成熟的干酪中，纤溶酶主要负责β-CN 的水解。因此，对于经过热水处理或者成熟阶段 pH 值显著升高的干酪而言，由于其中的凝乳剂大部分变性失活，纤溶酶对蛋白质的水解作用就显得特别重要。

凝乳剂：大部分添加到干酪中的皱胃酶随乳清一起排出干酪系统，或在干酪加工中失活。一般，热烫温度 >55℃，几乎全部皱胃酶失活，热烫温度 <40℃，则有 5% ~30% 的酶不被破坏。

乳酸菌中的蛋白水解酶：相对于其他微生物，乳酸菌的蛋白水解能力较弱。

②干酪中的蛋白质水解特征：干酪的蛋白质水解程度和水解方式，是衡量干酪成熟度和产品质量的重要标准。

凝乳酶和纤溶酶分别水解 αs1-CN 和 β-CN 生成不溶于水的较大的肽段，它们多属于底物分子的 C 末端；它们完成了蛋白水解的第一步。

对于水溶性的肽段，则先是由凝乳酶和纤溶酶降解成较大肽段，再经过乳酸球菌胞膜蛋白酶水解所得，它们多属于底物分子的 N 末端。

对于低温热烫干酪，由凝乳酶和纤溶酶所引起的蛋白质水解反应与契达干酪中的反应基本一致。对于高温热烫干酪（如埃门塔尔干酪等），凝乳酶大部分失去活力，蛋白质水解主要由纤溶酶和胞质素来完成。

对于半软质干酪，如太尔西特和 Limburgar，两种成熟过程平行起着作用。一种是硬质凝乳酶干酪的一般成熟过程，另一种是在表面进行的黏化菌过程。在后一过程中，蛋白质降解进一步持续直至最终产生氨，这是黏液菌的强蛋白分解作用的结果。

氨基酸和某些短肽具有令人愉快的香味，它们在一些酶的作用下，可进一步转化成多种具有良好风味的挥发或不挥发性的小分子物质，如胺类化合物、有机酸、羰基化合物、氨以及含硫化合物等。

对于细菌表面成熟的干酪，胺类化合物对特殊风味的形成尤为重要，而含硫化合物，尤其是巯基甲烷，则是契达干酪中风味物质的重要成分。

对于干酪中氨基酸的代谢缺乏详细研究，但在细菌表面成熟的干酪中，棒状杆菌参与氨基酸的代谢，但参与催化反应的酶尚不清楚。目前，已从乳酸球菌细胞中分离获得了一种能够将 Met 降解生成巯基甲烷的 C-S 裂合酶。

（4）柠檬酸代谢　乳中约有 1.8g/L 的柠檬酸，其中，94% 以溶解状态存在于乳清中，并在干酪加工过程中随乳清一起排出干酪体系，而其余少量柠檬酸以胶体状态存在于干酪的凝块中。

对于荷兰干酪，发酵剂中某些可以进行柠檬酸代谢的菌株，如乳酸乳球菌乳酸亚种和明串珠菌的某些亚种，可将柠檬酸代谢生成双乙酰和 CO_2，其中，双乙酰是干酪中的重要风味物质，而 CO_2 与荷兰干酪特有的小型孔眼的形成有关。

在契达干酪中，柠檬酸被嗜温型的乳酸杆菌和片球菌缓慢代谢，主要生成甲酸和 CO_2，而后者会导致干酪质地疏松，易于破碎。

当乳酸菌发酵柠檬酸和乳糖时，形成 CO_2 收集在凝块中，在圆孔干酪中形成独特的孔眼（注意丙酸菌代谢也可产生 CO_2）。

6. 干酪加速成熟

干酪的成熟过程较慢，不易控制。为此，20 世纪 50 年代开始研究在不改变干酪原有风味的前提下，缩短成熟时间的有效方法。

加速干酪成熟的传统方法是加入蛋白酶、肽酶和脂肪酶、提高成熟温度等；现在的方法是加入脂质体包裹的酶类、基因工程修饰的乳酸菌等。

（1）提高成熟温度　提高温度对于生产较为简便，可以加快风味物质的形成，但会引发产品风味的下降和杂菌的生长。

（2）添加外源酶　单独或联合添加不同来源的蛋白酶、肽酶、脂肪酶和酯酶，可加快干酪生产的速度，但可导致干酪产量的降低和苦味的出现，并会引起干酪质地软化。

（3）辅助发酵剂　筛选出具有良好产酶活性和自溶能力的微生物，将其作为辅助发酵剂添加到干酪中，以增加体系中微生物的种类和数量，同时改善产品的风味和质地，是生产干酪的一个重要措施。

另外，向原料乳中添加不发酵乳糖的突变菌株也是一个增加酶产量、减缓产酸速度的办法。例如，向契达干酪中添加乳糖阴性（Lac-）突变菌株，可降低产品中苦味物质的含量，加速风味物质的生成。

（4）增加乳酸菌的数量　主要是添加经灭活的乳酸菌，使其丧失产酸能力，但保持蛋白分解能力。

（5）增加发酵剂细胞的溶解能力。

7. 影响成熟的主要因素

（1）温度　温度越高，成熟越快，但同时杂菌引起腐败的风险也越大。如干酪表面发霉以及丁酸发酵（Butyric Fermentation），干酪在成熟前期温度低，同时，加盐均匀可有效防止丁酸发酵。温度太低，成熟速度太慢，干酪风味平淡无特点。

干酪在较高温度下成熟一段时间再进行低温成熟可减慢持续的成熟过程，可防止干酪出现的缺陷，特别是软质和预包装的干酪常用这一形式来贮存。

（2）水分　水分增加，成熟度增加。干酪微生物缺陷的发生与蒸发速度和程度有关，开始时贮存室 RH 适当低些，空气流速适当高些，这样，干酪中水分的蒸发可使干酪皮变得较硬。另外，干酪在贮存过程中不应干得太快，特别是刚刚完成盐渍后，如果水分蒸发得太快容易造成干酪皮出现裂纹。

（3）质量　在同一条件下，质量大的干酪成熟度好。

（4）食盐　食盐多的干酪成熟较慢。

（5）凝乳酶量　酶量增加，成熟加快。

（6）空气湿度和流速　影响干酪水分的蒸发，并且空气湿度对干酪皮上的微生物生长有很大影响，为使干酪保持较好的形状，成熟的干酪要经常翻转，以促进整个干酪表面需氧菌的生长，并可防止好气性微生物在干酪块与干酪架间的生长。

（十）干酪皮的处理

1. 表面具有特定菌群的干酪

（1）具有红斑的干酪　对于这类干酪，棒状杆菌是必不可少的。如果干酪表面的 pH 值太低，棒状杆菌不生长。

定期清除表面或用水及浓度低的盐水清洗干酪有助于形成均一的黏性层，黏性层可以抑制霉菌的生长；但清洗不能太频繁或强度不能太大，否则会清洗掉必需菌。

随储存时间的延长，黏性层逐渐变干，之后一些干酪会涂上乳胶（Latex）。

（2）白霉干酪（White-molded Cheese）　在盐渍及部分干燥后，将霉菌培养物喷洒在干酪表面，或霉菌的孢子也可在干酪乳中或盐水中添加。

调整成熟室的温度以及提高 RH 有助于霉菌的生长；此外，光线较暗的情况下可以促进白霉的生长。

（3）青纹干酪　在成熟开始前，用针在干酪上打孔。圆柱形的干酪块在圆形的一侧放置，有助于空气进入孔中，这样，可促进添加剂到凝块中的霉菌生长，在相对较低的温度和较高的湿度下成熟。

多数青纹干酪表面无需形成大量的菌群，因而表面要保持干净。

2. *表面无特定菌群的干酪*

（1）硬质和半硬质盐渍干酪　这类干酪皮上微生物的生长会影响干酪的质量，特别是风味和外观，尤其是霉菌、棒状杆菌和酵母。

为了避免杂菌生长，干酪皮表面应有涂层或外包装。目前，常用橡胶或塑胶乳液，如多聚乙烯、多聚丁酸乙烯。

在干燥时，形成连续的塑胶膜可防止水分的蒸发和机械损伤。这项涂层能以机械形式阻止霉菌的生长，但不完全。为了有效防止霉菌生长，橡胶乳液中可添加 Natamymin 等抗生素和山梨酸钾等防腐剂。

实际应用中，一般在干酪盐渍后很短时间内，在干酪各侧都用橡胶乳液处理，如果储存时间长的话，可以重复处理。

在处理前干酪表面必须要足够干，成熟室的条件要保证涂层快速干燥，如果干燥太慢，涂膜上会产生裂纹，导致霉菌在干酪上生长。

图 8－26　使用排架的干酪贮存库

在这个过程中要经常翻动干酪，经常清洗干酪架和保证干酪架的干燥。

（2）在凝块阶段加盐的干酪　契达干酪的水分占无脂干固物的 55%，这意味着契达干酪水分虽然在半硬质干酪的边缘，但仍被认做是硬质干酪类。

相对较干的干酪在压榨后常用石蜡进行处理，然后放入纸板箱或木箱中。开始时不要放得太密，这样有利于冷却。如果干酪在此阶段还发生脱水收缩（水分含量高、温度高），会在干酪皮和石蜡深层间形成液体层，这样腐败微生物会增殖。

图 8－26 是使用排架的干酪贮存库，排架或排架箱是一种广泛应用的贮存系统。调湿空气经塑料喷嘴被吹入每一层干酪，8～10kg 一块的干酪一层层地放置在干酪架的格板上，干酪架的间隔为 0.6m 宽，贮藏室中间主通道通常为 1.5～1.8m。

（十一）干酪的包装

干酪的包装具有双重目的：即防止水分过量损失；防止表面被微生物污染和染上灰尘。

包装的选择应考虑以下因素：干酪种类，对机械损伤的抵抗，干酪表面是否具有特定的菌群，对水蒸汽、氧气、CO_2、NH_3 及光线的通透性，是否容易贴标，是否会有气味从包装材料迁移到产品中，以及干酪的贮存、运输及销售系统等。

带有硬表皮的硬质或半硬质干酪，具有一层塑料或石蜡或蜂蜡的外装；无硬皮干酪，由塑料膜或可收缩塑料袋包装。

涂蜡时，干酪表面必须结晶干燥，否则干酪皮与石蜡间的微生物会生长造成干酪变质，特别是产气菌和产异味菌。

过去用于半硬质干酪的石蜡包装，现多涂以橡胶乳液（Latex Emulsion），也可用收缩膜如莎纶（Saran）包装后进行成熟。与通常成熟的干酪相比，其不同点为：干酪无硬皮；由于水分损失少，其组成更为均一；水分含量低；发酵剂不产生过多的 CO_2；成熟温度较低，风味较淡；蒸煮后的干酪块可紧紧堆在一起，无须翻转。

以下 4 个例子介绍了不同干酪的不同贮存条件。

①契达类干酪通常在低温下成熟，4～8℃/RH＜80%，干酪在被送去贮存前，通常被包在塑料膜或袋中，并装于纸盒或木盒中。成熟时间变化很大，可从几个月到 10 个月。

②埃门塔尔等干酪，需要贮存在一个“绿”干酪室中，室温 8～12℃，经 3～4 周后贮存在一个“发酵”室，条件为 22～25℃/RH80%～90%/6～7 周。

③表面黏液类干酪如 Tilsiter 等，贮存于发酵室约 2 周，条件为 14～16℃/RH 约 90%，在此期间，表面用特殊混有盐液的发酵剂黏化处理。一旦达到一层合乎要求的黏化表面，干酪即被送入发酵室。在 10～12℃/RH90% 条件下进一步发酵 2～3 周。最后，黏表面被洗去后，干酪被包装于铝箔中，送入冷藏室贮存，条件 6～10℃/RH70%～75%。

④其他硬质和半硬质干酪如哥达等，可首先在“绿”干酪室中于 10～12℃/RH75% 的条件下贮存两周。随后在 12～18℃/RH 75%～80% 的条件下发酵 3～4 周。最终干酪送入 10～12℃/RH 约 75% 的贮存室中。在此，干酪形成最终特有品质。

第四节　干酪的产量及其影响因素

干酪产量的定义：用特定数量经标准化的原料乳制得的干酪量，即 100kg 乳获得 Y kg 的产品，Y＝（脂肪＋蛋白质＋其他固体＋水）kg。

影响干酪产量的因素包括：

1. 乳的组成

季节（这个差别可达 10%）、泌乳期和长时间的冷藏等都会造成乳成分的变化。

2. 巴氏杀菌强度

变性的乳清蛋白可进入凝块，增加了无脂固形物的含量。即温度越高，产量越大。

3. 凝块切割的方式

影响脂肪流失于乳清中。

4. 凝块中的产酸量

造成磷酸钙流失于乳清中。

5. 干酪凝块的洗涤

在排出部分乳清后，向干酪槽中加入相当于凝块和槽内乳清总量 30%～40% 的水，会使产量降低 0.5%～1%。这是由于水洗造成凝块中细微干酪粒的流失，同时降低了乳糖的浓度，其次是造成小分子物质的流失。

6. 乳的冷藏

将引起蛋白质的水解，导致产量降低。

7. 乳腺炎的影响

严重的乳腺炎导致乳产量降低，酪蛋白含量和酪蛋白占总蛋白的比例也降低；同时，乳中的血纤维蛋白溶酶活性高，对蛋白质分解作用也强，这样也会影响干酪的产量。

8. $CaCl_2$

在乳中加入 $CaCl_2$ 可促进胶粒中胶体磷酸钙聚集，可使每 100kg 牛乳提高 30g 的产量。

9. 乳蛋白的遗传变异体（Genetic Variant）

具有不同乳蛋白遗传变异体的乳，其凝乳特性和干酪产量都有差异。

10. 凝乳酶类型

影响蛋白质的水解，特别是使用微生物凝乳酶凝乳。

11. 发酵剂

添加量越多，凝块中的变性乳蛋白也就越多，使产量增加。

12. 干酪在盐渍过程吸收的盐分

NaCl 的吸收明显影响干酪的产量。盐渍后的干酪，水分降低，质量也因此降低。当盐含量从 1% 增加到 3%，干酪的净重降低 2% ~6%，每千克干酪损失 1 ~3g 的非盐固体。

第五节　干酪的组织结构及干酪的质量控制

一、干酪的组织结构

干酪装模后几小时，副酪蛋白胶粒形成干酪的基质，直径约 100nm，基质空洞中充满脂肪球和乳清，水分在基质网络中仍可流动。

在 1 天内，基质发生变化，变得更为均一，此时可看到更小的脂肪球和蛋白粒子。干酪 pH 值 >5.2，粒子直径 10 ~15nm；而 pH 值 <5.0，直径多为 4nm，这时探测不到空洞中的乳清，这是由于磷酸钙的溶解以及成熟后其蛋白质水解造成的。

当硬质干酪成熟较长的时间如 4 个月，由于脂肪球膜被酶降解，脂肪球部分融合，此时，除了连续的水相外，也形成了连续的脂肪相。

对于一些干酪中呈圆形的干酪眼的形成，是由乳球菌分解柠檬酸（高达干酪）、丙酸菌分解乳酸（埃门塔尔干酪）或是乳杆菌分解氨基酸形成的 CO_2 造成的。一般而言，单一 CO_2 的产生不足以形成干酪眼，成熟过程中产生的 N_2、H_2 也参与其中。

干酪眼的形成须有核（Nuclei），乳中一些收缩的气泡可作为核，此外，在装模前乳清与凝块混合物中的一些细小分散的空气也可作为核。

如果发酵过程中产生太多的气体，特别是 H_2，会造成干酪破裂。

一些干酪中存在的孔不同于干酪眼，是由于凝块粒融合不好并混入空气造成的，这种混入空气形成的孔称为“机械孔”。（如果凝块在收集和压榨之前暴露在空气之中，凝块将不会完全融合）。

干酪的坚固性是指抵抗永久变形的能力，包括干酪的流变学及断裂性。干酪的坚固性变化很大，从刚性、石性到近乎流动性，或从类似橡胶、有弹性到脆性、可涂抹性。此外，同一块干酪其内部与外皮间坚固性也有很大差异，这些差异使得测定干酪的坚固性十分困难。

测定干酪的流变性特性有两种方法。一是在干酪块上施加恒定的压力，测定变形与时间的关系；二是对干酪块加以恒定的速度压缩，测定施加压力与压缩的函数关系。

在应力下干酪表现为具有黏弹性，起始时表现为纯粹的弹性变形（Elastic Deformation），为瞬间和可逆的，之后为纯粹的黏性变形，为永久的，且与施加应力的时间成比例。

干酪的硬度可定义为模数或断裂压力（Fracture Stress），在实际中，测定在给定速度和给定直径的冲头插入干酪所需的力。

干酪的温度、脂肪含量、水分含量、酸度、磷酸钙含量、盐含量及蛋白质的分解都会影响到干酪的坚固性。

二、干酪的质量控制

（一）物理性缺陷及其防止方法

1. 质地干燥

凝乳块在较高温度下“热烫”引起干酪中水分排出过多导致制品干燥，凝乳切割过小、加温搅拌时温度过高、酸度过高、处理时间较长及原料含脂率低等都能引起制品干燥。对此除改进加工工艺外，也可利用表面挂石蜡、塑料袋真空包装及在高温条件下进行成熟来防止。

2. 组织疏松

即凝乳中存在裂隙。酸度不足，乳清残留于凝乳块中，压榨时间短或成熟前期温度过高等均能引起此种缺陷。防止方法是进行充分压榨并在低温下成熟。

3. 多脂性

指脂肪过量存在于凝乳块表面或其中，其原因多是由于操作温度过高，凝块处理不当（如堆积过高）而使脂肪压出。可通过调整生产工艺来防止。

4. 斑纹

操作不当引起。特别在切割和热烫工艺中，由于操作过于剧烈或过于缓慢引起。

5. 发汗

指成熟过程中干酪渗出液体，其可能的原因是干酪内部的游离液体多及内部压力过大所致，多见于酸度过高的干酪。所以，除改进工艺外，控制酸度也十分必要。

（二）化学性缺陷及其防止方法

1. 金属性黑变

由铁、铅等金属与干酪成分生成黑色硫化物，根据干酪质地的状态不同而呈绿、灰和褐色等色调。操作时除考虑设备、模具本身外，还要注意避免外部污染。

2. 桃红或赤变

当使用色素（如安那妥）时，色素与干酪中的硝酸盐结合而成更浓的有色化合物。对此应认真选用色素及其添加量。

（三）微生物性缺陷及其防止方法

1. 酸度过高

主要原因是微生物繁殖速度过快。防止方法是降低预发酵温度，并加食盐以抑制乳酸菌繁殖；加大凝乳酶添加量；切割时切成微细凝乳粒；高温处理；迅速排除乳清以缩短制造时间。

2. 干酪液化

由于干酪中存在有液化酪蛋白的微生物而使干酪液化，此种现象多发生于干酪表面。引起液化的微生物一般在中性或微酸性条件下发育。

3. 发酵产气

通常在干酪成熟过程中能缓缓生成微量气体，但能自行在干酪中扩散，故不形成大量的气孔，而由微生物引起干酪产生大量气体则是干酪的缺陷之一。在成熟前期产气是由于大肠杆菌污染，后期产气则是由梭状芽孢杆菌、丙酸菌及酵母菌繁殖产生的。防止方法是将原料乳离心除菌或使用产生乳酸链球菌肽的乳酸菌作为发酵剂，也可添加硝酸盐，调整干酪水分和盐分。

4. 苦味生成

干酪的苦味是常见的质量缺陷。酵母或非发酵剂菌都可引起干酪苦味。极微弱的苦味可构成契达干酪的风味成分之一，这是由特定的蛋白胨和肽所引起。另外，高温杀菌、原料乳的酸度过高、凝乳酶添加量大以及成熟温度高均能产生苦味。但食盐添加量多时，可降低苦味的强度。

5. 恶臭

干酪中存在厌气性芽孢杆菌，会分解蛋白质生成硫化氢、硫醇、亚胺等，此类物质产生恶臭味。生产过程中要防止这类菌的污染。

6. 酸败

由污染微生物分解乳糖或脂肪等生成丁酸及其衍生物所引起。污染菌主要来自于原料乳、牛粪及土壤。

（四）发酵剂失常

有时会发生酸化缓慢或产酸失败等现象，原因：乳中含有抗生素；乳中含有噬菌体；乳品厂中使用的洗涤剂和灭菌剂残留。

第六节　著名干酪的加工工艺

一、新鲜干酪

酸凝乳及酸/热凝乳的干酪具有温和的酸味，通常不经过后期成熟便可食用，即新鲜干酪，其水分含量较高，不具有表皮层，并且乳糖含量较高，极易被酵母菌和其他腐败微生物所污染，从而缩短了产品的货架期。

相对于酸乳和其他发酵乳制品而言，新鲜的酸性干酪含水量则相对较低，如夸克（Quark）干酪和奶油状干酪，其原因是加工过程中使用了离心分离或超滤，降低了干酪水分；对于农家干酪而言，主要是由于凝块切割处理引起的干酪脱水收缩而造成的。

农家干酪（Cottage Cheese）是典型的新鲜干酪，在全球较为普及，美国的产量最大，是以脱脂乳、浓缩脱脂乳等为原料而制成的一种不经成熟的块状、并拌有稀奶油的新鲜软质干酪，具有温和的酸味。成品中常加入稀奶油、食盐、调味料等，作为佐餐干酪，一般多配制成色拉或糕点。

传统的农家干酪含有约79%的水分、16%的非脂乳固体、4%的脂肪和1%的盐。

农家干酪容易腐败，因此，制作农家干酪的所有设备及容器都必须彻底清洗消毒以防杂菌污染。而且，农家干酪在加工过程中需要进行彻底的水洗处理，因此，酸度较低。相对于其他的酸性新鲜干酪而言，其杀菌温度略高一些，其生产流程见图 8－27。

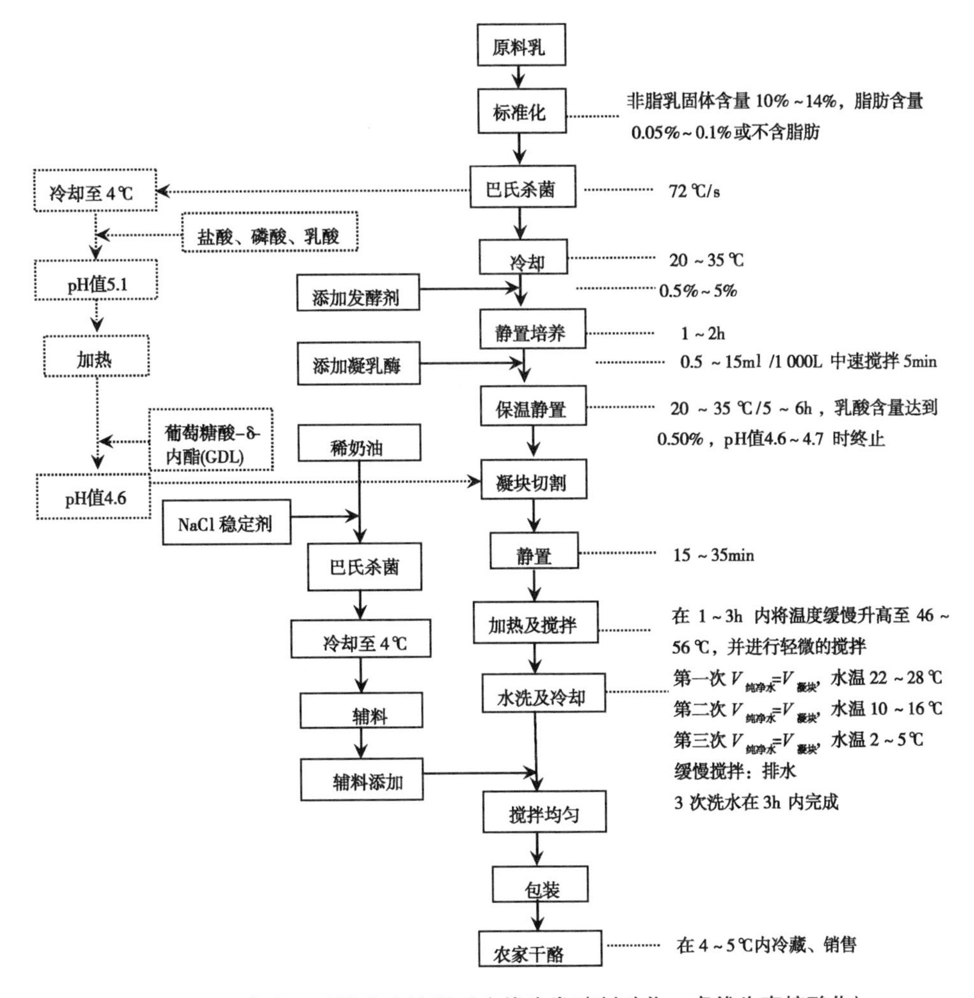

图 8－27 农家干酪的生产流程（实线为发酵剂酸化，虚线为直接酸化）

1. 原料乳及预处理

以脱脂乳为原料，进行标准化调整，使无脂固形物 >8.8%。然后对原料乳进行 63℃/30min 或 72℃/16s 的杀菌处理。

冷却温度应根据菌种和工艺流程来定，一般短时凝乳法为 32℃，长时凝乳法为 22℃，半时凝乳法 22～32℃。

2. 发酵剂和凝乳酶的添加

（1）添加发酵剂 将杀菌的原料乳注入干酪槽中，保持 22～35℃，添加制备好的生产发酵剂（多由乳酸链球菌和乳油链球菌组成）。添加量为：短时法（5～6h）5%～6%，长时法（16～17h）1.0%。

表8-8 农家干酪凝乳过程中的工艺条件

技术参数	短时凝乳	半时凝乳	长时凝乳
切割前需时/h	5	8	14~16
接种量/%	5	1~5	0.25~1
凝乳时间/h	5	5~12	12~16
凝乳温度/℃	32	22~32	22
凝乳酶（强度1：10^4）/（mg/kg）	2	2	2

（2）氯化钙及凝乳酶的添加　按原料乳量的0.011%加入$CaCl_2$，搅拌后保持5~10min；按凝乳酶的效价添加凝乳酶，一般每100kg原料乳添加0.05g，搅拌5~10min。

3. 凝乳的形成

在22~35℃条件下进行，短时法需静置4.5~5h，长时法则需12~14h。当乳清酸度达到0.52%（pH值为4.6）时凝乳完成。农家干酪凝乳过程中的工艺条件见表8-8。

4. 切割、加温搅拌

（1）切割　当酸度达到0.5%~0.52%（短时法）或0.52%~0.55%（长时法）时开始切割。用水平或垂直式刀分别切割凝块，凝块的大小为1.8~2.0cm（长时法为1.2cm）。

（2）加温搅拌　切割后静置15~35min，加入45℃温水（长时法加30℃温水）至凝块表面10cm以上位置。边缓慢搅拌，边在夹层加温热煮，在45~90min内达到47~56℃（长时法需2.5h），搅拌使干酪粒收缩至0.5~0.8cm大小。

5. 排出乳清及干酪粒的清洗

将乳清全部排出后，分别用29℃、16℃、4℃的杀菌纯水在干酪槽内漂洗干酪粒三次，以使干酪粒遇冷收缩，相互松散，并使其温度保持在7℃以下。

通过清洗稀释乳糖和乳酸，进一步的乳酸生成和凝块收缩随着凝块被冷却到4~5℃停止。整个清洗时间，包括中间乳清排放约需3h。

6. 堆积、添加风味物质

水洗后将干酪粒堆积于干酪槽的两侧，尽可能排除多余的水分。再根据实际需要加入各种辅料，常加入食盐（1%）、稳定剂（黄原胶、瓜尔豆胶等）和稀奶油，使成品乳脂率达到4%~4.5%。

7. 包装与贮藏

一般多用塑杯包装，质量有250g、300g等。应在10℃以下贮藏并尽快食用。

另一种生产农家干酪的方法是：将酸直接添加到冷（<4℃）的牛乳中，使其pH值降到4.7~5.2。通常，先用盐酸、磷酸、乳酸或其他酸将乳的pH值调至5.1，然后逐渐加热至较高的温度如32℃，最后加入少量的葡萄糖酸-δ-内酯（GDL），使乳的pH值降到4.7左右。

乳凝结后的处理方法与上述生产程序相同。农家干酪的工艺流程见图8-28。

二、契达干酪（Cheddar Cheese）

契达干酪是世界上最广泛生产的品种，原产于英国的Cheddar村，现在美国大量生

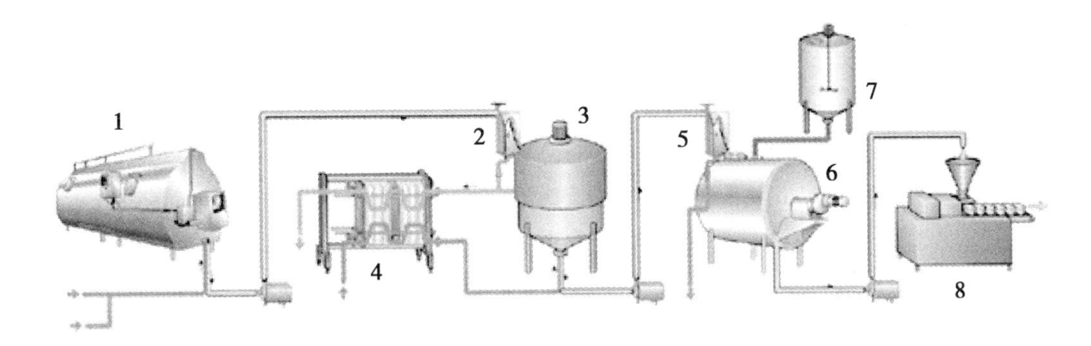

图8－28　农家干酪的工艺流程

1. 干酪槽　2. 乳清过滤器　3. 冷却和洗缸　4. 板式热交换器　5. 水过滤器　6. 加奶油器　7. 着装缸（Dressing Tank）　8. 灌装机

产，故又称“美国干酪”。是以牛乳为原料，经细菌成熟的干酪。与荷兰型干酪相似，但工艺有所不同，盐是在干凝块中添加。

与荷兰型干酪相比水分略低，通常契达干酪的水分占无脂干物质的55%。另外，契达干酪的酸度略高，风味也有所差异。通常，契达干酪的水分 ≤ 39%，脂肪 >48%，NaCl为1.6%～1.8%，pH值为4.95～5.25。

英国契达干酪是一种用酶凝乳的酸性硬质成熟干酪，其制作中特殊的堆积工艺能赋予这类干酪独特的质地。

契达干酪的生产流程见图8－29。

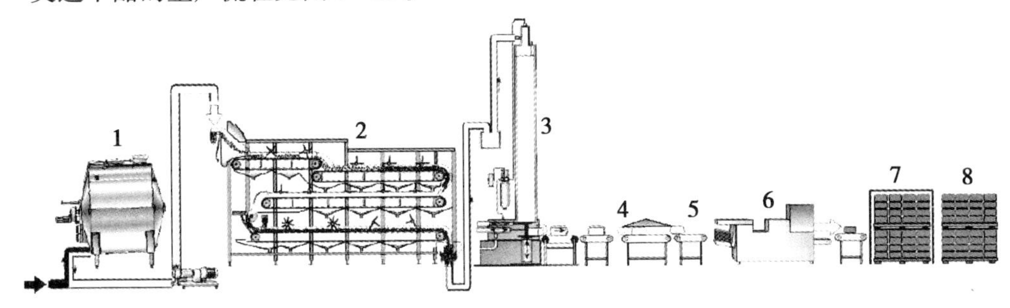

图8－29　契达干酪机械化生产流程

1. 干酪槽　2. 契达机　3. 坯块成形及装袋机　4. 真空密封　5. 称重　6. 纸箱包装机　7. 排架　8. 成熟贮存

1. 原料乳的预处理

原料乳经验收、净化后，进行标准化处理，使酪蛋白/乳脂肪之比为0.69～0.71。

杀菌采用巴氏杀菌63～65℃/30min或75℃/15s的条件，杀菌后冷至30～32℃，注入事先杀菌处理过的干酪槽内。

2. 发酵剂和凝乳酶的添加

发酵剂菌株通常为同型乳酸发酵的嗜温型菌株，主要为乳酸乳球菌乳酸亚种和乳酸乳球菌乳脂亚种，或为乳酪链球菌和乳酸链球菌组成。

当乳温在30～32℃时，添加原料乳量1%～2%的发酵剂；发酵剂加入并搅拌均匀后加入原料量0.01%～0.02%的$CaCl_2$，要徐徐均匀添加；由于成熟中酸度高，抑制产气菌，故不需添加硝酸盐。静置发酵 30 ~ 40min 后，酸度达到 0.18% ~ 0.20% 时，再添加约 0.002% ~ 0.004% 的凝乳酶，搅拌 4 ~ 5min 后，静置凝乳。

3. 切割、加温搅拌及排除乳清

凝乳酶添加后 20 ~ 40min，凝乳充分形成后，进行切割，一般大小为 0.5 ~ 0.8cm；切后乳清酸度一般为 0.11% ~ 0.13%。

在温度 31℃下搅拌 25 ~ 30min，促进乳酸菌发酵产酸和凝块收缩渗出乳清。然后排除 1/3 量的乳清，开始以每分钟升高 1℃的速度加温搅拌。当温度最后升至 38 ~ 39℃后停止加温，继续搅拌 60 ~ 80min。当乳清酸度达到 0.20% 左右时，排除全部乳清。

4. 凝块的反转堆积（Cheddaring）

排除乳清后，将干酪粒经 10 ~ 15min 堆积，以排除多余的乳清，凝结成块，厚度为 10 ~ 15cm，此时乳清酸度为 0.20% ~ 0.22%。

将呈饼状的凝块切成 15cm × 25cm 大小的块，进行反转堆积，视酸度和凝块的状态，在干酪槽的夹层加温，一般为 38 ~ 40℃。每 10 ~ 15min 将切块反转叠加一次，一般每次按 2 枚、4 枚的次序反转叠加堆积。期间应经常测定排出乳清的酸度，当酸度达到 0.5% ~ 0.6%（高酸度法为 0.75% ~ 0.85%）时即可。

全过程需要 2h 左右。

5. 破碎（Milling）与加盐

堆积结束后，将饼状干酪块用破碎机处理成 1.5 ~ 2.0cm 的碎块。

破碎的目的在于：加盐均匀，定型操作方便，除去堆积过程中产生的不愉快气味。然后采取干盐撒布法加盐。

当乳清酸度为 0.8% ~ 0.9%，凝块温度为 30 ~ 31℃时，按凝块量的 2% ~ 3%，加入食用精盐粉。一般分 2 ~ 3 次加入，并不断搅拌，以促进乳清排出和凝块的收缩，调整酸的生成。

生干酪中含水 40%，含食盐 1.55% ~ 1.7%。

6. 成型压榨

将凝块装入专用的定型器中，在一定温度下（27 ~ 29℃）进行压榨。开始预压榨时压力要小，并逐渐加大。用规定压力 0.35 ~ 0.40MPa 压榨 20 ~ 30min，整形后再压榨 10 ~ 12h，最后正式压榨 1 ~ 2 天。

7. 成熟

成型后的生干酪放在温度 10 ~ 15℃/RH85% ~ 90% 的条件下发酵成熟。开始时，每天擦拭反转一次，约经一周后，进行涂布挂蜡或塑袋真空热缩包装。整个成熟期 6 个月以上，若在 4 ~ 10℃条件下，成熟期需 6 ~ 12 月。

包装后的契达干酪应贮存在冷藏条件下，防止霉菌生长，延长产品货架期。

三、瑞士型干酪（Swiss-type Cheese）

起源于瑞士的埃门塔尔山区，其前身为山地干酪（Mountain Cheese）。是以牛乳为原料，经细菌（嗜热链球菌、保加利亚乳酸杆菌、薛氏丙酸杆菌）发酵成熟的一种硬质和半硬质干酪。成品富有弹性，稍带甜味，是一种大型干酪。由于丙酸菌的作用，成熟期间产生大量 CO_2，在内部形成许多孔眼。

产品水分在40%以下，脂肪为27.5%，蛋白为27.4%，食盐为1%～1.6%。

在瑞士，埃门塔尔干酪必须使用生乳（只有使用青贮饲料的奶牛才有资格为其提供生产原料）加工。生乳可不经过巴氏杀菌，但乳中的细菌芽孢含量较高时，可在50～63℃热处理之前，先经过细菌分离机或微滤处理以减少芽孢含量。

瑞士干酪的发酵剂通常由嗜热乳酸菌菌株组成，主要为乳酸杆菌属（短乳杆菌或德氏乳杆菌乳酸亚种）和链球菌属（唾液链球菌嗜热亚种）的菌株。丙酸菌发酵剂主要为丙酸细菌。瑞士埃门塔尔干酪生产流程见图8－30。

当凝块达到适宜的酸度和硬度时，部分乳清从干酪槽排出并运送到压榨槽。当一定量乳传送完后，凝块/乳清的混合物经3个分送器泵入压榨槽。随着凝块/乳清的传送并将凝块铺平，加压盖降下，多余的乳清自动地排除。

按预定时间压榨10～20h，时间长短决定于乳酸的生成情况。压榨后，成片的干酪在被推过卸料装置时被切成大小适宜的干酪坯，卸料装置上配有横向或纵向的切刀。

生产过程中，凝块切割之后将被加热到52～54℃进行高温热烫处理，这是瑞士干酪的生产特征之一。而凝块压榨时的温度应控制在50℃左右，在此高温条件下，凝块中的水分能迅速排出，并能抑制有害微生物的生长和繁殖。

将成片的干酪切成坯的过程使坯没有“皮”的表面增加。为了使盐水的穿透一致，有时这些表面在干酪盐化前要密封起来，密封是用一个由聚氯乙烯包着的热熨斗烫一下。

由于埃门塔尔干酪通常较大，由30kg到50kg以上不等，所以盐化的过程会有变化，时间差别可能会高达7天以上。

盐化后，在送入贮存室之前，无硬皮干酪要用薄膜包裹起来，装入纸箱或大贮箱里。

为取得良好的形状和形成更为一致的孔眼，要求干酪在贮存时要不停翻转，使用特殊设计的升降叉车可进行排架贮存的翻转。

瑞士干酪最显著的特征是其内部含有大量的圆形孔眼，直径1～4cm，其特殊的孔眼结构和果仁风味主要是由其中丙酸菌大量生长而造成的。另外，一个显著特征是其中的盐分含量较低。

生产中的一个重要步骤是向原料乳或凝块和乳清的混合物中添加12%～18%的水分，这可使发酵后的pH值仍然保持较高的水平（5.2～5.3），这对随后进行的丙酸发酵起到明显的促进作用。另外，添加水分还将有助于形成柔软弹性的干酪质地。

四、荷兰式干酪（Dutch-type Cheese）

原产于荷兰的Gouda村，所以又称高达（Gouda）干酪，其脂肪含量为40%～52%，水分在全脂干酪（未经成熟）的含量55%～63%。

高达干酪和艾达姆干酪是荷兰干酪中的主要品种，其中高达干酪是最知名的圆孔干酪（组织结构上，内部存在几个花生大小的圆形孔眼）的代表。

高达干酪是以牛乳为原料，经嗜温性发酵剂成熟的半硬质干酪，其口感风味良好，组织均匀。经脂肪标准化后的巴氏杀菌乳制成凝块，并且乳清在约2h内进行常规处理。

高达干酪的发酵剂通常为嗜温型的乳酸菌菌株，包括酸化能力较强的乳酸乳球菌乳酸亚种和乳酸乳球菌乳脂亚种，以及能够进行柠檬酸代谢（可同时产生CO_2）的肠膜明串珠菌乳酸亚种、肠膜明串珠菌乳脂亚种（L型发酵剂）和乳酸乳球菌乳酸亚种双乙酰变种的

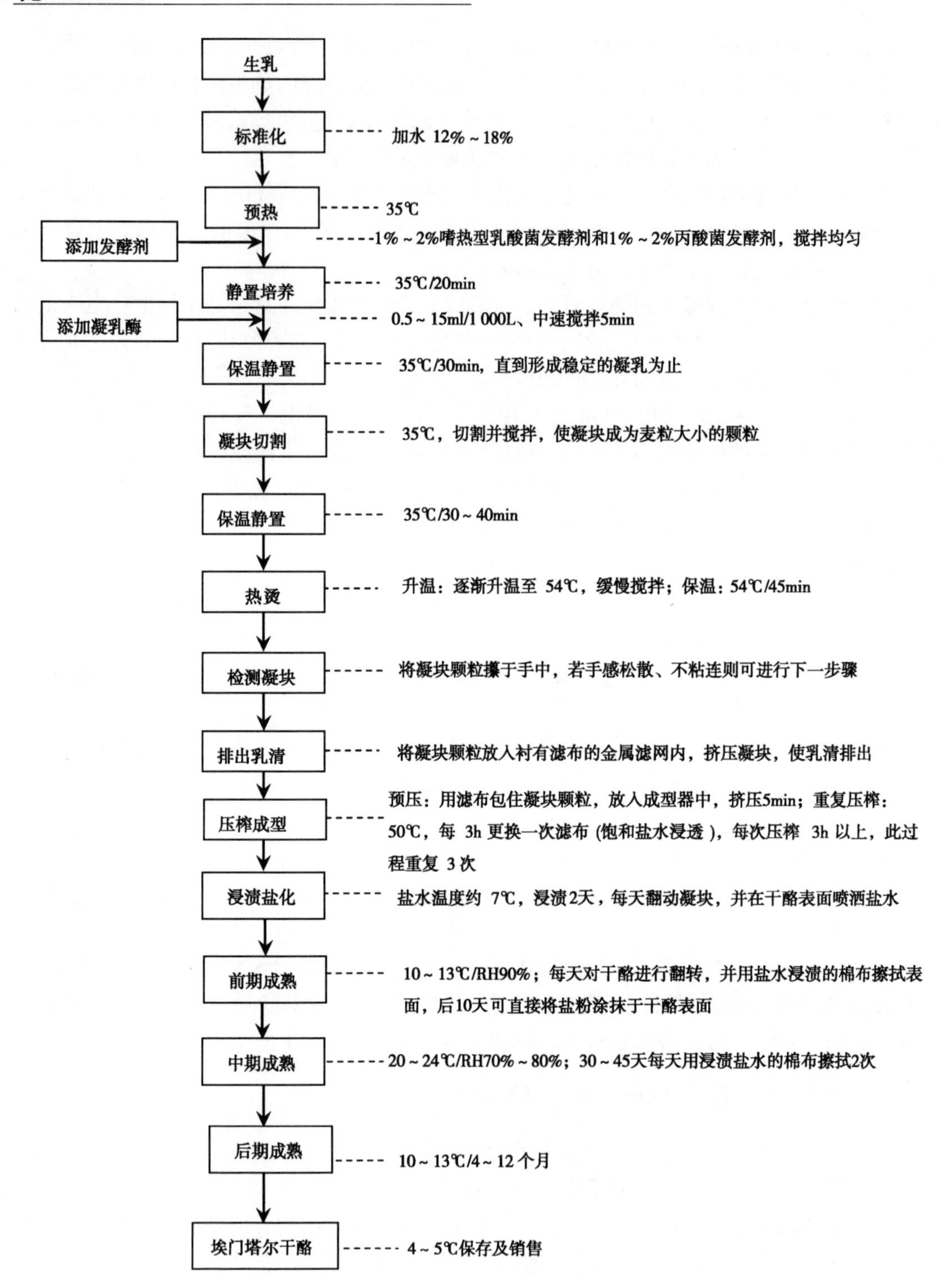

图 8－30　瑞士埃门塔尔干酪生产流程

菌株（DL 型发酵剂）。

相对于 L 型发酵剂而言，DL 型发酵剂菌株能够较快地利用柠檬酸产生 CO_2，因此，如果生产具有较大孔眼的干酪，就需要选择 DL 型发酵剂菌株；如果要求最终产品中不具有孔眼结构，则应选择不发酵柠檬酸的菌株（O 型发酵剂）。

高达干酪的生产流程见图 8－31。

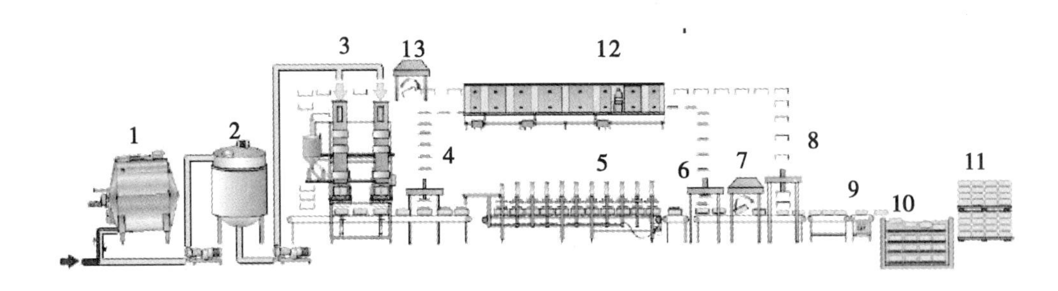

图 8－31　高达干酪生产流程

1. 干酪槽　2. 缓冲缸；3. 预压机　4. 加盖　5. 传送压榨；6. 脱盖　7. 模子翻转　8. 脱模　9. 称重　10. 盐化　11. 成熟贮存　12. 模子与盖清洗　13. 模子翻转

高达干酪的凝乳温度约 30℃，所用凝乳酶通常为小牛皱胃酶。嗜温型发酵剂和氯化钙通常与凝乳酶一起添加到乳中，以控制凝乳过程的进行。

通常部分加热过程由直接加入原始乳量的 10%～20% 的热水（50～60℃）来完成，为此就要求首先排放掉 20%～30% 的乳清。

在凝块制取完成后，再次排放乳清使凝块/乳清的比率达到 1：（3.5～4），随后，将干酪槽中的内容物倾入一个缓冲缸 2，搅拌使凝块良好分布在乳清中。

缓冲缸要有夹套冷却，用冷水或冰水冷却凝块至 1～2℃，这一点在降低发酵剂活力的阶段是必要的。凝块/乳清混合物从缓冲缸泵送入一个或更多个预压榨筒 3 中。但在预压开始前，先要注入乳清，通常是干酪槽排放一开始的乳清，这样，随后而至的凝块将不会在进入压榨筒时暴露在空气中。

在连续生产时，合适数量的干酪槽依次工作，并有规律地每间隔 20～30min 排空 1 次。

随着预压榨，在每一压榨筒底部的横切系统切出预定尺寸的酪胚，随后，酪胚被推出机口。通常酪胚由重力作用直接装入到从清洗机传送来的在压榨筒下方的干净模具中。

经盐化后的干酪贮于一个绿干酪贮存室约 10 天，室温为 10～12℃，随后继续在 12～15℃下在成熟室贮存 2～12 个月完成成熟过程。压榨后通过盐水浸泡加盐，无需表面微生物进行成熟，成熟期 2～15 月。

五、帕斯塔干酪（Pasta-Filata Cheese）

“Pasta filata”为意大利语，意思是“纺成丝状”或“有弹性和延伸性的凝乳块”。帕斯塔干酪包括不需要经过成熟过程或只经过极短的成熟时期的软质或半软质干酪，如莫扎瑞拉（Mozzarella）干酪；也包括需要经过相当长的成熟时期才能食用的硬质或半硬质干酪，如波罗夫洛（Provolone）干酪。

这种干酪是“黏性”拉丝凝块，在一些国家也称为“比萨”干酪，低水分含量的Mozzarella干酪是制作比萨饼的重要原料。Mozzarella干酪源于意大利中部水牛饲养地，用水牛乳为原料进行加工，但现在普遍的只使用牛乳。

帕斯塔干酪有一个独特的加工步骤，即在加工的后期需要将凝乳颗粒置于热水或盐水中浸泡一段时间，并需对颗粒进行机械拉伸（混揉）处理，使之形成半流体状的弹性质地或压模成各种形状。

高温处理能赋予新鲜的凝乳颗粒较强的延展和拉伸特性，加热和机械拉伸处理（热煮并压延）不仅能使干酪中的多种酶类及嗜热微生物失去活力，而且将会导致凝块在结构上重新排列，形成特殊的干酪质地和融化特性，获得黏性拉丝特性。

低水分Mozzarella干酪的发酵剂为嗜热型的混合发酵剂，其中的菌株包括嗜热链球菌和德氏乳杆菌保加利亚亚种或瑞士乳杆菌等。

Mozzarella干酪的生产过程如图8-32所示。

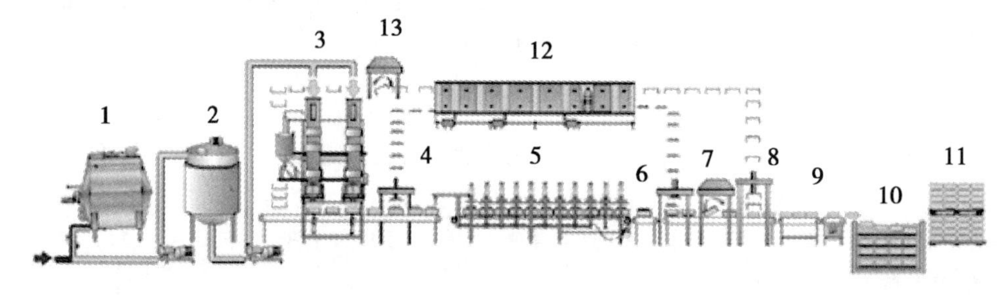

图8-32 Mozzarella干酪生产过程

1. 干酪槽 2. 缓冲缸 3. 螺旋传送带 4. 热煮-压延机 5. 干盐机 6. 装模机 7. 硬化隧道 8. 脱模 9. 盐化 10. 排架 11. 贮存 12. 洗模 13. 模子翻转

乳脂标准化巴氏杀菌乳经加工为凝块，之后，凝块和乳清泵送至契达机，在此凝块被熔融和研碎轧成酪条，这一过程需2~2.5h。

酪条被传送到热煮-压延机4的入口，塑性化的凝块随后被挤出到装模机6，在进入装模机途中，干酪可加干盐5使盐化时间从约8h缩短至约2h。

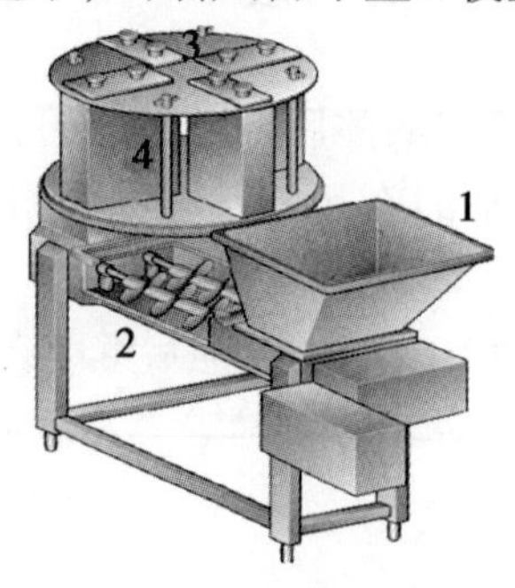

图8-33 用于比萨干酪的装模机

1. 料斗 2. 对转螺杆 3. 旋转的和固定的模子 4. 模子

凝块装模后传送通过硬化隧道，在隧道中用冰水喷淋模具，使干酪从65~70℃冷到40~50℃。在隧道末端，模具通过一个脱膜装置8脱模后，干酪落下并缓慢流入冷盐水（8~10℃）槽，空模具11则运送回到清洗机12清洗后返回到填充机。

干酪包装并装入纸盒后放置排架上，送入贮存室。

帕斯塔-费拉塔干酪有很多形状（球形、梨形、香肠形等），自动装模机可用于方形或矩形装模，通常为比萨干酪，这种装模机，具有对转螺杆和一个可旋转装模系统，见图8-33。

塑性凝块在65~70℃下装入模具，为了稳定干酪形状和利于出模，装模的干酪必须要冷却。为缩短冷却硬化时间，在一条完整的帕斯塔-

费拉塔生产线上必须配有一个“硬化隧道”。

六、表面成熟干酪（Smear-ripened Cheese）

表面成熟干酪以其独特而浓郁的硫磺风味而广为人知，包括太尔西特 Tilsit、林堡 Linburger、罗马多尔 Romadour、莎姆斯 Chaumes、法国浓味干酪 Camembert Cheese 等。其中，Tilsit 干酪也是“粒纹”组织干酪的代表，而法国浓味干酪原产法国 Camembert 村，是世界上最著名的品种之一，属于表面霉菌成熟的软质干酪，内部呈黄色，根据不同的成熟度，干酪呈蜡状或稀奶油状，成品口感细腻、咸味适中，具有浓郁的芳香风味。成品含水 43% ~54%，含食盐 2.6%。

表面干酪可由任何一种酶凝乳的干酪凝块加工而成，这些干酪的表面均匀覆着一层由细菌和酵母菌以及某些产黏微生物组成的黏性表层。这些辅助发酵剂对于形成干酪特殊的外观和风味具有重要的作用。

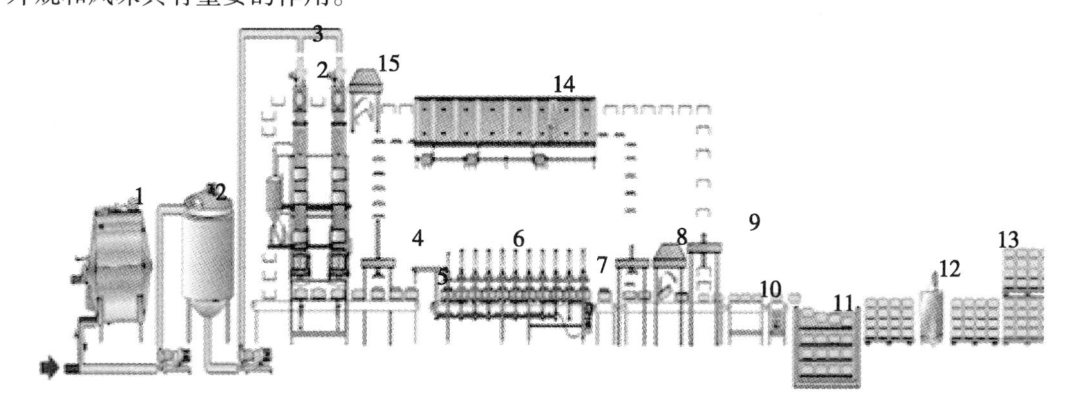

图 8－34　太尔西特干酪生产流程

1. 干酪槽　2. 缓冲缸　3. Casomatic 预压机　4. 旋转过滤器　5. 加盖　6. 传送压榨　7. 脱盖　8. 模子翻转　9. 脱模　10. 称重　11. 盐化　12. 带涂抹机的发酵贮存室　13. 成熟贮存　14. 模子与盖清洗　15. 模子翻转

【举例】太尔西特干酪的加工工艺，如图 8－34 所示。

乳处理和凝块制取的过程与高达干酪生产类似。

第一个差别是当预压筒被注满后，凝块和乳清在凝块刚进入压榨筒前要分离开，这一过程由安装在压榨筒顶部的旋转过滤器 4 完成。

另外，加盐后，太尔西特干酪要经过特殊处理，包括用含 5% 盐液的细菌发酵剂表面黏化处理以取得特殊风味，这样，太尔西特干酪先要贮存在 14 ~16℃/RH90% ~95% 的发酵室中，黏化后的干酪贮存 10 ~12 天。

干酪表面黏化处理后，经清洗机进行清洗，进一步在 10 ~12℃ 下成熟贮存 2 ~3 周。

在太尔西特干酪被送入 0 ~10℃ 冷藏间前，从成熟库中出来时，先要进行清洗后，包装在铝箔中。

除酶凝乳的干酪外，酸凝乳的干酪也可用来进行表面成熟干酪的生产，如低脂的夸克干酪，但其发酵剂不再使用嗜温型菌株，而采用嗜热链球菌和德氏乳杆菌保加利亚亚种等嗜热型发酵剂菌株。

表面成熟干酪的微生物主要由所谓的“棒状杆菌”构成，属于表面产黏的细菌有：棒状杆菌、短杆菌、节肢杆菌和微杆菌等。在成熟的表面成熟干酪中（成熟期1～2周），表面微生物的细菌细胞数约10^9CFU/cm^2。在成熟的早期，酵母菌的数量较高，约10^8CFU/cm^2，成熟后期，细菌数量增加，酵母菌数量下降。商业性的辅助发酵剂主要是由汉斯德巴氏酵母菌（*D. hansenii*）和线装短杆菌（*B. lineds*）的菌株构成。

如果不使用商业发酵剂，则新干酪的成熟可由添加老的干酪来启动。即“新老干酪交替涂抹”（Old-young Smearing）接种技术：即将自然成熟2周的干酪作为种子（Culture Cheese），加入到干酪凝块和进行成熟的2%～4%的盐水中，以达到启动表面成熟的作用。

当蘸有盐水的毛刷涂抹过成熟的干酪表面后，浸泡在盐水罐中的毛刷就会把部分干酪表面成熟的微生物滞留在盐水中，当用这样的盐水再去涂抹新制成的干酪时，就会将干酪表面成熟的微生物菌群转接到新制成的干酪表面上。

七、霉菌成熟干酪（Mould-ripened Cheeses）

霉菌成熟干酪包括青纹（蓝纹）干酪（Blue-vined Cheese）和白色表面霉菌干酪两种。

前者即蓝纹干酪的典型代表是源于法国洛克菲特（Roquefort）干酪，其主要特征是内部组织中存在大量蓝绿色纹络，这是由于洛克菲特青霉菌（*P. Roqueforti*）在干酪内部生长而造成的；而后者的表面覆着一层毛毡状的白色表层，它主要由生长在干酪表面的卡曼贝尔青霉菌（*P. Camemberti*）的菌丝体构成的。

霉菌的生长不仅赋予干酪别具一格的外观品质，而且形成了霉菌成熟干酪独特的口感和风味，从而使之区别于其他类型的干酪品种。

1. 内部霉菌成熟干酪的生产（Internally Mold-ripened Cheese）

内部霉菌成熟干酪或青纹干酪的种类较多，而且具有不同的形状和质地，如著名的洛克菲特干酪（以山羊乳为原料，具有很强的地域性）。

青纹干酪的加工过程中，凝块成型后一般不进行压榨处理，目的在于避免形成过于紧实的质地和结构，以利于内部组织当中的霉菌菌丝的生长。

传统的工艺中，发酵剂中含有能够进行异型乳酸发酵的明串珠菌，它能够代谢生成CO_2，因此，可使干酪组织变得较为酥松，有利于内部青霉菌的生长。青纹干酪中霉菌发酵剂通常与乳酸菌发酵剂一起添加到原料乳中。

脂肪标准化的乳在约70℃下巴氏消毒；冷至31～32℃送入干酪槽。加入发酵剂*P. Roqueforti*的孢子悬浮液后，在加入凝乳酶前充分糅合搅拌使微生物良好分散在乳中。

蓝纹干酪生产的原理如图8－35所示。

为了利于霉菌生长所需的氧气进入干酪，干酪在贮存5天后要进行穿孔。穿孔工作用约2mm的针具，针具长度约等于干酪的厚度，针具的数量决定于圆柱形干酪的直径，为避免干酪破裂的风险，穿孔自干酪顶部和底部轮流进行，穿孔机见图8－36。

在8～12℃/RH＜90%/5～8周的成熟期间，干酪通常置于杯形架或枢轴辊上，如图8－37所示。后者有利于干酪的翻动，以保持干酪的圆柱形。

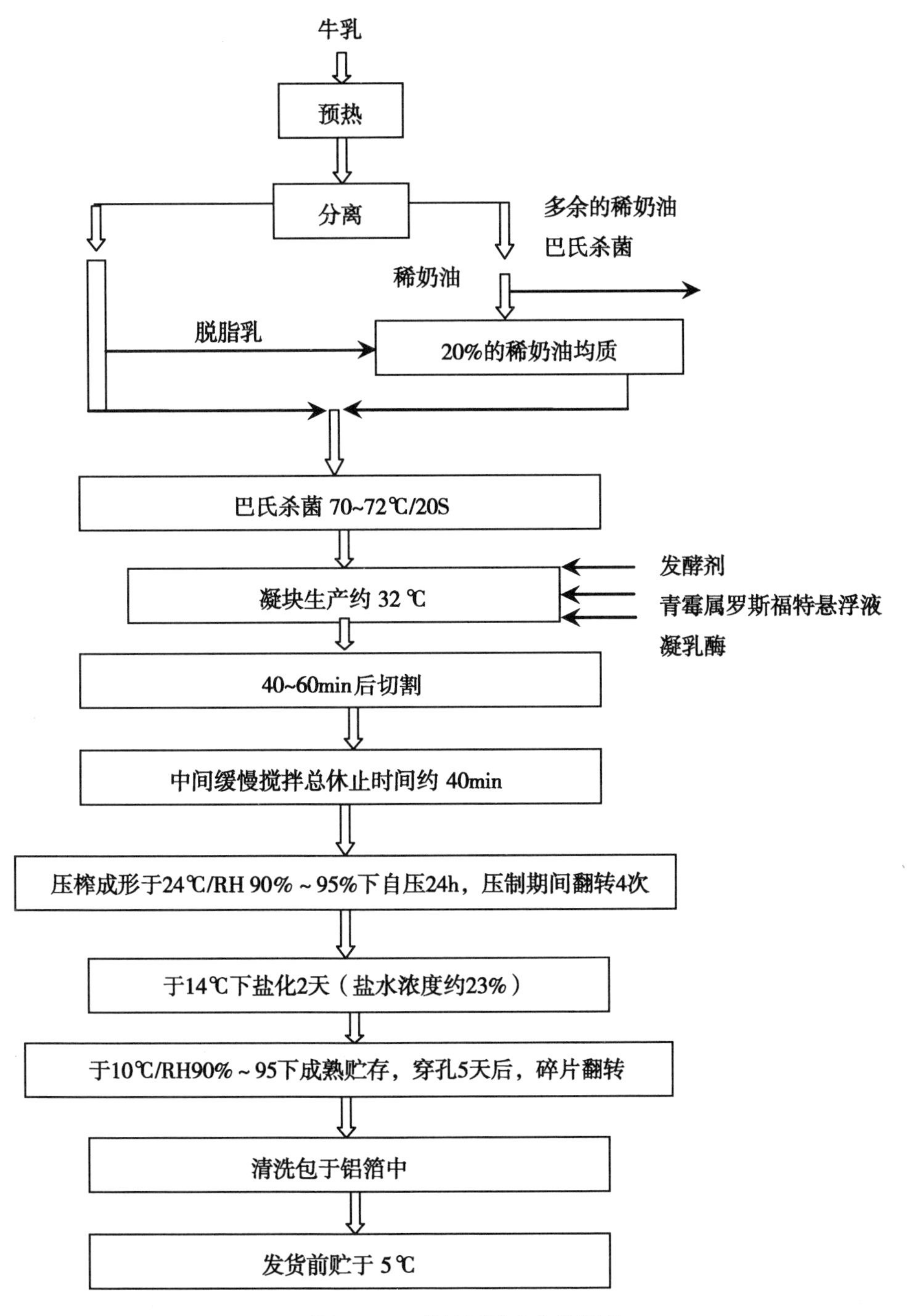

图 8－35　蓝纹干酪生产的原理

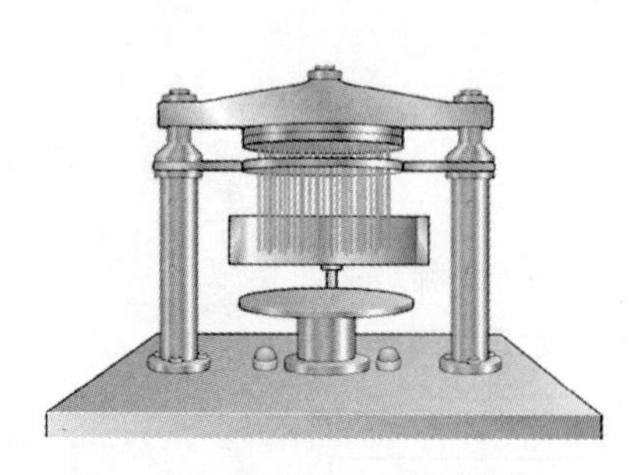

图8-36　用于蓝干酪穿孔的挤压机

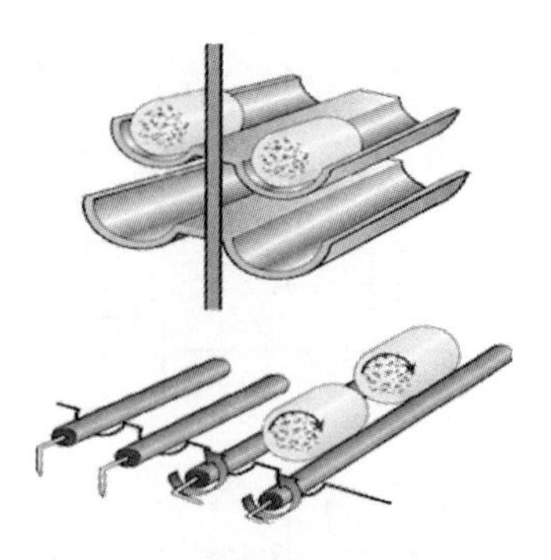

图8-37　用于蓝纹干酪贮存的杯形架和枢轴辊

在预发酵后，干酪通过清洗机以除去黏液，通常这些黏液是由于贮存室的高湿度以及霉菌的生长造成的，经清洗后，干酪包于铝箔或塑膜中，然后送入约5℃的贮存间，2天后，干酪分送到零售贮存室。

2. 表面成熟的霉菌干酪生产（Externally Mold-ripened Cheese）

卡曼贝尔干酪代表了表面覆盖卡曼贝尔青霉和Penicillium Candidum白霉类干酪，Bire干酪是另一代表。

其生产过程在很大程度上与蓝纹干酪是一致的，然而干酪要小一些。靠自重压榨，干酪在模具中要经历15~20 h，在此其间干酪要翻转约4次。随后干酪在饱和盐水（约25%盐）中盐化1~1.5h。

干酪盐化后置于不锈钢网架上或浅盘中，如图8-38所示。干酪架垛高达15~20层，随后干酪送入18℃/RH75%~80%的贮存室干燥2天。最后干酪送入成熟库，在12~13℃/RH90%的条件下成熟。

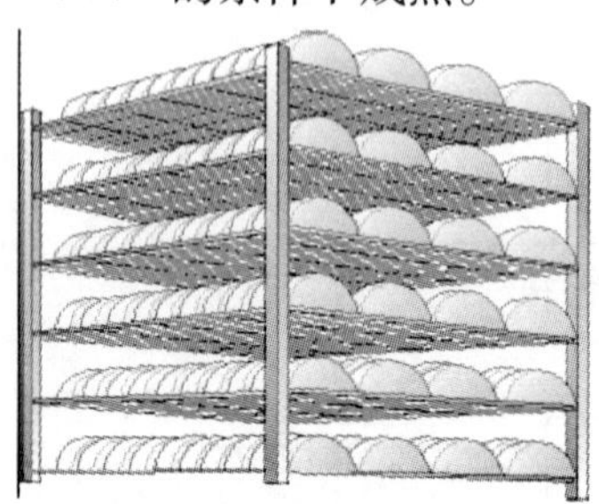

图8-38　用于白霉干酪的网架

成熟期间要定期翻转，当白霉充分生成后，通常在10~12天之后，干酪包于铝箔中，并装箱，然后再送入冷藏库，库温2~4℃。

传统的卡曼贝尔干酪采用生乳加工而成，在嗜温型乳酸菌发酵剂以及来自于原料乳或成熟室环境中的霉菌孢子的作用下完成成熟过程。

现代的霉菌表面成熟干酪主要采用巴氏杀菌乳加工而成。将经标准化和巴氏杀菌处理的原料冷到30~35℃，然后添加乳酸菌发酵剂进行酸化。发酵剂菌株包括乳酸链球菌、丁二酮链球菌、乳脂链球菌以及明串珠菌等。

对于新型的霉菌表面成熟干酪，霉菌发酵剂通常以孢子的形式添加到原料乳中，或者在成熟处理之前将其直接喷洒到干酪的表面。

相对于卡曼贝尔干酪而言，新型表面霉菌成熟干酪的酸度较低，并能在较短的成熟时间内达到较柔软的质地，口感和风味较为清爽。

八、其他著名的干酪

其他著名的干酪还有主产英国、美国等的稀奶油干酪（Cream Cheese，是以稀奶油或稀奶油与牛乳混合物为原料而制成的一种浓郁、醇厚的新鲜、不经成熟的软质干酪，可用来涂布面包或配制色拉和三明治等）；意大利生产的里科塔干酪（Ricotta Cheese，是乳清干酪，也称白蛋白干酪，分为新鲜和干燥两种）；原产于南斯拉夫的德拉佩斯特干酪（Trappist Cheese，又叫修道院干酪，是以新鲜全脂牛乳制造，有时混入少量绵羊乳或山羊乳，是以细菌成熟的半硬质干酪，成品内部呈淡黄色，风味温和）；起源于美国的砖状干酪（Brick Cheese，是以牛乳为原料的细菌成熟的半硬质干酪，成品内部有许多圆形或不规则形状的孔眼）；原产于意大利帕尔玛市的帕尔玛干酪（Parmesan Cheese，是一种细菌成熟的特硬质干酪，一般为 2 次成熟，需要 3 年左右的时间进行成熟，这种干酪保存性好。

第七节 再制干酪或融化干酪

再制干酪（Processed Cheese）由进一步加工成品干酪而得，通常是一些不同风味和不同成熟度的硬质凝乳酶凝乳干酪的融混物。即将同一种类或不同种类的两种以上的天然干酪，经粉碎、加乳化剂、加热、搅拌、乳化、浇灌包装而制成的产品，叫做融化干酪，也称再制干酪。

可分为加工干酪、干酪食品或涂抹干酪 3 种。

从硬度上分，这种干酪有两种类型，即干酪块具坚硬结构、高酸度和相对低的水分含量的硬质干酪，以及干酪呈软质结构、低酸度和高水分含量的软质干酪。另外，烟熏的干酪也包括于此类。

融化干酪在 20 世纪初由瑞士首先生产，目前，这种干酪的消费量占全世界干酪产量的 60% ~70% 。

融化干酪的特点是可将不同组织和不同成熟度的干酪适当配合，制成质量一致的产品；由于在加工过程中进行加热杀菌，食用安全卫生，并具有良好的保存特性；集各种干酪为一体，组织和风味独特；可添加各种风味物质和营养强化成分，较好地满足消费者的需要和嗜好。

再制干酪中的脂肪占总干固物的 30% ~45% ，但含脂率较低或较高的品种也有生产。

经加工的再制干酪要达到能直接食用的质量水平，涉及表面、颜色、组织、大小和形状，另外干酪质量的缺陷同样会出现在再制干酪的生产中，包括丁酸发酵等异常发酵，由大肠杆菌引起的非正常发酵，产生异味等。

一、再制干酪标准 GB 25192—2010

本标准对应于国际食品法典委员会（CAC）的标准 Codex Stan 285 – 1978（Amendment 2008）Codex General Standard for Named Variety Process（ed）Cheese and Spreadable Process（ed）Cheese，Codex Stan 286-1978（Amendment 2008） Codex General Standard for Process（ed）Cheese and Spreadable Process（ed）Cheese，Codex Stan 287 – 1978（Amendment 2008）

Codex General Standard for Process（ed）Cheese Preparations［Process（ed）Cheese Food and Process（ed）Cheese Spread］。

本标准与 Codex Stan 285 – 1978（Amendment 2008）、Codex Stan 286-1978（Amendment 2008）、Codex Stan 287 – 1978（Amendment 2008）的一致性程度为非等效。微生物指标对应于欧盟 Commission Regulation（EC）No 1441/2007 of 5 December 2007 相关规定，本标准与其一致性程度为非等效。

本标准系首次发布。相关要求如表 8 – 9、表 8 – 10、表 8 – 11 所示。

表 8 – 9　感官要求

项 目	要 求
色泽	色泽均匀
滋味、气味	易溶于口，有奶油润滑感，并有产品特有的滋味、气味
组织状态	外表光滑；结构细腻、均匀、润滑，应有与产品口味相关原料的可见颗粒。无正常视力可见的外来杂质

表 8 – 10　理化指标

项目	指标				
脂肪（干基）* X_1/%	$60 \leqslant X_1 \leqslant 75$	$45 \leqslant X_1 < 60$	$25 \leqslant X_1 < 45$	$10 \leqslant X_1 < 25$	$X_1 < 10$
最小干物质含量 ** X_2/%	44	41	31	29	25

* 干物质中脂肪含量（%）：X_1 = ［再制干酪脂肪质量/（再制干酪总质量 – 再制干酪水分质量）］×100%；** 干物质含量（%）：X_2 = ［（再制干酪总质量 – 再制干酪水分质量）/再制干酪总质量］×100%

表 8 – 11　微生物限量

项 目	采样方案及限量（若非指定，均以 CFU/g 表示）			
	n	c	m	M
菌落总数	5	2	100	1 000
大肠菌群	5	2	100	1 000
金黄色葡萄球菌	5	2	100	1 000
沙门氏菌	5	0	0 /25g	—
单核细胞增生李斯特氏菌	5	0	0 /25g	—
酵母　≤	50			
霉菌　≤	50			

二、融化干酪的生产工艺

融化干酪的加工工艺：原料选择→原料预处理→切割→粉碎→加水→加乳化剂→加色

素→加热融化→浇灌包装→静置冷却→冷却→成熟→成品。

1. 原料干酪的选择

一般选择细菌成熟的硬质干酪如荷兰干酪、契达干酪等风味优良的干酪作原料。

为满足制品的风味、组织和滑润性，一般选择 2 ~3 种不同成熟期的干酪。其中成熟 7 ~8 月风味浓的干酪占 20% ~30%，为保持组织润滑，则成熟 2 ~3 月的干酪占 20% ~30%，搭配中间成熟度的干酪 50%，使平均成熟度在 4 ~5 月之间，含水量 35% ~38%，可溶性氮 0.6% ~0.7%。

过熟的干酪，由于有的氨基酸或乳酸钙结晶析出，不宜作原料。有霉菌污染、气体膨胀、异味等缺陷者不能使用。

2. 原料干酪的预处理

预处理是去掉干酪的包装材料，削去表皮，清洗表面等。

干酪的预处理室要与正式生产车间分开。

3. 切碎与粉碎

将原料干酪切成块状，用混合机混合。然后粉碎成 4 ~5cm 的面条状，最后用磨碎机处理。近年来，此项操作多在熔融釜中进行。

4. 熔融、乳化

在融化干酪蒸煮锅（也叫熔融釜）中加入适量水，通常为原料干酪重量的 5% ~10%，成品含水 40% ~55%。

按配料要求加入适量的调味料、色素等，然后加入预处理粉碎后的原料干酪，并开始加热。当温度达 50℃左右，加入 1% ~3% 的乳化剂，如磷酸钠、柠檬酸钠、偏磷酸钠和酒石酸钠等。最后升温至 60 ~95℃（决定于再制干酪的类型），保温 20 ~30min，使原料干酪完全融化。

在进行乳化操作时，应加快釜内的搅拌器的转数，使乳化更完全。乳化终了时，应检测水分、pH 值、风味等，然后抽真空进行脱气。

对涂布再制干酪，pH 值为 5.6 ~5.9；对于需切成片的干酪，pH 值应为 5.4 ~5.6。原材料 pH 值的差别可通过混合不同 pH 值的干酪来调整，以及加入乳化/稳定剂来调整。乳化剂/稳定剂也与钙结合，这一点对稳定干酪，使水分和脂肪不释放出来是必要的。

融化干酪蒸煮锅的外形及内部构造如图 8 -39 所示。

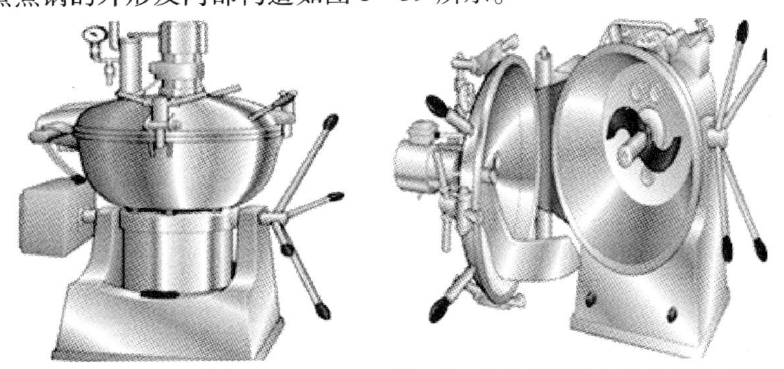

用于再制干酪的蒸煮机(融化锅)　　可打开、且能翻转排空的蒸煮机(融化锅)

图 8 -39　融化干酪蒸煮锅的外形及内部构造

5. 充填包装

再制干酪随后从加热釜中卸出进到不锈钢容器中，送至包装站倾入到包装机进口料斗。包装机通常为全自动并能以不同重量和形状来包装产品，一般在加热温度下热包装，即经过乳化的干酪应趁热进行充填包装，包装材料多使用玻璃纸或涂塑性蜡玻璃纸、铝箔、偏氯乙烯薄膜等。

6. 储藏

可涂布型干酪应尽可能迅速冷却下来，并应在包装后经过一个冷却隧道。快速冷却可提高干酪的涂布特性，但块型干酪要缓慢冷却。装模后干酪置于室温环境下。

包装后的成品融化干酪，应静置10℃以下的冷库中定型和储藏。

三、融化干酪的缺陷及其防止

1. 过硬或过软

融化干酪过硬的主要原因是所使用的原料干酪成熟度低，酪蛋白的分解量少，补加水分少和pH值过低，以及脂肪含量不足，熔融乳化不完全，乳化剂的配比不当等。

制品硬度不足，是由于原料干酪的成熟度、加水量、pH值及脂肪含量过度而产生的。

因此，要获得适宜的硬度，配料时以原料干酪的平均成熟度在4～5个月为好，补加水分应按成品含水量40%～45%的标准进行，并且要正确选择和使用乳化剂，调整pH值为5.6～6.0。

2. 脂肪分离

表现为干酪表面有明显的油珠渗出，这与乳化时处理温度和时间有关。另外，原料干酪成熟过度，脂肪含量高，或是水分不足、pH值低时脂肪也容易分离。为此，可在加工过程中提高乳化温度和时间，添加低成熟度的干酪，增加水分和pH值等。

3. 砂状结晶

砂状结晶中98%是磷酸三钙为主的混合磷酸盐。这种缺陷产生的原因是添加粉末乳化剂时分布不均匀，乳化时间短等。此外，当原料干酪的成熟度过高或蛋白质分解过度时，容易产生难溶的氨基酸结晶。

因此，采取乳化剂全部溶解后再使用，乳化时间要充分，乳化时搅拌要均匀、增加成熟度低的干酪等措施可以克服这种缺陷。

4. 膨胀和产生气孔

刚加工之后产生气孔，是由于乳化不足引起；保藏中产生的气孔及膨胀，其原因是污染了酪酸菌等产气菌。因此，应尽可能使用高质量的干酪作为原料，并提高乳化温度和采用可靠的灭菌手段。

5. 异味

融化干酪产生异味的主要原因是原料干酪质量差，加工工艺控制不严，保藏措施不当。

因此，在加工过程中，要保证不使用质量差的原料干酪，正确掌握工艺操作，成品在冷藏条件下保藏。

本章思考题

1. 简述干酪的概念和种类。
2. 干酪生产常用的原辅料有哪些？各有什么要求？各有什么作用？
3. 简述干酪发酵剂的作用和种类。
4. 什么是凝乳酶？干酪生产用凝乳酶有哪些来源？各有什么特点？凝乳酶的作用原理是什么？
5. 简述影响凝乳形成的因素。
6. 影响凝块脱水收缩的因素有哪些？
7. 凝块形成的影响因素？
8. 凝块切割大小对干酪质量的影响？
9. 凝块搅拌及加温的速度对干酪质量的影响？
10. 形成干酪凝乳的方法有哪些？各依据什么原理？
11. 试述干酪的一般工艺流程和操作要点。
12. 什么是干酪的成熟？简述干酪成熟过程中的主要变化。
13. 加快干酪成熟的方法有那些？
14. 如何判断凝块切割时间？
15. 如何进行干酪凝乳的搅拌加温操作？
16. 简述融化干酪的生产工艺流程和操作要点。
17. 什么是堆积、成型、压榨？如何进行操作？应注意哪些问题？
18. 干酪加盐的方法有哪些？如何操作？
19. 什么是干酪的产量？如何控制干酪的产量？
20. 干酪常见的缺陷有那些？如何防止？
21. 请举出两种代表性的干酪产品，简述它们在工艺上的特殊性。

第九章　冷饮乳制品的加工工艺

冷饮乳制品主要包括冰淇淋（Ice Cream）和雪糕（Milk Ice）。

冰淇淋的历史有多长无从确定，其生产可能起源于中国。文献中记述着中国人喜欢一种冷冻产品，这种产品是将果汁和雪进行混合，即现在的冰果，这一技术后来传播到古希腊和古罗马。在失踪几个世纪后，在中世纪的意大利，冰淇淋以各种形式再现，其最大的可能是马可·波罗于1295年从中国返回意大利带回的成果，他在中国呆了16~17年，在此期间他学会了一个以奶为基料的冷冻甜点的制作方法，在17世纪，冰淇淋从意大利传播到欧洲，并长期作为宫廷的奢侈品。

18世纪，冰淇淋开始在美国向大众出售，但直到19世纪才开始普及。

第一节　冰淇淋的定义和分类

冰淇淋是以饮用水、乳或乳制品、食糖等为主要原料，添加或不添加食用油脂、食品添加剂，经混合、均质、灭菌、老化、凝冻、硬化等工艺而制成的体积膨胀的冷冻饮品。

一般冰淇淋的基本组成为脂肪6%~12%，蛋白质3%~4%，蔗糖14%~18%。

关于冰淇淋的分类，包括以下方法很多。

1. 按冰淇淋的组分分类

完全由乳制品制备的冰淇淋；含有植物油脂的冰淇淋；添加了乳脂和乳固体的果汁制成的冰淇淋，如莎白特（Sherbet）；以及由水、糖和浓缩果汁生产的雪糕或冰果。

前两种冰淇淋可占到全世界冰淇淋产量的80%~90%。

2. 按含脂率分类

高级奶油冰淇淋：脂肪14%~16%，总固形物38%~42%。

奶油冰淇淋：脂肪10%~12%，为中脂冰淇淋，总固形物34%~38%。

牛乳冰淇淋：脂肪6%~8%，为低脂冰淇淋，总固形物32%~34%。

以上各种冰淇淋按其成分又可分为香草、巧克力、咖啡、果味、草莓、夹心等品种。

3. 按冰淇淋的形态分类

砖状冰淇淋：为六面体，是将冰淇淋分装在大小不同的纸盒中硬化而成。

杯状冰淇淋：将冰淇淋分装在不同容量的纸杯或塑料杯中硬化而成。

锤状冰淇淋：将冰淇淋分装在不同容量的锥形容器（如蛋筒）中硬化而成。

异形冰淇淋：将冰淇淋分装在异形模具中硬化而成。

装饰冰淇淋：以冰淇淋为基料，在其上面裱注各种奶油图案或文字，如冰淇淋蛋糕。

4. 按冰淇淋的组织结构分类

（1）清型冰淇淋　为单一风味的冰淇淋，不含颗粒或块状辅料的制品，如奶油冰淇淋、可可冰淇淋。

（2）混合型冰淇淋　在冰淇淋中加入含有颗粒或块状辅料（如草莓、葡萄干等）加工而成的产品。

（3）组合型冰淇淋　主体全乳脂冰淇淋所占比率不低于50%，和其他种类冷饮品或巧克力、饼坯等组合而成的制品，如脆皮冰淇淋、蛋卷冰淇淋等。

注：冰淇淋的质量标准 SB/T 10013—2008 中只有清型和组合型，取消了混合型。

5. 按冰淇淋的硬度分类

软质冰淇淋：现制现售，供鲜食。在 -5℃至 -3℃下制造，含有大量的未冻结水，其脂肪含量和膨胀率相当低。一般膨胀率为30% ~60%，凝冻后不再速冻硬化。

硬质冰淇淋：在 -25℃或更低的温度下，经搅拌凝冻后，低温速冻而成，未冻结水的量低，因此，它的质地很硬。硬质冰淇淋有较长的货架期，一般可达数月，膨胀率100%左右。

6. 按添加物的位置分类

夹心冰淇淋：把添加物如水果置于冰淇淋的中心。

涂层冰淇淋：把添加物如巧克力涂布于冰淇淋外面。

第二节　冰淇淋的质量标准

本标准代替 SB/T 10013—1999《冰淇淋》

本标准与 SB/T 10013—1999 相比主要修改如下：将标准名称改为《冷冻饮品　冰淇淋》；修改了术语和定义；修改了产品分类；修改了脂肪、蛋白质和膨胀率指标值，增加了非脂乳固体指标；增加了生产过程控制和销售要求。

冰淇淋的感官要求和理化指标分别如表 9 -1 和表 9 -2 所示。

表 9 -1　感官要求

项目	感官要求	
	清型	组合型
色泽	具有品种应有的色泽	
形态	形态完整，大小一致，不变形、不软塌（Collapse）、不收缩（Shrinkage）	
组织	细腻润滑，无明显粗糙的冰晶，无气孔	具有品种应有的组织特征
滋气味	滋味协调，有乳脂或植脂香味，香味纯正	具有品种应有的滋味和气味，无异味
杂质	无肉眼可见外来杂质	

表 9-2 理化指标

项目		指标					
		全乳脂		半乳脂		植脂	
		清型	组合型	清型	组合型	清型	组合型
非脂乳固体/%	≥	6.0					
总固形物/%	≥	30.0					
脂肪/%	≥	8.0		6.0	5.0	6.0	5.0
蛋白质/%	≥	2.5	2.2	2.5	2.2	2.5	2.2
膨胀率/%		10~140					

注：组合型的指标均指冰淇淋主体

第三节 冷饮乳制品原料及添加剂

冷饮乳制品中常用的原料有水、脂肪、非脂乳固体、糖类、乳化剂、稳定剂、香料、色素等。

一、水和空气

水在冰淇淋中是连续相，其作用是溶解盐、糖以及形成冰晶体。用水要符合国家生活饮用水卫生标准（GB 5749）的要求。

空气是通过水脂乳浊液而散布在混合料内。乳浊液由液态水、冰结晶体和凝结的乳脂肪球组成，水和空气的分界面被一层未冻薄膜所稳定。

冰淇淋内空气的数量是重要的，因为它影响冰淇淋的质量和利润。除空气外，还可用液态氮、干冰（CO_2）等惰性气体。

二、脂肪

脂肪的作用包括：

①为乳品冷饮提供丰富的营养及热能。

②影响冰淇淋、雪糕的组织结构：由于脂肪在凝冻时形成网状结构，赋予冰淇淋、雪糕特有的细腻润滑的组织和良好的质构。

③是冷饮乳制品风味的主要来源：油脂中的多种风味物质赋予冷饮乳制品独特的风味和口感。

④增加冰淇淋、雪糕的抗融性：油脂熔点在 24~50℃，而冰的熔点为 0℃，因此，适当添加油脂，可以增加冰淇淋、雪糕的抗融性，延长冰淇淋、雪糕的货架期。

脂肪约占冰淇淋混合料重量的 5%~15%，雪糕中含量在 2% 以上。过低，不仅影响冰淇淋的风味，而且使冰淇淋的发泡性降低。过高，就会使冰淇淋、雪糕成品形体变得过软。

乳脂肪的来源有稀奶油、奶油、生乳、炼乳、全脂奶粉等；但由于乳脂肪价格高，通常使用相当量的植物脂肪来取代乳脂肪，主要有起酥油、人造奶油、棕榈油、椰子油等，其熔点类似于乳脂肪，在28～32℃。

注意：在一些国家禁止在冰淇淋中使用植物油。

三、非脂乳固体

一般成品中非脂乳固体（Nonfat Total Milk Solid）含量以8%～10%为宜，其最大用量不超过产品中水分的16.7%，以免产品因乳糖过饱和而析出砂状沉淀。

非脂乳固体使冰淇淋具有良好的组织结构，但含量过高时，会影响风味，如产生轻微咸味，若成品贮藏过久，会产生砂状结构；若含量过少，成品的组织疏松、缺乏稳定性且易于收缩。

四、甜味剂

甜味剂（Sweetener）具有提高甜味、增加干物质含量、降低冰点、防止重结晶的作用；甜味剂还能影响料液的黏度，控制冰晶的增大；并对产品的色泽、香气、滋味、形态、质构和保藏起着重要作用。蔗糖最为常用，用量15%左右，过少会使制品甜味不足，过多则缺乏清凉爽口的感觉，并使料液冰点降低（每增加2%的蔗糖，料液冰点降低0.22℃），凝冻时膨胀率不易提高、易收缩、成品容易融化（表9－3）。

通常用果葡糖浆代替部分蔗糖。较低DE值（葡萄糖当量值Dextrose Equivalence）的淀粉糖浆能使冷饮乳制品玻璃化转变温度提高，降低制品中冰晶的生长速率，即淀粉糖浆具有抗结晶作用，一般用淀粉糖浆代替蔗糖的1/4为好，两者并用时，制品的硬度、口感、咀嚼性、贮运性和抗融性能更佳。

为满足一些特定病患者如糖尿病人的需要，可使用甜味剂代替糖。甜味剂没有营养价值，但注意：甜味剂不能用于甜炼乳中作为防腐剂。

这些甜味剂包括蜂蜜、转化糖浆（如玉米淀粉高果糖浆HFCS，High Fructose Corn Syrup）、阿斯巴甜、阿力甜、安赛蜜、甜蜜素、甜叶菊糖、罗汉果甜苷、山梨糖醇、麦芽糖醇、葡聚糖（PD）等，但不能超过1/2蔗糖用量，否则风味会受到影响。

表9－3 甜味剂

甜味剂	平均相对分子量	冰点下降因子	相对甜度
蔗糖	342	1.0	1.0
葡萄糖浆 DE42	445	0.8	0.3
高果糖浆 HFCS（42%果糖）	190	1.8	1.0
右旋葡萄糖	180	1.9	0.8
果糖	180	1.9	1.7
转化蔗糖	180	1.9	1.3
乳糖	342	1.0	0.2
山梨糖	182	1.9	0.5

五、乳化剂

乳化剂（Emulsifier）是通过减小液体产品的表面张力来协助乳化作用的表面活性剂，

在其分子中具有亲水基和亲油基，易在水与油的界面形成吸附层，可使一相很好地分散于另一相中而形成稳定的乳化液。

常用的乳化剂主要是天然脂肪酯化的非离子衍生物，为在一个或多个脂溶性残基上结合一个或多个水溶性残基。用于冰淇淋的乳化剂包括：甘油一酸酯（单甘酯）、蔗糖脂肪酸酯（蔗糖酯）、聚山梨酸酯（Tween）、山梨醇酐脂肪酸酯（Span）、丙二醇脂肪酸酯（PG 酯）、卵磷脂等。

乳化剂的添加量与混合料中脂肪含量有关，一般随脂肪量增加而增加，范围为 0.1% ~0.5%，复合乳化剂的性能优于单一乳化剂。

除了乳化作用外，乳化剂在冷饮中的作用还有：分散脂肪球以外的粒子，使脂肪呈微细乳浊状态，并使之稳定化；改善混合料的起泡性和光滑性；使内含冰晶的气泡变得更小，并能均匀分布在混合料中；增加室温下产品的耐热性，即增强了其抗融性和抗收缩性；防止或控制粗大冰晶形成，使产品组织细腻。

六、稳定剂

稳定剂（Stabilizer）是一类能分散在液相中大量结合水分子的物质，具有亲水性，能够形成三维网状架构，防止水分自由移动。

使用稳定剂的目的是稳定和改善冰淇淋的物理性质和组织状态；提高冰淇淋料液的黏度和膨胀率；提高冰淇淋的凝结能力，防止或减少温度波动时冰晶体的重结晶和乳糖晶体的生长，从而使产品均一稳定，减少粗糙的感觉，使成品的组织润滑；使制品不易融化，延缓产品的融化过程。

稳定剂的类型有蛋白型和碳水化合物型两类，常用明胶、干酪素、琼脂、果胶、CMC、瓜尔豆胶、黄原胶、卡拉胶、海藻胶、藻酸丙二醇酯、魔芋胶、变性淀粉等。使用两种以上的混合稳定剂的效果更好。

明胶是较佳的稳定剂之一，膨胀时吸收其本身质量 14 倍的水，它在温水中能溶胀，但在 70℃热水中将失去凝胶能力；琼脂的凝胶能力超过明胶，但使用时会使冰淇淋具有较粗的组织状态。

稳定剂的添加量依冰淇淋的成份组成而变化，尤其是依总固形物含量而异，一般占冰淇淋混合料的 0.1% ~0.5%。

七、香味剂

美国标准规定，冷冻甜食的香料在商标上的说明有 3 类：纯天然萃取物、纯天然萃取物加合成成分、合成香料。按风味种类分为果蔬类、干果类、奶香类；按其溶解性分为水溶性和脂溶性。在冰淇淋中常用香草、奶油、巧克力、草莓和坚果香精。

香料的选择应考虑两个重要因素：香料的类型和浓度。

香精可单独或搭配使用，一般在冷饮中用量为 0.075% ~0.1%。香气类型接近的较易搭配，反之较难，如水果与奶类、干果与奶类易搭配，而干果类与水果类之间则较难搭配。

除了用香精调香外，亦可直接加入果仁、鲜水果、鲜果汁，果冻等，进行调香调味，果仁用量一般为 6% ~10%，鲜水果（经糖渍）用量为 10% ~15%。

香味剂可在混料段加入，如果香味料是大块如坚果、果酱等，则在混合料凝冻后添加。

八、着色剂

协调的色泽，能改善冷饮乳制品的感官品质，大大增进人们的食欲。

调色时，应选择与产品名称相适应的着色剂，并以淡薄为佳，如橘子冰淇淋应配用橘红或橘黄色素为佳。常用的着色剂有红曲色素、姜黄色素、叶绿素铜钠盐、焦糖色素、红花黄，胡萝卜素、辣椒红、胭脂红、柠檬黄、日落黄、亮蓝等。

第四节　冰淇淋的生产

一、典型配方

冰淇淋的典型配方见表 9－4。

表 9－4　冰淇淋的典型配方　　单位：kg/1 000kg

原料名称	冰淇淋类型					
	奶油型	酸乳型	花生型	双歧杆菌型	螺旋藻型	茶汁型
砂糖	120	160	195	150	140	150
葡萄糖浆	100	—	—	—	—	—
生乳	530	380	—	400	—	—
脱脂乳	—	200	—	—	—	—
全脂奶粉	20	—	35	80	125	100
花生仁	—	—	80	—	—	—
奶油	60	—	—	—	—	—
稀奶油	—	20	—	110	—	—
人造奶油	—	—	—	—	60	191
棕榈油	—	50	40	—	—	—
蛋黄粉	5. 5	—	—	—	—	—
鸡蛋	—	—	—	75	30	—
全蛋粉	—	15	—	—	—	—
淀粉	—	—	3. 4	—	—	—
麦芽糊精	—	—	6. 5	—	—	—
复合乳化稳定剂	4	—	—	—	—	—
明胶	—	—	—	2. 5	—	3
CMC	—	3	—	—	—	2
PGA	—	1	—	—	—	—
单甘酯	—	—	1. 5	—	—	2
蔗糖酯	—	—	1. 5	—	—	—
海藻酸钠	—	—	2. 5	1. 5	—	2
黄原胶	—	—	—	—	5	—

（续表）

原料名称	冰淇淋类型					
	奶油型	酸乳型	花生型	双歧杆菌型	螺旋藻型	茶汁型
香草香精	0.5	1	—	1	0.2	—
花生香精	—	—	0.2	—	—	—
水	160	130	604	130	630	450
发酵酸乳	—	40	—	40	—	—
双歧杆菌酸乳	—	—	—	10	—	—
螺旋藻干粉	—	—	—	—	10	—
绿茶汁（1∶5）	—	—	—	—	—	100

二、冰淇淋的加工工艺

（一）冰淇淋的加工工艺

冰淇淋的加工工艺如图 9－1 所示。

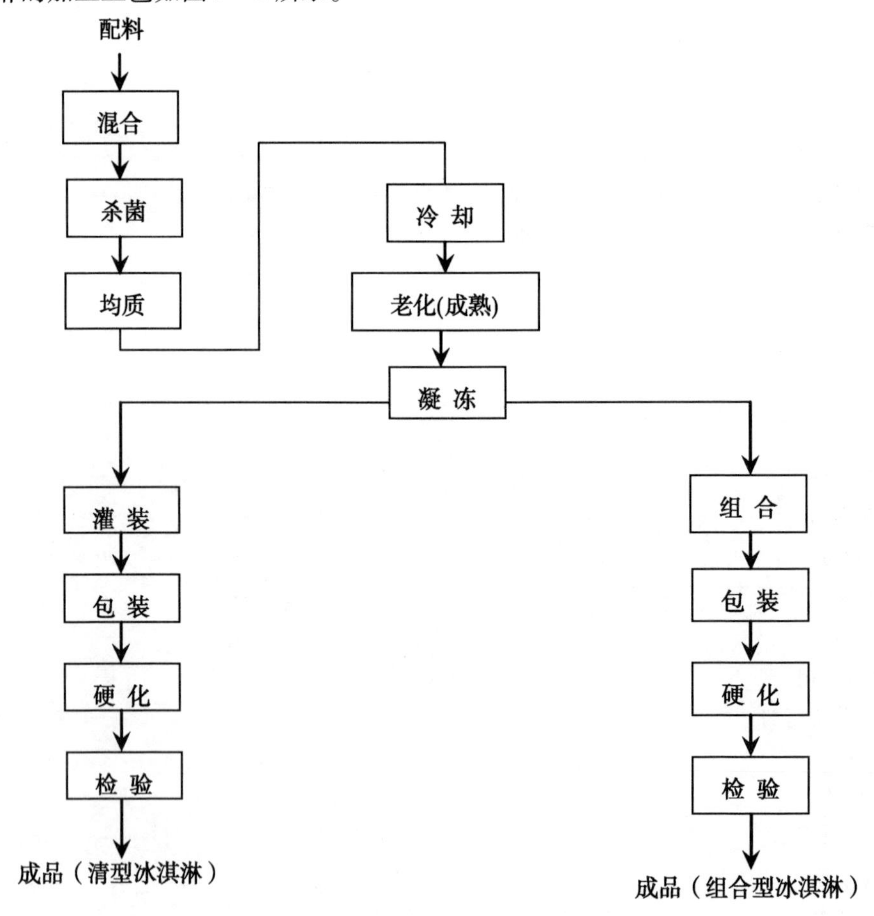

图 9－1　冰淇淋加工的一般工艺流程

（二）工艺要点

1. 混合料的配制

将冰淇淋的各种原料以适当的比例加以混合，即为冰淇淋混合料，简称混合料。混合料的配制包括标准化和混合两个步骤（表9－5）。

典型冰淇淋的组成为：脂肪8%～14%，非脂乳固体8%～12%，蔗糖13%～15%，稳定剂0.3%～0.5%。

表9－5　混合料的配制　　单位:%

冰淇淋类型	脂肪	非脂干物质	糖	乳化稳定剂	水分	膨胀率
甜点冰淇淋	15	10	15	0.3	59.7	110
冰淇淋	10	11	14	0.4	64.4	100
冰奶	4	12	13	0.6	70.4	85
莎白特	2	4	22	0.4	71.6	50
冰果	0	0	22	0.2	77.8	0

2. 混合料配比计算

方法一：按照冰淇淋标准和质量的要求，选择冰淇淋原料，而后依据原料成分计算各种原料的需要量。

【例1】今有无盐奶油（脂肪83%）、脱脂奶粉（干物质95%）、蔗糖、明胶及水为原料，配制含脂肪8%、无脂干物质11%、蔗糖15%、明胶0.5%的冰淇淋混合料100kg，计算其配合比例。

解：经计算得到混合料的原料组成为：蔗糖15kg，明胶0.5kg，奶油100×0.08÷0.83=9.6kg，脱脂奶粉100×0.11÷0.95=11.6kg，水100－（15+0.5+9.6+11.6）=63.3kg。

方法二：首先计算出要使用的非脂乳干固物（MSNF）的比例，方法是用100减去脂肪、糖、乳化剂、稳定剂（E/S）的百分比，然后乘以0.15。

【例2】生产含10%脂肪，15%的糖和0.5%（重量比）的稳定剂、乳化剂，列算式给出需要的非脂干固物的重量百分比如下：（100－10－15－0.5）×0.15=11.5%

当MSNF的量确定下来后，混合料的总干固物的量也就确定，则可计算出每一种物料所需的量，另外，典型的冰淇淋的膨胀率约为混合料总干固物的2.5～2.7倍。在上例中，膨胀率应为：

2.7×（10+15+0.5+11.5）=100%

冰淇淋混合料和最终冰淇淋的组分，见图9－2。

在冷冻期间一定量的空气被搅入，原始混料的容积被加倍，也就意味着的物料的容积百分比下降到接近原来的一半。

3. 配制要求

①原料混合顺序宜从浓度低的液体原料如牛乳等开始，其次为炼乳、稀奶油等液体原料，再次为砂糖、乳粉、乳化剂、稳定剂等固体原料，最后以水作容量调整。

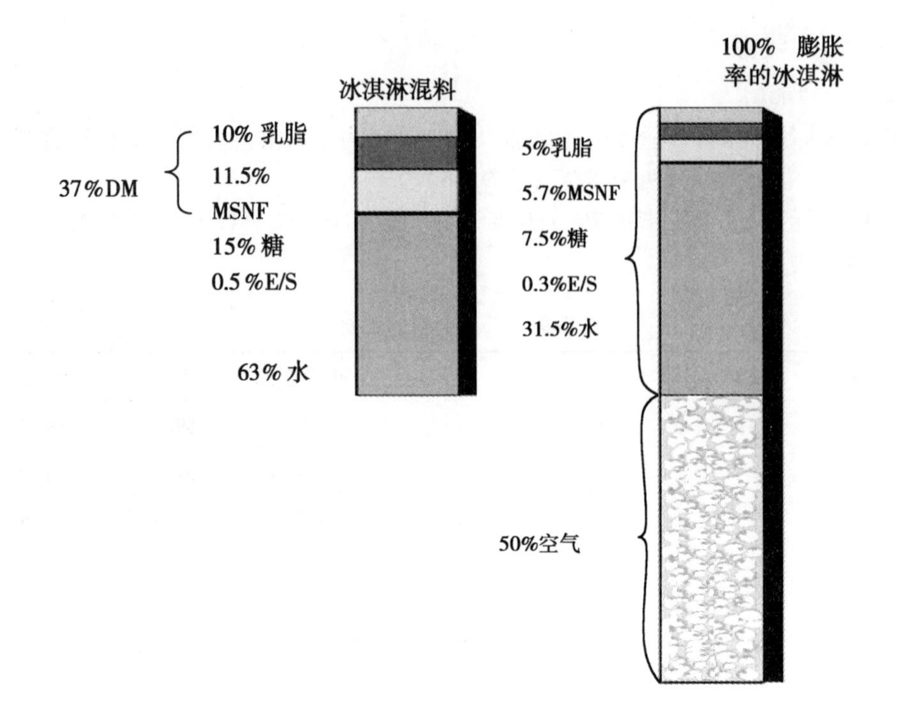

图 9－2　冰淇淋混料图

②混合溶解时的温度通常为 40～60℃。

③生乳要经 100 目筛过滤或离心净乳除杂后再泵入缸内。

④乳粉在配制前使用混料机或高速剪切缸，将乳粉加温水溶解，并经过滤和均质再与其他原料混合。

⑤砂糖应先加入适量的水，加热溶解成 65%～70% 的糖浆，经 160 目筛过滤后泵入缸内。液体甜味剂先用 5 倍左右的水稀释、混合，再经 160 目筛网过滤。

⑥果汁经静置存放就会变得不均匀，使用前应搅拌或经均质处理。

⑦人造黄油、硬化油等使用前应检查其表面有无杂质，若无杂质，加入杀菌缸中加热融化或切成小块后加入。融化脂肪后再泵入贮缸并保持温度 35～40℃，可以准备一到两班生产所用批量，以防止乳脂的氧化，否则应贮于厌氧环境下（N_2）。

⑧复合乳化剂和稳定剂一般与其质量 5～10 倍的蔗糖混匀后，在搅拌下加到混合缸中，溶于 80～90℃的水中，配成 10% 的溶液备用。

⑨鸡蛋应与水或牛乳以 1：4 的比例混合后加入，以免蛋白质变性凝成絮状。

⑩淀粉原料使用前要用 8～10 倍的水制成淀粉浆，并通过 100 目筛过滤，在搅拌下加入配料缸内，加热到 60～70℃预糊化后使用。

⑪香精则在凝冻前添加为宜。

混合料的酸度以 0.18%～0.2% 为宜。酸度过高应在杀菌前进行调整，可用 NaOH 或 $NaHCO_3$ 进行中和。

4. 混合料的均质（Homogenization）

（1）均质压力的选择　压力过低时，脂肪粒没有被充分粉碎，乳化不良，影响冰淇淋的形体；而压力过高时，脂肪粒过于微小，使混合料黏度过高，凝冻时空气难以混入，给膨胀率带来影响。合适的压力，可使冰淇淋组织细腻、形体松软润滑，一般压力为14~20MPa。

（2）均质温度的选择　均质温度<52℃，均质后混合料黏度高，对凝冻不利，形体不良；而均质温度>70℃时，凝冻时膨胀率过大，亦有损于形体。一般合适的均质温度是65~70℃。

（3）混合料均质的作用　降低脂肪球的大小，防止凝冻时乳脂肪被搅成奶油粒，以保证产品组织细腻；均质可强化酪蛋白胶粒与钙磷的结合，使混合料的水合作用增强；均质可提高膨胀率和气泡稳定性，获得良好的组织状态；均质使冰淇淋的形体润滑松软，具有良好的稳定性和持久性，增加抗融能力。

5. 混合料的杀菌（Sterilization）

通常间歇式杀菌的条件为75~77℃/20~30min，连续式杀菌的条件为83~85℃/15s。如果配料中使用淀粉，则必须提高杀菌温度或延长杀菌时间。

6. 冷却（Cooling）

均质后的混合料温度在60℃以上。在此温度下，混合料中的脂肪粒容易分离，需要将其迅速冷至2~5℃后，输入到老化缸（冷热缸）进行老化。注意此时的温度也不宜<0℃，否则容易产生冰结晶影响质地。

冷却的作用是使混合料黏度增大，防止脂肪球的聚集和上浮；避免混合料酸度的增加；

阻止香味物质的逸散和延缓细菌的繁殖。

7. 老化（Aging）

老化是将经均质、冷却后的混合料在2~4℃的低温下进行物理成熟的过程，亦称“成熟”或“熟化”。

老化为稳定剂发挥效用和脂肪结晶提供时间，其目的在于使脂肪、蛋白质和稳定剂充分吸收水分溶胀，使料液黏度增加，以利于凝冻搅拌时膨胀率的提高，从而改善冰淇淋的组织结构状态。

老化操作的参数主要为温度和时间：温度降低，老化时间将缩短，如在2~4℃，老化时间需4h；而在0~1℃，只需2h；若温度过高，如高于6℃，则时间再长也难有良好的效果。

老化期间要连续搅拌。老化期间的物理变化，导致在以后的凝冻操作时搅打出的液体脂肪增加，随着脂肪的附聚和凝聚促进了空气的混入，并使气泡稳定，从而使冰淇淋具有细致、均匀的空气泡分散，赋予冰淇淋细腻的质构，增加冰淇淋的融化阻力，提高冰淇淋的贮藏稳定性。

混合料的组成成分与老化时间有一定关系，干物质越多，黏度越高，老化时间越短。

老化也可分两步进行。首先，将混合料冷至15~18℃，保温2~3h，此时混合料中的稳定剂如明胶可充分水合；然后，将其冷到2~4℃，保温3~4h。这可大大提高老化速度，缩短老化时间。

老化过程中的主要变化：

①干物料的完全水合作用：尽管干物质在物料混合时已溶解，但仍需一定的时间才能

完全水合。完全水合的效果体现在混合料的黏度以及后来的形体、奶油感、抗融性和成品的储藏稳定性上。

②脂肪的结晶：在老化的最初几小时，会出现大量脂肪结晶。

甘三酯熔点最高，结晶最早，离脂肪球表面也最近，这个过程重复地持续着，因而形成了以液状脂肪为核心的多壳层脂肪球。乳化剂的使用会导致更多的脂肪结晶。保持液态脂肪的总量取决于所含的脂肪种类，但是液态和结晶脂肪之间保持平衡是重要的。如果使用不饱和脂肪较多，结晶的脂肪就会很少，所制得的冰淇淋的食用质量和储藏稳定性就较差。

③脂肪球表面蛋白质的解吸：老化期间冰淇淋混合物料中脂肪球表面的蛋白质总量减少，含有饱和的单甘酯混合料中蛋白质解吸速度加快。脂肪球表面乳化剂的最初解吸是黏附的蛋白质层的移动，而不是单个酪蛋白粒子的移动。在最后的搅打和凝冻过程中，由于剪切力相当大，界面结合的蛋白质可能会更完全地释放出来。

8. 冰淇淋的凝冻（Freezing）

在冰淇淋生产中，凝冻过程是将老化后的混合料置于低温下，在强制搅拌下进行冰冻，这样可使空气以极微小的气泡状态均匀分布于混合料中，并使部分水分（20%～40%）呈微细的冰结晶，从而使物料形成细微气泡密布、体积膨胀、凝结体组织疏松的过程。

（1）凝冻的目的

①使混合料更加均匀：均质后的混合料还需添加香精、色素等，在凝冻时由于搅拌器的不断搅拌，使混合料中各组分进一步混合均匀；而且搅拌器的搅拌可防止冰淇淋混合料因凝冻而结成冰屑，尤其是在冰淇淋凝冻机的筒壁部分。

②使冰淇淋组织更加细腻：凝冻是在－6至－2℃的低温下进行的，此时料液中占总水20%～40%的水分会结冰，但由于搅拌作用，水分只能形成4～10μm的均匀细小结晶，这些细小冰晶的产生和形成对于冰淇淋的光滑、硬度、可口性及膨胀率等特性来说都是必需的。

③空气混入使冰淇淋获得合适的膨胀率：在混合料进入凝冻机时，空气同时混入其中。冰淇淋约含50%体积的空气，由于搅拌器的机械作用，空气被分散成细小的空气泡，平均直径50μm。空气在冰淇淋内的分布状况对成品质量最为重要，空气分布均匀就会形成光滑的质构和细腻的口感。

凝冻时，由于不断搅拌，空气以极微小的气泡均匀地混入混合料中，使料液体积膨胀，从而获得优良的组织和形体，使产品更加适口和松软。

④使冰淇淋稳定性提高：凝冻后，由于空气气泡均匀分布于冰淇淋组织之中，能阻止热传导的作用，可使产品的抗融性和储藏稳定性提高。

⑤可加速硬化成型进程：由于搅拌凝冻是在低温下操作，因而，能使冰淇淋料液冻结，并逐渐变厚而成为半固体状态，成为具有一定硬度的凝结体，即凝冻状态，经包装后可较快硬化成型。

⑥水冻结成冰：由于冰淇淋混合料中的热量被迅速移走，水冻结成许多小的冰晶，混合料中约有50%的水冻结成冰晶。在随后的冻结（硬化）过程中，水分仅仅凝结在产品中的冰晶表面上，因此，如果在凝冻机中形成的冰晶多，质构就会光滑些，储藏中形成冰

屑的趋势就会减少。

（2）冰淇淋料液的凝冻过程

凝冻过程分为3个阶段：①液态阶段：料液经过凝冻机凝冻搅拌一段时间（2～3min）后，料液温度从进料温度（4℃）降到2℃。此时料液温度尚高，未达到使空气混入的条件，这个阶段为液态阶段。②半固态阶段：继续将料液凝冻搅拌2～3min，此时料液温度降至－1℃至－2℃，料液的黏度也显著提高。由于料液的黏度提高了，空气得以大量混入，料液开始变得浓厚而体积膨胀，这个阶段为半固态阶段。③固态阶段：此阶段为料液即将形成软冰淇淋的最后阶段。

经过半固态阶段后，继续凝冻搅拌料液3～4min，此时料液温度已降至－4℃至－6℃，在温度降低的同时，空气继续混入，并不断地被料液层层包围，这时冰淇淋料液内的空气量已接近饱和。整个料液体积的不断膨胀，料液最终成为浓厚、体积膨大的固态物质，此阶段即是固态阶段。

混合料在强制搅拌下进行凝冻，凝冻温度与含糖量有关，而与其他成分关系不大。

混合料在凝冻过程中，温度每降低1℃，其硬化时间就可缩短10%～20%，但凝冻温度不得低于－6℃，因为温度太低会造成冰淇淋不易从凝冻机内排放，而且空气不易混入，导致膨胀率降低，或者导致气泡混合不均匀，组织不细腻；若凝冻温度过高，会使凝冻时间过长，易使组织粗糙并有脂肪粒存在，使冰淇淋组织易发生收缩现象。

为了获得细腻的组织，就要形成细微的冰晶，应做到：冰晶形成要快、剧烈搅拌、不断添加细微的冰晶、保持一定的黏度。

（3）凝冻设备　凝冻机是混合料制成冰淇淋成品的关键设备。就冷冻方式而言，有冷盐水、氨、氟利昂等冷媒；按生产方式分为间歇式和连续式两种。

①间歇式凝冻机：间歇式氨液凝冻机的基本组成有：机座、带夹套的外包隔热层的圆形凝冻筒、装有刮刀的搅拌器、传动装置以及混合原料的贮槽等。

其工作原理为：开启凝冻机的氨阀（盐水阀）后，氨不断进入凝冻桶的夹套中进行循环，凝冻筒夹套内氨液的蒸发使凝冻圆筒内壁起霜，筒内混合原料由于搅拌器外轴支架上的两把刮刀与搅拌器中轴Y形搅拌器的相向反复搅刮作用，在被冻结时不断混入大量均匀分布的空气泡，同时料液从2～4℃冷冻至－6～－3℃，形成体积蓬松的冰淇淋。

②连续式凝冻机：其结构主要由立式搅拌器、空气混合泵、料箱、制冷系统、电器控制系统等组成。

其工作原理为：制冷系统将液体制冷剂输入凝冻筒的夹套内，冰淇淋料浆经由空气混合泵混入空气后进入凝冻筒。动力则由电动机经皮带降速后，通过联轴器带动刮刀轴套旋转，刮刀轴上的刮刀在离心力的作用下，紧贴凝冻筒的内壁作回转运动，由进料口输入的料浆经冷冻冻结在筒体内壁上的冰淇淋就连续被刮削下来。同时新的料液又附在内壁上被凝结，随即又被刮削下来，周而复始、循环工作，刮削下来的冰淇淋半成品，经刮刀轴套上的许多圆孔进入轴套内，在偏心轴的作用下，使冰淇淋搅拌混合，质地均匀细腻。经搅拌混合的冰淇淋便在压力差的作用下，不断挤向上端。并克服膨胀阀弹簧的压力，打开膨胀阀阀门，送出冰淇淋成品（进入灌装头）。冰淇淋经膨胀阀后减压，其体积膨胀、质地疏松。

连续凝冻机具有两个功能：将一定量的空气搅入混和料；将混合料中的水分凝冻成大量的细小冰结晶。

图9－3和图9－4分别表示连续凝冻机的外观和内部构造。混合料被连续泵入由氨为冷冻剂的夹套冷冻桶。冷冻过程非常迅速，这一点对形成细小冰晶非常重要。凝冻在冷冻桶表面的混合料被冷冻桶内的旋转刮刀不断连续刮下来。

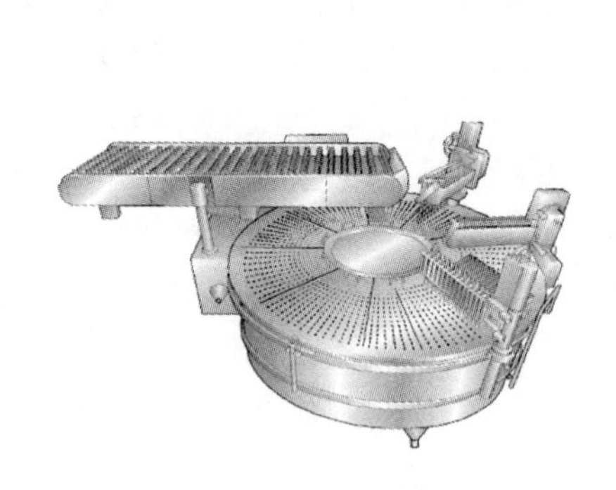

图9－3　连续凝冻机

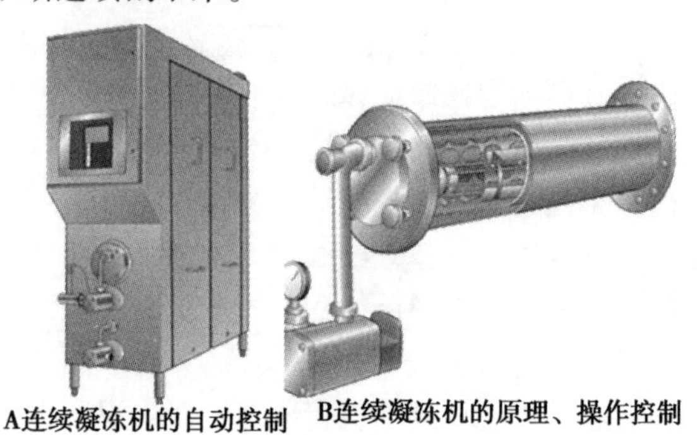

图9－4　连续凝冻机的自动控制

混合料从老化缸不断被泵送流往连续凝冻机，在凝冻时空气被搅入。冷冻温度为－6～－3℃，取决于冰淇淋产品本身。

通过把空气裹入混合料使其容积增加，被称为“膨胀”，通常膨胀率为80%～100%。

冰淇淋离开连续凝冻机的组织状态与软冰类似，大约有40%的水分被冷冻成冰。这样产品就可泵送到下一段工序进行包装、挤出或装模。

果料波纹和干物料如果料、坚果或巧克力的碎片在凝冻之后可以立即加入到冰淇淋中去，这一过程可通过在冰淇淋生产上连接波纹泵或一个干物料填充器来完成。

9. 灌装（Filling）

冰淇淋的形状有盒装、蛋卷锥、巧克力涂层、波纹形、异形等。

凝冻后的冰淇淋必须立即灌装，并随后成型和硬化。容器中填入不同风味的冰淇淋，也可填入坚果、果料和巧克力装饰冰淇淋。

盒装冰淇淋的罐装：最简单，只需将凝冻好的料用罐装机定量加入盒中加盖即可。

插棒式冰淇淋的罐装：需经过浇模、冻结、脱模、包装的过程。先将凝冻好的料定量灌入模具中，有长方形、圆柱形、三角形等；再由插棒装置将木棒准确插入料液中；然后在速冻室或速冻隧道中进行冻结。

蛋卷锥冰淇淋的罐装：罐装开始时，罐装头向下进入到杯子或蛋卷锥中，罐装阀打开，使冰淇淋流入，同时罐装头向上移动。向上移动的最后阶段很迅速，以保证冰淇淋线流被拉断。

波纹形冰淇淋的罐装：果酱的风味能与冰淇淋的风味很好地融合，因此，把冰淇淋与不同类型的果酱混合，做成波纹形冰淇淋已非常普遍。果酱以细条状呈于冰淇淋中，这些细条可在冰淇淋的中央或表面，或是将做成波纹的果酱和冰淇淋混合，制成内波纹或表面波纹。

10. 成型（Forming）

冰淇淋为半流体状物质，其成型是在成型设备上完成的。成型大多在以最终冰淇淋产品的形状命名的灌装机中完成，如锥形、纸杯、双色或三色冰淇淋罐装机等。

硬质和软质冰淇淋的不同，就是软质冰淇淋在有一半以上的水分冻结时，就加入水果、坚果等配料，装入锥形容器成为成品；而硬质冰淇淋是被包装后再进入后续的硬化工序。

黏软制品的挤出，通常是在挤压盘上进行的，这种冰淇淋可在不同形状和规格的盘中直接被挤出，也可挤在杯或蛋卷中，或是挤在三明治薄饼上。

图9－5所示为冰淇淋的挤出。当盘中被挤出的制品经冷冻机冷冻至－20℃后，也允许进行外表装饰。冷冻好的制品离开盘即可包装入袋，这一系统是连续化的，因挤出量及产品种类的不同，每小时产量为5～25 000个。

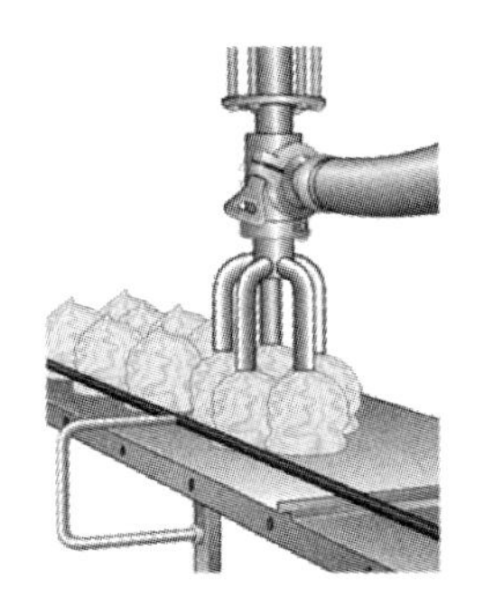

图9－5　挤压盘示意图

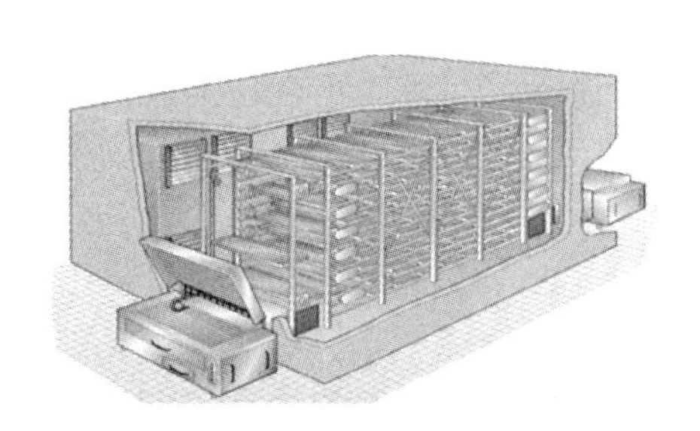

图9－6　冷冻隧道

11．硬化（Hardening）

直到在约－20℃下经过了硬化，冰淇淋的生产过程方告完成。从凝冻机出来后立即包装的产品必须经硬化隧道进行硬化，见图9－6。

（1）定义　将灌装和包装后的冰淇淋迅速置于－40～－25℃的鼓风冷冻装置中，经过一定时间的速冻，温度保持在－18℃以下，使剩余的水分被冻结，并使其组织状态固定、硬度增加的过程称为硬化。

低于－25℃，冰淇淋处于没有冰晶生长的稳定期；然而，超过这个温度，冰晶就可能生长，其生长率取决于储藏温度。

冰淇淋硬化的情况与产品品质有密切的关系。硬化迅速，则冰淇淋融化少，组织中冰结晶细，成品细腻润滑；凝冻后如不及时硬化，则表面易受热而融化，如再经低温冷冻，则形成粗大的冰结晶，成品组织粗糙，品质低劣。

因此，冷冻技术包括增加对流（带有强制鼓风机的隧道式硬化装置）或增加传导（平板冻结机）获得低温（－40℃）。

速冻硬化可用速冻库（－25～－23℃）、速冻隧道（－40～－35℃）或盐水硬化设备（－27～－25℃）等。一般硬化时间为：速冻库10～12h、速冻隧道30～50min、盐水硬化设备20～30min。

（2）硬化的目的　硬化可固定和保持冰淇淋的组织状态（如锥形、方形等）、使冰淇淋中大多数剩余水分在很短的时间内迅速形成细微冰晶、使冰淇淋的组织保持适当的硬度和强度，以保证产品质量和便于运输和销售。

（3）影响硬化的因素

①鼓风冷冻装置的温度：温度越低，硬化越快，产品表面越光滑；②空气的循环状态：增加热对流；③冰淇淋被放入硬化冷冻机时的温度：温度越低，硬化越快，因此，包装操作要迅速；④容器的形状与大小：应重点考虑包装物的伸缩性，因为硬化时冰淇淋的体积增大；⑤冰淇淋的成分：和冻结点的降低及确保最大冰相体积需要的温度有关；⑥容器堆垛的方法和空气循环的包装方法：不要有死角阻止空气的循环（如方形包装）；⑦清理蒸发器：及时除霜，以增强传热效果；⑧包装物不能阻止热传递：虽然泡沫聚苯乙烯包装或波纹状纸板能保护冰淇淋免于硬化后的融化，但它们降低了热传递，因此不可用。

12. 贮藏（Storage）

硬化后产品送入温度 -30 ~ -25℃/RH85% ~90% 的冷藏室中贮藏。在此温度下，冰淇淋中约 90% 的水被冻结成冰晶，余下 10% 的水溶解糖和盐以无定形状态存在。

冰淇淋的贮藏时间取决于产品类型、包装和贮藏温度，贮藏时间可达 9 个月。贮藏温度不可忽高忽低，否则会导致冰淇淋中冰的再结晶，使冰淇淋质地粗糙、影响冰淇淋的品质。

当温度上升时，部分冰淇淋的冰晶会融化，当温度出现波动时，水会冻结在原来的冰晶上，这时，冻结起来的冰晶对最大的冰晶有亲和性，这种过程的重复将会导致产品中冰重结晶的形成和制品中乳糖的结晶。

为了减少温度波动的影响，重要的是使贮藏温度尽可能低。温度为 -20℃时，贮藏室的温度升高 5℃将引起 7% 的冷冻水（冰晶融化）；温度为 -30℃时，同样升高 5℃引起的冷冻水（冰晶）的融化不到 2%。

三、生产厂实例

图 9-7 是冰淇淋的一种生产线示意图。图 9-7 是一个小厂，生产能力为每小时生产 500L 冰淇淋。

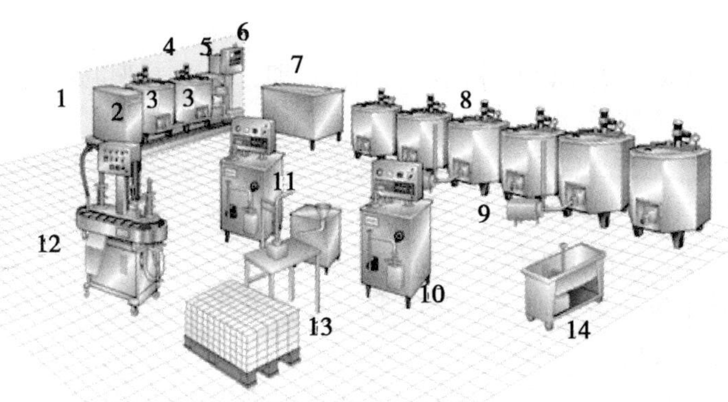

图 9-7　生产 500L/h 的冰淇淋工厂

1. 混合料预处理　2. 水加热器　3. 混合罐和生产罐　4. 均质机　5. 板式换热器　6. 控制盘　7. 冷却水　8. 老化罐　9. 排料泵　10. 连续凝冻机　11. 脉动泵　12. 回转注料　13. 灌注　14. CIP 系统

在小型厂中，包装的产品在冷库中硬化，冷库温度为 -40 ~ -35℃，为使硬化的时间最短，包装在排架上必须保持一定间隙。

第五节　冰淇淋的质构

冰淇淋是一种复杂的食品胶体。冰淇淋的质构（Structure of Ice Cream）是其重要的质量属性之一，它是结构的感官表现，与口感有重要的关系。

一、冰淇淋的结构

图9-8是冰淇淋的物理结构，是一个复杂的物理化学系统，主要由3部分组成。

（1）冰晶（Ice Crystal）　由水凝结而成，平均直径4.5~5.0μm，冰晶之间的平均距离0.6~0.8 μm。

（2）气泡　由空气经搅刮器的搅打而形成的大量微小气泡，平均直径11~18μm。气泡之间的平均距离10~15μm。

（3）未冰冻物质　它们呈液态存在。

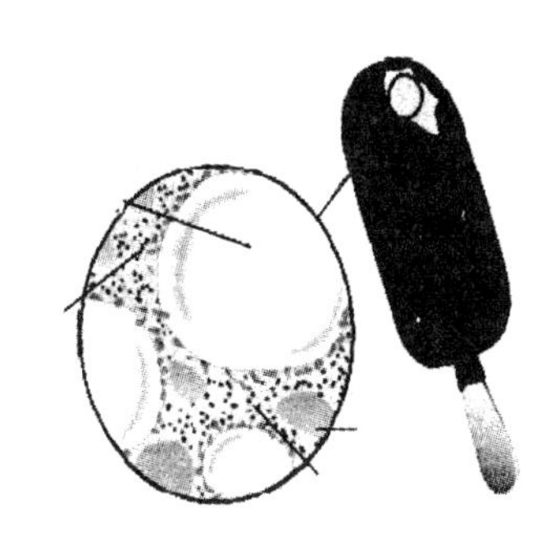

图9-8　冰淇淋剖面图

冰淇淋的内部微观结构或组织状态，主要是由上述固体（固相）、液体（液相）和气体（气相）组成的一个复杂的三相系统。

气泡被分散在埋有无数冰晶粒子的液体内，该液体内还含有不少凝固的脂肪粒子（2μm以下）、乳蛋白质、不溶性盐类、乳糖结晶粒子、蔗糖和其他糖类以及在真溶液内的可溶性盐类。

气泡的直径约150μm，冰晶的大小为20~50μm，液相被凝冻浓缩，部分结晶脂肪相通过搅打和凝冻过程在冷冻温度下部分结合，形成一个网络状的脂肪集聚，它部分地包围气泡并形成固体状结构。

由于稳定剂和乳化剂的存在，使分散状态均匀细腻，并具有一定形状。

1g典型的冰淇淋包含平均直径为1μm的脂肪球1.5×10^{12}个，可达$1m^2$的表面积；以及平均直径为50μm的气泡8×10^{6}个，表面积达$0.11m^2$。

二、冰淇淋的膨胀率

1. 膨胀率的定义

冰淇淋混合料在凝结过程中，由于搅拌器的强烈搅拌作用，将空气在一定压力下，被搅成很细小的空气气泡，并均匀地分布、混合在冰淇淋的组织中；又由于部分水分的冻结，使冰淇淋成品的体积比混合料的体积要增大许多，这一现象称为增容（冰淇淋体积的膨胀扩大）。

冰淇淋体积增容的程度（使制品体积增加的百分率）用膨胀率来表示，即体积膨胀率。其定义为：一定质量的冰淇淋浆料制成冰淇淋后体积增加的百分比。

体积膨胀率＝［（1kg冰淇淋的容积－1kg混合料的容积）/1kg混合料的容积］×100%

膨胀率是衡量冰淇淋质量的一个重要指标，一般要求膨胀率达到80%~100%。

冰淇淋的体积膨胀，可使混合料凝冻与硬化后得到优良的组织和形体，其品质比不膨胀或膨胀不够的冰淇淋适口，且更为柔润与松散，又因空气中的微泡均匀地分布于冰淇淋组织中，有稳定和阻止热传导的作用，可使冰淇淋成型硬化后较持久不融化。

但膨胀率并非越大越好，膨胀率过高，变成海绵状组织，组织松软，气泡较大，缺乏持久性，可塑性和储藏性不良，食用时溶解过快，风味较弱；过低则组织坚实，风味过浓，食用时溶解不良、组织粗糙、口感不良 。

2. 膨胀率的测定

可用浮力法测定膨胀率，即用冰淇淋膨胀率测定仪测量冰淇淋试样的体积，同时称其质量并用密度计测定冰淇淋混合料（融化后冰淇淋）的密度，以体积百分率计算膨胀率：

$$膨胀率X（\%）=[（V-V_1）/V_1]\times 100=\{[V/（m/\rho）]-1\}\times 100$$

式中：V——冰淇淋试样的体积（cm^3）；m——冰淇淋试样的混合料质量（g）；ρ——冰淇淋试样的混合料密度（g/cm^3）；V_1——冰淇淋试样的混合料体积（cm^3）。

生产上测定冰淇淋的膨胀率，通常用50ml容积的冰淇淋量杯准确量取成品冰淇淋50ml，将其放入安装在250ml容量瓶上的漏斗中，将冰淇淋融化并转入容量瓶中。冷却至室温，准确加入乙醚，消除冰淇淋泡沫。用滴定管加水至容量瓶刻度，记下加水量a和乙醚量b。

$$膨胀率=\{（a+b-200）/[250-（a+b）]\}\times 100\%$$

3. 影响膨胀率的因素

主要包括混合料的组成即原料和加工处理过程即操作两个方面。

（1）混合料组成　①乳脂肪含量越高，混合料的黏度越大，有利膨胀，但乳脂肪含量过高，则效果反之。一般乳脂肪以6%～12%为好。②非脂乳固体：含量高，能提高膨胀率，一般为10%。③含糖量高，冰点降低，会降低膨胀率，一般为13%～15%。④适量的稳定剂，能提高膨胀率；但用量过多则黏度过高，空气不易进入而降低膨胀率，一般<0.5%。⑤盐类对膨胀率有影响，如柠檬酸钠、磷酸氢二钠等钠盐能提高膨胀率，而钙盐则会降低膨胀率。

（2）加工处理　①不均质的物料，膨胀率达不到80%。均质能使脂肪球和蛋白质的表面积增加，单位体积内脂肪球数目成倍增加，由此使原料与水的混合性得到提高，黏度增加，使混合料有更好的起泡性，有利于膨胀率的提高；另外，均质适度，空气易进入，使膨胀率提高；但均质过度则黏度过高、空气难以进入，膨胀率反而下降。②老化可提高黏度，有助于膨胀率的提高。在混合料不冻结的情况下，老化温度越低，膨胀率越高。③采用瞬间高温杀菌比低温巴杀法的混合料变性少，膨胀率高。④空气吸入量合适能得到较佳的膨胀率。⑤凝冻压力过高，空气难以混入，膨胀率下降。⑥凝冻机运转终止时，若温度过低，则冰淇淋膨胀率下降。

三、冰淇淋的收缩

冰淇淋的收缩，将影响产品的外观和商品价值。

1. 定义

接近冰淇淋表面的空气气泡，由于压力的增加而破裂逸出，变软甚至融化，造成冰淇淋发生陷落而体积缩小的现象，称为冰淇淋的收缩。

在冰淇淋组织中，由于空气的存在而扩大了冰淇淋的体积。但存留在冰淇淋组织内的空气压力，一般较外界高，有空气逸出的趋势。

另外，冰淇淋组织内部压力变化，一般受温度变化的影响，当冰淇淋从较低温度处被转至较高温度时，会增加冰淇淋组织内部的压力，而给予空气逸出的能力。同时，由于温度上升，冰淇淋表面开始受热而逐渐变软，甚至产生部分融化现象，黏度也相应降低。

当发生冰淇淋组织内的空气压力较外界低时，冰淇淋组织即发生陷落而形成收缩。

2. 引起冰淇淋收缩的主要原因

由于冰淇淋硬化或贮藏温度变化，黏度降低和组织内部分子移动，从而引起空气泡的破坏，空气从冰淇淋组织内逸出，使冰淇淋发生收缩；主要原因如下。

（1）原料组成及用量

①蛋白质及其稳定性：蛋白质不稳定（高温处理、牛乳或乳脂酸度过高等），所形成的组织缺乏弹性，容易渗出水分，其组织也因收缩而变得坚硬。

②糖类及其品种：在凝冻时，如果混合料的凝固点高，则操作时间短，且收缩性也小。

糖分含量高，凝固点随之降低。蔗糖含量每增加 2%，则凝固点降低约 0.22℃。在冰淇淋生产中，蔗糖含量一般不超过 16%；而相对分子量小的糖类如蜂蜜、淀粉糖浆等，则将延长混合料在冰淇淋凝冻机中搅拌凝冻的时间，其主要原因是相对分子量小的糖类的凝固点低。因此，要慎用相对分子量小的糖类。

（2）操作

①膨胀率：凝冻是使冰淇淋体积膨胀的重要操作，合适的膨胀率使冰淇淋具有优良的组织。但是膨胀率过高，气泡含量过多，相对减少了固体的数量和流体的成份，易使组织陷落，冰淇淋发生收缩。

② 空气气泡：气泡的压力与气泡本身直径成反比。因此，气泡小者其压力反而大，故细小的空气气泡易于破裂而从其组织中逸出，使组织收缩，因此，要控制气泡直径。

③细小的冰结晶体：凝冻时，冰淇淋混合料中会产生数量极多且细小的冰晶，它们能使组织致密坚硬和细腻，并可抑制空气气泡的逸出，避免组织的收缩；若是冰晶粗大，则难以有效保护气泡。

（3）温度　空气气泡是以微细状态留在冰淇淋的组织中，气泡内的压力比外界的空气压力大。温度的变化会引起压力的相应变化，当压力差足以使气泡冲破组织的禁锢而逸出，或外界压力能压破气泡时，则冰淇淋组织就会陷落而形成收缩。

3. 防止冰淇淋收缩的措施

（1）采用合格原料　避免使用酸度较高的乳制品原料和凝固点较低的相对分子量小的糖分原料。

（2）严格控制膨胀率　膨胀率过高是引起冰淇淋收缩的重要原因，影响膨胀率最大的因素是凝冻操作，应严加注意。

（3）在配制冰淇淋时用低温老化　可以增加蛋白质的稳定性。

（4）采用快速硬化　冰淇淋经凝冻、成型后，即进入冷冻室进行硬化。若冷冻室中温度低，硬化迅速，组织中冰的结晶细小、融化慢、产品细腻润滑，能有效防止气泡的逸出，减少冰淇淋的收缩。

（5）硬化室中应保持恒定低温　冰淇淋一旦融化，即产生收缩，这时即使再降低温度也无法恢复原状。

第六节　冰淇淋的常见缺陷及预防措施

冰淇淋容易出现的质量缺陷和原因，见表9－6。

表9－6　冰淇淋质量缺陷及原因

种类	缺陷	原因
风味	脂肪分解味、饲料味、加热味、牛舍味、金属味、苦味、酸味、甜味与香料味	使用的原料乳、乳制品质量差，杀菌不完全、吸收异味，添加的甜味与香料不适当
组织状态	砂状组织 轻或膨松的组织 粗或冰状组织 奶油状组织	无脂乳干物质过高，贮藏温度高，乳糖结晶大，膨胀率过大 缓慢冻结，贮藏温度波动大，气泡大，固形物低 生成脂肪块，乳化剂不适合，均质不良
质地	脆弱 水样 软弱	稳定剂、乳化剂不足，气泡粗大，膨胀率高 膨胀率低，砂糖高，稳定剂、乳化剂不当，固形物不足，稳定剂过量
融化状态	起泡，乳清分离，凝固，黏质状	原料配合不当，蛋白质与矿物质不均衡，酸度高，均质不完全，膨胀率调整不当

一、冰淇淋风味的缺陷及预防措施

1. 香味不正

香精加入过多，或者香精品质太差；另外，冰淇淋的吸附能力较强，应贮存在专用冷库，不能与有气味的物品放在一起。

2. 酸败味

采用高酸度的生乳、炼乳等原料；搅拌凝冻前，混合料搁置过久或老化温度回升等；使细菌繁殖产生脂酶，导致混合料产生酸败味。

3. 氧化或哈败味

原料贮存时间过长或贮存条件不当，造成脂肪氧化而引起，特别是使用已经氧化变哈的动植物油脂或乳制品更易产生。

4. 烧焦味

对某些原料处理时，温度过高产生烧焦现象而引起，如花生或咖啡冰淇淋中，由于加入烧焦的花生仁或咖啡而引起。另外，对料液加热杀菌温度过高、时间过长或使用酸度过高的牛乳也会出现烧焦味。因此，要严格执行杀菌操作规程。

5. 甜味不足

配料时加水过多，或者甜味剂用量不足，都会使甜度降低。

6. 咸味

中和过度、使用含盐量高的乳清粉或干酪、以及冻结硬化时漏入盐水，均能产生咸味。

7. 金属味

由于装在马口铁听内的冰淇淋贮存过久；生产中采用铜质设备；或用贮藏日久的乳品罐头，如甜、淡炼乳引起的。

8. 煮熟味

在冰淇淋中，加入经高温处理的含有较高非脂乳固体的乳制品，或者混合原料经过长时间的热处理，均会产生蒸煮味。

二、冰淇淋的形体缺陷及其防止

1. 形体过黏

稳定剂使用量过多，均质温度过低，料液中总干物质量过高，或是膨胀率过低。

2. 有奶油粗粒

混合料中脂肪含量过高、混合料均质不良、凝冻温度过低、混合料酸度较高、老化冷却不及时，以及搅拌方法不当而引起。

3. 融化缓慢

稳定剂用量过多、混合料过于稳定、混合料中含脂量过高，以及使用较低的均质压力等造成。

4. 融化后成细小凝块

一般是由于混合料使用高压均质时，酸度较高或钙盐含量过高，而使冰淇淋中的蛋白质凝成小块。

5. 融化后成泡沫状

由于混合料的黏度较低或有较大的空气泡分散在混合料中，因而，当冰淇淋融化时，会产生泡沫；另外一个原因是稳定剂用量不足或没有完全稳定所致。

6. 冰的分离

冰淇淋的酸度增高会形成冰分离的现象；稳定剂使用不当或用量不足，混合料中总干物质不足以及混合料的杀菌温度低，均能增加冰的分离。

7. 砂砾现象

在食用冰淇淋时，口腔中感觉到的不易溶解的粗糙颗粒，其有别于冰结晶，这种颗粒是乳糖结晶体。

乳糖较其他糖类难以溶解，在长期冷藏时，若混合料中黏度适宜、存在晶核、乳糖浓度和结晶温度适当时，乳糖便在冰淇淋中形成晶体。冰淇淋储藏在温度不稳定的冷库中，更易产生砂砾现象。当温度上升时，部分冰淇淋融化，温度降低后再次冻结使组织粗糙。

防止方法：快速硬化冰淇淋；硬化室温度要低；从制造到消费的过程中要尽量避免温度的波动。

三、冰淇淋的组织缺陷及其防止

1. 组织粗糙

在生产冰淇淋过程中产生较大的冰晶会使组织粗糙。

主要原因：冰淇淋中的总干物质不足，蛋白质不足，蔗糖与非脂乳固体的配比不当，所用稳定剂的品质较差或用量不足，混合料所用乳制品溶解度差，均质压力低，混合料的成熟时间不足，料液进入凝冻机时的温度过高，机内刮刀的刀口太钝，空气循环不良，硬化时间过长，冷库温度不稳定以及软化冰淇淋的再次冻结等因素造成的。

防止方法：调整配方，提高干物质含量，尤其是非脂乳干物质与蔗糖的比例，同时使用质量好的稳定剂，掌握好均质压力与温度，并经常抽样检查均质效果。

2. 组织松软

组织松软是指冰淇淋硬度不够，过于松软，主要与冰淇淋中含有大量的气泡有关。

这种现象多因使用干物质不足的混合料，或使用未经均质的混合料，以及膨胀率控制不良而产生的。应在配料中选择合适的总固形物含量，或控制冰淇淋的膨胀率（膨胀率过高，会使冰淇淋中含有过多气泡，造成组织松软；而膨胀率过低，含气泡量少，又会使组织过于坚硬）。

3. 组织坚实

组织坚实是指冰淇淋的组织过于坚硬。这是由于冰淇淋混合料中所含干物质过高或膨胀率较低所致。应适当降低总干物质的含量，降低黏性，提高膨胀率。

4. 有较大的冰晶体出现

冰淇淋老化过度，包装过程中冰淇淋有融化现象，或者未及时送入速冻室，在冰淇淋的表面就会出现较大的冰屑。因此，冰淇淋生产中，包装要及时，包装后的产品要及时送入速冻室，老化温度控制在2~5℃。

5. 质地过黏或面团状的组织

出现这种状况是由于在原料中使用稳定剂过多或质量差，膨胀率过低，总干物质含量过高所致。

6. 融化较快

融化较快是由于在原料中所含稳定剂和总干物质过低，因此，应适当增加稳定剂和总干物质的含量，另外要选用品质好的稳定剂。

第七节　雪糕的加工工艺

一、概述

1. 定义

雪糕的总固形物、脂肪含量较冰淇淋低，是以饮用水、乳和/或乳制品、食糖、食用油脂等为主要原料，可添加适量食品添加剂，经混合、灭菌、均质或凝冻、冻结等工艺制成的冷冻饮品。

膨化雪糕是在生产时采用凝冻工艺，即在浇模前将料液输送到冰淇淋凝冻机内先进行搅拌和凝冻后再浇模、冻结，凝冻过程中有膨胀产生，故生产的雪糕组织松软、口感好。

2. 分类

根据产品的组织状态，雪糕分为：①清型雪糕：不含颗粒或块状辅料的制品，如橘味雪糕。②组合型雪糕：与其他冷冻饮品或巧克力等组合而成的制品，如白巧克力雪糕、果汁冰雪糕等。

3. 雪糕的理化指标

雪糕的理化指标如表 9－7 所示。

表 9－7 雪糕的理化指标

项目		指标	
		清 型	组合型（雪糕主体指标）
总固形物/%	≥	20	20
总糖（以蔗糖计）/ %	≥	10	10
脂肪/%	≥	2	1
蛋白质/%	≥	0.8	0.4

4. 典型的雪糕配方（表 9－8）

牛乳 32%，淀粉 1.25%～2.5%，砂糖 13%～16%，脂肪 2.5%～4.0%，其他特殊原料 1%～2%，香精适量，着色剂适量。

一般在冰棒中，除了豆类外，增加固体的方法就是增加淀粉的含量。淀粉含量增加后，可使冰棒凝结得比较坚硬，同时堆积在冷藏库中也较少变形。

雪糕中添加淀粉的目的：一是使雪糕具有光滑的组织和细腻的形体；二是增加雪糕抵抗融化的能力。

表 9－8 雪糕配方 单位：kg/1 000kg

原料名称	雪糕类型			
	菠萝雪糕	咖啡雪糕	草莓雪糕	可可雪糕
砂糖	145	150	100	100
葡萄糖浆	—	—	50	60
蛋白糖	0.4	0.6	—	—
甜蜜素	—	—	0.5	0.5
生牛乳	—	320	—	—
全脂奶粉	30	—	30	20
乳清粉	40	38	—	—
人造奶油	35	—	—	—
棕榈油	—	30	15	20
可可粉	—	—	—	5
鸡蛋	20	20	—	—
淀粉	25	22	—	—

（续表）

原料名称	雪糕类型			
	菠萝雪糕	咖啡雪糕	草莓雪糕	可可雪糕
麦精	—	8	—	—
复合乳化稳定剂	—	—	3.5	3
明胶	2	2	—	—
CMC	2	2	—	—
可可香精	—	—	—	0.8
草莓香精	—	—	0.8	—
菠萝香精	1	—	—	—
水	699	405	785	790
红色素	—	—	0.02	—
栀子黄	0.3	—	—	—
焦糖色素	—	0.4	—	—
棕色素	—	—	—	0.02
速溶咖啡	—	2	—	—
草莓汁	—	—	15	—

二、雪糕的生产工艺

（一）工艺流程

雪糕的生产流程如图9-9所示。

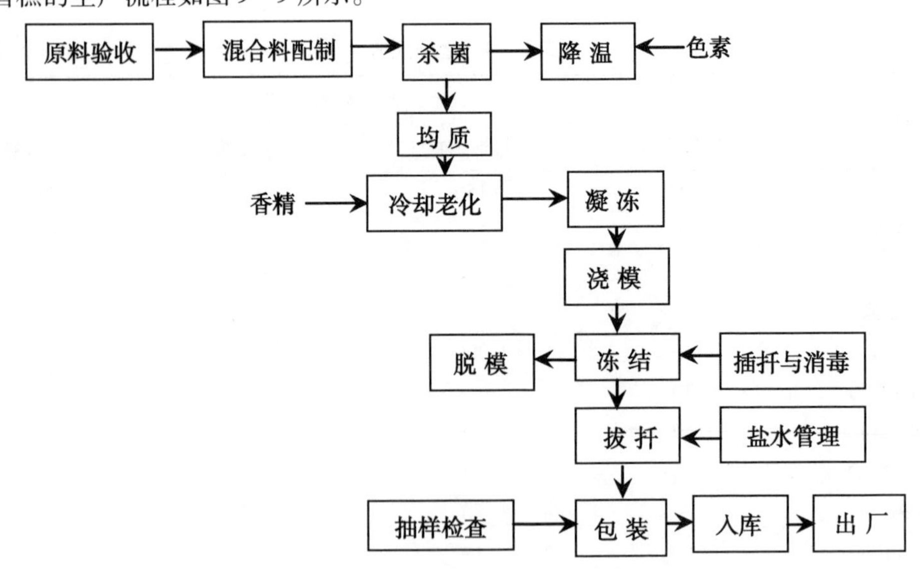

图9-9　雪糕的生产工艺流程

（二）工艺要点

生产雪糕时，原料配制、杀菌、冷却、均质、老化等操作技术与冰淇淋基本相同。

普通雪糕不需要经过凝冻工序，直接经浇模、冻结、脱模、包装而成，膨化雪糕则需要凝冻工序，即在浇模前将雪糕混合料送进凝冻机内搅拌凝冻后，再浇模。

通过凝冻可达到两个目的：一是使雪糕的质地更加松软，味道更加可口；二是凝冻后料液的温度在 -2 ~ -1℃，有利于提高雪糕产品的质量。

1. 凝冻

冰淇淋或雪糕在被称为花色冰淇淋机的特殊凝冻机上制成。

雪糕凝冻时，凝冻机的清洗消毒及凝冻操作与冰淇淋大致相同，只是料液的加入量不同，一般占凝冻机容积的 50% ~60%。膨化雪糕要进行轻度凝冻搅拌，使外界空气混入，使料液体积膨胀，膨胀率 30% ~50%。

料液不能过于浓厚，否则会影响浇模质量。控制出料温度在 -3 ~ -1℃。

2. 浇模

浇模之前要将模盘、模盖、扦子进行消毒，可煮沸或用蒸汽喷射消毒 10 ~15min。

从凝冻机内放出的料液可直接注入雪糕模盘内。

已注入模盘的料液因浓厚难以进入模子内，故需用橡皮刮将其刮平，并将模盘前后左右晃动，使模型内混合料分布均匀并震到模底后，盖上带有扦子的模盖，将模盘轻轻放入冻结缸内进行冻结。

3. 冻结

有直接冻结法和间接冻结法。

直接冻结法即直接将模盘浸入盐水槽内进行冻结，间接冻结法即速冻库（管道半接触式冻结装置）与隧道式速冻（强冷风冻结装置）。

直接速冻时，先将冷冻盐水放入冻结槽至规定高度，开启冷却系统，并开启搅拌器搅动盐水，待盐水温度降至 -28 ~ -6℃时，即可放入模盘，注意要轻轻推入，以免盐水污染产品，在其中冰淇淋和雪糕溶液被冷冻，待模盘内混合料全部冻结（10 ~12min），即可将模盘取出。

凡食品的中心温度从 -1℃降至 -5℃所需的时间在 30min 内称为快速冷冻。目前，雪糕的冻结是指将 5℃的雪糕料液降至 -6℃，在 24 ~30°Bé 、 -30 ~ -24℃的盐水中冻结，冻结时间只需 10 ~12min，因此属于快速冷冻。冻结速度越快，产生的冰晶越小，质地越细。

4. 插扦

在产品没有完全冻实之前插入木棍（签），一般要求插得整齐端正，不得有歪斜、漏插及未插等现象。

5. 脱模

使冻结硬化的雪糕由模盘内脱下，较好的方法是将模盘进行瞬时加热，即将模具经过一个温盐水溶液使产品表面融化，使紧贴模盘的物料融化而使雪糕易从模具中脱出。

加热模盘的设备可用烫盘槽，由内通蒸汽的蛇行管加热。

脱模时，在烫盘槽内注入加热用的盐水至规定高度后，开启蒸汽阀将蒸汽通入蛇行管，控制烫盘槽温度在 50 ~60℃。将模盘置于烫盘槽中，轻轻晃动使其受热均匀，浸数秒后（以雪糕表面稍融为度），立即脱模，经传送带送入包装工序。

雪糕脱模后可浸入到巧克力中，随后再送去包装。因为产品已完全冻结，所以包装后可直接送去冷藏。

6. 包装

包装时先观察雪糕的质量，如有歪扦、断扦及沾污上盐水的雪糕（沾污上盐水的雪糕表面有亮晶晶的光泽），则不得包装，需另行处理。取雪糕时只准手拿木扦，不准接触雪糕体。

本章思考题

1. 简述冰淇淋的生产工艺。
2. 简述雪糕的生产工艺。
3. 分析比较冰淇淋、雪糕的配方和工艺的异同点。
4. 冰淇淋、膨化雪糕对生产原料组成有何要求？
5. 影响冰淇淋、雪糕膨胀率的因素有哪些？
6. 简述确定冷饮乳制品杀菌工艺条件的依据。
7. 简述冷饮乳制品均质的目的和方法。
8. 均质后的冰淇淋料液为何要进行老化？如何老化？
9. 生产雪糕时，如何进行浇模、脱模操作？
10. 分析比较冰淇淋、膨化雪糕的凝冻操作工艺。
11. 进行凝冻、硬化操作对温度有何要求？为什么？
12. 冰淇淋、雪糕的生产工艺条件对其质量有何影响？
13. 冰淇淋发生收缩的原因是什么？如何控制？
14. 简述凝冻机的工作原理和主要操作。

第十章 浓缩乳制品（炼乳）的加工工艺

炼乳起源于法国和英国。1796 年，法国人 Nicolas 等人就进行过浓缩乳的保藏试验。1827 年，法国的阿贝尔把煮浓的牛乳装入瓶装罐头中，牛乳中的细菌在加热过程中被杀死，而封闭在罐头内的牛乳与外界杂菌隔绝，便于保存。阿贝尔把牛乳罐头送给法国海军，反映较好，这是炼乳的一份成功记录。当时阿贝尔还不明白为什么放置时间长了牛乳会腐败变质。1865 年，法国巴斯德发现葡萄酒加热到 60℃就能够杀菌，人们才懂得了杀菌后不再腐败变质的道理。

1850 年，一个美国人完善了通过添加蔗糖到蒸发浓缩后的乳中来进行保藏的方法，用这两种方法（密封消毒和加糖），炼乳就实现了工业化生产。此后，炼乳形成了两种类型：淡（蒸发浓缩）和甜炼乳。

淡炼乳（亦称双倍浓缩乳）是一种色淡具有奶油状外观，经杀菌处理后的奶制品，即将杀菌的浓缩乳装罐，封罐后又经过高压灭菌，所以，淡炼乳可在室温下长期保存。淡炼乳可像咖啡稀奶油一样用于烹调，这一产品由全脂乳、脱脂乳或由脱脂乳粉、无水乳脂、水为主要成分的再制乳来生产。

甜炼乳由于加糖后，增大了其渗透压，抑制了微生物的繁殖而增加了制品的保存性。细菌不耐浓的糖溶液和盐溶液，即不耐高渗透压，若处在这样的高渗溶液中，细菌细胞会因脱水而干燥。渗透压常用来进行食品的防腐，如果酱、盐腌鱼、甜炼乳等。

甜炼乳曾普遍用于哺育婴儿，但因其蔗糖含量过多，不宜哺乳婴儿。以前凡是不易获得新鲜乳的地方，就可用炼乳代替；现在，炼乳一般作为焙烤制品、糕点和冷饮等食品加工的原料，也可在喝咖啡或红茶时添加。

第一节 炼乳的定义与种类

炼乳是以生乳或复原乳为主要原料，添加或不添加辅料，经杀菌、浓缩除去部分水分后制成的黏稠态产品。

按成品是否加糖、脱脂或添加某种辅料，炼乳分为全脂加糖炼乳（甜炼乳）、全脂不加糖炼乳（淡炼乳）、脱脂炼乳、脱脂加糖炼乳、半脱脂炼乳、强化炼乳和调制炼乳等。

淡炼乳是将牛乳浓缩至原体积的 40%，装罐后密封并经灭菌而成的制品；甜炼乳是将原料乳中加入 17% 左右的蔗糖，经杀菌、浓缩至原体积 40% 左右而成的产品，成品中蔗糖含量 40% ~45%。

第二节 炼乳质量标准

本标准代替 GB 13102—2005《炼乳卫生标准》以及 GB/T 5417—2008《炼乳》。

本标准与 GB 13102—2005 相比，主要变化如下：标准名称改为《炼乳》；修改了“范围”的描述；明确了“术语和定义”；修改了“感官要求”；删除了杂质度指标；增加了水分指标；“污染物限量”直接引用 GB 2762 的规定；“真菌毒素限量”直接引用 GB 2761 的规定；修改了“微生物指标”的表示方法；删除了志贺氏菌指标；增加了对营养强化剂的要求。

炼乳的感官要求、理化指标及微生物限量分别见表 10－1、表 10－2 和表 10－3。

表 10－1　感官要求

项　目	要　求		
	淡炼乳	加糖炼乳	调制炼乳
色泽	呈均匀一致的乳白色或乳黄色，有光泽	具有辅料应有的色泽	
滋味、气味	具有乳的滋味和气味	具有乳的香味，甜味纯正	具有乳和辅料应有的滋味和气味
组织状态	组织细腻，质地均匀，黏度适中		

表 10－2　理化指标

项　目	指 标			
	淡炼乳	加糖炼乳	调制炼乳	
			调制淡炼乳	调制加糖炼乳
蛋白质/（g/100g）　≥	非脂乳固体的 34%		4.1	4.6
脂肪（X）/（g/100g）	$7.5 \leqslant X < 15.0$		$X \geqslant 7.5$	$X \geqslant 8.0$
乳固体/（g/100g）　≥	25.0	28.0	—	—
蔗糖/（g/100g）　≤	—	45.0	—	48.0
水分/%　≤	—	27.0	—	28.0
酸度/°T　≤	48.0			

表 10－3　微生物限量

项 目	采样方案及限量（若非指定，均以 CFU/g 或 CFU/ml 表示）			
	n	c	m	M
菌落总数	5	2	30 000	100 000
大肠菌群	5	1	10	100
金黄色葡萄球菌	5	0	0/25g（ml）	—
沙门氏菌	5	0	0/25g（ml）	—

第三节　淡炼乳的加工工艺

淡炼乳又称无糖炼乳，是将牛乳浓缩到1/2～1/2.5后灌装密封，然后再进行灭菌的一种炼乳。其生产工艺与甜炼乳基本相同，但缺乏糖的防腐作用，因而这种炼乳封罐后还要进行加热灭菌。

淡炼乳分为全脂炼乳、脱脂炼乳、添加维生素D等的强化淡炼乳，以及调整其化学组成使之近似于母乳，并添加各种维生素的专门喂养婴儿用的调制淡炼乳。

一、淡炼乳的加工工艺

与甜炼乳相比，淡炼乳的工艺有四点不同：不加糖、需均质处理、需进行灭菌、需要添加稳定剂，其生产工艺如图10－1所示，加工生产线如图10－2所示。

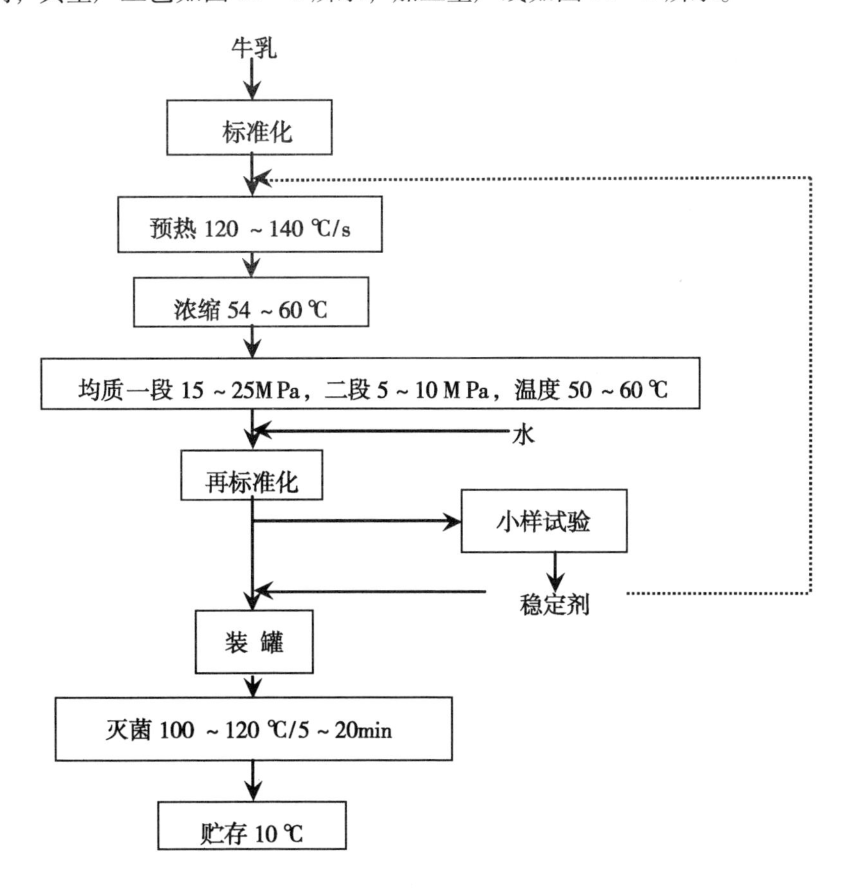

图10－1　淡炼乳的生产工艺（虚线表示可能的工艺）

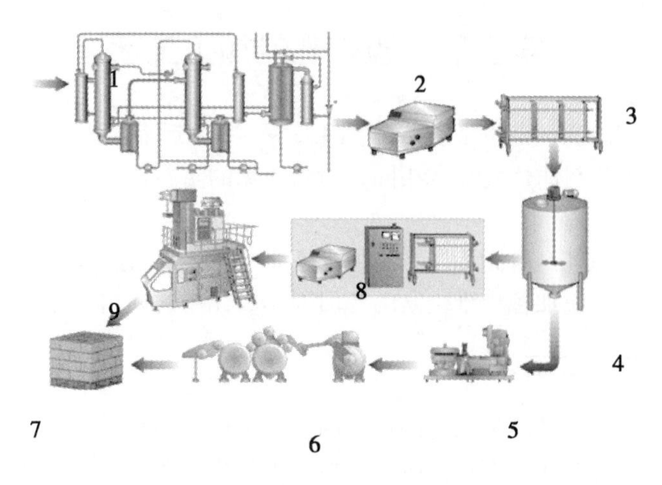

图 10－2　淡炼乳的加工生产线

1. 蒸发　2. 均质　3. 冷却　4. 中间罐　5. 灌装　6. 消毒　7. 贮存　8. 超高温处理　9. 无菌灌装

二、工艺要点

1. 原料乳的质量要求

淡炼乳对原料乳的要求比甜炼乳严格。

淡炼乳的生产中需经过高温灭菌，因此，要注意两点：乳中的耐热菌数或芽孢数、乳的耐受热处理不凝聚的能力即乳蛋白的稳定性。

乳的稳定性很大程度上取决于其酸度，酸度应低；并且盐类要处于良好平衡，而盐类平衡随季节、饲料、以及泌乳期的不同而受影响。

原料乳中蛋白质的热稳定性，除采用 75% 的中性乙醇检验外，还需用磷酸盐热稳定试验测定。

磷酸盐试验中，如有凝固物出现，则不能作为淡炼乳的原料。

2. 乳的标准化

脂肪不足时，要添加稀奶油；脂肪过高时，要添加脱脂乳或用分离机除去部分稀奶油。

现代自动标准化系统保证了脂肪含量及脂肪与乳中非脂干固物之间的关系，能连续进行和极精确的标准化。

3. 热杀菌

淡炼乳生产中，预热杀菌的目的不仅是为了杀菌和破坏酶类，而且，适当的加热可使酪蛋白的稳定性提高，防止生产后期灭菌时凝固，并赋予制品适当的黏度。

高温加热会降低钙、镁离子的浓度，相应减少了与酪蛋白结合的钙，因而，热稳定性提高；适当高温可使乳清蛋白凝固成微细的粒子，分散在乳浆中，灭菌时不再形成感官可见的凝块。

低于 95℃，尤其 80～90℃时热稳定性显著降低。一般采用 95～100℃/10～15min 的高温杀菌，使乳中离子状态的钙成为不溶的磷酸三钙。

用 UHT 灭菌，可进一步提高稳定性。如 120～140℃/5s 杀菌，其热稳定性是 95℃/10min 杀菌的 6 倍。因此 UHT 处理可降低稳定剂的使用量，甚至可不用稳定剂也能获得稳定性高、褐变程度低的产品。

这点与酸乳不同，详见第六章“发酵乳制品的加工工艺”。

4. 蒸发浓缩

与甜炼乳相比，淡炼乳的预热温度高，浓缩时沸腾剧烈，易起泡和焦管，应注意加热蒸汽的控制。

淡炼乳的浓缩比为 2.3～2.5。

（1）浓缩工艺　蒸发器通常为多级降膜型，乳在真空下通过蒸汽加热管，常用 0.12MPa 的蒸汽压力，保持温度 54～60℃。

（2）浓缩终点的确定　由于淡炼乳的浓度较低，浓缩终点的判断常用波美计进行测定。需要注意的是：因为蒸发速度非常快，整个测定过程应该快速进行。

一般情况下，当浓缩乳温度为 50℃左右，取样测得的波美度为 6.27～8.24 °Bé 或比重达到 1.07 左右时，即可大致判定浓缩已达终点。

因为淡炼乳的浓度较难控制，生产中需要先浓缩得高一些，然后在二次标准化时再加水进行调整。

5. 均质

多采用二段均质：均质温度 50～60℃；第一段压力为 12～25MPa，第二段为 5～10MPa；第一次均质在预热之前进行，第二次在浓缩之后。

均质不应过于强烈，因为可能会影响蛋白质的稳定性，增加灭菌时乳凝集的危险，所以有必要找出准确的均质压力，高足以保证要求的脂肪分散，低足以保证减少凝集的危险。

6. 冷却

均质后的淡炼乳温度约 50℃，因为淡炼乳没有蔗糖的渗透压所产生的防腐力，在这种温度下停留时间过长，会出现耐热性细菌繁殖或酸度上升现象，从而使灭菌效果及热稳定性降低，即冷却温度高，炼乳的稳定性降低；另外，此温度下，成品的变稠和褐变倾向也会加剧。

相对而言，淡炼乳生产中冷却的目的单一，这与甜炼乳的冷却是为了使乳糖结晶不同，因此应迅速冷却。

冷却温度与装罐时间有关，均质后，如果立即罐装，需冷到 14℃以下，如需保存等待灭菌，就需要冷却到 8℃以下。

7. 再标准化

因原料乳已进行了标准化，所以浓缩后的标准化称作再标准化。再标准化的目的是：调整乳干物质浓度，使其控制在标准范围内，因此，也称浓度标准化或加水操作（工序）。

一般淡炼乳生产中，浓度难于正确掌握，通常浓缩到比标准略高的浓度，然后加水调整，加水量可按下式计算：

$$加水量=\omega_A/\omega_{F1}-\omega_A/\omega_{F2}$$

式中：ω_A——标准化乳的脂肪总量；ω_{F1}——成品的含脂率（%）；ω_{F2}——浓缩乳的含脂率（%）。

8. 加稳定剂

在淡炼乳生产中，允许添加少量稳定剂，目的是使浓缩乳的盐类达到平衡，增加原料乳的稳定性，防止再次灭菌（即装罐灭菌）处理时发生蛋白凝固。

（1）稳定剂的种类　影响稳定性的因素主要有：乳的酸度、乳清蛋白含量及乳中的盐类平衡。

根据盐类平衡性质，乳中的钙、镁与磷酸、柠檬酸之间保持适当的平衡，能增加乳蛋白质的稳定性。一般牛乳中钙、镁离子过剩，故加入柠檬酸钠、磷酸二氢钠、磷酸氢二钠，能使可溶性钙、镁减少，因而增加了酪蛋白的稳定性。

（2）添加稳定剂的方法与数量　在原料乳杀菌前或杀菌后添加稳定剂的效果基本相同，但以浓缩后添加为好，准确添加量应根据小试结果确定。

稳定剂的添加量大致一定时，可在杀菌前添加一部分，浓缩后再根据小样试验确定的结果准确补足总量，在装罐前加入到浓缩乳中。

稳定剂的添加量：按100kg原料乳汁，加 $Na_2HPO_4 \cdot 12H_2O$ 或柠檬酸钠（$C_6H_5O_7Na_3 \cdot 2H_2O$）5～25g；按100kg淡炼乳汁，添加量为12～62g。

（3）小样试验　稳定剂的用量最好根据浓缩后的小样试验来决定，使用过量，产品风味不好且易褐变。

①试验目的：为防止不能预计的变化而造成大量损失，装罐前应先做小样试验。即灭菌前先按不同剂量添加稳定剂，试封几罐进行灭菌，然后开罐检查以决定添加稳定剂的数量、灭菌温度和时间。

②样品准备：由贮奶槽中取浓缩乳小样，通常以每1kg原料乳取0.25g为宜，调制成含有各种剂量稳定剂的样品，分别装罐、封罐，供做小样试验：

a. 试样准备：吸取浓度为4.11%的磷酸氢二钠溶液0.5ml、1.0ml、1.5ml、2.0ml、2.5ml、3.0ml，分别加入净重411g的浓缩乳罐中，封罐后摇匀。

b. 灭菌试验：把样品罐放入小试用的灭菌机中，灭菌条件应与批量生产条件相同（见装罐灭菌）。杀菌保温完毕，放出内部蒸汽和热水，然后加入冷水冷却，并取样检查。

c. 开罐检验：灭菌后开罐，倾入烧杯中，检查其组织状态、色泽、风味，并测定黏度。

检查顺序是：先检查有无凝固物，然后检查黏度、色泽、风味。要求无凝固、稀薄的稀奶油色、略有甜味为佳。

如上述各项不合要求，可采用降低灭菌温度或缩短保温时间、减慢灭菌机转动速度等方法加以调整，直至合乎要求为止。

黏度过高，会有热凝固倾向，此时，可把灭菌温度降低0.5℃或缩短灭菌时间0.5min；若黏度过低，则灭菌保温时，将回转式灭菌釜回转架暂停5min，以提高黏度。

总之，通过小样试验，确定批量生产的灭菌条件和稳定剂的添加量。

9. 装罐灭菌

按小试结果，将稳定剂溶于灭菌蒸馏水中，加入到浓缩乳中，搅拌均匀，即可装罐、封罐。

但装罐不得太满，因淡炼乳封罐后要高温灭菌，故必须留有顶隙，以防胀罐，封罐最好用真空封罐机，以减少炼乳中的气泡和顶隙中的残留空气。另外，罐装温度的选择要使泡沫产生达到最低。

灭菌方法包括：

①保持式灭菌法即间歇式灭菌法，适于小规模生产，要求在15min内，使温度升至116～117℃，灭菌公式为：15min—20min—15min/116℃。

②连续式灭菌法：适于大规模生产，灭菌机由预热段、灭菌段和冷却段3部分组成。

封罐后，罐内温度在18℃以下进入预热区被加热到93～99℃，然后进入灭菌区，升温至114～119℃，经一段时间运转后进入冷却区冷至室温。

③UHT连续式灭菌机，可在2min内加热到140℃，并保持3s，然后迅速冷却，全过程只需6～7min。

④使用乳酸链球菌素的灭菌法：淡炼乳生产必须采用强的杀菌强度，会使成品质量不理想，而且要求必须使用热稳定性高的原料乳。如果添加乳酸链球菌素，可减轻灭菌负担，且能保证乳品质量。

淡炼乳的包装通常有罐装（听装）和纸包装袋。前者采用装罐后保持灭菌处理，后者采用UHT处理后，进行无菌灌装。图10－2表示了淡炼乳的这两种生产工艺流程。

10. 振荡

如果灭菌操作不当，或使用了热稳定性较差的原料乳，则淡炼乳往往出现软的凝块，振荡可使软凝块分散复原成均一的流体。

振荡使用水平式振荡机进行，往复冲程为6.5cm，300～400次/min，应在灭菌后2～3天进行，在室温下每次振荡1～2min。

11. 保温检查

炼乳可在0～15℃贮存很长时间，贮温如果太高，乳褐变，贮温过低，蛋白质形成凝集。

炼乳应具有稀奶油样外观和色泽，淡炼乳在出厂前，一般还要经过保温试验，即将成品在25～30℃下保藏3～4周，观察有无胀罐现象，并开罐检查有无缺陷。必要时可抽取一定比例样品，于37℃下保藏6～10天，加以检验。

合格的产品即可擦净、贴标、装箱和出厂。

第四节　甜炼乳的加工工艺

一、甜炼乳的加工工艺

甜炼乳的工艺及其生产线，分别见图10－3和图10－4。

二、工艺要点

1. 原料乳的特别要求

用于生产甜炼乳的原料乳，除要符合乳制品生产的一般质量要求外，特别要控制芽孢菌和耐热细菌的数量。

因为炼乳生产的真空浓缩过程中，乳的实际受热温度仅为65～70℃，而此温度对于芽孢菌和耐热细菌是较适合的生长条件，有可能导致乳的腐败，所以要严格控制原料乳中的

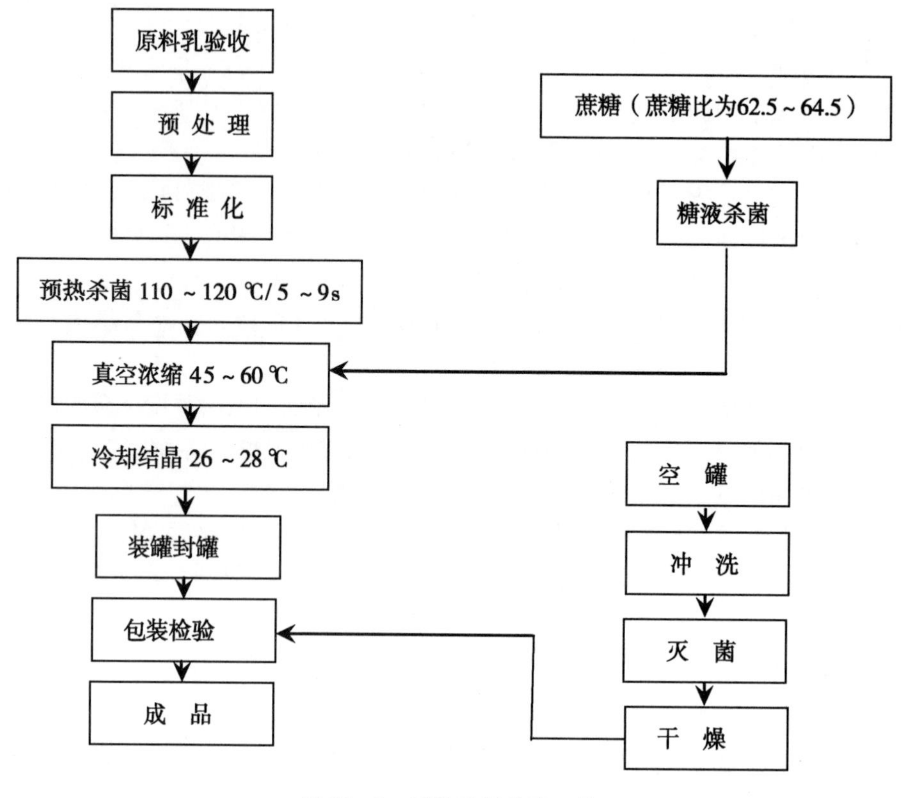

图 10 –3 甜炼乳的生产工艺

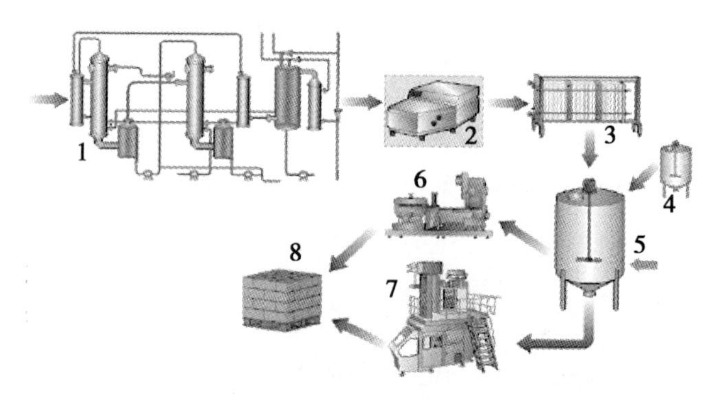

图 10 –4 甜炼乳的加工生产线

1. 蒸发 2. 均质 3. 冷却 4. 乳糖浆 5. 结晶罐 6. 罐装 7. 纸包装 8. 贮存

微生物数量，特别是芽孢菌和耐热细菌。

2. 预热杀菌

在原料乳浓缩之前进行的加热处理称为预热。预热条件一般为 75℃/10 ~20min；或 80 ~85℃/5 ~10min；或 95℃/3 ~5min；也可用 110 ~150℃/2 ~4s 的瞬间杀菌法。

预热的目的不仅是为了杀菌，而且关系到成品的保藏性、黏度和变稠等，如蛋白质适当变性，可推迟成品变稠。

热处理对于产品在贮存时的黏度变化是很重要的，尤其是甜炼乳。因此，一般要经过多次实验，才可确定预热条件，而且随季节变化还需稍加变动，以保证产品质量。

预热与产品变稠的关系，可归纳为：

①预热温度 60～75℃，制品的黏度降低，变稠的倾向减小；但 <65℃，黏度过低，脂肪可能分离。

②预热温度 80～100℃，变稠倾向增加。

③预热温度在沸点以上时，变稠趋势减弱。用 110～120℃瞬间加热，可抑制变稠。温度进一步提高，制品有变稀的趋势。

④用蒸汽直接预热，因为局部过热的倾向，易产生部分蛋白质变性和膨润作用，会使产品不稳定或变稠。

总之，100℃附近最不利，110～120℃瞬间加热或 75℃/10min 左右的保持加热，比较适宜。

3. 加糖

（1）加糖的目的　糖的加入会在炼乳中形成较高的渗透压，因此，加糖可抑制细菌的繁殖，增强制品的保存性。一般，甜炼乳中若含有 43% 的蔗糖和 25.5% 的水分时，则其中蔗糖水溶液将具有 5.7MPa 的渗透压，它能使残存的菌体严重脱水，难以增殖，甚至死亡，起着良好的防腐作用。

（2）糖的质量　主要使用蔗糖，纯度 >99.6%，还原糖 <0.1%。

使用质量低劣的蔗糖时，因其中含有较多的转化糖，会使成品在贮藏期间的变色和变稠速度加快，并引起发酵产酸而影响炼乳的质量，这也是蔗糖原料中要求转化糖含量 < 0.1% 的原因。

有时用部分葡萄糖（不超过蔗糖的 1/4，否则会有变稠的趋势）代替蔗糖以生产冰淇淋、糕点和糖果用的炼乳，这是由于这种糖比蔗糖成本低，甜味也较柔和，同时也不易结晶，因此，对冰淇淋和糕点的组织状态有良好的效果。但这种制品容易褐色化，保存中容易变稠，所以生产直接食用的甜炼乳还是以添加蔗糖为佳。

（3）加糖量　加糖量一般用蔗糖比 R_s 表示，一般蔗糖的添加量约为原料乳的 17%。对应的蔗糖比为 62.5%～64.5%。大于 64.5% 会有蔗糖析出，使产品组织状态变差；小于 62.5% 抑菌效果差。

（4）加糖量的计算：加糖量的计算是以蔗糖比 R_s 为依据的。蔗糖比又称蔗糖浓缩度，是甜炼乳中蔗糖含量与其水溶液的比，即：

$$R_s = [W_{su} / (W_{su} + W)] \times 100\% \text{ 或 } R_s = [W_{su} / (100 - W_{sT})] \times 100\%$$

式中：R_s——蔗糖比/%；W_{su}——炼乳中蔗糖含量/%；W——炼乳中水分含量/%；W_{sT}——炼乳中总乳固体含量/%

【例 1】炼乳中总乳固体的含量为 28%，蔗糖含量为 45%，其蔗糖比为多少?

解：$R_s = [45\% / (100\% - 28\%)] \times 100\% = 62.5\%$

根据所要求的蔗糖比，也可以计算出炼乳中的蔗糖含量。

【例 2】炼乳中总乳固体含量为 28%，脂肪为 8%。标准化后原料乳的脂肪含量为 3.16%，非脂乳固体含量为 7.88%，欲制得蔗糖含量 45% 的炼乳，试求 100kg 原料乳中应添加蔗糖多少?

解：浓缩比 $R_c = [(28 - 8) / 7.88] = 2.54$ 或 $R_c = [28 / (3.16 + 7.88)] = 2.54$

应添加蔗糖 = 炼乳中的蔗糖%/浓缩比，即 $100 \times (45/2.54) = 17.79$（kg）

（5）加糖方法　加糖方法有3种：①将糖直接加于原料乳中，经预热杀菌后吸入浓缩罐中；②将原料乳与蔗糖的浓溶液（65%～75%的浓糖浆）分别进行预热杀菌，然后冷至57℃后，混合、浓缩；③先将牛乳单独预热并浓缩，在浓缩将近结束时，将杀菌并冷却的浓糖浆吸入浓缩罐内，再进行短时间的浓缩。

加糖方法不同，乳的黏度变化和成品的增稠趋势不同。一般而言，糖与乳的接触时间越长，变稠趋势就越显著，且牛乳中的酶类和微生物也由于加糖而抗热性增加；另外，乳蛋白会由于糖的存在而褐变，所以，牛乳与糖最好分别杀菌，即第三种方法或后加糖工艺为最好。

不同加糖方法对甜炼乳黏度的影响见图10－5。

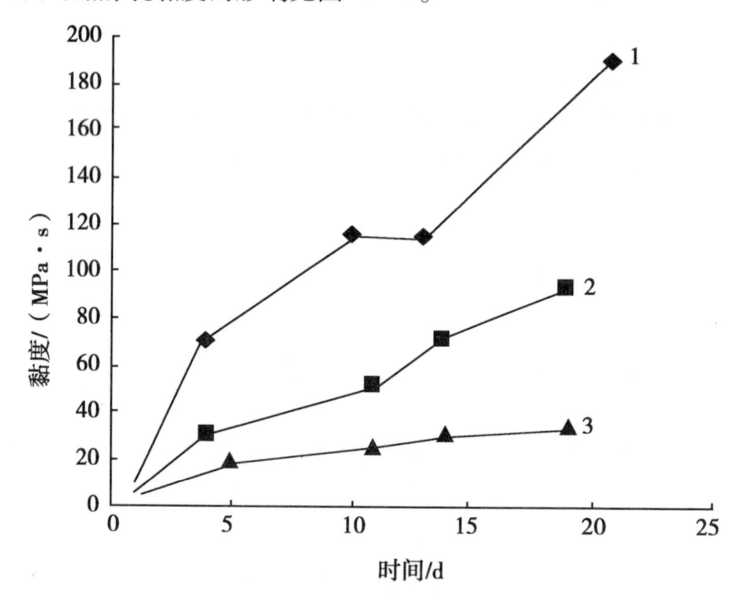

图10－5　不同加糖方法对甜炼乳贮存时黏度增加的影响

1. 糖与乳一同预热杀菌　2. 糖与乳分别预热、混合后一同浓缩　3. 糖杀菌后在浓缩后期加入

4. 蒸发浓缩

与淡炼乳的真空浓缩过程基本相同。浓缩条件为：温度45～60℃，真空度78.45～98.07kPa。

浓缩终点的确定：一般有3种方法。

（1）相对密度测定法　使用波美比重计，刻度范围30～40°Bé，每一刻度为0.1°Bé。波美比重计应在15.6℃下测定，所以实际测定应进行校正。温度每差一度，波美度相差0.054°Bé，温度高于15.6℃时加上差值，反之，减去差值。

浓缩终点应达到的波美度可用下法求得：15.6℃时的甜炼乳相对密度d与15.6℃时的波美度B存在如下关系：$B=145-145/d$

通常，浓缩乳样温度为48℃左右，若测得波美度为31.71～32.56°Bé，即可认为达到浓缩终点。用相对密度来确定终点，有可能因乳质变化而产生误差，通常辅以测定黏度或折射率加以校核。

（2）黏度测定法　可用回转黏度计或毛氏黏度计。

测定时需先将乳样冷到20℃，然后测其温度，一般规定为100CP/20℃。

通常生产炼乳时，为防止产生气泡、脂肪游离等缺陷，要将黏度提高一些，如果大于100CP/20℃，则可加入消毒水加以调节。加水量根据每加水0.1%降低黏度4～5CP/20℃来计算。

（3）折射仪法　使用的仪器可以是阿贝折射仪或糖度计。

当温度为20℃、脂肪含量为8%时，甜炼乳的折射率和总固体含量之间有如下关系：

总固体含量（%）=70+44×（折射率-1.4658）

5. 黏度调整

由于原料乳的差异，生产的炼乳虽然符合标准，但保藏中有时会出现黏度低而引起脂肪分离，有时会出现变稠而失去流动性，因此，生产中可适当调整工艺条件，保持产品的质量稳定。

（1）添加部分成品　将经过8～12h储存的炼乳或在40～45℃保藏7～10天的炼乳，在预热时按原料乳的3%加入，则在产品储藏中可抑制黏度上升。

这是由于储藏过的产品中，酪蛋白颗粒已趋于稳定，对于新的不稳定蛋白质可形成一种胶体保护作用，且储藏过的制品中，生成了针状柠檬酸钙结晶，其作用相当于柠檬酸盐，使乳中钙离子活度降低，从而抑制变稠现象（直接添加柠檬酸钙以代替储存过的炼乳也可获得同样效果）。

（2）均质处理　蒸发后立即对浓缩物进行均质处理，也是调整终产品黏度的手段；多采用二段均质，第一段压力为10～14MPa，第二段为3～3.5MPa；均质温度以50～60℃为宜。

（3）添加稳定剂和缓冲剂　为了防止变稠，可在产品中适量添加柠檬酸钠、磷酸氢二钠或磷酸氢二钾等。

6. 冷却和结晶

甜炼乳生产中，冷却结晶是最重要、最关键的一步。

（1）冷却结晶的目的

①真空浓缩锅放出的浓缩乳，温度为50℃左右，如不及时冷却，会加剧成品在储藏期间的变稠和褐变倾向，严重时会形成块状的凝胶，故须迅速冷至常温。

②通过冷却可使处于过饱和状态的乳糖形成细微的结晶，即冷却可以控制乳糖结晶，使炼乳具有细腻的感官品质。

（2）乳糖结晶　控制温度可以控制乳糖的溶解度，从而达到促进乳糖结晶的目的；加入晶种也可以促进乳糖的结晶。

①乳糖结晶与组织状态的关系：乳糖的溶解度较低，室温下约18%，在含蔗糖62%的甜炼乳中仅15%。而甜炼乳中乳糖含量约12%，水分约26.5%，这相当于100g水中含有45.3g乳糖，显然其中2/3的乳糖是多余的。

即甜炼乳中乳糖处于过饱和状态，因此，饱和部分的乳糖结晶析出是必然的趋势。若任其缓慢地自然结晶，则晶体颗粒少而晶粒大，甚至形成乳糖沉淀，影响成品的感官质量。因此，应控制乳糖的结晶，使其形成小晶体（10μm），这些结晶在一般贮存温度12～25℃下在乳中保持分散，并且不会被舌头所察觉，得到的炼乳组织细腻。

②结晶温度的控制：结晶温度是个重要条件，温度过高不利于迅速结晶，温度过低则黏度增大也不利于迅速结晶，其最适温度视浓度而异。

【举例】以含乳糖4.8%、非脂乳固体8.6%的原料乳生产甜炼乳，其蔗糖比为62.5%，蔗糖含量为45%，非脂乳固体为19.5%，总乳固体为28%，其强制结晶的最适温度为多少？

解：甜炼乳的水分含量% = 100 - （28 + 45） = 27%

浓缩比 = 19.5/8.6 = 2.267：1

甜炼乳中的乳糖% = 4.8 × 2.267 = 10.88%

甜炼乳水分中的乳糖含量 = ［10.88/（10.88 + 27）］ × 100 = 28.7%

因此，按照所得水分中的乳糖含量，从结晶曲线（见第二章“乳的化学组成及其性质”）上可查出，甜炼乳在理论上添加晶种的最适温度为28℃左右。

③晶种的制备和添加：投入晶种（一种细小的乳糖结晶）也是强制结晶的条件之一。

晶体的产生系先形成晶核，晶核进一步成长为晶体。对相同的结晶量来说，若晶核形成速度远大于晶体形成速度，则晶体多而颗粒小，反之则晶体小而颗粒粗。

a. 晶种的制备：晶种粒径应在5μm以下。

晶种制备的一般方法为：精致乳糖粉（多为α-无水乳糖），在100～105℃下烘干2～3h，然后超微粉碎，再烘干1h，并重新进行粉碎，通过120目筛就可达到5μm以下要求，然后装瓶、封蜡密封、贮存。

b. 晶种的添加量：为炼乳质量的0.02%～0.05%。晶种也可用成品炼乳代替，添加量为炼乳量的1%。

（3）冷却结晶的方法　结晶过程是混合物在强烈搅拌下快速冷却完成的，不允许混入空气，冷却结晶方法分为间歇式及连续式两大类。

①间歇式冷却：结晶通常采用蛇管冷却结晶器。

冷却过程分3个阶段：第一阶段为冷却初期，即浓乳出料后乳温在50℃左右，应迅速冷至35℃左右；第二阶段为强制结晶期，继续冷至26～28℃（结晶的最适温度就处于这一阶段），此时可投入晶种并搅拌，之后保温0.5h左右，以充分形成晶核；第三阶段为冷却后期，把炼乳冷至15℃左右停止冷却，再继续搅拌1h，即完成冷却结晶操作。

②连续式冷却结晶：采用连续瞬间冷却结晶机。

炼乳在强烈的搅拌作用下，在几十秒到几分钟内，即可被冷却至20℃以下，可促使晶核的形成。用这种设备冷却结晶，即使不添加晶种，也可得到5μm以下的微细的乳糖结晶。而且由于强烈搅拌，使炼乳不易变稠，并可防止褐变和污染。

注意：无论间歇生产还是连续生产，因甜炼乳的黏度很高，因此，结晶缸中的搅拌器需要坚固耐用。

（4）结晶质量的判断

①强制结晶期乳糖结晶的初步判定：此时乳糖晶体处于成长初期，主要观测晶体的密度是否均匀，以此来初步判断结晶的质量。

冷至26℃取样，用100倍显微镜检测。如晶粒稀疏、大小不匀，表明晶体粗大，应再保温搅拌一定时间；如晶粒细密均匀如芝麻，表明结晶正常。

②结晶后乳糖晶体的测定：用白金耳取适量搅拌均匀的甜炼乳（如是新产的甜炼乳，

则以冷却完成后次日的为标准）放在载玻片上，以盖玻片轻轻压之，使成均匀的一层，用450倍显微镜检查。

晶体大小以晶体的长度为标准，一个视野中乳糖晶体大小不一，只选5颗最大的，并以5颗中最小的1颗为计算依据，并记下其微米数。然后如此重复5个视野，以5个视野计算的平均值作为报告数据。

（5）乳糖酶的应用　用乳糖酶处理可使乳糖全部或部分水解，从而可省略乳糖结晶过程，也不需要乳糖晶种及复杂的设备，在贮藏中可根本上避免出现乳糖结晶沉淀析出的缺陷，制得的甜炼乳即使在冷冻条件下贮存也不出现结晶沉淀。

但是，对于常温下贮藏，这种炼乳由于乳糖水解而加剧成品变褐。

7. 灌装

冷却后的甜炼乳一般含有大量气泡，过去常用的方法是静置5～6h，待气泡逸出后再灌装，该法相当费时。另一方法是用脱气设备迅速脱气或用真空封罐机封口，便可解决该问题。

传统上甜炼乳罐装于经清洗灭菌的罐中，因此罐装后不再灭菌。现代，也可将甜炼乳罐装于无菌纸包装中。由于甜炼乳罐装后不再杀菌，所以对灌装机和容器的卫生状况要加以注意，均应严格消毒，防止对炼乳造成二次污染。

罐装应装满，并尽可能排除顶隙空气。封罐后经清洗、擦罐、贴标、装箱，然后入库贮藏。

炼乳的贮藏条件：温度<15℃，湿度RH<85%。贮藏过程中，每月应翻罐1～2次，防止糖沉淀的形成。

第五节　炼乳的质量控制

一、胀罐（胖听）

分为细菌性、化学性及物理性三类。

细菌性胀罐是受到耐高渗酵母菌、产气杆菌、酪酸菌、耐热芽胞杆菌等微生物的污染繁殖，产生乙醇和CO_2等气体使罐膨胀。这些微生物的存在主要是由于杀菌不完全，或混入不洁的蔗糖及空气所致（甜炼乳中加入含有转化糖的蔗糖时更易引起发酵产气）。

化学性胀罐是因为炼乳中酸性物质与罐内壁的铁、锡等发生反应后生成锡氢化物而产生氢气造成的。防止措施是使用符合标准的空罐，并控制乳的酸度。

物理性胀罐是由于装罐温度低、贮藏温度高及装罐量过多而造成的。装罐过满，货运到高原、高空、海拔高、气压低的场所，即可能出现物理性胀罐，即所谓的“假胖听”。

二、变稠（浓厚化或凝固）

炼乳在贮藏过程中，特别是温度较高时，黏度逐渐增高，甚至失去流动性而全部凝团，这一过程称为变稠。

按其产生的原因，可分为微生物性变稠和理化性变稠两大类。

1. 微生物性变稠

炼乳受到污染或灭菌不彻底、封口不严等，由于芽孢杆菌、链球菌、葡萄球菌和乳酸杆菌的生长繁殖并代谢产生乳酸、甲酸、乙酸、丁酸、琥珀酸等有机酸和凝乳酶等，使炼乳变稠凝固，同时产生苦味、酸味、腐败味等异味，并使酸度升高。

防止措施：严格卫生管理、进行有效的预热杀菌、将设备彻底清洗消毒等；甜炼乳应尽可能提高蔗糖比（62.5%～64.5%，但不得超过64.5%，否则会析出蔗糖结晶）；制品贮藏在10℃以下。

2. 理化性凝固或变稠

其反应历程复杂，若使用热稳定性差的原料乳或生产过程中浓缩过度、灭菌过度、干物质量过高、均质压力过高、储藏温度高等因素均可导致凝固出现。

理化性变稠与下列因素有关。

（1）酪蛋白或乳清蛋白含量　因为理化性变稠与蛋白质的胶体膨润性或水合现象有关，所以，酪蛋白或乳清蛋白含量越高，变稠现象越严重，乳蛋白（主要是酪蛋白）胶体状态的变化会引起从溶胶状态转变成凝胶状态。

（2）脂肪含量少　脂肪含量少的加糖炼乳能增大变稠现象，所以，脱脂炼乳显然易出现变稠现象，这是因为含脂制品的脂肪介于蛋白质粒子间，会防止蛋白质粒子的结合。

（3）预热条件　63℃/30min预热，变稠倾向减少，但易使脂肪上浮、脂肪分解和糖沉淀；75～100℃/10～15min预热，能使产品很快变稠；而110～120℃预热，则可减少变稠，产品趋于稳定；当温度再升高时，成品有变稀的倾向，并影响制品的颜色。

（4）原料乳的酸度　酸度高时，其热稳定性低，因而易于变稠。如果酸度稍高，用碱中和可以减弱变稠倾向，但酸度过高，用碱中和也不能防止变稠。

（5）盐类平衡　钙、镁离子过多会引起变稠，加入适量磷酸盐、柠檬酸盐来平衡过多的钙镁离子可使制品稳定。

（6）蔗糖含量与加糖方法　加入高渗的非电介质物质，可降低酪蛋白的水合性，增加自由水的含量，从而达到抑制变稠的目的，为此提高蔗糖含量对抑制变稠是有效的，特别是在乳质不稳定的季节。

（7）浓缩条件　浓缩接近结束时，若温度超过60℃，很易变稠，因此，最后的浓缩温度应<50℃。另外，浓缩程度高，黏度增加，乳固体含量高，变稠倾向严重；乳固体含量相同时，非脂乳固体含量高，变稠倾向显著。

（8）贮藏条件　优质产品在10℃以下贮存4个月，不会产生变稠倾向，但在20℃时变稠倾向有所增加，30℃以上时显著增加。

三、块状物（纽扣状物）的形成

甜炼乳中，有时会发现白色、黄色乃至红褐色的大小不一的软性块状物质，其中，最常见的是由霉菌污染形成的钮扣状凝块，使炼乳具有金属味或陈腐的干酪味。

霉菌污染后，在有氧条件下，炼乳表面在5～10天内生成霉菌菌落，2～3周内氧气耗尽则菌体趋于死亡，在其代谢酶的作用下，1～2个月后逐步形成钮扣状凝块。

控制措施：①加强卫生管理，避免霉菌的二次污染；②装罐要满，尽量减少顶隙；采用真空冷却结晶和真空封罐等措施，排除炼乳中的气泡，营造不利于霉菌生长繁殖的环境；③贮藏温度保持15℃以下，并倒置贮藏。

四、砂状炼乳

甜炼乳的细腻与否，取决于乳糖结晶的大小，砂状炼乳是指乳糖结晶过大，以致舌感粗糙甚至有明显的砂状感觉。

产生砂状炼乳的原因是：由于冷却结晶方法不当，或砂糖浓度过高（蔗糖比超过64.5%）。

控制措施：应对晶体质量和添加量（大小3～5 μm，添加量为成品量的0.025%左右）、晶种添加时间和方法（加入温度不宜过高，应在强烈搅拌下用120目筛在10min内均匀地筛入）、储藏温度、冷却速度、蔗糖比等因素进行控制。

五、褐变或棕色化

炼乳经高温灭菌或贮藏过程中颜色变深呈黄褐色，并失去光泽，这种现象称为褐变，通常是美拉德反应造成的。

灭菌温度越高，保温时间越长，褐变越突出；甜炼乳用含转化糖的不纯蔗糖，或并用葡萄糖时，褐变就会显著。

防止褐变的方法：①达到灭菌的前提下，避免过度的长时间高温加热处理；②5℃以下保存；③稳定剂用量不要过多；④不宜使用碳酸钠，因其对褐变有促进作用，可用磷酸二氢钠或柠檬酸钠；⑤生产甜炼乳时，使用优质蔗糖和优质原料乳。

六、沉淀

长时间贮藏的淡炼乳，罐底会生成白色的颗粒状沉淀物，此沉淀物的主要成分是柠檬酸钙、磷酸钙和磷酸镁，沉淀物的量与贮藏温度和在淡炼乳中盐的浓度呈正比。

甜炼乳在冲调后，有时在杯底有白色细小沉淀，俗称“小白点”，其主要成分是柠檬酸钙。甜炼乳中柠檬酸钙的含量约0.5%，相当于炼乳内每1 000ml水中含柠檬酸钙19g。而在30℃时，1 000ml水仅能溶解柠檬酸钙2.51g。显然，柠檬酸钙在炼乳中处于过饱和状态，结晶析出是必然的。

控制柠檬酸钙的结晶，同控制乳糖结晶一样，可用添加柠檬酸钙作为晶种。在预热前的原料乳中或在甜炼乳的冷却结晶过程中添加柠檬酸钙（添加量为成品量的0.02%～0.05%），可促进柠檬酸钙晶核的形成，有利于形成细微的柠檬酸钙结晶，可减轻或防止柠檬酸钙沉淀。

甜炼乳容器底部有时呈现糖沉淀现象，这主要是乳糖结晶过大形成的，也与炼乳的黏度有关（黏度越低越容易形成糖沉淀）。此外，蔗糖比过高，也会引起蔗糖结晶沉淀，其控制措施与砂状炼乳相同。

甜炼乳的相对密度约1.30，而α-乳糖水合物的相对密度约1.55，所以析出的乳糖在保藏中会自然下沉。若乳糖结晶在10μm以下，而且炼乳的黏度适宜，一般不会沉淀。

七、脂肪分离

当成品黏度低、均质不当，以及贮藏温度较高的情况下，易发生脂肪上浮。

防止办法：首先要控制好黏度，也就是采用合适的预热条件，使炼乳的初黏度不要过低；其次是浓缩温度不要过高，浓缩时间不要过长，特别是浓缩末期不应拉长；最后是浓缩后进行均质处理，使脂肪球变小。

八、异臭味

异臭味产生主要由于灭菌不完全，残留的细菌繁殖而造成的酸败、苦味和臭味现象。

酸败臭是由于乳脂肪水解而生成的刺激味。在原料乳中混入了含脂酶多的初乳或末乳，污染了能生成脂酶的微生物；预热温度小于70℃而使脂酶残留；原料乳未经加热处理以破坏脂酶就进行均质等都会使成品炼乳产生脂肪分解而酸败。

蒸煮味是因为乳中蛋白质长时间高温处理而分解，产生硫化物的结果。蒸煮味的产生对产品口感有着很大的影响，防止方法主要是避免高温长时间的加热。

九、稀薄化（黏度降低）

淡炼乳在贮藏期间会出现黏度降低的现象，称之为渐增性稀薄化。

稀薄化程度与蛋白质的含量成反比。如果黏度显著降低，会出现脂肪上浮和部分成分的沉淀。影响黏度的主要因素是热处理过程，随着贮藏温度增高和时间延长，淡炼乳的黏度下降很大。在0～5℃下低温贮藏可避免黏度降低，但在0℃以下贮藏易导致蛋白质不稳定。

第六节　其他浓缩乳制品

除炼乳外，还有一些浓缩乳制品，例如Creamer、脱脂乳浓缩物、脱脂乳/乳清浓缩物、酪乳浓缩物、乳清浓缩物等，其中，有些属于直接消费的产品，有些是半成品或工业用品。

一、Creamer

Creamer是近几年开发的替代再制甜炼乳的一种“咖啡伴侣”产品，在饮用咖啡和茶时使用。其工艺与甜炼乳相似，但成分和配方不同。与甜炼乳相比，其配方特点是：减少了非脂乳固体，用植物油代替乳脂肪，并保持了产品的白色；替换了部分非脂乳固体，通常使用乳清粉或其他较低成本的配料。因脂肪含量增加、又降低了蛋白含量，所以要适量添加乳化剂；而且为了保证适当黏度，需要添加亲水胶如卡拉胶。

二、脱脂乳浓缩物

脱脂乳浓缩物（Condensed Skim Milk）可应用于食品工业的许多领域。

脱脂乳浓缩物的固形物含量相对较低，总固形物含量35%～40%。若固形物含量超过这一水平，产品的黏度、老化凝胶化和乳糖结晶现象就会发生，给贮藏，运输和食用造成不便。

脱脂乳经过巴氏杀菌，并蒸发浓缩后，冷至<7℃，贮藏于奶窖或奶箱中等待出售。

这种产品的货架期较短，仅为2～3天。因此，在生产中要注意避免污染，因为这种浓缩物并不再经过热处理。大肠杆菌和假单胞菌如果在产品中出现，表明是巴氏杀菌后二次污染引起的。

热处理的温度取决于产品的最终用途，脱脂浓缩乳常用于乳酪和甜品中。用于这两种产品的浓缩乳的巴杀杀菌温度应为75℃/15s或85℃/30s。温度越高，对产品的色泽和风味影响就越大。蒸煮味和较深的颜色对于乳酪和甜品来说是不利的，但对于汤料和调味品来说则是很重要的，这时选择的热处理温度就应高些。

当脱脂浓缩乳用于制作酸乳的原料时，预热处理条件应为95℃/30s，使乳清蛋白变性并促进乳清与酪蛋白之间相互反应，使黏度、稳定性和质地均得到提高。

三、脱脂乳/乳清浓缩物

脱脂乳和甜乳清可按5∶1的比例在热处理和浓缩前混合，从而生产出一种脱脂浓缩乳的替代品。

脱脂乳/乳清混合物比脱脂乳更便宜，这种混合物也被加工成总固形物为35%～40%，由于乳糖含量更高，乳清结晶和沉淀更易发生。所以，在生产过程中应采取合适的操作和贮藏方法，尽量避免这些问题的发生。

四、酪乳浓缩物

酪乳是黄油生产的副产品，经过浓缩主要用于人造黄油和黄脂酱的生产。其组成为：水分25.24%、脂肪1.30%、无脂乳固形物30.78%及蔗糖42.68%，酪乳中的乳脂肪，对黄油的风味形成起主要作用。

酪乳浓缩物的生产是以酪乳为原料（酸度<0.25%），按照加糖炼乳的生产方法进行生产。生产时，热处理和钙盐的添加会使酪乳中的蛋白质结构发生改变，从而提高黄脂酱的水相黏度。

五、乳清浓缩物

乳清类型有三种：①甜乳清，它是酶凝乳酪生产的副产品，pH值为5.8～6.6，滴定酸度为0.1%～0.2%；②中等酸乳清，来自新鲜酸干酪的生产，如意大利乳清干酪，pH值5.0～5.8，滴定酸度为0.2%～0.4%；③酸乳清，来自新鲜酸干酪和酸干酪的生产，pH值<5.0，滴定酸度≥0.4%。

作为干酪生产的副产品，乳清很易腐败，其保藏方式通常是通过浓缩和喷雾干燥制成乳清粉。甜乳清主要用于乳清浓缩物的生产，可替代脱脂乳浓缩物应用于多种产品，如冰淇淋、甜品、调味品等，但过度使用乳清浓缩物会产生乳糖结晶，从而导致产品具有糖果般的质地。

先除去甜乳清中的酪蛋白微粒和残留乳脂肪，然后经过巴氏杀菌和蒸发浓缩。乳糖的低溶解性限制了浓缩的程度，总固形物含量只能达到30%，这个浓度不能有效防止微生物的繁殖，所以产品货架期在7℃下只有2～3天。

但通过添加蔗糖生产加糖浓缩乳清就可提高产品的货架期，这种产品可部分替代加糖浓缩乳应用于焦糖中。

与加糖浓缩乳相比，加糖浓缩乳清中乳糖含量较高，这可导致在糖果的贮藏期间发生乳糖结晶的现象，从而产生不好的质地和口感。

六、乳糖水解乳清浓缩物

乳糖可通过β-乳糖酶水解为D-葡萄糖和D-半乳糖。

经巴氏杀菌的甜乳清与β-乳糖酶反应使乳糖水解后，通过热处理使酶失活，反应温度10~35℃。乳糖的水解程度达80%为佳，过低，会出现乳糖结晶，过高，会出现半乳糖结晶。

使用乳糖酶并不是生产乳糖水解浓缩物的最佳途径，因为成本较高，并且使酶变性的热处理会使美拉德反应加剧。而使用固定化酶就不存在这些缺点，20世纪70年代，美国Corning Glass公司发明了酶固定化技术，当时选用的是β-乳糖酶。利用固定化酶处理甜乳清过程中，甜乳清首先进行巴氏杀菌，用氢氧化钠调pH值至弱酸性，通过使用阳离子和阴离子交换树脂除去Ca^{2+}、Mg^{2+}、Na^{+}、K^{+}、Cl^{-}和PO_4^{3-}。然后进入固定化酶反应器（固定化酶活力350~450u/g，温度35℃，pH值4.5）以达到所要求的水解度。最后进行蒸发浓缩至固形物含量为72%。

乳糖水解乳清浓缩物主要应用于糖果业，以替代加糖浓缩乳。它的使用降低了焦糖黏性，使沉积更易发生，并降低了沉淀温度。也可用于焙烤食品如面包和早餐食品中，使着色更快并且减少烹饪时间。

七、焦糖化乳浓缩物

焦糖化乳浓缩物是通过糖浆混合加糖浓缩脱脂乳的方式生产，产品应用于谷物食品和糖果中。产品以加糖浓缩脱脂乳、乳糖水解乳清糖浆和植物油为原料，或以加糖浓缩脱脂乳、葡萄糖浆、植物油为原料。

焦糖化乳浓缩物的总固形物含量为74%，总糖含量为54%。混合物的热处理条件为85~115℃/4~12min。通过这种处理，美拉德反应、焦糖化、蒸煮味和黏度等都得到改善。

本章思考题

1. 什么是炼乳？炼乳的种类有哪些？
2. 淡炼乳与甜炼乳的生产有何不同？
3. 简述甜炼乳的工艺流程和操作要点。
4. 如何确定炼乳浓缩的终点？
5. 炼乳生产中，原料乳标准化的关键是什么？
6. 乳糖冷却结晶的目的是什么？如何判断乳糖的结晶质量？
7. 淡炼乳加工中的均质、灭菌、振荡操作各有何意义？

第十一章　乳脂类产品的加工工艺

未加工处理之前的牛乳，为全脂乳。全脂乳经离心分离后，可产生两部分，富含脂肪的部分，称为稀奶油；含脂肪较少的部分，称为脱脂乳。稀奶油继续搅拌还可产生两部分，一部分为脂肪（可加工成奶油），另一部分为酪乳。

全脂乳或脱脂乳加酸或凝乳酶处理后，可生成以酪蛋白为主要成分的凝乳，除去凝乳后所剩透明的黄绿色液体称为乳清，其中含有水、乳糖、乳清蛋白、矿物质、水溶性维生素等（图 11－1）。

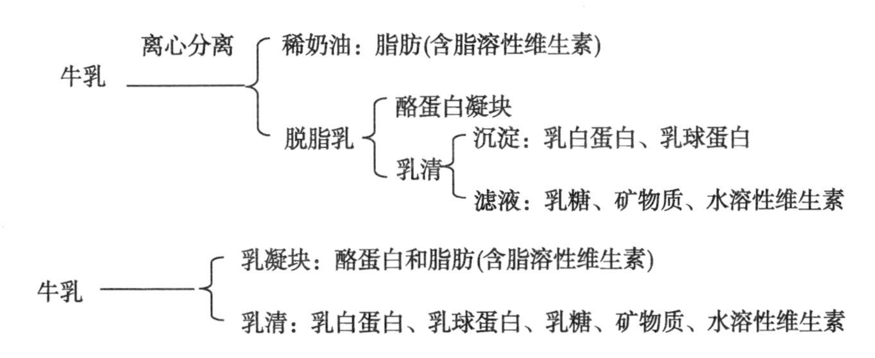

图 11－1　牛乳加工后各组分的名称

第一节　乳脂类产品的定义与种类

世界牛乳的年产量约 5 亿吨，脂肪含量平均按 4% 计算，每年可生产约 2 000万吨的乳脂肪。

乳脂是以生乳为原料，用离心分离法分出脂肪，再经杀菌、发酵或不发酵等加工过程，制成的黏稠状或质地柔软的固态产品。乳脂肪可赋予乳制品及其他食品独特的风味和质地。

乳脂包括稀奶油、奶油和无水奶油 3 类。

1. 稀奶油（Cream）

乳经分离后得到的含脂率较高的部分，是一种 O/W 型乳状液。

2. 奶油（Butter）

稀奶油经成熟、搅拌、压炼而制成的乳制品称为奶油。

3. 无水奶油（AMF）

无水奶油即黄油，是一种浓缩的乳脂产品，其成分几乎完全是乳脂肪。

奶油或人造奶油不但可用作烹调和焙烤，而且还可被涂布在面包上，即“涂布脂肪”。

但在一般冰箱温度（+5℃）下它们不易涂布，这导致在20世纪60年代开发出了更具涂布特性的低脂（40%）混合物产品，也叫米纳林（Minarine）和后来的减量脂肪（60%）产品又叫穆林（Mulleins）。

表11-1是瑞典的部分乳脂类产品，这些产品通常用在餐饮或烹调中。

表11-1 乳脂类产品成分（瑞典）

产品组分	奶油	人造奶油	涂布乳品布里交特 Bregott	低脂涂布乳品拉特-拉贡 Latt-Lagom
基本原料	发酵稀奶油	植物油	发酵稀奶油和植物油	AMF* +植物油+预浓缩酪乳
脂肪/%	80	80	80	40
水分/%	16~18**	80	17~18 **	48
盐/%	0~2	1.5~2	1.4~2	1.2
蛋白质/%	0.7	0.2~0.4	0.6	7.5
维生素/（I.U./100g）	A2500 D55	A3000 D300	A3000 D300	A3000 D300
6~7℃下的保质期	2~3个月	3个月	2~3个月	1.5个月

* AMF：无水乳脂；** 随盐含量而异

第二节 乳脂标准（稀奶油、奶油和无水奶油）

本标准代替GB 19646—2005《奶油、稀奶油卫生标准》以及GB/T 5415—2008《奶油》中的部分指标。

本标准与GB 19646—2005相比，主要变化如下：标准名称改为《稀奶油、奶油和无水奶油》；修改了“范围”的描述；增加了“术语和定义”；修改了“感官指标”；增加了稀奶油的酸度指标；增加了非脂乳固体指标；“污染物限量”直接引用GB 2762的规定；“真菌毒素限量”直接引用GB 2761的规定；修改了“微生物指标”的表示方法；增加了对营养强化剂的要求。

乳脂的理化指标和微生物限量，见表11-2和表11-3。

表11-2 理化指标

项目		指标		
		稀奶油	奶油	无水奶油
水分/%	≤	—	16.0	0.1
脂肪/%	≥	10.0	80.0	99.8
酸度*/°T	≤	30.0	20.0	—
非脂乳固体/%	≤	—	2.0	—

* 不适用于以发酵稀奶油为原料的产品

表 11-3　微生物限量

项 目	采样方案及限量（若非指定，均以 CFU/g 或 CFU/ml 表示）			
	n	*c*	*m*	*M*
菌落总数*	5	2	10 000	100 000
大肠菌群	5	2	10	100
金黄色葡萄球菌	5	1	10	100
沙门氏菌	5	0	0/25g（ml）	—
霉菌　≤	90			

*注：不适用于以发酵稀奶油为原料的产品

第三节　稀奶油的生产

稀奶油的脂肪含量从 10%（半脂稀奶油）到 48%（二次分离稀奶油）不等，可用于甜点和烹调。

含脂率较低的稀奶油（10% ~18%），通常称为半稀奶油或咖啡稀奶油；含脂率较高的稀奶油（35% ~40%），通常相当黏稠，它可搅打成浓沫，因此，称其为搅打奶油或发泡稀奶油；另外，还有酸性稀奶油等。

生产过程中，这些稀奶油可加入一些法规允许的添加剂，如咖啡稀奶油含有盐类稳定剂（磷酸盐、柠檬酸盐等），发泡稀奶油可加入卡拉胶来防止沉淀分层等。

搅打奶油必须具有良好的“搅打能力”，通过搅打产生细微的稀奶油泡沫，并使体积增加（膨胀）。该泡沫必须稳定和耐久，不易脱水收缩。

良好搅打能力取决于稀奶油具有足够高的含脂率，具有 40% 含脂率的稀奶油一般容易搅打，但当含脂率 <30% 时，搅打能力降低。然而，通过添加改善搅打能力的物质，如用含卵磷脂高的甜酪乳粉就可用低含脂率稀奶油生产具有良好搅打能力的搅打奶油。

一、稀奶油制品的分类

通常按生产方式、脂肪含量和用途来分类，其脂肪含量见表 11-4；稀奶油的典型组成见表 11-5。

表 11-4　稀奶油制品的脂肪含量

产品类别名称	脂肪含量/%
稀奶油（cream）	10 ~48
轻脂（如咖啡）稀奶油（light cream）	≥10
半脂稀奶油（half-and-half）	≥10
低脂稀奶油（half cream）	12 ~18
重脂稀奶油（heavy cream）	≥35
发泡稀奶油（whipping cream）	≥28

（续表）

产品类别名称	脂肪含量/%
一次分离稀奶油（single cream）	18～35
二次分离稀奶油（double cream）	≥45
酸性稀奶油（sour cream）	10～40
甜稀奶油（sweet cream）	28
蛋糕稀奶油（cake cream）稀奶油（cream）	36

表 11－5　稀奶油的典型组成

组成成分/%	脂肪含量 30% 的稀奶油	脂肪含量 40% 的稀奶油
脂肪	30.0	40.0
水	64.0	54.5
蛋白质	2.3	2.1
乳糖	3.4	3.0
矿物质	0.3	0.4
其他（维生素、酶类、有机酸等）	微量	微量

二、稀奶油的加工工艺

（一）一般加工工艺

与液态乳的加工工艺基本相同，如图 11－2 所示；半稀奶油和咖啡稀奶油的生产线如图 11－3 所示。

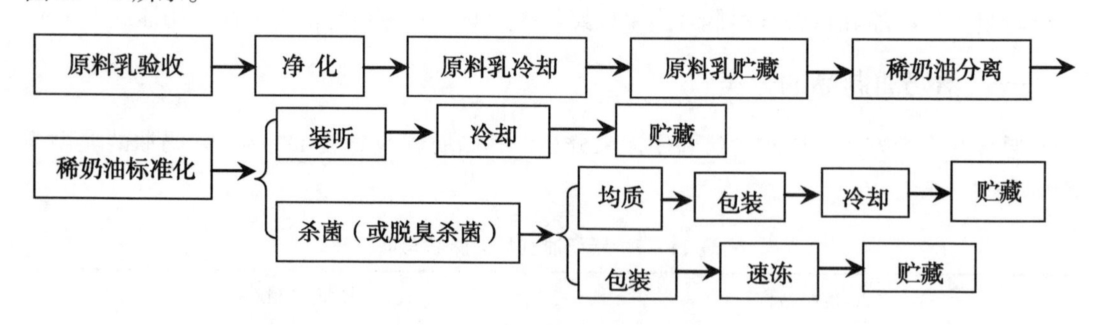

图 11－2　稀奶油的生产工艺流程

（二）工艺要点

1. 稀奶油的分离

稀奶油分离的依据是脂肪球（密度约 0.9g/ml）与水相（密度约 1g/ml）之间的密度差。

分离方法有静置法和离心分离法，工业化生产一般采用离心分离技术。在乳品工业

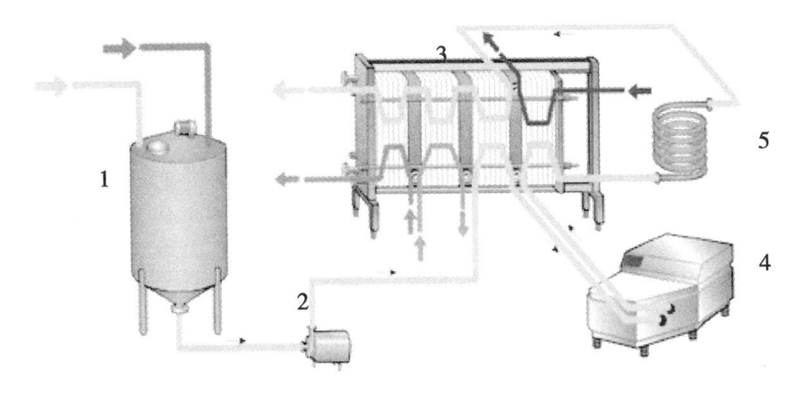

图 11－3　半稀奶油和咖啡稀奶油生产线

1. 脂肪标准化罐　2. 产品泵　3. 板式换热器　4. 均质机　5. 保温管

中，主要是碟片式离心机，如图 11－4 所示。

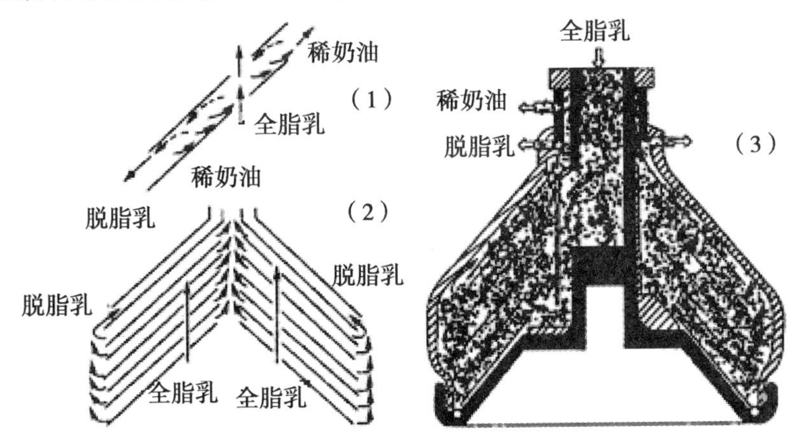

图 11－4　碟片式分离机的工作原理

（1）分离钵的碟片间稀奶油和脱脂乳的流向　（2）分离钵中稀奶油和脱脂乳的流向　（3）分离钵的结构和工作原理

分离温度为 35～64℃。温度大于 64℃会导致蛋白质变性沉淀在分离机的碟片上，降低分离效率；同时也使脱脂乳中的脂肪含量升高；温度小于 35℃，剪切力的作用会降低脂肪球膜的稳定性，从而降低了分离效果。

分离后稀奶油的脂肪为 30%～40%，脱脂乳中的脂肪为 0.05%。脱脂乳在被打入贮奶罐之前要进行巴氏杀菌处理和冷却。如果准备生产发酵奶油时，部分脱脂乳要用于发酵剂的制备。

原料乳从分离钵的上端进入，然后到达分离钵高度一半左右位置，进入碟片间；此时高速旋转的分离钵所产生的离心力可使密度较小的乳脂肪在碟片间上行，最终汇集到稀奶油出口，而密度较大的脱脂乳在碟片间下行，汇集到脱脂乳出口。最后，稀奶油和脱脂乳在分离钵的上部流到各自的容器中。稀奶油中的脂肪含量可通过控制稀奶油出口处的反压来调节。

2. 稀奶油的标准化

稀奶油的标准化参见第四章。

3. 稀奶油的均质

低脂稀奶油和一次分离稀奶油需要进行高压均质，二次分离稀奶油可以采用低压均质，以提高黏度，而发泡稀奶油不能均质，否则会使产品的搅打发泡能力降低。

均质可以是部分均质，即只对稀奶油部分均质，但为了达到部分均质所能得到的良好效果，部分均质稀奶油的含脂率必须减少到10%～12%，这可通过添加从分离机脱脂奶出口处流出的脱脂奶而达到。

在45～75℃进行一段或二段均质，然后加入盐类稳定剂以防止颗粒状物质的产生。

低含脂率的稀奶油具有相对低的黏度，不符合要求，选择合适的均质温度和压力能使稀奶油达到合适的黏度。随均质压力增加，稀奶油的黏度增加；而均质温度增加，黏度反而降低。保持均质温度约57℃，用3个不同的压力10，15，20MPa均质稀奶油所得到的黏度如表11－6所示。稀奶油通过黏度计的时间以秒计，时间越长，黏度就越高。结果表明，稀奶油在20MPa的压力下均质，黏度最高。

表11－6　黏度试验：57℃下增加均质压力

均质压力/MPa	稀奶油黏度/s
10	18
15	28
20	45

在恒定的均质压力15MPa下，改变均质温度所得到的黏度，如表11－7所示。

随均质温度的增加，稀奶油的黏度会降低，因此温度应尽可能的低，但是，脂肪必须是液体才能达到均质效果，这就是说均质温度不应低于35℃。

表11－7　黏度试验：15MPa下均质温度的影响

均质温度/℃	稀奶油黏度/s
35	49
50	35
65	10

稀奶油对咖啡的稳定性相当大地受到均质条件的影响，如温度、压力和均质机的位置（位于换热器的上游或下游）。如果法律允许，添加Na_2CO_3（最多0.02%），能提高稀奶油对咖啡的稳定性。

咖啡稳定性属于热稳定性中的一种，是一复杂的问题，包含以下因素：咖啡的温度，咖啡越热，稀奶油越易絮凝；咖啡的种类和制备的方式，咖啡越酸，稀奶油越易絮凝；用于制咖啡的水的硬度，硬水比软水更易引起稀奶油絮凝，因为钙盐增加了蛋白质胶凝的能力。

4. 稀奶油的热处理

（1）巴氏杀菌稀奶油　由于脂肪的导热性很低，能阻碍温度对微生物的作用；同时为了使脂肪酶完全破坏，有必要进行高温巴氏杀菌。

一般采用85～90℃/15～20s的杀菌条件。如果有特异气味时，应将温度提高到93～95℃，以减轻其缺陷。一般不需要保持时间，热处理的程度应达到使过氧化物酶试验结果呈阴性。热处理不应过分强烈，以免产生蒸煮味。

（2）UHT稀奶油 可采用直接和间接加热两种方式，直接加热时，由于蒸汽的混入，稀奶油会被稀释10%～15%。

（3）保持灭菌稀奶油 与淡炼乳类似，可将稀奶油装罐（瓶）后灭菌。

将标准化的稀奶油预热到140℃，并保持2s以减少细菌芽孢数，随后，将稀奶油装入罐内密封，在间歇式杀菌釜（118℃/18～30min）或连续式杀菌釜（119.5℃/26min）中灭菌。

（4）凝结稀奶油（奶皮子） 牛乳经过滤倒入平底锅中，放置6～14h，让脂肪自然上浮到牛乳表面；然后水浴加热，条件为82～91℃/40～50min，再冷却24h，形成稀奶油层硬皮，很容易从乳中将之提起来。

该产品中脂肪含量大于55%，一般在67%左右。

5. 稀奶油的冷却和包装

稀奶油杀菌后，冷至2～5℃，并在此温度下保持12～24h进行物理成熟，使脂肪由液态转变为固态（即脂肪结晶），同时蛋白质进行充分的水合，黏度提高。

在完成物理成熟后进行包装，或在冷至2～5℃后立即将稀奶油进行包装，然后在0～5℃冷库中保持24h再出厂。

常用的包装形式有瓶装、罐装和利乐纸盒装等；规格有15 ml、50 ml、125 ml、250ml、0.5L、1L等。

包装过程应注意以下问题。

①避光：光照会引起脂肪自动氧化产生酸败味，经均质的稀奶油对光尤其敏感。

②密封：否则稀奶油会吸收各种来源的气味而腐败。

③不透水、不透油：吸收水分或脂肪会使稀奶油变质。

④包装材料的选择：要防止包装材料本身含有某些化学物质，也要防止印刷标签的油墨、染料等渗入稀奶油中。

⑤包装容器的设计要利于摇动，以便内容物的摇匀。

生产出的半或咖啡稀奶油一定要达到两个重要要求：一是稀奶油应是黏的，要传送一种强烈引起食欲的印象；二是稀奶油对于咖啡应具有很好的稳定性，当倒入热咖啡时，稀奶油不会絮集。

（三）工艺举例

【举例1】搅打稀奶油的加工（斯堪底纳维亚方法）

生产稀奶油时必须防止空气混入。空气混入后聚集会生成泡沫，造成不稳定性。如果对稀奶油进行过分的机械搅拌，特别是刚经过冷却阶段之后，脂肪球膜极易破坏，结果是脂肪团聚形成簇集，稀奶油层将变得黏稠。这种“均质效果”极大降低了稀奶油的搅打性能。

稀奶油搅打时，空气有意地被打入，产生了充满小气泡的泡沫，稀奶油的脂肪球聚集在这些气泡的壁上。机械搅拌损坏了许多脂肪球膜，释放出一定量的液体脂肪，这些脂肪使得脂肪球粘在一起。

为获得坚实的发泡稀奶油，这些脂肪球中心需含有适当比例的液态和结晶的脂肪。温热的稀奶油含液态脂肪，这些液态脂肪不可能进行搅打，因此，用于搅打的稀奶油必须在低温下（4～6℃）经相对较长时间的贮存来获得适当的脂肪结晶，这贮存期间称为成熟期。稀奶油通常在带有刮刀搅拌器及夹套的加工罐中成熟。在结晶过程中放热，然而，在稀奶油打入成熟罐以后，约需等2h，再进行冷却及搅拌，理由是在此脂肪结晶期间，脂肪球会很容易地破裂，释放自由脂肪形成团粒状。另外，冷却时搅拌必须轻缓，在夏天最终温度要稍低一点，因为夏天的乳脂肪要比冬天的脂肪软。

关于搅打方法，当稀奶油的温度小于6℃时，可获得最好的搅打效果，搅打罐和搅打器二者之间要匹配，尽可能快地完成搅打工艺，否则在搅打过程中温度会明显升高，产生质次的泡沫（在最坏的情况下，会形成奶油）。

搅打时间和膨胀率是评价搅打性能的两个指标。此实验需要一个合适的搅打罐（可盛1L）和电子搅打器，适当的稀奶油体积，冷却到（6±1）℃，然后倒入缸中。

在搅打开始前测定稀奶油的高度，当泡沫达到可接受的坚实度时停止搅打。用秒表测定搅打时间。

测定搅打奶油的高度是为了计算膨胀率。例如，如果开始高度是5cm，搅打后是10.5cm，膨胀率是［（10.5－5）/5］×100＝110%。

用40%的稀奶油，搅打时间应在2min左右，膨胀率为100%～130%。

在18～20℃/RH75%的条件下，经2h通过液体渗漏，测定泡沫的质量。

在搅打和膨胀率测定之后，直接把所有的搅打稀奶油放在平的金属网上。生成的泡沫如图11－5所示，网放在适当尺寸的漏斗上面，接着放在带刻度的量筒上。在上述温度和湿度条件下2h后，读取量筒中积累的液体量。判断标准是：0～1ml非常好；1～4ml好；>4ml不太好。

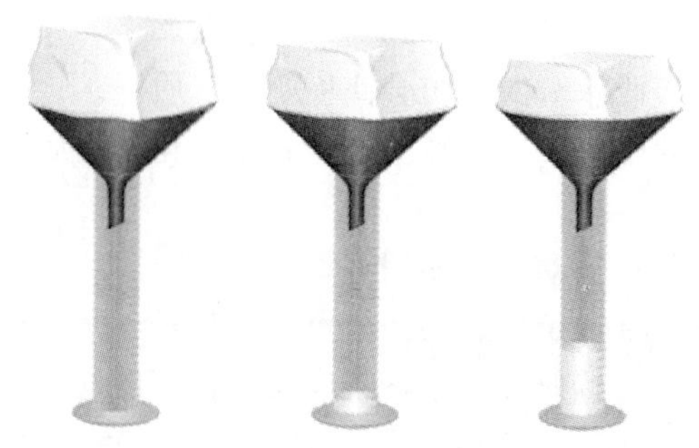

图11－5　2h后在18～20℃/RH75%下测定搅打奶油的渗漏

生产搅打稀奶油的工艺步骤，包括将全乳加热到分离温度62～64℃，分离及稀奶油标准化，调整含脂率达到要求数值，然后巴氏杀菌并在打到罐中成熟之前在板式换热器进行冷却。

加工含脂率高的稀奶油时会面临许多问题，最严重的问题是在脂肪结晶期间如何避免剪切和湍流。乳脂肪球中的脂肪在较高温度下呈液态，在温度高于40℃以上的脂肪球似乎不受加工的影响。

在生产线上一旦开始冷却，脂肪也就开始结晶，这是一个相当缓慢的过程。有些结晶在4h或5h后仍在持续。已结晶的脂肪与液体脂肪相比具有较低的单位容积，所以，在结晶期间乳脂肪球内一般具有张力，这使得脂肪球在10～40℃时，对剧烈的加工过程非常敏感。

8℃下的40%稀奶油的结晶过程见物理成熟部分。稀奶油打入成熟罐时不要开启搅拌，缸注满后2h再开始搅拌和冷却。

结晶释放溶解热，引起温度上升2～3℃，因此，在成熟罐进行最后冷却是非常必要的。稀奶油通常冷却到6℃或更低，在这些温度下，脂肪球似乎对剧烈处理不太敏感，但是，仍比在温度高于40℃以上进行处理时要敏感得多。

在搅打奶油生产中最大的问题是形成球簇，降低了稀奶油的乳化能力。当脂肪球部分结晶，脆弱的脂肪球膜受到强烈的机械处理时就会出现球簇。稀奶油乳化能力的降低意味着搅打奶油产品有缺陷，例如，容器中奶油栓塞，较低搅打能力和脂类分解。

图11－6所示的工艺，避免了对稀奶油的剧烈处理，此法由阿伐-拉伐等公司研发，称为斯堪底那维亚法。标准化的稀奶油在分离温度下（62～64℃）打入保温罐1，在巴氏杀菌开始前，罐中合适的保温时间是15～30min。

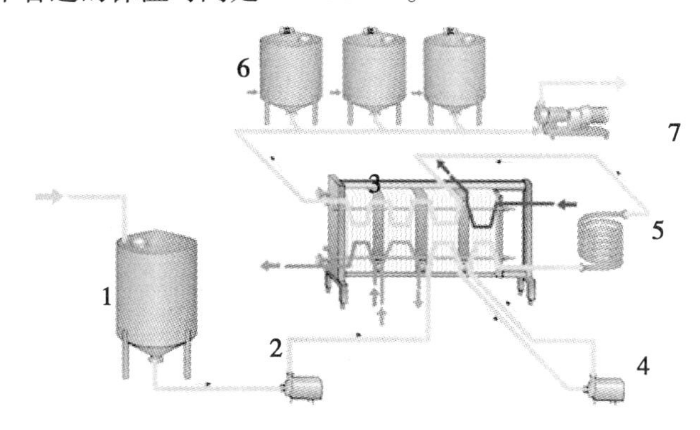

图11－6　斯堪底纳维亚法搅打奶油生产线

1. 保温罐　2. 产品泵　3. 巴氏杀菌器　4. 增压泵　5 保温管　6. 成熟罐　7. 产品泵

保温罐没有搅拌器，在此稀奶油中所含空气的50%被自然释放。同时除去不良风味，降低了在巴氏杀菌器中沉积的危险性。在约63℃的罐中保温稀奶油，使多数解脂酶失活。最长保温时间，包括罐注和排空约4h，若生产运转时间较长，应该安排两个保温罐交替 使用。

从保温罐出来，稀奶油被泵入到板式换热器3热回收段换热，稀奶油被增压泵加压通过加热段和保温管5。在较高的温度（>60℃）下进行泵送，在此温度下稀奶油对机械作用不很敏感。

经巴氏杀菌（80～95℃/10s），然后稀奶油被泵入到板式换热器冷却段，在到成熟罐之前，在此冷却到8℃。

含脂率越高，所需要的冷却温度越高，以防止由于黏度快速增加而堵塞冷却段。在冷却段，压力急剧升高，从而造成脂肪球的破坏，甚至可能在此段出现奶油渗出现象，这样就必须停止生产，对整个系统排空清洗，然后再重新开始。

因为刚冷却的脂肪球的不稳定性，所以从板式换热器冷却段传输到成熟罐作最后冷却和脂肪结晶过程中，应该避免剪切和湍流（不用泵、适当缩短管道），因此，此过程的传输压力应该由增压泵提供。

成熟后，稀奶油被泵送到包装机。此时乳脂的温度很低，大部分的乳脂肪已结晶，意味着稀奶油此时对机械作用不很敏感。

在较低压降下，最高 0. 12MPa 可使用频率可调的离心泵，当压力降在 0. 12 ~ 0. 3MPa 时，要求使用罗茨泵，最大转速 250 ~ 300r/min。

【举例 2】发酵稀奶油

发酵稀奶油又称酸性奶油，它和酸乳一样可以用来做许多菜，主要用于沙司或调味料中。其脂肪含量为 10% ~40% ，货架期较短，生产过程与其他发酵乳制品基本相同（图 11 －7）。

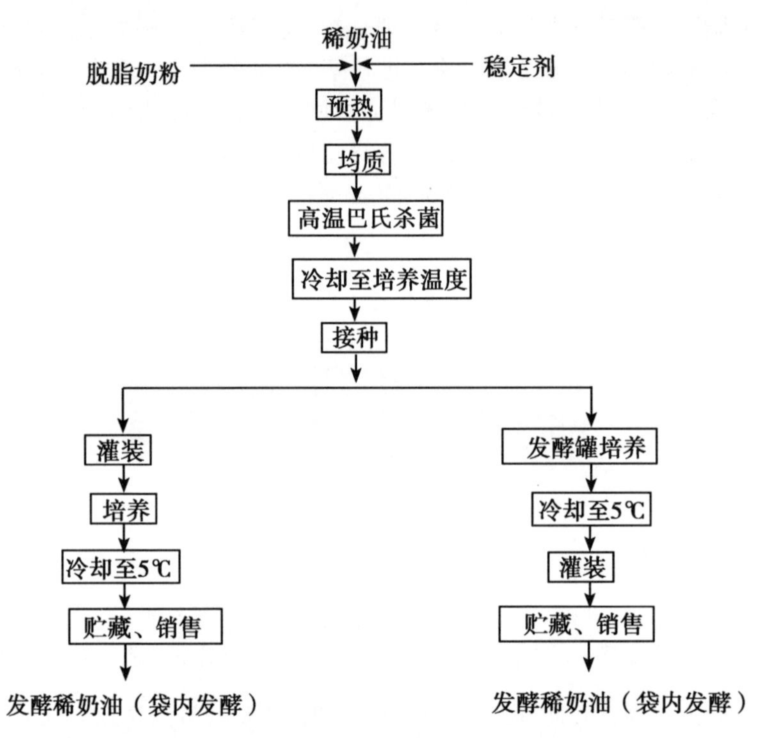

图 11 －7　发酵稀奶油的工艺流程

1. 脂肪标准化

按照产品标准要求，调整稀奶油的脂肪含量。标准化时，可添加脱脂乳或脱脂乳粉，也可采用标准化系统的自动标准化。此时，也可添加法规所允许的稳定剂，如变性淀粉、明胶等。

2. 均质

均质温度 50 ~60℃，均质压力根据脂肪含量和添加剂的不同而异，一般原则是脂肪含量越低，均质压力越高。如脂肪 10% ~12% 稀奶油的均质压力 15 ~20MPa，而脂肪 20% ~30% 稀奶油的均质压力相对较低为 10 ~12MPa，因为酪蛋白含量低，不足以覆盖扩大的总脂肪表面。

另外，均质不能保证所要求的质构和黏度，因此，通常添加一些变性淀粉、明胶和果胶等。

3. 热处理

均质后的稀奶油要在75～90℃热处理5～10min。

4. 冷却

将热处理后的稀奶油冷至22～32℃。

5. 接种

经过预处理的稀奶油冷至接种温度（18～21℃）后，添加1%～2%的生产发酵剂。通常使用干酪发酵剂菌种，如乳酸链球菌、乳脂链球菌，以及用于产香的丁二酮链球菌和噬柠檬酸明串珠菌等。

6. 发酵

发酵温度的选择取决于凝乳方法。典型的短时凝乳法的条件为30～32℃/5～6h，长时凝乳法的条件为20～22℃/14～16h。

一般可将物料灌装到零售容器中，再转移至培养室进行发酵（类似于凝固型酸乳），也可在发酵罐内发酵。

无论哪种发酵温度，确定发酵时间时，均应考虑最终产品的pH值，当接近这一pH值时，就要开始冷却，终止发酵。

7. 灌装

如果发酵是在发酵罐中进行，那么一旦达到所要求的pH值，就需迅速冷却产品，并立即开始灌装，并冷藏（3～6℃）至少24h后才可发送。

发酵稀奶油的黏度可能很高，因此，包装会困难些。酸乳油在搅拌、泵打和包装时，即使十分小心，所受的机械处理也会引起产品黏度的轻微损害即变稀。

酵母和霉菌能在不密封的包装里存活，这些微生物主要是污染酸乳油的表面。如果贮存时间延长，能破坏β-乳球蛋白的乳酸细菌酶变得活跃起来，会使酸乳油变苦。

第四节　奶　油

奶油是以水滴、脂肪结晶以及气泡分散于脂肪连续相中所组成的具有可塑性的W/O型乳化分散体系。其主要成分包括：脂肪（>80%）、水分（<16%）、非脂乳固体（<2%），蛋白质、钙磷（约1.2%）等；加盐奶油还含食盐（约2.5%）。

奶油应呈均匀一致的颜色、味纯；水分应分散成细滴，从而使奶油外观干燥；硬度应均匀，这样奶油就易于涂抹，并且到舌头上即时融化。

奶油的原料是生乳或稀奶油，牛乳和稀奶油是一种O/W型乳状液，所以奶油加工中会发生一个相转化过程，即由O/W型乳状液转化为W/O型乳状液。

实现这个相转换过程的条件有两个：一是脂肪球的破裂，使内部脂肪溢出；二是排除体系内的水分（排酪乳），使脂肪形成连续相，而少量的水构成奶油的分散相。脂肪球破裂的条件有三个：一是脂肪球数量充足（用含脂率控制）；二是脂肪适当结晶硬化（可采用低温处理）；三是机械作用促进脂肪球之间的碰撞和挤压（可采用搅拌、摔打等处理）。

奶油的形成过程示意图如图11－8所示。

根据制造方法、所用原料或生产地区不同，奶油一般分为以下3类。

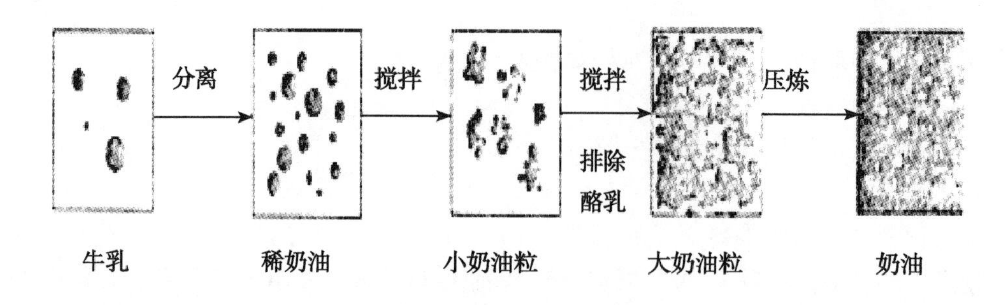

图 11－8　奶油的形成过程示意图（黑色表示脂肪相，白色表示水相）

1. 新鲜奶油或甜性奶油

pH 值 ≥ 6.4，用甜性稀奶油（新鲜稀奶油即未发酵的稀奶油）制成。甜性奶油的风味淡而滑腻，有轻微的蒸煮味。

2. 发酵或酸性奶油

pH 值 ≤ 5.1，用酸性稀奶油（即经乳酸菌和风味产生菌发酵的稀奶油）制成。用发酵稀奶油比用新鲜稀奶油做的奶油具有某些优点，如：发酵奶油的芳香味更浓，有丁二酮气味，而且，奶油得率较高；并且由于细菌发酵剂抑制了不需要的微生物的生长，因此，在热处理后，再次感染杂菌的危险性较小。

酸性稀奶油的缺点是：酪乳和稀奶油都发酵，酸酪乳要比甜性奶油所得的鲜酪乳难处理；在酸性奶油的生产中，大部分金属离子进入脂肪相，酸性奶油更容易被氧化，从而产生金属味，有微量的铜或其他重金属存在，这一趋势就加重；因此，奶油的保藏性差，但在加工甜性奶油时，大部分金属离子随着酪乳排走了，因此，甜性奶油被氧化的危险性极小。

3. 中等酸化奶油

pH 值 5.2～6.3，可由稀奶油发酵制取，或在稀奶油搅拌后添加浓缩物。

这种奶油是近年来由荷兰乳品研究所发明的。其在加工前期是按照甜奶油生产工艺进行，在后期加入了特殊浓缩发酵物［其中包括 20 多种化合物，如乳酸、丁二酮、其他风味浓缩物等，含量从 2μg/kg（丁酸乙酯）到 57mg/kg（乙酸）］。因此，酸化奶油具有介于甜奶油与发酵奶油之间的风味特性。

这种调酸法生产的奶油具有很多优点：简化生产工艺，生产所用稀奶油的黏度较低，处理温度灵活；提升产品质量，风味良好，减少脂肪氧化风味；更加经济，缩短生产时间。

添加 0.2%～2% 的盐可使甜奶油获得更好的风味，按照盐含量，奶油可分为无盐、加盐和特殊加盐的奶油；根据脂肪含量，分为一般奶油和无水奶油（即黄油）；此外，还有以植物油替代乳脂肪的人造奶油，如新型涂布奶油等。

一、生产工艺

由牛乳转化为奶油，需经 4 个阶段：牛乳中脂肪相的分离；牛乳中脂肪相的结晶；不稳定的 O/W 型乳状液的形成（相转化）；具有塑性的 W/O 型乳状液的形成（奶油粒的形成）。

（一）传统的奶油生产方式

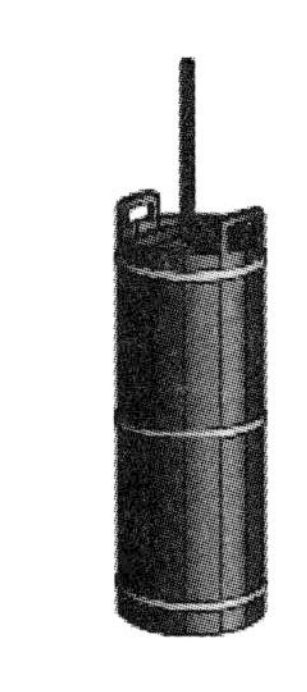

图 11－9　曾用于家庭奶油生产的传统手工搅拌桶

起初在农场生产的奶油是为了家庭自用，生产工具是手工操作的奶油搅拌桶（如图 11－9），稀奶油从牛乳的上层撇出，并倒入一个木桶中，在奶油桶中通过手工搅拌生产奶油。

随着人们对冷藏知识的增长，使稀奶油能够在牛乳变酸之前被撇出，而由甜性稀奶油制成奶油。直到 19 世纪，发酵奶油仍用自然发酵的稀奶油来生产，但自然发酵的过程是非常敏感的，外界微生物的感染常常导致无法生产出奶油。

奶油的生产方法不断得到完善，最后发现鲜奶油可通过添加酸酪乳或自然酸化的乳来使稀奶油发酵，使在可控条件下生产酸性奶油成为可能。

（二）工业化生产奶油的加工工艺

工业化生产奶油的加工工艺如图 11－10、图 11－11 所示。

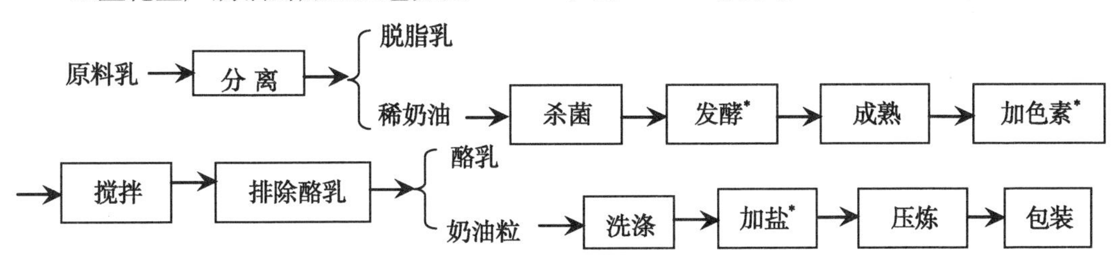

图 11－10　甜性或酸性奶油的加工工艺流程

＊为加工酸性或加盐、加色素的奶油生产流程中需增加的部分

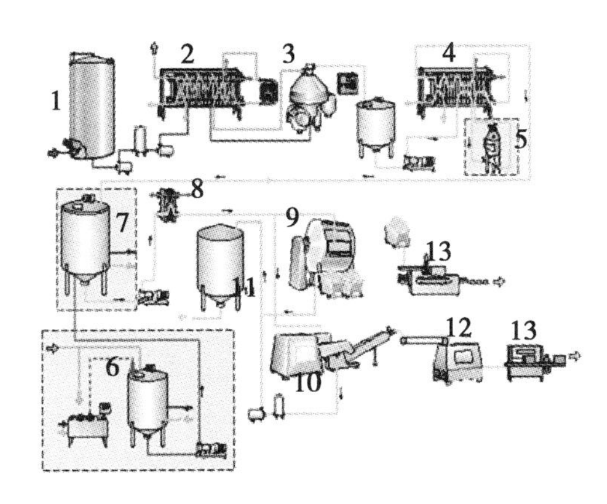

图 11－11　批量和连续生产发酵奶油的生产线

1. 原料贮藏罐　2. 板式热交换器（预热）　3. 奶油分离机　4. 板式热交换器（巴氏杀菌）　5. 真空脱气机　6. 发酵剂制备系统　7. 稀奶油的成熟和发酵　8. 板式热交换器（温度处理）　9. 批量奶油压炼机　10. 连续压炼机　11. 酪乳暂存罐　12. 带传送的奶油仓　13. 包装机

二、工艺要点

（一）稀奶油原料的选择

稀奶油可直接从全脂乳中分离，也可用液态奶加工中过剩的稀奶油。对于后者，稀奶油应由供应厂进行巴氏杀菌，而且贮运过程中，应防止二次污染、混入气体或产生泡沫。

一般而言，质量略差而不适于制造乳粉、炼乳的生乳，可用作制造奶油的原料。初乳由于含乳清蛋白较多，末乳脂肪球过小，故不宜采用。

稀奶油原料的主要指标是脂肪含量，这不但会影响标准化操作，还会影响到生产工艺的选择，而且，稀奶油的含脂率直接影响奶油的质量及产量。

如图 11－12 所示，随着脂肪含量的增加，乳中脂肪球平均距离减少，当脂肪大于75%时，脂肪球已经无法单独存在，而是以凝聚团块的形式存在。

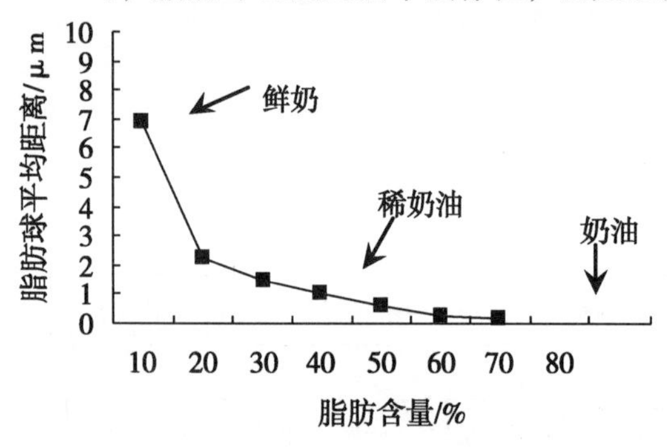

图 11－12　脂肪含量与脂肪球平均距离的关系图

含抗菌素或消毒剂的稀奶油，不能用于生产酸性奶油。间歇式生产新鲜奶油和酸性奶油时，稀奶油的含脂率以 30%～40% 为宜；连续法生产时，稀奶油的含脂率为40%～45%。夏季由于容易酸败，要用较浓的稀奶油加工。

稀奶油的碘值是成品质量的关键因素。如不校正，高碘值的乳脂肪（即含不饱和脂肪酸高）生产的奶油过软。可根据碘值，调整成熟处理的过程，合理调配硬脂肪（碘值低于 28）和软脂肪（碘值高达 42）可以制成合格硬度的奶油。

（二）稀奶油的处理

1. 冷藏

在冷藏初期，占优势的乳酸菌将被耐冷的细菌-嗜冷菌取代。嗜冷菌可在巴氏杀菌中被杀死，因此，对奶油的质量没有影响。但是，一些嗜冷菌产生的脂肪分解酶，能耐受100℃以上的温度处理，因此，抑制嗜冷菌的生长是极其重要的。

因此，原料运到乳品厂以后，要立即冷到 2～4℃，并在此温度下贮存到巴氏杀菌为止（但储存时间不应超过 24h）。另外，为防止嗜冷菌繁殖，可将运到工厂的乳先预热杀菌，一般加热到 63～65℃保持 15s，然后再冷至 2～4℃。（这也是 UHT 乳常采用的方法）

2. 稀奶油的标准化

稀奶油的含脂率直接影响奶油的质量和产量。含脂率低时，可获得香气较浓的奶油，因为这种稀奶油适合乳酸菌的发育；含脂率过高时，容易堵塞分离机，乳脂肪的损失量较多，因此，加工前要将乳脂肪标准化。

3. 稀奶油的中和

稀奶油的中和直接影响奶油的保存性和成品质量。制造甜性奶油时，奶油的 pH 值（奶油中水相的 pH 值）应保持在中性附近（6.4～6.8），或稀奶油的酸度以 16°T 左右为宜；生产酸性奶油时，pH 值可略高，稀奶油酸度 20～22°T。

（1）中和目的　酸度高的稀奶油杀菌时，其中的酪蛋白凝固而结成凝块，使一些脂肪被包在凝块内，搅拌时流失在酪乳里，造成脂肪损失；同时，若甜性奶油或加盐奶油酸度过高，储藏中易引起水解，促进氧化，影响奶油的风味或质量；因此，在杀菌前必须对酸度高的稀奶油进行中和。

（2）中和程度　酸度在0.5%（55°T）以下的稀奶油可中和至0.15%（16°T）；酸度在0.5%以上的稀奶油可中和至0.15%～0.25%。因为将高酸度的稀奶油急速使其变成低酸度，容易产生特殊气味，而且使稀奶油变成浓厚状态。

（3）中和方法　中和剂为石灰或碳酸钠。石灰价廉，钙离子残留于奶油中可提高奶油营养价值。但石灰难溶于水，须调成20%的乳剂徐徐加入，均匀搅拌。碳酸钠易溶于水，中和速度快，不易使酪蛋白凝固，可直接加入10%的碳酸钠溶液，但中和时产生CO_2，如果容器过小，稀奶油易溢出。

4. 巴氏杀菌

条件为85～110℃/10～30s，但热处理不要过分强烈，以免引起蒸煮味。

5. 真空脱气

巴氏杀菌后真空脱气处理（真空度20kPa）。首先将稀奶油加热到78℃，然后输送至真空机，真空室内稀奶油的沸腾温度为62℃左右。通过真空处理可除去由微生物代谢或高温巴氏杀菌所产生的异味、以及由牛舍中引入的不良气味等。

6. 冷却

脱气处理后，将稀奶油迅速冷到6～8℃（甜性奶油），或冷至发酵温度或成熟温度（酸性奶油）。

7. 稀奶油的微生物成熟

生产甜性奶油时，不经过发酵过程，在稀奶油杀菌后，立即冷却和物理成熟。生产酸性奶油时，需经发酵过程。有些厂先进行物理成熟，然后再进行发酵，但是一般都是先进行发酵，再进行物理成熟。

发酵的目的：发酵产生乳酸，一定程度上抑制腐败菌的繁殖，因此，可提高奶油的稳定性；发酵剂中的嗜柠檬酸链球菌和丁二酮乳链球菌可产生乳香味，故酸性奶油比甜性奶油具有更浓的芳香风味。

（1）发酵剂　稀奶油发酵剂一般分为LD或L两类，其中，D表示含有产香菌丁二酮链球菌，L表示柠檬明串珠菌，另外，还有乳脂链球菌和乳酸链球菌。

发酵剂必须平衡，最重要的是产酸、产香和随后的丁二酮分解之间有适当的比例关系。DL发酵剂中，丁二酮乳酸链球菌的比例为总菌数的0.6%～13%，而柠檬明串珠菌为总数的0.3%～5.9%，产香菌的比例可根据生长情况进行调整。

即生产酸性奶油用的发酵剂是产生乳酸的菌类和产生芳香风味的混合菌种，包括乳酸链球菌、乳脂链球菌、嗜柠檬酸链球菌、副嗜柠檬酸链球菌、丁二酮乳链球菌等。细菌产生的芳香物质中，乳酸、CO_2、柠檬酸、丁二酮和醋酸是最重要的。

奶油发酵剂乳酸菌形态和生理生化性质如表11－8所示。

表 11-8 奶油发酵剂乳酸菌形态和生理生化性质

	乳链球菌	乳酪链球菌	嗜柠檬酸链球菌	副嗜柠檬酸链球菌	丁二酮乳链球菌（弱还原型）	丁二酮乳链球菌（强还原型）
最适发育温度/℃	30	25~30	25~30	25~30	25~30	25~30
最适温度下乳凝固时间/h	12	14	不凝	48~72	18~48	<16
最高酸度/°T	120	110~115		70~80	100~105	100~105
生成挥发酸量/(mg/L)	0.5~0.8	0.5~0.7		2.1~2.3	1.7~1.9	1.7
生成丁二酮量/(mg/L)	0	0		0	15~30	痕量
生成羟丁酮量/(mg/L)	痕量	137		0~10	140	180

发酵剂必须具有较强活力以使细菌迅速生长和产酸，并取得大量的细菌数（每 1ml 成熟的发酵剂约有 10 亿个细菌）。

加在稀奶油中的工作发酵剂的数量需根据工艺的硬度程序而定，还必须与酸化和成熟温度以及同阶段的持续时间相适应，发酵剂的用量可在稀奶油的 1%~7% 变化，一般随碘值的增加而增加。较低的添加量适于低碘值稀奶油，温度保持在 21℃；较高的添加量适于高碘值稀奶油，温度保持在 15~16℃。

当温度处理结束时，稀奶油被送去搅拌，发酵过程就此完成，这时，稀奶油的非脂部分的酸度应为 36°SH。

脱脂乳常用来作为发酵剂的培养基，因为使用脱脂乳制作发酵剂，很容易发现发酵剂的滋味缺陷。脱脂乳在 90~95℃ 的温度下巴氏杀菌 15~30min。在 LD 发酵剂中，酸和香的形成情况如图 11-13 所示。

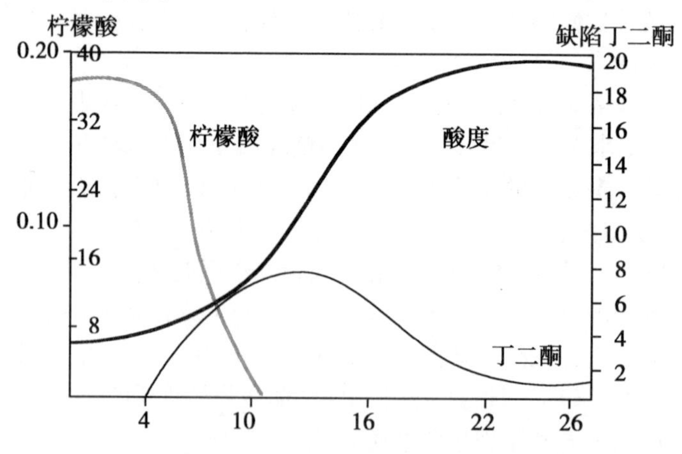

图 11-13 脱脂奶在 20℃，加 1% 的 LD 发酵剂时酸和香的形成情况

产酸缓慢是第一阶段的生长特点，在这一阶段，柠檬酸发酵和丁二酮的生成相对来说

不显著，在另一阶段，随着柠檬酸发酵生成丁二酮，产酸速度迅速加快，大部分丁二酮被产香菌所降解。

产酸速度一旦放慢，丁二酮的降解也逐渐停止，各种成分含量基本稳定，随着酸化阶段的终止，发酵剂进入成熟阶段。这一阶段的特征包括酸度非常缓慢地上升和丁二酮被产香细菌分解成无味物质。

（2）稀奶油的发酵　在酸性奶油生产中，稀奶油发酵使脂肪形成一定的晶体结构，从而使奶油具有最佳硬度的温度处理程序在成熟罐中自动进行。

即在酸性奶油生产中，稀奶油的微生物成熟和物理成熟可在成熟罐中同时进行。成熟罐通常是三层的绝热的不锈钢罐，加热和冷却介质在罐壁之间循环，罐内装有可双向转动的刮板搅拌器，搅拌器在奶油已凝结时，也能进行有效地搅拌（类似酸乳发酵罐）。

要使奶油达到所需的硬度，只有微生物成熟过程是不够的，还需同时经过物理成熟。

稀奶油需经温度处理，一般要根据稀奶油的碘值大小来确定温度处理程序；又因为发酵是同时发生的，所以酸化作用的温度也由这一程序而定。有时为了更适合发酵剂发酵的要求，需要适当调整温度程序。

通常工作发酵剂在稀奶油之前泵入成熟罐，然而有些产品的制造最好将发酵剂加入到稀奶油管道中。在任何情况下，工作发酵剂都必须仔细地与稀奶油混合。

发酵剂的生长温度为20℃，发酵过程中，每隔1h搅拌5min，7h后产酸达30°T，10h后产酸达45～50°T，24h后产酸达87～95°T，当稀奶油的非脂部分的酸度达90°T时发酵结束（一般在17h内凝乳），并转入物理成熟。

温度处理完成后，稀奶油开始搅拌，此时，稀奶油的非脂部分的酸度应在90°T以上。

碘值与温度程序及发酵剂添加量的关系见物理成熟程序表（详见表11－9）。

8. 稀奶油的热处理和物理成熟

稀奶油中的脂肪经加热杀菌融化后，为使搅拌操作顺利进行，保证奶油质量（不致过软及含水量过多）以及防止乳脂肪损失，须要冷却至奶油脂肪的凝固点，以使部分脂肪变为固体结晶状态，这一过程称之为稀奶油的物理成熟。

在成熟罐中，稀奶油要经过序列温度程序，其目的是当稀奶油冷却变硬时，脂肪达到所需的结晶结构。

物理成熟通常需要12～15h。制造新鲜奶油时，在稀奶油冷却后，立即进行物理成熟；制造酸性奶油时，则在发酵前或后，或与发酵同时进行。

（1）乳脂结晶化　脂肪的结晶作用对奶油的形成及奶油成品质量的影响很大。

脂肪结晶的类型和方式，主要受稀奶油的温度处理影响，在稀奶油物理成熟的过程中，通过温度处理可以控制这些脂肪结晶的类型。

巴氏杀菌引起脂肪球中的脂肪液化，但当稀奶油在随后被冷到40℃以下时，部分脂肪开始结晶。冷却过程越剧烈，结晶成固体相的脂肪就越多，在搅拌和压炼过程中，能从脂肪球中挤出的液体脂肪就越少。

但稀奶油在过低温度下进行成熟，会造成不良结果，会使稀奶油的搅拌时间延长，获得的奶油团粒过硬，有油污，而且保水性差，同时组织状态不良。

通过电子显微镜观察，脂肪以单分子层圆形辐射状进行结晶，如图11－14，在同一时间分级发生。故而高熔点的甘三酯在表层首先形成结晶，因为结晶脂肪的比容比液态脂肪的比容低，球内张力升高，造成在结晶过程中脂肪球特别不稳定、易破裂。结果是液态脂肪球被释放到乳浆中，导致自由脂肪与未破裂脂肪球黏结成团（在奶油生产中也有相同现象）。脂肪结晶是一种放热反应，即脂肪结晶产生熔解热，使温度略有升高（40%含脂率的稀奶油从60℃冷却到7～8℃，在脂肪结晶过程中能提高3～4℃的温度），不管生产什么类型的奶油时，一定要记住乳脂肪的这一重要特性。

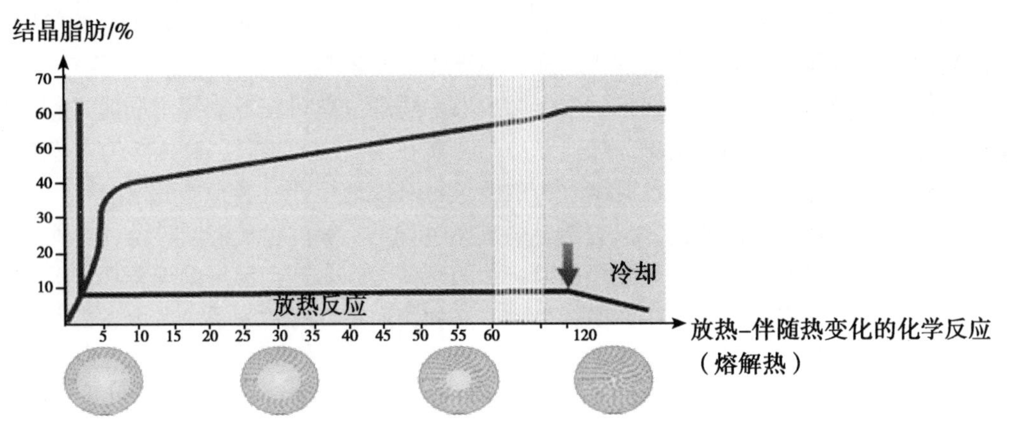

图11－14　40%稀奶油在8℃下的结晶过程

成熟条件对后续的工艺过程有很大影响，成熟程度不足，获得的奶油团粒松软，油脂损失于酪乳中的数量显著增加，并在奶油压炼时，会使水的分散很难。

在11～15℃恒温储藏稀奶油时，可形成四种类型脂肪球：①脂肪球外层形成细小的结晶层，内部为液态脂肪；②脂肪球外层形成细小结晶层，内部既有液态脂肪又有结晶脂肪凝聚物；③脂肪球外层为厚的结晶外壳，内核为液态脂肪；④脂肪球外层为厚的结晶外壳，内部既有液态脂肪又有结晶脂肪凝聚物。

脂肪结晶体通过吸附作用，将液体脂肪结合在它们的表面。因此，如果冷却迅速，晶体将多而小，总表面积就大，吸附的液体脂肪就多，通过搅拌和压炼后，从脂肪球中压出少量的液体脂肪，这样连续脂肪相就小，奶油就结实。如果是逐渐或缓慢冷却，则结晶大而少，情况则正好相反，大量的液体脂肪将被压出，连续相就大，奶油就软。所以，通过调整稀奶油的冷却程序，使脂肪球中晶体的大小规格化，以生产硬度适宜的奶油。

为了生产硬度最佳的奶油，碘值应为32～37。

脂肪变硬的程度决定于物理成熟的温度和时间，随着成熟温度的降低和保持时间的延长，大量脂肪变成结晶状态（固化）。

成熟温度应与脂肪最大可能变成固体状态的程度相适应。夏季3℃时，脂肪最大可能的硬化程度为60%～70%，而6℃时为45%～55%。

在某种温度下，脂肪组织的硬化程度达到最大可能时的状态称为平衡状态。在低温下成熟时发生的平衡状态要早于高温下的，例如：在3℃时经过3～4h即可达到平衡状态；6℃时要经过6～8h；而在8℃时要经过8～12h。在13～16℃时，即使保持很长时间也不会使脂肪发生明显变硬现象，这个温度称为临界温度。

（2）热处理程序　奶油的硬度是一个复杂的概念，包括硬度、黏度、弹性和涂抹性等性能。奶油的硬度是与其质量有关的最重要的特性之一，因为它直接和间接地影响着其他的特性，如滋味和香味。

脂肪酸的组成决定奶油的硬度。软脂肪将生产出软而滑腻的奶油，而用硬脂肪生产的奶油，则硬而浓稠。

热处理可以调整脂肪结晶的大小、固体和液态连续相脂肪的相对数量。因此，在稀奶油搅拌之前，为了控制脂肪结晶和使奶油硬度均匀一致，稀奶油必须经过适当的热处理程序，即必须调整物理成熟的条件，使之与乳脂的碘值相适应，使奶油的硬度达到理想状态。

热处理条件主要根据碘价来确定，通过调整温度程序，即使碘值低，也能获得硬度良好的奶油。

①硬脂肪的处理：对于硬脂肪多的稀奶油（碘值 <29），即乳脂硬时，为得到最佳硬度的奶油，应将硬脂肪转化成尽可能小的结晶。为得到这一结果，所需要的处理程序是 8－21－16℃：迅速冷却到约 8℃，并在此温度下保持约 2h。用 27～29℃的水徐徐加热稀奶油到 20～21℃，并在此温度下至少保持 2h。冷却到约 16℃然后到搅拌温度。

冷却到大约 8℃开始形成混合晶体，混合结晶从液态连续相中夺取脂肪。当稀奶油被徐徐加热到 20～21℃，大量的混合结晶溶化，但在 20～21℃保温期间，熔化的脂肪晶体开始重结晶，这时形成单一的脂肪纯晶体。当温度降低到约 16℃，熔化的脂肪继续结晶。在 16℃的保温期间，熔点为 16℃或更高的所有脂肪都将结晶形成纯晶体，所以降低了混合晶体的数量，这就增加了液态和固态脂肪的比例，由这样的稀奶油制成的奶油最终将比较软。

②中硬度脂肪的处理：对于中等硬度脂肪的稀奶油，随着碘值的增加，热处理温度相应降低。结果将形成大量的混合结晶，并吸附更多的液体脂肪。碘值 >39 的稀奶油，加热温度可降至 15℃。但在较低的温度下，发酵或酸化时间要延长。

③含软脂肪多的稀奶油处理：对于软脂肪含量高的稀奶油，当碘值为 39～40 时，使用“夏季处理方法”。在巴氏杀菌后稀奶油冷到 20℃，并在此温度下酸化约 5h，当酸度约为 33°T 时，冷到约 8℃；如果碘值为 41 或更高，则冷到 6℃。一般认为，酸化温度低于 20℃，就形成软奶油。

在奶油生产中，如果稀奶油总在一个温度下处理，决定奶油硬度的将是牛乳的化学组成。软脂肪将生产出软的奶油，而硬脂肪将生产出硬而浓稠的奶油。如果改变温度处理，使之与脂肪的碘值相适应，奶油的硬度可达到最佳状态，这是因为热处理调整了固态脂肪的数量到一定的范围，这是决定奶油硬度的主要因素。

在缓慢的冷却过程中，结晶的形成也非常缓慢，结晶化过程需要几天，如此长的时间，从细菌学角度看很危险，而且，从经济角度也不现实。

加快结晶化过程的一种方法是将稀奶油迅速冷却到低温，同时晶种的形成也非常快。这种方法的缺点是低熔点的甘油三酸酯被包在结晶体中，同时形成混合结晶，如果不进行控制，大部分脂肪都会结晶。液态脂肪会比固态脂肪的比例低很多，此时制成的奶油会很硬。如果稀奶油被小心地加热到一个较高温度，使低熔点的甘油三酸酯从晶体中析出熔化，上述情况就能避免。熔化的脂肪在稍低的温度下重新结晶，结果产生较高比例的“纯”晶体和较低比例的混合晶体，液相脂肪与固相脂肪比例上升，最终获得较软的脂肪。

很明显，混合晶体的含量以及软硬脂肪的比例都能通过选择加热温度来达到合适的程度，在选择的温度下冷却结晶后的脂肪晶体熔化，随后重结晶。现在有几种方法能测算出液态和固态脂肪的比例，NMR 脉冲光谱仪检验是快和而准的方法，这种技术的原理是脂肪中的质子（氢原子）随脂肪是液态或固态而有不同的特性。

温度要根据脂肪的硬度（碘值）来确定。不同碘值稀奶油的物理成熟程序表，详见表 11－9。

表 11－9　不同碘值稀奶油的物理成熟程序表

碘值	温度程序/℃	发酵剂添加量/%
<28	8－21－20*	1
28～29	8－21－16	2～3
30～31	8－20－13	5
32～34	6－19－12	5
35～37	6－17－11	6
38～39	6－15－10	7
740	20－8－11	1

* 三个数字表示：第一段是巴氏杀菌后稀奶油的冷却温度，第二段是加热酸化温度，第三段是成熟温度

总之，稀奶油的物理成熟过程需要在连续变化的温度下持续 12～15h，主要有冷－热－冷和热－冷－冷两种工艺，详见表 11－10。

表 11－10　稀奶油的物理成熟工艺表

工艺	步骤	温度/℃	时间/h	主要变化及控制条件
冷	1	6～8	2～3	脂肪晶核形成；高熔点甘三酯在乳脂肪球膜表面上形成结晶
热	2	18～23	2～3	低熔点甘三酯融化，而高熔点甘三酯保持结晶状态（这一过程对较软稀奶油很重要）；如果生产发酵奶油，此时可加入 2%～5% 发酵剂，发酵到 pH 值 5～5.2
冷	3	>13	≥8	发生脂肪重结晶；后酸化呈现风味；最终 pH 值达 4.6～4.8
热	1	20		加入发酵剂，发酵至 pH 值 5.1～5.2
冷	2	6～8	2～3	—
冷	3	13～14	≥8	最终 pH 值达 4.6～4.8
冷	1	6～8	2～3	不需要微生物发酵成熟的奶油可采用此工艺
冷	2	8～11	≥8	—

"冷—热—冷"成熟：该工艺适用于稀奶油原料中硬脂肪含量高的情况，多用于冬季奶油生产，主要形成第四种类型的脂肪球（带有厚的结晶外壳），这样，在搅拌过程中仍然保留较多的完整脂肪球，导致成品奶油质地较软。

第一次冷却，先将稀奶油冷至6～8℃，经过2～3h。此时在稀奶油中可形成许多晶核，高熔点甘三酯在乳脂肪球膜表面上发生结晶。之后在温和的搅拌下，将稀奶油加热至18～23℃，保持2～3h，即加热阶段。该温度对形成质地较软的奶油十分重要，因为升温可使高熔点甘三酯从低熔点甘三酯分离出来。如果要生产发酵奶油，此时加入2%～5%发酵剂，在此温度下同时进行酸化作用，直到pH值达到5～5.2。

然后进入第二次冷却阶段，一般冷却温度>13℃，保持8h以上，最终pH值达到4.6～4.8。此时，脂肪的重结晶作用进一步完成。

"热—冷—冷"成熟：由于夏天饲养放牧等原因，稀奶油原料中含有较多的软脂肪，这种情况下可采用"热—冷—冷"成熟工艺。

该工艺主要形成第二种类型脂肪球，即没有厚的结晶外壳，在搅拌中很易破碎，奶油含完整脂肪球较少，脂肪结晶分布较均匀，因此，奶油成品的质地较硬。

先将稀奶油加热到20℃左右，然后加入发酵剂；发酵作用与高熔点甘三酯结晶作用同时发生。2～3h后，当pH值达5.1～5.2时，可将稀奶油迅速冷至6～8℃并保持2～3h。此后，升温至13～14℃，再成熟8h以上，此时脂肪结晶继续形成，最终pH值达到4.6～4.8。

"冷—冷"成熟：对于某些甜奶油，不需要微生物成熟过程，可在初始温度（6～8℃）下保持2～3h，然后就可直接升温至搅拌温度8～11℃，经过8h后，稀奶油就可进行搅拌了。

（三）奶油的制取

在温度处理及酸化后，稀奶油送去进行搅拌。目前，奶油制取工艺主要有两类，一是分批搅拌式生产工艺，是在奶油搅拌器内完成；二是连续式生产工艺，是在连续奶油制造机内完成，奶油连续化生产的方法是在19世纪末采用的，但无论哪一类工艺，都包含三个基本过程：搅拌、排出酪乳与洗涤（以去掉剩余的酪乳和乳固体，并调整水分）、压炼捏合。

1. 稀奶油的搅拌及奶油粒的形成

（1）搅拌的定义和目的　将成熟后的稀奶油置于搅拌器中，利用机械的冲击力，使脂肪球膜破坏而形成奶油颗粒，这一过程称为搅拌（Churning）。搅拌时分离出的液体称为酪乳。

搅拌的目的是使脂肪球相互聚结而形成奶油粒，同时析出酪乳；即搅拌后稀奶油被分为两部分：奶油粒和酪乳。

此过程要求在较短的时间内奶油粒形成彻底，且酪乳中残留的脂肪越少越好。

（2）搅拌方法　搅拌器经过清洗和消毒后，喷入杀菌的冷水，目的是在容器内壁形成水层，避免奶油黏附。成熟好的稀奶油调整到适宜的搅拌温度后泵入搅拌器，装入量为搅拌容器的40%～50%，以留出搅打起泡的空间。

开始搅拌时，搅拌机转3～5圈，停止旋转排除空气，再按规定的转速搅拌到奶油粒形成为止。搅拌条件为：转速20～40r/min，奶油粒可在45min内形成。

搅拌程度可根据以下情况判断：在窥镜上观察，由稀奶油状变为较透明、有奶油粒生成；搅拌到终点时，搅拌机里的声音有变化；手摇搅拌机在奶油粒快出现时，可感到搅拌较费劲；停机观察时，形成的奶油粒直径以0.5～1cm为宜，搅拌终了后放出的酪乳含脂

图 11－15 间歇式生产中的奶油搅拌器
1. 控制板 2. 紧急停止 3. 角开挡板

率一般为 0.5%，如过高，应从影响搅拌的各因素中找原因。图 11－15 是间歇式生产中的奶油搅拌器。

（3）奶油颗粒的形成 成熟稀奶油中的脂肪球，既含有结晶的脂肪，又含有液态的脂肪。脂肪结晶向外拓展并形成构架，最终形成一层软外壳，这层外壳离脂肪球膜很近。

搅拌稀奶油时，稀奶油受到强烈的机械作用，形成了蛋白质泡沫层。因为表面活性作用，脂肪球的膜被吸到气-水界面，脂肪球被集中到泡沫中。继续搅拌时，蛋白质脱水，泡沫变小，使得泡沫更为紧凑，因为对脂肪球施加了压力，这样引起一定比例的液态脂肪从脂肪球中被压出，并使一些膜破裂。

部分脂肪球因剪切作用受到破坏，同时脂肪晶体也能刺破脂肪球膜，使脂肪球紧密堆积、相互挤压，液体脂肪不断由脂肪球内压出，并发生凝聚作用。当泡沫变得相当稠密时，泡沫破裂，更多的液体脂肪被压出。之后，脂肪球凝结形成奶油团粒，开始时，这些是肉眼看不见的，但当搅拌继续时，它们变得越来越大，脂肪球聚合成奶油粒，使剩余在液体即酪乳中的脂肪含量减少。这样，同时出现了固态脂肪、未破坏脂肪球以及酪乳液滴。

由于物料的翻滚运动，最后脂肪逐渐凝结成奶油晶粒。随着搅拌的继续进行，泡沫的不断破灭，奶油晶粒越来越大，形成奶油粒。在奶油粒形成过程中，稀奶油转化为奶油。

即在机械作用下，稀奶油中的脂肪球凝聚成较大的脂肪颗粒，即奶油粒；而水相形成酪乳。

因此，该过程也称为脂肪球的凝聚过程，即奶油粒的形成过程，其实质是一个相转化过程，即稀奶油的 O/W 油型乳状液转化为奶油的 W/O 型乳状液。

最后，稀奶油被分成奶油粒和酪乳两部分。当奶油粒达到一定大小时，搅拌机停止并排走酪乳。

搅拌时，应经常注意窥视镜上稀奶油透明度的变化，特别是在奶油颗粒快要形成时，窥视镜上面由原来沾有不透明的稀奶油逐渐形成半透明状态，这证明奶油颗粒已在形成并与酪乳分开。如果继续搅拌，造成搅拌过度，会出现直径为 10～20mm 团状的奶油颗粒，而这种奶油对以后的压炼带来困难，这是造成水分高的主要原因。相反，如果搅拌不够，会产生芝麻样大小的奶油颗粒。这些细小的颗粒，在排出酪乳时，会漏过过滤筛子，随同酪乳或洗涤水一起排出。

搅拌时，有时只差 2～3 转，就会造成搅拌过度或不足。

（4）搅拌的回收率 影响稀奶油质量的因素包括：搅拌速度、搅拌时间、稀奶油的温度、酸度、含脂率、脂肪球大小以及物理成熟的程度等。

脂肪损失率或搅拌回收率（产量）是测定稀奶油中有多少脂肪已转化成奶油的标志，以酪乳中剩余的脂肪占稀奶油中总脂肪的百分数来表示，该值应 $<0.7\%$。

例如，0.5%的脂肪损失率表示稀奶油脂肪中0.5%留在酪乳中，99.5%已变成了奶油。如果该值<0.7%，则被认为搅拌回收率是合格的。

脂肪损失率受温度、饲料等因素的影响，酪乳的含脂率在夏季最高。图11-16是一年中搅拌回收率的变化（瑞典），图中的曲线，表示一年中搅拌回收率的变化，酪乳的含脂率在夏季期间是最高的。

（5）影响搅拌的因素

①稀奶油的脂肪含量：含脂率的高低决定脂肪球间的距离，稀奶油的含脂率越高则脂肪球间距离越近，形成奶油粒越快；但稀奶油的含脂率过高，搅拌时形成奶油粒过快，小的脂肪球来不及形成脂肪粒，使排除的酪乳中脂肪含量增高。一般稀奶油达到搅拌的适宜含脂率为30%～40%。

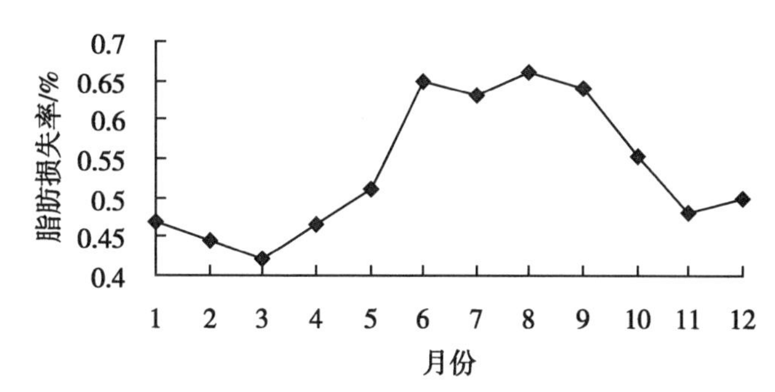

图11-16 搅拌操作中脂肪损失率在一年中的变化情况

②物理成熟的程度：成熟良好的稀奶油在搅拌时产生很多泡沫，有利于奶油粒的形成，使流失到酪乳中的脂肪大大减少。搅拌结束时奶油粒大小的要求随含脂率而异，一般含脂率低的稀奶油为2～3mm，中等含脂率的稀奶油为3～4mm，含脂率高的稀奶油为5mm。

③搅拌的最初温度：稀奶油搅拌时，适宜的最初温度是夏季8～10℃，冬季11～14℃；温度过高或过低，均会延长搅拌时间，且脂肪损失增多。稀奶油搅拌温度在30℃以上或5℃以下，则不能形成奶油粒。

④搅拌机中稀奶油的添加量：过多或过少，均会延长搅拌时间，一般装入50%左右较为合适，如果稀奶油装得太多，则因形成泡沫困难而延长搅拌时间，但最少不得低于20%。

⑤搅拌的转速：一般40r/min左右，转速过快或过慢，均会延长搅拌时间。

2. 奶油的调色

为使奶油颜色全年一致，当颜色太浅（如冬季）时，需添加色素。可以添加适量安那妥（annatto，或称胭脂树红）来调整，它是一种天然的植物色素。3%的安那妥溶液（溶于食用植物油中）叫做奶油黄，用量为稀奶油的0.01%～0.05%。可以对照“标准奶油色”的标本，调整色素的加入量。

添加色素时，通常在搅拌前直接加到搅拌器中的稀奶油中。

3. 奶油粒的洗涤与酪乳的排除

排出酪乳后，将奶油压炼成“水呈细微分散”的脂肪连续相。

稀奶油经搅拌形成奶油粒后，一般漂浮在酪乳表面，洗涤就是将奶油与酪乳尽量分离完全，此过程决定了奶油成品中非脂乳固体含量。同时，对于发酵稀奶油，90%的微生物也随着酪乳一起排出。

洗涤的目的是洗去奶油颗粒上的残余物（残留的酪乳），包括乳糖、蛋白质、盐类等成分，在成品奶油中这些物质含量越多，越容易造成微生物腐败，特别是容易生长霉菌，因此，洗涤可提高奶油的保藏性，可调整奶油的酸度，还可调整奶油的硬度；同时如有异味的稀奶油制造奶油时，能使部分异味消失。

洗涤用水要符合饮用水标准，经过煮沸杀菌并冷却后使用。水温一般随稀奶油的软硬程度而定。由于受到季节和饲料的影响而使乳脂肪软硬不一。在夏季，奶油颗粒较软，水温宜低，一般4～5℃；在冬季，奶油颗粒较硬，水温可高些，但不超过10℃，因为超过10℃有细菌繁殖的风险。

洗涤水的用量，通常为稀奶油的50%或为酪乳的排出量。每次洗涤时间5～10min，搅拌转速3～6r/min，共洗涤2～3次。

4. 奶油的加盐

奶油经过洗涤后，如果生产加盐奶油，可添加2.5%～3.0%的食盐。加盐的目的是为了增加风味，抑制微生物的繁殖，提高奶油的保藏性，但酸性奶油一般不加盐。

间歇生产加盐时，盐撒在它的表面，在连续式奶油制造机中，则在奶油中加盐水。表面撒盐时，待奶油搅拌机中洗涤水排出后，将烘烤（120～130℃/3～5min）并过筛（30目）的盐均匀撒于奶油表面，静置10～15min，旋转奶油搅拌机3～5圈，再静置10～20min后即可进行压炼。

加盐以后，为了保证盐的均匀分布，必须强有力地压炼奶油，以保证奶油的感官特性。

5. 奶油的压炼

将奶油粒压成特定结构的团块或奶油层的过程，称为奶油的压炼。

压炼的目的是使奶油粒变为组织致密的奶油层，形成脂肪连续相；压炼可调节水分含量，即水分过多时应排除多余的水分，水分不足时，加入适量的水分，从而达到所要求的水分含量，并使水分均匀分布在奶油中；成品奶油应是干燥的，奶油表面不应有肉眼可见的水滴，即所形成的水相必须是均匀分散的、非常细小的水滴；而且食盐也完全溶解并均匀分布于其中；奶油的压炼，也影响产品的感官特性，即香味、滋味、贮存质量、外观和色泽。

新鲜奶油在洗涤后立即进行压炼，应尽可能完全地除去洗涤水，即当酪乳被排走后开始压炼，以此挤压出去奶油颗粒之间的水分。经过洗涤的奶油仍以颗粒状存在，由于在奶油粒之间有一定的间隙，因此，有水分和空气，这些水分在奶油粒之间形成许多通道并向各方面扩散。

通过压炼即将奶油粒挤压，脂肪球受到高压，液体脂肪和结晶被压出在最终脂肪团块（最终的连续相）中，同时水分减少，残存的水分则以细小的水滴均匀地分布在奶油中间。

奶油压炼一般分为三个阶段。

压炼初期，被压榨的颗粒形成奶油层，同时，表面水分被压榨出来。此时，奶油中水分显著降低。当水分含量达到最低程度时，水分又开始向奶油中渗透。奶油中水分含量最低的状态称为压炼的临界时期，压炼的第一阶段到此结束。

压炼的第二阶段，奶油水分逐渐增加，在此阶段水分的压出与进入是同时发生的。第二阶段开始时，这两个过程进行的速度大致相等。但是，末期从奶油中排除水的过程几乎停止，而向奶油中渗入水分的过程则加强，这样就引起奶油中的水分增加。

压炼第三阶段的特点是，奶油的水分显著提高，而且水分的分散加剧。根据奶油压炼时水分所发生的变化，使水分含量达到标准化，每个工厂应通过实验来确定在正常压炼条件下，调节奶油中水分的曲线图。

为此，在压炼过程中，要定期检查水分含量，并按照成品奶油所要求的进行调整，直至获得所需要的水分才可终止压炼。

一般，先要快速检测压炼奶油的水分含量，如果水分过低，需要添加水分，可按下式计算：

$$添加水分 = [(1.25 \times m_F)(W_1 - W_2) \times 1.2/100]\ kg$$

式中：m_F——纯脂肪质量（kg）；W_1——成品奶油要求的水分含量（%）；W_2——半成品奶油水分含量（%）；1.2——校正系数（1.25 为 100/80.5，假定一般成品奶油脂肪含量为 80.5%）。

【例】在搅拌器内，奶油的纯脂肪为 63.2kg，经测定半成品奶油的水分含量为 12.9%。成品奶油的质量要求为：水分 15.9%、非脂干物质 0.8%、盐分 2.5%、脂肪 80.5%，需要添加多少水分？

解：添加水分 = [1.25 ×63.2 × (15.9 − 12.9) ×1.2/100] kg = 2.84kg

压炼操作是在搅拌器内完成的，有批量压炼机和连续压炼机两种，转速约 10r/min。奶油压炼也可用真空压炼法。普通压炼的奶油中有大量空气（4% ~7%），使奶油质量变差；真空压炼（0.025 ~0.04MPa）可使空气含量 <1%，得到的奶油比一般奶油稍硬，可显著改善奶油的组织状态。

压炼结束后，奶油含水量 <16%，水滴呈极微小的分散状态并均匀分布，奶油切面上不允许有水滴。奶油压炼过度，会使奶油中含有大量空气，影响奶油的储藏稳定性。

6. 奶油的包装

根据用途，奶油可分为餐桌用奶油、烹调用奶油和工业用奶油。

包装材料的基本要求是防油、不透光、不透气、不透水，否则奶油表面将会干燥并且外层会变得比其余部分更黄。早年，羊皮纸是最常用的包装材料，虽然现在仍有使用，但已大量被更不易渗透的复合铝箔纸所取代；另外，包装材料还有硫酸纸、塑料夹层纸、马口铁罐、塑料盒等。

餐桌用奶油是直接涂抹在面包上食用的，又称涂抹奶油，包装规格较小，如 10g ~5kg 的小包装；工业用奶油为大包装，规格有 5 ~50kg 不等。

根据包装类型，可使用不同类型的灌装机，通常灌装机是全自动的，分块和包装通常可按不同的尺寸要求进行调整，如 10 ~500g。

为了提高奶油的抗氧化和防霉能力，可在奶油压炼时添加或在包装材料上喷涂抗氧化剂或防霉剂。

7. 奶油的贮藏和运输

为保持奶油的硬度和外观，奶油包装后应尽快在冷库中保藏。4 ~6℃的冷库中贮藏期不超过 7 天；0℃冷库中贮存期 2 ~3 周；当贮存期超过 6 个月时，应放入 −15℃的冷库中；当贮存期超过 1 年时，应放入 −25 ~ −20℃的冷库中。

奶油运输时应保持低温，如果常温运输，到达用货单位的温度不得超过 12℃。

（四）奶油的连续化生产

20 世纪 40 年代，奶油的连续生产工艺逐渐普及，它们都以传统方法即搅拌、离心分离浓缩或酸化为基础，其中，在西欧普遍使用的 Fritz 工艺与传统的分批式搅拌法工艺最接近。而且，除了由于水的均匀分布的差异，使奶油表面稍粗糙和较稠密外，产生的奶油基本上也是一致的。因此，Fritz 法是使用最多的奶油连续制造工艺。

该工艺中，将稀奶油从成熟罐连续进入奶油制造机之前的工艺与传统法中稀奶油的制备相同。如图 11－17、图 11－18 所示，成熟处理的稀奶油首先加到双重冷却的装有搅打设施的搅拌筒 1 中，搅打设施由一台变速马达带动，旋转搅拌器以很快的速度转动（约 1 000r/min），所以搅拌过程只需几秒钟即可快速转化完成。

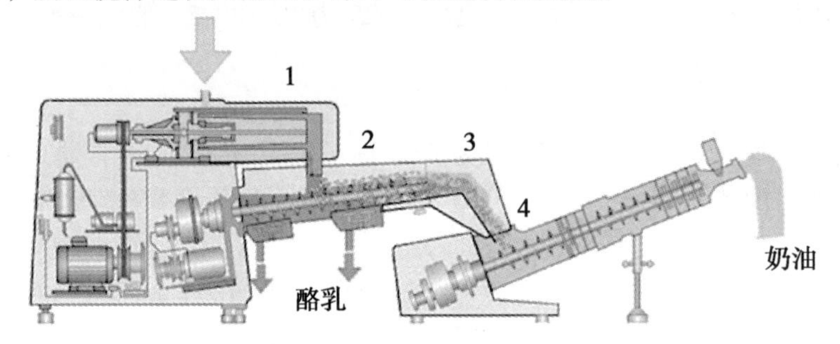

图 11－17　连续奶油制造机

1. 搅拌筒　2. 压炼区　3. 榨干区　4. 第二压炼区

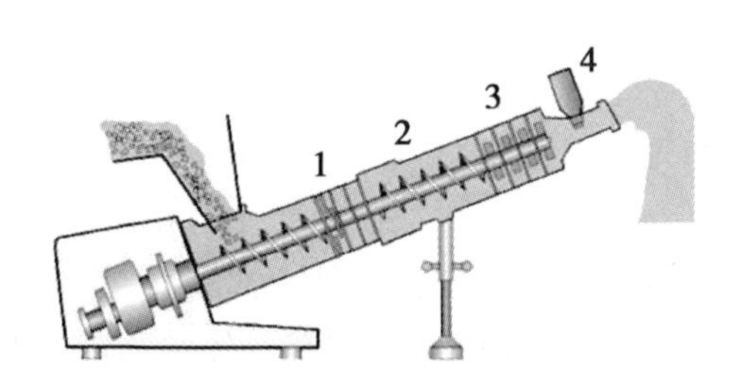

图 11－18　连续奶油制造机（真空压炼区）

1. 喷射区　2. 真空压炼区　3. 最后压炼阶段　4. 水分控制设备

然后，酪乳与奶油团粒流入随后的分离设备即分离口 2，也叫第一压炼口，在此经过旋转搅拌器搅拌（30～42r/min）后，使奶油团粒进一步增大，并排除大部分酪乳，即在此奶油与酪乳分离。

奶油团粒在此用循环冷却水洗涤，在分离口，螺杆把奶油进行压炼，同时也把奶油输送到下一道工序，在离开压炼工序时，奶油通过一锥形槽道和一个打孔的盘，即榨干段 3 以除去剩余的酪乳。

然后奶油颗粒继续到第二压炼区 4，每个压炼段都有自己不同的马达，使它们能按不同的速度操作以得到最理想的结果，正常情况下第一阶段螺杆的转动速度是第二段的两倍。

紧接着最后压炼阶段可通过高压喷射器将盐加入到喷射室 5。下一阶段是真空压炼区 6，此段和一个真空泵连接，在此可将奶油中的空气含量减少到和传统制造奶油的空气含量相同。

最后阶段7由4个小区组成，每个区通过一个多孔的盘相分隔，不同大小的孔盘和不同形状的压炼叶轮使奶油得到最佳处理。每一小区有一喷射器用于最后调整水分含量，使奶油的水分含量限定在0~0.1%的范围内，以保证奶油的特性保持不变。

传感器8配置在设备的出口处，用于感应奶油的水分含量、盐含量、密度和温度，以便对上述参数进行自动控制。

最终成品奶油从该机器的末端喷头呈带状连续排出，进入奶油仓，再被输送到包装机。

连续奶油生产机用酸性稀奶油可生产200~500kg/h的奶油，用甜性稀奶油可生产200~10 000kg/h的奶油。

第五节　无水奶油

无水奶油（Anhydrous Milk Fat，AMF）或黄油是一种几乎完全由乳脂肪构成的产品，广泛用于冰淇淋、巧克力、方便食品和婴幼儿食品中。

在工业化生产黄油之前，就有一种古老的浓缩乳脂产品-印度酥油（Ghee），它比黄油（Butter Oil）含蛋白质多，风味更好；印度酥油在印度和阿拉伯国家已流行数世纪之久。现代工业化生产无水奶油始于第二次世界大战期间（1939~1945年），到20世纪70年代，黄油的生产迅速发展。

黄油的保存期长，如果采用半透明不透气包装，即使在热带气候，黄油也能在室温下贮藏数月。在冷藏条件下，其贮存期长达1年。

根据IDF-68A：1977标准，无水奶油划为3个级别：①无水乳脂：乳脂肪>99.8%，水分<0.1%。必须由新鲜稀奶油或奶油制成，不允许含有任何添加剂，包括用于中和游离脂肪酸所用的碱；②无水奶油脂肪：乳脂>99.8%，可以由不同贮存期的奶油或稀奶油制成，允许用碱性物质中和游离脂肪酸；③奶油脂肪：乳脂肪>99.3%，水分<0.5%，原料和加工要求与无水奶油脂肪相同，如表11-11所示。

表11-11　脂肪的IDF质量标准

		无水乳脂	无水奶油脂肪	奶油脂肪	印度酥油
原料		新鲜原料乳、稀奶油或奶油	不同贮存期的稀奶油或奶油（牛乳来源）	不同贮存期的稀奶油或奶油（牛乳来源）	来自不同动物的乳、稀奶油或奶油
乳脂肪/%	≥	99.8	99.8	99.3	99.6
水分/%	≤	0.1	0.1	0.5	0.3
游离脂肪酸（以油酸计）/%	≤	0.3	0.3	0.3	0.3
铜/（mg/kg）	≤	0.05	0.05	0.05	0.05
铁/（mg/kg）	≤	0.02	0.02	0.02	0.02

续表

	无水乳脂	无水奶油脂肪	奶油脂肪	印度酥油
POV（/mmolO_2/kg 脂肪）≤	0.2	0.2	0.2	0.2
中和剂	无	痕量	痕量	痕量
大肠菌群	无	无	无	无
味道和气味	纯正、温和	纯正、无异味	纯正、无异味	无异味
质地	光滑，结晶良好	光滑，结晶良好	光滑，结晶良好	高熔点结晶脂肪分散在低熔点液态脂肪中

一、无水奶油（AMF）的特性

AMF 在 36℃以上是液体，在 17℃以下是固体。AMF 被认为是一种新鲜的乳制品，需冷藏，4℃下可储存 4～6 周，若贮存 10～12 个月，要在 -25℃下贮存。

AMF 一般装在 200L 的桶内，桶内含有惰性气体（N_2 等），使之能在 4℃下储存数月。AMF 适宜以液体形式使用，因为液态易和其他产品混合且便于计量，所以，AMF 适用于不同乳制品的复原，同时还用于巧克力和冰淇淋制造工业。

通过分馏，无水乳脂可以得到功能不同和用途不同的商业脂肪产品。

二、AMF 的生产

无水奶油的生产主要有两种方法（图 11－19）：一是直接用稀奶油或原料乳来生产；二是以奶油为原料来生产。

（一）用稀奶油生产无水奶油

使用含脂率 35%～40% 的稀奶油为原料来生产黄油的工艺，是以乳化破裂原理为基础的。其原理是将稀奶油浓缩，然后把脂肪球膜进行机械破裂，从而把脂肪游离出来，形成含有分散水滴的连续脂肪相，然后将分散的水滴从脂肪相中分离除去，这样就实现了相转变，脂肪被释放出来，即得到黄油。

工艺流程：稀奶油→巴氏杀菌→浓缩→离心分离→真空干燥→包装。

稀奶油生产 AMF 的生产线如图 11－20 所示。稀奶油由平衡槽 1 进入 AMF 加工线，为了钝化脂肪酶，稀奶油需要通过板式热交换器 2 进行巴氏杀菌处理，然后再冷却到 55～60℃。

原料乳脂中仍含有少量的脂肪球，即某些脂肪球的膜仍然是完整的，这种脂肪球必须除去，这在分离机中进行；即巴氏杀菌并冷却后，稀奶油再被排到离心机 4 进行预浓缩提纯，使脂肪含量达 70%～75%；“轻”相被收集到缓冲罐 6，待进一步加工；“重”相即酪乳通过分离机 5 重新脱脂，脱出的脂肪再与稀奶油 3 混合，脱脂乳再回到板式热交换器 2 进行热回收后，到酪乳贮存罐。

分离出的浓缩稀奶油泵入缓冲罐 6 中间贮存后，输送到均质机 7 进行相转换，然后被输送到最终浓缩器 9。由于均质机工作能力比浓缩器高，所以多出来的浓缩物要回流到缓

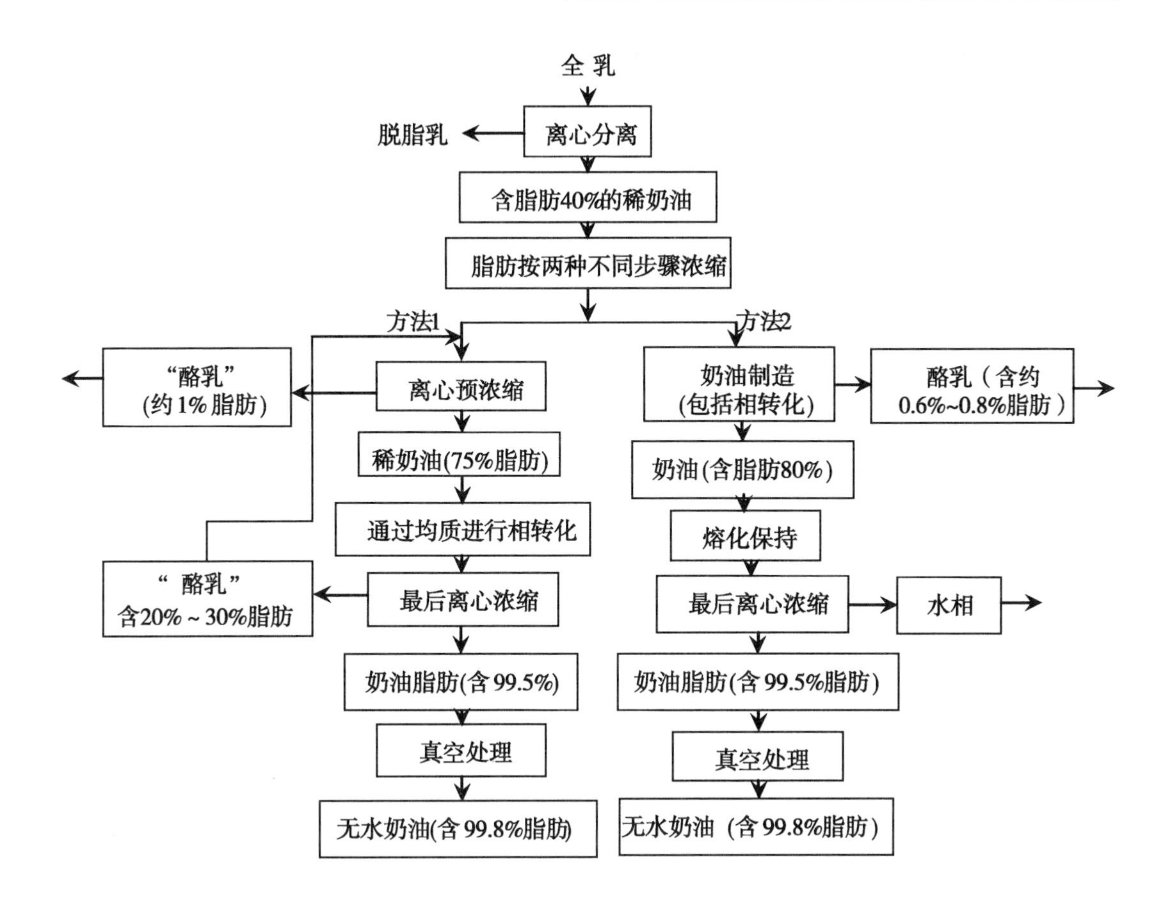

图 11－19　无水奶油的两种浓缩生产工艺

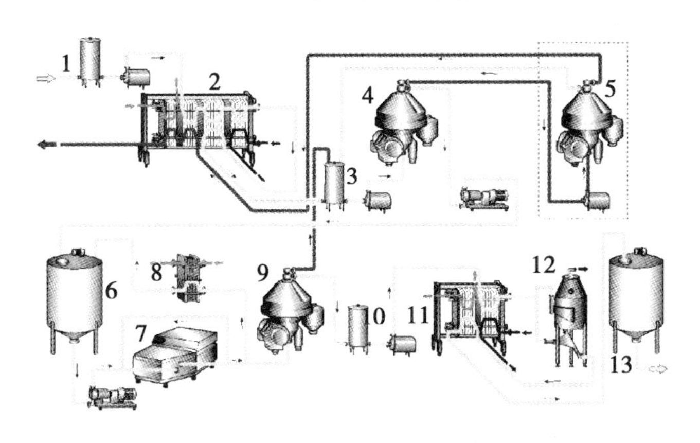

图 11－20　用稀奶油生产 AMF 的生产线

1. 平衡槽　2. 板式热交换器　3. 平衡槽　4. 预浓缩机　5. 分离机（备用）　6. 缓冲罐　7. 均质机　8. 冷却器　9. 最终浓缩器　10. 平衡槽　11. 板式热交换器　12. 真空干燥器　13. 贮存罐

冲罐6。均质过程中部分机械能转化成热能会使油温升高，为避免干扰生产线的温度平衡，需在回流到缓冲罐之前，这部分过剩的热要在冷却器8中降温。

经受进一步的机械作用后，大部分脂肪球膜被破坏，形成脂肪的连续相（破乳化作用）。经离心分离后脂肪被分离提纯，含脂率>99.5%，含水分0.4%~0.5%。

然后，乳脂肪在板式热交换器 11 中再被加热到 90 ~ 98℃，排到真空干燥器 12 使水分 <0.1%。最后，将干燥后的奶油经冷却器降温到 35 ~ 40℃，进行包装。

用于处理稀奶油的 AMF 加工线上的关键设备是用于脂肪浓缩的分离机和用于相转换的均质机。

（二）用奶油生产无水奶油

虽然用稀奶油直接生产无水奶油更为经济，而且还去掉了搅拌工艺过程，但很多厂家仍采用奶油作为原料生产无水奶油，尤其是那些在一定时间内消化不了的奶油。

一般用不加盐的甜奶油作为生产无水奶油的原料，也可用酸性奶油、加盐奶油做原料。试验证明使用新生产的奶油做原料，最终产品缺乏鲜亮色泽，有时还会产生轻微浑浊现象；而使用贮存 2 周以上的奶油，则不会产生这种现象。目前，这种现象的起因还不清楚，但知道在搅打奶油时要用一定时间，奶油的状态才会妥善，并且加热奶油样品时新鲜奶油的乳浊液比贮存一段时期的奶油的乳浊液难于破坏并且也不鲜亮。

工艺流程：奶油→熔融→加热→保温→浓缩→干燥，图 11 - 21 是用奶油生产 AMF 的标准生产线 。

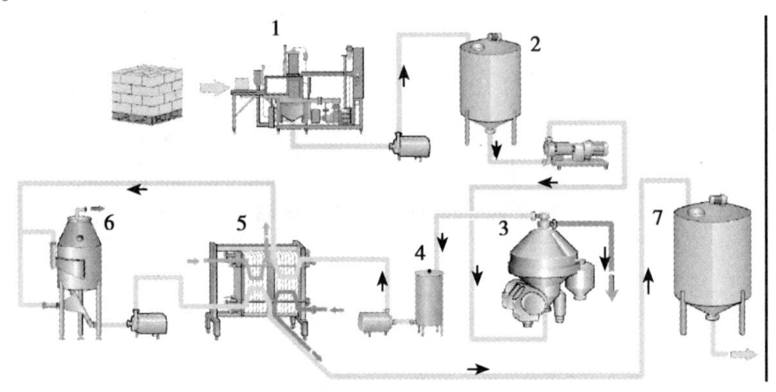

图 11 - 21　用奶油生产无水奶油的生产线

1. 奶油熔化和加热器　2. 贮存罐　3. 浓缩器　4. 平衡槽　5. 板式热交换器　6. 真空干燥器　7. 贮藏罐

以 25kg 贮存过一段时间的盒装奶油或者冻结奶油（-25℃下贮存）为原料，先将包装盒去掉，奶油在加热设备中直接融化，并使温度达 60℃。

直接加热（蒸汽喷射）会导致含有小气泡分散相的新的乳状液形成，这些小气泡的分离十分困难，在连续的浓缩过程中此相和乳油浓缩到一起而引起混浊。

溶化和加热后，热产品再被输送到保温罐 2，在此贮存 20 ~ 30min，保温时间的长短取决于奶油的种类和质量，保温的主要目的是：使产品熔化完全；让蛋白质有足够的时间进行凝结絮凝；释放出熔融奶油中所夹带的空气，这一过程有助于以后的分离。

此后，熔融的奶油从保温罐 2 被送至分离浓缩器 3，经过分离浓缩后，上层轻相含乳脂 99.5%。加盐奶油需经洗涤或稀释以避免对设备的腐蚀。如果奶油质量差并含有相当数量的游离脂肪酸，则奶油在融化后可用温碱液来中和。

然后继续转入板式换热器 5，加热到 90 ~ 95℃。再在真空干燥器 6 中进一步去除水分，然后冷至 35 ~ 40℃，进行包装。

分离出的重相酪乳，根据其纯净程度，可分别送入酪乳罐和废物罐，这要根据它们所含杂质多少以及中和剂污染情况而定。

如果所用奶油直接来自连续的奶油生产机，也会和前面讲的用新鲜奶油的情况相同，会出现云状油层上浮的危险；然而使用密封设计的最终浓缩器（分离机）通过调整机器内的液位就可能得到容量稍少的含脂肪99.5%的清亮油相；同时重相相对脂肪含量高一些，约含脂肪7%，容量略微多一点，因此，重相应再分离，所得稀奶油和用于制造奶油的稀奶油原料混合，再循环输送到连续奶油生产机。

（三）无水奶油的精制

无水奶油的精制主要包括：洗涤（磨光）、中和、分馏和脱除胆固醇。

1. 洗涤

用水洗涤奶油可获得清洁、有光泽的产品。其方法是在浓缩奶油中加入20%～30%水，水温与奶油温度相同。保持一段时间后，奶油中的水溶性物质（主要是蛋白质）就可随着洗涤水分离出来。

2. 中和

奶油及奶油制品中游离脂肪酸含量偏高，则容易产生氧化异味，因此，可通过加碱中和来减少油中游离脂肪酸的含量。

将浓度8%～10%的碱（NaOH）加到奶油中，其加入量要根据油中游离脂肪酸的含量而定，碱液温度与混合油的油相温度相同，约保持10s后，再加水，加水比例和洗涤相同。最后皂化的游离脂肪酸和水相一起被分离出来。

特别注意：奶油应和碱液充分混合，但混合必须柔和，以避免脂肪的再乳化。

3. 分馏及分级

分馏是将脂肪分离成高熔点部分和低熔点部分的操作过程，这些分馏物具有不同的特性，可用于调整奶油的稠度以及生产各类食品。

有几种分级脂肪的方法，但常用的方法是不使用添加剂，如冷却结晶法。其过程为：将无水奶油经融化后，再慢慢冷到适当温度，使高熔点的乳脂成分结晶析出，同时低熔点的成分保持液态。再经过特殊过滤，可获得一部分脂肪结晶颗粒。然后将滤液继续降低温度，使其他乳脂分馏物结晶析出，再过滤分离结晶等，可以一次次分馏得到不同熔点的制品。

乳脂分馏的典型融化曲线见图11－22。

4. 分离胆固醇

除掉食品中胆固醇的方法主要有生物学法（微生物法、酶法）、化学法（溶剂萃取法）和物理法（蒸馏、超临界流体萃取法）。

目前，生产上分离胆固醇，常用的方法是用改性淀粉或β-环状糊精（BCD）与乳脂混合，β-环状糊精分子围绕胆固醇，形成胆固醇-环糊精分子包裹物沉淀。该沉淀物可通过离心分离的方法除去。

5. 包装

无水奶油可以装入大小不同的容器，1～19.5kg的包装盒适用于商业零售，而185kg的桶适合于工业原料供应。

通常，先在容器中注入氮气（N_2），因为N_2比空气重，装入容器后沉到容器底部；

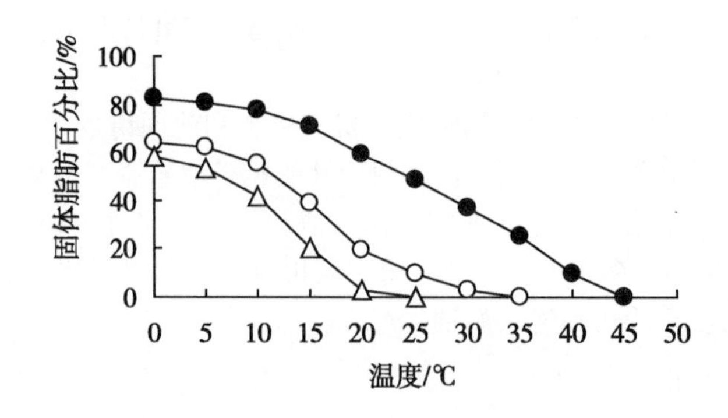

图 11－22　乳脂分馏的典型融化曲线

●—●硬馏分　○—○乳脂肪　△—△软馏分

又因为无水奶油比 N_2 重，当往容器中注无水奶油时，无水奶油可沉到 N_2 下面，而 N_2 被排到上面，这样可为无水奶油形成“严密的气盖”，起到防止吸入空气而产生的氧化作用。

第六节　新型的涂抹制品

近年来，乳品工业一直在研制食用脂肪的新种类，目的是研制一种有利于健康的低脂产品，它在所有其他方面与奶油相似，但更易涂布，甚至在冷冻温度下也容易涂抹。在瑞典就有拉特-拉贡（Latt&Lagom）和布里高特（Bregott）等产品。

一、拉特-拉贡（Latt & Lagom）

它比奶油或人造奶油的脂肪含量都低，另外，还含有酪乳中的蛋白质。在瑞典被法定为“软”人造黄油，每 100g 产品中脂肪含量 39～41g，此类产品也称米纳林（Minarine）。

该产品仅是一种涂布制品，因为脂肪含量低不用于烹调或烘烤；考虑到其含蛋白含量较高，也不能用于油炸食品。其主要原料为无水奶油和大豆油或菜籽油，混合比例决定于冷藏温度下的良好涂抹性和高含量的不饱和脂肪酸的双重要求。当脂肪与蛋白质浓缩物混合后，将混合物巴氏杀菌和冷却压炼。制造完成后，立即进行包装。

AMF 和酪乳蛋白的存在，使产品具有类似奶油的风味，生产中也可添加少量的芳香物质来改善风味；因为含脂率 <40%，硬度必须用特殊硬化剂来稳定；与奶油和人造黄油相比，该产品含有较高的水分，并且蛋白质和碳水化合物含量也高，这就为微生物提供了较好的生长条件，为了抑制细菌的生长，可添加山梨酸钾。

拉特-拉贡的生产工艺类似人造奶油，如典型的 Tetra Blend™工艺，如图 11－23 所示，此工艺是已知的两步工艺的组合：稀奶油浓缩结晶与相变过程的组合。

用于生产涂布奶油的稀奶油通常在一个密封分离机中浓缩到含脂率 75%～82%，其中，重相是脱脂乳，在此也称为酪乳，但与传统奶油加工工艺的酪乳相比，脂肪含量要低。

在加工前用水将浓缩稀奶油稀释到含脂率 40%～60%，使最终产品中的蛋白和乳糖的含量较低；如果使用与最终产品含脂率相等的稀奶油进行加工时，较高的蛋白和乳糖含量会影响涂布奶油的风味。

使用浓缩稀奶油加工低脂产品的另一个优点是不再需要添加乳化剂，因为乳中的天然

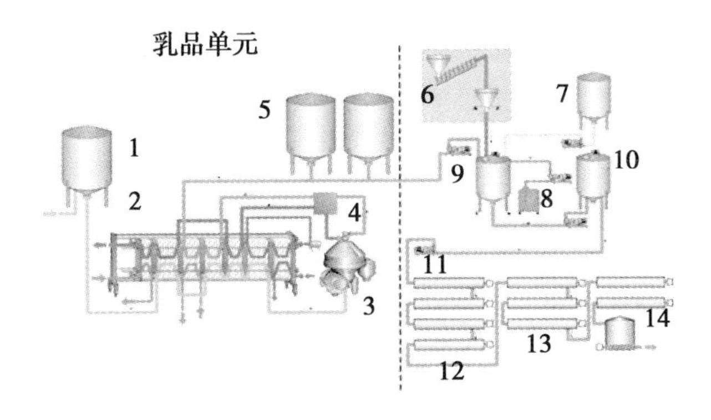

图 11－23　用于生产奶油和涂布乳制品 Tetra Blend 工艺线

乳品单元：1. 稀奶油罐　2. 板式换热器　3. 离心稀奶油浓缩器　4. 稀奶油标准化　5. 预结晶罐人造奶油单元：6. 定量加盐　7. 植物油罐　8. 风味剂计量　9. 混合　10. 缓冲罐　11. 高压泵　12. 刮板冷却器　13. 针形旋子　14. 底部带螺杆传送器的罐仓

乳化剂留在了稀奶油中。

加工线含有两部分设施：带有稀奶油浓缩、巴氏杀菌和冷却的典型“乳品单元”（图 11－23 中虚线左侧）；带有制备混合料和通过搅打和冷却进行相变的典型“人造奶油单元”（虚线右侧）。

乳品单元的加工线始于对含 35%～40% 脂肪的稀奶油的巴氏杀菌。由于稀奶油可能来自其他乳品厂或就地稀奶油贮罐，因此，稀奶油在进入稀奶油浓缩器（密封离心机）之前，必须将温度调整到 60～70℃，浓缩的程序即稀奶油含脂率通过标准装置自动控制，脂肪含量可高达 82%（在特殊要求下甚至可达 84%，但也会造成超过 10% 的脂肪流失到脱脂乳中）。标准化的稀奶油冷却到 18～20℃，然后进入保持/预结晶罐。

人造奶油单元的部分加工线始于制备产品混合料的批量站，在此，按照产品配方要求不同的原料进行混合，这样浓缩稀奶油与一定量的植物油、盐和水依次进行混合，混合物在充分混合后泵送到缓冲罐 10，随后进行新一批量的配料。加工过程从缓冲罐延续，从缓冲罐产品混合物进入高压泵 11 随后进入刮板冷却器 12，在此进行相变。在最终冷却之前，涂布产品由针形旋子保持搅动，离开最终冷却段后，产品进入贮存仓 14，从此处产品泵入到灌装机，通常是管式灌装机。

从加工到包装，奶油和涂布乳品的运送通常有 3 种形式：产品卸入底部带有螺杆传送带的贮仓，传送带将产品送到包装机；产品直接被泵入到包装机；用手推车运送，手推车通常配有螺杆传送器，也可用以上方法混合运送。

涂布乳品大多数情况下灌装于 250～600g 的管子里，包装后，小块包装的奶油继续在打箱机上包装于纸盒中，最后放在排架上运去冷藏（为保持奶油的组织状态和外观，涂布乳品应在包装后在 5℃下冷藏）。

二、布里高特（Bregott）

布里高特也是一种涂抹食品，但可用于烹调，因为它含有植物油，所以，它被当作人造黄油一类，但其组分和制造方法不同于其他的人造黄油。

它具有很浓的黄油味，并且与植物油的混合，使得它甚至在冷藏温度下也容易涂抹，而且在室温下，也会保持良好的稠度和外观。

稀奶油用乳酸发酵剂来变酸，添加植物油的数量要根据滋味和硬度进行调整。除稀奶油和植物油外，需加适量盐，产品中含1.4% ~2%的盐。

因为不添加色素，该产品的颜色随着一年中不同季节乳脂的色泽而变化。

如奶油和人造黄油一样，Bregott含80%脂肪，其中，乳脂肪占70% ~80%，液态植物油如豆油或菜籽油占20% ~30%，其加工工艺与奶油相似。

乳脂中存在着天然的脂溶性的维生素A和维生素D，但植物油中不存在。因此，Bregott中维生素的含量需强化，使每100g产品中维生素A保持在3 000IU，维生素D为300IU。

贮存温度最高为10℃。如果在两个月内食用，则该产品的滋味和其他特性保持不变。

第七节　奶油在加工贮存期间的品质变化

奶油贮藏时必须密封、避光、防止氧化、防止水分蒸发等。未加盐的奶油必须在冷藏条件下保存，无水奶油（AMF）无需冷藏，通常贮于罐或桶中，但在AMP包装时要充入氮气，以驱逐出空气，这样AMF即使在不适宜的环境温度下如30 ~40℃也可保持6 ~12个月。

1. 乳牛品种的影响

荷兰牛、爱尔夏牛的乳脂肪中，油酸含量高，因此，制成的奶油较软，而娟姗牛的乳脂肪中油酸含量低，而熔点高的脂肪酸含量高，制成的奶油较硬。

2. 泌乳季节的影响

泌乳初期，挥发性脂肪酸多，油酸较少，随着泌乳时间的延长，这种性质变得相反。另外，春夏季由于青饲料多，因而油酸的含量高，奶油也较软，熔点较低。为了要得到较硬的奶油，在稀奶油成熟、搅拌、水洗及压炼过程中，应尽可能降低温度。

3. 避免破坏脂肪球

脂肪球的破坏会造成脂肪损失，还会给产品带来感官缺陷，如乳脂絮凝等。为避免乳和稀奶油中脂肪球的破碎，在加工中应降低搅拌速率，减少泵送及混合时的压力，控制稀奶油在管线中的流速在临界剪切率范围内，并避免混入空气（气泡可作为脂肪球聚集的核心，促进脂肪球聚结）。

4. 分离温度对稀奶油质量的影响

用50 ~55℃的温度分离牛乳，而不是45℃，可减少牛乳中固有脂肪酶产生的酶解反应。但温度过高，可导致蛋白质变性并沉积在分离碟片上，引起稀奶油的酸败和脂肪球的破坏。

5. 巴氏杀菌对稀奶油风味的影响

奶油中的脂肪酶与细菌可能导致奶油在贮藏期间的品质变差，导致保质期缩短，因此，巴氏杀菌的一个重要作用是破坏牛乳中的脂肪酶，防止其对乳脂的水解；稀奶油巴氏杀菌后常产生硫化物风味，这种风味在12 ~24h减弱，但不会完全消失。

6. 发酵稀奶油的黏度

发酵稀奶油状态黏稠，质地均匀（没有乳皮），凝固型的产品稠度较大。发酵后的稀奶油经过搅拌、泵送以及包装后，黏度一般会有所下降。

7. 奶油的风味

奶油具有乳脂肪特有的芳香味或乳酸菌发酵的芳香味。刚生产出的发酵稀奶油 pH 值约 4.5，有轻微的酸味以及适度的“乳酪”或“奶油”风味。

这些化合物主要来自乳脂本身的成分、发酵产生的物质以及添加的风味成分。来自于乳脂肪的风味物质，包括挥发性脂肪酸、内酯、甲基酮类、酚类以及含硫化合物等。来自于微生物发酵的风味物质主要有乳酸、丁二酮、乙醛等，其中，丁二酮主要来自发酵时细菌的作用，因此，酸性奶油比新鲜奶油的芳香味更浓。

3 种奶油（发酵奶油、甜奶油和酸化奶油）的区分，可根据 3 种成分（乳酸、柠檬酸和腺嘌呤核苷或尿嘧啶核苷）的含量来确定。

但乳脂有时出现异味，主要来源于：饲料本身；饲料在奶牛的胃中经过消化吸收后产生的；在酶、氧化或加热作用下使奶油分解而形成的；美拉德反应产生的；由微生物的生长繁殖而产生的。

（1）鱼腥味　这是奶油贮藏时很易出现的异味，其原因是卵磷脂水解，生成三甲胺造成的。

如果脂肪发生氧化，这种缺陷更易发生，这时应提前结束贮存。生产中应加强杀菌和卫生措施。

（2）脂肪氧化与酸败味　引起乳脂风味败坏的三个常见因素是氧化、水解和热分解，其中主要是氧化作用。

氧化味详见第二章“乳的化学组成与性质”；而酸败味是脂肪在解脂酶的作用下生成低分子游离脂肪酸造成的。奶油在贮藏中往往首先出现氧化味，接着便会产生脂肪水解味。

生产时应提高杀菌温度，既杀死有害微生物，又要破坏解脂酶。在贮藏中应该防止奶油长霉，霉菌不仅能使奶油产生土腥味，也能产生酸败味。

（3）干酪味　生产卫生条件差、霉菌污染或原料稀奶油的细菌污染会导致蛋白质分解产生干酪味。生产时应加强稀奶油杀菌和设备及生产环境的消毒工作。

（4）肥皂味　稀奶油中和过度，或者中和操作过快，引起局部皂化造成的。应减少碱的用量或改进操作。

（5）金属味　由于奶油接触铜铁设备而产生的。应该防止奶油接触生锈的铁器或铜制阀门。

（6）苦味　原因是使用了末乳或奶油被酵母污染。

8. 乳脂的组织状态

奶油的质地特性使之具有特殊的口感，这种口感是任何非乳制品都无法比拟的。例如，温度 12～14℃时，奶油具有一定的塑性与坚实感。刚入口时，舌头与口腔可以感知它的特殊质地，奶油的触觉与味觉会迅速联系起来。随后，奶油在口中开始融化，并很快转化为水包油型乳状液，同时开始释放其潜在的挥发性和水溶性的风味物质。脂肪的融化需要吸收热量，因此，还会产生令人愉快的清爽感。最后奶油全部咽下，余味没有油腻感。

这些特性与奶油的组成和物理特性有关，并受到加工工艺的影响。例如，奶油中固体脂肪含量决定了奶油质地的坚实度，奶油微观结构的状况决定了奶油光滑的外观，奶油的融化特性与奶油在口中形成的清爽感有关，奶油中的磷脂和蛋白质有助于奶油在口腔中发生乳状液的相转化，即由 W/O 型转化为 O/W 型。

在许多国家，奶油的结构和口感是划分级别的。奶油质地与结构上的缺陷，有明确的定义（如 IDF 标准 99C 1997）。

乳脂的组织状态缺陷包括：①易碎性：内聚力较弱；②粉末感、颗粒感或砂状奶油：当奶油在舌头上融化时所产生的粗糙感，此缺陷出现于加盐奶油中，盐粒粗大未能溶解所致，或有时出现粉状，并无盐粒存在，而是中和时蛋白凝固混合于奶油中所致；③脆性：缺乏可塑性；④黏稠感、软膏状或粘胶状：像油渍一样粘腻，原因是压炼过度，洗涤水温度过高或稀奶油酸度过低和成熟不足等，总之，液态油较多，脂肪结晶少则形成黏性奶油；⑤奶油组织松散：压炼不足、搅拌温度低等造成液态油过少，出现松散状奶油。

9. 涂抹性

奶油涂抹性可通过感官评定或硬度测定来定级。利用硬度定级，就是在质地分析仪的标准测量条件下，切开标准大小奶油所需要的作用力，以此来评定奶油的涂抹性。

许多国家在此基础上采用了改进的方法，如德国标准 DIN10331 中，定义奶油的硬度为用直径 0.3mm 的线，以 0.1mm/s 的速度切开边长为 25mm 正方体的奶油所需要的作用力（以 N 表示）；IDF 将此法调整后，定义了线切奶油硬度测定的国际标准。

只有奶油的固体脂肪含量为 13% ~45% 时才能获得良好的涂抹性，奶油的涂抹性主要受到饲料、泌乳期、物理成熟、均质等因素的影响。

10. 奶油的色泽

天然奶油具有淡黄、光滑的外观，这也是人造奶油无法比拟的。

奶油的黄色是由 β-胡萝卜素产生的，主要来源于牧草或青贮饲料。冬季因缺乏青饲料，所以冬季的奶油为淡黄色或白色。一般夏季奶油中的天然胡萝卜素比冬季奶油高约 10 倍，乳脂中类胡萝卜的含量也与奶牛品种有关。荷兰黑白花牛的乳脂颜色要比娟姗牛淡，而杂交的娟姗黑白花牛所产的牛乳的乳脂颜色较好。

为使奶油的颜色全年一致，秋冬之间往往加入色素（β-胡萝卜素）以增加其颜色。

常见的颜色缺陷有：①条纹状：容易出现在干法加盐的奶油中，盐加得不均，压炼不足等；②色暗无光泽：压炼过度或稀奶油不新鲜；③色淡：出现在冬季生产的奶油中，由于奶油中胡萝卜素含量太少；④表面褪色：奶油暴露在阳光下，发生光氧化造成。

11. 乳脂质量的评价

评价乳脂质量的主要指标是过氧化物（POV）和游离脂肪酸。过氧化物是用来衡量乳脂因氧化而酸败的程度，而游离脂肪酸是用来分析油脂因脂肪分解所引起的酸败程度。

这两个指标既表示了大概的风味质量，又表示了可能进一步发生酸败的时间。

本章思考题

1. 什么是稀奶油、奶油和无水奶油？它们之间有何区别？
2. 简述稀奶油、奶油和无水奶油的种类。
3. 简述奶油的性质和影响因素。
4. 简述稀奶油加工工艺和工艺要点。

5. 如果先加入牛乳，后开启离心机，会导致什么结果？为什么？
6. 稀奶油相转换发生在哪个步骤？出现什么现象？为什么？
7. 什么是稀奶油的物理成熟和微生物成熟？其主要原理和方法是什么？
8. 如果物理成熟时间过短，会导致什么结果？为什么？
9. 简述奶油在加工贮藏期间的品质变化和产生原因。
10. 简述奶油加工工艺和要点。
11. 简述奶油的连续生产工艺。
12. 简述黄油的生产工艺和工艺要点。
13. 简述无水奶油浓缩和精制的工艺及其原理。

第十二章　乳蛋白质产品的加工工艺

乳蛋白的产品种类很多，包括：乳清粉（Whey Powder，WP）、乳清蛋白浓缩物（WP Concentrate，WPC）、乳清蛋白分离物（WP Isolate，WPI）、乳清蛋白复合物（WP complex）、酸化酪蛋白（Acid Casein）、酪蛋白酸钠（Na-caseinate）、凝乳酶凝固酪蛋白（Rennet Casein）、乳白蛋白（Lactalbumin）、乳共沉物（Coprecipitate）等，如表 12－1 所示。

表 12－1　乳蛋白制品及其组成成分

产品	加工方法	来源	组成成分/%			
			蛋白	碳水化合物	灰分	脂肪
酸化酪蛋白	酸凝固	脱脂乳	83～95	0.1～1	2.3～3	2
酪蛋白酸钠	酸＋NaOH	脱脂乳	81～88	0.1～0.5	4.5	2
凝乳酶凝固酪蛋白	凝乳酶凝结	脱脂乳	79～83	0.1	7～8	1
乳清蛋白分离物	离子交换	乳清	85～92	2～8	1～6	1
乳清蛋白浓缩物	超滤	乳清	50～85	8～40	1～6	≤1
乳清蛋白浓缩物	电渗析＋乳糖结晶化	乳清	27～37	40～60	1～10	4
乳清粉	喷雾干燥	乳清	11	73	8	4
乳清蛋白复合物	偏磷酸盐	乳清	55	13	13	5
乳清蛋白复合物	CMC	乳清	50	20	8	1
乳清蛋白复合物	Fe^{+}多聚磷酸盐	乳清	35	1	54	1
乳白蛋白	加热＋酸和（或）$CaCl_2$	乳清	78	10	5	1
乳共沉物	加热＋酸和（或）$CaCl_2$	脱脂乳	85	1	8	2

第一节　乳蛋白产品的加工工艺概述

乳蛋白制品的性质取决于乳或乳清的原料和加工过程。

原料方面，生乳、脱脂乳、甜稀奶油酪乳和乳清都可用于制备乳蛋白。

传统方法中，乳清经浓缩、干燥，或经加热凝结蛋白质，再经洗脱、干燥等处理制成乳蛋白产品。现代技术中，膜分离技术可用于生产各种乳清产品，包括 WPC、WPI 等。

热处理能引起蛋白变性，从而降低乳清蛋白的溶解度；并且，高温热处理会导致乳清蛋白与 K-CN 反应结合；加热后进一步改变 pH 值或钙含量可形成凝乳，将凝乳洗脱和干燥后，可制成不同钙含量的乳蛋白共沉物产品。

另外，还有一种产品是全乳蛋白产品（TMP）。在加工中，乳被碱化，加热后接着酸化到 pH 值 4.6，酸凝乳被加热并从乳清中分离出来，洗涤和干燥成为全乳蛋白产品。

稀奶油分离的效率决定于制品的脂肪含量，另外，脂肪球因自身被破坏或膜的损耗（例如，受气流的冲击）会被浆蛋白覆盖，这部分脂肪球在蛋白分离过程中很难通过一般的纯化将其从蛋白中分离出去。

凝乳酶凝结得到的乳清含有酪蛋白多肽，酸凝固法得到的乳清则不含。

乳蛋白质产品的工艺流程如图 12－1 所示。

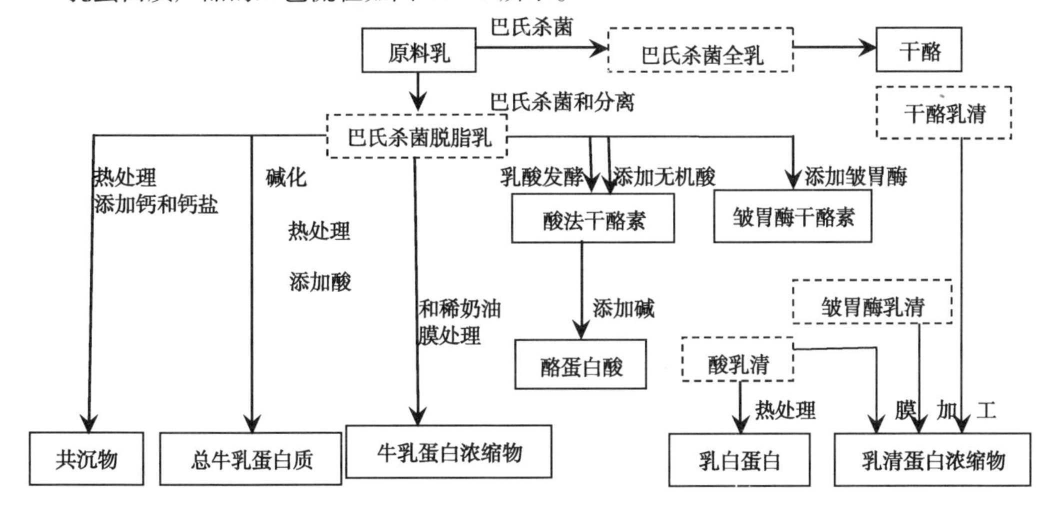

图 12－1　从原料乳到各种乳蛋白质产品的生产工艺流程

第二节　酪蛋白

酪蛋白或干酪素主要用做胶着剂和食品添加剂，它是利用脱脂乳为原料，经酸或皱胃酶凝乳，使酪蛋白形成凝固物，凝结的酪蛋白经压榨除去乳清，并经洗涤（以去掉多余的脂肪、乳清蛋白、乳糖和盐类，因为这些物质会影响干酪素的质量以及干酪素的货架期）、脱水、粉碎、干燥而成的产品。

酪蛋白作为两性电解质，等电点为 pH 值 4.6。通常，牛乳的 pH 值为 6.6，在此 pH 值条件下，酪蛋白充分表现出酸的性质，与牛乳中的盐类（主要是钙）结合，以酪蛋白酸钙复合体形态存在于乳中，此时加入酸，酪蛋白中的钙溶解，渐渐地生成游离的酪蛋白，当其达到等电点时钙被完全分离，游离酪蛋白凝固而沉淀，这是酸法生产干酪素的原理，用盐酸凝固酪蛋白的反应式如下：

$$\text{酪蛋白酸钙-}Ca_3(PO_4)_2 + 2HCl \rightarrow \text{酪蛋白} + 2Ca(H_2PO_4)_2 + CaCl_2$$

酪蛋白种类很多，按制取方法的不同，干酪素的生产分为酸法（通过酸化脱脂乳至等电点而得）和酶法（通过酶作用沉淀而得）两种，即酸性酪蛋白和皱胃酶酪蛋白，以酸法为主。

此外，还有一些其他比较重要干酪素品种，如复合沉淀，通过将脱脂乳加热至高温，使用氯化钙沉淀蛋白/乳清蛋白混合物，这一复合沉淀含有乳清蛋白、钙和酪蛋白酸盐（一般为酪蛋白酸钠，由酸化酪蛋白溶解于氢氧化钠中获得）。

（一）酪蛋白的加工工艺

酪蛋白的加工工艺如图12－2所示。

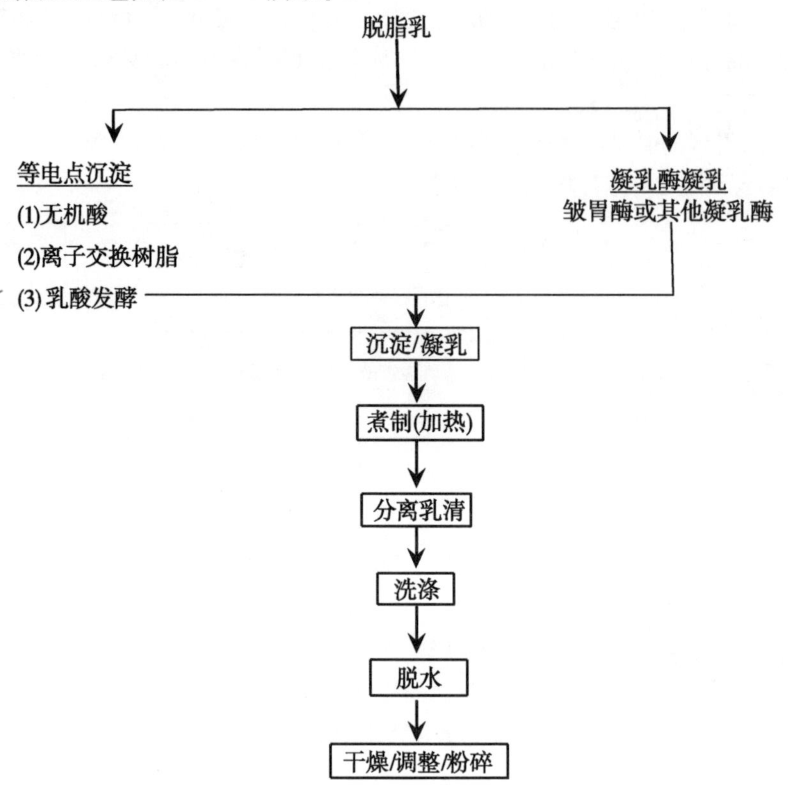

图12－2　酪蛋白的加工工艺

（二）工艺要点

1. 原料乳的要求和预处理

（1）原料要求　用于生产干酪素的原料乳的酸度 <23°T，如果细菌在乳中繁殖产酸，会影响到干酪素的色泽和稠度。

（2）原料乳的预处理　包括脱脂和巴氏杀菌。

一般来说，全乳在55℃通过离心分离机被分离成含约40%脂肪的稀奶油和脂肪 <0.07%的脱脂乳。脱脂乳接着在72℃/15～20s条件下进行杀菌，之后冷却、贮存。

脱脂乳的含脂率直接影响产品的质量，因此，乳的有效分离非常重要，要求脱脂后脂肪 <0.05%。在制造干酪素时，有80%的脂肪从脱脂乳转入到干酪素成品中，因此，成品干酪素的含脂率约比脱脂乳含脂率高25%。

脱脂乳经过巴氏杀菌可增加酸法酪蛋白的产量，这是由于部分变性的乳清蛋白可伴随酪蛋白而沉淀。在利用皱胃酶加工酪蛋白时，太多的乳清蛋白变性将影响凝块的形成。乳在沉淀之前如被过度加热，不仅会引起乳糖、酪蛋白和乳清蛋白之间的各种反应，而且会导致干酪素变黄或变褐。为生产高质量和良好微生物质量的干酪素，虽不能对脱脂乳进行高温处理，但可用巴氏杀菌和微滤（MF）结合的工艺。

2. 沉淀或凝乳

乳被酸化至酪蛋白的等电点 pH 值 4.6，但等电点随溶液中的中性盐类的存在而漂移，使 pH 值可能在 4.0～4.8 的范围内。等电点是水中氢离子中和带负电的蛋白质胶体的阶段，导致酪蛋白胶体的沉淀（凝固），这个酸化过程可由发酵或通过添加无机酸如 HCl 或 H_2SO_4 来完成。总之，凝乳方法有酸法、离子交换法、发酵法和酶法等。

（1）酸凝固法（酸法干酪素）　目前，我国生产的干酪素多为此法，又称颗粒制造法，该法生产的酪蛋白不溶于水。其特点是用无机酸沉淀酪蛋白，从而形成小而均匀的颗粒，被颗粒所包围的脂肪少，颗粒松散便于洗涤、脱水和干燥，而且生产操作时间短。

可用乳酸、盐酸或硫酸，其中，盐酸最为常用，浓度为 4%～5%（0.5～2mol/L）；用硫酸（浓度 24%～25%）时，容易得到不溶的 $CaSO_4$ 沉淀，混入酪蛋白颗粒中难以除去，从而造成硫酸干酪素的灰分增加。

①点制温度：即酸和乳的混合温度，加酸时，是在一定压力下将酸喷射到预热（20～32℃）的脱脂乳中，最适温度是 21℃。混合温度越高，凝聚速度越快，使酪蛋白形成粗大、不均匀、硬而致密的凝块，不易干燥；而且不均匀的颗粒中，小颗粒已酸化好，大颗粒却没有酸化好，颗粒中的钙不能充分分离出来而留在颗粒之中，使产品灰分增高；低温时沉淀的颗粒软而细，不易分离，而且酸化的酪蛋白凝胶几乎没有脱水收缩作用。当混合温度升到 32℃，流失在乳清和洗涤水中的微细酪蛋白颗粒将会增加，混合温度 >32℃，流失将会显著增加。

②点制酸度：若加酸不足则钙不能充分分离出来而包含在干酪素颗粒中，使灰分增高；加酸过量，可使干酪素重新溶解，影响产量。因此，必须准确地确定加酸终点，第一次调酸至 pH 值 4.6～4.8，使酪蛋白形成柔软的颗粒，并除去 1/2 的乳清，所需时间 3～5min；然后停止加酸，继续搅拌 0.5min（40r/min）；第二次加酸至 4.2，所需时间 10～15min，不可过急，边加酸边检查颗粒硬化情况；加酸到终点时，乳清应清澈透明，干酪素颗粒大小均匀一致，直径 3～5mm，致密而结实，富有弹性，颗粒之间呈松散状态。

乳清的最终滴定酸度为 56～68°T。停止加酸后，继续搅拌 0.5min，最后停止搅拌并静止沉淀 5min，再放出乳清。

③搅拌速度：点制过程中的搅拌速度，一般在 40r/min 左右，搅拌速度快，可适当提高点制温度、加酸的速度，否则易形成细小的干酪素颗粒而影响到点制操作。

④点制时间：点制时间短，酪蛋白颗粒酸化不充分，钙分离不完全，使成品灰分高；但点制时间过长会延长生产周期，降低生产效率。

点制完成后，喷入蒸汽，将酸化的乳加热到 40～50℃，并保温约 2min，使乳完全凝固，此时形成干酪素的圆滑凝粒。酸和乳的混合通常采用静态混合器，静态混合器可使酸均匀分布在乳中。所形成的凝块可通过将其溶于碱液中，然后再次沉淀而得到纯化。

酸法干酪素的生产线如图 12－3 所示，酸化后的设施几乎与生产酶凝干酪素的相同。

（2）离子交换法　将脱脂乳在 <10℃ 下与阳离子交换树脂混合，使其 pH 值降低，这一过程中 H^+ 取代了乳中的阳离子，使 pH 值下降到 2.2。

去离子酸化的乳与未处理的乳混合，使最终 pH 值达 4.6，然后加热到 50℃。

（3）发酵法（生物性酸化即乳酸干酪素）　以乳酸菌发酵产生的乳酸而使酪蛋白凝结沉淀得到的，该法生产的产品溶解性较好。

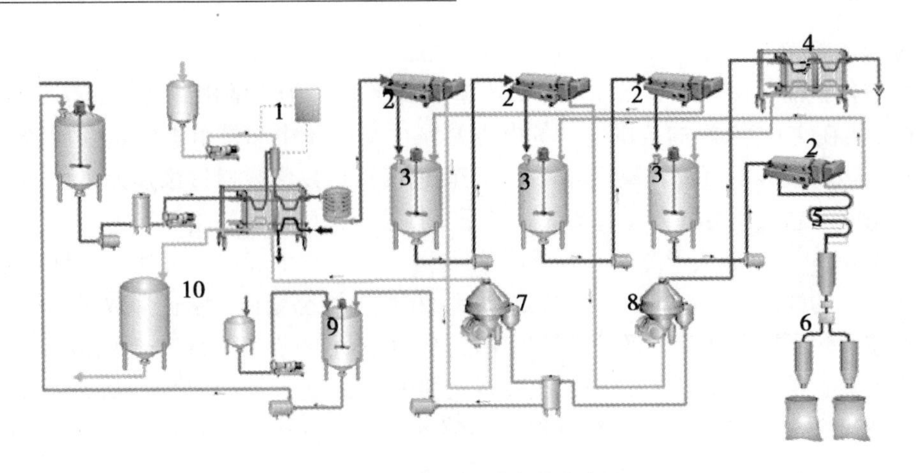

图 12－3 酸法干酪素的生产线

1. pH 值控制 2. 倾析离心机 3. 洗缸 4. 热交换器 5. 干燥 6. 粉碎过筛及包装 7. 从乳清中回收干酪素碎屑；8. 清洗水中碎屑回收 9. 碎屑溶解 10. 乳清贮存

将巴氏杀菌并冷至 27～30℃ 的脱脂乳用 2%～4% 的乳酸菌发酵剂（嗜温、不产气的发酵剂）在 37℃ 左右发酵，待 pH 值降到酪蛋白等电点 4.6 时，停止发酵。

酸化至要求的 pH 值值约需 15h。如果酸化过程太快，将导致质量不均一，产量下降的问题。当酸度达到要求后，搅拌牛乳，将形成的凝块泵入罐中，用蒸汽直接加热到 50～55℃，在不断搅拌下，使酪蛋白凝块与乳清分离。加温时，如果酸度高则凝块软和微细，过滤困难；反之，发酵不充分，凝固也不好，得率下降。

（4）凝乳酶凝固法（酶凝干酪素） 利用犊牛皱胃酶的凝乳作用使酪蛋白形成凝块沉淀，并经提纯制成干酪素的方法。

酶法生产的干酪素由酪蛋白酸钙（Calcium Parecaseinate）-磷酸钙构成，它不溶于水，且灰分含量高。

图 12－4 所示为酶凝干酪素生产的不同阶段。乳经短时加热后冷至约 30℃，随后加入凝乳酶，在 15～20min 后形成凝块，随后切割凝块，同时加温至 60℃，该过程中需不断搅拌。高温处理是为了使凝乳酶失活，热煮时间约 30min。

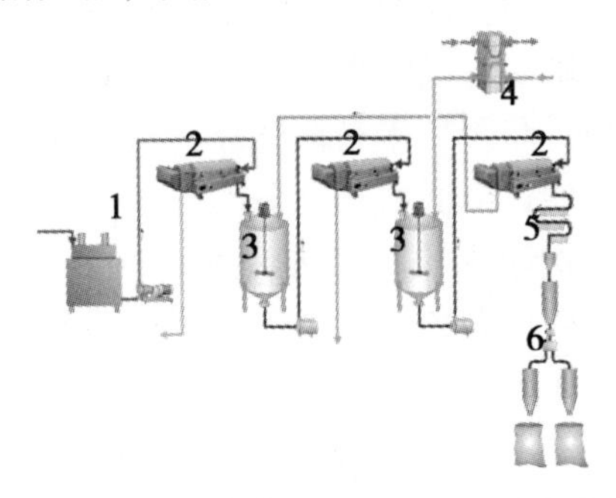

图 12－4 酶凝干酪素的逆向洗涤生产线

1. 用于干酪素生产的槽 2. 倾析机 3. 洗缸 4. 加热器 5. 干燥 6. 磨碎，过筛与包装

凝乳酶的添加方法包括热添加法和冷添加法。

热添加法：在发酵罐中将凝乳酶加入到脱脂乳中（28～35℃），以注射的方式加入，在满罐前约3min时添加，然后在发酵罐中搅拌约2min。所需的液态凝乳酶量与实际脱脂乳的体积百分比的经验值为1：7500～1：10000。

冷添加法：将凝乳酶加入到冷却的脱脂乳（9～18℃）中，混合后在罐中保持3h以上再进行后续加工。保持时间取决于牛乳的实际温度和凝乳酶浓度。制备酪蛋白的不同沉淀及凝乳方法如表12－2所示。

表12－2　制备酪蛋白的不同沉淀及凝乳方法

凝乳方法	脱脂乳温度/℃	pH值	加热温度/℃
无机酸	25～30	4.6	50
离子交换	<10	2.2～4.6	50
乳酸发酵	22～26	4.6	55
凝乳酶	31	6.6	55

（5）复合沉淀　复合沉淀物中，实际上含有乳中所有蛋白质的组分。

在脱脂乳中加入少量氯化钙或酸之后，混合物加热至85～95℃，并于此温度下保持1～20min，使酪蛋白与乳清蛋白相互反应。热处理后，牛乳中蛋白质沉淀受加入的氯化钙（生产高钙复合沉淀）或稀酸（生产钙或低钙复合物，决定于加入的酸量和乳清中的pH值）的影响。凝块随后洗涤并干燥成颗粒状。

3. *凝块的加热蒸煮*

加热蒸煮的目的是使凝乳脱水收缩，有利于从乳清中分离出来。

在pH值4.6凝集的无机酸酪蛋白的蒸煮温度为49～52℃。蒸煮温度过高，会产生较大的凝乳颗粒，且强度较大；蒸煮温度过低时，又会产生过于柔软的凝乳，在乳清分离及洗涤工序中，凝块流失将会增大。

加热蒸煮的方法很多，蒸汽注射蒸煮是常用的方法之一。该法的缺点是产生更多的细小凝块，而且需要向凝乳-乳清混合物中添加更多的水；优点是最终酪蛋白中脂肪含量较低。使用热交换器对酸化牛乳进行加热有利于提高热交换率，但凝乳在交换器中产生的奶垢却不易除去。

低速蒸煮器拥有一个大的锥形管，直径可达200mm，热的酸化乳经过多喷嘴蒸汽注射器后直接进入低速蒸煮器的底部。

酸凝乳加热后进一步酸化，这是凝块与乳清分离和洗涤之前的一个平衡或者进一步凝乳的过程。经过蒸煮的凝乳和乳清从蒸煮线的末端流出，进入酸化桶的底部。酸化桶装有一套慢速旋转页片，这样可使凝乳和乳清保持流动。酸化时，凝乳中的矿物质（主要是钙和磷酸盐）溶出，进入乳清中。同时，凝乳的结构变得坚韧，凝乳块也形成小球或颗粒，这样能排出一些乳清。

凝乳酶酪蛋白凝乳的物理特性不同于酸法酪蛋白凝乳。前者更坚实，而且凝乳酶处理并没有改变其中矿物质与酪蛋白的结合，因此对经凝乳酶处理的乳，蒸煮工序和洗涤工序就能达到理想的处理效果，不需要进入酸化桶（平衡步骤）强化凝乳。

凝乳酶凝乳的蒸煮工序类似于酸化牛乳，采用两步加热，使用管式换热器把约15℃的流体（冷添加法）或约29℃的凝块（热添加法）的温度提高到37℃。接着混合物通过直接蒸汽注射被加热到55℃（并保持不低于45s），然后进行低速蒸煮。

4. 分离乳清

加热凝结酪蛋白和乳清的混合物通过过滤分离。当最终温度达到并凝乳后，将凝块与乳清分离。这一过程对乳清收集的量、进一步的洗涤效率及最终酪蛋白的收集效率特别重要，取决于凝乳沉淀的pH值和温度及所用分离设备的分离效率。

凝乳和乳清的混合物由酸化桶（酸法酪蛋白）或低速蒸煮机LVC（凝乳酶酪蛋白）排出后，用泵抽吸到倾斜的细网筛，进行乳清与凝块的初步分离。在筛的底部用水槽收集乳清，然后用泵吸走。典型的分离筛由150~180μm直径的不锈钢丝网眼组成，分离筛可以调节不同的承受质量或角度，以适应凝乳的脱乳清特性。

5. 洗涤及脱水

在洗涤开始前，为除去尽可能多的乳清，乳清/干酪素混合物经过倾析机，这样可节约洗涤用水。干酪素颗粒与乳清分离后用20~25℃清水洗涤，并用冷水复洗一次，用压榨机或脱水机进行脱水至水分50%~60%。

乳清排出后，将酪蛋白留在槽内进行洗涤。洗涤的目的是清除酪蛋白凝块粒子中残留的乳糖、乳清蛋白、盐类及游离酸。

在洗涤过程中，不仅要洗涤粒子表面，而且要尽可能使粒子内部残留的乳清洗涤出来。洗涤效果取决于凝块粒子的大小及通透性、各种物质在凝块内部和外部洗涤用水的浓度差以及洗涤水的用量、温度和流速。

酶凝干酪素最早是在干酪素缸中批量生产的，现已连续化生产。在连续加工设施中，乳清在干酪素流经2~3个带搅拌器的洗涤缸时排放。通常要用离心机脱除乳清以减少洗涤水的用量，而脱水处理可在倾析机中进行。在离开清洗段后，水/干酪素混合物流经另一个倾析器以排出尽可能多的水分，然后干燥。

常用的洗涤系统有多级逆流系统和逆流塔洗涤系统。在洗涤系统中，凝块下降通过一个上升的水流柱。洗涤水有温度梯度，对于典型的酸凝块的四级洗涤系统，温度梯度为（由第1段到第4段）：55℃、65℃、75℃和25℃。酪蛋白凝块的洗涤过程如图12-5所示。

逆流洗涤比并流洗涤在用水上更经济。并流系统每洗涤一立升脱脂乳需用1L水，而逆流洗涤每升脱脂乳仅需0.3~0.4L水，洗涤段的数目决定于对产品的要求，最少为两段洗涤。净水仅在末端供入。

洗涤水的进口温度和乳凝块的进入温度共同决定着实际的洗涤温度，最终洗涤（清水洗涤）温度要适应于接下来脱水操作所要求的凝块温度。温度太高将使凝乳发黏并导致在滚筒挤压下成为片状或在筛网式离心机中塑化，温度低则会产生水状凝块。

在最初的3次洗涤中，洗涤水的温度逐渐递增，增加洗涤水的温度引起凝块脱水收缩，这样，使凝块在每阶段更有效地脱水，同时使凝块更坚硬并得到更好地洗涤，有利于下一步的机械脱水，使最终产品更易被磨碎。

在头两次洗涤中，温度保持相对较低从而减轻乳清蛋白的变性，第三次洗涤采用高温（75℃），同时起到巴氏杀菌的作用。

洗涤结束当水排放后，酪蛋白进一步在过滤器或分离机中脱水，使凝块的水分尽可能

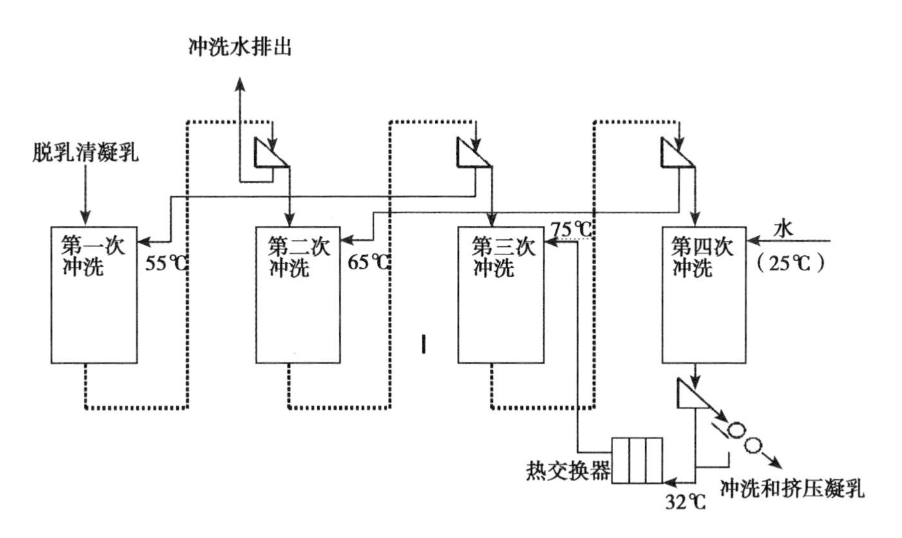

图 12－5　酪蛋白凝块洗涤过程示意图

达到最低，一般脱水至干固物含量达 40% ~45%。

脱水装置有滚筒压榨机、螺旋压榨机及筛网－转筒式离心机等。如图 12－6、图 12－7 及图 12－8 所示。

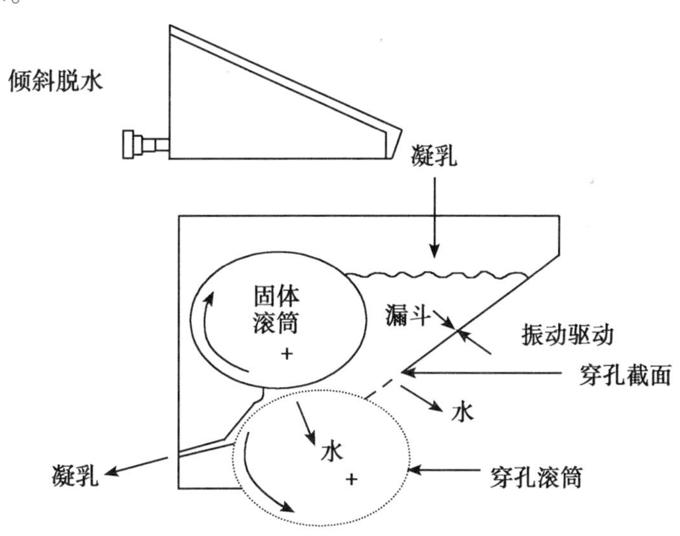

图 12－6　滚筒压榨机

【举例】法国 Pillet 开发的酸法干酪素的生产工艺

脱脂乳经预热到 32℃后，酸化并注入凝固装置中，如图 12－9 所示。经直接蒸汽注射加热至约 45℃后，凝固完成。在倾析机中脱乳清后，在一或二个特殊设计的洗涤塔中逆流洗涤，如图 12－10 所示。

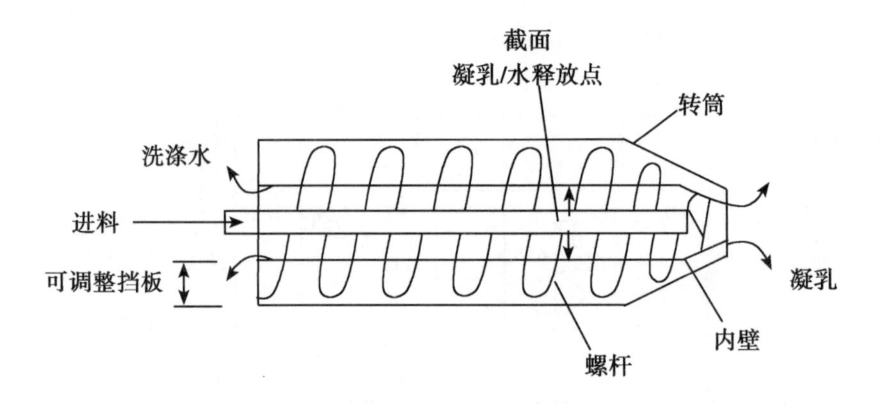

图 12－7　螺旋压榨机

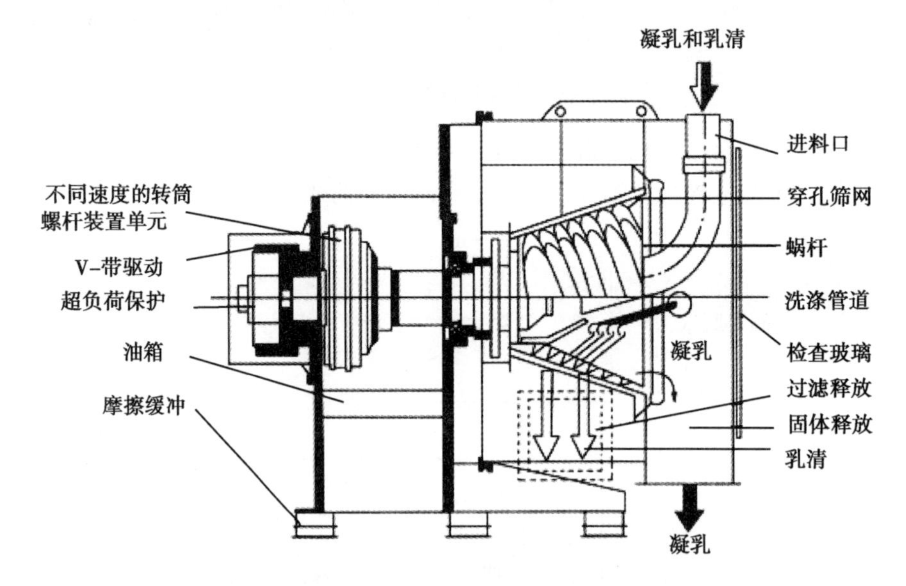

图 12－8　筛网－转筒式离心机

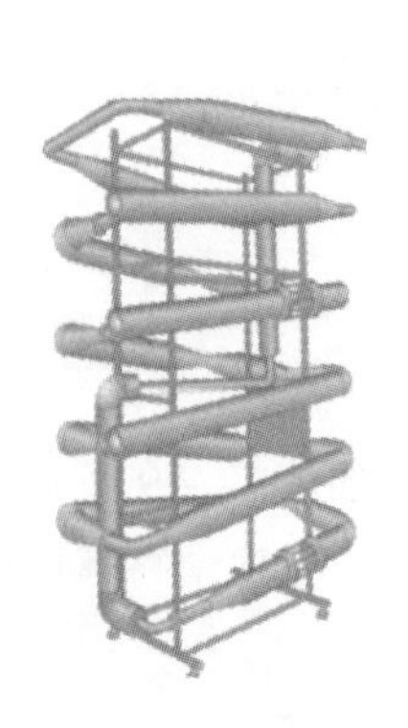

图 12－9　用于酸和酶法干酪素生产的连续凝固，蒸煮和脱水装置

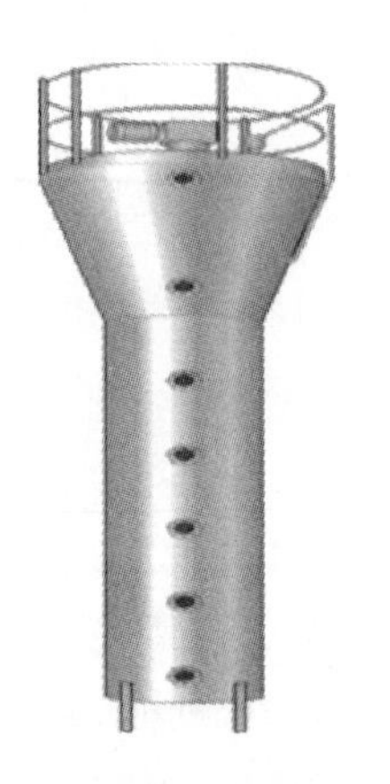

图 12－10　用于乳酸以及酶法干酪素的凝块洗涤塔

6. 干燥、调整和粉碎

脱水后的酪蛋白凝块在干燥前将其粉碎或切割成10～20目的较小凝块，然后进入干燥机进行干燥，直至水分含量≤12%，并最终磨成大小为40，60或80目的颗粒，然后装袋。

干燥温度决定于所采用的方法，干燥方法有流化床振动干燥、环形风力干燥和摩擦干燥等。在沸腾床式干燥机中，干燥温度55～80℃，时间<6h；两段干燥加工中，第一段干燥温度为50～55℃，第二段约65℃。

流化床振动干燥中，酪蛋白粒子通过一个震动的带孔的不锈钢传送带，热空气在压力作用下通过传送带的孔，凝块在传送带呈部分流动状态，从而达到干燥的目的。

目前，广泛使用的是环形风力干燥机，其主要部分是由一个大的环形不锈钢管组成，经加热的高速空气和湿的细微酪蛋白粒子连续循环，从而达到干燥的目的。环形风力干燥机混合了气力输送与内嵌式研磨（粉碎机）的干燥作业。颗粒的大小分级是在分级器里进行的，例如，大颗粒再循环，而小的颗粒则被固定式分级器移除。

摩擦干燥是将粉碎和干燥原理结合在一起的干燥技术，摩擦干燥的酪蛋白产品与喷雾干燥的产品非常接近。摩擦干燥机由一个高速旋转的多室（腔）转子和一个锯齿状的固定片组成。在干燥过程中，通过产生的湍流、漩涡及气穴作用将酪蛋白凝块粉碎成非常细小的颗粒，这些颗粒同时被通过干燥器的热空气流干燥。

得到的酪蛋白产品的平均直径约100 μm，同时由于产品呈不规则形状及快速蒸发过程中产生的许多空穴，因此，其在水中的可湿性和分散性都较好。

从干燥机出料的酪蛋白相对温度较高，且每一个粒子水分含量变化较大，因此，要进行调整，即干燥的酪蛋白在一系列料仓间通过气流循环进行混合，最终使产品降温，且具有均一的水分含量。通常，酪蛋白离开干燥机时较热（约35℃），需要冷却，方法是用一个冷空气梯，酪蛋白垂直从10m或15m的气流中输送，然后从输送空气旋风中分离。这个过程由新鲜的冷输送空气重复一至两遍，能非常有效地降低酪蛋白温度。

调整后，通过滚筒磨或者钉式圆盘磨粉碎后过筛，较大的颗粒进一步磨碎。粉碎后要进一步筛分，一般通过气力输送把酪蛋白从粉碎机转运到一个多级筛上。酪蛋白标准尺寸为30目、60目和80目，多级筛自顶部到底部分别为30目、60目和80目的顺序排列。颗粒大于30目的物料一般需要返回再次研磨。

筛的类型包括罗宾逊筛（Robinson Minisifter）、奥吉尔筛（Allgaier Sifter）和栓式旋转筛。如图12－11、图12－12所示。

通常操作条件下，从一个流化床干燥机出来的、由滚筒式粉碎机碾磨、袖珍筛筛分的酪蛋白会生产出：75%～80%的30目酪蛋白（600～250μm）；5%～10%的60目酪蛋白（300～180μm）；10%～15%的80目酪蛋白（<250μm）。筛由一个装在筛下面的离心驱动器驱动，以250r/min的速度在一个水平面上50mm的圆圈内转动。

7. 混合、包装

为了使一批干酪素均一，必须将不同批次生产的酪蛋白混合。

干酪素成品为白色或淡黄色粉状或颗粒状，过暗的颜色是质量不良的表现或可能由于乳糖含量过高所致。理化指标：水分含量<12%，灰分2.5%～4%，脂肪<1.5%，酸度<80°T。

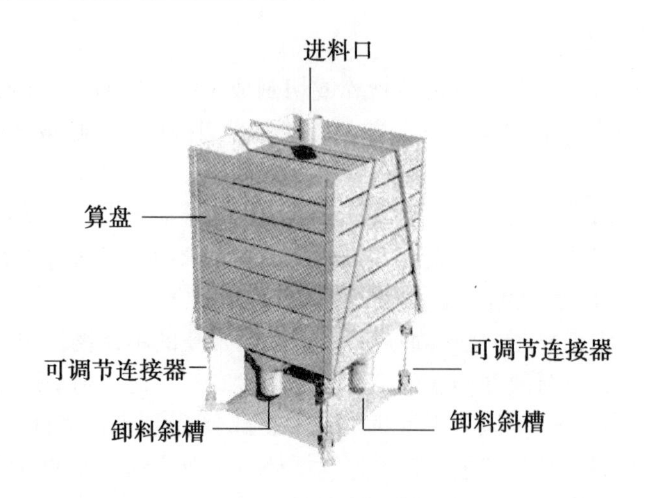

图 12－11 罗宾逊筛

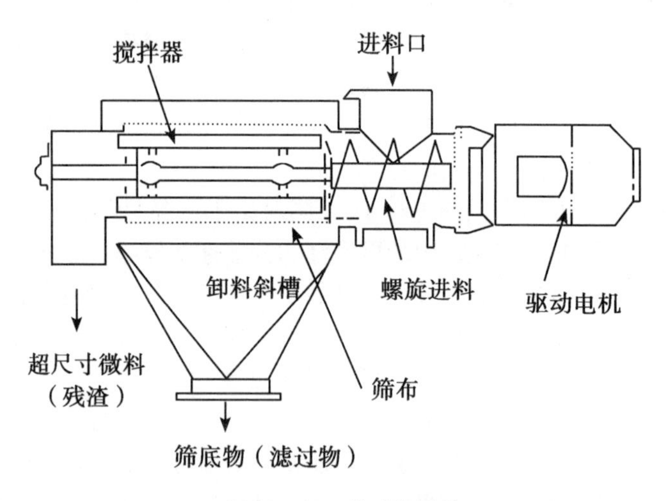

图 12－12 栓式旋转筛

酪蛋白包装于 25kg 的多层纸袋中，衬上聚乙烯内衬。包装好的酪蛋白贮存于干燥、通风、无虫害、温度＜20℃、RH＜70% 的仓库中。

在制造干酪素时，干酪素的成品率为原料乳的 3%。

第三节 酪蛋白酸盐

酸性酪蛋白不溶于水，但在一定条件下可溶于碱性溶液，形成水溶性酪蛋白酸盐（Caseinate），酪蛋白酸盐可定义为酪蛋白与轻金属如单价钠（Na^+）或双价钙（Ca^{2+}）的化学合成物。

酪蛋白酸盐可从鲜制沉淀的（湿的）酸法干酪素凝块中制取，也可从干酸干酪素通过与不同程度稀释的碱液反应来制取，如图 12－13 所示。

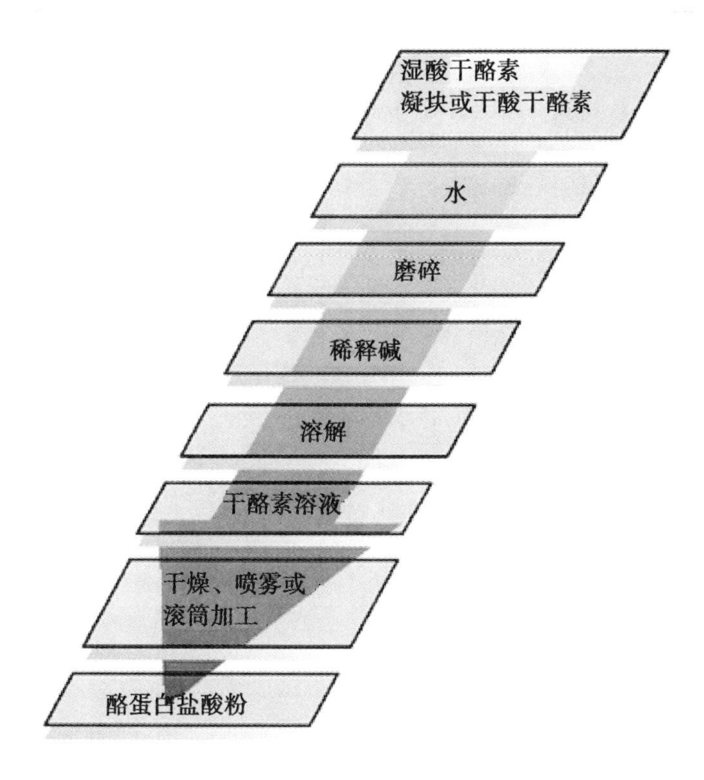

图 12-13 从酸法干酪素凝块或干酸干酪素到喷雾或滚筒干燥酪蛋白酸盐的基本步骤

一、酪蛋白酸钠

酪蛋白酸钠是最常见的酪蛋白盐产品，而酪蛋白酸钾更适于营养的要求，并且风味较好。与干酪素不同，酪蛋白酸钠溶于水，且只要加工过程 pH 值<7，产品就无异味。

干酪素最后洗涤完成后，凝块脱水至含 45% 干固物，切碎后与 40℃ 以下的水混合，调整干物质含量到 25% ~30%，形成胶泥，胶泥收集到夹层缸中，注意：温度应<45℃，因为凝块在高温下会再次絮集。

溶解时间直接与颗粒的尺寸相关，并且加入 NaOH 之前颗粒尺寸的减小比加入 NaOH 之后颗粒尺寸的减少溶解速度快，最终在加碱液之前，凝块要经过胶体磨处理。

如图 12-14 所示，将酸性酪蛋白凝块切碎后用胶体磨磨成酪蛋白浆（<45℃），溶于碱液［NaOH、KOH、NH_4OH，Ca $(OH)_2$、Mg $(OH)_2$］，如加入 2.5mol/L 或 10% NaOH 溶液，NaOH 的加入量一般为干酪素固体重量的 1.7% ~2.2%，添加稀释碱液时，必须小心控制，以达到最终 pH 值为6.6 ~6.8。其他碱液如碳酸氢钠或磷酸钠也可使用，但其用量和费用都比 NaOH 高，因此，它们只在特定要求下使用，如生产柠檬酸酪蛋白酸盐。

混合物转移到溶解罐中，一旦把碱液加入胶泥，就是要立即把温度升高到 60 ~75℃，以降低黏度，同时强力搅拌；酪蛋白浆进行循环溶解或泵入第二个溶解罐中进行最终溶解，加热至 75℃；这一过程中要经常测定 pH 值，并在需要时补加 NaOH 溶液。

批量生产酪蛋白酸钠所需的溶解时间一般为 30 ~60min。

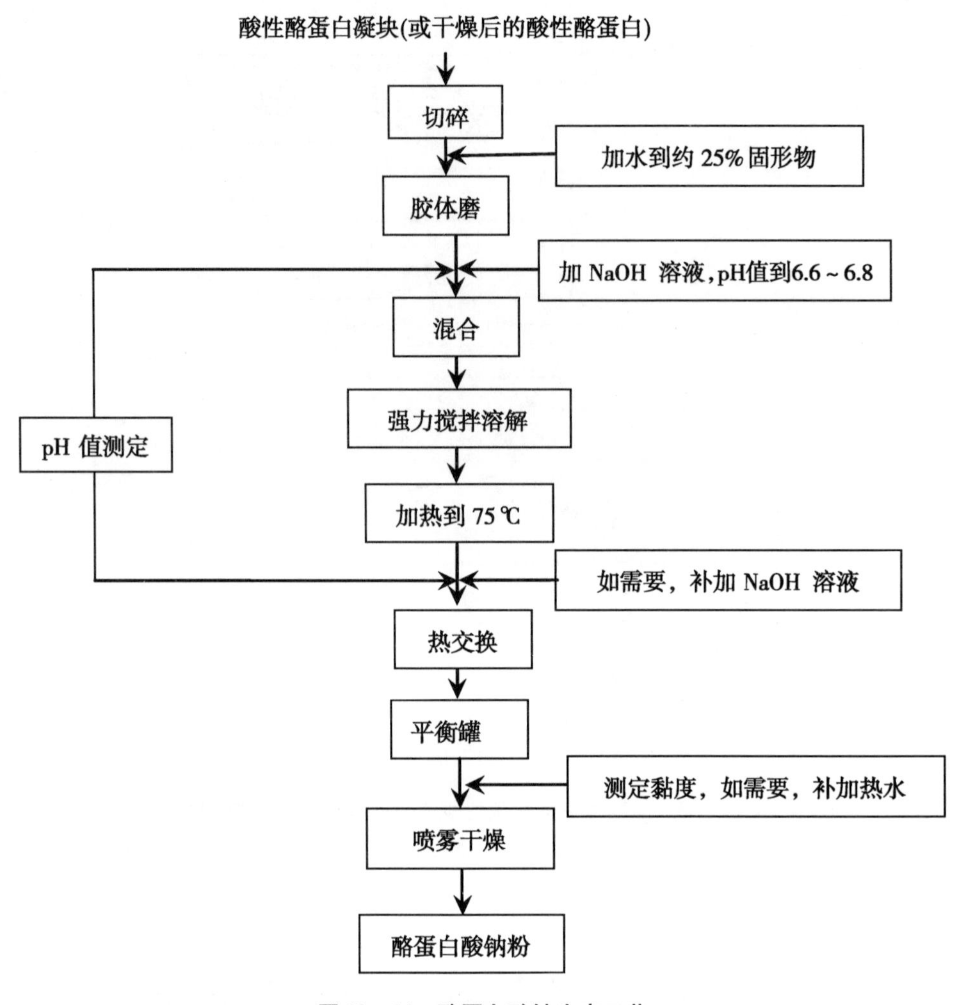

图 12－14　酪蛋白酸钠生产工艺

酪蛋白酸钠通过热交换器加热至95℃泵入平衡罐，测定 pH 值、黏度，适时补加 NaOH 溶液或热水。

喷雾干燥：酪蛋白酸钠溶液的黏度非常大，因此，如果使用喷雾干燥法干燥，其干固物含量就限定在20%左右。酪蛋白酸钠溶液在供入喷雾干燥器时的黏度必须保持稳定，方法是在刚要进行喷雾干燥前把溶液预热至90～95℃，以使黏度达到最小。

在酪蛋白酸钠盐的生产中要注意两点：①酪蛋白酸钠盐溶液在高温下保持时间尽可能短，以防褐变；②在溶解过程中，酪蛋白在高 pH 值下时间尽可能短，以防产生赖氨丙氨酸及风味变化。

用 Na_2CO_3 溶解酪蛋白凝块（水分 <40%），采用环形风力、流化床或摩擦干燥生产粒状酪蛋白酸钠，与喷雾干燥和滚筒干燥的产品相比，具有较大的容积密度和良好的分散性。

二、其他酪蛋白酸盐

其他酪蛋白酸盐生产简要与产品名称如表 12－3 所示。

表 12-3　其他酪蛋白酸盐

酸性酪蛋白块或干燥后的酸性酪蛋白水分/%	所用的碱	干燥方法	产品
55~65	Na_2CO_3、$NaHCO_3$	滚筒干燥	滚筒干燥酪蛋白酸钠
<40	Na_2CO_3	环形风力干燥	粒状酪蛋白酸钠
55	Na_2CO_3	摩擦干燥	摩擦干燥酪蛋白酸钠
10~30	Na_2CO_3、$NaHCO_3$	挤压干燥	挤压式酪蛋白酸钠
75	NH_4OH、KOH	喷雾干燥	酪蛋白酸铵、酪蛋白酸钾
12	NH_3	流化床干燥	粒状酪蛋白酸铵
75	柠檬酸酸钠（钾）	喷雾干燥	柠檬酸化酪蛋白酸钠（钾）
75	$Ca(OH)_2$	喷雾干燥	酪蛋白酸钙

【举例】酪蛋白酸钙的生产

酪蛋白酸钙的制备过程与生产酪蛋白酸钠类似，但有两个主要区别：一是酪蛋白酸钙溶液受热易于失去稳定性，尤其 pH 值 <6 时；二是在溶解过程中发现，酸法干酪素凝块与氢氧化钙间的反应速率远远低于与 NaOH 的反应速率。因此，干酪素可首先完全溶于氨液中，接着加入氢氧化钙蔗糖液，随后酪蛋白酸钙溶液经滚筒干燥，在此加工段，蒸发掉绝大部分氨液。

酪蛋白酸钙的生产过程包括：①将软的酪蛋白凝块通过混合器形成均一的颗粒；②与水混合使干物质含量达 25%；③通过胶体磨，使浆的温度为 35~40℃；④酪蛋白浆与 10% $Ca(OH)_2$ 混合达最终 pH 值；⑤在低温下循环搅拌；⑥在管式热交换器中将分散液加热到 70℃，然后进行喷雾干燥。

某些文献中涉及过酪蛋白酸镁的制备；酪蛋白与铝的合成物也有制备，其用于医药行业或用作肉品生产中的乳化剂；使用离子交换法生产的酪蛋白重金属盐产品如银、汞、铁、铋、铜酪蛋白酸盐等，可用于婴儿食品、保健食品和医疗目的。

三、单一酪蛋白组分产品

酪蛋白完全分离是不容易的，但有许多方法可制备富含 α_s-、K-CN 或 β-CN 的制品。如图 12-15 所示。

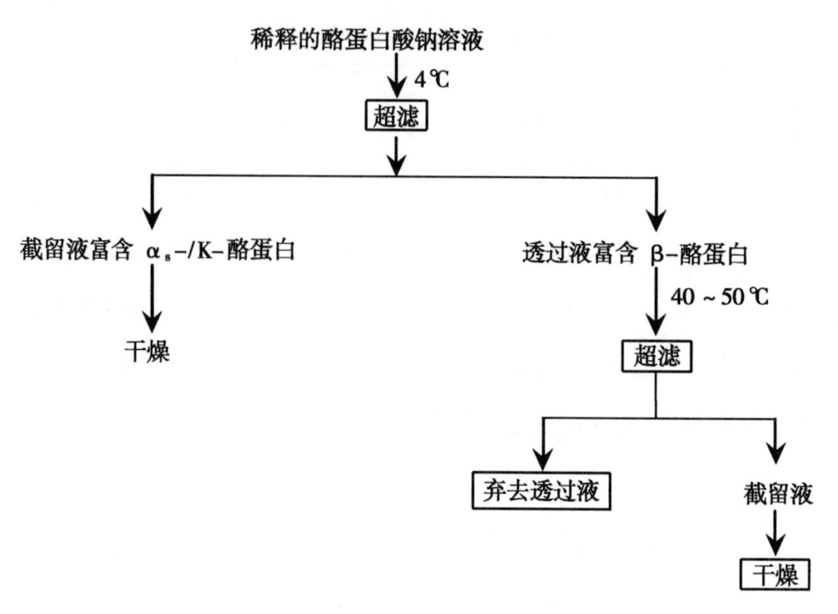

图 12－15　单一酪蛋白组分产品

第四节　乳清蛋白产品

一、概述

乳清是相对便宜的原料，它是干酪生产或干酪素生产的液态副产品，数量较大。1990年，全球的乳清产量约 12 亿吨，其中，含有约 70 万吨的蛋白质，这相当于 200 万吨大豆的蛋白质含量。

制备干酪和凝乳酶干酪素获得的乳清的 pH 值为 5.6～6.6，称为甜乳清；酸法制备酪蛋白剩余的酸性乳清（Acid Whey）的 pH 值为 4.3～5.1，称为酸乳清。

乳清总固体占原料乳总干物质的 50%，有可溶性蛋白、乳糖、维生素和矿物质，其中，乳清蛋白约占乳清干物质的 10%，因此，乳清粉中的乳清蛋白含量不高。另外，由于乳清中约一半的蛋白是 β-乳球蛋白，所以，它的性质决定着乳清蛋白浓缩物的性质。

如果采用乳酸菌发酵，由于乳糖的消耗，乳清中乳糖降低。与甜乳清相比，酸性乳清的矿物质含量高，各种甜乳清和酸性乳清的平均组成见表 12－4。

乳清常用水稀释，表 12－4 所示的为未稀释的乳清数据，其 NPN（非蛋白氮）组成中约 30% 是尿素，其余为氨基酸和肽类（如凝乳酶作用于酪蛋白后，可产生糖巨肽）。

乳清产品包括：乳清粉、脱盐乳清粉、乳糖、乳清蛋白浓缩物、乳清蛋白分离物等。

表 12－4　各种甜乳清和酸性乳清的平均组成　单位：g/L

成　分	甜乳清		酸乳清	
	凝乳酶酪蛋白	契达干酪	乳酸发酵酪蛋白	无机酸酪蛋白
总固形物	66.0	67.0	64.0	63.0

续表

成　分	甜乳清		酸乳清	
总蛋白（N×6.38）	6.6	6.5	6.2	6.1
非蛋白氮（NPN）	0.37	0.27	0.40	0.30
乳糖	52.0	52.0	44.0	47.0
脂肪	0.20	0.20	0.30	0.30
矿物质（灰分）	5.0	5.2	7.5	7.9
钙	0.50	0.40	1.6	1.4
磷	1.0	0.50	2.0	2.0
钠	0.53	0.50	0.51	0.50
钾	1.6			
乳酸盐	—	2.0	6.4	—
pH 值	6.4	5.9	4.6	4.7

乳清在沉淀之前可进行预浓缩和/或脱盐。沉淀的乳清蛋白可通过静置、真空过滤、离心等回收，经洗涤除去矿物质和乳糖后，进行干燥。喷雾干燥后的乳清蛋白浓缩物的溶解度较高，不溶的蛋白部分是由于热变性造成的，取决于加热过程中的 pH 值和 Ca^{2+} 活性。

根据沉淀的 pH 值和洗涤的程度，乳清中沉淀的蛋白质中乳白蛋白可达 80%，产品蛋白含量可达 90%。图 12－16 汇总了乳清处理的各种工艺及其最终产品。无论乳清后续怎样处理，第一阶段都是将乳清从乳脂肪和酪蛋白碎块中分离出来。

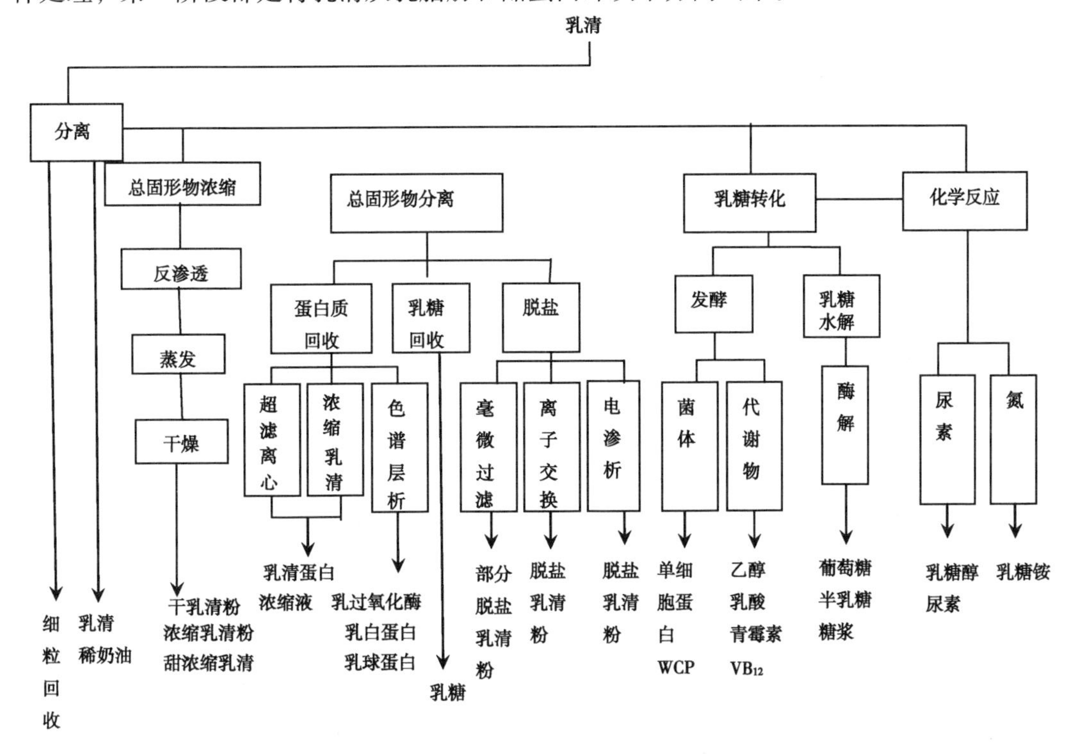

图 12－16　乳清加工产品的流程

二、乳清粉和乳清蛋白粉标准 GB 11674—2010

本标准代替 GB 11674—2005《乳清粉卫生标准》。

本标准与 GB 11674—2005 相比，主要变化如下：标准名称改为《乳清粉和乳清蛋白粉》；修改了"范围"的描述；明确了"术语和定义"；"理化指标"中的产品类别改为脱盐乳清粉、非脱盐乳清粉、乳清蛋白粉；增加了乳糖指标；删除了脂肪指标；删除了酸度（以乳酸计）指标；删除了铁（Fe）指标；"污染物限量"直接引用 GB 2762 的规定；"真菌毒素限量"直接引用 GB 2761 的规定；删除"兽药残留"指标；修改了"微生物指标"的表示方法；增加了对营养强化剂的要求。

乳清粉和乳清蛋白粉的理化指标和微生物限量见表 12－5 和表 12－6。

表 12－5　理化指标

项目		指标		
		脱盐乳清粉	非脱盐乳清粉	乳清蛋白粉
蛋白质/（g/100g）	≥	10.0	7.0	25.0
灰分/（g/100g）	≤	3.0	15.0	9.0
乳糖/（g/100g）	≥	61.0	—	
水分/（g/100g）	≤	5.0	6.0	

表 12－6　微生物限量

项目	采样方案及限量（若非指定，均以 CFU/g 表示）			
	n	*c*	*m*	*M*
金黄色葡萄球菌	5	2	10	100
沙门氏菌	5	0	0/25g	—

三、乳清蛋白的生产工艺

乳清蛋白的生产工艺如图 12－17 所示。

乳清蛋白产品的生产包括以下方法。

1. *超滤*

超滤可使蛋白质得到分离的同时被浓缩，然后经稀释过滤（Diafiltration）可得到较纯的蛋白，再经喷雾干燥，即得乳清蛋白浓缩物。

超滤分离的乳清蛋白几乎不含非蛋白氮，而乳糖结晶化之后获得的脱盐乳清中约 20%～30%的氮为非蛋白氮。

2. *凝胶过滤*

此法有缺陷，不能使产品得到浓缩，费用高，因此，很少应用。

3. *离子交换法*

此法生产的乳清蛋白分离物包括 β-乳球蛋白和 α-乳白蛋白，其产品称为乳清蛋白分

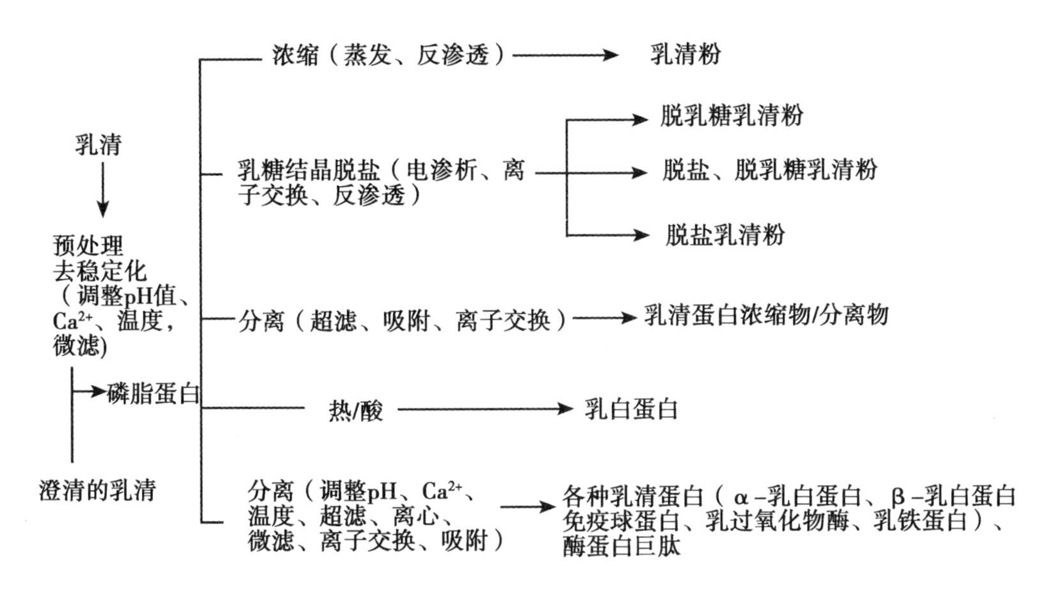

图 12-17　从乳清中工业化分离乳清蛋白流程

离物，尤其结合超滤浓缩可除去溶解的成分，获得高纯度产品。

另外，多数情况下浓缩物的脱盐采用电渗析法，因脱盐的最后部分耗能较多，可用离子交换法代替。

4. *沉淀法*

多数乳清蛋白在低 pH 值下可用羧甲基纤维素或用六偏磷酸盐沉淀。

这时蛋白部分带正电荷，而沉淀剂带负电荷，因此，这两种化合物结合形成的乳清蛋白复合物（包括沉淀剂），在 pH 值 <5 时溶解性差。在中性 pH 值时，用铁离子加多聚磷酸盐也可形成复合物，但这种产品的溶解性也差，灰分含量高。

（一）乳清粉的生产

乳清粉属于全乳清产品，将乳清经蒸发或采用反渗透与蒸发结合的方式进行浓缩，然后喷雾干燥制得。

乳清粉中蛋白质含量 <15%。根据来源，乳清粉有甜乳清粉和酸乳清粉两种；根据脱盐与否分为含盐乳清粉和脱盐乳清粉；根据脱盐程度有分为 50%、70%、90% 乳清粉等，数字代表乳清粉的脱盐率。

1. *普通乳清粉的工艺*

乳清的预处理→杀菌→浓缩→乳糖的预结晶→喷雾干燥→冷却→筛粉→包装

2. *工艺要点*

乳清收集后必须马上加工，否则应迅速冷至 5℃，以阻止细菌的生长。也可通过添加亚硫酸钠（以 SO_2 计为 0.4%）或添加 0.2% 浓度为 30% 的双氧水溶液来保存，但要符合法规要求。

（1）酪蛋白微粒的回收和脂肪分离　乳清中含有酪蛋白微粒，因为它对脂肪分离有不利的影响，所以，应首先除去，得到的酪蛋白颗粒通常与干酪一样进行压榨，随后可用于生产再制干酪。

脂肪在分离器中得到回收，乳清稀奶油的含脂率通常为 25% ~30%。

（2）冷却和巴氏杀菌　需贮存一段时间才加工的乳清，在脱脂处理后，必须冷却或巴氏消毒。如果短时间贮存（如 10 ~ 15h），只需冷却；较长时间贮存，则需进行巴氏杀菌(85℃/15s)。

（3）浓缩　真空蒸发或反渗透浓缩至干物质浓度 60% 左右。

浓缩乳清中乳糖处于过饱和状态，在一定温度及浓度条件下，在乳清离开蒸发器之前，有时会出现乳糖结晶。当浓度 >65% 时，浓缩乳清液会因过分黏稠而无法流动。

（4）乳糖的预结晶　浓缩后，如果立即喷雾干燥，乳清粉中乳糖含量高，乳清粉会有很强的吸湿性；为制得无结块乳清粉，浓缩乳清可通过冷却结晶获得较细的乳糖结晶，并使乳糖以结晶状态析出。

首先将从蒸发器排出的温度约 40℃ 的浓乳清迅速冷至 28 ~ 30℃，再送到三层夹套罐，然后继续冷至 15 ~ 20℃，之后泵入结晶缸进行乳糖的预结晶。

结晶温度约 20℃，保温 3 ~ 8h，搅拌速度 10r/min（为了获得尽可能小的乳糖结晶，要不停的搅拌，这样的乳糖结晶干燥后不会吸湿）。

当浓缩乳清中含有 85% 的乳糖结晶时，停止结晶。如图 12 - 18 所示。

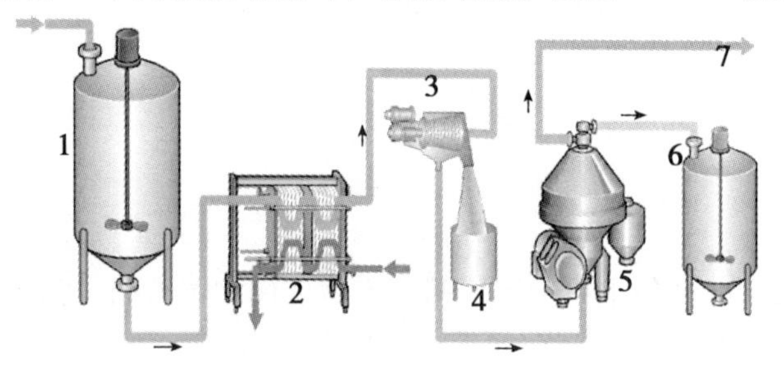

图 12 - 18　自乳清中回收干酪颗粒与乳脂

1. 乳清收集缸　2. 板式换热器　3. 旋转式过滤器　4. 颗粒收集罐　5. 乳清的稀奶油分离　6. 乳清稀奶油缸；7 乳清去进一步加工

结晶的乳糖通过倾析离心从母液中分离出来，进一步洗涤、干燥制成乳糖。

（5）喷雾干燥　与奶粉生产基本相同，但最好选用离心雾化喷雾器。

酸乳清（即从农家干酪和酸法干酪素得到的酸乳清）干燥有困难，因其乳酸含量较高，不容易干燥，在喷雾干燥器内易结成团和形成块状。采用中和作用和使用添加剂，如脱脂乳和谷类制品，可使酸乳清容易干燥，但现在此类乳清已不再生产。

3. 脱盐乳清粉的生产

与普通乳清粉的工艺基本相同，只是乳清需经脱盐处理。由于乳清含盐量相当高，约占干物质的 8% ~12%。通过乳清的脱盐处理，可部分脱盐（脱去 25% ~30%）或几乎全部脱盐（脱去 90% ~95%）。

部分脱盐后的浓缩乳清可用于生产冰淇淋、焙烤制品，甚至夸克（一种粗制脱脂酸乳干酪），大部分脱盐后的浓缩乳清或乳清粉，应用于婴幼儿食品配方等领域中。

（1）脱盐的原理　脱盐包括脱去无机盐和一部分有机盐离子，例如，乳酸盐和柠檬酸盐。

部分脱盐主要是利用“正交膜”技术，该技术最大特点是能选择使纳米（10^{-9}m）级的粒子通过，这种过滤称为毫微过滤（NF）。大部分脱盐是用以下两种工艺：电渗析或离子交换。

(2) NF部分脱盐　通过采用一种特殊的“渗漏”反渗透膜，例如，一些小粒子某些单价离子如 Na^+、K^+、Cl^- 等和一些小的有机粒子如尿素、乳酸等，可和水一起被渗出，通常这种膜工艺有如下名称：超渗透、反渗透（RO）和纳米过滤（NF）。

上述膜需很高的紧密度，新的设备中更多见的是一种“螺旋缠绕膜”，关于这类膜的详细介绍，参见第四章“乳制品的单元操作”。

常见甜乳清用NF处理后的成分见表12-7所示。

表12-7　常见甜乳清超微滤处理后的成分

处理条件		项目	降低量/%
最终干物质	22%	K^+	31
浓缩次数	4X	Na^+	33
温度	21℃	Cl^-	67
压力	2.5MPa	Ca^{2+}	3
		Mg^{2+}	4
		磷酸盐	6
		柠檬酸盐	0
		乳酸盐	<3
		矿物质	25
		总干物质	3
		非蛋白氮	27
		乳糖	<0.03

如表12-7所示，甜乳清中 Cl^- 含量的降低高达70%，Na^+ 和 K^+ 的降低量为30%~35%，造成差异的原因在于离子的消除，需在正、负离子之间维持一种电平衡。乳清NF工艺的关键是必须保持乳糖透过量达到最小（<0.1%），用以避免因废水（滤出水）的高生物耗氧量而带来的麻烦。

乳清加工中对NF设备的要求应从以下方面考虑：能廉价除去一般甜乳清的盐味，能够降低甜乳清粉中的“咸味感”，也可用于加盐乳清的脱盐；能为乳清彻底脱盐处理的电渗析和离子交换作好预备工作。

去除HCl和乳酸，要注意其过滤速率比乳酸盐离子低，但比游离的乳酸分子要高。

(3) 高度脱盐-电渗析　电渗析可定义为在直流电（DC）所提供的电位差作用下，离子穿过非选择性渗透膜，该膜具有阴、阳离子的交换功能，电渗析可被用于降低液体中含盐量的工艺中，例如用于海水或乳清的脱盐。

图12-19为一电渗析设备的流程图，它包括大量的由阴、阳离子交换膜所分隔成的隔段，其空间约为1mm，尾端连有电极对，每对电极板间有约200个间室。在末端的两个电极板分别设有漂洗流道，在流道中用酸化液循环，用来防止电极的化学侵蚀。

在处理乳清时，乳清和酸化的盐水交替流过间室，其结构与板式换热器或板式超滤设备相似。

①操作原理：电渗析板中的交替池分别起到了浓缩和稀释的作用。乳清流经稀释池，

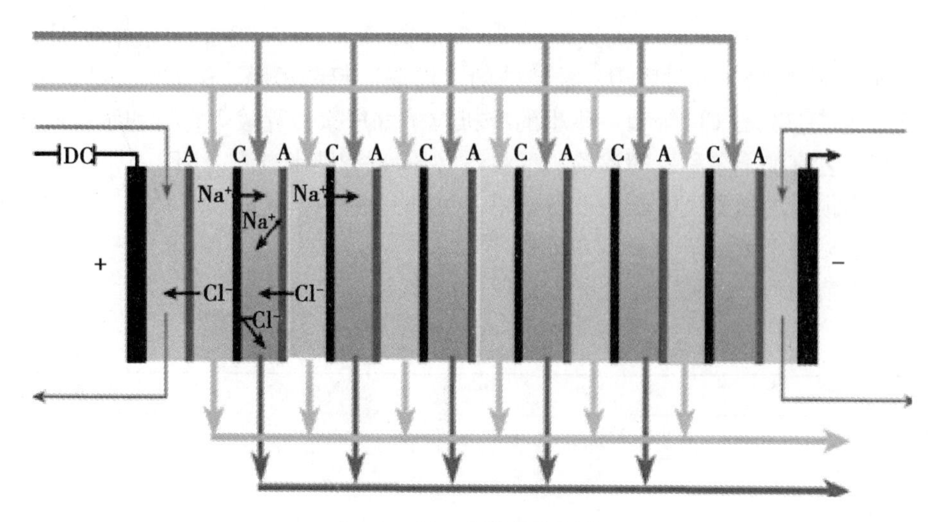

图 12-19 电渗析的隔段

A 阳离子 C 阴离子 DC 直流电

而 5% 的盐水溶液流往浓缩池。

当直流电通过液池，如图 12-20 所示，阳离子向负极迁移，阴离子向正极迁移。但这种迁移并非是完全自由的，因为膜板对相同电性的离子是一个屏障，阳离子可以通过正极膜板，但不能通过负极膜板。同样阴离子可以通过负极膜板，但不能通过正极膜板，其结果是乳清池中的离子流失。乳清因此被脱盐，而脱盐的程度取决于乳清的盐分含量、在电渗器中的停留时间、电流和流体黏度。

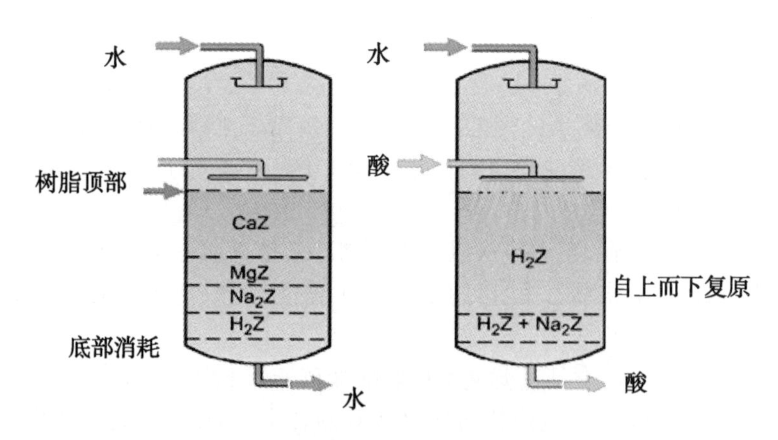

图 12-20 阳离子交换树脂在酸复原前后的对比

电渗析设备有连续运转或间歇运转两种，间歇系统常用于脱盐率为 70% 或更高，它由一个膜堆组成，加工液（如乳清）在其中循环直至达到一定含盐量水平，这可用加工液的导电率测定出来。间歇式系统的工作时间，对于在 30 ~ 40℃ 下脱盐 90% 的要持续 5 ~ 6h。就电能消耗而言，将乳清浓缩至 20% ~ 30% 干物质比较合理，乳清浓缩物在进入电渗器前应预先净化。

较高的加工温度意味着制品中有细菌生长的危险，在允许的条件下，乳清中常加入细菌抑制剂如 H_2O_2。

在连续化设备中，有并列的 5 个膜堆，加工时间可降低到 10 ~ 40min，这种设备的最大脱盐率通常是60%～70%。考虑到生产能力，连续式加工设备中安装的膜的总面积要远大于间歇式的。

②供电及自动化：电渗器使用的是直流电，应配备电流0～185A，电压0～400V范围的控制器。加工用水和产品的流量、温度、导电率、pH值、产品进出口压力、膜堆与流体间的压力差和每一膜堆的电压，在加工过程中都要进行监控。

③电渗析中的限制因素：限制电渗析广泛使用的主要因素是膜、垫片和电极板的更换费用，这一费用占设备运行成本的35%～40%，更换是不可避免的，因为在膜上会形成沉淀，包括阳离子交换膜上 $Ca(PO_4)_2$ 的沉淀和阴离子交换膜上蛋白质的沉淀。

$Ca(PO_4)_2$ 的沉淀可通过选择适当流量和恰当的酸洗来解决。蛋白质沉淀是缩短阴离子膜使用寿命的主要因素，其原因是在电场作用下，pH值正常的乳清蛋白可被看成是超大的阴离子，并因这些阴离子太大，在膜堆中运动时，它们不能穿过阴离子交换膜，从而在乳清池中的阴离子交换膜表面形成很薄的蛋白质沉淀层。一些技术，如极性反转可从膜表面上除去这些沉淀物。

尽管频繁使用高pH值液清洗可除去大部分沉淀，但仍要求每隔2～4周拆开膜板，用手工清洗。

电渗析的生产费用很大程度上取决于脱盐率，脱盐率依次为50%、75%、90%时，能耗依次成倍增加，即脱盐率90%与50%相比，前者的费用是后者的4倍，其原因是当脱盐率提高时，设备产出率降低了。

脱盐加工的费用还包括水处理、电能、化学药品和蒸汽。废水处理是一个特别重要的问题，在整个工艺中，当脱盐率为90%时，会有7%～10%的乳糖漏过膜，乳清中除去的磷酸盐也包含在废水中。电能费用约为生产总费用的10%～15%，工艺中使用的化学药剂（主要是HCl）约为总费用的5%，用于预热产品的蒸汽费用及冷却水的费用约为10%～15%。

电渗析产品的最佳脱盐率应 $<70\%$，在此脱盐率下与离子交换器相比极具竞争力。

（4）离子交换　与电渗析相比，离子交换是一种从溶液中连续除去高电物质的电化学方法，该法使用树脂从溶液中吸附盐类，进行离子交换。树脂的吸附能力有限，当它们充分饱和时，被吸附的盐类应被去除，树脂得以再次使用。

离子交换树脂是一种高分子多孔的塑料材料，直径0.3～1.2mm，呈圆柱形。在化学上，它们作为不溶性的酸或碱，当转化为盐时，仍能保持不溶。离子交换树脂的主要特性，就是其自身带有电量，且可与被处理溶液中带相同电荷的自由离子进行交换。这一反应的一个实例可用除去NaCl的过程表示，其中，R为结合在不溶树脂上的交换能团：

阴离子交换 $R\text{-}H + Na^+ = R\text{-}Na + H^+$，树脂处于带 H^+ 状态

阳离子交换 $R\text{-}OH + Cl^- = R\text{-}Cl + OH^-$，树脂处于带 OH^- 状态

以上是配平的反应方程式，因为反应方向决定于溶液中和固相树脂中的离子浓度，反应平衡常数反映了反应特征。当碱性离子交换树脂用酸如4%的HCl溶液处理过，那么反应方向就会反过来。酸液中高浓的 H^+ 能使上述反应的平衡向左移动。

反应常数取决于离子种类，这样就形成了离子交换加工的选择性。多价离子常比单价离子具有更高的选择性，等价离子的选择性因其离子而异，离子大的其选择性也较高。乳品加工中常涉及的阳离子，其选择按照 $Ca^{2+} > Mg^{2+} > K^+ > Na^+$ 的顺序递减；阴离子的选择性也同样按照柠檬酸根 $> HPO_4^{2-} > NO_3^- > Cl^-$ 而递减。

在实践中，离子交换器在处理一个含不同离子种类的液体后，同一根离子交换柱的不同部位离子浓度不同，图 12－20 表示为普通水在一个含 H^+ 的阳离子交换器中树脂柱的变化情况，图 12－20 中还表明了该交换器经酸复原的情形。可见在树脂柱上存留最多的是 Na^+，这一点在上述选择性顺序中可得到解释。

如图 12－20 所示，离子交换器分离的离子种类，第一是 Na^+，随后是 Mg^{2+} 和 Ca^{2+}。当离子交换器完全复原时，会发生离子的析漏，随后 Na^+ 即被洗掉并被 H^+ 交换，离子交换器的下半部分情况决定了加工液中离子的渗漏。

①离子交换树脂的特性：常见的离子交换树脂材料有聚苯乙烯和聚丙烯酸酯，其功能基团以化学方法键联在多孔结构上。典型的基团如下：硫酸基团-$SO_3^-H^+$（强酸阳离子交换），羧基-COO^-H^+（弱酸阳离子交换），季铵基团 N^+OH^-（强碱阴离子交换），三代铵基 NH^+OH^-（弱碱阴离子交换）。

强酸和强碱的离子交换器可分离范围十分广泛，pH 值在 0～14，而弱酸和弱碱的离子交换器具有严格的 pH 值界限。弱酸阳离子交换器通常不能用于 pH 值在 0～7 的范围，因为羧基主要是以游离酸的形式存在，这是由解离常数决定的（通常以 Pka = －10 对数的形式表示该解离常数），如果 pH 值高于羧基的 Pka，则以盐的形式存在，并最终在离子交换反应中沉淀下来。而弱碱阴离子交换树脂则只在 pH 值为 0～7 的低 pH 值范围内反应。

从易于复原的角度上讲，尽可能使用弱树脂是有利的，它们复原分别需要的酸或碱的量仅比理论值高 10%～50%，而强树脂要高出 300%～400%，传统的脱盐生产中，强酸阳离子交换器在氢型中复原也配合一弱碱交换器，弱碱交换器为 OH^-，用弱酸阳离子交换器取代一个强酸交换器，因为 H^+ 结合剂 OH^- 的交换是非常有利的平衡。

离子交换器的其他特性不再深入叙述，简要如下：离子交换能力、膨胀特性、机械强度、反冲床时的流动能力、压力降、流速范围、复原后的水漂洗要求。

②脱盐中的离子交换工艺：采用离子交换器脱盐已长期应用于水处理上，近 20 年也被应用于乳清除灰分上。乳清的成份并非固定不变，酸乳清 pH 值为 4.3～4.6，而甜乳清 pH 值为 6.3～6.6，这两种乳清的主要区别，除了酸化程度不同之外，酸性乳清还具有较高的 $Ca_3(PO_4)_2$ 含量。

用阳离子量来计算乳清含盐量较为便利，而柠檬酸盐、磷酸盐等阴离子与蛋白质降解反应有关，故使得特定离子含量的计算很复杂。典型的甜乳清和酸乳清及其对应的阳离子含量如表 12－8 所示。

表 12－8　甜性乳清及酸性乳清对应的阳离子含量

离子种类	甜性乳清		酸性乳清	
	%	mg/L	%	mg/L
Na^+	0.050	22.0	0.050	22.0
K^+	0.160	41.0	0.160	41.0
Ca^{2+}	0.035	17.5	0.120	60.0
Mg^{2+}	0.007	5.8	0.012	10.0
总量	0.252	86.3	0.342	133.0

③脱盐的离子交换：图 12－21 为一台简单的离子交换设备，乳清首先进入强阳离子交换器，形成含 H^+形式，然后进入以自由碱基形式存在的弱阴离子交换器，离子交换柱经漂洗，并且分别用稀释后的 HCl 和 NaOH（或氨水）进行复原。使用少量活性氯溶液对交换柱进行消毒。

在脱盐过程中会发生下列反应（用 NaCl 代表乳清中的盐，用 R 代表不溶的树脂交换基）：

阳离子交换：$R\text{-}H + Na^+ + Cl^- — R\text{-}Na + H^+ + Cl^-$

阴离子交换：$R\text{-}OH + H^+ + Cl^- — R\text{-}Cl^- + H_2O$

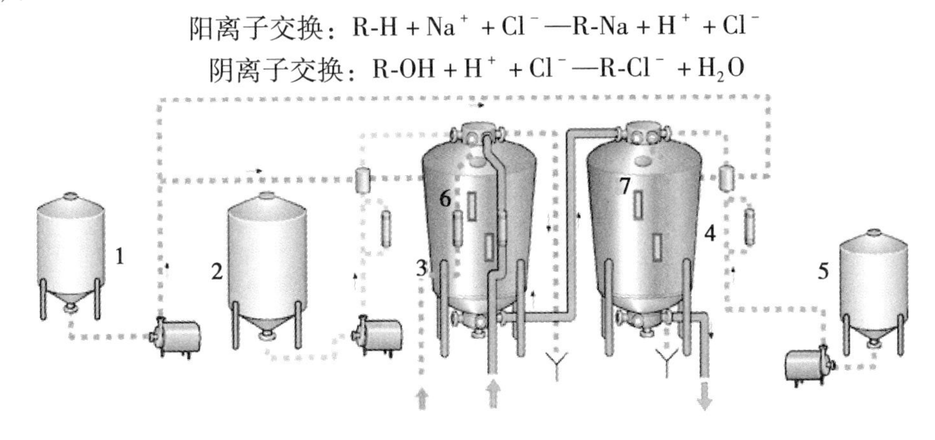

图 12－21　干酪乳清脱盐的离子交换设备

1. 消毒缸　2. HCl 缸　3. 阳离子缸　4. 阴离子缸　5. NaOH 缸　6. 流量表　7. 探视孔

不同的离子交换工艺中包括如下步骤。

a. 消耗：每复原一次可连续处理乳清 10～15 床，其数量取决于阳离子交换器的床容积。

复原、接触复原液、反冲、乳清的移置、水漂洗离子交换柱常以橡胶密封的软钢制成，这样避免腐蚀阴离子交换器采用特殊的锥形设计以允许产生膨胀。

离子交换器的阳离子交换柱通常采用逆流，这样当乳清被处理时是向下流动的，而复原时向上流动，这一系统可降低复原时 30%～40% 的复原化学试剂。

为便于设备自动控制，连续式的乳清脱盐需要两套或三套并列的离子交换器系统。每一生产周期为 6h，其中，4h 用于复原。

b. 加工局限：乳清是一种高盐溶液，这意味着每次复原之间的生产时间较短，而且复原时化学品的消耗很大（复原用化学用品的消耗占加工费用的 60%～70%），并产生大量的高盐废物。漂洗用水的消耗量也很高，特别是从弱碱离子树脂上洗去过量 NaOH 的时候。

在树脂中，乳清会由于失活或吸水而产生乳清蛋白的损失，这是由于离子交换过程中乳清的 pH 值改变很剧烈。

图 12－22 是一种可替换离子交换的工艺。为了降低离子交换器复原的消耗，达到一种良好的脱盐设备的排水状况，瑞典乳品联合会 SMR 发明了一种可替代离子交换器的工艺。该工艺中，乳清首先进入阴离子交换柱，交换柱是由 HCO_3^- 复原的含弱碱的树脂。在阴离子交换柱上，乳清中阴离子与 HCO_3^- 交换。然后乳清进入阳离子交换柱，交换柱

是由 NH_4^+ 复原的弱酸阳离子交换树脂，在此阶段乳清的阳离子和 NH_4^+ 发生交换。之后，乳清中的盐类已转变为 NH_4HCO_3，总反应可由以下方程式表示，以 NaCl 代表乳清中的盐，以 R 代表不溶于水的树脂上的交换基：

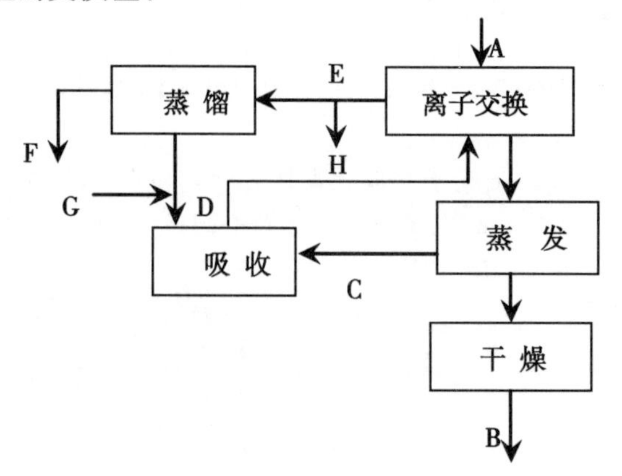

图 12－22 SMR 生产设备

A. 清进料 B. 脱盐乳清粉 C. NH_3 和 CO_2 冷凝 D. NH_4HCO_3

E. 使用过的再生液 F. 废水；G. CO_2 和过量 NH_3 H. $MgNH_4PO_4$

$$\text{阴离子交换：} R\text{-}HCO_3 + Na^+ + Cl^- — R\text{-}Cl + Na^+ + HCO_3^-$$

$$\text{阳离子交换：} R\text{-}NH_4 + Na^+ + HCO_3^- — R\text{-}Na + NH_4^+ + HCO_3^-$$

NH_4HCO_3 是种不稳定盐，加热易分解为 NH_3、CO_2 和 H_2O。在随后的乳清蒸发过程中可被挥发，NH_3 和 CO_2 可从乳清中脱出且回收，用来合成新的回收液（NH_4HCO_3），部分过量的 NH_4HCO_3 可经蒸馏塔收集脱去或再利用。

图 12－23 是 SMR 工艺的设计图，乳清首先进入 HCO_3^- 形式的阴离子交换柱，然后进入 NH_4^+ 形式的阳离子交换柱，离子交换系统是成双的，一台工作时另一台进行复原，生产周期约为 4h。

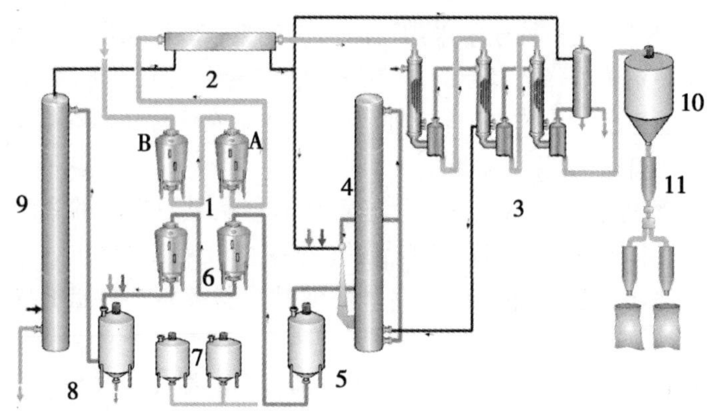

图 12－23 $MgNH_4PO_4$ 沉积乳清粉脱盐生产线流程图（A 阴离子交换器，B 阳离子交换器）

1. 乳清的离子交换 2. 冷凝器 3. 蒸发器 4. 吸收塔 5. 新的再生液缸 6. 再生的离子交换 7. NH_3 和 HCl 缸；8. 用过的再生液缸 9. 蒸馏塔 10. 喷雾干燥 11. 包装

经过离子交换部分 1，冷却的乳清在吸附柱中进行热回收并与蒸馏塔 9 的冷凝器 2 相连接作冷却剂。随后乳清进入蒸发器 3，最终浓缩的脱盐乳清被喷雾干燥 10。从蒸发器得到的冷凝液富含 NH_3，要与其他冷凝液分开，继续流回到吸收塔 4 形成碱液作为复原溶液。

来自第一处，第二段蒸发器的冷凝水可用于清洗离子交换树脂，因此 NH_3 得到了最大程度的回收。蒸发过程中，大部分 CO_2 以气态形式通过蒸发设备的真空泵排出被回收，这些气体直接进入吸收塔且全部与 NH_3 合成 NH_4HCO_3，但回收并不完全，所以吸收塔装有配套管线用于喷入新鲜的 25% 的 NH_3 溶液和 CO_2。

富含 NH_4HCO_3 的再生液部分被收集到大缸 8，且用 NaOH 调整 pH 值之后，加入 $MgCl_2$ 使磷酸盐沉淀为 $MgNH_4PO_4$，表层液体层被泵送到蒸馏塔 9 顶部，并以底部液体作为换热介质用板式换热器预热，约 10% 的液体以蒸汽形式排出，随后被离子交换器处理后的乳清冷凝下来。

SMR 系统有以下特点：由于复原用化学品的回收，故生产费用降低；与传统的离子交换相比，SMR 的乳清损失低，且有一半的盐的排出；离子交换过程中 pH 值变化小（6.5 ~ 8.2），其结果是对乳清蛋白的损害很小；超过 90% 的脱盐效果；操作温度低（5 ~ 6℃），保证了终产品的微生物质量；与传统的离子交换和电渗析相比，SMR 的乳清干固物产量高。

c. 加工限制和费用：多数情况下，SMR 加工线的加工费用低于传统离子交换器费用的 30% ~ 70%。与所有脱盐系统如电渗析和传统离子交换一样，SMR 系统对进料中的高钙含量很敏感，因此建议脱盐之前先进行 pH 值调整和预热。经这一处理的酸乳清中 80% 的磷酸钙可很容易沉淀下来。这些沉淀精制后可用于动物饲料或其他目的。

但该设备比传统离子交换加工线的组成要多，故投资费用较高。

（二）乳清蛋白浓缩物（WPC）的生产

WPC 系列产品有 WPC-34/50/60/75/80 等，数字代表制品中蛋白质的最低含量，各种类型的沉淀工艺都可对乳清蛋白进行分离。超滤生产乳清蛋白的工艺流程如图 12 – 24 所示。

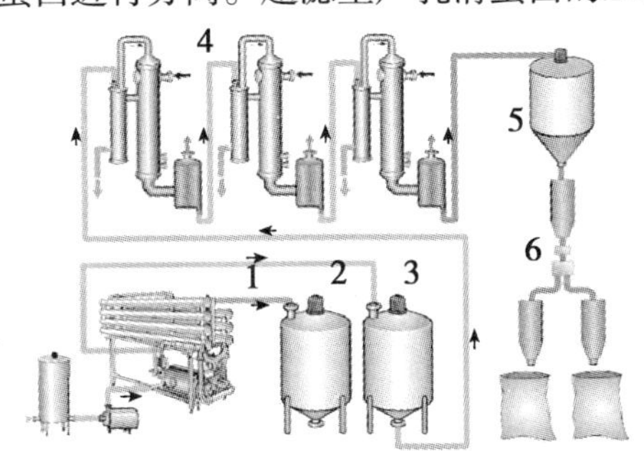

图 12 – 24　超滤生产乳清蛋白的工艺流程

1. UF 设备（超滤）　2. 渗透收集罐　3. 乳清滤滞液缓冲缸　4. 蒸发器　5. 干燥　6. 包装

加热变性的方法是将乳清蛋白从乳浆蛋白中分离出来费用最高的工艺，该工艺中所沉淀的蛋白质，根据热变的程度，可表现为不溶于水或微溶于水，称为热沉淀乳清蛋白（HPWP）。在所有变性反应中，清蛋白的最大变性率为 90%，剩下的 10% 的是胨，被认为是不变性的。

通过反渗透、电渗析、离子交换、乳糖结晶等处理来降低乳清中乳糖和矿物质含量来生产 WPC，产品中蛋白质含量为 34% ~ 90%，这些产品具有良好的功能特性如水溶性、起泡性、乳化性和凝胶作用。

1. 乳清预处理

调整乳清 pH 值和温度后，添加钙螯合剂并静置，过滤除去乳清中不溶性的干酪凝块或蛋白细小粒子、乳脂肪和磷脂蛋白钙复合物（Calcium Lipophoprotein Complex）；之后离心除去乳清中的细菌发酵剂细胞。

2. 杀菌

72℃/15s，酸乳清通常不用杀菌。

3. 乳清超滤

预处理后，可增加超滤的通量，防止超滤膜结垢。

通过超滤（温度 50℃），可将乳清浓缩至干物质达 24%，蛋白质与总固形物的比率约 0.72：1。若需进一步提高乳清蛋白含量，如 60% 以上，可通过稀释超滤体系（即将超滤截留液用水稀释后重复进行超滤操作）来实现，再次过滤可进一步除去乳糖和矿物质。通过稀释超滤，蛋白质：总固形物比率可达 0.80：1，总固形物可达 28%。

在浓缩液中有 99% 以上的真蛋白，它和脂肪一起被保留下来，滤清液中乳糖、NPN 和矿物质组成与天然乳清是一样的。

4. WPC 的脱脂

脱脂的 WPC 粉中蛋白质占干物质的 80% ~85%。

以 MF 设备对 UF 设备上出来的浓缩液进行处理，能使 80% ~85% WPC 粉中的脂肪含量从 7.2% 降到 0.4%，MF 也能富集 UF 浓缩液中的脂肪球和大部分细菌。脱脂的 MF 滤过液输送至第二个 UF 设备进行进一步浓缩，其中，还包括二次过滤。

图 12-25 所示乳清被预热 1 和分离 2，回收含脂率高达 25% ~30% 的稀奶油。

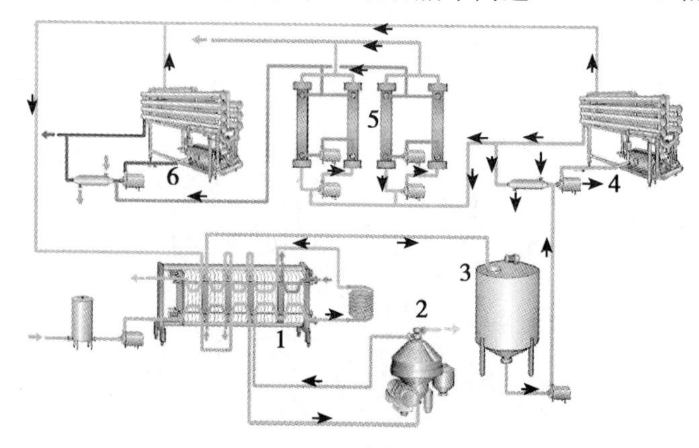

图 12-25 利用微滤和超滤生产 WPC 工艺流程（乳清蛋白浓缩液的脱脂加工线）

1. 巴氏杀菌器 2. 乳清稀奶油分离器 3. 储存罐 4. MF 设备 5. 二次 UF 设备

分离阶段也可除去细小微粒。这些处理之后，是巴氏杀菌 1 和降温，在输送到中间保持罐之前应冷却到 55 ~60℃。经过保持，乳清被泵送到 UF 第一设备 4，在此处乳清被浓缩 3 倍，浓缩液再经泵送到 MF 设备 5，此时滤清液经过热回收 1 回到收集罐。

经过 MF 处理后的浓缩液，脂肪和细菌被分别收集，而脱脂浓缩液继续进一步到 UF 的二次过滤 9，最终含 20% ~25% 干物质的 WPC 经喷雾干燥，使包装前含水量 <4%。

（三）乳清蛋白分离物（WPI）的生产

WPI 是指蛋白质含量 >90% 的乳清蛋白制品，工艺上通常需要离子交换技术与超滤技术相结合或超滤与微滤相结合。离子交换法生产乳清蛋白分离物如图 12 –26 所示。

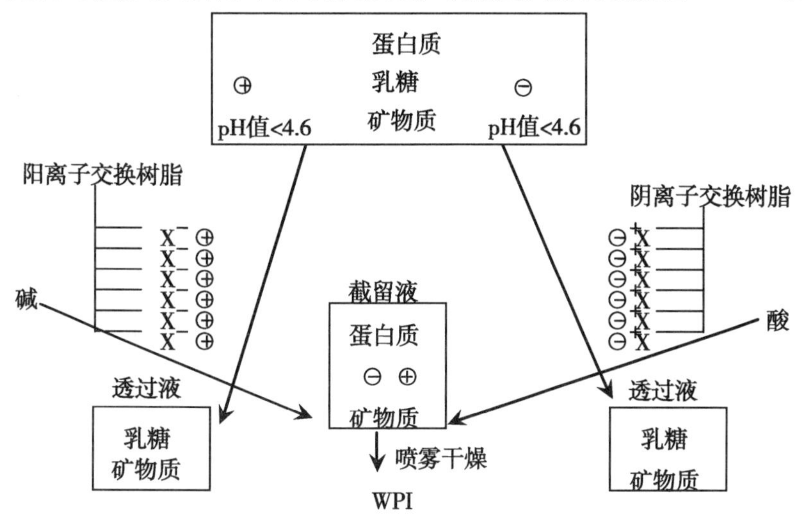

图 12 –26　离子交换法生产乳清蛋白分离物

调整乳清的 pH 值使其低于乳清蛋白的等电点（pH 值 4.6），这时，乳清蛋白带正电荷，可吸附到阳离子交换树脂上。反之，调整 pH 值高于等电点，乳清蛋白带负电荷，可吸附到阴离子交换树脂上。通过这一原理可从乳清中回收乳清蛋白。

也有采用微滤、错流超滤（Cross-flow Ultrafiltration）生产蛋白含量 90% ~93% 的 WPI，其中，99% 的乳清蛋白未变性，乳清蛋白分离物的生产工艺如图 12 –27 所示。

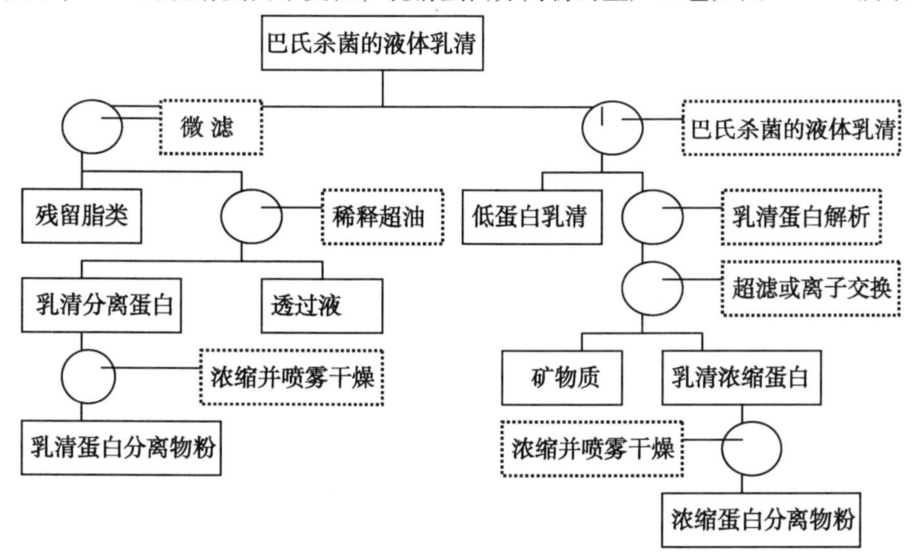

图 12 –27　乳清蛋白分离物的生产工艺

WPC 及 WPI 的典型组成如表 12 –9 所示。

表 12－9　WPC 及 WPI 的典型组成　单位:%

成分	WPC- 34	WPC- 50	WPC -60	WPC -75	WPC- 80	WPI
蛋白质	34～36	50～52	60～62	75～78	80～82	90～92
乳糖	48～52	33～37	25～30	10～15	4～8	0.5～1
脂肪	3～4.5	5～6.0	1～7	1～9	1～6	0.5～1
灰分	6.5～8.0	4.5～5.5	4～6	4～6	3～4	2～3
水分	3.0～4.5	3.5～4.5	3～5	3～5	3.5～4.5	4.5

【例 1】Vistec 分离工艺

是采用纤维素基离子交换剂在搅拌的反应罐中进行的，分离过程为：

①乳清酸化到 pH 值 <4.6，在反应罐中搅拌，使乳清蛋白吸附到离子交换剂上；②乳糖及其他未吸附的物质用水冲洗过滤掉；③将吸附有乳清蛋白的树脂重新悬浮于水中，并用碱将 pH 值调整到 >5.5，这时乳清蛋白从树脂上解析下来；④从树脂上洗脱下来的乳清蛋白水溶液在反应罐中过滤，进一步通过超滤浓缩和纯化，之后干燥制得的 WPI 的蛋白质含量可达 95%。

【例 2】Spherosil 分离工艺

是采用 Spherosils 阳离子交换剂或 Spherosil GMA 阴离子交换剂固定床式柱反应器进行分离的。

pH 值 >5.5 的甜乳清可用 Spherosil GMA 柱反应器进行处理制备 WPI。将乳清酸化到 pH 值 <4.6，然后上 Spherosils 柱反应器使蛋白质吸附，未吸附的乳糖等被水洗脱下去；之后用高 pH 值洗脱液洗脱，可将吸附的乳清蛋白从反应器中洗脱下来，进一步通过超滤浓缩和喷雾干燥制得 WPI。

（四）单一组分乳清蛋白的生产

可采用各种方法分离制备富含 α-乳白蛋白和 β-乳球蛋白的分离乳清蛋白。

1. 乳白蛋白（Lactalbumin）

可通过调整 pH 值和钙离子浓度并结合加热沉淀来制备乳白蛋白。

加热酸化干酪乳清可使蛋白沉淀，并经清洗和干燥后制成乳白蛋白，它含有少量蛋白胨、酪蛋白巨肽（Caseinomacropeptide）和 NPN。由于乳糖含量高、干燥速度缓慢易造成过度的美拉德反应。该产品不溶于水。

2. 分离乳蛋白

荷兰 NIZO 研究所开发出一种纯化乳清蛋白的加工工艺。在充分低的离子强度和适宜的 pH 值下，将特殊的免疫球蛋白沉淀，并除去脂肪球和颗粒物质。上清液经超滤后，可得到一种主要由 β-乳球蛋白、α-乳白蛋白和清蛋白组成的制品。

乳白蛋白的制备工艺流程如图 12－28 所示，加热和脱盐分离制备 α-乳白蛋白或 β-乳球蛋白如图 12－29 所示。

【例 3】由于 β-乳球蛋白在等电点区域呈溶解状态，较 α-乳白蛋白需要较高的离子强度。因此，通过超滤将乳清浓缩，并酸化到 pH 值 4.56，然后电渗析至灰分含量 <0.023%，使 β-乳球蛋白沉淀。之后通过离心将溶液中呈溶解状态的 α-乳白蛋白分离，

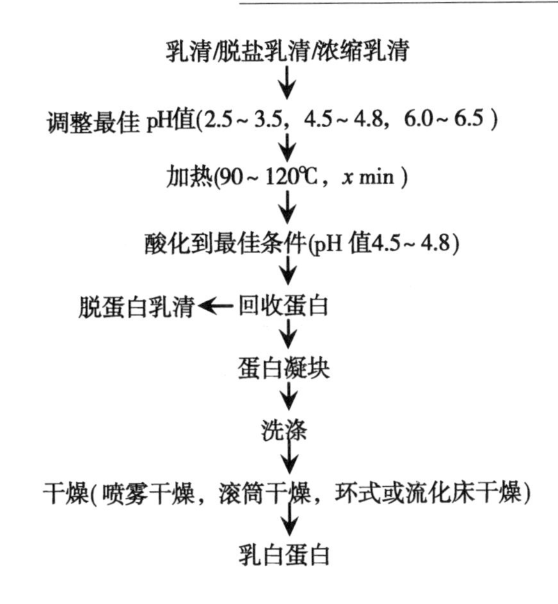

图 12－28　乳白蛋白制备工艺流程

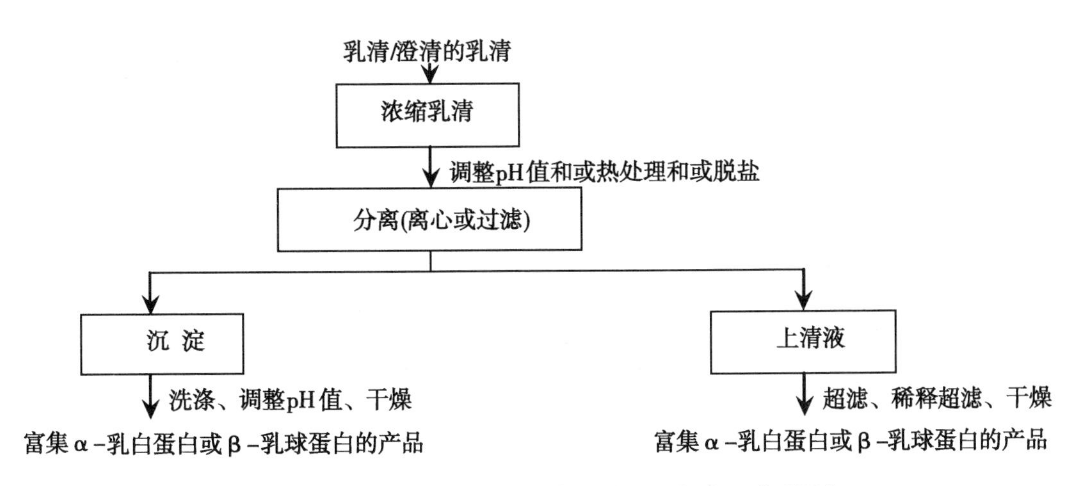

图 12－29　加热和脱盐分离制备 α-乳白蛋白或 β-乳球蛋白

收率可达 90% 以上。

①将乳清通过电渗析和离子交换相结合的方法脱盐，使钙含量降到 <120mg/kg（干基），pH 值 <3.4；②加热到 71～98℃，保持 50～95s，之后迅速冷至 <10℃；③经两段浓缩至干物质 55%～63%，二段浓缩之间进行一步脱盐；④冷却，乳糖结晶；⑤从含蛋白质母液中分离乳糖；⑥在 <10℃下调整含蛋白质液的 pH 值至 4.3～4.7，然后加热到 35～54℃保持 1～3h，使 α-乳白蛋白絮凝；⑦通过机械或膜分离来分离 α-乳白蛋白凝固物，上清液中富含 β-乳球蛋白；⑧用与蛋白液离子强度相同的等离子溶液（pH 值 4.3～4.7）洗涤富含 α-乳白蛋白的凝固物；⑨浓缩、脱脂、中和、干燥。

从乳清中分离 α-La 和 β-Ig，如图 12－30 所示。

3. 乳过氧化物酶（LP）和乳铁糖蛋白（LF）的层析分离

乳过氧化物酶和乳铁糖蛋白在乳清中的含量很低，分别约为 20mg/L 和 35mg/L。

瑞典乳品联合会（SMR）开发了一项专利加工技术，从干酪乳清中以层析法得到上述

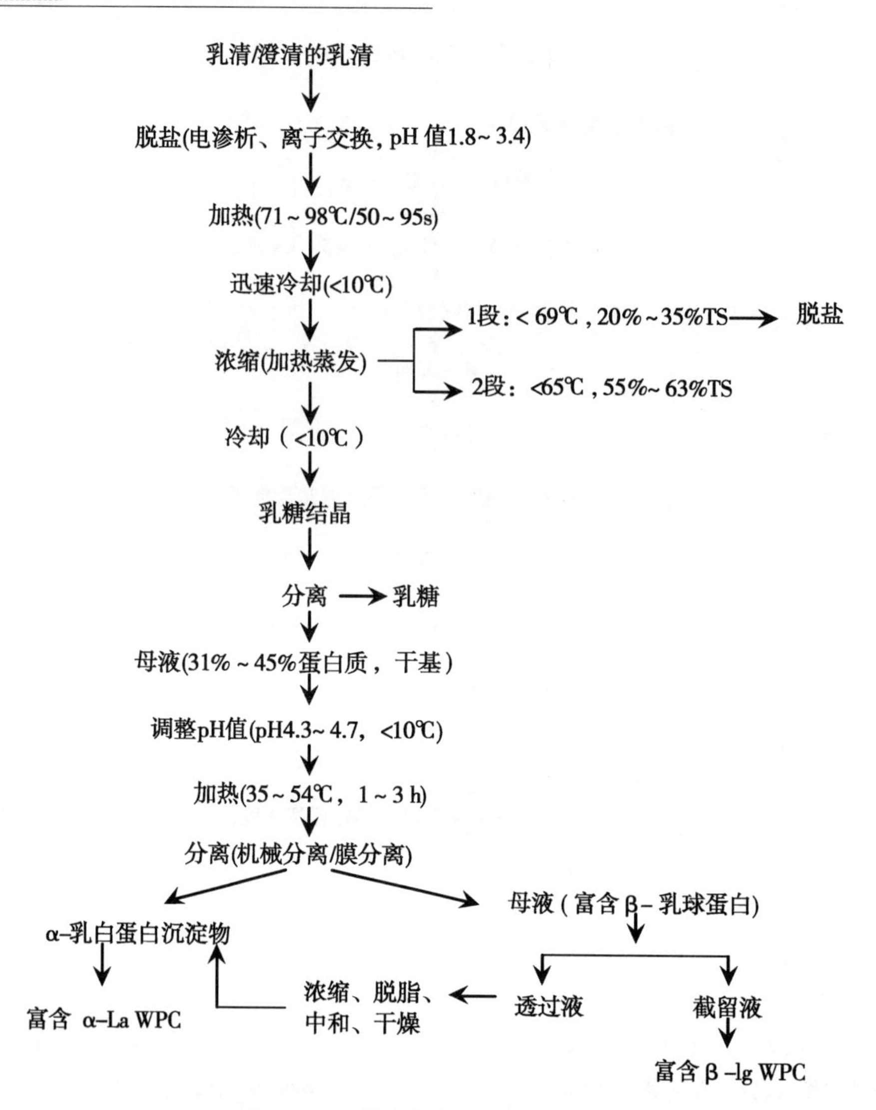

图 12-30　从乳清中分离 α-La 和 β-Ig

蛋白，其工艺的基本原理是 LP 和 LF 的等电点在 pH 值 9.0~9.5 的碱性环境中，也就是说在通常甜乳清 pH 值为 6.2~6.6 的环境中，LP 和 LF 带正电荷，而其他蛋白质如 β-乳球蛋白，α-乳白蛋白和牛血清蛋白带负电荷。

因此，分离 LP 和 LF 的最适工艺应通过阳离子树脂进行选择性吸附，在电荷的互斥作用下，LP 和 LF 分子就富集在离子交换器的阳极作用端，在离子交换柱上就会产生 LP 和 LF 的聚集物，而其他蛋白质因其带负电荷，故能通过。

离子交换树脂的生产能力，可达到每 1L 树脂吸附 40~50g LP 和 LF，而不会超过极限。对于一个容积为 100L 的树脂柱，每一工作周期可处理约 100 000L 的乳清。

为获得纯度较高的 LP 和 LF，常使用不同浓度的盐溶液，蛋白质的析出发生在一个合理的浓缩期，约被浓缩至 1%。因此，与天然乳清相比，在离子交换期 LP 和 LF 实际被浓缩了 500 倍。通过超滤和全滤的进一步工艺处理，就可得到纯度为 95% 的制品。经孔径为 0.1~0.2 μm 的交流微滤器的无菌过滤后，蛋白浓缩液被喷雾干燥。

从乳清中分离乳过氧化物酶和乳铁糖蛋白的流程如图 12－31 所示。

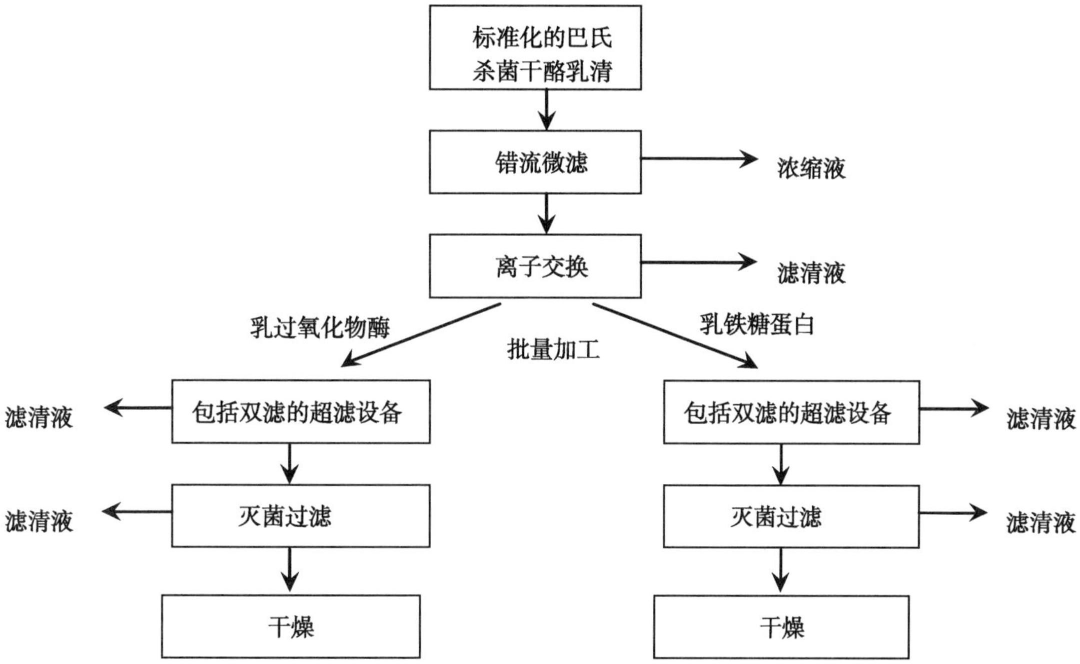

标准化的巴氏杀菌干酪乳清
错流微滤 → 浓缩液
离子交换 → 滤清液
乳过氧化物酶　批量加工　乳铁糖蛋白
滤清液 ← 包括双滤的超滤设备　　包括双滤的超滤设备 → 滤清液
滤清液 ← 灭菌过滤　　灭菌过滤 → 滤清液
干燥　　干燥

图 12－31　从乳清中分离乳过氧化物酶和乳铁糖蛋白的流程

四、乳蛋白质共沉物

除蛋白胨外，乳蛋白质都能以不溶物的形式从酸化脱脂乳或酪乳中分离出来。该共沉物富含钙，但乳糖含量低；因此，与乳白蛋白制品相比，形成的美拉德反应产物要少得多。

将脱脂乳加热，变性的乳清蛋白与酪蛋白形成复合物，通过酸化或酸化与添加 0.03%～0.2% $CaCO_3$ 结合的方法使蛋白质沉淀，形成酪蛋白-乳清蛋白共沉物。通过这一方法，乳中总蛋白回收率可达 92%～97%，是制造成本低廉的乳蛋白的方法。

另一方法是，将脱脂乳 pH 值调到 7.0～7.5，90℃/15min 或在等电点沉淀前将 pH 值调到 10，63℃加热 3min，这样制得的乳蛋白共沉物的溶解性有很大改进。共沉物由 80%～85% 的酪蛋白和 15%～20% 的乳清蛋白组成。

根据用途，共沉物分为高、中、低 3 种灰分含量的制品。高灰分制品：88～90℃的脱脂乳，添加 0.2% 的氯化钙，保温 20s 后洗涤干燥制得，产品的灰分 8%～8.5%；中灰分制品：在约 45℃的脱脂乳中添加氯化钙 0.06%，随后加热到 90℃，保温 10min，用酸调 pH 值到 5.2～5.3，再保温 10～15s，然后洗涤干燥，产品的灰分 5%；低灰分制品：氯化钙量 0.03%，pH 值 4.5，90℃保持 20min，成品灰分 3%。

乳蛋白共沉物的常规制备方法如图 12－32 所示，STP 钠盐或 TMP 钠盐的生产工艺流程如图 12－33 所示。

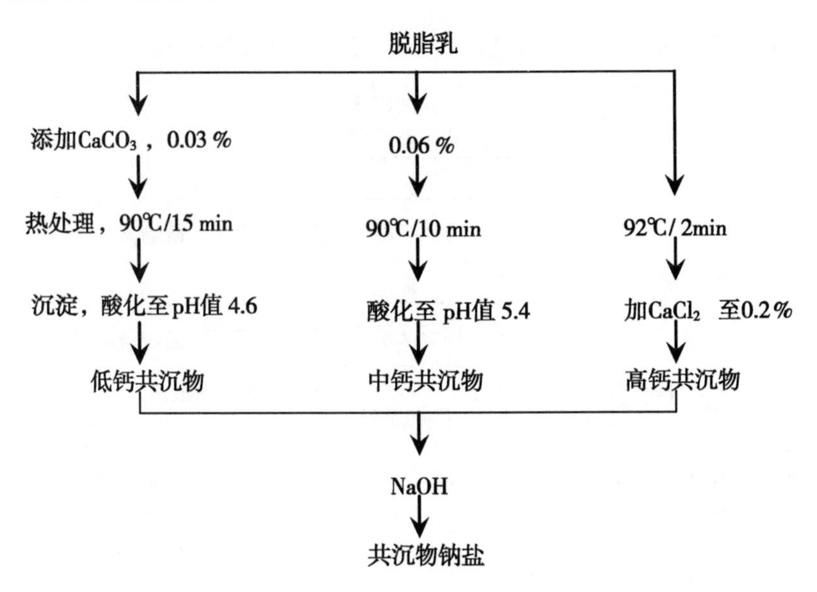

图 12－32　乳蛋白共沉物常规制备方法

蛋白共沉物常规制备方法

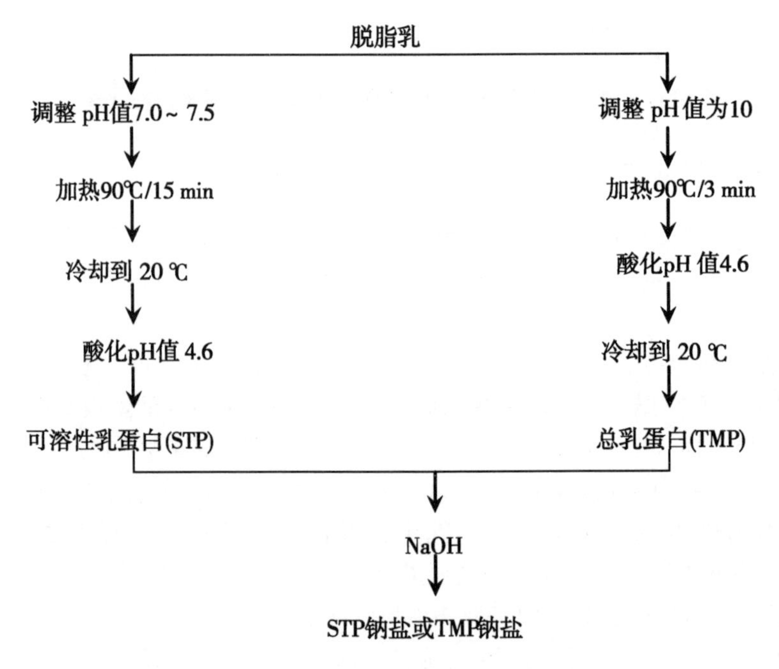

图 12－33　STP 或 TMP 生产工艺流程

五、乳蛋白浓缩物

直接将脱脂乳进行超滤/稀释超滤制得的乳清蛋白浓缩物（Milk Protein Concentrate，MPC）中，蛋白质含量可达80%。以这种方法制得的乳蛋白浓缩物中，酪蛋白仍像乳中那样以胶粒形式存在，乳清蛋白也呈天然状态，产品中灰分较高。

另一种制备乳蛋白浓缩物的方法是将脱脂乳与干酪乳清混合，调整 pH 值到 5.5～

7.5，加热到65～90℃并保温，之后冷却，进一步反渗透浓缩蛋白质。

六、物理改性乳蛋白制品

蛋白质溶液通过热-机械作用凝固，使其成为粒经1～20μm、在水中可分散的蛋白质粒子，称为微粒化蛋白，作为脂肪替代物及制备O/W乳化液。

【例4】甜乳清经超滤和真空浓缩制得的WPC溶液（含质量分数40%～50%总固形物，其中45%～55%为未变性的蛋白质），用盐酸或柠檬酸调整pH值为3.7～4.2，然后加热（80/15min或120℃/3s），同时在5 000～60 000r/min速度下剪切。在加热过程中乳清蛋白变性，但由于连续的高速剪切作用，变性的乳清蛋白不会发生凝集，形成直径0.1～3.0μm的球形粒子。

乳清蛋白分离物溶液（33%总固形物）和酪蛋白酸钙溶液（20%总固形物），在酸性（pH值3.5～3.9）或中性（pH值6.5～6.7）条件下，用长桶双螺旋挤压机（温度85～100℃，螺旋速率100～200r/min），制得的微粒化产品粒经为6～11μm，在水中易分散，可形成浓度5%～10%的溶液。

这种产品在低脂或无脂食品中可形成“奶油状”，同时，能抵抗一般食品加工过程中的热处理。

此外，还可用离心方法生产变性乳清蛋白产品。一般来说，在乳浆蛋白或乳清蛋白中加凝乳酶或酸后不会产生沉淀，但如果先进行加热变性，就能沉淀出乳清蛋白。

该工艺包括如下两阶段：通过加热处理和调整pH值相结合的方法，使蛋白质沉淀；通过分离浓缩蛋白质。

变性的乳清蛋白在加入凝乳酶之前，先与原料乳混合，变性的乳清蛋白留在由酪蛋白分子形成的网格结构中。

图12－34所示为生产变性乳清蛋白的离心工艺。用乳酸或食用盐酸调整乳清的pH值后，泵送至中间缓冲罐，再到板式换热器2进行热交换，经直接蒸汽喷射，被加热至90～95℃，然后在保持管中保持3～4min。

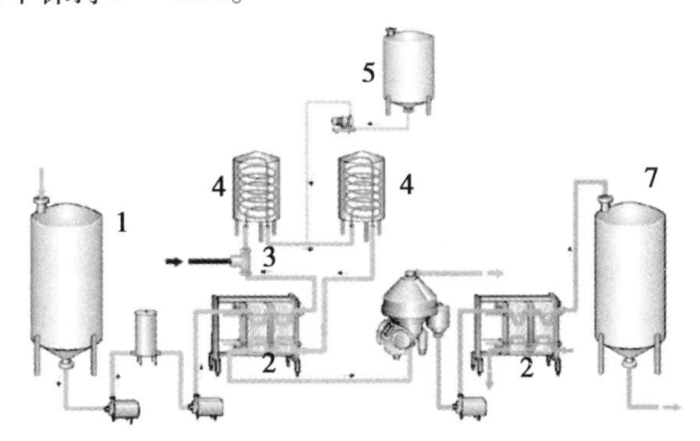

图12－34　变性乳清蛋白的离心工艺

1. 乳清收集罐　2. 片式换热器　3. 蒸汽　4. 保持管　5. 酸罐
6. 澄清槽　7. 变性乳清蛋白的收集罐

那些加热能变性和已变性的蛋白在保持管中60s内即发生沉淀。然后再经冷却到40℃，沉淀的蛋白通过一台固体分离排出器6，从液相中分离出来。分离器约每隔3min排除一次结聚的蛋白质，其浓度为12% ~15%，其中，约8%为凝固的蛋白质，这种方法可回收90% ~95%的可凝固蛋白质。

在软质和半硬质干酪的生产中，在原料乳中添加浓缩乳清蛋白对原料乳凝结性能的影响很小，这样的凝块要比传统方法生产得到的凝块结构细腻且更加均匀一致。经加工的乳清蛋白比酪蛋白更加亲水，因此，可使产量增加。

第五节　乳活性肽

乳蛋白的分子中存在着具有多种生物活性的片段，这些在母体蛋白中并无活性的多肽，能经特定的蛋白酶水解释放，显示出不同的生物活性。

这些肽类包括：类吗啡肽（Opioid Peptides）、免疫活性肽（Immunopeptides）、降血压肽（Antihypertensive Peptides）、抗血栓肽（Antithrobotic Peptides）、矿物质结合肽-酪蛋白磷酸肽（Casein Phosphopeptides，CPP）等。其中，CPP是牛乳酪蛋白经蛋白酶水解后，分离提纯而得到的富含磷酸丝氨酸的多肽制品。它能在动物的小肠中与钙、铁等二价矿物质离子结合，防止产生沉淀，增强肠内可溶性矿物质的浓度，从而促进吸收利用。

CPP来源于α_{S1}-、α_{S2}-、β-CN分子中磷酸丝氨酸簇集的区域。目前，从动物体内分离和体外蛋白酶水解得到的CPP主要有：α_{S1}（43 ~58）：4P、α_{S1}（59 ~79）：5P、α_{S2}（46 ~70）：4P、β（1 ~25）：4P、β（1 ~28）：4P、β（33 ~48）：1P等。它们的共同特点是具有相同的核心结构：

```
— Ser — Ser — Ser — Glu — Glu —
   |     |     |
   P     P     P
```

有趣的是CPP核心结构的磷酸肽能因抵抗蛋白酶的攻击而免遭破坏。

CPP的制备是以酪蛋白为原料，通过胰蛋白酶水解得到的。由于水解液具有苦味，因此，要通过分离和分解等方法除去苦味成分，之后，在上清液加入Ca^{2+}等金属离子和乙醇使CPP沉淀下来。最后，可通过离子交换、凝胶色谱或膜分离等方法加以精制。

CPP的工艺流程如图12 -35所示。

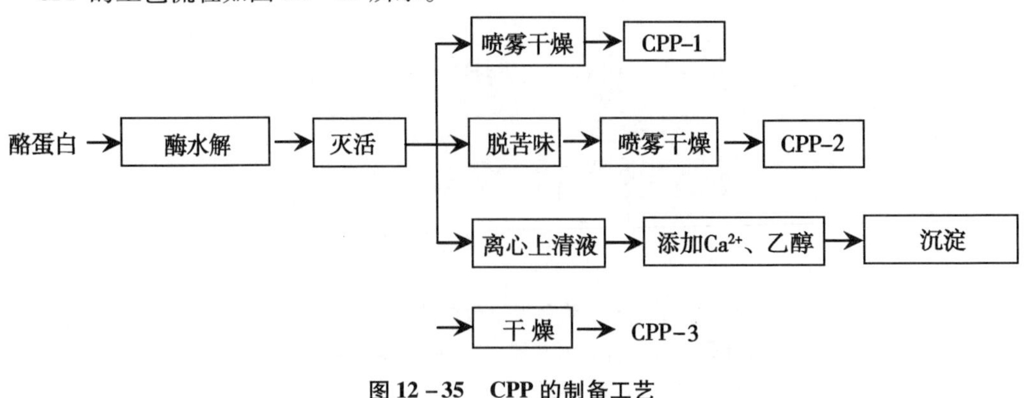

图12 -35　CPP的制备工艺

第六节　乳蛋白质的功能性质

所谓蛋白质的功能性质，是指除营养以外在食品中应用的特性，包括组织状态、外观、结构、黏度及口感等。

乳蛋白质在食品体系中的功能特性应从两个方面来考虑：一方面在乳蛋白制品的加工过程中，蛋白质天然结构发生变化，同时蛋白质间的相互作用对其功能特性具有正的或负的影响；第二方面，乳蛋白质将会与食品体系中的糖、脂肪、多糖、矿物质、风味物质等发生相互作用。

蛋白质的功能性一般分为两类。一类为水合相关特性，包括吸水性、溶解性、黏度及凝胶特性等；另一类是表面活性相关特性，如乳化性、发泡性及膜形成性等。如表12－10所示。

表12－10　乳蛋白在食品体系中的功能特性

功能特性	食品体系
溶解性	饮料
乳化性	咖啡伴侣、奶油利口酒、沙拉调料、甜点
发泡性	搅打浇头（Lopping）、牛乳冰淇淋搅合饮料、发泡性奶油甜点、蛋糕、蛋白酥皮
持水性	面包、肉制品、奶油冻、汤、调味品、发酵食品
热稳定性	UHT及二次灭菌饮料、汤及调味料奶油冻
凝胶性	肉制品、奶油冻、干酪、酸乳
酸稳定性	酸性饮料、发酵饮料

乳蛋白在食品体系中的功能性受pH值、温度、离子强度、钙及其他多价离子、糖、亲水性胶体及加工处理的影响。

一、溶解性

溶解性为在特定情况下，蛋白质成为溶液或胶体分散液的量，在低离心力条件下不沉淀。

常用于测定蛋白质溶解性的方法是：将蛋白质制备成浓度为0.5%～5.0%的溶液，在500～6 500r/min下离心5～40min，然后测定上清液中的蛋白质含量。

乳蛋白质制品的溶解性取决于乳蛋白的化学状态、加工处理条件、粉的物理形式、pH值、温度、离子强度等。

高温处理会降低乳蛋白质的溶解性。

盐类在一定程度上会提高蛋白质溶解性，之后会使其降低。

pH值会影响蛋白质的净电荷及蛋白质间的静电作用。离开等电点，蛋白质带有净电荷，溶解度较高；在等电点时，蛋白质因凝集而失去溶解性。

凝乳酶酪蛋白、酸性酪蛋白、乳白蛋白、蛋白质共沉物在水中不溶，但酪蛋白酸盐

（Na、K及NH_3盐）虽在等电点（pH值4.0～5.0）不溶，但在pH值5.5以上和pH值3.5以下溶解。

常规制备的蛋白质共沉物钠盐的溶解性要低于酪蛋白酸钠，但在碱性条件下加热制备的蛋白质共沉物的溶解性与酪蛋白酸盐溶解性相似。

用超滤制备的乳蛋白浓缩物在pH值7.0具有良好的溶解性，但高蛋白含量乳蛋白浓缩物（蛋白>80%）在水中的溶解性趋于下降。

乳清蛋白在整个pH值范围内具有良好的溶解性，可用于酸性饮料，但在pH值4～5热变性会导致其不溶，在pH值4.6乳清蛋白变性的程度及溶解度的下降取决于热处理条件（温度、时间）、pH值、Ca^{2+}浓度。在乳清蛋白浓缩物和分离物加工过程中，会造成少量的乳清蛋白变性，使其溶解度下降。超滤与喷雾干燥一般不影响乳清蛋白的溶解度，但巴氏杀菌会造成约20%的乳清蛋白变性，因而影响溶解度。

与乳清蛋白相比，酪蛋白酸钠对热十分稳定。pH值7.0时，5%酪蛋白酸钠溶液在110℃加热8h，溶解度不受影响。相对而言，酪蛋白酸钙的热稳定性差，1%的溶液在50～60℃下会发生凝胶化。

二、黏度

乳蛋白的黏度与产品的外观和口感有很大的关系。乳蛋白质分散体系的黏度与其组成、大小、形状和电荷有关，这些因素又受温度、浓度、pH值、离子强度等加工条件的影响。

酪蛋白酸钠的黏度与其浓度呈指数关系，浓度>15%，其溶液呈假塑性（Pseudoplasticity），很难进一步加工。在25～60℃，酪蛋白酸钠的黏度与绝对温度的倒数呈对数关系。

在酸性溶液（pH值2.4～2.9）中，同样浓度的酪蛋白酸钠黏度较高，随温度升高（25～60℃）黏度下降；在较高温度下，黏度又再次增大。

添加钙会导致酪蛋白酸钠溶液的表观黏度有很大的变化，但钙的影响取决于pH值、温度及蛋白质浓度。

酪蛋白酸钙的黏度相对较低，这是由于蛋白质凝聚呈紧密的“胶粒”。温度升高黏度下降，pH值>7.0时增高。

乳蛋白共沉物的黏度较酪蛋白酸钠大。

与酪蛋白酸盐相比，天然的乳清蛋白溶液黏度极低，在30～65℃范围内，乳清蛋白溶液的黏度随温度升高而降低，但温度再升高时，黏度增大，这是由于乳清蛋白变性及凝固所致。在4%～12%浓度范围内，乳清蛋白浓缩物呈现牛顿流体特性，浓度再升高时，假塑性特性较明显。

凝乳酶酪蛋白的黏度较酪蛋白酸钠大，可被多聚磷酸盐或柠檬酸盐溶解。

三、水合性和持水性

在一定条件下，蛋白质基质能持留水分的量称为持水性或水结合能力。蛋白质的水合性及持水性，在许多食品中特别重要。

水与蛋白质缔合有许多形式。结合水是通过氢键结合到蛋白质极性基团上的水分，结合水不能作为溶剂，不结冰，许多物理性质不同于一般的水分。除结合水之外，由于表面力的作用，水分以物理方式存在于食品体系的毛细管中。

一般来讲，完全溶解于水的蛋白质其持水作用较溶解性低的蛋白质低。

乳清蛋白浓缩物的溶解性好，其天然构象不会结合大量的水。天然乳清蛋白的水合值为0.32～0.60g水/g蛋白质；热处理后，乳清蛋白肽链展开，其持水性增大。

乳清蛋白作为持水剂常用于肉馅、香肠、面包的配料中。在这些制品中，加热的速度和程度决定乳清蛋白的持水性。一般在加工过程中，加热到一定温度使乳清蛋白充分变性，但不致造成其过度凝集从而失去持水能力。在酸乳制品中，添加的乳清蛋白所结合的水在加工或储藏过程中有可能会释放出来。

天然状态的酪蛋白胶粒可结合大量的水，为2～4g/g蛋白质，相比而言，酪蛋白酸钠结合水的能力仅为0.4g/g蛋白质。

在酪蛋白胶粒中，大量的水存在于CCP-酪蛋白基质中，与胶粒的亲水性表面结合。每100g酸性酪蛋白、酪蛋白酸钠、可溶性低钙乳蛋白共沉物、不溶性低钙乳蛋白共沉物及乳清蛋白浓缩物可分别吸附68g、250g、260g、75g及65g水。

四、乳化性

乳蛋白质具有优良的乳化性能，因而在许多食品配料中用作乳化剂。

酪蛋白酸盐和乳清蛋白具有很好的表面活性，可迅速吸附到油-水界面，形成稳定的乳浊液。在同样条件下，乳清蛋白形成的乳浊液较酪蛋白形成的乳浊液的稳定性稍低。

蛋白质作为乳化剂形成乳浊液的稳定性，有两个基本特征，一是液滴的大小分布，另一个是表面蛋白质覆盖率。

食品乳浊体系中，液滴大小分布为0.1～10μm，液滴大小分布反应了蛋白质的乳化性能、乳浊液形成过程中能量的输入以及其他因素（如pH值、温度、粒子强度）对蛋白质表面活性的影响。此外，液滴大小分布对乳浊液性能如稳定性、黏度、组织状态及口感有很大影响。

乳浊液的液滴表面的蛋白质覆盖率常表示为分散相中每单位面积蛋白质的质量（mg/m^2），取决于蛋白质种类、浓度以及制备乳浊液的条件。

影响表面蛋白质覆盖率的因素有蛋白质浓度、油的体积、能量输入、蛋白质凝聚状态、pH值、离子强度、温度及Ca^{2+}浓度。

当酪蛋白酸盐或乳清蛋白制品用作乳化剂，各种蛋白质之间会竞争性地吸附到油水界面。研究表明，在由纯化的β-CN和α_{s_1}-CN混合物稳定的乳浊液中，β-CN较α_{s_1}-CN及其他蛋白优先吸附，这是由于β-CN的表面活性和疏水性最强。

在酪蛋白酸钠中，β-CN的优先吸附与制备乳浊液的蛋白质浓度有关，在较低的蛋白浓度下（$<2.0\%$），β-CN较α_{s_1}-CN优先吸附；在较高的蛋白浓度下，存在于界面上的α_{s_1}-CN要多于β-CN。

在由酪蛋白酸盐和乳清蛋白混合制备的乳浊液中，酪蛋白较乳清蛋白优先吸附，未观察到β-乳球蛋白较α-乳白蛋白优先吸附的现象。

吸附到界面上的β-乳球蛋白部分肽链展开，并在界面上紧紧地包裹在一起，分子间可慢慢形成二硫键，最后形成有一定结构的膜，随时间推移，膜不可逆地增强。

导致乳浊液不稳定的因素主要是脂肪分离、絮凝、凝结及相的转化。

奶油分离过程中，乳化的油滴形成致密的包裹相而油滴大小未变。

絮凝是指液滴通过表面吸附蛋白质间的相互作用凝聚在一起，尽管这一凝聚会改变乳浊液的物理性质，但粒子大小分布未变，絮凝物很容易被分散开，因为蛋白质之间的相互作用一般较弱。有两种形式的絮凝，一种为桥式絮凝，另一种为耗减絮凝，取决于可用于覆盖油水界面的蛋白质的量。

在乳浊液聚结过程中，液滴增大，最终导致油相与水相分离。不同于脂肪分离和絮凝，凝结过程是不可逆的。当液滴间的连续相层变薄到一定程度时，油水界面稳定膜破坏，凝结发生。

一般来说，蛋白质越凝集，其作为乳化剂的有效性越低，但对于抗乳浊液油滴分离的稳定性越好。例如，由高溶解性乳蛋白质如乳酪蛋白酸钠、乳清蛋白浓缩物及乳清蛋白分离物制备的乳浊液较高凝聚性乳蛋白（如酪蛋白酸钙、胶体酪蛋白）制备的乳浊液，平均液滴大小和表面蛋白质覆盖率都较小，但对于乳浊液的稳定性（特别是脂肪分离的稳定性），高凝聚性蛋白质制备的乳浊液较高。

五、搅打性及发泡性

由于乳蛋白具有表面活性，在泡沫形成过程中能够吸附到空气-水界面上。

对于以乳蛋白质为基础的泡沫的形成，首要条件是蛋白质能够迅速扩散到气-水界面以降低表面张力，接着蛋白质多肽链会部分展开，蛋白质间进一步相互作用，形成具有一定弹性的黏着性膜，且泡沫稳定。

乳蛋白质特别是乳清浓缩物和乳清分离物能够在气泡周围形成黏着性结构，具有较好的表面活性剂特性。

发泡性一般有两个方面，一是形成泡沫的体积（膨胀率），二是泡沫的稳定性。酪蛋白酸盐一般具有较高泡沫膨胀率，但形成泡沫的稳定性较 WPC 差。

发泡性受许多因素的影响，如蛋白质浓度、变性程度、离子强度、预热处理、脂肪含量等。

泡沫膨胀率随蛋白质浓度增大而增大，到一最大值之后，又降低。对于 WPC 形成的泡沫，达到最大膨胀率的蛋白浓度为 8% ~12% 。

蛋白质部分热变性可改进 WPC 的发泡性，而且部分变性对泡沫稳定性的效果要大于泡沫膨胀率。但是，蛋白质的过度变性和凝聚将损害 WPC 的发泡性。WPC 中存在的磷脂和 UFA 会造成泡沫破裂，这是由于这些物质表面活性较高，会使气-水界面蛋白膜变薄。在 pH 值 4 ~5，泡沫膨胀率和稳定性最大，这是由于在此 pH 值下，静电排斥作用降低，黏着性蛋白膜形成得更多。离子对乳蛋白发泡性的影响程度不等。

乳清蛋白部分水解，可增大泡沫体积，但泡沫稳定性降低。但在 pH 值 7.0 ~ 8.0，WPC 的限制性水解并结合 55 ~70℃的热处理，可使其达到最佳的膨胀率和稳定性。

六、热稳定性

乳蛋白的热稳定性差异很大。乳中的酪蛋白胶粒及酪蛋白酸钠的水溶液对热非常稳定，pH 值 7 时，3% 的酪蛋白酸钠水溶液可耐受 140℃/60min 的热处理，脱脂乳在 pH 值

6.7 可耐受 140℃/20min 的热处理；但含钙 1.5% 的酪蛋白酸钙热稳定性较差，当温度高于 45℃时，发生凝聚和凝固；乳清蛋白在 70℃以上时发生变性，变性后发生凝聚和沉淀，乳清蛋白对热变性的敏感性受许多因素的影响，如 pH 值、总固形物、Ca^{2+} 浓度、蛋白质浓度以及是否存在糖及蛋白质改性剂。

七、凝胶性

乳蛋白质在一定条件下可形成刚性的、不可逆的凝胶，凝胶中可持留水分和脂肪，以支持凝胶的结构，如乳的酸凝固和凝乳酶凝固。

酪蛋白酸盐很少作为胶凝剂使用，而 WPC 和 WPI 可用于形成凝胶。

乳清蛋白在加热条件下发生胶凝的过程为：首先，蛋白质分子多肽链展开，之后展开的多肽链在水溶液中发生凝聚，当凝聚发生到一定程度，超过临界水平，形成凝胶。当凝聚发生的程度低于最少临界水平，则形成可溶性凝聚物或沉淀。

因而，凝胶的形成和凝胶的特性取决于蛋白质与蛋白质间相互作用的形成和程度，这些反过来又受蛋白质种类、浓度、温度、pH 值、离子强度及其他成分（如乳糖）的影响。

乳清蛋白形成的凝胶，最显著的微结构特点是蛋白质粒子间连接形成均一的网络，这种凝胶常称为“细线状”凝胶；具有三维基质结构的凝聚物，在基质空隙中填充着液体或水溶液，这类凝胶称为“粒子”凝胶。

β-乳球蛋白、牛血清白蛋白以及乳清蛋白制品都可形成这两类凝胶，取决于 pH 值和离子强度。

对于凝胶的形成，将蛋白质溶液加热到最低变性温度以上是必需的。当其他条件不变，随加热温度和时间增大，凝胶硬度也增大。加热速度也影响凝胶形成的过程，缓慢加热使蛋白质多肽链有足够的时间展开并凝聚，所形成的凝胶强度较大。

乳清蛋白凝胶强度受蛋白质浓度和纯度的影响。在 pH 值 7.0、100℃ 加热 10min，WPC 形成强凝胶的蛋白质浓度要求 ≥ 7.5%。90℃加热 15min，β-乳球蛋白和 BSA 纯溶液形成凝胶的浓度分别为 5% 和 4%。

随蛋白质浓度增高，可发生相互作用的蛋白质数量增多，因而形成凝胶的强度也较大，形成凝胶的时间缩短，同时，形成的凝胶具有较好的网络结构。

在 pH 值 4～6 范围内，乳清蛋白加热形成的凝胶不透明，而在 pH 值 <4 或 pH 值 >6 形成的凝胶则为半透明。在 pH 值 <4 形成的凝胶强度较弱、易碎；pH 值 >6 形成的凝胶较强、有弹性；pH 值 4～6 形成的凝胶柔软，呈奶油状，挤压时失水。

不同 pH 值下凝胶特性的变化是由于分子间静电相互作用及二硫键的不同造成。

盐类对乳清蛋白的凝胶性影响很大，特别是在远离等电点 pH 值下，蛋白质常有大量静电荷。添加 NaCl 或 $CaCl_2$，凝胶强度增大，到一个最大值后，盐类浓度进一步增大，则凝胶强度下降。

在凝胶强度最大时的盐类浓度下，蛋白质-蛋白质间及蛋白质-溶剂间的相互作用达到最佳平衡。

钙离子通过屏蔽静电作用及在蛋白质间钙桥的形成，影响蛋白质间的相互作用。一般而言，Ca^{2+} 对凝胶特性的影响较 Na^+、K^+ 大。

15% 以上的酪蛋白酸钙溶液加热到 50～60℃形成可逆性凝胶。在 pH 值 5.2～6.0 范围内，当酪蛋白酸钙浓度由15%升到20%，凝胶温度也升高，冷却后，凝胶变为黏性液体。

第七节 乳蛋白质制品的应用

乳蛋白质制品作为食品配料，取决于其理化和功能特性，不同乳蛋白质的主要功能特性如表12-11所示。

表12-11 不同乳蛋白质的主要功能特性

功能特性	酪蛋白酸钠	酪蛋白酸钙	WPC	WPI	MPI
溶解性	优	差	优	优	良
乳化性	优	差	良	良	差
发泡性	优	差	良	良	差
持水性	优	差	差	差	差
黏度	优	差	差	差	差
凝胶性	—	—	优	差	—
热稳定性	优	差	差	差	差
酸稳定性	差	差	优	优	差
冻融稳定性	优	差	差	差	差

乳蛋白质制品根据其功能性，广泛应用在乳制品、饮料、甜点、焙烤、糖果、面制品、肉制品等产品中，其目的包括：提高营养价值、赋予产品特定的物理特性、特殊用途，如防止肉制品中的水分和脂肪的分离；保持脂肪和水分，改进组织状态及融化特性，使融化干酪食品具有良好的纤维状及切碎性；作为乳化剂和增白剂，使咖啡稀奶油产品具有良好的形态和组织状态，增加感官特性；增加发酵乳制品的凝胶硬度，降低脱水收缩；提高乳饮料和发泡乳产品的营养、乳化和泡沫特性。

1. 乳蛋白水解物

酪蛋白水解物用于患腹泻、胃肠炎、半乳糖血症、吸收不良及苯丙酮酸尿症的婴儿；乳清蛋白水解物用于低过敏配方；β-酪蛋白类吗啡肽（β-casomorphin）用于睡眠及饥饿调节或胰岛素分泌调节。

2. 酶凝干酪素

酶凝干酪素和酸法干酪素不溶于水，可用于生产塑料类人造物，如Galalith是干酪素与福尔马林的多聚物，Lanital为酪蛋白合成纤维。

尽管有多种塑料直接与Galalith竞争，但从干酪素中生产的Galalith仍有市场，少量酶凝干酪素也可用作再制干酪的原材料。

3. 酸法干酪素

酸法干酪素是干酪素市场的主要产品，一般用于化学工业，如造纸、颜料、化妆品等。

在造纸中做添加剂，用于高质量纸张的磨光。为适应造纸工业应用，干酪素不含有脂肪，杂质颗粒，这点尤其重要，这些杂物会在纸上形成空洞。

4. 酪蛋白酸钠

酪蛋白酸钠比干酪素易溶解，经常被用作熟肉制品中的乳化剂，也应用于许多新产品中，例如，牛乳和稀奶油的一些组分。

由于酪蛋白酸钠溶解后黏度极大，因此，在55～60℃的最高浓度为20%。

5. 酪蛋白酸钙

在某些应用上，酪蛋白酸钙可以取代酪蛋白酸钠，原因之一是要使产品中的钠含量减到最低。在同等浓度下，酪蛋白酸钙的黏度低于酪蛋白酸钠。

6. 复合沉淀钙

这种产品也可溶于碱液并喷雾干燥，并有与其他酪蛋白酸盐相同的应用领域，其差别是，在复合酪蛋白酸钙生产中，可以调整加工线，即按照使用者的要求调色泽、溶解度和灰分含量。

从营养学观点出发，酪蛋白和酪蛋白酸盐的一个最重要的优点是含有相对高含量的必需氨基酸（Lys），Lys之所以能够长期保持，在于环境中没有乳糖，这说明牛乳蛋白质以干酪素和酪蛋白酸盐的形式贮存比在干乳粉中的贮存更容易。

本章思考题

1. 简述工业制备酪蛋白的工艺过程和相关设备。
2. 脱脂乳加热温度对酸法生产的干酪素品质有何影响？
3. 酸浓度对酸法生产的干酪素的品质有何影响？
4. 简述乳清蛋白产品的种类和一般制备方法。
5. 简述乳蛋白制品的用途。
6. 简述乳蛋白产品的功能特性。

第十三章　乳糖制品的加工工艺

生产乳糖所用的原料为生产干酪或干酪素后的乳清。乳清是一种总固形物量在6%～6.5%的不透明的浅黄色液体，其主要成分为乳糖和少量的乳清蛋白和矿物质。乳清的成分含量详见第十二章“乳蛋白产品的加工工艺”。

第一节　乳糖的国家标准

本标准适用于从乳清中结晶出来的，经干燥、研磨等工艺制成的供食用的乳糖，其感官指标和理化指标分别如表13－1和表13－2所示。

表13－1　乳糖的感官指标

项目	要 求
滋味、气味	微甜无异味
组织状态	晶体或粉状晶体
色泽	白色到浅黄色

表13－2　乳糖的理化指标

项 目	指 标
乳糖[a]（干基）/（g/100g）	≥99.0
水分/（g/100g）	≤6.0
灰分/（g/100g）	≤0.3
pH值/10%水溶液	4.5～7.0

a 乳糖含量按（100－水分－灰分）/（100－水分）计算

第二节　乳糖的加工工艺

乳糖回收的基本方法有两种：在未经处理但经浓缩过的乳清中加入结晶乳糖；在浓缩前，用超滤（UF）或其他方法除去蛋白质，在乳清中结晶乳糖。

一、粗制乳糖生产技术

1. 粗制乳糖的加工工艺

乳清→预处理（中和、沉淀过滤或压滤）→滤液真空浓缩→冷却结晶→结晶体分离→洗涤和脱水→干燥→筛选→成品

2. 工艺要点

（1）乳清的预处理 粗制乳糖所使用的原料为干酪乳清、酸干酪素乳清、凝乳酶干酪素乳清等。乳清中含有脂肪、白蛋白、球蛋白、微量酪蛋白及蛋白分解产物等，要进行净化处理，除去非糖物质（蛋白质和脂肪），以利于乳糖结晶。

除去乳清中蛋白质的方法是加少量氯化钙及氢氧化钠，加热到90℃；酸干酪素乳清可用生石灰中和，然后加热到90℃。中和加热后，乳清中蛋白质几乎全部凝固析出，经压滤可得澄清的乳糖溶液。

（2）浓缩 为使乳糖结晶，需将乳清浓缩10～12倍，使干物质含量达到60%～70%，乳糖的含量为54%～65%。

通常采用真空浓缩的方法，也可用反渗透法浓缩。为防止浓缩乳清色泽变深，采用真空浓缩时，蒸发温度不得超过70℃。浓缩终了时，浓缩乳清的浓度不应低于38～40°Bé。乳清的浓度是否已达到终点，可由浓缩乳清中干物质的含量以及温度来确定。

（3）冷却和结晶 结晶受以下因素的影响：供晶体生长的有效表面、温度、溶液的纯度、黏度、溶液的饱和度、溶液中晶体的搅拌，这些因素彼此关联，如饱和度和黏度。

浓缩乳清要求有一定的过饱和系数，最适宜的乳糖过饱和系数约1.8；结晶温度采用20～24℃较好。

结晶方法有自然结晶法和强制结晶法两种。自然结晶法是将浓缩乳清在30～35h内逐渐冷至10～15℃，一般在20h后，浓缩乳清温度不超过20℃，结晶时间为48h；强制结晶法是将浓缩乳清在5h内冷至10℃，并在此温度下保持10h，全部结晶过程仅15h。

从原理上说，结晶程度主要是由β-乳糖转变为所需的α-乳糖的数量而定，所以必须仔细控制浓缩物的冷却操作，使其达到最佳程度。

（4）结晶体的分离 结晶体与母液分离的方法有离心法及沉降法两种，图13－1是连续式的卧式倾注离心机，带一个卸乳糖的螺旋出料器。

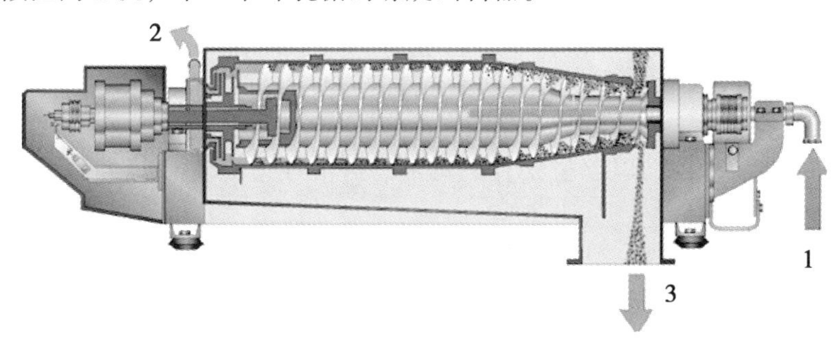

图13－1 卧式倾注离心机

1. 喂料 2. 液相出口 3. 固相出口

从母液中将乳糖晶体分离出来，乳糖的晶体尺寸以大于0.2mm为宜，晶体颗粒越大，分离效果越好。如果结晶液含蛋白质的量不多，结晶条件控制得好，母液黏度不高，可用离心分离法与母液分离，加水洗涤即可脱水；如结晶液黏度很高，直接分离有困难，则可加水稀释，通常加水量为结晶体量的1%～20%。

整个分离过程中，可将杂质从乳糖中洗掉，从而获得高纯度的乳糖。

（5）洗涤和脱水 整个结晶体都要经过水的喷射，离心脱水至没有水分离出为止。分离后的湿乳糖为淡黄色或黄色结晶，含水量 >15% 。

（6）乳糖的干燥　成品乳糖的含水量 <2% 。

虽然乳糖的焦化温度为 120℃，但由于乳糖内还含有少量蛋白质，所以若干燥温度超过 80℃，也会产生焦化，从而影响成品色泽。

干燥温度应保持在 60～70℃，不能超过 93℃，否则会在高温时形成 β-乳糖，另外，还要注意干燥时间，快速干燥的非晶体无定型乳糖簿层会形成 α-水合乳糖结晶，随后生成大的团块，干燥通常在流化床干燥器中进行，时间 15～20min，干燥后的乳糖以 30℃的空气输送，以便在输送过程中将乳糖冷却。通常在干燥后，立即将结晶磨成粉末进行包装。

二、精制乳糖生产技术

粗制乳糖为淡黄色粉末结晶，有蛋白质、灰分等不纯物。很多情况下，例如药剂的生产要求乳糖有很高的纯度，因此，需对粗制乳糖进行精炼。

乳糖精制可加各种盐类；除去乳糖中不纯物，也可用离子交换的方法来精制。

1. 精制乳糖的生产工艺

粗糖溶解→压滤→结晶→脱除母液及洗涤→干燥、粉碎和筛选→包装

2. 工艺要点

（1）粗糖溶解　在溶糖缸中加入适量水，加入粗制乳糖及占粗制乳糖质量 2% 的活性炭，搅拌使乳糖溶解并与活性炭充分混合，加热至沸腾。

糖液溶解后，糖液浓度调至 30～32 °Bé（溶液浓度约 50%），pH 值 5.8～6.2。糖液应保持在 95℃以上，以利于压滤。

糖液中的色素、中和产生的凝固蛋白质等被活性炭吸附。

（2）压滤　糖液、活性炭混合液通过板框压滤机滤出白色或黄色纯净的糖液，放入结晶缸内。

（3）结晶　糖液在间歇搅拌下进行自然结晶。糖液的温度调整为冬季 45℃，夏季 40℃以下时可停止搅拌，结晶时间 <18h（冬季 <15h）。

（4）母液的脱除及洗涤　结晶后糖液在离心脱水机中脱出母液，然后用无盐水或经活性炭吸附处理后的水洗涤，以除去残存的母液，可溶性蛋白质和盐类等。洗涤水温度为 10℃以下。

（5）干燥、粉碎和筛选　乳糖干燥机主要有半沸腾床式干燥机、气流干燥机或流化床式干燥机；最好采用沸腾干燥或真空干燥，如采用间歇干燥，乳糖在干燥盘上的厚度以 5～7mm 为宜。

精制湿乳糖可用架盘干燥箱干燥，每盘装糖厚度 2～3mm，干燥温度 75℃，干燥过程中要经常搅拌使干燥均匀，防止局部温度过高而焦化。

成品精制乳糖水分 <0.3%，干燥后的精制乳糖经粉碎过筛后包装。

【举例】图 13－2 为乳糖生产的工艺流程，首先是乳清被蒸发浓缩到 60%～62% 干物质，然后输送至结晶罐（2），在此处加入晶种。结晶缓慢进行，它取决于时间/温度配比，结晶罐有冷却夹层，用于控制冷却温度，并装有特殊的搅拌器。

将晶种膏送到笔式离心机（3），就能将已干燥（4）的晶体分离出来，然后粉状晶体经特殊的锤状粉碎机磨碎、过筛，最后是乳糖的包装（5）。

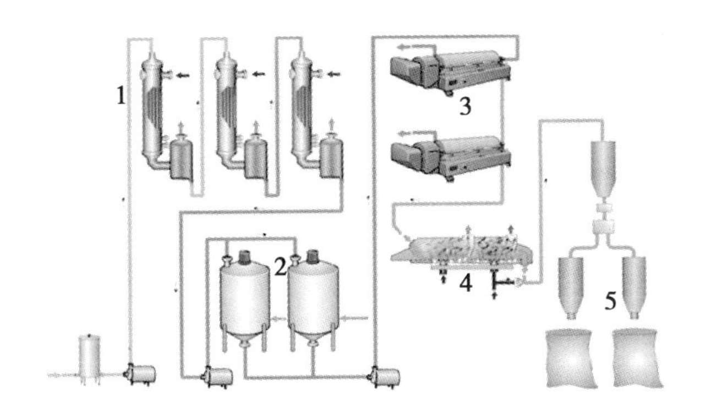

图 13－2　乳糖的生产工艺举例

1. 浓缩缸　2. 结晶缸　3. 笔式离心机　4. 流化床　5. 包装

三、乳糖的水解

乳糖水解有两种方法，即酶法和酸水解法。水解后，乳糖变为葡萄糖和半乳糖。

1. 酶水解

β-乳糖分解酶、β-半乳糖苷酶等都可使乳糖发生水解为葡萄糖和半乳糖。乳糖不如其他糖类甜，乳糖水解后，产物的相对甜度有所提高。

图 13－3 所示为乳清中的乳糖酶水解工艺过程。

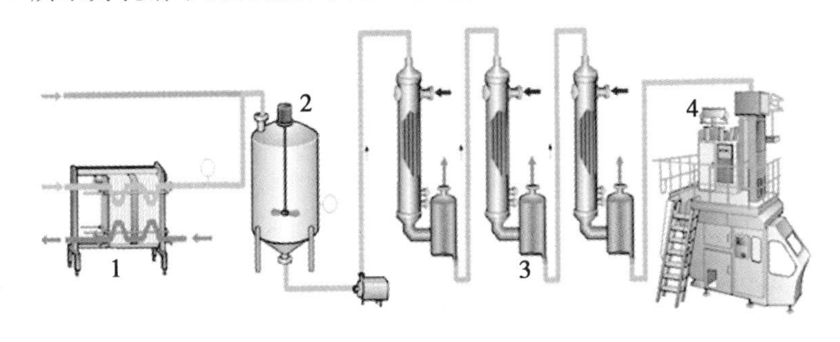

图 13－3　乳清中乳糖水解工艺流程

1. 巴氏杀菌　2. 水解缸　3. 蒸发器　4. 料缸

脱盐的预处理并非必需，但其过程给予终产品较好的风味。经水解后的乳清再蒸发，得到 70%～75% 干物质含量的糖浆，其中的乳糖有 85% 被水解。

生产过程中，酶会因加热或 pH 值调整而失活，无法再被利用。除使用自由酶，还可将酶固定在不同类型的水溶性或水不溶性的载体上，这类固定化酶能够用于连续的乳糖水解，这样不仅节约了酶，且可连续水解大量的乳糖或其制品，从而增加了效益。

2. 酸水解

乳糖也能够被热酸水解或氢离子型的阳离子交换器在 100℃ 水解，水解程度取决于 pH 值、温度和保温时间，乳糖水解时会有棕色反应发生，为此要用活性炭处理。

3. 乳糖的衍生物产品

已证实，瘤胃动物食物中的天然蛋白质可用非蛋白氮产品部分取代，牛胃中的微生物能够通过尿素和氨合成蛋白质。但尿素和氨应选择一种适当的形式缓慢释放到瘤胃中，这样有助于蛋白的合成。

乳酰尿素和乳酸铵是两种以乳清为原料的产品，可达到上述要求。

乳酰尿素的工艺如下：分离后的乳清被浓缩到75%干物质，通常是分两次浓缩。加尿素和可食用硫酸后的乳清浓缩物在具夹层的保温缸内部70℃保持20h，并加以搅拌，此条件下尿素与乳糖反应生成乳酰尿素。反应终止后，产品冷却降温，输送到车间生产浓缩制品或直接输送到农场。

乳酸铵的生产包括由乳清中乳糖发酵产生乳酸，并与氨反应，生成乳酸铵，产品浓缩到61.5%干物质即可使用。

第三节　乳糖及其水解制品的应用

一、在食品中的应用

1. 婴幼儿配方乳粉

乳糖及其水解制品可以提高婴幼儿配方乳粉中乳糖量以达到人乳中的乳糖含量。

2. 饮料、香精和肉制品

乳糖及其水解制品可降低饮料、香精和肉制品的甜度、延长保质期及降低成本。

3. 糖果工业

乳糖及其水解制品可降低糖果的甜度，增强风味，提高色泽保持力；另外，糖浆生产中添加乳糖可改变糖浆的涂布性能。

4. 焙烤食品

乳糖及其水解制品可提高起酥油的润滑性能、抗御酵母发酵、以及作为风味及颜色的载体。

5. 啤酒工业

乳糖及其水解制品可提高口感，因为乳糖不被酵母发酵。

6. 其他

乳糖可用作食品的糖衣，这是通过吸收水分在食品表面而形成的；乳糖还可用于分散食品组分，提高速溶食品的分散性。

二、在制药工业中的应用

纯乳糖可用于药品中片剂的制造；乳糖还可作为青霉素制药的底物。

三、乳糖水解制品的应用

乳糖水解后的乳制品，适合“乳糖不耐症”的人群食用；水解后的乳糖，甜度比乳糖高，水解也改变了产品的功能特性，如常见冰淇淋的砂质结构（乳糖结晶）也可通过乳糖水解得以消除。

第十四章　乳品厂服务系统

启动乳品企业，必须具备一系列的服务设施，包括水、热能、制冷、压缩空气和电力的供给等。

第一节　水及其处理

无论是自来水还是自己打井，用水应达到 GB 5749 生活饮用水卫生标准，菌落总数 < 100CFU/ml，大肠菌群不得检出。

水在乳品厂中有不同的用途，因此对其质量的要求也有所不同，如表 14－1 所示，生产乳制品产品所用的水，必须是最高质量的水，要高于饮用水的质量要求。

表 14－1　用于乳制品厂的水的要求

	饮用水	用于乳制品的水
大肠菌/（CFU/100ml）	<1	0
凝胶菌（CFU/ml）	<100	0
沉淀物/L	无	无
浑浊度	无	无
气味	无	无
滋味	无	无
色度	<20	<10
干物质/（mg/L）	<500	<500
高锰酸盐消耗	<20	<10
氨/（mg/L）	<0.5	—
钙＋镁/（mg/L）	<100	<100
以 $CaCO_3$ 表示的总硬度	—	<100

因此，它应完全是干净、无气味、无色和无异味的软水，且实际上是无菌的，因此，水的软化处理（即降低钙和镁的含量）和脱氧处理（用活性炭过滤除去含氯消毒剂）是必要的。用过滤、软化、离子交换、灭菌、全脱盐和反渗透技术，可得到高质量的水，但费用也高。因此，对不同的用途规定出其质量和要求是很重要的，这样，可根据需要来进行水质处理。

水中过量的矿物质会影响再制乳或复原乳的盐平衡，最终在巴氏杀菌中导致问题，更不用说UHT处理或二次灭菌加工了。因此，在硬度方面，用碳酸钙（$CaCO_3$）表示，要求<100mg/L。

水中过量的铜或铁将会催化脂肪氧化而导致乳中产生异味，因此，要求Cu<0.05mg/L，Fe<0.1mg/L。

流经狭窄管道等地方的水应经过软化处理，以防止淤塞，同样，所有用于生成蒸汽的水和锅炉用水均应进行软化，以防止在加热表面形成水垢。

第二节　热的生产

从经济角度考虑，蒸汽或热水是通过天然气、油或煤加热获得的，只在极少数情况下使用电加热锅炉，因电加热的热效率仅为30%，锅炉的热转化率为70%～80%。温度为140～150℃的蒸汽经常被用作加热介质。蒸汽的生产或加热介质的再生是在蒸汽锅炉中进行的，锅炉通常烧油、煤或天然气。锅炉的效率为80～92%，在管道系统中的热损失约为15%。这样燃料的总热能只有65～77%被用于生产，从生产成本来看，锅炉的效率不应低于最小值，因此，锅炉的效率要经常进行检查。

蒸汽的温度在140～150℃时，使用饱和蒸汽时，相当于270～385kPa的蒸汽压力，锅炉通常是在较高的压力即900～1 100kPa下工作，以减少管道的尺寸以及补偿热和压力在管道系统中的损失。

图14－1是蒸汽加热系统及其分配网的简化示意图，用来生产蒸汽的水称为锅炉用水，它经常含有使水变硬的镁盐和钙盐，并常含有氧和CO_2。因此，对用水进行处理是必要的，若不进行处理，所含盐类将会在该系统中沉积出来并在锅炉中形成水垢，使锅炉效率大大降低，氧气能在管道和蒸汽管件中引起严重的腐蚀作用。

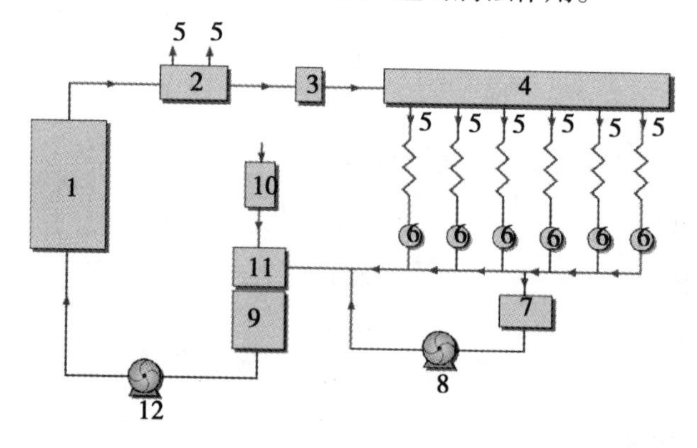

图14－1　蒸汽生产和分配系统（网）

1. 锅炉　2. 高压蒸汽分配器　3. 减压阀　4. 低压蒸汽分配器　5. 蒸汽消耗点　6. 蒸汽收集器　7. 冷凝罐　8. 冷凝水泵　9. 供水罐　10. 水软化过滤机　11. 脱气装置　12. 供水泵

因此，该系统包括一台软化过滤机10以去除钙、镁盐和一台脱气装置11以去掉存在于给水中的气体。

水在锅炉中被加热和转化成蒸汽，需要大量的热量，把1kg的水转化成蒸汽约需2 260kJ热能，这种热量称为汽化潜热，当蒸汽在耗热地点5的传热面上冷凝时汽化热被释放出来。冷凝后的蒸汽即冷凝水，被收集在蒸汽收集器 6 和冷凝罐 7 中，再通过冷凝水泵泵回到锅炉里。

乳品厂中用于生产蒸汽的锅炉主要有两大类：水管式锅炉以及火管式锅炉。锅炉的选择受到所要求的蒸汽压力和蒸汽效率（即在给定的单位时间内所利用的蒸汽数量）的影响。要求压力低和效力输出小的锅炉，常选择火管式锅炉，燃烧气体能在管内循环；而要求压力和蒸汽输出大的锅炉，通常是水在管内循环的水管式锅炉。

图 14－2 为火管式的锅炉工作原理，热燃料气体被一鼓风机吹进管子里，燃烧气里的热能通过管壁传导给包围在管子外围的水，水被加热至沸点，蒸汽被收集在蒸汽室中以便进一步分配到生产系统中去。当蒸汽室中的压力达到所要求的数值时，蒸汽阀打开，蒸汽流向各个用汽点，燃烧器自动启动和停止，从而把蒸汽压保持在所要求的范围内，为了保持锅炉中的一定水位，应不时地往锅炉内给水。如果蒸汽室中的压力超过最高允许压力时，安全阀将自动地打开。

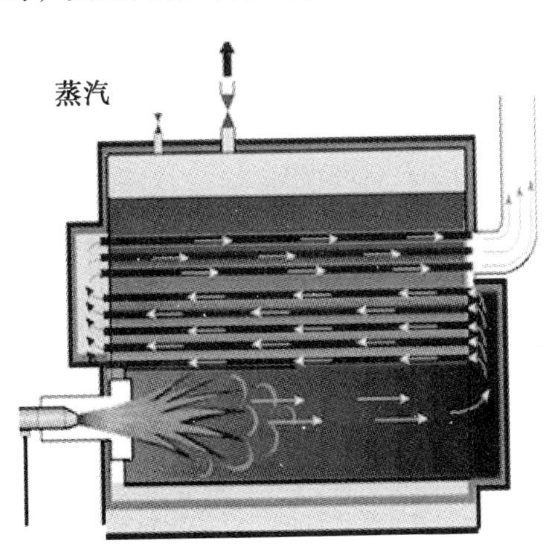

图 14－2　火管式锅炉的原理

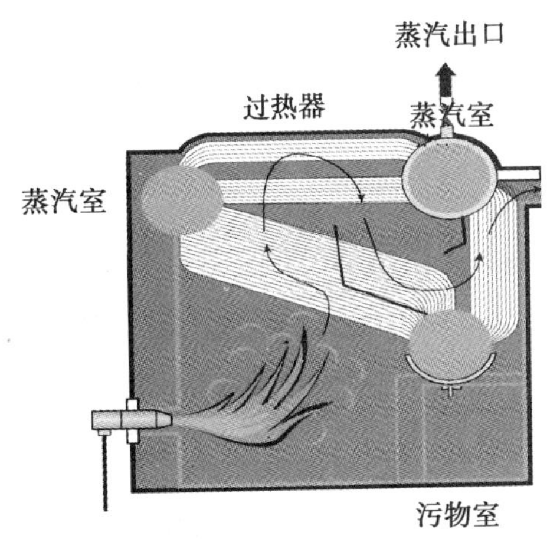

图 14－3　带有三个蒸汽室的水管式锅炉的原理

水管式锅炉有许多类型，图 14－3 的工作原理：给水通过用燃气进行外部加热的管子，在管子内产生蒸汽，管子是倾斜的，这便于蒸气上升至蒸汽室，蒸汽在进入分配系统之前通过过热器进入两个位于上部的蒸汽室，蒸汽在过热器中被燃气再次加热形成过热蒸汽，这样生产出的蒸汽是比较干燥的。

位于下部的汽室用来收集沉积的污垢，即存在于给水中的杂质，用底吹锅炉的办法把杂质从汽室中排出去，在其他类型的锅炉中，泥渣被收集在锅炉的底部。

第三节　制　冷

在加工过程中，许多步骤要求把产品加热到一定的温度，温度的增加会引起产品中微生物的活性增加，同时也加速了由酶所控制的化学反应，这种活性的加强必须尽可能地加以避免。

因此，在产品生产过程中，加热一旦完成，就应尽可能地降低产品温度，这一点是十分重要的。

因此，用于制冷的费用在任何乳品厂的预算中都是很重要的一项。关于制冷原理、制冷工艺及其设备的内容，可参考相关资料。

第四节　压缩空气的生产

在空气潮湿的乳品厂中，气动控制自动系统的可靠性要求使用的压缩空气不含杂质，这就对压缩空气系统的设计提出了要求。

另外，除了用于仪器控制以外，压缩空气还有其他的应用。如启动某些机器中的动力气罐，例如包装机；从管道中排空产品；贮存罐内的搅拌；修理间中的压缩空气工具。

一、对压缩空气的要求

使用压缩空气的不同厂区，对压缩空气的压力、干燥度、纯度、供应量有不同的要求。

根据纯度，压缩空气分为三种质量等级，即：

①直接与产品接触的压缩空气，应是纯净的、无油的、干燥的、无气味的，并实际上是无菌的，这种 A 级的压缩空气的使用量较小，供气压力 200 ~ 300kPa。

②不与产品直接接触的压缩空气，但是它必须纯净，干燥并且最好无油，因为它将用于仪器的控制以及作启动气动元件和阀门等的动力，压力 500 ~ 600kPa。

③不含有固体颗粒和尽可能干燥的压缩空气，用于气动工具等，供气压力约 600kPa。

来自大气的未经处理的空气含有各种杂质和水汽，经空气压缩机后可能还有因磨损而产生的细末和油粒，必须将其除去以保证压缩空气达到质量要求。

乳品厂中压缩空气用量最多的地方是用来起动气动机械的修理车间，这种压缩空气的供气压力为 600kPa 左右，为了补偿在分配系统中的压降，需要一台能产生 700kPa 工作压力的压缩机。

二、压缩空气装置

压缩空气由压缩机产生，当要求压缩空气不含油时，则不应使用为增加压缩效率而在压缩室内用油润滑的压缩机，而应用无油压缩机，从压缩空气中除去所有的油实际上是不可能的，但使油的含量 $<0.01mg/kg$ 是可能的。

为满足乳品厂对压缩空气的要求，通常选用两台同样的压缩机，其类型包括油润滑压缩机、带无油压缩室的螺杆压缩机、涡轮压缩机等。

图 14 - 4 表示压缩空气装置其他部分的设计，空气从压缩机引入到一台除湿机，存在于空气中的水分通过冷却凝结而被除去，然后干燥的空气引入一台空气接受器，最后压缩空气输出并用于仪器控制如操作阀门和启动动力气缸等。

与产品接触的高质量的压缩空气，如用于奶罐的气动搅拌、排空管道中的牛乳等，要在吸附过滤器中进一步干燥，再在特殊的过滤器中灭菌，然后再用管道送到使用点。

三、压缩空气的干燥

20℃时，大气中空气水分的最大量为 $17.1g/m^3$，仅有 $6.8g/m^3$ 水分的空气“相对湿

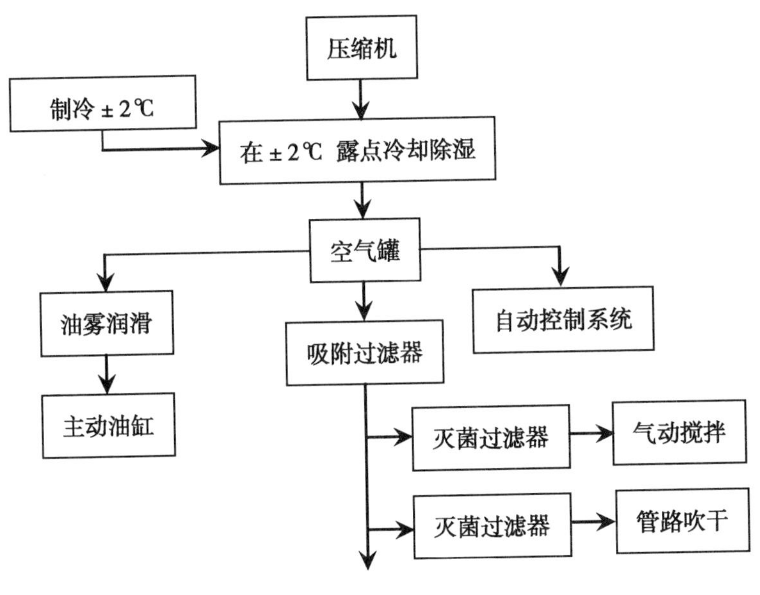

图 14－4 压缩空气装置

度”（RH，即实际水分含量和可能的最大水分含量之间的比率）：6.8×100/17.1＝40%。

空气的露点为5℃，即如果把它冷却到低于5℃，则存在的水汽将凝结成游离水。

若将压力为100kPa的大气空气压缩到原体积的一半但温度不变，那么压力将增加到200kPa，此时空气将含水 2×6.8＝13.6g/m^3，经压缩后，空气的露点也将从5℃升到16℃。如将空气再一次压缩，使其体积再减少一半，其压力将增加到400kPa，此时压缩空气含有 2×13.6＝27.2g/m^3 水。然而在20℃，不管其压力多大，空气仅能含有17.1g/m^3水分，因此 27.2－17.1＝10.1g/m^3 的水将以游离水的形式凝结出来。

因此，压缩空气将含有大量的水分，同时也被加热到140～150℃，因此，必须冷凝出来，可将压缩空气引到一台冷却器将水分凝结出来，然后，将压缩空气引到一台冷却干燥机作进一步的冷却，直到达到约2℃的露点时为止，经干燥的空气将达到700kPa的压力、2℃的温度及5.6g/m^3 的水分含量。

乳品厂要求压缩空气的露点应至少比其管道可能接触到的最低环境温度低10℃的露点。这样，2℃的露点将满足多数情况的要求。

如果压缩空气管道系统穿过低于0℃温度的区域，它必须干燥到一个更低的露点，以免水分在空气管道内凝结引发问题，这时应使用吸附干燥机。在其中，空气中的湿气将被一种干燥剂（如硅胶）吸附。

通过无菌过滤器过滤，得到无菌压缩空气，这种过滤器的过滤部分由化学纯棉或聚酯或多聚丙酯组成，当空气在压缩机中被加热时，其中的微生物被杀死，但在管道中会出现再次污染，因此，无菌过滤机应直接安装在使用处的前面，这种过滤器通常用蒸汽进行灭菌。

四、压缩空气的管道系统

用于仪器控制和作为动力源所需低压的压缩空气的需要量很小，因此，为此低压压缩空气而另设单独的压缩机是不经济的，通常是将从中心压缩机输出的压缩空气进行单独的处理，使其满足不同目的的压缩空气的要求。

最合理的解决方法是仅设一台压缩机设备和单一的压缩空气分散系统，在高度自动化的乳品厂中，供给仪器和控制系统正确的压力和正确数量的压缩空气是非常重要的，因此，提供的压缩空气必须通过一个独立的完全封闭的系统，这样不会有非控制的压缩空气干扰工艺控制设备的情况，在许多情况下，解决的方法还包括在向工艺控制系统提供压缩空气的网络中安装调节设备，这样在供应线中压力有下降趋势时可以切断向敏感性较差的地点供气。

第五节 乳品厂废水

污物浓度是指单位容积的污水中所含的总物质。食品厂是很大的水污染源，特别是当污物是有机物的时候。有机污物通常包括1/3的可溶物质、1/3的胶体物质和1/3的悬浮物，而无机物通常大部分都存在于溶液中。

有机物质的数量通常用以下几种形式表示：生物需氧量（BOD）、化学需氧量（COD）、燃烧残值、总有机碳（TOC）、生物需氧量。

BOD是衡量污水中能发生生物降解的污染物质含量的值。污染物在有氧的情况下被微生物分解（用氧消耗量），需氧量是指废水中的有机污染物在20℃条件下，通过微生物分解5天（BOD_5）或7天（BOD_7）所消耗的氧量。BOD以mg氧量/L或g氧量/m^3来表示，下式是以城市的污水情况计算的：$BOD_7 = 1.15 \times BOD_5$，一些乳制品的BOD值如表14－2所示。

表14－2 一些乳制品的BOD值

	BOD_5/（mg/L）	BOD_7/（mg/L）
稀奶油（脂肪含量4%）	400 000	450 000
全脂乳（脂肪含量4%）	120 000	135 000
脱脂乳（脂肪含量0.05%）	70 000	80 000
乳清（脂肪含量0.05%）	40 000	45 000
浓缩乳清（60%干物质）	400 000	450 000

化学需氧量COD是指废水中能被化学氧化剂氧化的污物数量。用于氧化的试剂通常是指较高温度下的重铬酸钾或高锰酸钾的强酸溶液（以确保完全氧化）。氧化剂的消耗量提供了有机物质含量的依据，其结果用mg氧/L或g氧/m^3来表示。

COD/BOD的比值表明了生物降解污物的程度。比值<2，表示降解污物相当容易，而比值高则相反。此关系不能在一般条件下应用，但对于城市污水的COD/BOD典型比值通常<2。

根据乳品生产的不同类型，废水的COD/BOD_5比值的一个参考数据是：液态奶、奶油或干酪的比值为1.16～1.57，平均为1.45；乳粉、乳清粉、乳糖和酪蛋白的生产中，其比值为1.67～2.34，平均为2.14；以上数值是在一个乳品厂的基础上建立起来的，只能参考。

要得到燃烧残值，首先要确定样品中的干固物含量，然后让其有机物质充分燃烧。燃烧前后的重量差代表有机物的数量，该值用%表示。

总有机碳TOC是测量有机物质含量的另一指标，它是通过测量样品全部氧化所产生CO_2的量来确定的，单位是mg/L。

污水中无机物的成分包括了几乎所有的盐类，通常这些盐类并不重要。目前，污水处理加工都致力于氮盐、磷盐及重金属的减少。氮和磷的化学物非常重要，因为他们是有机物，是容器中藻类的培养基。由于藻类的生长，次生现象得以在容器中进行，从而生成进一步的有机物质，当这些有机物质分解时，它会比污水中原有的有机物分解所需的氧量高出许多。

乳品厂废水可被分为三类：第一类是冷却水，通常不受污染，它直接被排放到雨水管道系统，即从雨水或雪水的排放系统排出；第二类是环境卫生废水，可先与生产废水混合再排放到污水处理厂或直接排放到污水处理厂；第三类是生产废水，来自于牛乳和其制品的泄漏，以及与牛乳生产直接接触的设备的清洗废水，废水的浓度和成分组成取决于生产程序、操作方法和生产工厂的设计。

污水处理装置应按照高峰时的有机污物数量来设计处理量，然而，脂肪表现得难度很大。脂肪除了有较高的BOD值以外（脂肪含量40%稀奶油的BOD_5值为400 000mg氧/L，而脱脂乳的BOD_5值为70 000mg/L），还易黏附在主系统的壁上，由于脂肪上浮，导致沉降罐中出现沉降问题。

所以，乳品厂应先通过一悬浮装置，在此装置中，废水中充入"分散水"（在400～600kPa压力下，往水中充入细小分散气泡的方法被称为可溶的空气悬浮液）气泡载着脂肪，迅速上升到表面，根据装置的大小可用人工或机械的方法将其在此处排掉。悬乳装置通常紧挨着乳品厂，废水能连续流过该装置。除去了油脂的废水与环境卫生废水混合后被排至废水处理装置。

1. 乳品厂废水的pH值

由于使用酸性和碱性清洗剂对乳品设备进行清洗，所以，乳品厂废水的pH值在2～12之间。pH值的高低会影响到微生物的活性，在污水处理的生物处理阶段微生物分解有机污物，并使其生成生物污泥（细胞碎屑）。

通常，pH值>10或pH值<6.5的废水不能排入废水处理系统。因为这些废水极易腐蚀管道。所以，用过的洗涤剂通常收集在混合罐中，混合罐通常位于清洗装置附近，在废水被排放前，要测废水的pH值，并进行调整，使其pH值为7.0。

2. 减少废水中污染物的数量

每天耗水量的记录与加工的牛乳量相比较。水耗量用每处理1吨牛乳所用m^3水量来表示，典型的水/牛乳比值为2.5/1，但经严格节约用水，这一比率有可能降至1/1。

在加工厂中，控制废水和防止废品是非常重要的，减少废水和废品的方向包括：

（1）一般的牛乳处理　在收奶过程中，特别是当槽车被排空时，槽车的出口要比收集容器高出至少0.5m，确保槽车能充分排空。

所有的管线要确认并作好标记，以防管线接错。管道接错会导致产品的错误混合，以及牛乳泄漏损失。当安装管道时，管道应有一个经过计算的小斜度，以使管道能自排。另外，管道一定要有管架支撑以防振动，振动将会引起连接部分松动，导致泄漏。

所有的贮罐均应安装液位控制装置以防溢流，当达到最高允许液位时，供料泵自动停止，仪器报警或者自动阀系统打开将产品转到另一个预选洗罐中。

罐和管道用水冲洗之前，要确保管道和罐应是良好排空的。另外，要检查连接部分的密封性。如果有空气渗入管道系统，将会引起加热器内受热程度加剧，均质机点蚀问题严重，以及牛乳和稀奶油罐中泡沫增多（这样不易被排空）。

（2）干酪生产区域　开口的干酪容器不注满；牛乳液位与容器边缘的距离 <10cm；收集乳清，开发乳清产品以免作为废弃物排掉；地板上的凝乳应扫到一起作固体废物处理，而不应用水将其冲入地沟。

（3）奶油生产区域　奶油比牛乳更易黏附于设备表面，除非在清洗之前将其除去否则将会使污物聚集，措施包括：奶油生产结束后，所有与产品接触的表面均应该手工刮净；稀奶油和残留的奶油可用蒸汽和热水将其收集在一个容器中，再作处理分离。

（4）乳粉生产区域　蒸发器应在尽可能低的液位下操作，以防止过度受热；冷凝水可通过冷却塔作为冷却水循环，或者泵回锅炉；泄漏的干粉应打扫干净，作为固体废弃物处理。

（5）牛乳包装区域　灌装机带有排水管，将水排到一个或几个容器中；甜的和酸的液体混合物用作动物饲料。

（6）出口控制　污水的排放在许多国家都要符合一定的规章。例如，一定要有出口控制装置以便能连续地测量和记录废水的流量。图 14－5 是一套测量流量的系统，它是在开口管上安有文杜里量水槽。

在斜水槽中测得的显示水流量的信号通过控制装置转换到取样装置。依预先设定的流经流量转换器的水的容积（比如 100L）等比分取样，当天的水样都要混合在一起，然后任取适量的混合样用来分析。

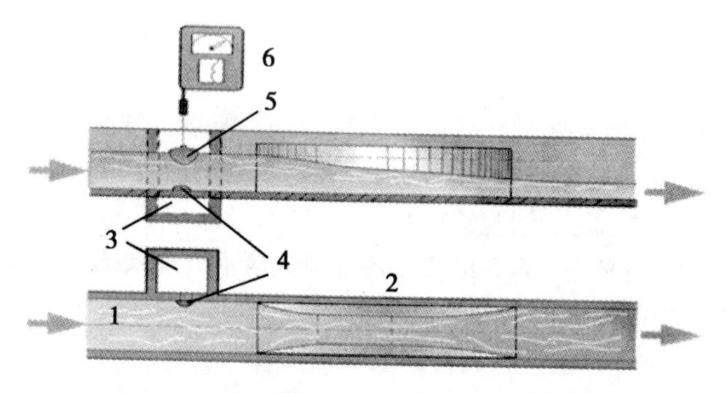

图 14－5　开口管上带有文杜里装置的流量测量系统

1. 废水管　2. 文杜里装置　3. 测量孔　4. 管子和测量孔的连接　5. 浮子　6. 测量、记录装置

3. 污水的处理方法

处理的方法取决于减少污染程度的要求，图 14－6 表示 4 种可能的系统。

①后沉淀：传统的 3 阶段处理，有物理部分 A，生物部分 B，化学部分 C，该方法有效可靠，但相当昂贵；②预沉淀：两段处理方法在 20 世纪 80 年代得以开展，化学处理 C

与物理沉降 A 在第一阶段结合，会使高级磷数减少，使 BOD 值减少 70%，这就大大减轻了生物阶段 B 的负荷，与传统的后沉降相比，其需要的沉降容积和能量输入均大大减少；③直接沉淀：一个单段加工过程，只有物理部分 A 和化学部分 C 相结合，像预沉淀处理一样，只是没有微生物处理阶段；④同步沉淀：两阶段处理，带有物理处理部分 A，后面跟着生物-化学相结合的 B/C 阶段，这是一个相当便宜、较满意的方法。没有额外地增加昂贵的沉降容积，也达到了磷值减小的要求，但与生物和化学方法分别单独处理相比效率较低。

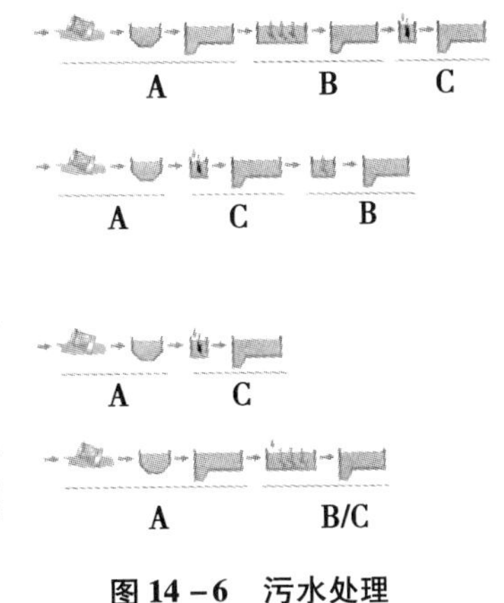

图 14－6　污水处理

污水处理的最初形式只是通过物理沉降法（A）简单地除去大团的固体杂质。当这种处理方式不能满足要求时，就用生物处理方法来加以补充以便分解有机物质。当磷的散布带来了一系列问题的时候，许多污水处理厂使用了化学处理方法（C）作为第三阶段处理。因为化学沉淀阶段滞后，所以处理厂中这种类型的加工方法被称之为后沉淀。

如果在第一阶段把化学沉淀与物理沉淀结合起来使用也可获得同样的效果，这个系统被称之为预沉淀。这种方法也显现了其合理性，因为绝大部分的污水处理是在一个阶段进行的。在预沉淀池中磷的含量已经减少了 90%，BOD 值也减少了 75%。结果使生物阶段减轻了处理的负荷，它仅需要较小的沉降容积与能量输入。污水处理的各个阶段可以按几种方法结合使用如图 14－7 所示。

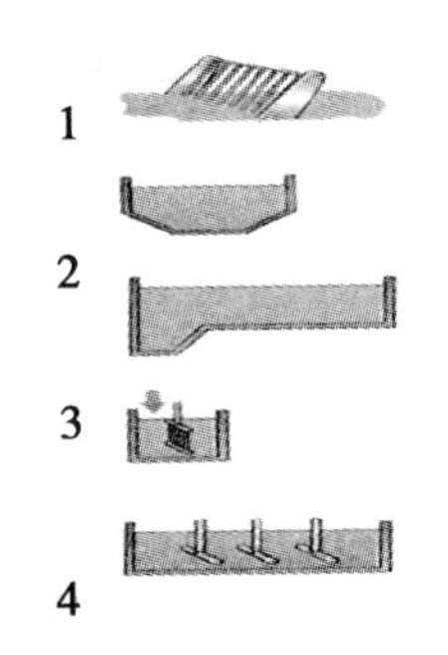

图 14－7　污水处理的各个阶段可以按几种方法结合使用

1. 格栅　2. 砂子捕集器　3. 沉淀　4. 化学处理

图 14－8 是一典型的带有预沉淀的污水处理车间平面图。

（1）物理处理　污水处理的初级物理阶段包括滤网格栅、砂子捕集器和初级沉淀池。

格栅截留下大的固体物质如塑料、碎布、食物残留物等，这些物质连续地从格栅上刮下，单独处理，通常是填埋。

砂子捕集器是一个池子，大颗粒在这个池子中分离。这个池子是按一定的方法进行设计和操作的，即砂子和其他的重颗粒有时间沉到池底，而脂肪和其他比水轻的杂质能浮到表面。沉积物由泵抽走，漂浮的泡沫由刮板刮除。这些废弃物也同样要单独处理。

空气吹入砂子捕集器，一部分是保持细小的颗粒能悬浮，另一部分是防止腐败菌产生，引起不良气味。

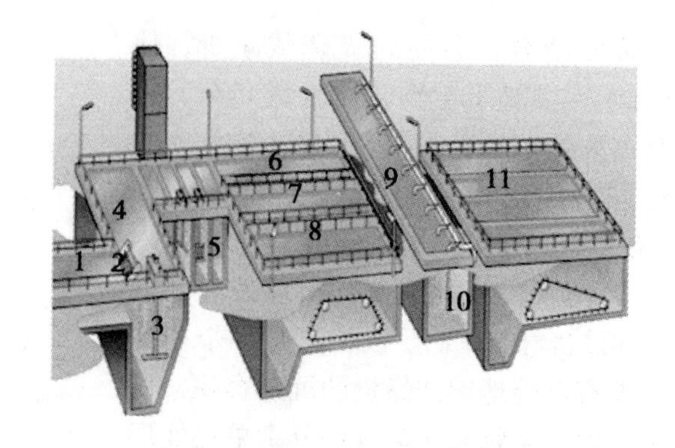

图 14－8　典型的带有预沉淀污水处理车间平面图

1. 进入通道　2. 格栅　3. 沙子收集器　4. 充气　5. 絮凝剂贮仓　6. 预沉淀　7. 预沉降　8. 生物处理　9. 充气　10. 后沉淀　11. 澄清废水入接受器

（2）化学处理　化学污水处理，也称为沉降，其主要目的是要除去磷。城市的污水系统中每人每天排入 2.5 ~4g 的磷，主要以磷酸盐形式存在。洗涤剂约占磷酸含量的 30%，其余 70% 主要来自于人们的排泄物和食物残渣。

以铁和铝为絮凝剂的化学处理法几乎可以 100% 地除去水中存在的磷，而常规的生物处理方法只能减少磷含量的 20% ~30%。

沉降阶段开始于“絮凝池”，在絮凝池中加入絮凝剂，并通过搅拌使之与水充分混合。这就会导致不溶的磷酸盐沉淀下来，最初细小的颗粒也逐渐地聚集成大的絮片，大絮片在“预沉淀池”中沉降下来，清液从该池中溢流入用于生物处理的池子中。

在物理和化学相结合的处理方法中，预沉淀是最后一步。水被慢慢地导入一个或多个池中，在此微细的颗粒也像最初的污物一样逐渐地沉入池底。沉降池应配有一个能将沉淀物连续刮入到贮槽的装置和一个将澄清的表层水带走的槽内槽。

（3）生物处理　在化学处理之后，溢流水中残留的有机杂质在微生物的作用下得以分解，例如，细菌，它可以消耗掉水中的有机物质。

微生物必须利用氧气来发挥它们的作用，氧气的提供是靠往“曝气池”中充入空气实现的。

微生物连续地再生，形成活性污泥，这些污泥可通过在后沉淀池中的沉淀从水中除去。大部分污泥在曝气池中再循环以保持生物分解过程的进行，过量的污泥可从这个过程中除去作进一步处理，净化的污水被排入收集器。

可以代替曝气池的有“生物滤池”，它是一个充满碎石和碎塑料的容器，废水由过滤池顶部通过旋转分配器喷洒下来，慢慢地穿过过滤床，废水通过循环的空气氧化。微生物膜黏附在石头等的表面，将废水中的有机杂质分解。

4. 污泥处理

各个处理阶段的沉积物被收集在一个浓缩罐中，往罐中加入化学药品以便于固体颗粒的进一步聚集。

原始沉淀池中的沉淀物含量为 2%、水含量 98%；沉积物浓缩器中可除去 66m^3 的水，干固物含量为 6% 的 34m^3 的沉积物继续送入离心装置；在离心倾析器中除去 26m^3 水，干固物含量为 25% 的沉积物 8m^3 被除掉，在离心阶段体积减少 76%，即从离心倾析器中排出的脱水沉积物的数量仅是沉淀池中湿沉淀物的8%。

为了进一步分解有机物质，减少有害物质的生成，最后将沉淀物泵入消化器中，在消化器中的厌氧条件下，有机物分解为CO_2、沼气和少量的氢气、氨和硫化氢。CO_2和沼气是消化器中气体的主要成分，它们可作为加热燃料。

消化器中的沉积物是均匀的、几乎没有气味的、黑色的物质，它仍有较高的水含量，达94%～97%，所以，要将其脱水。在离心倾析器中脱水非常有效，它排出的固相部分约占原体积的1/8，如图14－9所示。

脱水的沉积物可以当肥料、或填埋、或只是简单地当垃圾存放。

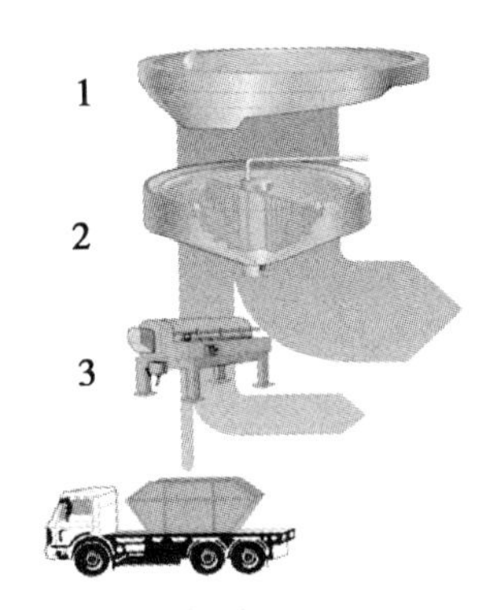

图14－9　原始沉淀排出的沉积物经过沉积物浓缩器和离心倾析器后体积的减小

1. 原始沉淀器　2. 沉积物浓缩器　3. 倾析器

主要参考文献

1. 张和平，张佳程．乳品工艺学．北京：中国轻工业出版社，2007

2. 孔保华．乳品科学与技术．北京：科学出版社，2004

3. 利乐中国有限公司．乳品加工手册，2002

4. 周光宏．畜产品加工学．北京：中国农业出版社，2002

5. 马俪珍，蒋福虎，刘会平．羊产品加工新技术．北京：中国农业出版社，2002

6. 恽景昌．速溶奶粉生产工艺与设备．中国乳品工业，1998，26（5）：24～26

7. 刘成果．中国奶业年鉴．北京：中国农业出版社，2006～2010

8. 任国谱．婴幼儿配方乳粉发展趋势：从宏观指标母乳化走向微观成分母乳化．食品与机械．2009，25（1）：2～6

9. 廖传华，王永德，黄振仁．喷雾干燥设备在奶粉生产线中的应用及发展，粮油加工及食品机械，2003，3：55～57

10. Walstra P，Geurts T. J，Noomen A，etc. Dairy Technology. New York：the Taylor & Francis e-Library，2005

11. 刘菁．我国食品安全法律体系的构建．辽宁广播电视大学学报．2008，3：112～113

12. 杨辉．我国食品安全法律保障体系的完善．口岸卫生控制，2010，16（1）：1～8

13. 萧曼平．试论我国食品安全法律体系的完善．中山大学学报论丛，2007，2：191～195

14. 杨辉．进一步完善我国食品质量安全法律体系．中国食物与营养，2011，17（4）：18～22

15. Pieter Walstra，Jan T. M. Wouters，Tom J Geurts，etc. Dairy science and technology. New york：CRC Press Taylor & Francis Group，2006

16. T. J. Britz，Richard Kenneth Robinson. Advanced dairy science and technology. Oxford：Blackwell publishing Ltd.，2008

17. A. Y. TAMIME. Cleaning-in-place：dairy，food and beverage operations. Oxford：Blackwell publishing Ltd.，2008

18. Adnan Tamime .Milk Processing and Quality Management. Oxford：Wiley-Blackwell. 2008

19. Robert Baechler，Marie-france Clerc，Stéphane Ulrich? and Sylvie Benet. Physical changes in heat-treated whole milk powder. Dairy Science & Technology，2005，85（4～5）：305～314

20. Dalgleish，D. G. On the structural models of bovine casein micelles-review and possible improvements. Soft Matter. 2011，7：2265～2272

21. Patrick F. Fox, Paul McSweeney. Dairy Chemistry and Biochemistry. Springer. 1998

22. Robert T. Marshall. Issues of Education for Dairy Foods Scientists: Food Science vs. Dairy Science. Journal of Dairy Science. 2001, E187 ~ E188

23. Peter Roupas. Predictive modelling of dairy manufacturing processes. International Dairy Journal. 2008, 18 (7): 741 ~ 753

24. Qi Xin, Hou Zhi Ling, Tian Jian Long, Yu Zhu. The rapid determination of fat and protein content in fresh raw milk using the laser light scattering technology. Optics and Lasers in Engineering. August 2006, 44 (8): 858 ~ 869

25. K. Raynal-Ljutovac, G. Lagriffoul, P. Paccardb, etc. Composition of goat and sheep milk products: An update. Small Ruminant Research. September 2008, 79 (1): 57 ~ 72

26. D. L. Palmquist, K. Stelwagen, P. H. Robinson. Modifying milk composition to increase use of dairy products in healthy diets. Animal Feed Science and Technology. 2006: 149 ~ 153

27. H. Mekonnen, G. Dehninet, B. Kelay. Dairy technology adoption in smallholder farms in "Dejen" district, Ethiopia. Tropical Animal Health and Production. 2010, 42 (2): 209 ~ 216

28. Sandeep K. Sharma, Neeta Sehgal and Ashok Kumar. A quick and simple biostrip technique for detection of lactose. Biotechnology Letters. 2002, 24 (20): 1737 ~ 1739

29. P. F. Fox. Lactose: Chemistry and Properties. Advanced Dairy Chemistry. 2009: 1 ~ 15

30. Oghaiki Asaah Ndambi, Otto Garcia, David Balikowa, etc. Milk production systems in Central Uganda: a farm economic analysis. Tropical Animal Health and Production. 2008, 40 (4): 269 ~ 279

31. Leocadio Alonso López, Paloma Cuesta Alonso and Stanley Eugene Gilliland. Analytical Method for Quantification β-Cyclodextrin in Milk. Cream and Butter by LC, Chromatographia. 2009, 69 (9 ~ 10): 1089 ~ 1092

32. S. Martini, A. H. Suzuki and R. W. Hartel. Effect of High Intensity Ultrasound on Crystallization Behavior of Anhydrous Milk Fat. Journal of the American Oil Chemists'Society. 2008, 85 (7): 621 ~ 628

33. Z. H. Sun, W. J. Liu, J. C. Zhang, etc. Identification and characterization of the dominant lactic acid bacteria isolated from traditional fermented milk in Mongolia. Folia Microbiologica. 2010, 55 (3): 270 ~ 276

34. M. Dervisoglu and O. Aydemir. Physicochemical and microbiological characteristics of Kulek cheese made from raw and heat-treated milk. World Journal of Microbiology and Biotechnology. 2007, 23 (4): 451 ~ 460

35. M. L. Herrera and R. W. Hartel. Effect of processing conditions on crystallization kinetics of a milk fat model system. Journal of the American Oil Chemists'Society. 2000, 77 (11): 1177 ~ 1188

36. Stefano Cattaneo, Fabio Masotti and Luisa Pellegrino. Effects of over processing on heat

damage of UHT milk. European Food Research and Technology. 2007, 226 (5): 1099 ~ 1106

37. R. E. Ward, J. B. German and M. Corredig, Composition, Applications, Fractionation, Technological and Nutritional Significance of Milk Fat Globule Membrane Material. Advanced Dairy Chemistry . 2006, 2: 213 ~ 244

38. A. Madouasse, J. N. Huxley, W. J. Browne, etc . Use of individual cow milk recording data at the start of lactation to predict the calving to conception interval . the Journal of Dairy Science. 2010, 93 (10): 4677 ~ 4690